21世纪高等教育计算机规划教材

数字图像处理
（MATLAB版）（第2版）

Digital Image Processing
Using MATLAB

张德丰 编著

精品系列

人民邮电出版社
北京

图书在版编目（CIP）数据

数字图像处理 : MATLAB版 / 张德丰编著. -- 2版
. -- 北京 : 人民邮电出版社, 2015.1（2023.8重印）
21世纪高等教育计算机规划教材
ISBN 978-7-115-39769-0

Ⅰ. ①数… Ⅱ. ①张… Ⅲ. ①数字图象处理－Matlab软件－高等学校－教材 Ⅳ. ①TN911.73

中国版本图书馆CIP数据核字(2015)第152204号

内容提要

本书系统全面地介绍了 MATLAB R2014b 软件及 MATLAB 在数字图像处理中的应用。本书在第 1 版的基础上，扩展及补充了数字图像的内容，结合数字图像处理的一些最新技术和发展趋势以及大量的 MATLAB 实例，循序渐进地讲解了 MATLAB 在数字图像处理中的典型应用，使读者能够尽快理解和掌握使用 MATLAB 数字图像处理工具对图像进行处理的方法。

全书共 10 章，分别介绍了数字图像的相关论述、数字图像处理的数学基础及运算、图像编码、图像复原、图像几何变换、图像频域变换、小波变换、图像增强、图像分割与边缘检测及图像特征描述等内容。

本书可作为本科生和研究生相关课程的教材，也可以作为计算机应用、通信工程和电子工程专业高年级本科生、研究生、工程硕士、教师及工程技术人员学习数字图像处理和图形学技术的参考书或实验教学指导书。

◆ 编　　著　张德丰
责任编辑　刘　博
责任印制　沈　蓉　彭志环

◆ 人民邮电出版社出版发行　　北京市丰台区成寿寺路 11 号
邮编　100164　　电子邮件　315@ptpress.com.cn
网址　http://www.ptpress.com.cn
北京七彩京通数码快印有限公司印刷

◆ 开本：787×1092　1/16
印张：23.75　　2015 年 1 月第 2 版
字数：627 千字　　2023 年 8 月北京第 12 次印刷

定价：52.00 元

读者服务热线：(010)81055256　印装质量热线：(010)81055316
反盗版热线：(010)81055315

前 言

随着计算机科学技术的不断发展以及人们在日常生活中对图像信息的不断需求，数字图像处理技术在近年来得到了迅速的发展，成为当代科学研究和应用开发中一道亮丽的风景线。数字图像处理技术以其信息量大、处理和传输方便、应用范围广等优点，成为人类获取信息的重要来源和利用信息的重要手段，并在宇宙探测、遥感、生物医学、工农业生产、军事、公安、办公自动化等领域得到了广泛应用，显示出广泛的应用前景。数字图像处理技术已成为计算机科学、信息科学、生物科学、气象学、统计学、工程科学、医学等学科的研究热点，并已成为工科院校电子信息、电气工程、医学生物工程等专业的必修课。

尽管它很重要，但却很少有以教材形式编写的涉及数字图像处理的理论原理和软件实现方面的图书。而本书恰好是为此目的而编写的。它的主要目标是提供一个可用现代软件工具实现图像处理算法的基础。

MATLAB 是当今美国很流行的科学计算软件。信息技术、计算机技术发展到今天，科学计算在各个领域得到了广泛的应用，在许多方面诸如控制论、时间序列分析、系统仿真、图像信号处理等产生了大量的矩阵及其相应的计算问题。自己去编写大量的繁复的计算程序，不仅会消耗大量的时间和精力，减缓工作进程，而且往往质量不高。美国 MATHWORK 软件公司推出的 MATLAB 软件就是为了给人们提供一个方便的数值计算平台而设计的。

MATLAB 主要面对科学计算、数学可视化、系统仿真及交互式程序设计的高科技计算环境。由于其功能强大，而且简单易学，MATLAB 软件已经成为高校教师、科研人员和工作技术人员的必学软件，能够极大地提高工作效率和质量。MATLAB 软件有一个专门工具，即图像处理工具箱。图像处理工具箱由一系列支持图像处理操作的函数组成，可以进行诸如几何操作、滤波和滤波器设计、图像变换、图像分析与图像压缩、编码、增强、复原及形态学处理等图像处理操作。

本书在第 1 版的基础上，扩充和补充 MATLAB 知识、数字图像处理知识，内容以实践为基础，在实例中强调了如何用 MATLAB 解决图像处理中的问题、难题，节省图像处理工作者的时间和精力，提高图像处理的效率。同时，本书还着重于图像处理工具箱的具体应用，通过具体的分析和详细的实例，让读者不仅可以对 MATLAB 图像处理工具箱函数的强大功能有一个深刻的了解，更能学会正确运用该软件快速解决实际问题的方法，从而提高分析和解决问题的实际能力。

本书的编写具有如下特点。

（1）知识全面、新颖

从图像形成到数字图像处理系统，再到数字图像处理的基本理论、方法和技术，都予以介绍，同时还增加了对新理论、新方法和新技术的介绍。

（2）实用性强

对于一些应用必须考虑的问题，如图像采样的标准等知识，进行特别详细的介绍。

（3）理论与实践相结合

在介绍数字图像处理的相关概念时都给出了相应的 MATLAB 图像处理的程序，使读者对所学的理论知识只需通过简单的 MATLAB 程序即可进行图像处理实践，大大提高了学习的兴趣。

（4）启迪应用灵感

通过介绍数字图像处理的典型应用来启迪读者的应用灵感，进而起到抛砖引玉的作用。

本书以概要形式讲述基本理论，并紧密结合实践应用研究。全书共 10 章。

第 1 章　介绍了数字图像的相关论述，主要包括数字图像的发展、数字图像处理的方法、MATLAB 领略等内容。

第 2 章　介绍了数字图像处理的数学基础及运算，主要包括图像类型的转换、线性系统、调谐信号、点运算及代数运算等内容。

第 3 章　介绍了图像编码，主要包括图像编码基础、熵编码、预测编码、变换编码等内容。

第 4 章　介绍了图像复原，主要包括图像从退化到复原、图像噪声、图像复原法等内容。

第 5 章　介绍了图像几何变换，主要包括几何校正、插值、图像的形变与位变、图像复合变换等内容。

第 6 章　介绍了图像频域变换，主要包括傅里叶变换、离散余弦变换、沃尔什-哈达玛变换等内容。

第 7 章　介绍了小波变换，主要包括小波分解和重构算法、数字水印技术、小波包分析的应用等内容。

第 8 章　介绍了图像增强，主要包括图像噪声、图像增强处理分类、图像的统计特性、空间域滤波等内容。

第 9 章　介绍了图像分割与边缘检测，主要包括点与线检测、边缘检测、阈值化技术、边界跟踪等内容。

第 10 章　介绍了图像特征描述，主要包括颜色特征分析、几何描述、形状描述、区域描述等内容。

本书主要由张德丰编写，此外参加编写的还有刘志为、栾颖、周品、曾虹雁、邓俊辉、邓秀乾、邓耀隆、高泳崇、李嘉乐、李旭波、梁朗星、梁志成、刘超、刘泳、卢佳华、张棣华、张金林、钟东山、李伟平、宋晓光和何正风。

由于时间仓促，加之作者水平有限，所以错误和疏漏之处在所难免。在此，诚恳地期望得到各领域的专家和广大读者的批评指正。

编著者

2015 年 6 月

目 录

第 1 章 数字图像的相关论述

数字图像处理（Digital Image Processing）是指用计算机对数字图像进行的处理，因此也称为计算机图像处理（Computer Image Processing）。数字图像处理主要有两个目的：其一，为了便于分析而对图像信息进行改进；其二，为使计算机自动理解而对图像数据进行存储、传输及显示。

本书介绍数字图像处理方面的一些概念及其实际应用。

1.1 数字图像处理的发展

图像是人类获取信息、表达信息和传递信息的重要手段。因此，数字图像处理技术已经成为信息科学、计算机科学、工程科学、地球科学等诸多方面的学者研究图像的有效工具。

数字图像处理发展历史并不长，起源于 20 世纪 20 年代。当时，人们通过 Bartlane 海底电缆图像传输系统，从伦敦到纽约传输了一幅经过数字压缩后的照片，从而把传输时间从一周多缩短至 3 小时。为了传输图片，该系统首先在传输端进行图像编码，然后在接收端用特殊打印设备重构该图片。尽管这一应用已经包含了数字图像处理的知识，但还称不上真正意义的数字图像处理，因为它没有涉及到计算机。事实上，数字图像处理需要很大的存储空间和计算能力，其发展受到数字计算机和包括数据存储、显示和传输等相关技术的发展的制约。因此，数字图像处理的历史与计算机的发展密切相关，数字图像处理的真正历史是从数字计算机的出现开始的。

第一台可以执行有意义的图像处理任务的大型计算机出现在 20 世纪 60 年代早期。数字图像处理技术的诞生可追溯至这一时期计算机的使用和空间项目的开发。1964 年，位于加利福尼亚的美国喷气推进实验室（JPL 实验室）处理了太空船“徘徊者七号”发回的月球照片，以校正航天器上电视摄像机中的各种类型的图像畸变，这标志着图像处理技术开始得到实际应用。

进行空间应用的同时，数字图像处理技术在 20 世纪 60 年代末 70 年代初开始用于医学图像、地球遥感监测和天文学等领域。其后军事、气象、医学等学科的发展也推动了图像处理技术迅速发展。此外，计算机硬件设备的不断降价，包括高速处理器、海量存储器、图像数字化和图像显示、打印等设备的不断降价成为推动数字图像处理技术发展的又一个动力。数字图像处理技术的迅速发展为人类带来了巨大的经济社会效益，大到应用卫星遥感进行的全球环境气候监测，小到指纹识别技术在安全领域的应用。可以说，数字图像处理技术已经融入到科学研究的各个领域。目前，数字图像处理技术已经成为工程学、计算机科学、信息科学、生物科学以及医学等各学科学习和研究的对象。

1.2 数字图像的相关概念

人出生以后第一次睁开眼睛，首先接收的就是各种各样的图像信息，因此有人说，图像与生俱来是人类生活中最直观、最丰富和最生动的信息表示形式。但对于数字图像处理学科而言，图像的定义并非是不言自明的，为研究和讨论的需要，应建立一个统一的概念。

1.2.1 图像及其类型

图像包括各种各样的形式，如可见图像和非可见图像、抽象图像和实际图像、适于和不适于计算机处理的图像，因此不同种类的图像大量存在于人类生活之中。然而尽管大家天天接触图像，也知道什么是图像，但对图像却没有严格的定义。

在韦氏（Webster）英文词典中，图像（Image）一词的英文定义是“an imitation or representation of a person or thing, drawn,painted,photograhed…”，即图像是人或事物的一个逼真模仿或描述……Castleman 博士在《数字图像处理》中将图像定义为“在一般意义下，一幅图像是一个物体或对象（objects）的另一种表示”。例如，美国总统布什的照片是他某时出现在镜头前的一种描述或表示。因此，图像是其所表示物体或对象信息的一个直接描述和浓缩表示。著名学者阮秋琦教授将图像定义为“以某一技术手段被再现于二维平面上的视觉信息”，简而言之，即图像是物体在平面坐标上的直观再现。因此，一幅图像包含了所表示物体的描述信息和特征信息，或者说图像是与之对应的物体或对象的一个真实表示，这个表示可以通过某一种或某几种技术手段实现。

此外，图片（picture）和图形（graphic）是与图像密切相关的两个概念。目前比较一致的观点认为，图片就是图像的一种类型，在一些经典的教科书中，将图片定义为“经过合适的光照条件一个可见的物体分布”，这一定义侧重强调了现实世界中的可见物体。在韦氏词典中，对图形的定义是“the art of making drawings, as architecture or engineering, in accordance with mathematical rules”，它强调应用一定的数学模型来生成图形。但图形与图像的数据结构不同，图形采用矢量结构，而图像则采用栅格结构。

日常生活中可能会遇到各种各样的图像，如非光学数字图像、高维图像（维数等于或大于 3）、多光谱图像、非均匀采样图像、非均匀量化图像等，图像的分类方法也多种多样。通常情况下，图像可根据形式或产生方法进行分类。目前被一致接受的分类方法是 Castleman 博士所采用的基本集合论的分类方法，如图 1-1 所示。如果考虑所有物体的集合，图像便形成了其中的一个子集，在图像子集中的每幅图像都和它所表示的物体存在对应关系根据图像的产生方法，图像可分为以下三类。

1. 可见图像

可见图像（visible image）是指视觉系统可以直接看见的图像，这也是大多数人在日常生活中所见到的和所理解的图像，这一类图像一般通过照相、手工绘制等传统方法获取，通常计算机不能直接处理，但经过数字化处理后可变为数字图像。在该子集中又包含了几种不同方法产生的图像的子集，其中一个子集为图片（picture），它包括照片（photograph）、图（drawing）和画（painting）。另一个子集为光学图像（optical image），即用透镜、光栅和全息技术产生的图像。

2. 物理图像

物理图像（physical image）所反映的是物体的电磁波辐射能，包括可见光和不可见光图像。

例如，光学图像是光强度的空间分布，它们能被肉眼所看到，因此也是可见的图像。不可见的物理图像的例子如温度、压力、高度以及人口密度等的分布图。物理图像一般可以通过某一种光电技术获得，第一类图像中的照片也可以归入此类。物理图像的一个重要子集是多光谱图像，包含物体的近红外、中红外、热红外等波谱信息。绝大部分的物理图像也是数字图像。多光谱图像的每一个点所包含的不只是一个局部特性，如红、绿、蓝三光谱图像，它的技术原理普遍用于彩色照相技术和彩色电视等实际应用当中。黑白图像在每个点只有一个亮度值，而彩色图像则在每个点都具有红、绿、蓝三个亮度值，这三个值表示在不同波段上的强度，就是人眼看到的不同颜色。

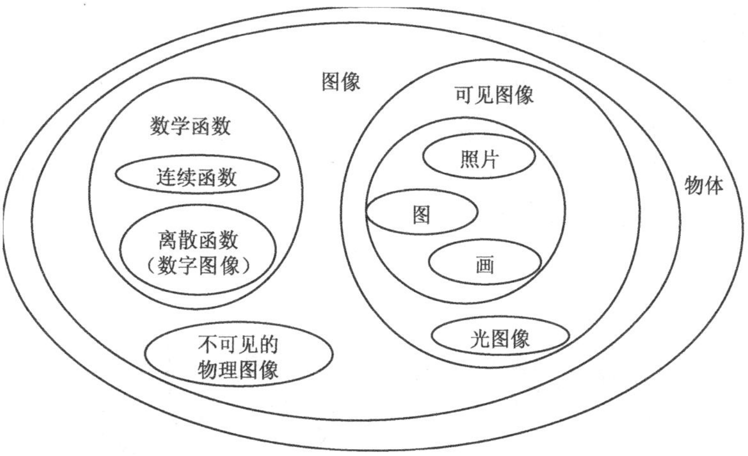

图 1-1　图像的基本类型

3. 数学图像

数学图像指由连续函数或离散函数生成的抽象图像。其中离散函数所产生的图像就是计算机可以处理的数字图像。

1.2.2　图像与数字图像

图像是其所表示物体的信息的直接描述和概括表示。一般而言，一幅图像所包含的信息应比原物体所包含的信息要少，因此一幅图像并非是该物体的一个完全精确的表示，但却是一个直观和恰当的表示。

以数学方法描述图像时，图像可以认为是空间各个坐标点上光照强度的集合。也就是说，从物理光学和数学的角度看，一幅图像可以看作是物体辐射能量的空间分布，这个分布是空间坐标、时间和波长的函数，即

$$I = f(x, y, z, \lambda, t) \tag{1-1}$$

上式中，对于静止图像，则与时间 t 无关；对于单色图像，则与波长 λ 无关；对于二维平面图像，则与空间坐标变量 z 无关。

因此，一幅二维静态单色平面图像可以用如下二维强度函数（也称为亮度函数）表示，即

$$I = f(x, y) \tag{1-2}$$

如果说图像是与之对应的物体的一个表示，那么数字图像可以定义为一个物体的数字表示，或者说是对一个二维矩阵施加一系列的操作，以得到所期望的结果。其中，数字是与采用数字方法或离散像素单元进行的计算有关，像素就是离散的单元，量化的（整数）灰度就是数字量值。处理是指让某个事物经过某一过程的作用，过程即指为实现期望目标而进行的一系列操作。

因此，数字图像处理可以定义为对一个物体的数字表示施加一系列的操作，以得到所期望的结果。其过程表现为一幅图像变为另一幅经过修改或改进的图像，是一个由图像到图像的过程。而数字图像分析则是指将一幅图像转化为一种非图像的表示。在图片的例子中，处理的过程就是改变图片使其达到某一预定目标，或使其更具吸引力，更令人满意。通常情况下，若无特别声明，数字图像是指一个被采样和量化后的二维强度函数（该二维函数可以由光学方法产生），采用等距离矩形网格采样，对幅度进行等间隔量化。也可以说，一幅数字图像是一个被均匀采样和均匀量化（即离散处理）的二维数值矩阵。

1.2.3 数字图像的表示法

数字图像在计算机中采用二维矩阵表示和存储，如图 1-2 所示，该图描述了由一幅数字图像到该图像所对应的二维矩阵的简易过程和原理。图 1-2（a）是一幅大小为 128×128 的二维数字图像，为了表述方便，以图 1-2（a）中取出一个小矩形方块为例，将该小方块放大至像素水平，即图 1-2（b），可以看出这是原始图像图 1-2（a）中的一个 8×8 的子图像，放大后的子图像如图 1-2（b）所示的每一个像素点都具有一个确定的灰度值，将这些灰度值按像素的顺序排列，就是一个二维矩阵，矩阵各元素的值如图 1-2（c）所示。

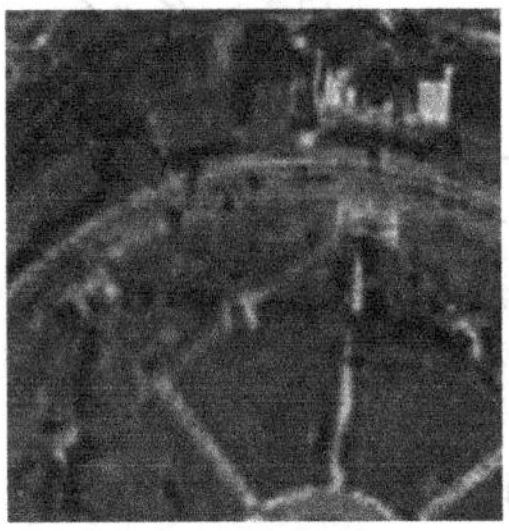

(a) 原始图像

(b) 8×8 子图像

130	146	133	95	71	71	62	78
130	146	133	92	62	71	62	72
138	146	146	120	65	62	56	56
139	139	139	146	117	112	117	110
139	139	139	139	139	139	140	139
146	142	139	139	139	143	125	139
156	158	158	128	158	146	158	159
168	158	156	158	158	158	139	158

(c) 8×8 子图像的二维矩阵

图 1-2 数字图像的矩阵表示

上述由图 1-2（a）到图 1-2（b）的过程中，原始图像被等间隔的网格分割成大小相同的小方格（grid），其中的每一个方格称为像素点，简称为像元或像素（pixel）。像素是构成图像的最小基本单位，图像的每一个像素都具有独立的属性，其中最基本的属性包括像素位置和灰度值两个属性。位置由像元所在的行和列的坐标值决定，通常以像素的位置坐标（x, y）表示，像素的灰度值即该像素对应的光学亮度值。

因此，对一幅图像按照二维矩形扫描网格进行扫描的结果是生成一个与原图像相对应的二维矩阵，且矩阵中的每一个元素都为整数，矩阵元素（像素）的位置则由扫描的顺序决定，每一个像素的灰度值通过采样获取，然后经过量化得到每一像素亮度（灰度）值的整数表示。因此，一幅图像经数字化后得到的数字图像，实际上就是图 1-2（c）所示的一个二维整数矩阵，矩阵的大小由图像像素的多少决定。

1.3　数字图像处理的内容

数字图像处理在今天是非常热门的技术之一，生活中无处不存在着它的影子，可以说它是一种每时每刻都在改变着人类生活的技术。数字图像处理内容主要研究以下几个方面。

1. 图像获取和输出

数字图像一般可以通过以下三种途径获取。

（1）将传统的可见图像经过数字化处理转换为数字图像，例如将一幅照片通过扫描仪输入到计算机中，扫描的过程实质上就是一个数字化过程。

（2）应用各种光电转换设备直接得到数字图像，例如卫星上搭载的推帚扫描仪和光机扫描仪可以直接获取地表甚至地下物体的图像并实时存入存储器中。此外，侧视雷达也可以直接获取数字图像。

（3）直接由二维离散数字函数生成数字图像。

无论采取哪种方式获取，最终得到的数字图像在数学上都是一个二维矩阵。因此，数字图像处理的实质是以二维矩阵进行各种运算和处理，也就是说，将原始图像变为目标图像的过程，实质上是由一个矩阵变为另一个矩阵的数学过程。无论是图像的几何变换、图像的旋转、图像的统计特征以及傅里叶等正交变换，本质上都是基于图像矩阵的数学运算。

因此，数字图像处理是指对一个物体的数字表示，即对一个二维矩阵施加一系列的操作，以得到所期望的结果。

打印机、显示器和投影仪是常见的图像输出设备。

2. 图像编码和压缩

早在 1920 年图像的编码就已经应用于实际了。图像编码压缩技术的目的在于减少描述图像的数据量，以节省图像传输、处理时间和减少所占用的存储器容量。尤其是在计算机网络出现后，为了提高图像的传输速度，图像的编码变得尤为重要。图像的压缩本身属于一种有损压缩，保证压缩后的图像不失真，且能获得较高的压缩比率是这一领域的核心问题。

3. 图像增强和复原

图像增强和复原的目的是为了提高图像的质量，常用的平滑、模糊及锐化等处理就属于这部分内容研究的范围。图像复原是指当造成图像退化或降质的原因已知时，通过复原技术来进行图像的校正。一般来说，复原技术是基于一定的“降质模型”和数据的图像恢复，它会在此基础之上采用某种滤波方法，恢复或重建原来的图像，其目的是消除退化的影响，从而产生一个等价于理想成像系统所获得的图像。与图像复原不同，图像增强是指当无法得知与图像退化有关的定量信息时，强化图像中的某些分量。图像增强技术较为主观地改善了图像的质量并将突出图像中人们所感兴趣的部分。

4. 图像变换

图像变换的主要目的是将空间域的处理转换为变换域处理，从而减少计算量并获得更有效的处理。通常采用的方法包括傅里叶变换、离散余弦变换、沃尔什变换和小波变换等。

5. 图像分割

图像分割的目的是对图像中有意义的特征部分进行提取。所谓有意义的特征包括图像中的边缘和区域等，这是进一步进行图像识别、分析和理解的基础。当前图像分割研究已经取得了诸多成果，比较常用的分割方式包括边缘检测、轮廓跟踪、基于数学形态学（例如分水岭）的分割、基于聚类的分割，以及基于偏微分方程的分割等。目前，对于图像分割的研究仍然是研究热点，相关研究还在不断深入。

6. 图像信息安全

随着互联网技术的发展，人们的生活变得越来越便利，数字医疗、网上教育、电子政务、电子商务和互联网金融正在深入千家万户，并潜移默化地改变着我们的传统生活方式。但是互联网又并非是绝对安全的，黑客攻击、计算机病毒和木马等安全隐患时刻威胁着我们。而图像又是互联网上最为常用的信息载体之一，显然，图像信息安全不可置之不理。一方面，一些敏感和机密图像（如军事目标图像、个人医疗影像和机密图纸等）在网络上进行传递时，我们有必要对其进行必要的加密；另一方面，一些有版权的数字图像为了防止被盗用，或在产生法律纠纷时可以提供充分的版权佐证，都必须做好相应的数字影像版权保护。这两方面的内容都是数字图像信息安全研究的关键内容。可以认为图像信息安全是将传统信息安全技术与数字图像处理相结合而产生的新方向，相关研究内容包括图像加密、数字水印等，这些都是当前研究的热点。

7. 图像的识别与检测

图像的识别与检测主要是经过某些预处理后，对图像进行分割和特征提取，以有利于计算机对图像进行识别、理解或解释，进而解决图像中是否含有目标，以及目标的所有位置等问题。例如人脸识别、指纹识别、特征提取等都属于这部分内容。严格来讲，图像的识别与检测一般不完全算是图像处理领域的内容，更多的时候它被认为是计算机视觉领域所研究的主要内容，或者说它是图像处理计算机视觉过渡的一部分内容，属于两者的交叉部分。这部分内容中往往会用到许多人工智能方面的研究成果（如神经网络等）。

1.4 数字图像处理的方法

数字图像的处理方法种类繁多，根据不同的分类标准可以得到不同的分类结果，例如根据对图像作用域的不同，数字图像处理方法大致可分为两大类，即空域处理方法和变换域处理方法。

1.4.1 空域处理法

空域处理方法是指在空间域直接对数字图像进行处理。在处理时，既可以直接对图像各像素点进行灰度上的变换处理，也可以对图像进行小区域模板的空域滤波等处理，以充分考虑像素的邻域像素对其的影响。一般来说，空间域处理算法的结构并不算太复杂，处理速度也还是比较快的。这种方法是把图像看作是平面中各个像素组成的集合，然后直接对这个二维函数进行相应的处理。空域处理法主要有以下两大类。

1. 邻域处理法

邻域处理法是对图像像素的某一邻域进行处理的方法，如将在下面章节介绍的均值滤波法、梯度运算、拉普拉斯算子运算、平滑算子运算和卷积运算。

2. **点处理法**

点处理法是指对图像像素逐一处理的方法。例如，利用像素累积计算某一区域面积或某一边界的周长等。

1.4.2　变换域处理法

数字图像处理的变换域处理方法首先是通过傅里叶变换、离散余弦变换、沃尔什变换或是比较新的小波变换等变换算法，将图像从空间域变换到相应的变换域，得到变换域系数阵列，然后在变换域中对图像进行处理，处理完成后再将图像从变换域反变换到空间域，得到处理结果。由于变换域的作用空间比较特殊，不同于以往的空域处理方法，因此可以实现许多在空间域中无法完成或是很难实现的处理，广泛用于滤波、编码压缩等方面。由于各种变换算法在把图像从空间域向变换域进行变换以及反变换中均有相当大的计算量，所以目前虽然也有许多快速算法，但变换域处理算法的运算速度仍受变换和反变换处理速度的制约而很难提高。这类处理包括滤波、数据压缩及特征提取等。

1.5　图像数字化技术

数字图像在计算机内处理时往往是将其视为一个矩阵来处理的。对图像 $f(x,y)$ 采样，设取 $M\times N$ 个数据，将这些数据按采样点的相对位置排成一个数阵，然后对每个阵元量化，从而得到一个数字矩阵，用这个矩阵代替函数 $f(x,y)$，即数字图像可以用一个矩阵表示。矩阵的元素称为数字图像的像素或像元。上述过程可表示如下：

$$f(x,y)\xrightarrow{\text{采样}}\begin{bmatrix} f(x_0,y_0) & f(x_0,y_1) & \cdots & f(x_0,y_{N-1}) \\ f(x_1,y_0) & f(x_1,y_1) & \cdots & f(x_0,y_{N-1}) \\ \vdots & \vdots & & \vdots \\ f(x_{M-1},y_0) & f(x_{M-1},y_1) & \cdots & f(x_{M-1},y_{N-1}) \end{bmatrix}\rightarrow[f(i,j)]_{M\times N}$$

$$\xrightarrow{\text{量化}}[f_l(i,j)]_{M\times N}$$

其中，$f_l(i,j)$ 代表经过量化后的像素值。

为了分析和处理方便，有时需要将表示数字图像矩阵的元素逐行或逐列串接成一个向量，这个向量是数字图像的另一种表示形式。下面的过程表示逐行串接：

$$[f(i,j)]_{M\times N}=\begin{bmatrix} f(0,0) & f(0,1) & \cdots & f(0,N-1) \\ f(1,0) & f(1,1) & \cdots & f(1,N-1) \\ \vdots & \vdots & & \vdots \\ f(M-1,0) & f(M-1,1) & \cdots & f(M-1,N-1) \end{bmatrix}\rightarrow\begin{bmatrix} f(0,0) \\ \vdots \\ f(1,0) \\ \vdots \\ f(1,N-1) \\ \vdots \\ f(M-1,N-1) \end{bmatrix}$$

数字图像的矩阵表示也可用图 1-3 来形象化地加以说明。

在计算机中把数字图像表示为矩阵或向量后，就可以用矩阵理论和其他一些数字方法来对数字图像进行分析和处理了。

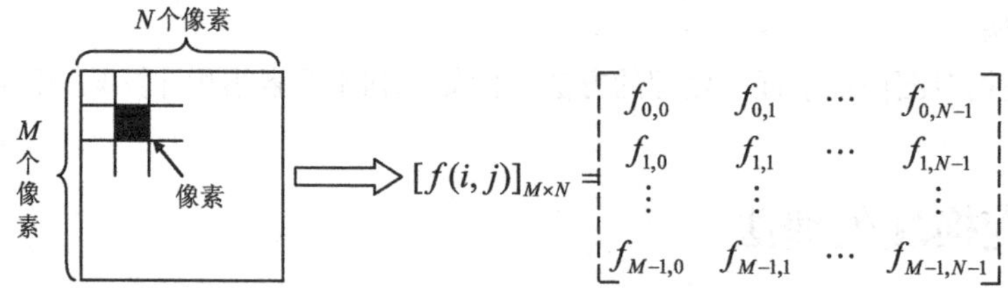

图 1-3　用矩阵理论表示数字图像

1.5.1　图像的采样

图像信号是二维空间的信号，其特点是：它是一个以平面上的点作为独立变量的函数。例如，黑白与灰度图像是用二维平面情况下的浓淡变化函数来表示的，通常记为 $f(x,y)$，它表示一幅图像在水平和垂直两个方向上的光照强度的变化。图像 $f(x,y)$ 在二维空域里进行空间采样时，常用的办法是对 $f(x,y)$ 进行均匀采样，取得各点的亮度值，构成一个离散函数 $f(i,j)$，其示意图如图 1-4 所示。如果是彩色图像，则以三基色（RGB）的明亮度作为分量的二维矢量函数来表示，即：

$$f(x,y)=[f_R(x,y)\quad f_G(x,y)\quad f_G(x,y)]^T \tag{1-3}$$

相应的离散值为：

$$f(x,y)=[f_R(i,j)\quad f_G(i,j)\quad f_G(i,j)]^T \tag{1-4}$$

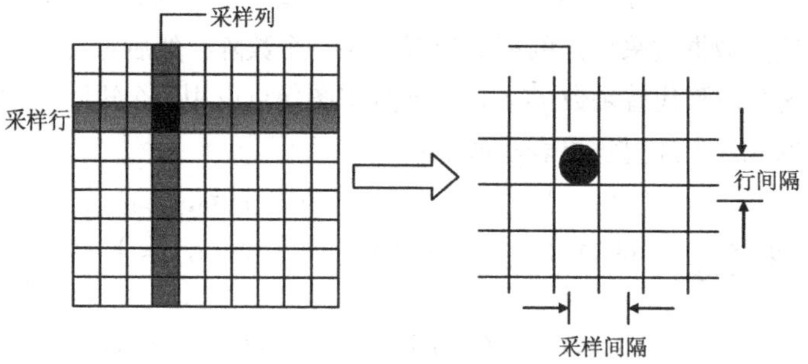

图 1-4　采样示意图

与一维信号一样，二维图像信号的采样也要遵循采样定理。二维信号采样定理与一维信号采样定理类似。

对一个频谱有限($|u|<u_{\max}$,且$|v|<v_{\max}$)的图像信号 $f(t)$ 进行采样，当采样频率满足式（1-5）和式（1-6）的条件时，采样函数 $f(i,j)$ 便能无失真地恢复为连续信号 $f(x,y)$，u 和 v 分别为信号 $f(x,y)$ 在两个方向的频域上的有效频谱的最高角频率；r，v 分别为二维采样频率，$u_r=2\pi/T_u$，$v_s=2\pi/T_v$。实际上，常取 $T_u=T_v=T_0$。

$$|u_r|\geqslant 2u_{\max} \tag{1-5}$$

$$|v_s|\geqslant 2v_{\max} \tag{1-6}$$

1.5.2　图像的量化

模拟图像经过采样后，在时间和空间上离散化为像素。但采样所得的像素值，即灰度值，仍是连续量。把采样后所得的各像素的灰度值从模拟量到离散量的转换称为图像灰度的量化。图 1-5（a）说明了量化过程。若连续灰度值用 z 来表示，对于满足 $z_i\leqslant z\leqslant z_{i+1}$ 的 z 值，都量化为整数 q_i，q_i

称为像素的灰度值，z 与 q_i 的差称为量化误差。一般地，像素值量化后用一个字节 8bit 来表示。如图 1-5(b)所示，把由黑—灰—白连续变化的灰度值量化为 256 级灰度值，灰度值的范围为 0~255，表示亮度从深到浅，对应图像中的颜色为从黑到白。

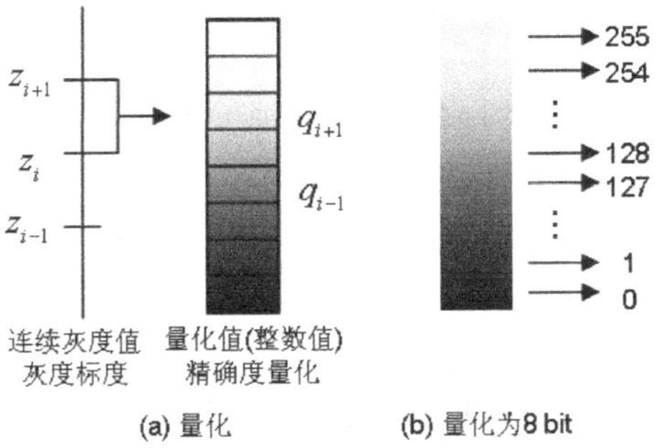

图 1-5　量化示意图

一幅图像在采样时，行、列的采样点与量化时每个像素量化的级数，既影响数字图像的质量，也影响到该数字图像数据量的大小。假定图像取 $M \times N$ 个采样点，每个像素量化后的灰度二进制位数为 Q，一般 Q 总是取为 2 的整数幂，即 $Q = 2^k$，则存储一幅数字图像所需的二进制位数 b 为：

$$b = M \times N \times Q \tag{1-7}$$

字节数为：

$$B = M \times N \times \frac{Q}{8} \tag{1-8}$$

连续灰度值量化为灰度级的方法有两种：等间隔量化和非等间隔量化。等间隔量化就是简单地把采样值的灰度范围等间隔地分割并进行量化。对于像素灰度值在黑—白范围较均匀分布的图像，这种量化方法可以得到较小的量化误差，该方法称为均匀量化或线性量化。为减小量化误差，引入了非均匀量化的方法。非均匀量化依据一幅图像具体的灰度值分布的概率密度函数，按总的量化误差最小的原则来进行量化。具体做法是对图像中像素灰度值频繁出现的灰度值范围，量化间隔取小些；而对那些像素灰度值极小出现的范围，则量化间隔取大一些。由于图像灰度值概率分布密度函数因图像不同而异，所以不可能找到一个适用于各种不同图像的最佳非等间隔量化方案。因此，实际上一般都采用等间隔量化。

对一幅图像，当量化级数 Q 一定时，采样点数 $M \times N$ 对图像质量有着显著影响，即采样点数越多，图像质量越好，当采样点数减少时，图上的块状效应就逐渐明显。同理，当图像的采样点数一定时，采用不同量化级数的图像质量也不一样，即量化级数越多，图像质量越好，量化级数越少，图像质量越差，量化级数最小的极端情况就是二值图像，图像出现假轮廓。

一般来说，当限定数字图像的大小时，为了得到质量较好的图像，可采用如下原则。

- 对缓变的图像，应细量化，粗采样，以避免假轮廓。
- 对细节丰富的图像，应细采样，粗量化，以避免模糊（混叠）。

1.6　图像的统计特征

图像反映了自然界中某一物体或对象的电磁波辐射能量分布情况，由于成像系统具有一定的复杂性以及成像过程的随机性，图像信号 $f(x, y)$ 表现出随机变量的特性，因此，图像信息具有随机信号的性质并且具有统计性质，因此统计分析是数字图像处理分析的基本方法之一。

1.6.1 图像的统计量

设 $f(i,j)$ 表示大小为 $M\times N$ 的数字图像，则该图像的基本统计量如下。

1. 图像的信息量

一幅图像如果共有 k 种灰度值，并且各灰度值出现的概率分别为 $p_1,p_2,\cdots,p_k$，根据香农定理，图像的信息量可采用如下公式计算：

$$H=-\sum_{i=1}^{k}p_i\log_2 p_i \tag{1-9}$$

H 称为熵，当图像中各灰度值出现的概率彼此相等时，则图像的熵最大。信息量表示一幅图像所含信息的多少，常用于对不同图像处理方法进行比较。例如，对于一幅采用 8 比特表示的数字图像，其信息量如下：

$$H=-\sum_{i=0}^{255}p_i\log_2 p_i \tag{1-10}$$

2. 图像灰度平均值

灰度平均值是指一幅图像中所有像元灰度值的算术平均值，根据算术平均的意义，计算公式如下：

$$\overline{f}=\frac{\sum_{i=0}^{M-1}\sum_{j=0}^{N-1}f(i,j)}{MN} \tag{1-11}$$

图像灰度平均值反映了图像中物体不同部分的平均反射强度。

3. 图像灰度众数

顾名思义，图像灰度众数是指图像中出现次数最大的灰度值。其物理意义是指一幅图像中面积占优的物体的灰度值信息。

4. 图像灰度中值

图像灰度中值是指数字图像全部灰度级中处于中间的值，当灰度级数为偶数时，则取中间的两个灰度值的平均值。例如，若某一图像全部灰度级如下：

188，176，171，166，160

则灰度中值为 171。

5. 图像灰度方差

灰度方差反映各像元灰度值与图像平均灰度值的离散程度，计算公式如下：

$$S=\frac{\sum_{i=0}^{M-1}\sum_{j=0}^{N-1}[f(i,j)-\overline{f}]^2}{MN} \tag{1-12}$$

与熵类似，图像灰度方差同样是衡量图像信息量大小的主要度量指标，是图像统计特性中最重要的统计量之一，方差越大，图像的信息量越大。

6. 图像灰度值域

图像的灰度值域是指图像最大灰度值和最小灰度值之差，计算公式如下：

$$f_{\text{range}}(i,j)=f_{\max}(i,j)-f_{\min}(i,j) \tag{1-13}$$

1.6.2 图像的直方图

直方图是统计应用中经常使用的一种工具，其主要特点是直观、方便、可视性能好。因此，数字图像处理中也常常应用灰度直方图表示图像的有关特征信息，灰度直方图是指图像中所有灰度值出现的次数或频率。对于数字图像来说，实际上就是图像的灰度值的概率密度函数的离散化图形。详细内容将在后面进行介绍。

1.6.3　图像的统计特性

数字图像处理中，一幅 RGB 图像包含了三个波段的灰度图像，而一幅遥感图像则可包含多达 7 个波段的灰度图像。对于多波段图像处理，不仅要考虑单个波段图像的统计特性，还应考虑波段间存在的关联特征。图像波段之间的关联特性不仅是图像分析的重要参数，而且也是图像彩色合成方案的主要依据之一。

1. 协方差

设 $f(i,j)$ 和 $g(i,j)$ 表示大小为 $M \times N$ 的两幅图像，则两者之间的协方差计算公式为：

$$S_{gf}^2 = S_{fg}^2 = \frac{1}{MN}\sum_{i=0}^{M-1}\sum_{j=0}^{N-1}[f(i,j)-\bar{f}][g(i,j)-\bar{g}] \tag{1-14}$$

式中，$\bar{f}$ 和 $\bar{g}$ 分别表示 $f(i,j)$ 和 $g(i,j)$ 的均值。N 个波段相互间的协方差矩阵用 $\boldsymbol{\Sigma}$ 表示，其定义形式如下：

$$\boldsymbol{\Sigma} = \begin{bmatrix} S_{11}^2 & S_{12}^2 & \cdots & S_{1N}^2 \\ S_{21}^2 & S_{22}^2 & \cdots & S_{2N}^2 \\ \vdots & \vdots & \ddots & \vdots \\ S_{N1}^2 & S_{N2}^2 & \cdots & S_{NN}^2 \end{bmatrix} \tag{1-15}$$

2. 相关系数

根据概率论与数理统计学知识，数字图像处理技术中的相关系数反映了两个不同波段图像所含信息的重叠程度，它是表示图像不同波段间相关程度的统计量。如果两个波段间的相关系数较大，则表明两个波段具有较高的相关性，一个波段与其本身的相关系数为 1，表明相关程度达到最大值。当相关系数非常大时，仅选择其中的一个波段就可以表示两个波段的信息。相关系数的计算公式如下：

$$r_{fg} = \frac{S_{fg}^2}{S_{ff}S_{gg}} \tag{1-16}$$

式中 S_{ff} 、S_{gg} 分别表示图像 $f(i,j)$ 、$g(i,j)$ 的标准差，S_{fg}^2 为图像 $f(i,j)$ 、$g(i,j)$ 的协方差。N 个波段的相关系数矩阵（简称为相关矩阵）$\boldsymbol{R}$ 定义如下：

$$\boldsymbol{R} = \begin{bmatrix} 1 & r_{12} & r_{13} & \cdots & r_{1N} \\ r_{21} & 1 & r_{23} & \cdots & r_{2N} \\ \vdots & \vdots & \vdots & \ddots & \vdots \\ r_{N1} & r_{N2} & r_{N3} & \cdots & 1 \end{bmatrix} \tag{1-17}$$

1.7　数字图像的应用

数字图像处理技术广泛应用于医学、天文学、生物学和国防科学等领域，目前几乎不存在与数字图像处理无关的技术领域。

（1）数字图像处理在地质学、矿藏勘探和森林、水利、农业等资源的调查和自然灾害预测预报方面有着非常广泛的应用。

（2）工业生产中可以应用数字图像处理技术来进行产品质量检测、生产过程的自动控制和计算机辅助设计与制造等。

（3）数字图像处理广泛应用于生物学和医学影像学领域中。X射线、超声波、显微图像分析及CT等都是典型代表。

（4）数字图像处理在通信领域同样应用广泛。数字图像处理在通信领域中的典型应用包括图像的传输、电视电话和电视会议等。

（5）场所采集的照片，例如，指纹、手迹、印章等都需要做进一步的处理方能辨识，历史文字和图片档案的修复与管理同样需要用到相应的数字图像处理技术。

（6）数字图像处理与太空科技同样密不可分。数字图像处理在宇宙探测中同样随处可见，大量的星体照片都需要用到数字图像处理技术进行处理。

综上可见，数字图像处理技术的确在人们生活中的方方面面都得以应用，因此学习和掌握数字图像处理技术也是从事许多研究工作所需要的。恰当地运用这项技术能够有力地推动许多研究工作的发展，为人类造福。

1.8 MATLAB领略

MATLAB语言是由美国MathWorks公司推出的计算机软件，经过多年的逐步发展与不断完善，现已成为国际公认的最优秀的科学计算与数学应用软件之一。其内容涉及矩阵代数、微积分、应用数学、有限元分析、科学计算、信号与系统、神经网络、小波分析及其应用、数字图像处理、计算机图形学、电子线路、电机学、自动控制与通信技术、物理、力学和机械振动等方面。MATLAB的特点是语法结构简单，数值计算高效，图形功能完备，特别受到以完成数据处理与图形图像生成为主要目的的科研人员的青睐。

1.8.1 MATLAB的优势

一种语言之所以能够如此迅速地普及和应用，显示出如此旺盛的生命力，是由于它有着不同其他语言的特点。MATLAB软件最突出的特点就是简洁的、开放式、便捷等。其提供了更为直观、符合人们思维习惯的代码，同时给用户带来最直观、最简洁的程序开发环境。

与其他的计算机高级语言相比，MATLAB具有以下几方面的优势。

（1）MATLAB具有高效的数值计算及符号计算功能，能使用户从繁杂的数学运算分析中解脱出来。

（2）MATLAB具有完备的图形处理功能，实现计算结果和编程的可视化。

（3）MATLAB具有友好的用户界面及接近数学表达式的自然化语言，使学者易于学习和掌握。

（4）MATLAB具有功能丰富的应用工具箱（如信号处理工具箱、通信工具箱等），为用户提供了大量方便实用的处理工具。

1.8.2 MATLAB的特点

MATLAB之所以成为世界流行的科学计算与数学应用软件，是因为它有着下列强大的功能。

（1）高质量、强大的数值计算功能。为满足复杂科学计算任务的需要，MATLAB 汇集了大量常用的科学和工程计算算法，从各种函数到复杂运算，包括矩阵求逆、矩阵特征值、奇异值、工程计算函数以及快速傅里叶变换等。MATLAB 强大的数值计算功能是其优于其他数学应用软件的重要原因。

（2）数据分析和科学计算可视化功能。MATLAB 不但科学计算功能强大，而且在数值计算结果的分析和数据可视化方面也远远优于其他同类软件。在科学计算和工程应用中，经常需要分析大量的原始数据和数值计算结果，MATLAB 能将这些数据以图形的方式显示出来，使数据间的关系清晰明了。

（3）强大的符号计算功能。科学计算有数值计算与符号计算两种。在数学、应用科学和工程计算领域，常常会遇到符号计算问题，但仅有优异的数值计算功能并不能解决科学计算时的全部需要。

（4）强大的非线性动态系统建模和仿真功能。MATLAB 提供了一个模拟动态系统的交互式程序 Simulink，允许用户通过绘制框图来模拟一个系统，并动态地控制该系统。Simulink 能处理线性、非线性、连续、离散等多种系统，它包括应用程序扩展集 Simulink、Extensions 和 Blocksets。

（5）灵活的程序接口功能。应用程序接口 A（API）是一个允许用户编写与 MATLAB 互相配合的 C 或 Fortran 程序的文件库。MATLAB 提供了方便的应用程序接口 API，用户可以在 MATLAB 环境下直接调用已经编译过的 C 和 Fortran 子程序，在 MATLAB 和其他应用程序之间建立客户机/服务器关系。

（6）文字处理功能。MATLAB 记事本成功地将 MATLAB 与文字处理系统 Microsoft Word 集成为一个整体，为用户进行文字处理、科学计算、工程设计创建了一个统一的工作环境。用户不仅可以利用 Word 的文字编辑处理功能，方便地创建 MATLAB 的系统手册、技术报告、命令序列、函数程序、注释文档，以及与 MATLAB 有关教科书 6 种文档，而且还能从 Word 访问 MATLAB 的数值计算和可视化结果。

1.8.3 MATLAB R2014 新功能

在 MATLAB 中，R2014 版本分别为 R2014a 版本及 R2014b 版本，它们主要的新功能如下。

1. R2014a 版本

MATLABR2014a 新功能包括 MATLAB 和 Simulink 的新功能以及 81 个其他产品的更新和补丁修复。

（1）MATLAB 产品系列新增

- MATLAB：Raspberry Pi 和网络摄像头硬件支持包。
- Optimization Toolbox：混合整数线性规划（MILP）解算器。
- Statistics Toolbox：对每个对象具有多个测量值的数据进行重复测量数据建模。
- Image Processing Toolbox：使用 MATLAB Coder 为 25 个函数生成 C 代码，为 5 个函数实现 GPU 加速。
- Econometrics Toolbox：状态-空间模型、缺失数据情况下自校准的卡尔曼滤波器，以及 ARIMA/GARCH 模型性能增强。
- Financial Instruments Toolbox：对偶曲线构建，用于计算信用敞口和敞口概况的函数，以及利率上限、利率下限和掉期期权的布莱克模型定价。
- SimBiology：提供用于模型开发的模型估算和桌面增强的统一函数。

- System Identification Toolbox：递归最小二乘估算器和在线模型参数估算模块。
- MATLAB Production Server：实现客户端与服务器之间的安全通信以及动态请求创建。

（2）Simulink 产品系列新增

- Simulink：用于定义和管理与模型关联的设计数据的数据字典，多核处理器和 FPGA 的算法分割和定位的单一模型工作流程，为 LEGO MINDSTORMS EV3、Arduino Due 和 Samsung Galaxy Android 设备提供内置支持。
- Stateflow：提供了上下文相关的 Tab 键自动补全功能来完成状态图。
- Simulink Real-Time：仪表板、高分辨率目标显示器和 FlexRay 协议支持，以及合并了 xPCTarget 和 xPC Target Embedded Option 的功能。
- SimMechanics：STEP 文件导入和接口的总约束力计算。
- Simulink Report Generator：用于在 Simulink 视图中丰富显示内容的对象检查器和通知程序。

（3）系统工具箱（System Toolbox）新增

- Computer Vision System Toolbox：立体视觉和光学字符识别（OCR）。

（4）功能代码生成新增

- Embedded Coder：支持将 AUTOSAR 工具的变更合并到 Simulink 模型中。
- Embedded Coder：ARM Cortex-A 使用 Ne10 库优化了代码生成。
- HDL Coder：枚举数据类型支持和时钟频率驱动的自动流水线操作。
- HDL Verifier：通过 JTAG 对 Altera 硬件进行 FPGA 仿真。

2. MATLAB R2014b 版本

在 MATLAB R2014a 版本的基础上，MATLAB R2014b 版本新增了以下功能：

（1）MATLAB 图形

MATLAB R2014b 推出了全新的 MATLAB 图形系统。全新的默认颜色、字体和样式便于数据解释。抗锯齿字体和线条使文字和图形看起来更平滑。图形对象便于使用。可以在命令窗口中显示常用属性，并且对象支持熟悉的结构化语法，可以更改属性值。另外，还增加了许多其他新功能。

（2）大数据功能

新增功能和性能改进面向大数据处理。datastore 函数可以方便、高效地格式化进入无法打开的内存文件（以及文件集合）数据，并将数据导入桌面。mapreduce 是一种可以分析无法进入计算机内存的数据集的编程技术。这些功能也可以用在 Hadoop 上处理数据。

（3）日期和时间数据类型

数据类型（datetime、duration 和 calendarDuration）可用于表示日期和时间。这些类型均能提供高效利用内存的计算和对比以及格式化显示。数据可以通过 readtable、textscan 和导入工具直接作为 datetime 数组导入。系统提供用于管理时区（包括夏令时）以及地点的特定信息（如月份和日期名称）。

（4）Git 和 Subversion 源控制集成

与流行的 Git 和 Subversion 源控制系统集成可以使您的数据保持可控状态，便于构建和共享自定义 MATLAB 工具箱。在 GitHub 上托管您的工具箱与他人协作，并将其列在 MATLAB Central 文件交换区上，供全球的 MATLAB 社区使用。

1.8.4 MATLAB R2014b 安装与激活

MATLAB R2014b 的安装与激活主要有以下步骤。

（1）将 MATLAB R2014b 的安装盘放入 CD-ROM 驱动器，系统将自动运行程序，进入初始化界面。

（2）启动安装程序后显示的 MathWorks 安装对话框，如图 1-6 所示。选择“使用文件安装密钥”单选按钮，再单击“下一步”按钮。

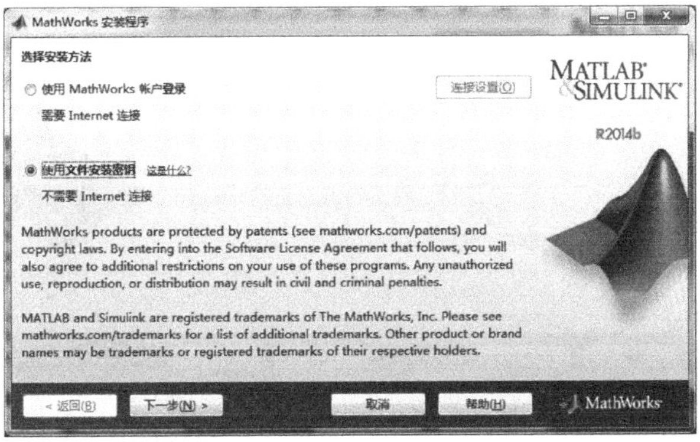

图 1-6　“MathWorks 安装”界面

（3）弹出如图 1-7 所示的“许可协议”对话框，如果同意 Math Works 公司的安装许可协议，选择“是”单选按钮，单击“下一步”按钮。

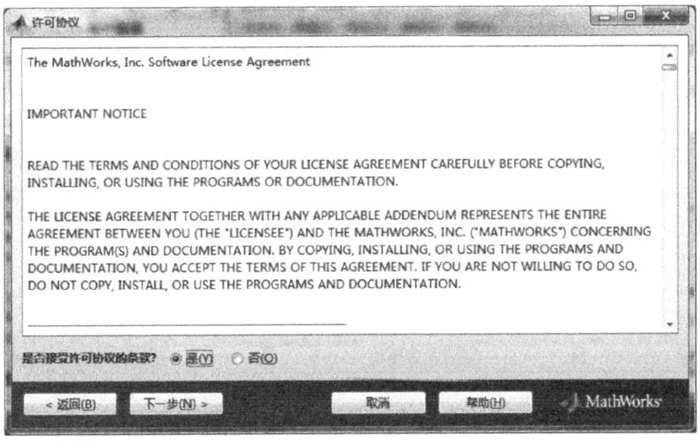

图 1-7　“许可协议”对话框

（4）弹出如图 1-8 所示的“文件安装密钥”对话框，选择“我已有我的许可证的文件安装密钥”单选按钮，单击“下一步”按钮。

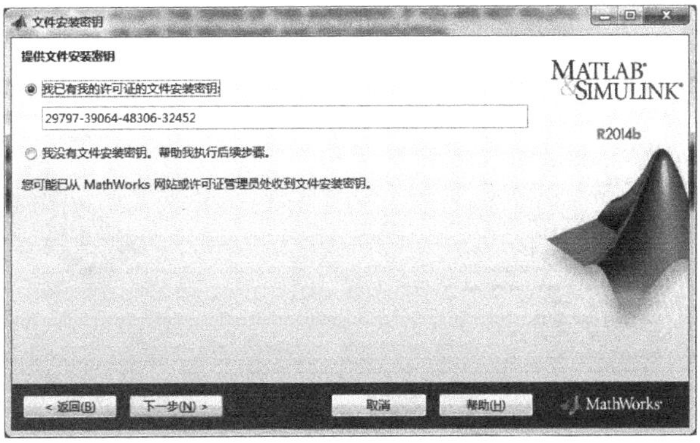

图 1-8　“文件安装密钥”对话框

（5）如果输入正确的钥匙，系统将弹出如图 1-9 所示的“文件夹选择”对话框，可以将 MATLAB 安装在默认路径中，也可自定义路径。如果需要自定义路径，即选择“输入安装文件夹的完整路径”下面的文本框右侧的“浏览（R）”按钮，则可选择所需要的路径实现安装，再单击“下一步”按钮。

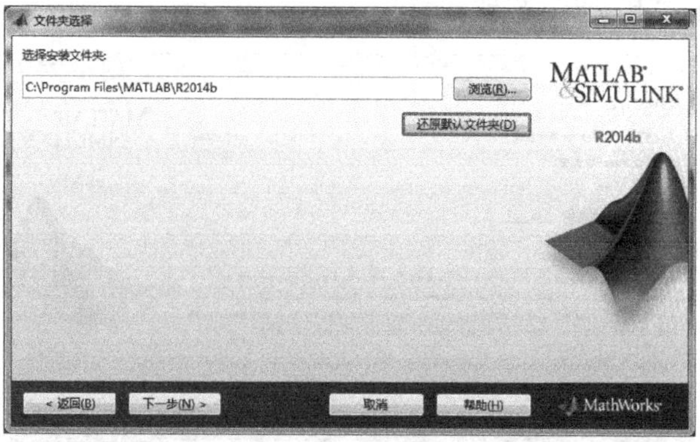

图 1-9 “文件夹选择”对话框

（6）确定安装路径并下一步，系统将弹出如图 1-10 所示的“产品选择”对话框，可以看到用户所默认安装的 MATLAB 组件、安装文件夹等相关信息。单击“下一步”按钮。

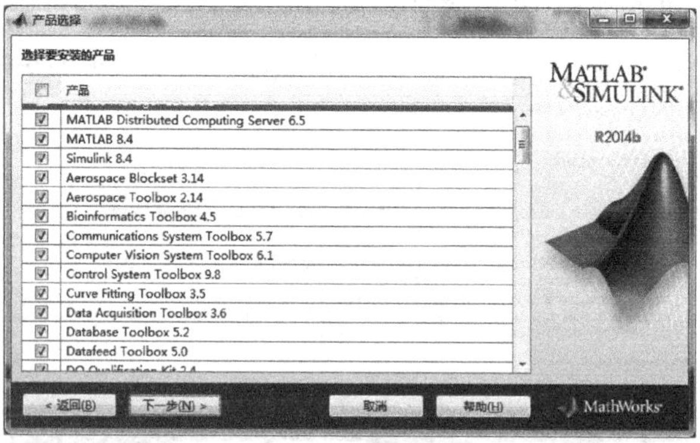

图 1-10 “产品选择”对话框

（7）在完成对安装文件的选择后，即弹出如图 1-11 所示的“确认”对话框，在该界面中，列出了你前面所选择的内容，包括路径、安装文件的大小、安装的产品等，如果无误后，则单击“安装”按钮进行安装。

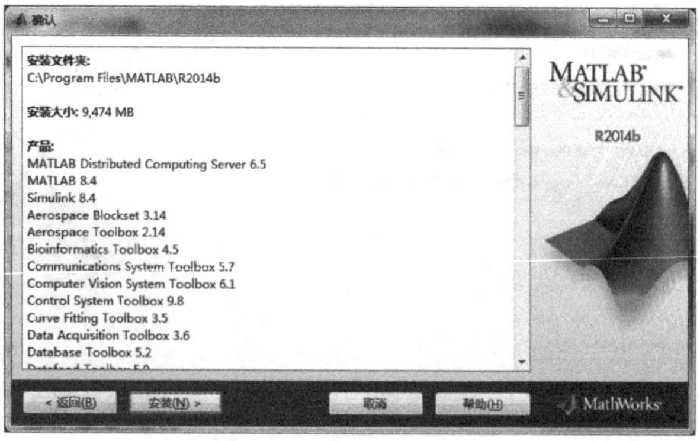

图 1-11 “确认”对话框

（8）软件在安装过程中，将显示安装进度条如图 1-12 所示。用户需要等待产品组件安装完成。安装完成弹出如图 1-13 所示的“安装完毕”对话框。

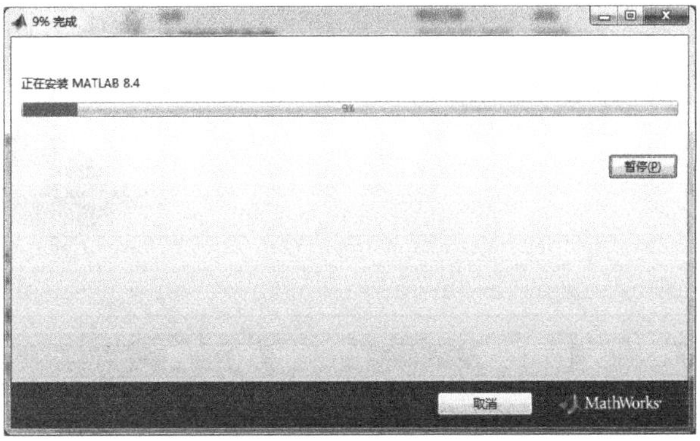

图 1-12 “安装进度条”对话框

（9）MATLAB 2014b 版本是需要激活的。所以在“安装完毕”对话框中，选中“激活 MATLAB”复选框，如图 1-13 所示，即实现激活，单击“下一步”按钮。

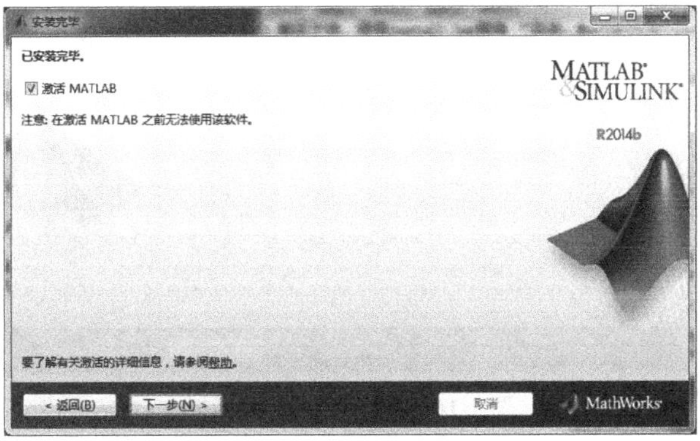

图 1-13 “安装完毕”对话框

（10）系统弹出如图 1-14 所示的“MathWorks 软件激活”对话框，选择“不使用 Internet 手动激活”方式激活，单击“下一步”按钮。

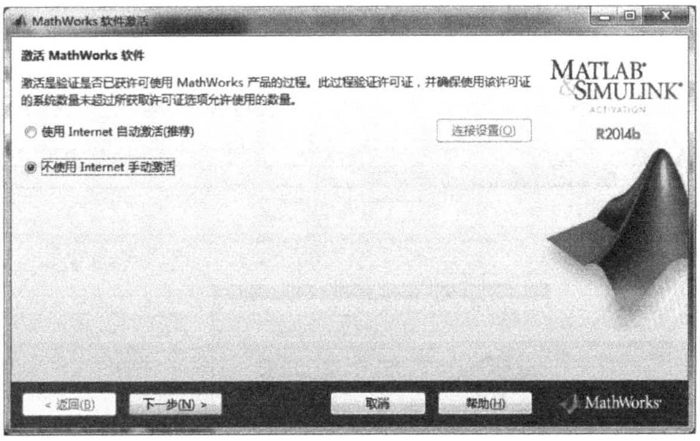

图 1-14 “MathWorks 软件激活”对话框

（11）在弹出的“离线激活”对话框中，选择“输入许可文件的完整路径（包括文件名）”，即单击右侧的“浏览”按钮，找到许可文件的完整路径（license.lic 文件在 serial 目录下），如图 1-15

所示。单击“下一步”按钮。

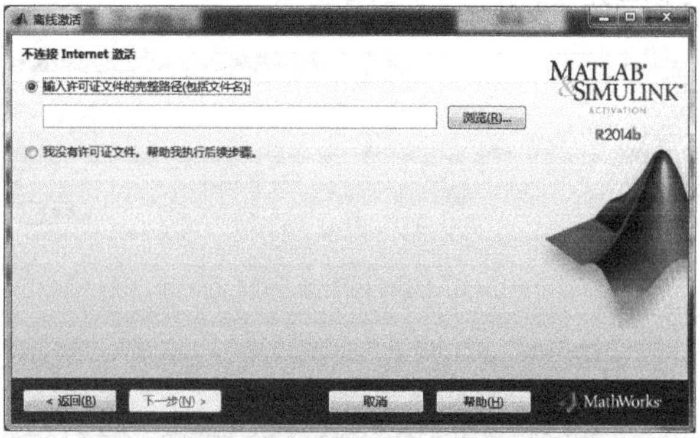

图 1-15　“离线激活”对话框

（12）弹出如图 1-16 所示的“激活完成”对话框，并且单击右下角的“完成”按钮，即可完成 MATLAB 2014b 的安装与激活。

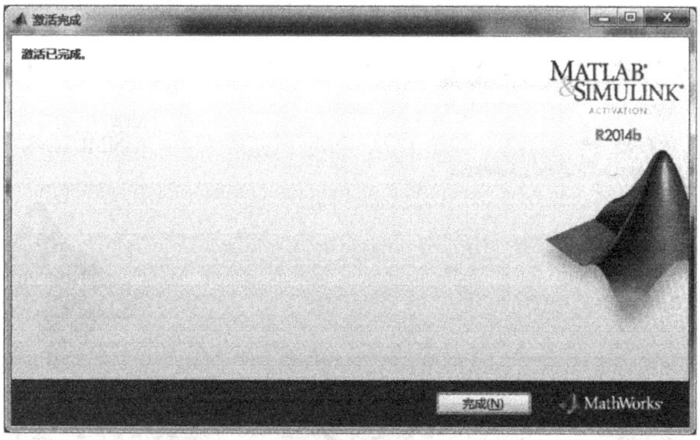

图 1-16　“激活完成”对话框

1.8.5　MATLAB R2014b 的工作环境

MATLAB R2014b 的工作界面，如图 1-17 所示，主要包括工具栏选项、当前工作目录、命令窗口、工作空间窗口和历史命令窗口。

MATLAB R2014b 的菜单和以前版本有很大的不同，在 MATLAB R2014b 工作界面中没有菜单，而有 3 个工具栏选项，分别为 HOME 工具项、PLOTS 工具项及 APPS 工具项。

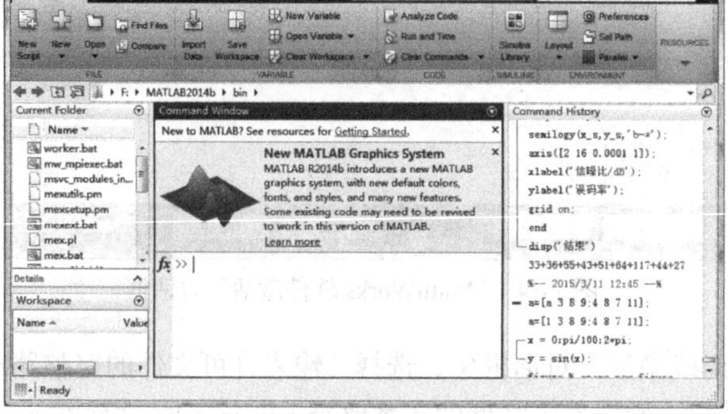

图 1-17　MATLAB 工作环境

1. 命令窗口

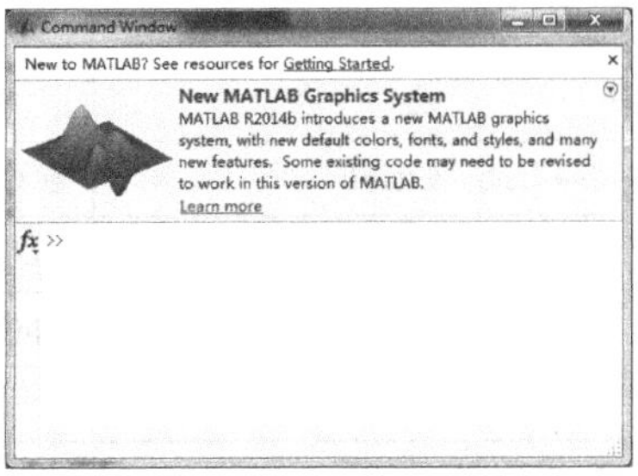

图 1-18　独立命令窗口

命令窗口（Command Window）是 MATLAB 的主要工作界面。在默认情况下，命令窗口提示“>>”符，用户可在此处输入函数、命令、表达式进行运算和操作。独立的命令窗口如图 1-18 所示。

一般来说，一个命令行输入一条命令，命令行以按回车键结束。但一个命令行也可以输入若干条命令，各命令之间以逗号分隔，若前一命令后带有分号，则逗号可以省略。

使用方向键和控制键可以编辑、修改已输入的命令，“↑”键回调上一行命令，“↓”键回调下一行命令。使用“more off”表示不允许分页，“more on”表示允许分页，“more(n)”表示指定每页输出的行数。回车前进一行，空格键显示下一页，“q”结束当前显示。

在 MATLAB 中的三个小黑点即为“续行号”，表示一条语句可分几行编写。而分号“;”作用是不在命令窗口中显示中间结果，但定义的变量将驻留在内存中。

MATLAB 命令窗口中常用的命令及功能如表 1-1 所示。

表 1-1　　MATLAB 命令窗口中常用的命令及功能

命　令	功　能
cls	擦去一页命令窗口，光标回屏幕左上角
clear	清除工作空间中所有的变量
clear all	从工作空间清除所有变量和函数
clear 变量名	清除指定的变量
clf	清除图形窗口内容
delete<文件名>	从磁盘中删除指定的文件
help<命令名>	查询所列命令的帮助信息
which<文件名>	查找指定文件的路径
who	显示当前工作空间中所有变量的一个简单列表
whos	列出变量的大小、数据格式等详细信息
what	列出当前目录下的.m 文件和.mat 文件
load name	下载 name 文件中的所有变量到工作空间
load name x y	下载 name 文件中的变量 x，y 到工作空间
save name	保存工作空间变量到文件 name.mat 中
save name x y	保存工作空间变量 x，y 到文件 name.mat 中
pack	整理工作空间内存
size(变量名)	显示当前工作空间中变量的尺寸
length(变量名)	显示当前工作空间中变量的长度
“↑”或“Ctrl+P”	调用上一行的命令
“↓”或“Ctrl+N”	调用下一行的命令
“←”或“Ctrl+B”	退后一格

续表

命　令	功　能
“→”或“Ctrl+F”	前移一格
“Ctrl+←”	向左移一个单词
“Ctrl+→”	向右移一个单词
Home 或“Ctrl+A”	光标移到行首
End 或“Ctrl+E”	光标移到行尾
Esc 或“Ctrl+U”	清除一行
Del 或“Ctrl+D”	清除光标后字符
Backspace 或“Ctrl+H”	清除光标前字符
“Ctrl+K”	清除光标至行尾字
“Ctrl+C”	中断程序运行

2. 工作空间

工作空间（Workspace）是 MATLAB 用于存储各种变量和结果的内存空间。在该窗口中显示工作空间中所有变量的名称、字节数和变量类型，可对变量进行观察、编辑、保存和删除。独立化的工作空间窗口如图 1-19 所示。

3. 命令历史窗口

命令历史记录窗口记录着用户在 Command Window 输入过的所有命令，命令历史窗口如图 1-20 所示。

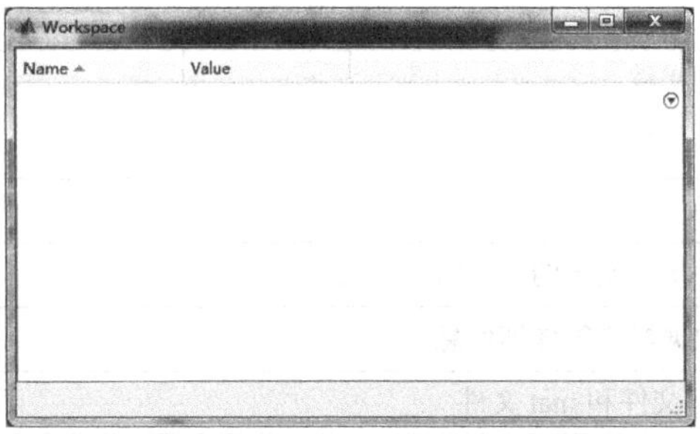

图 1-19　工作空间

图 1-20　命令历史窗口

在历史窗口中可以完成多种操作。单击鼠标右键，在弹出的菜单中可以选择相应的命令进行操作。

● 复制和粘贴命令：选中历史命令窗口中的一行或多行命令，历史命令窗口将会高亮显示这些命令。单击鼠标右键，在弹出的菜单选择复制命令，可以完成复制操作。复制后的命令文本可以粘贴在工作空间中运行或粘贴在其他文本编辑器中。

● 创建脚本：对于所执行的历史命令，如果必要也可以编写为 M 脚本文件或函数文件。此时，可以在历史命令窗口中选择需要创建的命令后，右击，在弹出的快捷菜单中选择创建脚本命令，即可将所执行的历史命令中的一部分创建 M 文件。当选择该命令后，系统弹出 M 文件编辑器，将所有选择的命令作为 M 文件的一部分内容自动输入到 M 文件编辑器中。此时，可以按照

M 文件保存、执行和调试。

- 日志文件创建：在命令行中，输入 diary 命令，可以将当前命令窗口中的所有内容都写入日志，包括命令和计算结果等。文件的保存格式为 ASCII 码形式，因此，可以很容易地使用文本阅读器阅读这些文件。默认情况下，diary 保存的日志文件路径为当前的工作目录。通过日志命令 diary 增加日志名称并开始记录命令窗口中的内容，然后执行相关的函数命令，最后通过日志命令 diaryoff 结束日志内容的记录。需要注意的是，通过日志命令记录时，并不能记录图形文件。记录结束后，读者可以在当前工作文件下找到日志文件打开阅读。

4. 当前文件夹

当前文件夹（Current Folder）是指 MATLAB 运行时的工作目录文件夹，只有在当前目录或搜索路径下的文件，函数才可以被运行或调用。如果没有特殊指明，数据文件也存放在当前文件夹下。为了便于管理文件和数据，用户可以将自己的工作目录设置成当前目录文件，从而使得用户的操作都在当前文件夹中进行。

当前文件夹窗口也称为路径浏览器。其可以内嵌在 MATLAB 主窗口中，也可以浮动在主窗口上，浮动的当前目录窗口如图 1-21 所示。在当前文件夹窗口中可以显示或改变当前文件夹，还可以显示当前文件夹的搜索功能。通过文件夹下拉列表框可以选择已经访问过的文件。

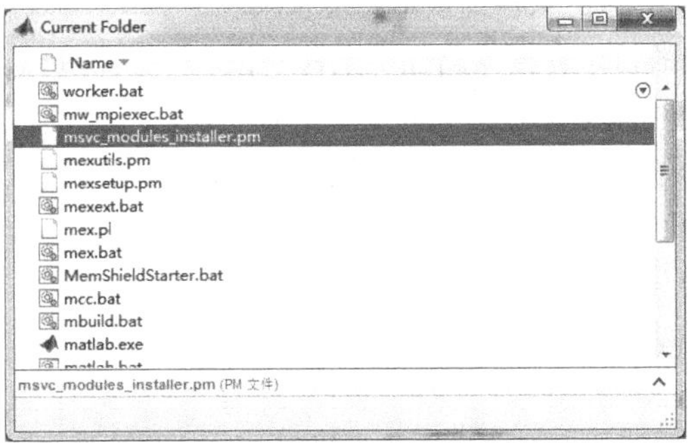

图 1-21　独立当前文件夹窗口

1.8.6　MATLAB R2014b 工具项

MATLAB R2014b 中包括三个工具项，下面给予介绍。

1. HOME 工具项

图 1-22 所示为 HOME 工具项页面。

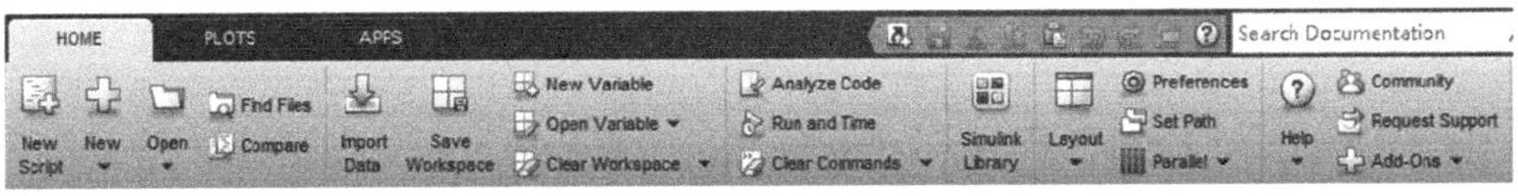

图 1-22　HOME 工具项

- New Script：用于新建 MATLAB 的脚本文件。
- New：用于新建 MATLAB 的脚本文件、函数文件、类、图形用户界面、Simulink 仿真等。
- Open：用于打开 MATLAB 的.m 文件、.fig 文件、.mat 文件、.mdl 文件、prj 文件等。
- Find files：用于查找 MATLAB 文件。
- Compare：用于打开选择文件或文件夹比较对话框。

- Import Data：将数据导入到 MATLAB 的工作空间。
- Save Workspace：将工作空间中的变量保存到文件中。
- New Variable：新建 MATLAB 变量。
- Open Variable：打开 MATLAB 变量编辑框。
- Clear Workspace：清除工作空间窗口中的变量。
- Analyze Code：分析 MATLAB 程序代码。
- Run and Time：打开运行时间分析器。
- Clear Commands：清除命令窗口。
- Simulink Library：打开 MATLAB 的 Simulink 仿真工具箱。
- Layout：MATLAB 布局菜单。
- Preference：设置 MATLAB 的属性。
- Set Path：设置搜索路径。单击该快捷按钮，弹出如图 1-23 所示的搜索路径对话框。

图 1-23 中的按钮含义分别如下所示。

- Add Folder...：添加新的路径。
- Add with subfolders：在搜索路径上添加子目录。
- Move to Top：将选中的目录移到搜索路径顶端。
- Move Up：将选中的目录在搜索路径中上移一位。
- Move Down：将选中的目录在搜索路径中下移一位。
- Move to Bottom：将选中的目录移到搜索路径底端。
- Remove：将选中的目录移出搜索路径。
- Default：恢复到原始的 MATLAB 默认路径。
- Revert：恢复上次改变搜索路径前的设置。

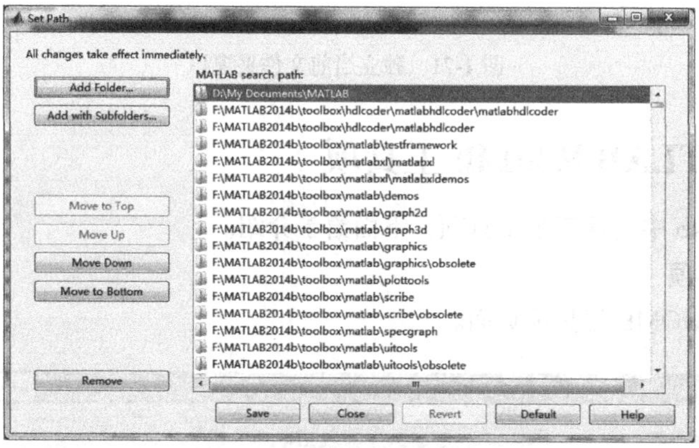

图 1-23　设置搜索路径对话框

- Parallel：对 MATLAB 属性进行配置。
- ：打开 MATLAB 联机帮助文档，效果如图 1-24 所示。
- Help：为 MATLAB 的帮助菜单。

2. PLOTS 工具项

图 1-25 所示为 PLOTS 工具项页面。

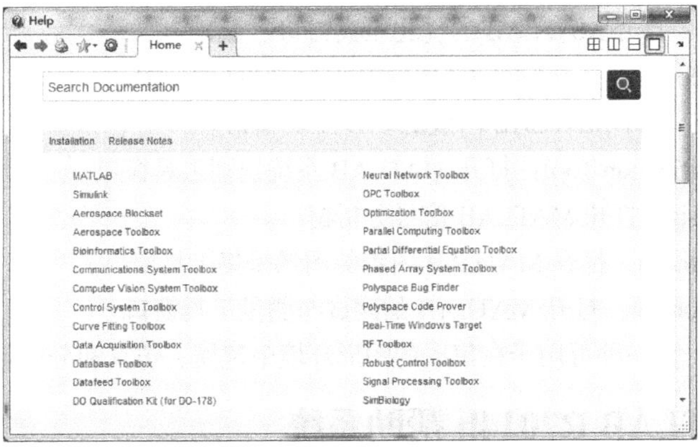

图 1-24　MATLAB 联机帮助文档

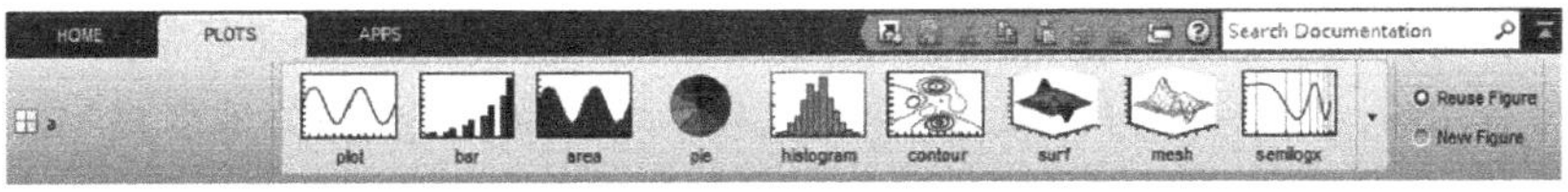

图 1-25　PLOTS 工具项页面

图 1-25 所示为 MATLAB 特有的绘图功能，在 MATLAB R2014b 中，直接给出绘制 MATLAB 的二维、三维、四维图形的快捷按钮。只要选中某个变量，然后需要绘制哪种图形，直接单击对应的快捷按钮即可。

- plot：绘制 MATLAB 的基本二维图形。
- bar：绘制 MATLAB 的条形图。
- area：绘制 MATLAB 的面积图。
- pie：绘制 MATLAB 的饼形图。
- histogram：绘制 MATLAB 的直方图。
- controu：绘制 MATLAB 等高线图。
- surf：绘制 MATLAB 三维曲线图。
- mesh：绘制 MATLAB 三维曲面图。
- semlogx：绘制 MATLAB 的 x 对数坐标系图。
- Reuse Figure：擦除图形痕迹在原图上绘制新图形。
- New Figure：新建图形。

3. APPS 工具

图 1-26 所示为 APPS 工具项页面。

图 1-26　APPS 工具项页面

其中，

- Get More Apps：打开更多的 MATLAB 在线应用界面。
- Install App：打开 MATLAB 安装应用程序窗口。
- Curve Fitting：打开 MATLAB 曲线拟合工具窗口。

- Optimization：打开 MATLAB 的优化工具窗口。
- MuPAD Notebook：打开 MATLAB 内置的 MuPAD 笔记窗口。
- PID Turning：打开 MATLAB 内置的 PID 工具窗口。
- System Identification Tool：打开 MATLAB 系统识别工具窗口。
- Signal Analysis：打开 MATLAB 信号分析窗口。
- Image Acquisition：打开 MATLAB 内置的图像采集工具窗口。
- Instrument Control：打开 MATLAB 的测试与测量工具窗口。
- SimBiology：为一种可用于在集成的图形环境中建模、仿真和分析生物系统的工具。

1.8.7 MATLAB R2014b 帮助系统

作为一个优秀的软件，MATLAB 为广大用户提供了有效的帮助系统，其中有联机帮助系统、远程帮助系统、演示程序、命令查询系统等，这些无论对于入门读者还是经常使用 MATLAB 的人员都是十分有用的，经常查阅 MATLAB 帮助文档，可以帮助我们更好地掌握 MATLAB。

获得帮助的主要工具为帮助浏览器，它提供了所有已安装产品的帮助文档，以帮助使用者全面了解 MATLAB 功能。如果 Internet 连接可用，可观看在线帮助和功能演示的视频。

1．命令查询帮助

在 MATLAB 中，可以在命令窗口中通过帮助命令来查询帮助信息，最常用的帮助命令为 help。常用的帮助命令如表 1-2 所示。

表 1-2 常用的帮助命令

命　令	说　明
help	在命令行窗口进行查询
which	获取函数或文件的路径
lookfor	查询指定关键字相关的 M 文件
helpwin	在浏览器中打开帮助窗口，可以带参数
helpdesk	在浏览器中打开帮助窗口，显示帮助的首页
doc	在帮助窗口中显示函数查询的结果
demo	在帮助窗口显示例子程序

在 MATLAB 中的命令窗口中输入 help，结果为：

```
>> help
HELP topics:

My Documents\MATLAB              - (No table of contents file)
matlabhdlcoder\matlabhdlcoder    - (No table of contents file)
matlab\testframework             - (No table of contents file)
matlabxl\matlabxl                - MATLAB Builder EX
matlab\demos                     - Examples.
matlab\graph2d                   - Two dimensional graphs.
matlab\graph3d                   - Three dimensional graphs.
…                                …
xpc\xpc                          - (No table of contents file)
xpcblocks\thirdpartydrivers      - (No table of contents file)
build\xpcblocks                  - (No table of contents file)
```

```
build\xpcobsolete              - (No table of contents file)
xpc\xpcdemos                   - (No table of contents file)
```

在 MATLAB 中的命令行窗口输入 help sin 可查询函数 sin 的帮助信息，输出结果为：

```
>> help sin
 sin    Sine of argument in radians.
    sin(X) is the sine of the elements of X.
    See also asin, sind.
    Overloaded methods:
       codistributed/sin
       gpuArray/sin
       sym/sin
    Reference page in Help browser
       doc sin
```

在命令行窗口可利用命令 help 进行函数的查询，简单易用，而且运行速度快。但是，help 命令需要准确地给出函数的名字，如果记不清函数的名字，就很难找到。此时，可以利用 lookfor 命令进行查询。lookfor 命令按照关键字查询所有相关的 M 文件，例如在 MATLAB 命令窗口中输入 lookfor sin，将查询所有和对数有关的函数，输出结果如下：

```
>> lookfor sin
BioIndexedFile       - class allows random read access to text files using an index file.
loopswitch           - Create switch for opening and closing feedback loops.
mbcinline          - replacement version of inline using anonymous functions
cgslblock      - Constructor for calibration Generation Simulink block parsing manager
xregaxesinput                 - Constructor for the axes input object for a ListCtrl
ExhaustiveSearcher             - Neighbor search object using exhaustive search.
```

在 MATLAB 中，利用 which 可获取函数的路径。例如，在命令窗口中输入 which sin，可获取函数 sin()的位置信息，输出如下：

```
>> which sin
built-in (F:\MATLAB2014b\toolbox\matlab\elfun\@double\sin)  % double method
```

2. 联机帮助系统

用户可以在主界面的 HOME 页下选择 Help 命令，或在命令窗口输入 helpdesk 或 doc 命令后，在浏览器中打开 MATLAB 的帮助系统，如图 1-24 所示。

MATLAB R2014b 的帮助系统和以前版本的帮助系统有很大的差别。在 MATLAB 命令窗口中输入 doc sin，或在图 1-24 所示的“Search Documentation”窗口中输入 sin，可以查询函数 sin()的帮助信息，如图 1-27 所示。

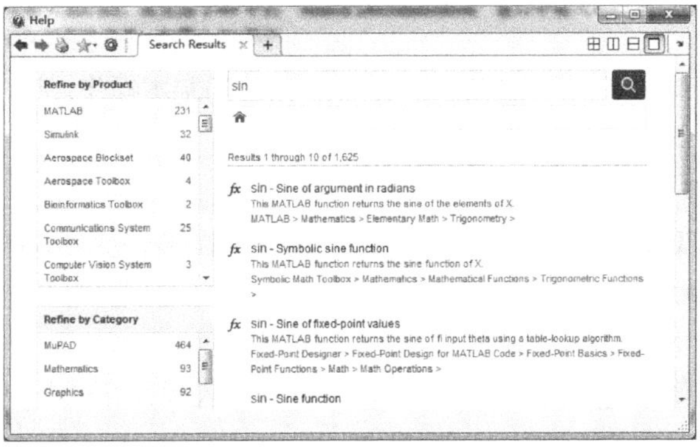

图 1-27　sin 帮助浏览

选择第一个链接，即弹出 sin 相关介绍说明及实例，效果如图 1-28 所示。

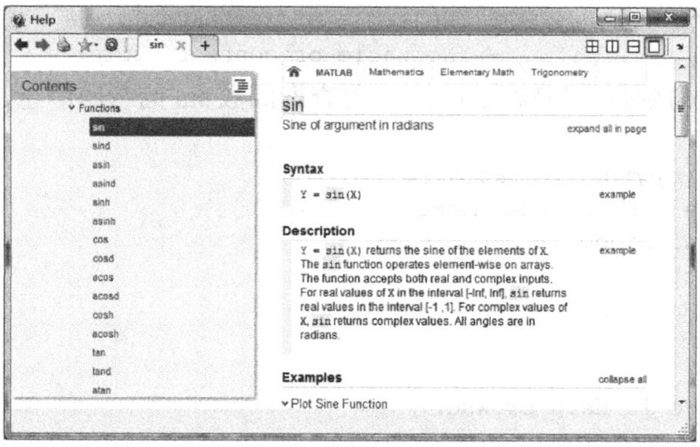

图 1-28　sin 帮助文档

用户在命令行窗口输入 helpwin 命令后，MATLAB R2014b 的查询界面如图 1-29 所示。在图 1-29 中，MATLAB 的命令或函数按照列表进行了分类。例如，单击 matlab\demos，将获得 MATLAB 系统的实例。如果在命令窗口中输入 help demos，将会在命令窗口中显示 MATLAB 系统的通用命令。

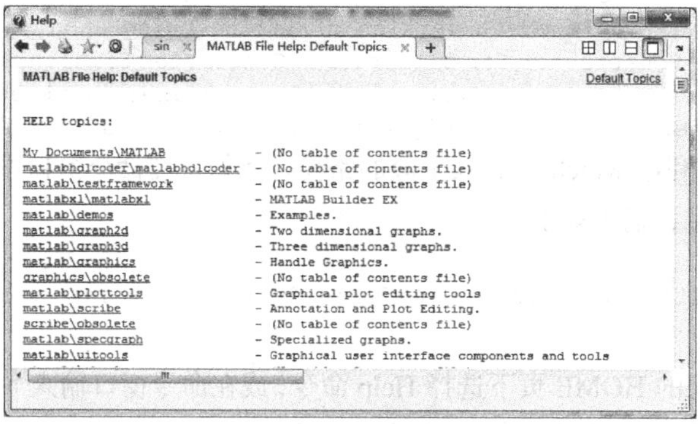

图 1-29　helpwin 查询界面

1.9　MATLAB 图像处理应用实例

前面介绍了数字图像的基本概念以及 MATLAB 软件的基本操作，那么怎样在 MATLAB 中实现图像处理呢？可通过下面操作步骤实现。

（1）打开 MATLAB

安装并激活好MATLAB后，单击建立在桌面上的MATLAB快捷方式图标，即可打开MATLAB R2014b 的工作界面，效果如图 1-17 所示。

（2）载入图像

将所需要处理的图像通过数据机、U 盘等输入设备输入到计算机中，并确定图像在计算机中存放的位置。例如图像存在 E:\MATLAB R2014b_image 中。

（3）更改当前目录

将所要处理的图像所在目录设为当前目录，如图 1-30 所示。

图 1-30　修改后的当前目录

（4）打开脚本编辑窗口

启动 MATLAB 后，单击界面中的 New Script 快捷菜单，即可弹出 M 文件编辑器，在该文件中输入代码并保存即可建立.m 文件，如图 1-31 所示。

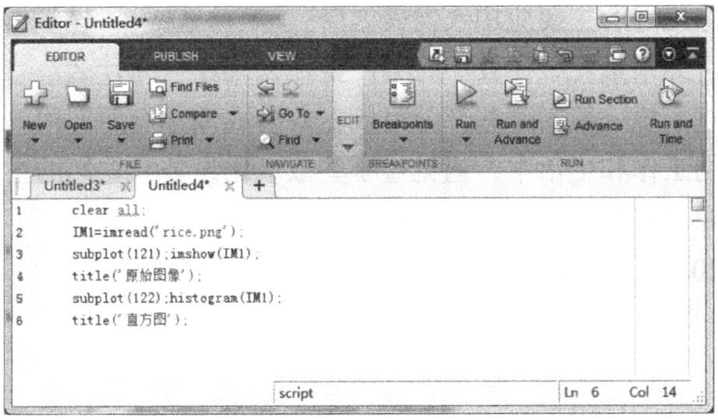

图 1-31　在 M 文件中编辑的源文件

（5）保存运行

如果需要保存源文件为.m 文件，即单击图 1-31 中的保存快捷按钮，即可将其保存为对应的.m 文件。选中程序代码并右击，在弹出的快捷菜单中选择“Evaluate Selection”选项，即可运行程序。运行图 1-31 中的程序代码，效果如图 1-32 所示。

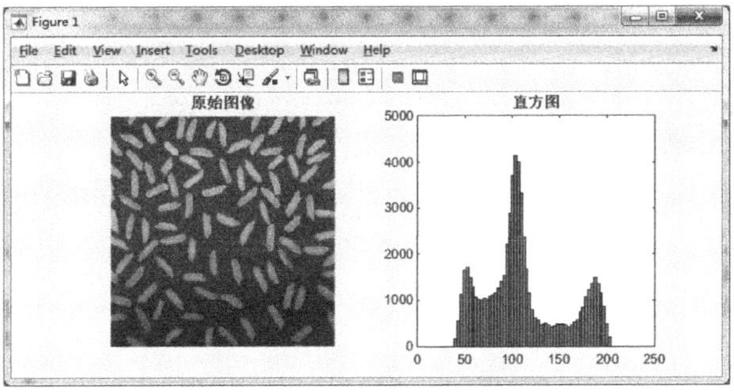

图 1-32　原始图像与直方图

如果想将运行结果保存成图片的格式，需要在程序中加入图像 I/O 文件中的图像写入图形文件函数，即 imwrite(a, filename, fmt)。如想让图像 a 保存在 D 盘 image 文件夹中，文件名为 mypt，文件格式为.bmp，可用语句“imwrite(a, 'D:\image\mypt.bmp')”。

小　　结

本章简要介绍了数字图像处理的发展、数字图像的相关概念、数字图像处理的方法、数字图像处理技术的发展方向以及 MATLAB 的编程基础等基本知识，使读者更明确地了解到本软件的技术特点及相关强大功能，从而对本软件产生浓厚兴趣。本章中涉及的都是数字图像处理的基本内容，可以在以后章节结合 MATLAB 知识，加深对数字图像处理的理解。

习　题

1-1　什么是数字图像？数字图像处理有哪些特点？图像与数字图像有何区别？

1-2　简述数字图像处理的主要应用及发展方向。

1-3　图像量化后，如果量化级比较小时会产生什么现象？为什么？

1-4　数字图像处理系统一般由哪些部分组成？各组成部分有何作用？

1-5　想一想在你的工作和生活中，遇见过哪些数字化设备？它们的主要用途是什么？

1-6　数字图像主要有哪几方面的发展趋势？

1-7　MATLAB R2014b 版本有哪些优势？

第2章 数字图像处理的数学基础及运算

数字图像处理是一门伴随着计算机技术发展而产生的交叉学科。它综合了信息技术、数学、光学、电子技术以及工程技术等多学科知识与技术，其中所涉及的许多数学工具是必不可少的。下面对这些数据工具的基本原理、概念、操作进行相关介绍。

2.1 图像类型的转换

在第 1 章中已经对图像的显示、输入、输出函数做了简要介绍，那么在 MATLAB 中，又支持几种图像呢？它们又是怎样转换的呢？

MATLAB 支持真彩色图像、索引图像、灰度图像、二值图像 4 种不同的图像类型，不同类型的图像在 MATLAB 中的数据存储形式不同。

- 真彩色图像

真彩色图像（RGB images）通过 R（红）、G（绿）、B（蓝）3 个颜色分量的灰度值的组合来表示一个像素的颜色。对于像素大小为 $m\times n$ 的真彩色图像来说，在 MATLAB 中数据存储结构为 $m\times n\times 3$，即 m 和 n 用于表示像素点的位置，而具体的颜色值通过像素点的 R、G、B 这 3 个分量的值确定，定义为 0 到 255 之间。

- 索引图像

索引图像（Index images）包含数据索引矩阵和颜色映射矩阵两个数据结构。其中颜色映射矩阵为一个包含三列数据的矩阵，其中每一行对应一种颜色，每一行为 0 到 1 之间的三个浮点型数据，分别表示红、绿、蓝这 3 种颜色的深度。

- 灰度图像

存储灰度图像（Intensity images）只使用一个数据矩阵存储图像，矩阵的每个元素为该像素点的灰度值，数据类型可以是整型或浮点型。如果为双精度型，则灰度图像的数据矩阵的范围为[0,1]；如果为 8 位无符号整型变量，则灰度图像的数据矩阵的范围为[0,255]；如果为 16 位无符号整型变量，则灰度图像的数据矩阵的范围为[0,65535]。

- 二值图像

二值图像（Binary images）也只需一个数据矩阵即可完成图像的存储，其中每个像素只有 0 或 1 两个灰度值。二值图像的数据存储结构为逻辑变量，0 在图像中反映为白色，1 在图像中反映为黑色。

2.1.1 转换为真彩色图像

MATLAB 提供了若干个函数用于将其他形式图像转换为真彩色图像。

1. demosaic 函数

在 MATLAB 中，demosaic 函数用于将 Bayer 模式编码图像转换为真彩色图像。函数的调用格式为：

RGB = demosaic(I, sensorAlignment)：将 Bayer 模式编码图像 I 转换为真彩色图像 RGB。参量 I 为行数和列数都大于或等于 5 的矩阵，表示 Bayer 模式编码。字符串参量 sensorAlignment 表示 Bayer 模式，代表红、绿、蓝传感器的排列顺序。

【例 2-1】利用 demosaic 函数将 Bayer 模式编码图像转换为真彩色图像。

```
>> clear all;
I = imread('mandi.tif');            %读入 Bayer 模式编码图像
J = demosaic(I,'bggr');             %转换为真彩色图像
subplot(121);imshow(I);
title('原始图像');
axis square;
subplot(122), imshow(J);
title('转换后图像');
axis square;
```

运行程序，效果如图 2-1 所示。

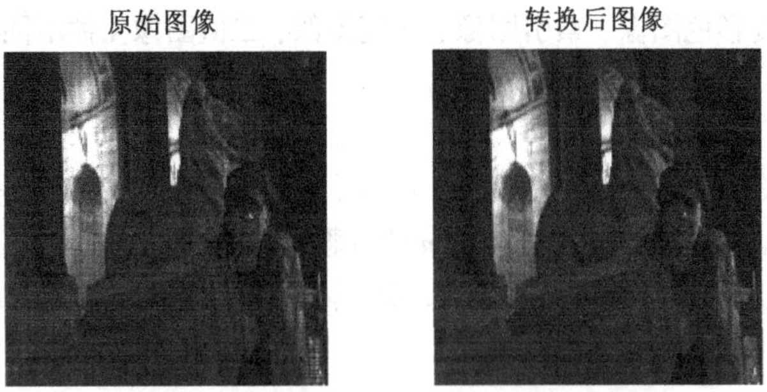

图 2-1　Bayer 模式编码图像转换为真彩色图像

2. tonemap 函数

在 MATLAB 中，tonemap 函数用于将 HDR 图像转换为真彩色图像。函数的调用格式为：

RGB = tonemap(HDR)：将 HDR 图像转换为低动态图像 RGB，以适应显示。参量 HDR 是一个维数为 $m \times n \times 3$ 的数组，数值类型为单精度，数值范围为[0,Inf]。

RGB = tonemap(HDR, param1, val1, ...)：将 HDR 图像转换为低动态图像 RGB，并指定转换参数 paramN 的值 valN。

【例 2-2】将 HDR 图像转换为真彩色图像。

```
>> clear all;
hdr = hdrread('office.hdr');            %hdrread 用于读取 HDR 图像
subplot(121);imshow(hdr);
title('HDR 图像');
axis square;
rgb = tonemap(hdr, 'AdjustLightness', [0.1 1],'AdjustSaturation', 1.5);
```

```
subplot(122);imshow(rgb);
title('真彩色图像');
axis square;
```

运行程序，效果如图 2-2 所示。

图 2-2　HDR 图像转换为真彩色图像

3. ind2rgb 函数

在 MATLAB 中，ind2rgb 函数用于将索引图像转换为真彩色图像。函数的调用格式为：

RGB = ind2rgb(X,map)：输入图像 X 可以是 uint8、uint16 或 double 类型，输出图像 RGB 是 double 类型的 $m \times n \times 3$ 矩阵。

【例 2-3】将索引图像转换为真彩色图像。

```
>> clear all;
load trees;
imshow(X,map);
title('索引图像');
rgb=ind2rgb(X,map);
figure;imshow(rgb);
title('真彩色图像');
```

运行程序，效果如图 2-3 所示。

图 2-3　索引图像转换为真彩色图像

2.1.2　转换为索引图像

MATLAB 也提供了几个用于将其他图像转换为索引图像的函数。下面给予介绍。

1. gray2ind 函数

在 MATLAB 中，gray2ind 函数用于将灰度图像或二值图像转换为索引图像。函数的调用格式为：

[X, map] = gray2ind(I,n)：表示按指定的灰度级数 *n* 将灰度图像 I 转换成索引图像 X，*n* 的默认值为 64，*n* 的范围为 1~65536。

[X, map] = gray2ind(BW,n)：表示按指定的灰度级数 *n* 将二值图像 BW 转换成索引图像 X，*n* 的默认值为 2。

【例 2-4】将灰度图像转换为索引图像。

```
>> clear all;
I = imread('cameraman.tif');
subplot(121);imshow(I);
title('原始图像');
[X, map] = gray2ind(I, 16);
subplot(122);imshow(X, map);
title('索引图像');
```

运行程序，效果如图 2-4 所示。

图 2-4　灰度图像转换为索引图像

2. grayslice 函数

在 MATLAB 中，grayslice 函数用于将灰度图像转换为索引图像。函数的调用格式为：

X = grayslice(I, n)：将灰度图像 I 均匀量化为 *n* 个等级，然后转换成索引图像 X。

【例 2-5】将灰度图像通过设定阈值转换成索引图像。

```
>> clear all;
I = imread('snowflakes.png');
X = grayslice(I,16);                %将灰度图像通过设定阈值转换成索引图像
figure;imshow(I);
figure;imshow(X,jet(16));
```

运行程序，效果如图 2-5 所示。

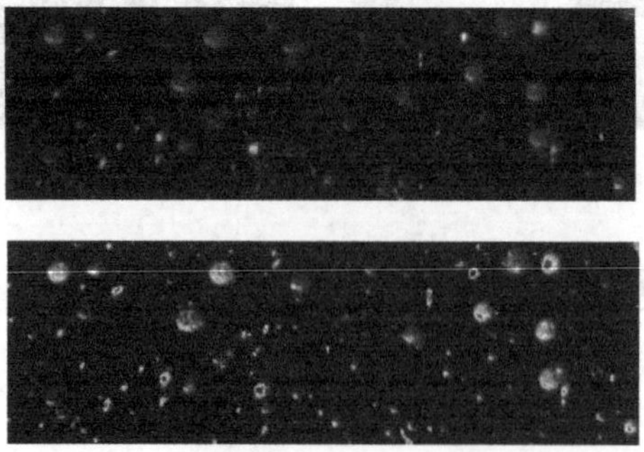

图 2-5　灰度图像转换成索引图像

2.1.3　转换为灰度图像

MATLAB 也提供了几个用于将其他形式图像转换为灰度图像的函数，下面给予介绍。

1. mat2gray 函数

在 MATLAB 中，mat2gray 函数用于将矩阵转换为灰度图像。函数的调用格式为：

I = mat2gray(A, [amin amax])：按指定的取值区间[amin amax]将数据矩阵 A 转换为灰度图像 I，amin 是灰度最暗的值（0 值），amax 是灰度最亮的值（1 值），且输入图像 A 与输出图像 I 都为 double 类型。

I = mat2gray(A)：自动把矩阵 A 中的最小值设定为 amin，最大值设定为 amax。

【例 2-6】将矩阵转换为灰度图像。

```
>> clear all;
I = imread('rice.png');
subplot(121);imshow(I);
title('原始图像');
J = filter2(fspecial('sobel'),I);
K = mat2gray(J);            %矩阵转换成一个图像
subplot(122); imshow(K);
title('灰度图像');
```

运行程序，效果如图 2-6 所示。

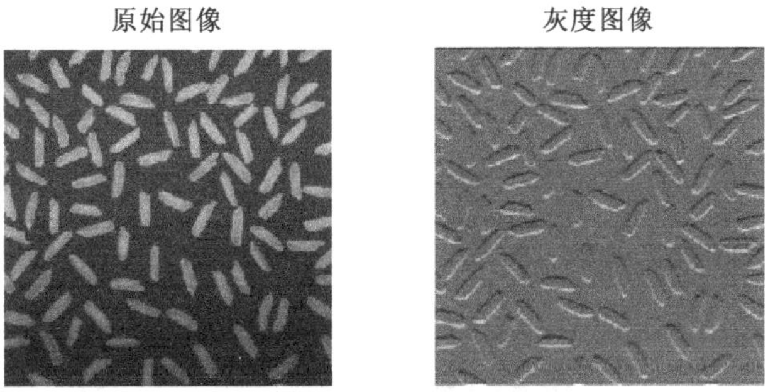

图 2-6　矩阵转换为灰度图像

2. ind2gray 函数

在 MATLAB 中，ind2gray 函数将索引图像转换成灰度图像，ind2gray 函数其实就是从输入图像中删除色彩和位置信息。函数调用格式为：

I = ind2gray(X,map)：把索引图像 X（色图 map）转换成灰度图像。

【例 2-7】将索引图像转换为灰度图像。

```
>> clear all;
load trees
I = ind2gray(X,map);
figure,imshow(X,map)
title('索引图像');
figure,imshow(I);
title('灰度图像');
```

运行程序，效果如图 2-7 所示。

图 2-7　索引图像转换成灰度图像

3. rgb2gray 函数

在 MATLAB 中，rgb2gray 函数用于将真彩色图像转换为灰度图像。函数的调用格式为：

I = rgb2gray(RGB)：将真彩色图像 RGB 转换成灰度图像 I。

newmap = rgb2gray(map)：将彩色色图 map 转换成灰度色图 newmap。

如果输入的为真彩色图像 RGB，则可以是 uint8、uint16 或 double 类型，输出图像 I 的类型和输入类型致。如果输入的为色图，则输入和输出都为 double 类型。

【例 2-8】将真彩色图像转换为灰度图像。

```
>> clear all;
I = imread('board.tif');
J = rgb2gray(I);
subplot(121); imshow(I);
title('原始图像');
subplot(122); imshow(J);
title('真彩色图像');
```

运行程序，效果如图 2-8 所示。

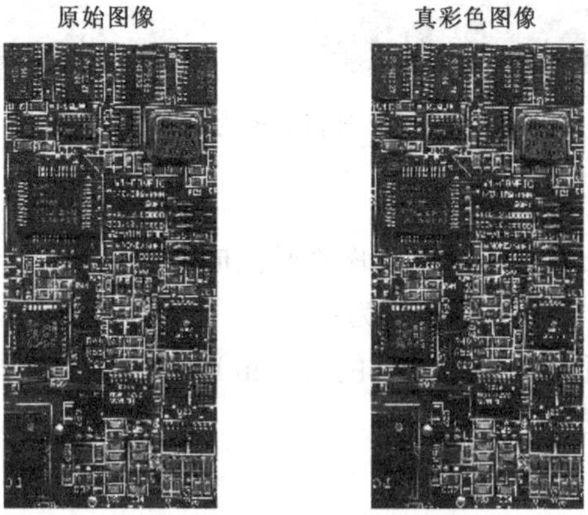

图 2-8　真彩色图像转换为灰度图像

2.1.4 转换为二值图像

MATLAB 提供了 im2bw 函数，通过设定亮度阈值将灰度、真彩、索引图像转换成二值图像。函数的调用格式为：

BW = im2bw(I, level)：将灰度图像 I 转换成二值图像（white 与 black）。

BW = im2bw(X, map, level)：将索引图像 X（色图 map）转换成二值图像（white 与 black）。

BW = im2bw(RGB, level)：将真彩色图像 RGB 转换成二值图像（white 与 black）。

level 是归一化的阈值，取值在[0, 1]。level 可以由函数 graythresh(1)计算得到。

【例 2-9】将索引图像转换为二值图像。

```
>> load trees
BW = im2bw(X,map,0.4);
figure,imshow(X,map),
title('索引图像');
figure, imshow(BW);
title('二值图像');
```

运行程序，效果如图 2-9 所示。

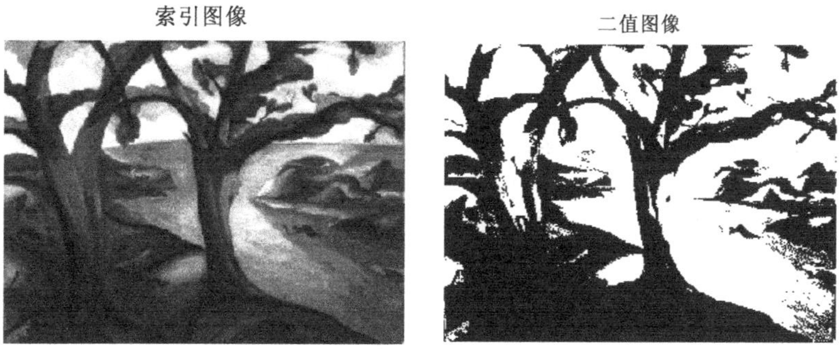

图 2-9　索引图像转换为二值图像

2.2 线性系统

工程技术中所应用的绝大多数系统在其工作区范围内，其数学模型一般都可以简化为线性系统。这不仅仅是因为线性系统在理论上具有成熟的理论体系，更因为各种应用系统（包括各种工业应用系统）在工作点附近其实际运行状态非常接近理想的线性系统。因此，线性系统常用于描述电路系统、光学系统、机械系统、液压系统等。线性系统理论为数字信号处理、图像处理、生产自动化、信号采样与滤波以及空间分辨率的研究提供了坚实的数学基础。

2.2.1 线性系统分析

任何一个实际系统，给定一个输入信号 $u(t)$，则产生相应的输出信号 $y(t)$，系统的输入信号与输出信号之间实质上是一种数学运算，可以采用图 2-10 所示的模型表示。

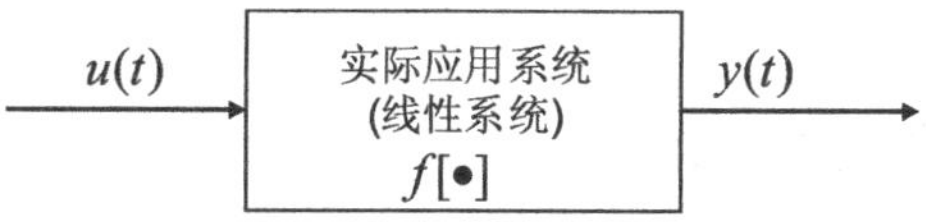

图 2-10　应用系统模型

即系统对输入信号 $u(t)$ 的作用产生了输出信号 $y(t)$，这种输入与输出信号之间的关系可以采用函数运算的形式加以描述：

$$y(t)=f[u(t)] \tag{2-1}$$

对于某一系统，若给定输入 $u_i(t)$，则产生输出 $y_i(t)$，即：

$$y_i(t)=f[u_i(t)] \quad i=1,2,\cdots \tag{2-2}$$

当且仅当该系统具有如下性质时：

$$y_1(t)=y_2(t)=f[a_1u_1(t)+a_2u_2(t)]=a_1f[u_1(t)]+a_2f[u_2(t)] \tag{2-3}$$

该系统是线性的。

上述性质表示线性系统应该满足叠加原理，即若输入是 N 个信号的线性加权组合，则输出是对上述信号中每一个信号进行同样的线性组合。叠加原理实际上包含了两个性质，即可加性和齐次性（又称为比例性）。

2.2.2 移不变系统分析

对于任何一个系统，若给定输入 $u(t)$，则产生输出 $y(t)$，即：

$$y(t)=f[u(t)] \tag{2-4}$$

将输入信号自变量 t 沿坐标轴平移 T 时刻，若满足以下条件：

$$f[u(t-T)]=y(t-T) \tag{2-5}$$

即输出信号的函数形式不变，仅仅是输出信号的自变量平移了同样的长度 T，则称该系统具有移不变性，或称为移不变系统。

因此，移不变系统是指系统对于输入 $u(t)$ 产生输出 $y(t)$，若输入为 $u(t-T)$ 时，则对应的输出为 $y(t-T)$。也就是说输入延时任意时刻 T，而幅值却保持不变。若线性系统满足移不变特性，则称为线性移不变系统。

2.3 调谐信号

为了进一步研究线性系统输入、输出之间的规律和特性，可以从研究线性系统对复指数函数的响应着手。虽然实际系统的输入、输出信号一般都是实数，但复指数函数的实部和虚部分别是余弦信号和正弦信号，它们都是工业应用中的典型信号形式。因此，复指数信号对线性系统的研究具有重要的意义。

2.3.1 调谐信号分析

观察式（2-6）所示的复指数信号：

$$u(t)=\cos(\omega t)+\mathrm{j}\sin(\omega t)=\mathrm{e}^{\mathrm{j}\omega t} \tag{2-6}$$

其中 $\mathrm{j}^2=1$。

函数 $u(t)$ 称为调谐信号，它是一个复函数。余弦信号和正弦信号分别是调谐信号的实部和虚部。

2.3.2 调谐信号的响应分析

对于线性移不变系统，若输入调谐信号 $u_1(t)$，即：

$$u_1(t)=\cos(\omega t)+\mathrm{j}\sin(\omega t)=\mathrm{e}^{\mathrm{j}\omega t} \tag{2-7}$$

则系统响应为：

$$y_1(t) = H(\omega,t)e^{j\omega t} \tag{2-8}$$

若输入调谐信号 $u_2(t)$，即：

$$u_2(t) = \cos(\omega(t-T)) + j\sin(\omega(t-T)) = e^{j\omega(t-T)} \tag{2-9}$$

则系统响应为：

$$y_2(t) = H(\omega,t-T)e^{j\omega(t-T)} \tag{2-10}$$

由于输入信号 $u_1(t)$ 和 $u_2(t)$ 存在以下关系：

$$u_2(t) = e^{-j\omega T}u_1(t)$$

因此可得：

$$\begin{aligned} e^{-j\omega T}y_1(t) = e^{-j\omega T}H(\omega,t)e^{j\omega T} = y_2(t) \\ y_2(t) = H(\omega,t)e^{j\omega(t-T)} \end{aligned} \tag{2-11}$$

比较式（2-10）和式（2-11），得到：

$$H(\omega,t-T)e^{-j\omega(t-T)} = H(\omega,t)e^{j\omega(t-T)} \tag{2-12}$$

即

$$H(\omega,t-T) = H(\omega,t) \tag{2-13}$$

式（2-13）中由于 T 取任意值均成立，因此，当 $H(\omega,t)$ 与 t 无关时，式（2-13）才能成立，由此可得出：

$$H(\omega,t) = H(\omega) \tag{2-14}$$

因此，可得：

$$y(t) = H(\omega)u(t) \tag{2-15}$$

式（2-15）表明，线性移不变系统对于调谐信号的响应等于输入信号乘以一个函数 $H(\omega)$。该函数仅仅是频率函数，即线性系统的调谐信号输入总产生同样频率的调谐信号输出。

2.3.3 系统传递函数分析

1. 传递函数的形式

对于线性移不变系统，式（2-15）描述了输入信号与输出信号之间的关系，其中 $H(\omega)$ 称为系统的传递函数。传递函数 $H(\omega)$ 包含了所表示系统的全部特征。

因此，$H(\omega)$ 可表示为如下形式：

$$H(\omega) = \frac{y(t)}{u(t)} \tag{2-16}$$

式（2-16）可写成极坐标形式：

$$H(\omega) = A(\omega)e^{j\phi(\omega)} \tag{2-17}$$

2. 线性移不变系统对余弦信号的输出

若输入为一个余弦信号，且令其为某调谐信号的实部，即：

$$u(t) = \mathrm{Re}[\cos(\omega t) + j\sin(\omega t)] = \mathrm{Re}(e^{j\omega t}) \tag{2-18}$$

则由于系统对调谐输入信号的响应为：

$$H(\omega)e^{j\omega t} = A(\omega)e^{j\phi(\omega)}e^{j\omega t} = A(\omega)e^{j(\omega t+\phi)} \tag{2-19}$$

因此，系统的实际输出为：

$$y(t) = \mathrm{Re}[A(\omega)e^{j(\omega t+\phi)}] = A(\omega)\cos(\omega t+\phi) \tag{2-20}$$

$A(\omega)$ 为系统的增益因子，代表系统对输入信号的缩放比例。ϕ 为输出信号的相位，其作用是将调谐输入信号的时间坐标加以平移。

综上所述，线性移不变系统具有以下性质：

（1）调谐输入产生同频率的调谐输出。

（2）系统的传递函数是一个仅依赖于频率的复函数，它包含了系统的全部特征信息。

（3）传递函数对调谐输入信号仅产生幅值的缩放和相位的平移。

2.4 卷积与滤波

卷积积分是求线性连续时不变系统输出响应的主要方法，而离散序列的卷积和是求离散线性移不变系统输出响应的主要方法。通常情况下，数字图像处理技术中的滤波器是一个线性移不变离散系统。因此，卷积与滤波在图像处理学科和技术中具有重要意义。

2.4.1 连续卷积分析

根据数字信号处理理论，卷积的定义如下：

$$y(t)=u(t)*h(t)=\int_{-\infty}^{+\infty}u(\tau)h(t-\tau)\mathrm{d}\tau \tag{2-21}$$

卷积运算具有如下重要性质：

（1）交换律：$u*h=h*u$ （2-22）

（2）结合律：$(u*h)*y=u*(h*y)$ （2-23）

（3）分配律：$u*(h+y)=u*h+u*y$ （2-24）

（4）求导：$\dfrac{\mathrm{d}}{\mathrm{d}t}(u*h)=u'*h=u*h'$ （2-25）

根据卷积的定义可证明上述性质，以式（2-25）为例，可证明如下：

$$\begin{aligned}\frac{\mathrm{d}}{\mathrm{d}t}(u*h)&=\frac{\mathrm{d}}{\mathrm{d}t}\left[\int_{-\infty}^{+\infty}u(\tau)h(t-\tau)\mathrm{d}\tau\right]\\&=\int_{-\infty}^{+\infty}u(\tau)\frac{\mathrm{d}}{\mathrm{d}t}[h(t-\tau)]\mathrm{d}\tau\\&=\int_{-\infty}^{+\infty}u(\tau)h'(t-\tau)\mathrm{d}\tau=u*h'\end{aligned} \tag{2-26}$$

同样可推导出：

$$\begin{aligned}\frac{\mathrm{d}}{\mathrm{d}t}(u*h)&=\frac{\mathrm{d}}{\mathrm{d}t}\left[\int_{-\infty}^{+\infty}u(t-\tau)h(\tau)\mathrm{d}\tau\right]\\&=\int_{-\infty}^{+\infty}\frac{\mathrm{d}}{\mathrm{d}t}[u(t-\tau)h(\tau)]\mathrm{d}\tau\\&=\int_{-\infty}^{+\infty}u'(t-\tau)h(\tau)\mathrm{d}\tau=u'*h\end{aligned} \tag{2-27}$$

2.4.2 离散卷积分析

离散信号的卷积可由连续函数卷积形式导出，即按一般连续函数离散化处理方法，以求和代替积分即可。因此，对于长度分别为 N_1 的序列 $u(i)$ 和长度为 N_2 的序列 $h(i)$，其相应的卷积和形式如下：

$$y(i)=u(i)*h(i)=\sum_{j}u(j)h(i-j) \tag{2-28}$$

卷积和序列 $y(i)$ 的长度为 $N=N_1+N_2-1$。

尽管离散序列与连续信号的卷积形式不同，但它们本质上是相同的运算，因此具有许多相同或类似的性质。在数字图像处理技术中的离散卷积与连续卷积具有许多对应的性质，这一优点在图像复原中得到了充分的体现。

2.4.3 滤波分析

卷积运算在信号处理和图像处理学科中通常称为滤波。一个线性移不变系统输入和输出之间的关系，既可以采用传递函数进行描述，也可以采用卷积的形式进行描述。也就是说，线性移不变系统的输出可通过输入信号与系统的冲击响应函数 $h(t)$ 的卷积得到，即：

$$\begin{aligned} y(t)&=\int_{-\infty}^{+\infty}u(\tau)h(t-\tau)\mathrm{d}\tau=\int h(\tau)u(t-\tau)\mathrm{d}\tau \\ &=u(t)*h(t) \end{aligned} \tag{2-29}$$

其中，冲击响应函数 $h(t)$ 与系统的冲击响应一致，因此称为冲击响应函数，即当系统的输入为单位冲击函数时

$$y(t)=\int_{-\infty}^{+\infty}\delta(\tau)h(t-\tau)\mathrm{d}\tau=\delta(t)*h(t)=h(t) \tag{2-30}$$

根据上式可知，当系统的输入为冲击函数 $\delta(t)$ 时，系统的输出等于系统的特征函数，因此特征函数又称为冲击响应函数，它描述了系统的本质特征。

2.5 运算类型

在数字图像处理中，经常需要采用各种各样的算法。根据数字图像处理运算中输入信息与输出信息的类型，具有代表性的图像处理典型算法从功能上包括以下几种：

（1）单幅图像→单幅图像。

（2）多幅图像→单幅图像。

（3）单幅图像或多幅图像→数值/符号等。

以上三类运算形式中，所有输入信息都是图像且其灰度值都是非负整数值，而输出信息的形式则各不相同，既可以是具有非负灰度值的数字图像，又可以是仅具有 0、1 两个灰度值的二值图像，也可以是对输入图像逐个像素点进行解释的符号或由特定参数组成的某种二维信息（又称为标号图像），还可以是从图像中提取出的以数值或符号描述的特征信息。所有以二维信息形式输出的信息统称为广义图像，标号图像也属于广义图像的范畴。

三类运算中，第一类运算功能是数字图像处理技术中最基本的功能。对基本的图像处理功能，根据输入图像得到输出图像（目标图像）处理运算的数学特征，可将图像处理运算方式分为点运算、代数运算和几何运算。这些运算都是基于空间域的图像处理运算，与空间域运算相对应的是变换域运算。

2.6 点 运 算

在图像处理中，点运算是一种简单而又很重要的技术。对于一幅输入图像，若输出图像的每个像素点的灰度值由输入像素来决定，则这样的图像变换称为图像的点运算（point operation），即该点像素灰度的输出值仅是本身灰度的单一函数。点运算的结果由灰度变换函数（gray-scale transformation，GST）确定，即：

$$B(x,y)= f[A(x,y)]$$

式中，$A(x,y)$是运算前的图像像素值，$B(x,y)$是点运算后的图像值，f是对 $A(x,y)$的一种映射函数，即 GST 函数。根据映射方式不同，点运算可分为线性点运算、非线性点运算和直方图修正。

2.6.1 线性点运算

当灰度变换 GST 函数为线性时，即 $B=f(A)=\alpha A+\beta$，此时的变换称为线性点运算。

显然，当 $\alpha=1$，$\beta=0$ 时，原图像不发生变化；当 $\alpha=1$，$\beta\neq0$ 时，图像灰度值增加或降低；当 $\alpha>1$ 时，输出图像对比度增大；当 $0<\alpha<1$ 时，输出图像对比度减小；当 $\alpha<0$ 时，图像亮区变暗，暗区域变亮，即图像求补。

当图像的曝光不足或过度时，图像灰度值就会限制在一个较小的范围内，这时在显示器上看到的将是一个模糊的图像。利用线性点运算对图像进行处理，就能增强图像的灰度层次，改善图像的视觉效果。线性点运算由于其简单直观性，而且运算后图像可以得到比较有效的改善，在实际应用中，得到广泛应用，下面就给出一个实例进行讨论。

【例 2-10】对原始 cameraman 图像进行上述线性变换。

```
>>clear all;
a=imread('cameraman.tif');                    %读入 cameraman 图像
figure(1);imshow(a);
b1=a+50;                                      %b1=a+45 图像灰度值增加 45
figure(2);imshow(b1);
b2=1.2*a;                                     %b=1.2*a 图像对比度增大
figure(3);imshow(b2)
b3=0.65*a;                                    %b=0.65*a 图像对比度减少
figure(4);imshow(b3);
b4=-double(a)+255;         %b4=-1*a+255，图像求补，注意把 a 的类型转换为 double
figure(5);imshow(uint8(b4));                  %再把 double 类型转换为 unit8
```

运行程序，效果如图 2-11 所示。

> **注意** 在进行图像运算时，很多图像的像素值是有范围限制的，因此计算结果存在溢出的现象。在本例的图像求补中，把图像数据转换为 double 类型正是为避免这一现象而做出的修正。

从图 2-11 可以看出，线性点运算虽然简单，但选择合适变换因子可以有效地改变图像的对比度，也可得到其反色图像。

此外，MATLAB 还提供了一个灰度线性变换函数 imadjust。函数的调用格式为：

J = imadjust(I)：调整图像 I 的灰度值，增加图像的对比度。

J = imadjust(I,[low_in; high_in],[low_out; high_out])：调整图像 I 的灰度值。[low_in; high_in]为指定原始图像中要变换的灰度范围，[low_out; high_out]为指定变换后的灰度范围。

J = imadjust(I,[low_in; high_in],[low_out; high_out],gamma)：调整图像 I 的灰度值。参数 gamma 为标量，表示校正量。其他参数含义同上。

newmap = imadjust(map,[low_in; high_in],[low_out; high_out],gamma)：调整索引图像的颜色表 map。其他参数含义同上。

RGB2 = imadjust(RGB1,...)：对 RGB 图像 RGB1 的 R、G、B 分量进行调整。

(a) 原始图像

(b) 图像灰度值增加 45

(c) 图像对比度为原图 1.2 倍

(d) 图像对比度为原图 0.65 倍

(e) 图像求补操作

图 2-11　图像经过不同的线性点运算后的结果

【例2-11】通过imadust函数对图像进行线性灰度变换。

```
>> clear all;
gamma=0.5;            %设定调整线性度取值
I=imread('peppers.png');
R=I;          %将图像数据赋值给 R
R(:,:,2)=0;    %将原始图像变成单色图像，保留红色
R(:,:,3)=0;
R1=imadjust(R,[0.5 0.9],[0 1],gamma);  %利用 imadjust 函数调整 R 的灰度
G=I;
G(:,:,1)=0;         %将原始图像变成单色，保留绿色
G(:,:,3)=0;
G1=imadjust(G,[0,0.4],[0,1],gamma);  %调整 G 的灰度
B=I;
B(:,:,1)=0;          %将原始图像变成单色图像，保留蓝色
B(:,:,2)=0;
B1=imadjust(B,[0,0.4],[0,1],gamma);
I1=R1+G1+B1;         %求变换后的 RGB 图像
%绘制图像，观察线性灰度变换
figure;
```

```
subplot(121);imshow(R);title('原 R 图像');
subplot(122);imshow(R1);title('变换后 R 图像');
figure;
subplot(121);imshow(G);title('原 G 图像');
subplot(122);imshow(G1);title('变换后 G 图像');
figure;
subplot(121);imshow(B);title('原 B 图像');
subplot(122);imshow(B1);title('变换后 B 图像');
figure;
subplot(121);imshow(I);title('原 I 图像');
subplot(122);imshow(I1);title('变换后 I1 图像');
```

运行程序，结果如图 2-12 所示。

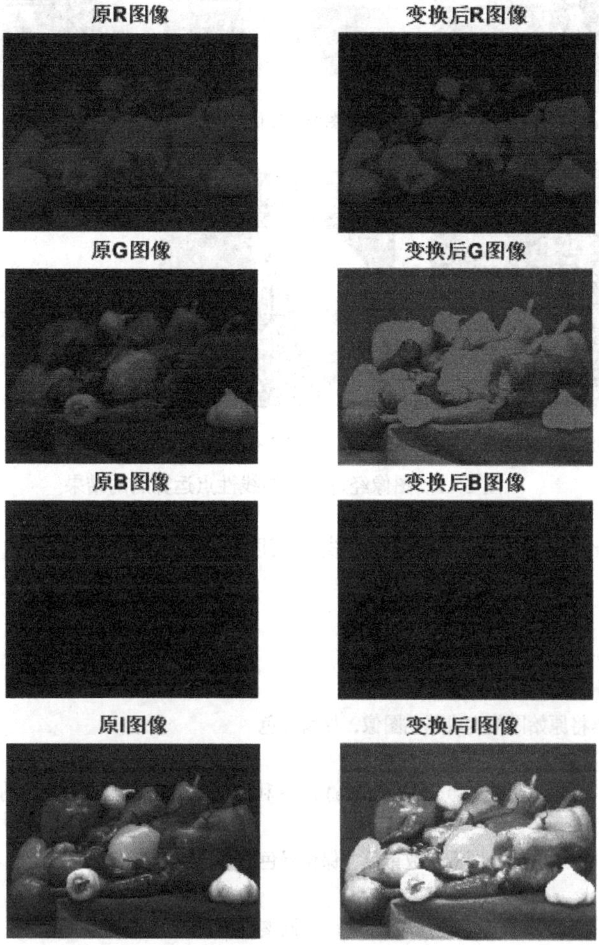

图 2-12　图像线性灰度变换

2.6.2　分段线性点运算

为了突出图像中感兴趣的目标或灰度区间，可采用分段线性法，将需要的图像细节灰度拉伸、对比度增强。3 段线性变换法运算的数学表达式为：

$$g(x,y)=\begin{cases}(c/a)f(x,y), & 0<f(x,y)<a\\ [(d-c)/(b-a)]f(x,y)+c, & a\leqslant f(x,y)\leqslant b\\ [(G_{\max}-d)/(F_{\max}-d)][f(x,y)-b+d,] & b<f(x,y)\leqslant F_{\max}\end{cases}$$

【例 2-12】 对图像进行分段式灰度变换。

```
>> clear all;
R=imread('peppers.png');     %读入原图像，赋值给 R
J=rgb2gray(R);               %将彩色图像数据 R 转换为灰度图像数据 J
[M,N]=size(J);               %将灰度图像数据 J 的行列数设为 M, N
x=1; y=1;                    %定义行索引变量 x, 列索引变量 y
for x=1:M
    for y=N
        if(J(x,y)<=35);          %对灰度图像 J 进行分段处理
            H(x,y)=J(x,y)*10;
        elseif(J(x,y)>35&J(x,y)<=75);
            H(x,y)=(10/7)*[J(x,y)-5]+55;
        else(J(x,y)>75);
            H(x,y)=(105/180)*[J(x,y)-75]+150;
        end
    end
end
figure;
subplot(1,2,1);imshow(J);title('原始图像');
subplot(1,2,2);imshow(H);title('变换后图像');
```

运行程序，效果如图 2-13 所示。

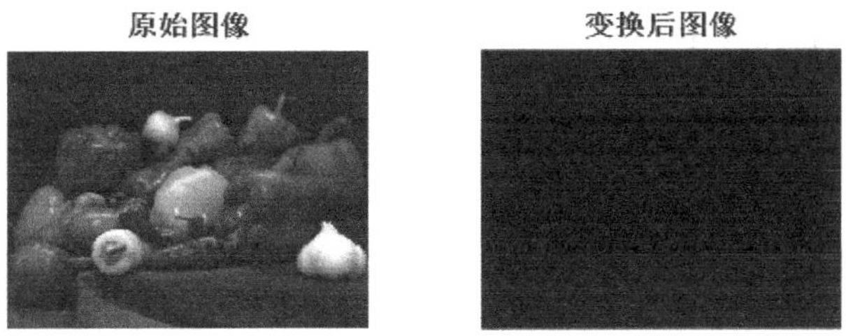

图 2-13　分段灰度变换图像

2.6.3　非线性点运算

在某些情况，例如，在显示图像的傅里叶频谱时，其动态范围远远超过显示设备的显示能力，此时再显示图像相对于原图像就存在失真。要消除这种因动态范围而引起的失真，往往需要对图像进行非线性点运算。顾名思义，当点运算的 GST 函数是非线性时，其运算为非线性点运算。引入非线性点运算主要是考虑到在成像时可能由于成像设备本身的非线性失衡需要对其极端校正，或者主观要求需要强化部分灰度区域信息。非线性点运算对要进行扩展的高度值范围是有选择的。

变换公式是经常要遇到的。

$$\int(B)=A+\alpha\times A\times(\max(A)-A) \tag{2-31}$$

其中 $\alpha>0$。这个非线性变换公式的图像处理效果是：图像中间灰度的对比度拉大，两端（高亮和过暗区）变化很小。

$$\int(A)=\frac{\max(A)}{2}\left\{1+\frac{1}{\sin(\frac{\Pi}{2}a)}\sin\left[\alpha\Pi\left(\frac{A}{\max(A)}-\frac{1}{2}\right)\right]\right\} \tag{2-32}$$

式（2-32）的效果与式（2-31）的效果是相同的，但式（2-33）作用效果与这两个相反。

$$\int(A)=\frac{\max(A)}{2}\left\{1+\frac{1}{\tan(\frac{\Pi}{2}a)}\tan\left[\alpha\Pi\left(\frac{A}{\max(A)}-\frac{1}{2}\right)\right]\right\} \tag{2-33}$$

【例 2-13】 在一张图像上像素点值在[90,180]范围内进行 2 次幂运算。

```
>> clear all;
I=imread('pout.tif');
I1=I;
I2=uint16(I);
s=size(I);
for i=1:s(1)
    for j=1:s(2)
        value=uint16(I(i,j));
        if(value>=90&&value<180)
            value=value^2;
            I1(i,j)=value;
            %溢出，取值 255
            I2(i,j)=value;
        else
            I2(i,j)=value*256;
        end
    end
end
subplot(1,3,1);imshow(I);
xlabel('(a)原图像');
subplot(1,3,2);imshow(I1);
xlabel('(b) 像素点在[90,180]内图像');
subplot(1,3,3);imshow(I2);
xlabel('(c)二次幂运算');
```

运行程序，效果如图 2-14 所示。

(a)原图像　(b) 像素点在[90,180]内图像　(c)二次幂运算

图 2-14　图像的非线性运算

2.6.4　直方图修正

1. 直方图均衡化

直方图均衡化又称为直方图平坦化。直方图均衡化的基本思想是将原始图像的不均衡的直方

图变化为均匀分布的形式，即将输入图像转换为在每一灰度级上都有相同的像素点数（输出的直方图是平坦的，其分布为均匀分布）。直方图均衡化的结果扩展了像元取值的动态范围，从而达到增强图像整体对比度的效果。

设转化前图像的密度函数为 $p_r(r)$，其中 $0 \leqslant r \leqslant 1$；转化后图像的密度函数为 $p_s(s)$，同样有 $0 \leqslant s \leqslant 1$；直方图均衡变换函数为 $s = T(r)$。从概率理论可得到：

$$p_s(s) = p_r(r)\frac{\mathrm{d}r}{\mathrm{d}s}$$

转化后图像灰度均匀分布，有 $p_s(s) = 1$，因此：

$$\mathrm{d}s = p_r(r)\mathrm{d}r$$

两边取积分有：

$$s = T(r) = \int_0^r p_r(r)\mathrm{d}r$$

这就是图像的累计分布函数。对于图像而言，密度函数为：

$$p(x) = \frac{n_x}{n}$$

其中，x 表示灰度值，n_x 表示灰度级为 x 的像素个数，n 表示图像总像素个数。前面公式都是在灰度值处于[0,1]范围内的情况下推导得到的，对于[0,255]的情况，只要乘以最大灰度值 $D_{\max}$（对于灰度图像而言即为 255）即可。此时直方图均衡的转化公式为：

$$D_B = f(D_A) = D_{\max}\int_0^{D_A} p_{D_A}(t)\mathrm{d}t$$

其中，D_B 为转化后的灰度值，D_A 为转化前的灰度值。即有离散型的直方图均衡公式为：

$$D_B = f(D_A) = \frac{D_{\max}}{A_0}\sum_{i=0}^{D_A} H_i$$

其中，H_i 表示第 i 级灰度的像素个数，A_0 为图像的面积，即像素总数。

事实上，在 MATLAB 中，只要用一个函数 histeq 即可完成上面的大部分工作，函数的调用格式为：

J = histcq(I, hgram)：将原始图像 I 进行直方图均衡化以增强图像的对比度。

J = histeq(I, n)：绘制灰度图像的直方图。

[J, T] = histeq(I,⋯)：参数 I 代表灰度图像，n 为指定的灰度级数目，默认值为 256，counts 和 x 分别为返回直方图数据向量和相应的色彩值向量。

newmap = histeq(X, map, hgram)：对索引图像 X 进行直方图均衡化。参数 map 为列数为 3 的矩阵，表示色图。

newmap = histeq(X, map)：先将索引图像 X 的直方图转换为用户指定的向量 hgram，再对转化后的图像进行直方图均衡化。

[newmap, T] = histeq(X,⋯)：返回能将索引图像 X 的颜色表直方图转换为 newmap 颜色表直方图的变换矩阵 T。

【例 2-14】对图像进行均衡化处理，并绘制相应的直方图。

```
>> clear all;
I=imread('tire.tif');
subplot(221);imshow(I);
title('原始图像');
subplot(222);imhist(I);
```

```
title('原始图像的直方图');
K=histeq(I);           %直方图均衡化
subplot(223);imshow(K);
title('均衡化后图像');
subplot(224);imhist(K);
title('均衡化后图像直方图');
```

运行程序，效果如图 2-15 所示。

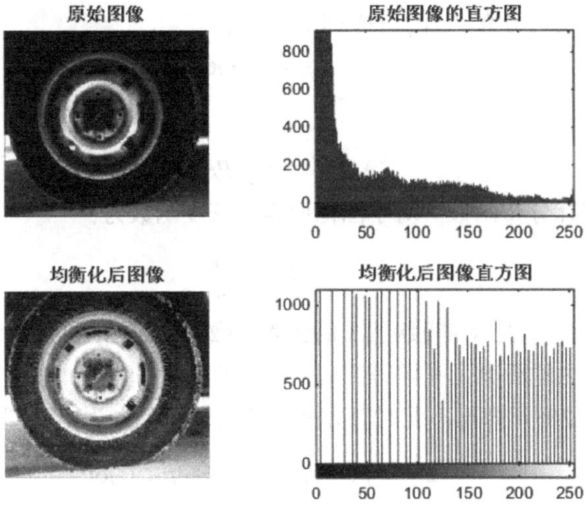

图 2-15　利用直方图均衡化处理低对比度图像

此外，MATLAB 提供了 adapthisteq 函数，用于有限对比度自适应直方图均衡化（CLAHE）。函数的调用格式为：

J = adapthisteq(I)：使用 CLAHE 方法加强灰度图像 I 的对比度。

J = adapthisteq(I,param1,val1,param2,val2…)：指定 CLAHE 方法的参数 paramN 的值 valN，参数取值如表 2-1 所示。

表 2-1　参数取值

参　数	说　明
NumTiles	指定切片横向和纵向的切片数目，为二元向量[*M*,*N*]，其中 *M* 和 *N* 要大于或等于 2。切片的数目为 $M\times N$，默认值为[8,8]
ClipLimit	设定对比度增强值，为正实数，范围为[0,1]，默认值为 0.01
NBins	指定直方图的矩形数目，为正整数，默认值为 256
Range	指定输出图像数据范围。取值为 original（输入图像的范围）、full（输出图像数据类型的范围）。默认值为 full
Distribution	指定分布类型。取值为 uniform（均匀分布）、rayleigh（瑞利分布）、exponential（指数分布）。默认值为 uniform
Alpha	表示分布参数，为正实数。仅当 Distribution 为 rayleigh 或 exponential 时使用，默认值为 0.4

【例 2-15】利用 histeq 函数、adapthisteq 函数对 tire.tif 图像进行均衡化处理。

```
>>clear all;
I=imread('tire.tif');
J=histeq(I);
```

```
H=adapthisteq(I);
figure(1),imshow(I);
xlabel('原始图像');
figure(2),imshow(J);
xlabel('histeq均衡化');
figure(3),imshow(H);
xlabel('adapthisteq均衡化');
```

运行程序，效果如图 2-16 所示。

(a) 原始图像　　(b) histeq 均衡化　　(c) adapthisteq 均衡化

图 2-16　histeq 和 adapthisteq 分别对轮胎图像均衡化的结果

从图 2-16 中的比较不难看出，adapthisteq 函数的结果在高亮区和暗区的增强能力要远优于 histeq 函数，图像视觉效果更加清晰。但该函数毋庸置疑的缺点是增加了不少计算量，在图像较大的情况下要注意参数的选择，尽量减少分块的个数。

2. 直方图规定化

直方图均衡化算法可以自动确定灰度变换函数，从而获得具有均匀直方图的输出图像。它主要用于增强动态范围偏小的图像对比度，丰富图像的灰度级。这种方法的优点是操作简单，且结果可以预知，当图像需要自动增强时是一种不错的选择。

但有时希望可以对变换过程加以控制，如能够人为地修正直方图的形状，或者是获得具有指定直方图的输出图像，这样就可以有选择地增强某个灰度范围内的对比度或使图像灰度值满足某种特定的分布。这种用于产生具有特定直方图的图像的方法称为直方图规定化，或直方图匹配。

直方图规定化是在运用均衡化原理的基础上，通过建立原始图像和期望图像（待匹配直方图有图像）之间的关系，使原始图像的直方图匹配特定的形状，从而弥补了直方图均衡不具备交互作用的特性。

其匹配原理是先对原始的图像均衡化：

$$s = f(r) = \int_0^r p_r(\tau)\mathrm{d}r \tag{2-34}$$

同时对待匹配直方图的图像进行均衡化处理：

$$v = g(z) = \int_0^z p_z(\lambda)\mathrm{d}\lambda \tag{2-35}$$

由于都是均衡化，所以可令 $s = v$，则

$$v = g^{-1}(s) = g^{-1}(f(r)) \tag{2-36}$$

于是可按照如下步骤由输入图像得到一个具有规定概率密度函数的图像。

① 根据式（2-34）得到变换关系 $f(r)$。

② 根据式（2-35）得到变换关系 $g(z)$。

③ 求得反变换函数 g^{-1}。

④ 对输入图像所有像素应用式（2-36）中的变换，从而得到输出图像。

当然，在实际计算中我们利用的是上述公式的离散形式，这样就不必去关心函数 $f(r)$、$g(z)$ 以及反变换函数 g^{-1} 具体的解析形式，而可以直接将它们作为映射表处理了。其中，$f(r)$ 为输入图像均衡化的离散灰度级映射关系，$g(z)$ 为标准图像均衡化的离散灰度级映射关系，而 g^{-1} 则为标准图像均衡化的逆映射关系，它给出了从经过均衡化处理的标准化图像到原标准图像的离散灰度映射，相当于均衡化处理的逆过程。

histeq 函数不仅可以用于直方图均衡化，也可以用于直方图规定化。MATLAB 也提供了 imhist 函数，用于计算和显示图像的直方图，其调用格式为：

imhist(I, n)：绘制灰度图像的直方图。

imhist(X, map)：绘制索引色图像的直方图。

[counts, x]=imhist(…)：其中，I 代表灰度图像，n 为指定的灰度级数目，默认值为 256，counts 和 x 分别为返回直方图数据向量和相应的色彩值向量。

【例 2-16】实现直方图匹配。

```
>> clear all;
I=imread('pout.tif');   %读入原始图像
I1=imread('coins.png'); %读入要匹配直方图的图像
I2=imread('circuit.tif');%读入要匹配直方图的图像
%计算直方图
[hgram1,x]=imhist(I1);
[hgram2,x]=imhist(I2);
%执行直方图均衡化
J1=histeq(I,hgram1);
J2=histeq(I,hgram2);
%绘图
figure;
subplot(1,5,1);imshow(I);title('原图');
subplot(1,5,2);imshow(I1);title('标准图 1');
subplot(1,5,3);imshow(I2);title('标准图 2');
subplot(1,5,4);imshow(J1);title('规定化到 1');
subplot(1,5,5);imshow(J2);title('规定化到 2');
%绘制直方图
figure;
subplot(1,5,1);imhist(I);title('原图');
subplot(1,5,2);imhist(I1);title('标准图 1');
subplot(1,5,3);imhist(I2);title('标准图 2');
subplot(1,5,4);imhist(J1);title('规定化到 1');
subplot(1,5,5);imhist(J2);title('规定化到 2');
```

运行程序，得到效果如图 2-17 及图 2-18 所示。

由图 2-17 及图 2-18 可看出，经过规定化处理，原图像的直方图与目标图像的直方图变得较为相似。

直方图规定化本质上是一种拟合过程，因此变换得到的直方图与标准目标图像的直方图并不会完全一致。然而即使只是相似的拟合，仍然使规定化的图像在亮度与对比度上具有类似标准图像的特性，这正是直方图规定化的目的所在。

图 2-17　直方图规定化效果图

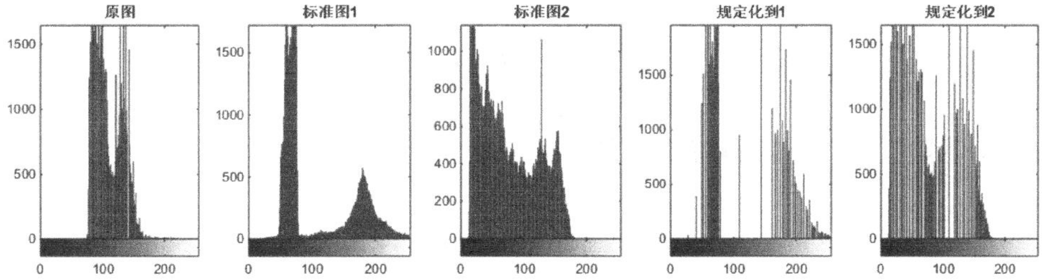

图 2-18　直方图规定化后的灰度直方图

2.7 代　数　运　算

在数字图像处理技术中，代数运算具有非常广泛的应用和重要的意义。例如图像相加运算的重要应用之一是对同一场景的多幅图像求平均值的运算，它可以被用于消除或降低加性随机噪声，并具有良好的效果。

2.7.1　加法运算

加法运算通常用于平均值降噪等多种场合。图像相加一般用于对同一场景的多幅图像求平均，以便有效地降低加性噪声，通常，图像采集系统在采集图像时有这类参数可供选择。对于一些经过长距离模拟通信方式传送的图像（如太空航天器传回的星际图像）这种处理是不可缺少的。当噪声可以用同一个独立分布的随机模型表示和描述时，则利用求平均值方法降低噪声信号，提高信噪比非常有效。

在实际应用中，要得到一静止场景或物体的多幅图像是比较容易的。如果这些图像被一加性随机噪声源所污染，则可通过对多幅静止图像求平均值来达到消除或降低噪声的目的。在求平均值的过程中，图像的静止部分不会改变，而由于图像的噪声是随机性的，各不相同的噪声图案累积得很慢，因此可以通过多幅图像求平均值降低随机噪声的影响。

若有一静止场景的图像被加性随机噪声污染，且已获得由 k 幅该静止场景图像组成的图像集合，则图像可表示为：

$$D_i(x,y)=S(x,y)+N_i(x,y) \tag{2-37}$$

其中，$S(x,y)$ 为静止场景的理想图像，$N_i(x,y)$ 表示由于胶片的颗粒或数字化系统中的电子噪声所引起的噪声图像。集合中的每幅图像被不同的噪声图像所污染。虽然并不能准确获取这些噪声信息，但通常情况下图像的噪声信号都来自于同一个互不相干且均值等于零的随机噪声样本集。

设 $P(x,y)$ 表示功率信噪比，对于图像中的任意像素点，则 $P(x,y)$ 可定义为：

$$P(x,y)=\frac{S^2(x,y)}{E[N^2(x,y)]} \tag{2-38}$$

如果对 k 幅图像求平均，则可得：

$$\bar{D}(x,y)=\frac{1}{k}\sum_{i=1}^{k}[S(x,y)+N_i(x,y)] \tag{2-39}$$

平均值图像的功率信噪比为：

$$\bar{P}(x,y)=\frac{S^2(x,y)}{E\left\{\left[\frac{1}{k}\sum_{i=1}^{k}N_i(x,y)\right]^2\right\}} \tag{2-40}$$

$N_i(x,y)$ 为随机噪声，因而具有以下特性：

$$E[N_i(x,y)]=0 \tag{2-41}$$

$$E[N_i(x,y)+N_j(x,y)]=E[N_i(x,y)]+E[N_j(x,y)] \tag{2-42}$$

$$E[N_i(x,y)N_j(x,y)]=E[N_i(x,y)]E[N_j(x,y)] \tag{2-43}$$

由此，可以得出：

$$\bar{P}(x,y)=\frac{S^2(x,y)}{\frac{1}{k^2}kE[N^2(x,y)]}=kP(x,y) \tag{2-44}$$

因此，对 k 幅图像进行平均，则图像中每一点的功率信噪比提高了 k 倍。而功率信噪比与幅度信噪比（SNR）之间是平方关系。故有：

$$SNR=\sqrt{\bar{P}(x,y)}=\sqrt{k}\cdot\sqrt{P(x,y)} \tag{2-45}$$

即求平均值以后，图像的幅度信噪比比单幅图像提高了 $\sqrt{k}$ 倍，幅度信噪比随着被平均图像数量的增加而提高。

【例 2-17】利用矩阵的加法运算增加或减少图像中的某种颜色成分。

```
>>clear all;
a=imread('hill.jpg');
s=size(a);
b=double(a);
c(:,:,1)=b(:,:,1)+b(:,:,2);
c(:,:,2)=b(:,:,2);
c(:,:,3)=b(:,:,3)-b(:,:,2);
for i=1:s(1)
    for j=1:s(2)
        for k=1:s(3)
            if c(i,j,k)<0
                c(i,j,k)=0;
            end
            if c(i,j,k)>255
                c(i,j,k)=255;
            end
        end
    end
end
c=uint8(c);
subplot(121);imshow(a);xlabel('原始图像');
subplot(122);imshow(c);xlabel('新图像');
```

运行程序，效果如图 2-19 所示。

图 2-19　减少或增加某种颜色成分

上面程序中的语句 c(:,:,1)=b(:,:,1)+b(:,:,2)是增加图像的红色成分。语句 c(:,:,3)=b(:,:,3) -b(:,:,2)是把图像的蓝色成分减少。增加与减少时，为了方便而使用了图像的绿色矩阵作为增加量或减少量。

语句 c=uint8(c)是把矩阵 c 变成无符号整数格式。程序中的三重循环语句是对图像中所有元素进行扫描，如果发现有小于 0 的，就把该元素置为 0，如果发现有大于 256 的，就把该元素置为 255，最后输出新旧图像。

同时 MATLAB 提供了函数 imadd，为实现图像的加法运算，函数的调用格式为：

z=imaddd(A, B)：其中 A 为图像，若 B 是一幅图像，则 z 为两个图像的求和，此时要求 B 的大小必须和 A 相等。若 B 是一个标量（双精度），则 z 表示对图像 A 整体加上某个值，即图像的亮度调整。

【例 2-18】使用加法操作将两幅图像叠加在一起。

```
>> clear all;
I=imread('rice.png');          %读入图像 rice
J=imread('cameraman.tif');  %读入图像 cameraman
K=imadd(I,J);                   %进行两幅图像的加法运算
figure;
subplot(131);imshow(I); title('原始图像 I');
subplot(132);imshow(J); title('原始图像 J');
subplot(133);imshow(K); title('叠加后的图像');
```

运行程序，效果如图 2-20 所示。

图 2-20　利用 imadd 函数实现图像叠加

图像加法运算的另一重要应用是通过同一幅图像叠加取平均，消除原图像中的附加噪声，其基本的原理是：对于原图像 $f(x,y)$，有一个噪声图像集 $\{g_i(x,y)\}, i=1,2,\cdots,M$，其中

$$g_i(x,y)=f(x,y)+e_i(x,y)$$

其中，$g_i(x,y)$ 为混入噪声的图像，$f(x,y)$ 为原始图像，$e_i(x,y)$ 为随机噪声。

M 个图像的均值为：

$$\bar{g}(x,y)=\frac{1}{M}\sum_{i=1}^{M}[f_i(x,y)+e_i(x,y)]=f(x,y)+\frac{1}{M}\sum_{i=1}^{M}e_i(x,y)$$

当噪声 $e_i(x,y)$ 为互不相关，且均值为 0 时，上述图像均值将降低图像的噪声。

MATLAB 提供了 imnoise 函数，用于实现在图像中加入噪声。函数的调用格式为：

J = imnoise(I,type)：按照指定类型在图像 I 上添加噪声。字符串参量 type 表示噪声类型，当 type='gaussian'时，即为高斯白噪声，参数 m、v 分别表示均值和方差；当 type='localvar'时，即为 0 均值高斯白噪声，参数 v 表示局部方差；当 type='poisson'时，即为泊松噪声；当 type='salt & pepper'时，即为椒盐噪声，参数 d 表示噪声密度；当 type='speckle'时，即为乘法噪声。

J = imnoise(I,type,parameters)：根据不同的噪声类型，添加不同的噪声参数 parameters。所有噪声参数都被规格化，与图像灰度值均在 0~1 之间的图像相匹配。

J = imnoise(I,'gaussian',m,v)：在图像 I 上添加高斯白噪声，均值为 m，方差为 v。默认均值为 0，方差为 0.01。

J = imnoise(I,'localvar',V)：在图像 I 上添加均值为 0 的高斯白噪声。参量 V 与 I 维数相同，表示局部方差。

J = imnoise(I,'localvar',image_intensity,var)：在图像矩阵 I 上添加高斯白噪声。参量 image_intensity 为规格化的灰度值矩阵，数值范围为 0~1 之间。image_intensity 和 var 为同维向量，函数 plot(image_intensity,var)可用于绘制噪声变量和图像灰度间的关系。

J = imnoise(I,'poisson')：在图像 I 上添加泊松噪声。

J = imnoise(I,'salt & pepper',d)：在图像 I 上添加椒盐噪声。d 为噪声密度，其默认值为 0.05。

J = imnoise(I,'speckle',v)：在图像 I 上添加乘法噪声，即 J=I+n×1，其中，n 表示均值为 0、方差为 v 的均匀分布随机噪声，v 的默认值为 0.04。

【例 2-19】利用 imnoise 函数为图像添加噪声。

```
>> clear all;
I=imread('eight.tif');
subplot(221);imshow(I);
title('原始图像');
J1=imnoise(I,'gaussian',0.15);
subplot(222);imshow(J1);
title('添加 Gaussian 噪声');
J2=imnoise(I,'salt & pepper',0.15);
subplot(223);imshow(J2);
title('添加 salt & pepper 噪声');
J3=imnoise(I,'poisson');
subplot(224);imshow(J3);
title('添加 poission 噪声');
```

运行程序，效果如图 2-21 所示。

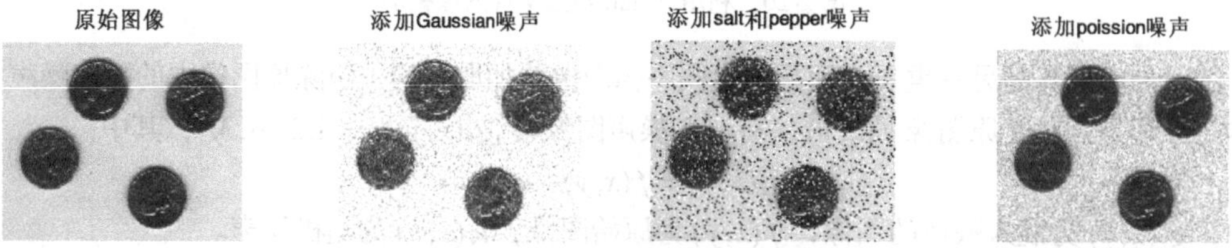

图 2-21　图像添加噪声

2.7.2　减法运算

图像相减常用于检测变化及运动的物体，图像相减运算又称为图像差分运算。差分方法可以分为可控制环境下的简单差分方法和基于背景模型的差分方法。在可控制环境下，或者在很短的时间间隔内，可以认为背景是固定不变的，可以直接使用差分运算检测变化或运动物体。

在有些情况下，背景对图像中的被研究物体具有不利影响，这时背景就成为了噪声，这种情况下，有必要消除图像中的背景噪声。

在 MATLAB 中，图像的减法用 imsubtract 和 imabsdiff 函数可以完成。它们的语法格式为：

Z = imsubtract(X,Y)：Z 为输入图像 X 与输入图像 Y 相减的结果。减法操作有时会导致某些像素值变为一个负数，此时，该函数自动将这些负数截取为 0。为了避免差值产生负值及像素值运算结果之间产生差异，可以调用 imabsdiff 函数，该函数将计算两幅图像相应像素差值的绝对值。

Z = imabsdiff(X,Y)：将相同类型、相同长度的数组 X 和 Y 的对应位分别做减法，返回的结果是每一位差的绝对值，即返回的数组 Z 应该和 X、Y 的类型相同。如果 X、Y 为整数数组，那么结果中超过整数类型范围的部分将被截去；如果 X、Y 为浮点数组，用户也可以使用基本运算 abs(X-Y)来代替这个函数。

【例 2-20】利用 imsubtract 实现图像的减运算。

```
>> clear all;
I = imread('rice.png');
subplot(221);imshow(I);
title('原始图像');
background = imopen(I,strel('disk',15));  %开运算
subplot(222);imshow(background);            %显示图像背景
title('图像背景');
Ip = imsubtract(I,background);          %减去图像背景
subplot(223);imshow(Ip,[]);
title('减去图像背景效果');
Iq = imsubtract(I,49);                 %图像与一个常数相减
subplot(224), imshow(Iq);
title('图像减去一个常数');
```

运行程序，效果如图 2-22 所示。

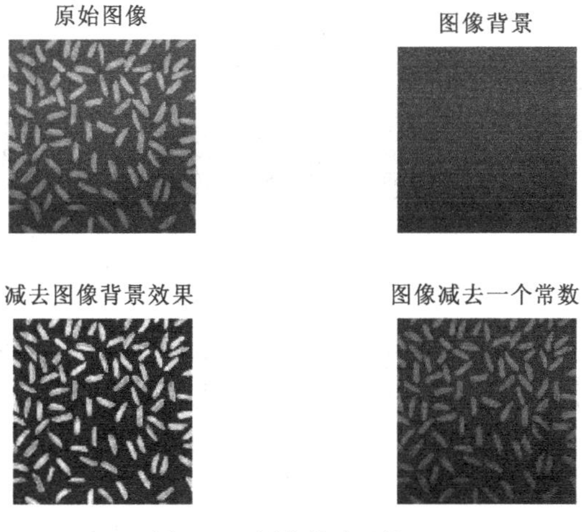

图 2-22　图像的减运算

2.7.3 乘法运算

乘法运算可用来遮住图像的某些部分，其典型运用是用于获得掩膜图像。对于需要保留下来的区域，掩膜图像的值置为 1，而在需要被抑制掉的区域，掩膜图像的值置为 0，原图像乘上掩膜图像，可抹去图像的某些部分，即使该部分为 0。然后可利用一个互补的掩膜来抹去第二幅图像中的另一些区域，而这些区域在第一幅图像中被完整地保留了下来。两幅经过掩膜的图像相加可得最终结果。

一般情况下，利用计算机图像处理软件生成掩膜图像的步骤如下：

（1）新建一个与原始图像大小相同的图层，图层文件一般保存为二值图像文件。

（2）用户在新建图层上人工勾绘出所需要保留的区域，区域的确定也可以由其他二值图像文件导入或由计算机图形文件（矢量）经转换生成。

（3）确定局部区域后，将整个图层保存为二值图像，选定区域内的像素点值为 1，非选定区域像素点值为 0。

（4）将原始图像与（3）形成的二值图像进行乘法运算，即可将原始图像选定区域外像素点的灰度值置 0，而选定区域内像素的灰度值保持不变，得到与原始图像分离的局部图像，即掩膜图像。

【例 2-21】利用矩阵对应相乘把两个图像合成在一起。

```
>>clear all;
a=imread('hill.jpg');
b=imread('bom.jpg');
s=size(a);
m=s(1);n=s(2);
b1=imresize(b,[m n]);    %MATLAB 实现乘法运算函数
a=double(a);
c=double(b1);
d=a.*c/128;
d=uint8(d);
subplot(131);imshow(a);
subplot(132);imshow(b);
subplot(133);imshow(d);
```

运行程序，效果如图 2-23 所示。

(a) 原始图像 hill　　(b) 原始图像 bom　　(c) 对应元素相乘以后图像

图 2-23　图像对应元素相乘得到新的图像效果

掩膜技术也可以灵活应用，如可以增强选定区域外的图像而对区域内的图像不做处理，这时，只需将二值图像中区域外像素点置 1 而区域内的像素点置 0 即可。

掩膜图像技术还可以应用于图像局部增强，一般的图像增强处理都是对整幅图像进行操作，但在实际应用中，往往需要只对图像的某一局部区域进行增强，以突出某一具体的目标，若这些局部区域所包含的像素点数目相对于整幅图像来讲非常小，则在计算整幅图像的统计量时其影响

几乎可以忽略不计，因此以整幅图像的变换或转换函数为基础的增强方法对这些局部区域的影响也非常小，难于达到理想的增强效果。

MATLAB 也提供了对应的函数 immultiply，以实现两幅图像相乘。函数的调用格式为：

Z = immultiply(X,Y)：对两幅图像相应的像素值进行点乘，并将乘法的运算结果作为输出图像相应的像素值。

【例 2-22】利用 immultiply 函数实现图像的自相乘和与一个常数相乘。

```
>> clear all;
I = imread('moon.tif');
I16 = uint16(I);
J = immultiply(I16,I16);
J1 = immultiply(I,0.5);
subplot(1,3,1);imshow(I);
title('原始图像');
subplot(1,3,2); imshow(J);
title('图像自相乘');
subplot(1,3,3),imshow(J1);
title('图像乘以一个常数');
```

运行程序，效果如图 2-24 所示。

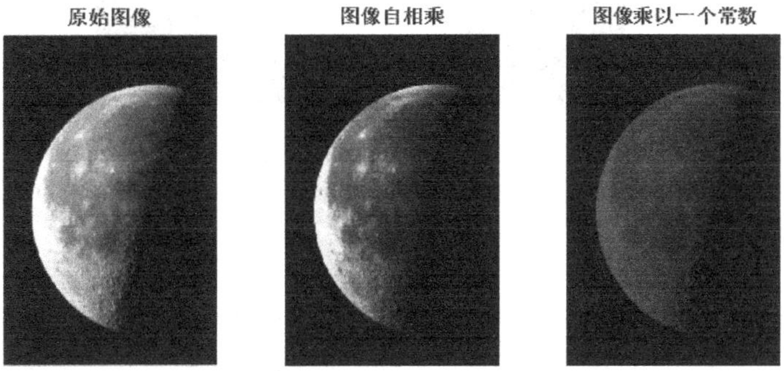

图 2-24　图像乘法

2.7.4　除法运算

图像除法运算可以用来校正由于照明或传感器的非均匀性造成的图像灰度阴影，除法运算还被用于产生比率图像，这对于多光谱图像的分析是十分有用的。利用不同时间段图像的除法得到的比率图像常常可以用来对图像进行变化检测。

MATLAB 中实现这个功能的函数是 imdivide，函数的调用格式为：

Z = imdivide(X,Y)：函数对两幅输入图像的所有相应像素执行元素对元素的除法操作（点除），并将得到的结果作为输出图像的相应像素值。

【例 2-23】图像与一个常数及一幅图像相除。

```
>> clear all;
I = imread('rice.png');
subplot(221);imshow(I);
title('原始图像');
background = imopen(I,strel('disk',15));  %图像开运算
subplot(222);imshow(background);
```

```
title('图像背景');
Ip = imdivide(I,background);          %去除图像的背景
subplot(223);imshow(Ip,[])
title('去除图像背景后图像');
J = imdivide(I,2.5);        %将图像矩阵与常数 2.5 相除
subplot(2,2,4), imshow(J);
title('图像与常数相除');
```

运行程序，效果如图 2-25 所示。

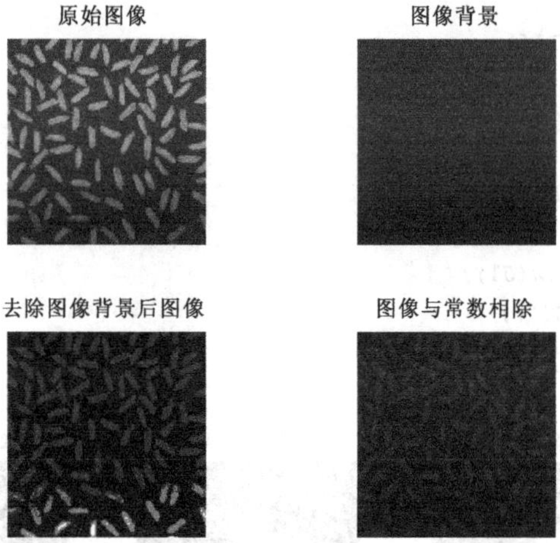

图 2-25　图像的除运算

2.7.5　求补运算

MATLAB 提供了 imcomplement 函数求解图像求补运算。该函数适用于各种图像格式。如果是二进制图像，那么函数将对图像的每一位求补；如果是 RGB 格式的图像，函数将会用像素的最大值减去图像的原始值，得到输出图像相应位置的值。该函数的调用格式为：

IM2 = imcomplement(IM)：对图像矩阵 IM 的所有元素求补，结果返回给 IM2。图像矩阵 IM 可以是二值图像、灰度图像或 RGB 图像。如果 IM 是二值图像矩阵，求补后相应元素中‘0’变‘1’，‘1’变‘0’；如果 IM 是灰度图像或 RGB 图像，则求补结果为 IM 矩阵数据类型的最大值与对应像素值相减的差值。矩阵 IM2 和输入图像矩阵 IM 是具有同样大小和数据类型的矩阵。

【例 2-24】利用 imcomplement 函数实现图像矩阵和数据矩阵的求补运算。

```
>> clear all;
I = imread('glass.png');
J1=im2bw(I);                      %将灰度图像转换成二值图像
J2 = imcomplement(I);            %求灰度图像的补
J3=imcomplement(J2);             %求二值图像的补
figure;
subplot(131);imshow(J1); title('原始图像');
subplot(132);imshow(J2);title('灰度图像求补');
subplot(133);imshow(J3);title('二值图像的求补');
```

运行程序，效果如图 2-26 所示。

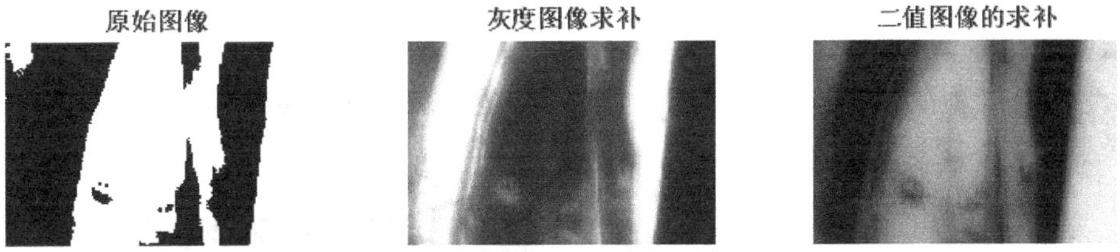

图 2-26　图像的求补运算

程序中，读入灰度图像 J，同时利用函数 im2bw 将其转换成二值图像 J1，然后利用函数 imcomplement 分别求灰度图像和二值图像的补，最后显示对于同一图像数据，不同类型下函数 imcomplement 求补的差异。

2.8　特定区域处理

在进行图像处理时，只需要对图像中的某个特定区域进行处理，而并不需要对整个图像进行处理。比如要对用户选定的一个区域做均值滤波或对比度增强，MATLAB 就可以对指定的区域进行处理。

2.8.1　指定感兴趣区域

MATLAB 中对特定区域的处理是通过二值掩模来实现的。用户选定一个区域后会生成一个与原图大小相同的二值图像，选定的区域为白色，其余部分为黑色。通过掩模图像就可以实现对特定区域的选择性处理。

MATLAB 图像处理工具箱提供了 3 个函数用于生成二值掩模，从而选择特定区域，下面分别介绍。

（1）roipoly

roipoly 函数用于选择图像中的多边形区域。roipoly 函数返回二值图像 BW，选中区域的像素值为 1，其余部分的值为 0。这个二值图像可以作为掩模，通过与原图的运算选择目标或背景。函数调用格式为：

BW = roipoly 或 BW = roipoly(I)：让用户交互选择多边形区域，通过单击鼠标设定多边形区域的角度，用空格键、ESC 键和 DEL 键撤销选择，按 Enter 键确认选择，确认后该函数返回与输入图像大小一致的二值图像 BW，在多边形区域内像素为 1，其余区域内像素为 0。

BW = roipoly(I, c, r)：用向量 *c*、*r* 指定多边形各角点的 *X*、*Y* 轴的坐标。

BW = roipoly(x, y, I, xi, yi)：用矢量 *x*、*y* 建立非默认的坐标系，然后在指定的坐标系下选择向量 *xi*、*yi* 指定的多边形区域。

[BW, xi, yi] = roipoly(...)：交互选择多边形区域，并返回多边形角点的坐标。

[x, y, BW, xi, yi] = roipoly(...)：交互选择多边形区域后，返回多边形顶点在指定的坐标系 *X-Y* 下的坐标。

【例 2-25】 利用 roipoly 函数对图像进行交互式多边形选择。

```
>> clear all;
I=imread('hill1.jpg');
figure;imshow(I);
```

```
BW=roipoly;                    %二值图像由多边形区域指定数值
figure;imshow(BW);
```

运行程序，使用鼠标单击生成多边形，选定区域后双击鼠标左键或单击鼠标右键，生成掩膜选项，效果如图 2-27 所示。

(a) 手动多边形选择　　(b) 掩膜二值图像

图 2-27　交互式多边形区域选择效果

（2）roicolor

MATLAB 图像处理工具箱提供了 roicolor 函数可以对 RGB 图像和灰度图像实现按灰度或亮度选择区域，函数调用格式为：

BW = roicolor(A,low,high)：按指定的灰度范围分割图像，返回代表掩膜图像的数据矩阵 BW，[low,high]为所要选择区域的灰度范围。

BW = roicolor(A,v)：按指定矢量 v 中指定的灰度值来选择区域。

【例 2-26】返回指定颜色范围的掩膜图像。

```
>> clear all;
load clown
BW = roicolor(X,10,20);
subplot(121);imshow(X,map);
title('原始图像');
subplot(122),imshow(BW);
title('颜色选择的区域');
```

运行程序，效果如图 2-28 所示。

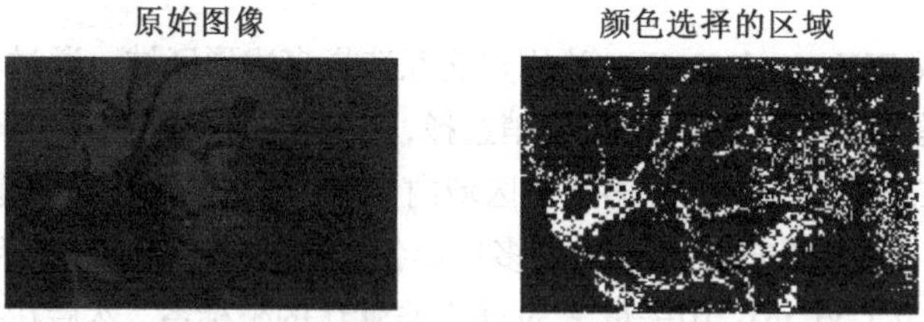

图 2-28　指定颜色范围的掩膜图像

（3）roifilt2 函数

在 MATLAB 中，提供了 roifilt2 函数用于实现图像的区域滤波。函数的调用格式为：

J = roifilt2(h, I, BW)：该函数中对输入图像 I 利用二维线性滤波器 h 进行滤波，BW 为二值图像，大小与输入图像 I 相同，作为掩膜图像用于滤波。

J = roifilt2(I, BW, fun)：该函数中利用函数 fun 处理输入图像 I 的数据，结果返回给 J，其中 BW 中对应像素为“1”的位置返回的是计算值，BW 中对应位置为“0”的返回输入图像 I 的相应位置值。

【例 2-27】对指定区域进行锐化滤波。

```
>>clear all;
I=imread('eight.tif');
c=[222 272 300 270 221 194];
r=[21 21 75 121 121 75];
BW=roipoly(I,c,r); %指定滤波区域为 c 和 r 确定的多边形
h=fspecial('unsharp');  %指定滤波算子为 unsharp
J=roifilt2(h,I,BW);
figure;imshow(I);
figure;imshow(J);
```

运行程序，效果如图 2-29 所示。

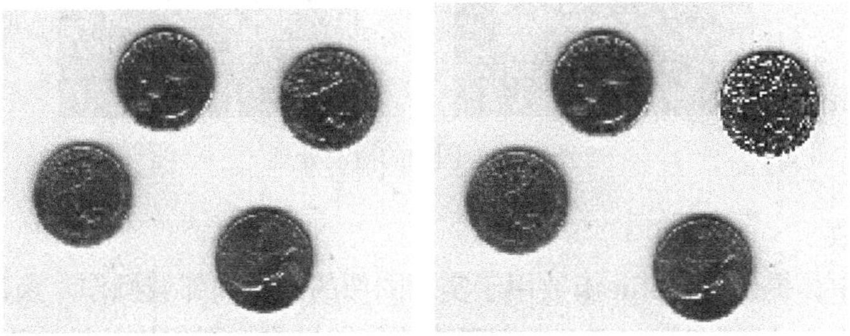

(a) 原图像　　(b) 滤波后图像

图 2-29　对选定区域进行滤波的结果

从图中可以看出，右上角的硬币发生变化，而其他硬币保持不变。由此可知，roifilter2 函数只对指定的区域进行滤波。

2.8.2　图像的邻域操作

图像的邻域操作是指输出图像的像素点取值决定于输入图像的某个像素点及其邻域内的像素，通常像素点的邻域是一个远小于图像自身尺寸、形状规则的像素块，如 2×2 正方形、2×2 矩形，或近似圆形的多边形。邻域操作根据邻域的类型又可分为滑动邻域操作和分离邻域操作。

在 MATLAB 中，提供了几个实现邻域操作的函数，用户可直接调用这些函数实现各种操作。

（1）nlfilter 函数

在 MATLAB 中，提供了 nlfilter 函数用于实现通用滑动邻域操作。函数的调用格式为：

B = nlfilter(A, [m n], fun)：表示对图像 A 进行操作得到图像 B，其中，[m,n]表示滑动邻域的大小为 m×n，参数 fun 为作用于图像邻域上的处理函数。函数 fun 的输入的大小为 m×n 矩阵，返回值为一个标量。假定 x 表示某一个图像邻域矩阵，c 表示函数 fun 的返回值，则有表达式 c=fun(x)，c 表示对应图像邻域 x 的中心像素的输出值。

B = nlfilter(A, 'indexed',...)：把图像 A 作为索引色图像素处理，如果图像数据是 double 类型，则对其图像邻域进行填补（Padding）时，对图像以外的区域补“1”，而当图像数据为 uint8 类型时，用“0”填补空白区域。

【例 2-28】利用 nlfilter 函数对图像进行滑动处理。

```
>> clear all;
A = imread('cameraman.tif');
subplot(121);imshow(A);
```

```
title('原始图像');
A = im2double(A);
fun = @(x) median(x(:));
B = nlfilter(A,[3 3],fun);
subplot(122), imshow(B);
title('滑动处理后图像');
```

运行程序，效果如图 2-30 所示。

图 2-30　图像的滑动处理

（2）colfilt 函数

在 MATLAB 中，提供了 colfilt 函数用于实现图像的列方向邻域操作。函数的调用格式为：

B = colfilt(A,[m n],block_type,fun)：实现快速邻域操作，图像块的尺寸为 m×n，block_type 为指定块的移动方式，即当'distinct'时，图像不重叠，当为'sliding'时，图像块滑动。fun 参数为运算函数，其形式为 y=fun(x)。

B = colfilt(A,[m n],[mblock nblock],block_type,fun)：为节省内存按 mblock×nblock 的图像块对图像 A 进行块操作。

B = colfilt(A,'indexed',...)：将 A 作为索引图像处理，如果 A 的数据类型为 uint8 或 uint16，就用 0 填充，如果 A 的数据类型为 double 或 single，就用 1 填充。

【例 2-29】对图像进行滑动平均、最大值和最小值处理。

```
>> clear all;
I=imread('cameraman.tif');
subplot(2,2,1);imshow(I);
xlabel('(a)原始图像');
I2=uint8(colfilt(I,[5,5],'sliding',@mean));          %对图像进行滑动平均处理
subplot(2,2,2);imshow(I2);
xlabel('(b)滑动平均处理');
I3=uint8(colfilt(I,[5,5],'sliding',@max));           %对图像进行滑动最大值处理
subplot(2,2,3);imshow(I3);
xlabel('(c)滑动最大值处理');
I4=uint8(colfilt(I,[5,5],'sliding',@min));           %对图像进行滑动最小值处理
subplot(2,2,4);imshow(I4);
xlabel('(d)滑动最小值处理');
```

运行程序，效果如图 2-31 所示。

对于滑动邻域操作，colfilt 函数用于对图像中每个像素建立一个列向量，向量的各元素对应像素的邻域。图 2-31 中的（c）显示了一个 6×5 的图像按照 2×3 的邻域进行处理的情况。colfilt 函数可以根据需要对图像进行补零，图 2-32 中的图像右角的像素有两个 0 元素，这是对图像补零的结果。

(a)原始图像　(b)滑动平均处理

(c)滑动最大值处理　(d)滑动最小值处理

图 2-31　图像的快速块处理 1

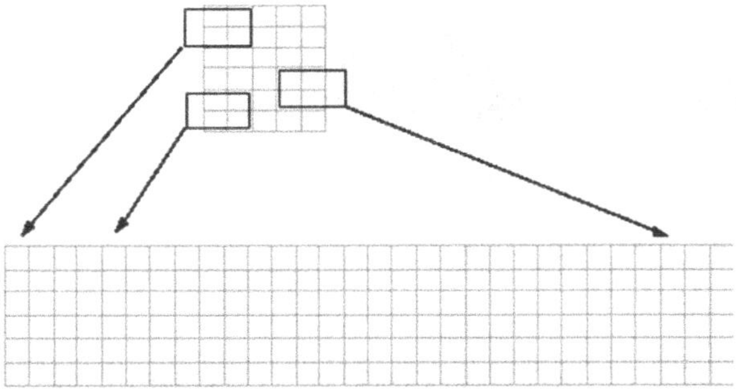

图 2-32　滑动邻域操作生成的临时矩阵

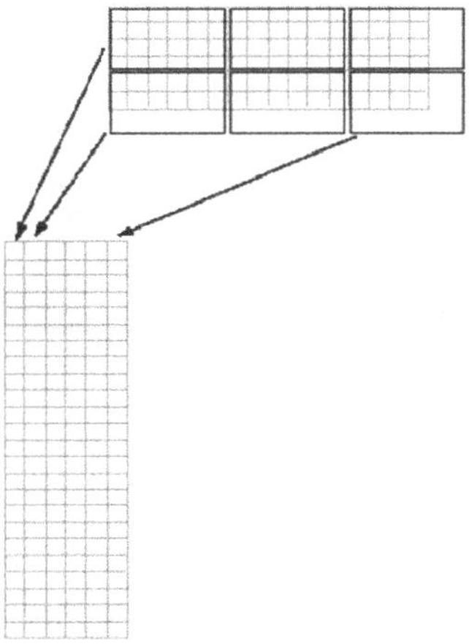

图 2-33　滑动邻域操作

colfilt 函数生成的临时矩阵被传递给自定义函数，自定义函数为矩阵的每一列返回一个单独的值。MATLAB 中很多函数具有这种功能（如 mean、std），返回值赋给输出图像中对应的像素。

colfilt 函数实际上也可以进行下面提到的图像块操作。对于图像块操作，colfilt 函数把每个图像块排列成一列，构成一个临时矩阵。如果需要，可以对图像进行补零。

图 2-33 显示了一个 6×16 的图像按照 4×6 的图像块进行处理的情况。图像首先被补零到 8×16 大小，构成 6 个 4×6 的图像块。然后每个图像块被排列成一列，形成了 24×6 的临时矩阵。

colfilt 函数把原始图像排列成临时矩阵后，将其传入自定义函数。自定义函数必须返回和临时返回大小相同的矩阵。然后 colfilt 函数再把结果重新排列成原始图像的格式。

【例 2-30】利用 colfilt 函数把输入图像 8×8 的图像块的均值赋予图像块中所有元素的程序，并使用@符号指定函数句柄。

```
>> clear all;
I = im2double(imread('tire.tif'));
f1 = @(x) ones(64,1)*mean(x);
f2 = @(x) ones(64,1)*max(x);
f3 = @(x) ones(64,1)*min(x);
I1 = colfilt(I,[8 8],'distinct',f1);
```

```
I2 = colfilt(I,[8 8],'distinct',f2);
I3 = colfilt(I,[8 8],'distinct',f3);
subplot(2,2,1);imshow(I);
xlabel('(a)原始图像');
subplot(2,2,2);imshow(I1);
xlabel('(b)处理函数为mean');
subplot(2,2,3);imshow(I2);
xlabel('(c)处理函数为max');
subplot(2,2,4);imshow(I3);
xlabel('(d)处理函数为min');
```

运行程序，效果如图 2-34 所示。

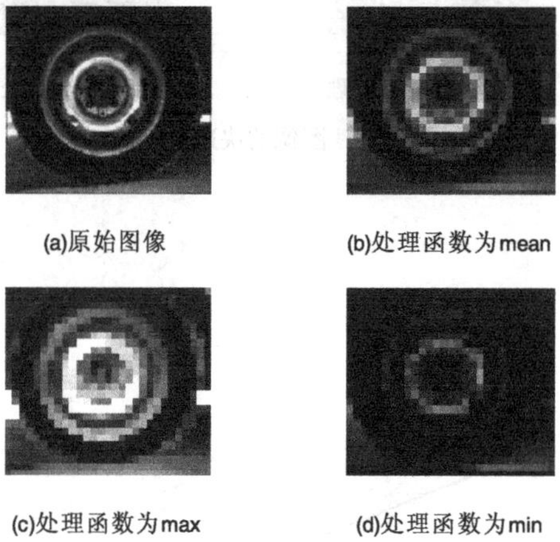

图 2-34　图像的快速块处理 2

（3）blockproc 函数

在 MATLAB 中，提供了 blockproc 函数用于实现图像分离邻域操作。函数的调用格式为：

B = blockproc(A,[M N],fun)：A 是要处理的图像矩阵，[M,N]是每次分块处理的矩阵大小，fun 是函数句柄，即对每块矩阵的处理函数。

B = blockproc(src_filename,[M N],fun)：如果图像太大不能完全导入内存，也可以用图像文件名 src_filename 来表示。

B = blockproc(adapter,[M N],fun)：构造任意图像格式的 Adapter 类来实现 blockproc 函数对任意大图像文件的支持。

blockproc(...,Name,Value,...)：设定块的参数 Name*N* 的值为 Value*N*。

【例 2-31】利用 blockproc 函数实现图像的分离块操作。

```
>> clear all;
I = imread('peppers.png');
fun1= @(block_struct) block_struct.data(:,:,[2 1 3]);        %获取分离块操作的函数句柄
I2=blockproc(I,[100,100],fun1);    %进行分离块操作
fun2=@(block_struct) imrotate(block_struct.data,30);   %获取分离块操作的函数句柄
blockproc(I,[200 200],fun1,'Destination','grb_peppers.tif');  %进行分离块操作
fun3=@(block_struct) std2(block_struct.data);   %获取分离块操作的函数句柄
I3=blockproc(I,[50,50],fun3);
figure;
subplot(2,2,1);imshow('peppers.png');
```

```
title('原始图像');
subplot(2,2,2);imshow('grb_peppers.tif');
title('分离块操作的 RGB 交换后图像');
subplot(2,2,3);imshow(I2);
title('分离块操作的旋转图像');
subplot(2,2,4);imshow(I3,[]);
title('分离块操作的方差图像 ');
```

运行程序，效果如图 2-35 所示。

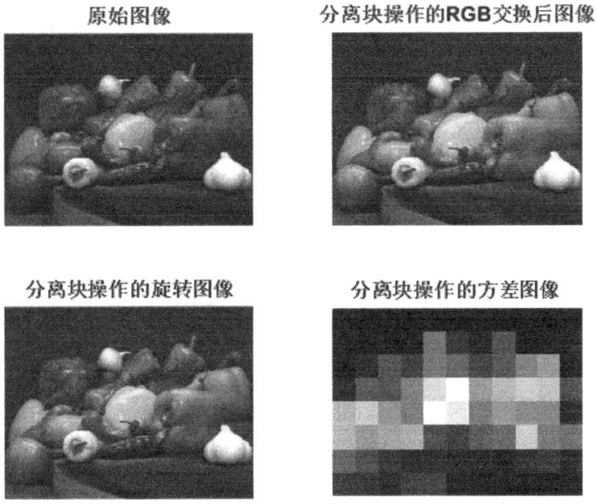

图 2-35　图像分离块操作

在程序中，首先读入要进行块操作的图像 peppers，然后获取对图像颜色 RGB 交换函数 block_struct 的句柄，再对图像进行颜色交换分离块操作，并显示结果；按相同的方法，对原图像进行方差的分离块操作及旋转分离块操作。

2.8.3　特定区域填充

MATLAB 图像处理工具箱中提供了函数 roifill 用于对特定区域的填充，函数的调用格式为：

J = roifill(I)：由用户交互选取填充的区域。旋转多边形的角点后，按 Enter 键确认选择，用空格键和 Del 键表示取消一个选择。

J = roifill(I, c, r)：填充由向量 *c*、*r* 指定的多边形，*c* 和 *r* 分别为多边形各顶点的 *X*、*Y* 坐标。它是通过解边界拉普拉斯方程，利用多边形的点和灰度平滑的插值得到多边形内部的点。通常可以利用对指定区域的填充来“擦”掉图像中的小块区域。

J = roifill(I, BW)：用掩模图像 BW 旋转区域。

[J,BW] = roifill(...)：在填充区域的同时返回掩模图像 BW。

J = roifill(x, y, I, xi, yi)：在指定的坐标系 *X-Y* 下填充由向量 *xi*、*yi* 指定的多边形区域。

【例 2-32】利用 rofill 函数对图像选定区域进行填充。

```
>> clear all;
I = imread('eight.tif');
subplot(1,2,1);imshow(I);
xlabel('(a)原图像');
c = [222 272 300 270 221 194];
r = [21 21 75 121 121 75];
```

```
J = roifill(I,c,r);
subplot(1,2,2), imshow(J);
xlabel('(b)区域填充')
```

运行程序，效果如图 2-36 所示。

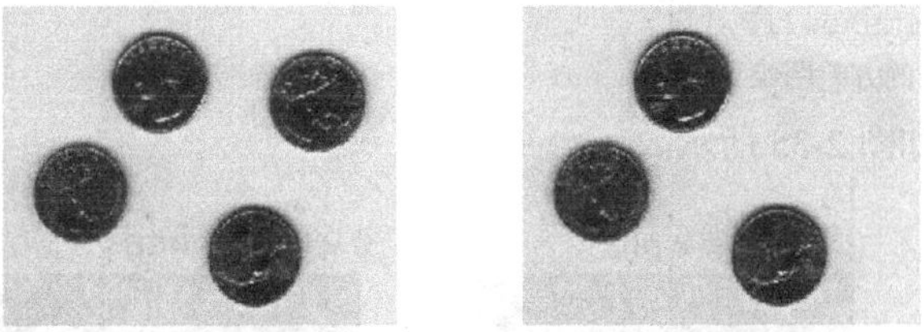

(a)原图像　　(b)区域填充

图 2-36　区域填充效果

小　结

本章主要介绍数字图像处理的数学基础及相关运算，根据数字图像处理技术的需要，首先介绍线性系统理论、移不变系统、调谐信号，再对卷积和滤波、关联函数、特定区域处理及其相关的代数运算等进行介绍。

而代数运算主要用于图像间的四则运算，以达到某种特殊效果。加法运算主要用于消除图像的加性噪声或达到图像叠加效果；减法运算主要用于消除图像背景以突出目标的作用；乘法主要用于图像掩膜操作；除法主要消除图像光影影响，对图像进行归一化。

从某种意义上讲，点运算、代数运算、几何运算（第 5 章展开介绍）及区域运算，这 4 种方法涵养了大部分数字图像处理的常用手段，是数字图像中最为基础的内容。

习　题

2-1　RGB 图像表示方法与索引图像表示方法上有哪些区别？

2-2　什么是线性系统？线性系统具有哪些重要性质？

2-3　什么是线性移不变系统？移不变系统的物理意义是什么？

2-4　调谐信号的函数形式是怎样的？

2-5　试写出连续信号卷积积分公式和离散序列卷积公式，比较两者的区别与联系。

2-6　对一幅图像实现几种基本代数运算。

2-7　MATLAB 提供了图像加减乘除等代数运算函数，使用 MATLAB 帮助文档，查找这些函数的使用说明，然后进行实验分析。

2-8　什么是梯度？试写出二维连续系统与二维离散系统的梯度运算形式。

2-9　什么是灰度直方图？灰度直方图具有哪些性质和作用？

第 3 章 图像编码

在计算机图像处理系统中，图像的最大特点和难点就是海量数据的表示与传输，因此如何有效地存储和传输这些图像数据成为当今信息社会的迫切需求。图像数据的压缩技术从总体上来说就是利用图像数据固有的冗余性和相关性，将一个大的图像数据文件转换成较小的同性质的文件。

3.1 图像编码基础

图像编码压缩的基本理论起源于 20 世纪 40 年代末香农（Shannon）的信息理论。香农的编码定理告诉人们，在不生产任何失真的前提下，通过合理地编码，对每一个信源符号分配不等长的码字，平均码长可以任意接近于信源的熵。在这个理论框架下，出现了几种不同的无失真信源编码方法，如哈夫曼编码、算术编码、字典编码等，这些方法应用于一幅数字图像，能获得一定的码率压缩。但无失真编码的压缩率是很有限的，对较复杂的自然图像，压缩率一般不超过 2。随着科学技术的发展和对压缩率要求的不断提高，现在出现了更多的编码方法，主要有 KLT 编码、分形编码、模型编码、子带编码、基于小波的编码等。

3.1.1 图像压缩编码的必要性

随着信息技术的发展，图像信息已经成为通信和计算机系统中一种重要的处理对象。在现代通信中，图像传输已成为重要内容，在工作中除要求设备可靠、图像保真度高以外，实时性是重要的技术指标之一，与文字信息不同的是，图像信息占据大量的存储空间，所用传输信道也比较宽。以像幅为 23cm×23cm 的航摄影像为例，若按采样间隔 25μm、每像素 8bit 扫描，其数据量为 84.5MB；一颗卫星每半小时发回一次全波段（5 个波段）数据，每个波段图像大小为 2292×2190 字节，约 4.90MB，每天的数据量高达 1.2GB。可见，图像的最大特点也是最大难点就是海量数据的表示与传输，如果不对数据进行压缩处理，数量巨大的数据就很难在计算机系统及网络上存储、处理和传输。

图像编码与压缩从本质上来说就是对要处理的图像源数据按一定的规则进行变换和组合，从而达到以尽可能少的代码（符号）来表示尽可能多的数据信息。压缩通过编码来实现或者说编码带来压缩的效果，所以一般把此项处理称为压缩编码。

3.1.2 图像压缩编码的可能性

数据是用来表示信息的，如果不同的方法为表示给定量的信息使用了不同的数据量，那么使用较多数据量的方法中，有些数据必然是代表了无用的信息，或者是重复地表示了其他数据已经表示的信息，这就是数据冗余的概念。

由于图像数据本身固有的冗余性和相关性，使得将一个大的图像数据文件转换成较小的图像数据文件成为可能，图像数据压缩就是去掉信号数据的冗余性。一般来说，图像数据中存在以下几种冗余。

（1）空间冗余（像素间冗余、几何冗余）：这是图像数据中经常存在的一种冗余。在同一幅图像中，规则物体和规则背景（所谓规则是指表面有序的，而不是完全杂乱无章的排列）的表面物理特性具有相关性，这些相关性的光成像结果在数字化图像中就表现为数据冗余。

（2）时间冗余：在序列图像（电视图像、运动图像）中，相邻两帧图像之间有较大的相关性。如图 3-1 所示，F1 帧中有一个人和一个路标，在时间 T 后的 F2 图像中仍包含以上两个物体，只是人向前走了一段路程，此时 F1 和 F2 的路标和背景都是时间相关的，小车也是时间相关的，因而 F2 和 F1 具有时间冗余。

（3）信息熵冗余：也称为编码冗余，如果图像中平均每个像素使用的比特数大于该图像的信息熵，则图像中存在冗余，称为信息熵冗余。

（4）结构冗余：有些图像，例如墙纸、草席等，存在较强的纹理结构，称为结构冗余。

（5）知识冗余：有许多图像对其理解与某些基础知识有相当大的相关性，例如：人脸的图像有固定的结构，嘴的上方有鼻子，鼻子的上方有眼睛，鼻子位于正脸图像的中线上等。这类规律性的结构可由先验知识和背景知识得到，称此类冗余为知识冗余。

（6）心理视觉冗余：人类的视觉系统对于图像场的注意是非均匀和非线性的，特别是视觉系统并不是对图像场的任何变化都能感知，即眼睛并不是对所有信息都有相同的敏感度。有些信息在通常的视觉感觉过程中与另外一些信息相比来说并不是那么重要，这些信息可认为是心理视觉冗余的，去除这些信息并不会明显地降低所感受到的图像的质量。心理视觉冗余的存在是与人观察图像的方式有关的，人在观察图像时主要是寻找某些比较明显的目标特征，而不是定量地分析图像中每个像素的亮度，或至少不是对每个像素等同地分析。人通过在脑子里分析这些特征并与先验知识结合以完成对图像的解释过程，由于每个人所具有的先验知识不同，对同一幅图像的心理视觉冗余也就因人而异。

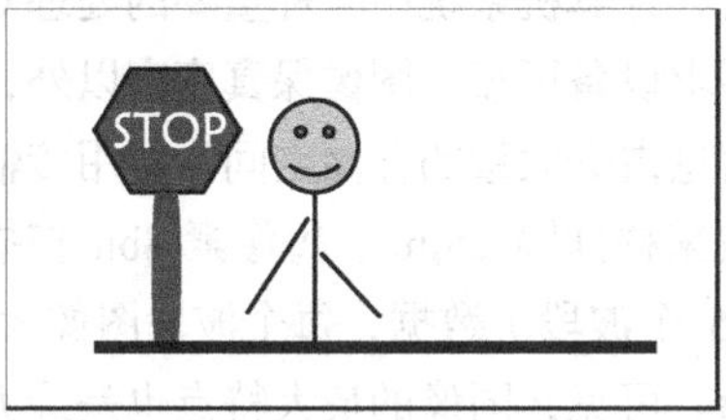

(a) F1 帧

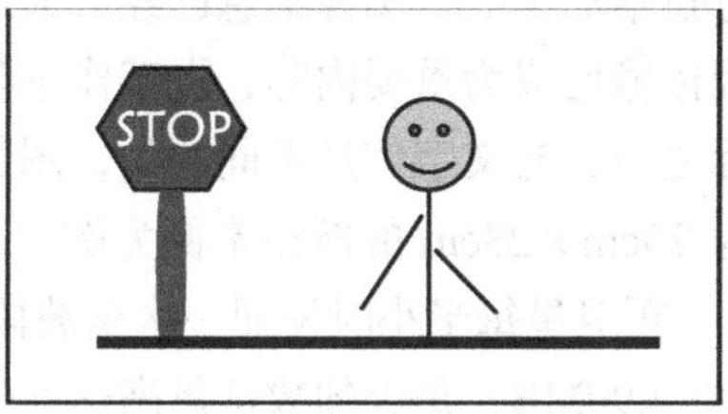

(b) F2 帧

图 3-1 时间冗余

3.1.3 图像压缩编码的分类

图像编码压缩的方法目前有很多，其分类方法根据出发点不同而有差异。

（1）根据解压重建后的图像和原始图像之间是否有误差，图像编码压缩分为无损（亦称无失真、无误差、信息保持型）编码和有损（有失真、有误差、信息非保持型）编码两大类。

- 无损编码：这类压缩算法中删除的仅仅是图像数据中冗余的信息，因此在解压缩时能精确恢复原图像。无损编码用于要求重建后图像严格地与原始图像保持相同的场合，例如复制、保存十分珍贵的历史和文物图像等。
- 有损编码：这类算法把不相干的信息也删除了，因此在解压缩时只能对原始图像进行近似地重建，而不能精确地复原，有损编码适合大多数用于存储数字化的模拟数据。

（2）根据编码原理，图像压缩编码分为熵编码、预测编码、变换编码和混合编码等。

- 熵编码：这是纯粹基于信号统计特性的编码技术，是一种无损编码。熵编码的基本原理是给出概率较大的符号赋予一个短码字，而给出现概率较小的符号赋予一个长码字，从而使得最终的平均码长很小，常见的熵编码方法有哈夫曼编码、算术编码和行程编码。
- 预测编码：它是基于图像数据的空间或时间冗余特性，用相邻的已知像素（或像素块）来预测当前像素（或像素块）的取值，然后再对预测误差进行量化和编码。预测编码可分为帧内预测和帧间预测，常用的预测编码有差分脉码调制（Differential Pulse Code Modulation，DPCM）和运动补偿法。
- 变换编码：通常是将空间域上的图像经过正交变换映射到另一变换域上，使变换后的系数之间的相关性降低。图像变换本身并不能压缩数据，但变换后图像的大部分能量只集中到少数几个变换系数上，再采用适当的量化和熵编码就可以有效地压缩图像。
- 混合编码：是指综合了熵编码、变换编码或预测编码的编码方法，如 JPEG 标准和 MPEG 标准。

（3）根据图像的光谱特征，图像压缩编码分为单色图像编码、彩色图像编码和多光谱图像编码。

（4）根据图像的灰度，图像压缩编码分为多灰度编码和二值图像编码。

3.1.4 图像压缩编码的评价

在图像编码中，编码质量是一个非常重要的概念，怎样以尽可能少的比特数来存储或传输一幅图像，同时又使接收者感到满意，这是图像编码的目的。

对于图像编码的质量评价主要体现在基于压缩编码参数的评价、基于保真度（逼真度）标准的评价、算法的适用范围、算法的复杂度 4 个方面。

1. 基于压缩编码参数的评价

（1）信息量、图像的熵与平均码字长度

令图像像素灰度级集合为 $\{l_1, l_2, \cdots, l_m\}$，其对应的概率分别为 $p(l_1), p(l_2), \cdots, p(l_m)$，则根据香农信息论，定义其信息量为：

$$I(l_i) = -\mathrm{lb}\, p(l_i) \tag{3-1}$$

如果将图像所有可能灰度级的信息量进行平均，就得到信息熵（Entropy），所谓熵就是平均信息量。

图像熵定义为：

$$H = \sum_{i=1}^{m} p(l_i) I(l_i) = -\sum_{i=1}^{m} p(l_i)\, \mathrm{lb}\, p(l_i) \tag{3-2}$$

式中，H 的单位为比特/字符。图像熵表示图像灰度级集合的比特数的均值，或者说描述了图像信源的平均信息量。

当灰度级集合 $\{l_1, l_2, \cdots, l_m\}$ 中 l_i 出现的概率相等，都为 2^{-L} 时，熵 H 最大，等于 L 比特；只有当 l_i 出现的概率不相等时，H 才会小于 L。

香农信息论已经证明：信源熵是进行无失真编码的理论极限，低于此极限的无失真编码方法是不存在的，这是熵编码的理论基础。

平均码长定义为：

$$R=\sum_{i=1}^{m} n_i p(l_i) \tag{3-3}$$

式中，n_i 为灰度级 l_i 所对应的码字长度，平均码长的单位也是比特/字符。

（2）编码效率

编码效率定义为：

$$\eta=\frac{H}{R} \tag{3-4}$$

如果 R 和 H 相等，编码效果最佳；如果 R 和 H 接近，编码效果佳；如果 R 远大于 H，则编码效果差。

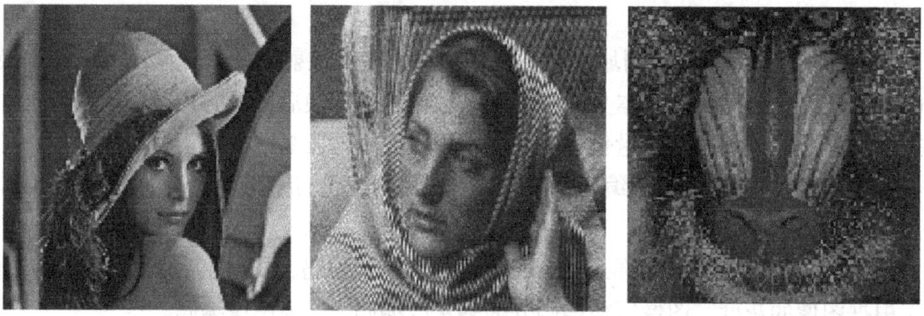

(a) Lena 图像　　(b) Woman 图像　　(c) Mandril 图像

图 3-2　国际上流行的三幅标准图像

由于同一图像压缩编码算法对不同图像的编码效率往往不同，为了公平地衡量图像压缩编码算法的效率，常常需要定义一些所谓的“标准图像”，通过测量不同图像编码算法在同一组“标准图像”上的性能，来评价各图像压缩算法的编码效率。图 3-2 给出了国际上流行的 3 幅图像 lena、woman、mandril。图 3-2（a）头发部分高频数据含量丰富，背景含低频数据，肩部亮度过渡平滑；图 3-2（b）低频区域含量适中，但物体边缘丰富，头巾、裤子及桌布上有极细腻的条纹；图 3-2（c）高频数据极为丰富，特别是脸部毛发部分，主要用于评价图像编码算法对高频区域数据的处理性能。

（3）压缩比

压缩比是衡量数据压缩程度的指标之一。至今尚无压缩比的统一定义。目前常用的压缩比 P_r 定义为：

$$P_r=\frac{L_s-L_d}{L_s}\times 100\% \tag{3-5}$$

式中，L_s 为源代码长度，L_d 为压缩后的代码长度。

压缩比的物理意义是被压缩掉的数据占源数据的百分比。一般地，压缩比大，则说明被压缩掉的数据量多。当压缩比 P_r 接近 100%时，压缩效率最理想。

（4）冗余度

如果编码效率 $\eta\neq 100\%$，就说明还有冗余度。冗余度 r 定义为：

$$r=1-\eta \tag{3-6}$$

r 越小，说明可压缩的余地越小。

总之，一个编码系统要研究的问题是设法减小编码平均长度 R，使编码效率尽量趋于 1 而冗余度尽量趋于 0。

2. 基于保真度（逼真度）准则的评价

在图像压缩编码中，解码图像与原始图像可能会有差异，因此，需要评价压缩后图像的质量。描述解码图像相对原始图像偏离程度的测度一般称为保真度（逼真度）准则。常用的准则可分为两大类：客观保真准则和主观保真准则。

（1）客观保真度准则

最常用的客观保真度准则是原图像与解码图像之间的均方根误差和均方根信噪比两种。令 $f(x,y)$ 表示原图像，$\hat{f}(x,y)$ 表示 $f(x,y)$ 先压缩又解压缩后得到的 $f(x,y)$ 的近似。对任意 x 和 y，$f(x,y)$ 和 $\hat{f}(x,y)$ 之间的误差定义为：

$$e(x,y)=\hat{f}(x,y)-f(x,y) \tag{3-7}$$

若 $f(x,y)$ 和 $\hat{f}(x,y)$ 大小均为 $M\times N$，则它们之间的均方根误差 e_{rms} 为：

$$e_{rms}=\left\{\frac{1}{MN}\sum_{x=0}^{M-1}\sum_{y=0}^{N-1}\left[\hat{f}(x,y)-f(x,y)\right]^2\right\}^{\frac{1}{2}} \tag{3-8}$$

如果将 $\hat{f}(x,y)$ 看作原始图像 $f(x,y)$ 和噪声信号 $e(x,y)$ 的和，则解压缩图像的均方根信噪比（SNR_{ms}）为：

$$SNR_{ms}=\sum_{x=0}^{M-1}\sum_{y=0}^{N-1}\hat{f}(x,y)^2\Big/\sum_{x=0}^{M-1}\sum_{y=0}^{N-1}\left[\hat{f}(x,y)-f(x,y)\right]^2 \tag{3-9}$$

对上式求平方根，则得到均方根信噪比 SNR_{ms}。

实际使用时，常将 SNR_{ms} 归一化并用 dB（分贝）表示。令：

$$\hat{f}=\frac{1}{MN}\sum_{x=0}^{M-1}\sum_{y=0}^{N-1}f(x,y) \tag{3-10}$$

则有：

$$SNR=10\times\lg\left\{\frac{\sum_{x=0}^{M-1}\sum_{y=0}^{N-1}\left[f(x,y)-\hat{f}\right]^2}{\sum_{x=0}^{M-1}\sum_{y=0}^{N-1}\left[\hat{f}(x,y)-f(x,y)\right]^2}\right\} \tag{3-11}$$

若令 $f_{\max}=\max f(x,y)$，$x=0,1,\cdots,M-1$；$y=0,1,\cdots,N-1$。则可得到峰值信噪比（$PSNR$）为：

$$PSNR=10\times\lg\left[\frac{f_{\max}^2}{\sum_{x=0}^{M-1}\sum_{y=0}^{N-1}\left[\hat{f}(x,y)-f(x,y)\right]^2}\right] \tag{3-12}$$

（2）主观保真度准则

尽管客观保真度准则提供了一种简单方便的信息损失的方法，但是很多解压图像最终是供人观看的，有时单用某一个或几个解析式来度量图像品质，甚至得到与主观评估相反的结果。这样就会造成采用这些解析公式得到的定量逼真度的可信度低。造成逼真度不能从理论上完满解决的根本原因在于人眼视觉感知得到的信息传输到神经系统的处理、判别过程不清楚，而这又涉及生物物理学、生物化学以及生态光学等领域的知识，至今还不能提供这一过程的满意答案（这也是当今计算机视觉的一个前沿课题，目前正在研究发展中）。因此，目前对图像品质的度量仍停留在主观评估上。所谓主观评估就是聘请一些“外行”或“内行”，通过对图像的观察来判别好坏。因而这是一种定性的评估。这种主观评估可能是对一幅图像而言，由观察者对其总体印象估出优劣，其等级标准见表 3-1 所示，或在一组图像中进行比较，如表 3-2 所示。采用主观评估的缺点是显而易见的，对“外行”人来说，可能注意的是图像大体上的优劣，而对“内行”人，即具有图像处理经验的人来说，更多的是注意图像中细节退化程度。因此，这种主观评估法应使“外行”和“内行”分开进行。

表 3-1　　总体优度标准

序　　号	评估结果
⑤	优
④	良
③	中
②	合格
①	劣

表 3-2　　分组优度标准

序　　号	评估结果
⑦	组内最好
⑥	比本组中等好
⑤	比本组中等稍好
④	本组中等
③	比本组中等稍差
②	比本组中等差
①	组内最差

3. 算法的适用范围

特定的图像编码算法具有相应的适用范围，并不对所有的图像都有效。一般来说，大多数基于图像信息统计特性的压缩算法具有较广的适用范围，而一些特定的编码算法的适用范围较窄。例如，分形编码主要用于自相似性高的图像，某些算法（如基于对象的图像压缩编码方案）只能用于特定图像场景（如人的头肩场景）的压缩。

4. 算法的复杂度

算法的复杂度是指完成图像压缩和解压缩所需的运算量和硬件实现该算法的难易程度。优秀的压缩算法要求有较高的压缩比，压缩和解压缩快，算法简单，易于硬件实现，还要求解压缩后的图像质量较好。选用编码方法时一定要考虑图像信源本身的统计特性、多媒体系统（硬件和软件产品）的适应能力、应用环境以及技术标准。

3.2 熵　编　码

信息论是图像编码的主要理论依据之一，它给出无失真编码所需比特数的下限，为了逼近这个下限而提出了一系列熵编码算法。

3.2.1 信息论基础

图像的编码必须在保持信息源内容不变或者损失不大的前提下才有意义。这其中涉及信息论中两个概念信息量与信息熵。

1. 信息量

设信息源 X 可发出的信息符号集合表示为 $A=\{a_i \mid i=1,2,\cdots,m\}$， X 发现的符号 a_i 出现的概

率为 $p(a_i)$，则定义符号 a_i 出现的信息量为：

$$I(a_i) = -\log_2 p(a_i)$$

上式中信息量的单位为比特（b）。

2. 信息熵

对信息源 X 的各符号的自信息量取统计平均，可得每个符号的平均自信息量 $H(X)$，称为信息源 X 的熵，定义为：

$$H(X) = -\sum_{i=1}^{m} p(a_i)\log_2 p(a_i)$$

上式信息源的熵单位为比特/符号。如果信息源为图像，图像的灰度级为 $[1, M]$，通过直方图获得各灰度级出现的概率为 $p_s(s_i), i = 1, 2, \cdots, M$，可以得到图像的熵定义：

$$H = -\sum_{i=1}^{M} p(s_i)\log_2 p_s(s_i)$$

图像数据中存在的基本数据冗余包括编码冗余，也称为信息熵冗余，即所用的代码大于最佳编码长度（最小长度）时出现的编码冗余；像素间冗余也称为空间冗余或几何冗余，即在同一幅图像像素间的相关性造成的冗余；心理视觉冗余，即人类视觉系统对数据忽略的冗余。此外，冗余信息还包括时间冗余、知识冗余和结构冗余等。

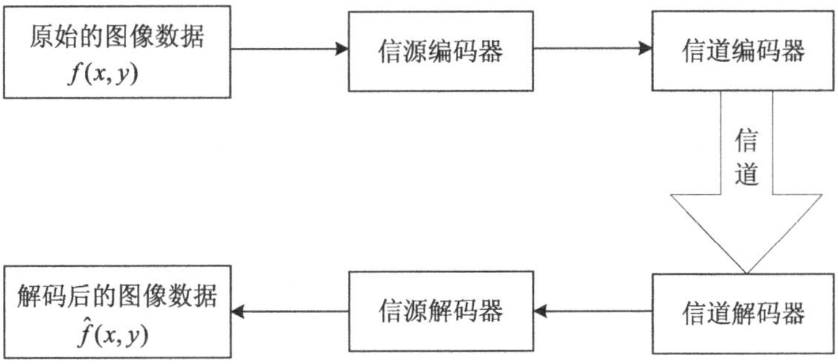

图 3-3 图像编\解码框图

通用的图像压缩编码和解码模式包括信源编码器、信道编码器、用于存储和传输的信道、信道解码器以及信源解码器。信源解码器用于消除或减少输入图像中的冗余信息；信道编码器用于提高信源编码器输出的抗干扰能力，如果信道是无噪的，则信道编码器和解码器可以忽略；在输出这一边，信道解码器和信源解码器执行相反功能，实现图像信息解码，最终输出原始图像的重构图像。系统框图如图 3-3 所示，输入的图像数据 $f(x,y)$ 进入信源编码，最终重构的输出图像 $\hat{f}(x,y)$ 由信源解码器实现。

根据重建后的图像 $\hat{f}(x,y)$ 与原始图像 $f(x,y)$ 之间是否存在误差，图像压缩编码可以分为无损编码（无失真编码）和有损编码（有失真编码）。根据图像编码原理又可分为熵编码、预测编码、变换编码和混合编码等。图像编码的分类有很多种方法，根据实际需要选择不同的编码方法。

各种图像编码方法的优异程度由编码质量来衡量。对图像编码质量的评价主要通过编码参数、保真度、编码方法适用范围及编码方法复杂度来考察。

3.2.2 赫夫曼编码

赫夫曼（Huffman）编码是 1952 年提出的，是一种比较经典的信息无损熵编码，该编码依据变长最佳编码定理，应用 Huffman 算法而产生。Huffman 编码是一种基于统计的无损编码。

设信源 X 的信源空间为：

$$[X \bullet P]:\begin{cases} X: & x_1 \quad x_2 \quad \cdots \quad x_N \\ P(X): & P(x_1) \quad P(x_x) \quad \cdots \quad P(x_N) \end{cases} \tag{3-13}$$

其中，$\sum_{i=1}^{N} P(x_i) = 1$，现用二进制对信源 X 中每一个符号 $x_i (i = 1,2,\cdots,N)$ 进行编码。

根据变长最佳编码定理，Huffman 编码步骤如下：

（1）将信源符号 x_i 按其出现的概率，由大到小顺序排列。

（2）将两个最小概率的信源符号进行组合相加，并重复这一步骤，始终将较大的概率分支放在上部，直到只剩下一个信源符号且概率达到 1.0 为止。

（3）对每对组合上边一个指定为 1，下边一个指定为 0，或相反地对上边一个指定为 0，下边一个指定为 1。

（4）画出由每个信源符号到概率 1.0 处的路径，记下沿路径的 1 和 0。

（5）对于每个信源符号都写出 1、0 序列，则从右到左得到了非等长的 Huffman 码。

下面举例说明 Huffman 编码过程。

【例 3-1】 假定一幅 20 像素 × 20 像素的图像共有 5 个灰度级 s1，s2，s3，s4，s5，它们在此图像中出现的概率依次为 0.4，0.175，0.15，0.15，0.125。

其 Huffman 编码过程如图 3-3 所示。

在图 3-4 中，先逐步完成两个小概率的相加合并，然后反过来逐步向前进行编码，每一步有两个分支，各赋予一个二进制码，这里对概率大的赋码字 1，概率小的赋码字 0。这样从右到左得到如表 3-3 所示的编码表。

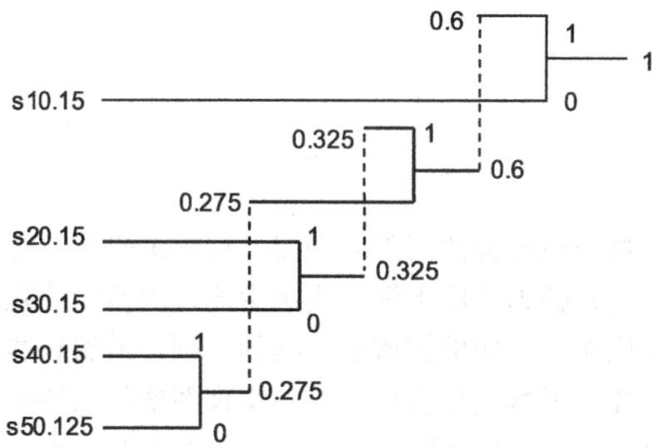

图 3-4　Huffman 编码过程图

表 3-3　　例 3-1 的 Huffman 编码表

信源符号	出现概率	码字	码长	信源符号	出现概率	码字	码长
s1	0.4	0	1	s4	0.15	101	3
s2	0.175	111	3	s5	0.125	100	3
s3	0.15	110	3				

经 Huffman 编码后，其平均码长为：

$$L = \sum_{i=1}^{5} p(s)_i l_i = 0.4 \times 1 + 0.175 \times 3 + 0.15 \times 3 + 0.15 \times 3 + 0.125 \times 3 = 2.2$$

其熵 $H=-\sum_{i=1}^{5} p(s)_i - \log p(s_i) = 2.1649$，由此可知，Huffman 编码已经比较接近该图像的熵值了。

从 Huffman 算法可以看出，Huffman 编码具有如下特点。

（1）Huffman 编码构造程序是明确的，但编出的码不是唯一的，其原因之一是为两个概率分配码字“0”和“1”可有两种任意选择（大概率为“0”，小概率为“1”，或者反之）。第二个原因是在排序过程中两个概率相等，谁前谁后也是随机的，这样编出的码字就不是唯一的了。

（2）Huffman 编码结果码字不等长，虽说平均码字最短，效率最高，但码字长短不一，实时硬件实现很复杂（特别是译码），而且在抗误码能力方面也比较差。为此，有人提出了一些修正方法，如双字长 Huffman 编码，希望通过降低一些效率来换取硬件实现简单的实惠。

（3）Huffman 编码的信源概率是 2 的负幂时，效率达 100%，但是对等概率分布的信源却产生定长码，效率最低。因此编码效率与信源符号概率分布相关，故 Huffman 编码依赖于信源统计特性，编码前必须有信源这方面的先验知识，这往往限制了 Huffman 编码的应用。

（4）Huffman 编码只能用近似的整数而不是理想的小数来表示单个符号，这也是 Huffman 编码无法达到最理想的压缩效果的原因。

【例 3-2】 对给定的 woman 图像进行 Huffman 编码。

```
>>clear all;
load woman;  %读入图像数据
data=uint8(X);
[zipped,info]=huffencode(data);  %调用 Huffman 编码程序进行压缩
unzipped=huffdecode(zipped,info); %调用 Huffman 解码程序进行解码
%显示原始图像和经编码后的图像,显示压缩比,并计算均方根误差得 erms=0,
%表示是 Huffman 无失真编码
subplot(121);imshow(data);
subplot(122);imshow(unzipped);
erms=compare(data(:),unzipped(:))
cr=info.ratio
whos data unzipped zipped
```

运行程序，输出如下：

```
erms=0
cr=0.6921
```

实现 Huffman 编码的自定义函数，参考本书附赠的源代码。

如果分别对 cameraman.tif 图像进行编码，得到的压缩比分别为 0.8806。

3.2.3　算术编码

前面已经说明，Huffman 编码使用二进制符号进行编码，这种方法在许多情况下无法得到最佳的压缩效果。假设某个信源符号出现的概率为 85%，那么其信息量为 $-\log_2(0.85)=0.23456$，也就是说用 0.2345 位编码就可以了。但 Huffman 编码只能分配一位 0 或一位 1 进行编码。由此可知，整个数据的 85%的信息在 Huffman 编码中用的是理想长度 4 倍的码字，其压缩效果可想而知。算术编码就能解决了这个问题，算术编码在图像数据压缩标准（如 JPEG）中起很重要的作用。

算术编码不是将单个信源符号映射成一个码字，而是把整个信源表示为实数线上的 0 到 1 之间的一个区间，其长度等于该序列的概率。再在该区间内选择一个代表性的小数，转化为二进制

作为实际的编码输出。消息序列中的每个元素都要缩短为一个区间。消息序列中元素越多，所得到的区间就越小。当区间变小时，就需要更多的数位来表示这个区间。采用算术编码，每个符号的平均编码长度可以为小数。

下面用一个简单的例子说明算术编码的编码过程。

【例 3-3】假设信源符号为 $X=\{00,01,10,11\}$，其中各符号的概率为 $P(X)=\{0.1,0.4,0.2,0.3\}$。对这个信源进行算法编码的具体步骤如下：

（1）已知符号的概率后，就可以沿着"概率线"为每个符号设定一个范围：$[0,0.1)$，$[0.1,0.5)$，$[0.5,0.7)$，$[0.7,1.0)$。把以上信息综合到表 3-4 中。

表 3-4　信源符号、概率和初始区间

符　号	00	01	10	11
概　率	0.1	0.4	0.2	0.3
初始区间	$0\leqslant X<0.1$	$0.1\leqslant X<0.5$	$0.5\leqslant X<0.7$	$0.7\leqslant X<1.0$

（2）假如输入的消息序列为：10、00、11、00、10、11、01，其算术编码过程为：

- 初始化时，范围 range 为 1.0，低端值 low 为 0。下一个范围的低、高端值分别由下式计算。

$$\begin{cases} low = low + range \times range\_low \\ high = low + range \times range\_high \end{cases}$$

其中等号右边的 range 和 low 为上一个被编码符号的范围和低端值，$range\_low$ 和 $range\_low$ 分别为被编码符号已给定的出现概率范围的低端值和高端值。

对第一个信源符号 10 编码：

$$\begin{cases} low = low + range \times range\_low = 0 + 1 \times 0.5 = 0.5 \\ high = low + range \times range\_high = 0 + 1 \times 0.7 = 0.7 \end{cases}$$

所以，信源符号 10 将区间 $[0,1.0) \Rightarrow [0.5,0.7)$。

下一个信源符号的范围为 $range = range\_high - range\_low = 0.2$。

- 对第二个信源符号 00 编码：

$$\begin{cases} low = low + range \times range\_low = 0.5 + 0.2 \times 0 = 0.5 \\ high = low + range \times range\_high = 0.5 + 0.2 \times 0.1 = 0.52 \end{cases}$$

所以，信源符号 00 将区间 $[0.5,0.7) \Rightarrow [0.5,0.52)$。

下一个信源符号的范围为 $range = range\_high - range\_low = 0.02$。

- 对第三个信源符号 11 编码：

$$\begin{cases} low = low + range \times range\_low = 0.5 + 0.02 \times 0.7 = 0.514 \\ high = low + range \times range\_high = 0.5 + 0.02 \times 1 = 0.52 \end{cases}$$

所以，信源符号 11 将区间 $[0.5,0.52) \Rightarrow [0.514,0.52)$。

下一个信源符号的范围为 $range = range\_high - range\_low = 0.006$。

- 对第四个信源符号 00 编码：

$$\begin{cases} low = low + range \times range\_low = 0.514 + 0.006 \times 0 = 0.514 \\ high = low + range \times range\_high = 0.514 + 0.006 \times 0.1 = 0.5146 \end{cases}$$

所以，信源符号 00 将区间 $[0.514,0.52) \Rightarrow [0.514,0.5146)$。

下一个信源符号的范围为 $range = range\_high - range\_low = 0.0006$。

- 对第五个信源符号 10 编码：

$$\begin{cases} low = low + range \times range\_low = 0.514 + 0.0006 \times 0.5 = 0.5143 \\ high = low + range \times range\_high = 0.514 + 0.0006 \times 0.7 = 0.51442 \end{cases}$$

所以，信源符号 10 将区间 $[0.514, 0.5146) \Rightarrow [0.5143, 0.51442)$ 。

下一个信源符号的范围为 $range = range\_high - range\_low = 0.00012$ 。

- 对第六个信源符号 11 编码：

$$\begin{cases} low = low + range \times range\_low = 0.514 + 0.00012 \times 0.7 = 0.514384 \\ high = low + range \times range\_high = 0.5143 + 0.00012 \times 1 = 0.51442 \end{cases}$$

所以，信源符号 11 将区间 $[0.5143, 0.51442) \Rightarrow [0.514384, 0.51442)$ 。

下一个信源符号的范围为 $range = range\_high - range\_low = 0.000036$ 。

- 对第七个信源符号 01 编码：

$$\begin{cases} low = low + range \times range\_low = 0.514384 + 0.000036 \times 0.1 = 0.5143876 \\ high = low + range \times range\_high = 0.514384 + 0.000036 \times 0.5 = 0.514402 \end{cases}$$

所以，信源符号 11 将区间 $[0.514384, 0.51442) \Rightarrow [0.5143876, 0.514402)$ 。

最后从[0.5143876, 0.0514402]中选择一个数作为编码输出，这里选择 0.5143876。

综上所述，算术编码是从全序列出发，采用递推形式的一种连续编码，使得每个序列对应该区间内一点，也就是一个浮点小数，这些点把 $[0,1)$ 区间分成许多小段，每一段长度等于某序列的概率。再在段内取一个浮点小数，其长度可与序列的概率匹配，从而达到高效的目的。上述算术编码过程可用图 3-5 所示的区间分割过程来描述。

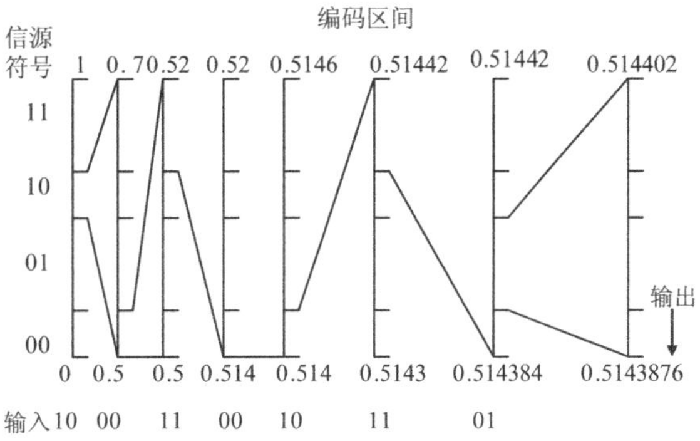

图 3-5 算术编码过程图

解码是编码的逆过程，通过编码最后的下标界值 0.5143876 得到信源“10 00 11 00 10 11 01”是唯一的编码。

由于 0.5143876 在[0.5, 0.7]区间，所以可知第一个信源符号为 10。

得到信源符号 10 后，由于已知信源符号 10 的上界和下界，利用编码可逆性，减去信源符号 10 的下界 0.5，得到 0.0143876，再用信源符号 10 的范围 0.2 去除，得到 0.071938，由于已知 0.071938 落在信源符号 00 的区间，所以得到第二个信源符号为 00。同样再减去信源符号 00 的下界 0，除以信源符号 00 的范围 0.1，得到 0.71938，已知 0.71938 落在信源符号 11 区间，所以得到第三个信源符号为 11……已知 0.1 落在信源符号 01 区间，再减去信源符号 01 的下界得到 0，解码结束。解码操作过程综合如下：

$$\frac{0.5143876-0}{1}=0.5143876\Rightarrow 10$$

$$\frac{0.5143876-0.5}{0.2}=0.071938\Rightarrow 00$$

$$\frac{0.071938-0}{0.1}=0.719386\Rightarrow 11$$

$$\frac{0.71938-0.7}{0.3}=0.0646\Rightarrow 00$$

$$\frac{0.0646-0}{0.1}=0.646\Rightarrow 10$$

$$\frac{0.646-0.5}{0.2}=0.73\Rightarrow 11$$

$$\frac{0.73-0.7}{0.3}=0.1\Rightarrow 01$$

$$\frac{0.1-0.1}{0.4}=0\Rightarrow \text{结束}$$

从以上算术编码算法可以看出，算术编码具有以下特点：

（1）由于实际的计算机的精度不可能无限长，运算中会出现溢出问题。

（2）算术编码器对整个消息只产生一个码字，这个码字是在$[0,1)$之间的一个实数，因此译码器必须在接收到这个实数后才能译码。

【例 3-4】 对图像进行算术编码。

```
>>clear all;
format long e;
symbol=['abcd'];
ps=[0.4 0.2 0.1 0.3];
inseq=('dacab');
codeword=suanshubianma(symbol,ps,inseq)
outseq=suanshujiema(symbol,ps,codeword,length(inseq))
```

运行程序，输出如下：

```
codeword =
   7.739200000000001e-001
outseq =
  dacab
```

在程序中，调用到自定义编写的函数 suanshubianma 及 suanshujiema，用于实现图像的算术编码，源代码参考本书附赠的源代码。

3.2.4 行程编码

行程编码（Run Length Encoding，RLE）是一种利用空间冗余度压缩图像的方法，对某些相同灰度级成片连续出现的图像，行程编码也是一种高效的编码方法，特别是对二值图像，效果尤为显著。下面来介绍一下这种编码方法。

设$(x_1,x_2,\cdots,x_N)$为图像中某一行像素，如图 3-6 所示，每一行图像都由 k 段长度为 l_k 、灰度值为 g_i 的片段组成，$1\leqslant i\leqslant k$，那么该行图像可由偶对(g_i,l_i)（其中$1\leqslant i\leqslant k$）来表示。

$$(x_1,x_2,\cdots,x_N)\to(g_1,l_1),(g_2,l_2),\cdots,(g_k,l_k) \tag{3-14}$$

每一个偶对(g_i,l_i)称为灰度级行程。如果灰度级行程较大，则表达式（3-14）可认为是对原像素行的一种压缩表示，如果图像为二值图像，则压缩效果将更为显著。假设二值图像行从白的行程开始，则对二值图像，式（3-14）可以改写为：

$$(x_1, x_2, \cdots, x_N) \rightarrow l_1, l_2, \cdots, l_k \tag{3-15}$$

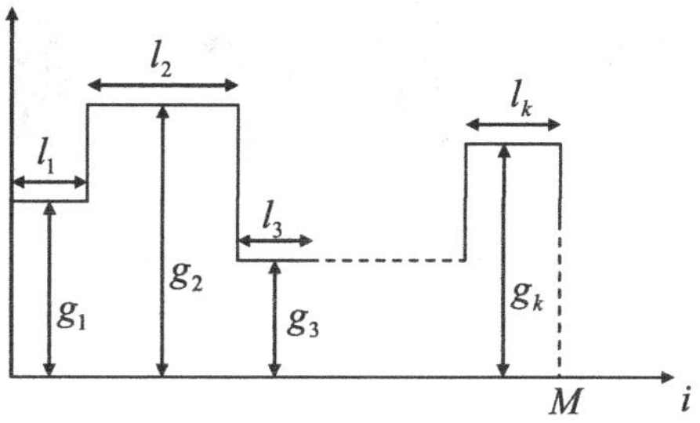

图 3-6　一行图像的行程编码图

这样只需要对行程编码，由此得到的编码是一维的。行程编码常用于二值图像的压缩，这种方法已经被 CCITT 制定为标准，并归入了第三组编码方法，主要用于在公用电话网上传真二值图像。

【例 3-5】将图像 cameraman.tif 转化为二值图像，然后对二值图像进行行程编码。

```
>>clear all;
I1=imread('cameraman.tif');
I=im2bw(I1,0.4);
[zipped,info]=xingchengbianma(I);  %调用 xingchengbianma 进行编码
unzipped=xingchengjiema(zipped,info);  %调用 xingchengjiema 进行解码
subplot(131);
imshow(I1);  %显示原始图像
xlabel('原始灰度图像');
subplot(132);
imshow(I);
xlabel('二值图像');  %显示二值图像
subplot(133);
imshow(unzipped); %显示解码图像
xlabel('解码图像');
unzipped=uint8(unzipped);
%计算均方根误差得 erms=0,表示行程编码是无失真编码
erms=jfwucha(I(:),unzipped(:))
%显示压缩比
cr=info.ratio
whos I1 I unzipped zipped
```

运行程序，输出如下，效果如图 3-7 所示。

```
erms =
     0
cr =
   1.081237792968750e-001
  Name             Size            Bytes  Class     Attributes
  I            256x256             65536  logical
  I1           256x256             65536   uint8
  unzipped      256x256             65536  uint8
  zipped       3543x2               7086   uint8
Grand total is 203694 elements using 2.3694 bytes
```

在以上程序中，调用到自定义编写的函数，用于实现图像的行程编码，源代码参考本书附赠的源代码。

原始灰度图像　　二值图像　　解码图像

图 3-7　行程编码程序结果图

3.3 预 测 编 码

预测编码建立在信号（语音、图像等）数据的相关性之上，根据某一模型利用以往的样本值对新样本进行预测，减少数据在时间和空间上的相关性，以达到压缩数据的目的。但实际利用预测器时，并不是利用数据源的某种确定型数学模型，而是基于估计理论、现代统计学理论设计预测器，这是因为数据源的数学模型的建立是十分困难的，有时无法得到其数学模型。例如，时变随机系统，预测器对样本的预测，通常是利用样值的线性或非线性函数关系预测现时的系统输出，由于非线性的复杂性，大部分预测器均采用线性预测函数。

3.3.1 预测编码原理

1. 差值图像的统计特性

由图像的统计特性可知，相邻像素之间有较强的相关性，即相邻像素的灰度值相同或相近，因此，某像素的值可根据以前已知的几个像素值来估计、猜测。正是由于像素间的相关性，才使预测成为可能。

图像在扫描行方向（或称水平方向）相邻两像素的相关性是指：如果某像素的灰度值为 h，则相邻它的上一个像素的灰度值可能性最大的也为 h 或 $h+\Delta$，Δ 为一个小量（如灰度级为 256 时，$\Delta=1$）。一般来说，相邻两像素灰度值突变的概率小，水平方向如此，在图像的垂直方向也是如此。如果取一幅图像第 i 行的第 j 列像素的亮度离散值为 $f(i,j)$，则：

$$\Delta_{水平} = f(i,j) - f(i,j-1) \tag{3-16}$$

$$\Delta_{垂直} = f(i,j) - f(i-1,j) \tag{3-17}$$

式中，Δ 为差值信号。

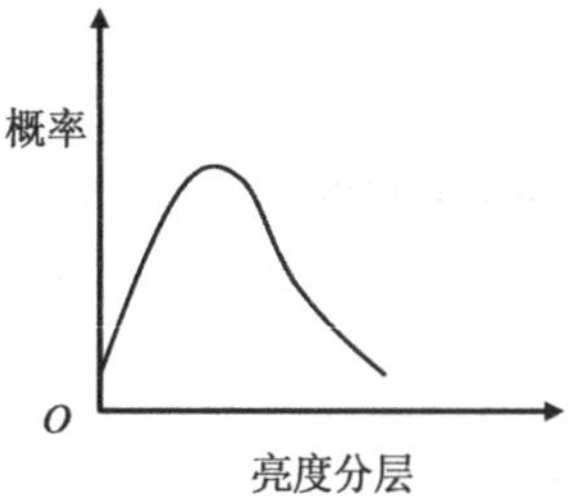

图 3-8　自然景物及人物图像的直方图

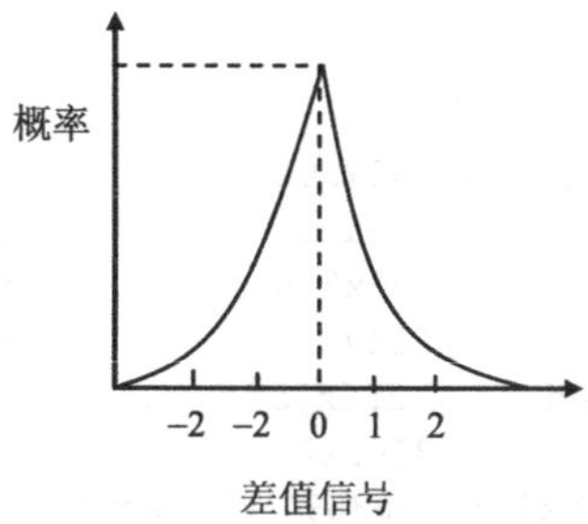

图 3-9　图像差值信号的概率分布

从对大量的自然景象、人物图像的统计分析看出，低亮度层次的像素有较大的概率，如图3-8所示。而经过对大量图像的差值信号统计，其概率分布如图3-9所示。幅度差值越大的差值信号出现的概率越小，而零值或接近零值的差值信号出现的概率最大，这表现在一幅图像中都含有亮度值恒定或者变化很小的大面积区域，从而使差值信号的80%~90%落在16~18个量化层（量化层总数为256时）中。因此，利用图像水平方向（或垂直方向）两个像素真实的离散幅度相减而得到它们的差值，然后对差值进行编码、传送就能达到压缩图像数据的目的，预测法的图像压缩编码就是在这基础上发展起来的。

2. 预测编码的基本原理

预测编码的基本思想是通过仅提取每个像素中的新信息并对它们编码来消除像素间的冗余，这里一个像素的新信息定义为该像素的当前或现实值与预测值的差，即如果已知图像一个像素离散幅度的真实值，利用其相邻像素的相关性，预测它的可能数值，再求两者差，或者说利用这种具有预测性质的差值，再量化、编码传输，其效果更佳，这一方法就称为差分脉冲编码调制（DPCM）法。因此，在预测法编码中，编码和传输的并不是像素采样值本身，而是这个采样值的预测值（也称估计值）与实际值之间的差值。DPCM系统原理框图如图3-10所示。

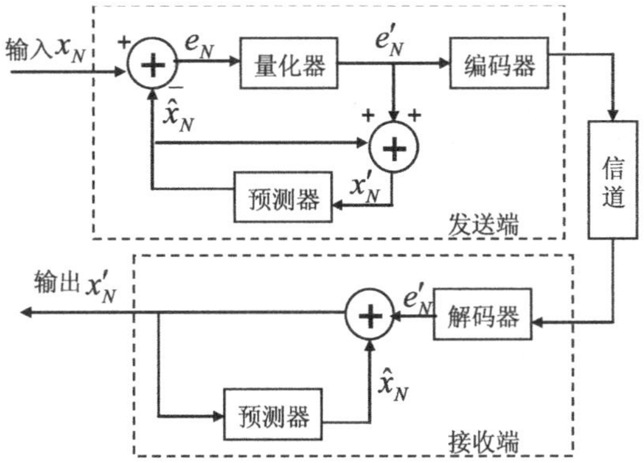

图3-10 DPCM系统原理框图

设x_N为t_N时刻输入信号的亮度采样值；$\hat{x}_N$为根据t_N时刻以前已知的像素亮度采样值$x_1,x_2,\cdots,x_{N-1}$对x_N所做的预测；e_N为差值信号，也称误差信号，其值为：

$$e_N = x_N - \hat{x}_N \tag{3-18}$$

q_N为量化器的量化误差，e'_N为量化器输出信号，则有：

$$q_N = e_N - e'_N \tag{3-19}$$

接收端输出为x'_N，则有：

$$x'_N = \hat{x}_N + e'_N \tag{3-20}$$

那么在接收端复原的像素值x'_N与发送端的原输入像素值x_N之间的误差为：

$$x_N - x'_N = x_N - (\hat{x}_N + e'_N) = (x_N - \hat{x}_N) - e'_N = e_N - e'_N = q_N \tag{3-21}$$

由此可见，在DPCM系统中，误差的来源是发送端的量化器，而与接收端无关。

① 若去掉量化器，那么$e_N = e'_N$，则$q_N = 0$，$x_N - x'_N = 0$。这样就可以完全不失真地恢复输入信号x_N，从而实现信息保持型编码。

② 若$q_N \neq 0$，那么输入信号x_N和复原信号输出x'_N之间就一定存在误差，从而产生图像质量的某种降质。这样的DPCM系统实现的是保真度编码，在这样的DPCM系统中就存在一个如何能使误差尽可能减少的问题。

3. 预测编码的类型

若 t_N 时刻之前的已知样值与预测值之间的关系呈现某种函数形式，该函数一般分为线性和非线性两种，所以预测编码器也就有线性预测编码器和非线性预测编码器两种。

若估计值 x'_N 与 $x_1,x_2,\cdots,x_{N-1}$ 样值之间呈现为：

$$\hat{x}_N=\sum_{i=1}^{N-1}a_ix_i \tag{3-22}$$

若式中 $a_i(i=1,2,\cdots,N-1)$ 为常量，则称这种预测为线性预测。$a_1,a_2,\cdots,a_{N-1}$ 称为预测系数。

若估计值 $\hat{x}_N$ 与 $x_1,x_2,\cdots,x_{N-1}$ 样值之间不是如式（3-22）所示的线性组合关系，而是非线性关系，则称之为非线性预测。

在图像数据压缩中，常用如下几种线性预测方案。

① 前值预测，即 $\hat{x}_N=ax_{N-1}$。

② 一维预测，即用 x_N 的同一扫描行中的前面已知的几个采样值预测 x_N，其预测公式为：

$$\hat{x}_N=\sum_{i=1}^{N-1}a_ix_i$$

③ 二维预测，即不但用 x_N 的同一扫描行以前的几个采样值 (x_1,x_5)，如图 3-11 所示，还要用 x_N 的以前几行中的采样值 (x_2,x_3,x_4) 一起来预测 x_N。例如：

$$\hat{x}_N=a_1x_1+a_2x_2+a_3x_3+a_4x_4+a_5x_5$$

以上都是一幅图像中像素点之间的预测，统称为帧内预测。

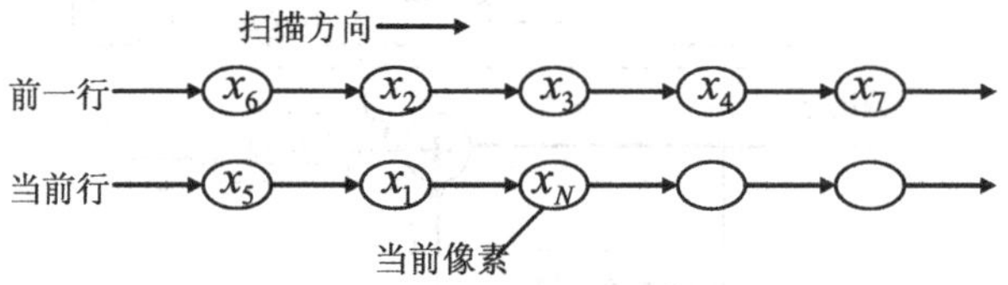

图 3-11　二维预测示意图

④ 三维预测（帧间预测），即取用已知像素不但是前几行的而且还包括前几帧的来预测 x_N。通常相邻帧间细节的变化是很少的，即相对应像素的灰度变化较小，存在极强的相关性，利用预测编码去除帧间的相关性，可以获得更大的压缩比。

3.3.2 最佳线性预测编码

所谓最佳线性预测就是按照均方误差最小准则，选择式（3-22）中线性预测系数 a_i，使得预测的偏差值 $e_N=x_N-\hat{x}_N$ 为最小。

假定二维图像信号 $x(t)$ 是一个均值为零、方差为 σ^2 的平稳随机过程，$x(t)$ 在 $t_1,t_2,\cdots,t_{N-1}$ 时刻的采样值集合为 $x_1,x_2,\cdots,x_{N-1}$。

由式（3-22）可以得到 t_N 时刻采样值的线性预测值为：

$$\hat{x}_N=\sum_{i=1}^{N-1}a_ix_i=a_1x_1+a_2x_2+\cdots+a_{N-1}x_{N-1} \tag{3-23}$$

式中，a_i 为预测系数。

根据线性预测定义，$\hat{x}_N$ 必须十分逼近 x_N，这就要求 $a_1,a_2,\cdots,a_{N-1}$ 为最佳系数。采用均方误差最小的准则，可得到最佳的 a_i。

设 x_N 的均方误差为：

$$E\{[e_N]^2\} = E\{[x_N - \hat{x}_N]^2\} \\ = E\{[x_N - (a_1x_1 + a_2x_2 + \cdots + a_{N-1}x_{N-1})]^2\} \quad (3\text{-}24)$$

为使 $E\{[e_N]^2\}$ 最小，在式（3-24）中对 a_i 求微分，即：

$$\frac{\partial}{\partial a_i}E\{[e_N]^2\} = \frac{\partial}{\partial a_i}E\{[x_N - (a_1x_1 + a_2x_2 + \cdots + a_{N-1}x_{N-1})]^2\} \\ = -2E\{[x_N - (a_1x_1 + a_2x_2 + \cdots + a_{N-1}x_{N-1})]x_i\} \quad (i = 1,2,\cdots,N-1) \quad (3\text{-}25)$$

根据极值定义，得到 $N-1$ 个方程组成的方程组：

$$\begin{cases} E\{[x_N - (a_1x_1 + a_2x_2 + \cdots + a_{N-1}x_{N-1})]x_1\} = 0 \\ E\{[x_N - (a_1x_1 + a_2x_2 + \cdots + a_{N-1}x_{N-1})]x_2\} = 0 \\ \vdots \\ E\{[x_N - (a_1x_1 + a_2x_2 + \cdots + a_{N-1}x_{N-1})]x_{N-1}\} = 0 \end{cases} \quad (3\text{-}26)$$

简记为：

$$E\{[x_N - (a_1x_1 + a_2x_2 + \cdots + a_{N-1}x_{N-1})]x_i\} = 0 \quad (3\text{-}27)$$

假设 x_i 和 x_j 的协方差为：

$$R_{ij} = E\{x_i, x_j\} \quad (i, j = 1,2,\cdots,N-1) \quad (3\text{-}28)$$

则式（3-28）可表示为：

$$R_{iN} = a_1R_{i1} + a_2R_{i2} + \cdots + a_{N-1}R_{i(N-1)} \quad (i = 1,2,\cdots,N-1)$$

若所有的协方差 R_{ij} 已知，则在特定的算法下， $N-1$ 个预测系数 a_i 即可解得。

在实用中，对每幅图像都按公式计算 a_i，显得太麻烦，这时参照前人已得的数据选择使用。静止图像的国际标准 JPEG 方案，给出了静止图像的一个完整的二维预测器设计方案，它只考虑临近三点 x_1, x_2, x_3，它们的位置关系如图 3-12 所示。第一行或第一列均采用同一行或同一列的前值预测，其他各点基本采用临近三点预测。对任意一点可采用下述预测公式之一：

$$x_1$$

$$x_2$$

$$x_3$$

$$x_1 + [(x_3 - x_2)/2]$$

$$x_3 + [(x_1 - x_2)/2]$$

$$x_1 + x_3 - x_2$$

$$(x_1 + x_3)/2$$

【例 3-6】下面对大小为 512 像素 × 512 像素、灰度级为 256 的标准 Lena 图像进行无损的一维预测编码（前值编码）。

```
>>clear all;
%读入 Lena 图像,用 LPCencode 进行线性预测编码,用 LPCdecode 解码
I=imread('lena.bmp');
x=double(I);
y=LPCencode(x);
xx=LPCdecode(y);
%显示线性误差图,如图 3-12(a)所示
figure(1);
subplot(121);
imshow(I);
subplot(122);
```

```
imshow(mat2gray(y));
%计算均方根误差,因为是无损编码,那么 erms 应该为 0
e=double(x)-double(xx);
[m,n]=size(e);
erms=sqrt(sum(e(:).^2)/(m*n))
%显示原图直方图
figure(2);subplot(121);
[h,f]=hist(x(:));
bar(f,h,'k');
%显示预测误差的直方图
subplot(122);
[h,f]=hist(y(:));
bar(f,h,'k')
```

运行程序，效果如图 3-12 所示。

在程序中用到的自定义编写的 LPCencode 及 LPCdecode 函数，用于实现图像的预测编码，源代码参考附件。

(a) 原始图像

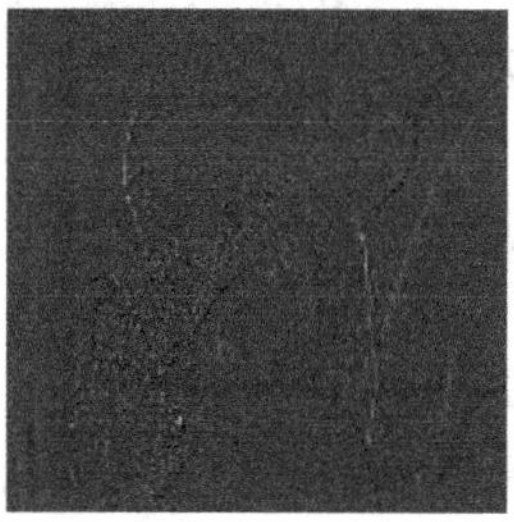

(b) 预测误差图像

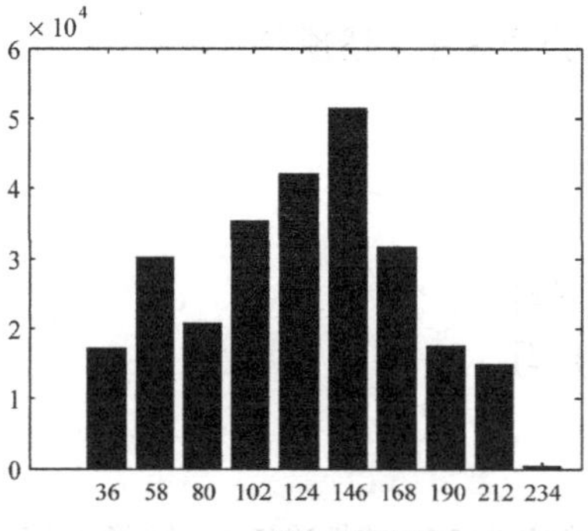

(c) 原图直方图

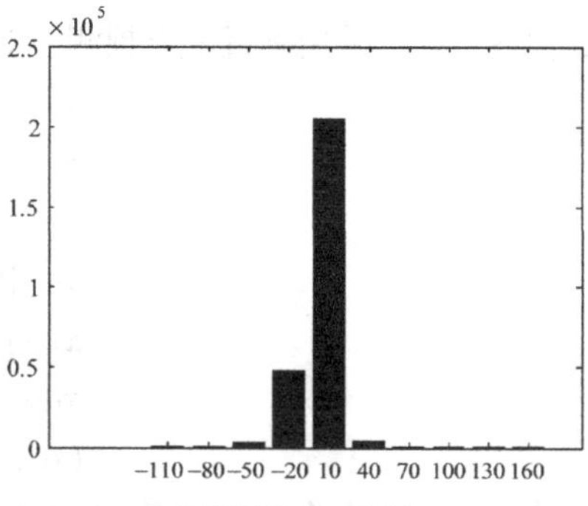

(d) 预测误差图直方图

图 3-12　图像的无损预测编码

3.4 变换编码

前面几节讨论的图像编码技术都是直接对像素空间进行操作，常称为空域方法。这一节将要讨论的是基于图像变换的编码方法。

图像数据一般具有较强的相关性，若所选用的正交矢量空间的基矢量与图像本身的主要特征相近，在该正交矢量空间中描述图像数据则会变得更简单。图像经过正交变换后，把原来分散在原空间的图像数据在新的坐标空间中得到集中。对于大多数图像，大量变换系数很小，只要删除接近于零的系数，并且对较小的系数进行粗量化，而保留包含图像主要信息的系数，以此进行压缩编码。在重建图像进行解码（逆变换）时，所损失的将是一些不重要的信息，几乎不会引起图像的失真，图像的变换编码就是利用这些来压缩图像的，这种方法可得到较高的压缩比。

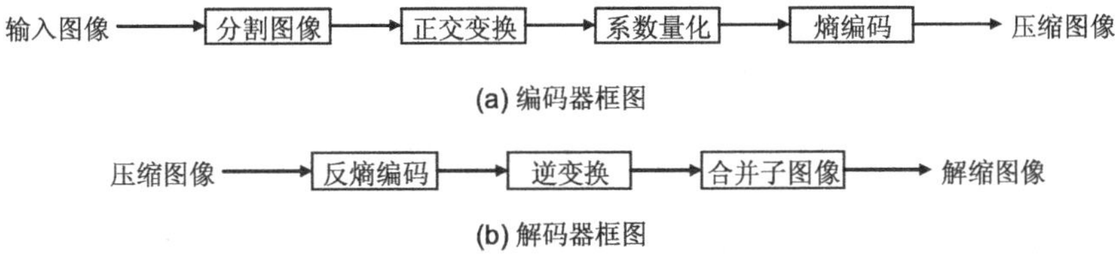

图 3-13　变换编码系统

图 3-13 所示的是一个典型的变换编码系统。编码器执行 4 个步骤：子图像分割、变换、量化和编码。

从图 3-13 可见，变换编码并不是一次对整幅图像进行变换和编码，而是将图像分成 $n\times n$（常用的 n 为 8 或 16）个子图像后分别处理。这是因为：

（1）小块图像的变换计算容易。

（2）距离较远的像素之间的相关性比距离近的像素之间的相关性小。

变换编码首先将一幅 $N\times N$ 大小的图像分割成 $(N/n)^2$ 个子图像。然后对子图像进行变换操作，解除子图像像素间的相关性，达到用少量的变换系数包含尽可能多的图像信息的目的。接下来的量化步骤是有选择地消除或粗量化带有很少信息的变换系数，因为它们对重建图像的质量影响很小。最后是编码，一般用变长码对量化后系数进行编码。解码是编码的逆操作，由于量化是不可逆的，所以在解码中没有对应的模块，其实压缩并不是在变换步骤中取得的，而是在量化变换系数和编码时取得的。

3.4.1　变换选择

许多图像变换（下面章节将介绍到的各种变换）都可用于变换编码。对于某个变换编码，如何选择变换取决于可允许的重建误差和计算复杂性。变换具有将图像能量或信息集中于某些系数的能力，重建误差与所用变换的性质直接相关，由式（3-29）可知，一幅 $N\times N$ 图像 $f(x,y)$ 可表示成它的二维变换 $T(u,v)$ 的函数：

$$f(x,y)=\sum_{u=0}^{n-1}\sum_{v=0}^{n-1}T(u,v)h(x,y,u,v)\quad x,y=0,1,\cdots,n-1 \tag{3-29}$$

式（3-29）中的逆变换核 $h(x,y,u,v)$ 只与 x,y,u,v 有关，因此 $h(x,y,u,v)$ 可以看成（3-29）定义的一系列基函数，对式（3-29）做一些修改，这种解释就变得更加清晰。

$$F=\sum_{u=0}^{n-1}\sum_{v=0}^{n-1}T(u,v)H_{uv} \tag{3-30}$$

其中 F 是一个由 $f(x,y)$ 组成的 $n\times n$ 矩阵，而 H_{uv} 是：

$$H_{uv}=\begin{bmatrix} h(0,0,u,v) & h(0,1,u,v) & \cdots & h(0,n-1,u,v) \\ h(1,0,u,v) & h(1,1,u,v) & \cdots & h(1,n-1,u,v) \\ \vdots & \vdots & \ddots & \vdots \\ h(n-1,0,u,v) & h(n-1,1,u,v) & \cdots & h(n-1,n-1,u,v) \end{bmatrix} \tag{3-31}$$

显然 F 是 n^2 个大小为 $n\times n$ 的 H_{uv} 的线性组合。实际上，这些矩阵是式（3-30）的一系列扩展基础图像，而相关的 $T(u,v)$ 是扩展的系数。

如果现在定义一个变换系数的截取模板：

$$m(u,v)=\begin{cases}0 & \text{如果}T(u,v)\text{满足指定截取准则}\\ 1 & \text{其他情况}\end{cases} \tag{3-32}$$

$u,v=0,1,\cdots,n-1$，那么可以得到一个 F 的截取近似：

$$\hat{F}=\sum_{u=0}^{n-1}\sum_{v=0}^{n-1}T(u,v)m(u,v)H_{uv} \tag{3-33}$$

其中，$m(u,v)$ 用来消除式（3-30）中最小的基础图像。这样，子图像 F 和 $\hat{F}$ 之间的均方误差可以表示为：

$$\begin{aligned}E_{mse}&=E\left\{\left\|F-\hat{F}\right\|^2\right\}=E\left\{\left\|\sum_{u=0}^{n-1}\sum_{v=0}^{n-1}T(u,v)H_{uv}-\sum_{u=0}^{n-1}\sum_{v=0}^{n-1}T(u,v)m(u,v)H_{uv}\right\|^2\right\}\\&=E\left\{\left\|\sum_{u=0}^{n-1}\sum_{v=0}^{n-1}T(u,v)H_{uv}\left[1-m(u,v)\right]\right\|^2\right\}=\sum_{u=0}^{n-1}\sum_{v=0}^{n-1}\sigma^2T(u,v)H_{uv}\left[1-m(u,v)\right]\end{aligned} \tag{3-34}$$

其中 $\left\|F-\hat{F}\right\|$ 是 $(F-\hat{F})$ 的范数，$\sigma^2T(u,v)$ 是位置 (u,v) 的变换系数方差。式（3-34）的最终化简是以基础图像的正交性质和假定 F 的像素是由零均值和已知方差的随机过程产生为基础的进行的。因此，总的均方差近似误差是所有截除的变换系数的方差之和。能把最多的信息集中到最少的系数上去的变换所产生的重建误差最小。根据在推导式（3-34）时的假设可知，一幅 $N\times N$ 图像的 $(N/n)^2$ 个子图像的均方误差是相同的，因此，$N\times N$ 大小的图像的均方误差等于单个子图像的均方误差。

不同的变换，其信息集中能力不同，下面介绍几种常用的图像变换编码技术。

1. 基于 FFT 的图像压缩技术

傅里叶变换仅次于最佳变换，而且可以证明它渐进地等价于 KL 变换。当 n 趋向无穷大时，傅里叶变换系数趋于非相关。也就是说，如果图像尺寸大于像素之间的相关距离，则傅里叶变换的压缩性能与 KL 变换将没有多大差别。

【例 3-7】考虑一幅大小为 512 像素 × 512 像素，灰度级为 256 的标准图像 Lena，用 FFT（快速傅里叶变换）实现图像数据的压缩。首先将图像分割成 $(512/8)^2$ 个 8×8 子图像，对每个子图像进行 FFT，这样每个子图像有 64 个傅里叶变换系数。按照每个系数的方差来排序，由于图像是实值的，其 64 个复系数只有一半是有差别的。舍去小的变换系数，就可以实现数据压缩。这里，我们保留了 32 个系数，实现 2 : 1 的数据压缩，然后进行逆变换。

```
>>clear all;
%设置压缩比 cr
cr=0.5;   %cr=0.5 为 2:1 压缩;cr=0.125 为 8:1 压缩
I=imread('lena.bmp');  %图像的大小为 512×512
I1=double(I)/255;  %图像为 256 级灰度图像,对图像进行归一化操作
figure(1);
imshow(I1);   %显示原始图像
%对图像进行 FFT
fftcoe=blkproc(I1,[8 8],'fft2(x)');  %将图像分割为 8×8 的子图像进行 FFT
coevar=im2col(fftcoe,[8 8],'distinct');  %将变换系数矩阵重新排列
```

```
coe=coevar;
[y,ind]=sort(coevar);
[m,n]=size(coevar);  %根据压缩比确定要变 0 的系数个数
snum=64-64*cr;
%舍去不重要的系数
for i=1:n
   coe(ind(1:snum),i)=0; %将最小的 snum 个变换系数清 0
end
b2=col2im(coe,[8 8],[512 512],'distinct');  %重新排列系数矩阵
%对子图像块进行 FFT 逆变换获得各个子图像的复原图像,并显示压缩图像
I2=blkproc(b2,[8 8],'ifft2(x)');  %对截取后的变换系数进行 FFT 逆变换
figure(2);
imshow(I2);
%计算均方根误差 erms
e=double(I1)-double(I2);
[m,n]=size(e);
erms=sqrt(sum(e(:).^2)/(m*n))
```

当 cr=0.5 时，上述程序实现的图像压缩比为 2∶1，其压缩图像如图 3-14（b）所示，此时均方根误差 erms =0.0348。

当 cr=0.125 时，上述程序实现的图像压缩比为 8∶1，其压缩图像如图 3-14（c）所示，此时均方根误差 erms = 0.0409 – 0.0000i。

(a) 原始图像　　(b) 压缩比为 2∶1 的压缩图像　　(c) 压缩比为 8∶1 的压缩图像

图 3-14　FFT 编码

在上面的 MATLAB 代码中用到了特殊的块操作函数 blkproc、im2col 和 col2im，还用到了 FFT 及其逆变换——fft2(x)和 ifft2(x)，从而简化了计算过程。下面对这几个函数做简要介绍。

（1）blkproc 函数

blkproc 函数能够将每个显示块从图像中提取出来，然后将其作为参数传递给任何用户函数。另外，blkproc 函数还将用户函数返回的显示块进行组合，从而生成最后输出的图像。函数调用格式为：

b=blkproc(a, [m n], fun)：对图像 a 的每个不同 $m \times n$ 块应用函数 fun 进行处理，fun 为运算函数，其形式为 y=fun(x)，可以是一个包含函数名的字符串，也可以是带表达式的字符串。另外，还可以将用户函数指定为一个嵌入式函数，即 inline 函数。在这种情况下，出现在 blkproc 函数中的嵌入式函数不能带有任何引用标记。

b=blkpro(a, [m n],fun, p1, p2, ...)：其功能是指定 fun 中除了 x 以外的其他参数 p1、p2 等。

（2）im2col 函数

im2col 函数能够将图像块排列成向量，函数的调用格式为：

b=im2col(a, [m n], block_type)：将图像 a 的每一个 $m \times n$ 块转换成一列，重新组合成矩阵 b。

block_type 指定排列的方式，当 block_type 为 distinct 时，图像块不重叠；当 block_type 为 sliding 时，图像块滑动。

（3）col2im 函数

col2im 函数用于将向量重新排列成图像块，函数的调用格式为：

b=col2im(a, [m n],[mm nn], block_type)：将图像 a 的每一列重新排列成 $m\times n$ 的图像块，block_type 指定排列的方式，当 block_type 为 distinct 时，图像块不重叠；当 block_type 为 sliding 时，图像块滑动，并用这些图像块组合成 mm × nn 图像。

（4）fft2 函数

fft 函数用于计算图像的二维傅里叶变换。函数的调用格式为：

Y = fft2(X)：计算图像 X 的二维快速傅里叶变换，输出矩阵 Y 的大小与其输入的图像 X 相同。

Y = fft2(X,m,n)：在变换前，把 X 截断或者添加 0 成 m × n 的数组，返回结果大小为 m × n。

（5）ifft2(x)函数

函数 ifft2 用于二维傅里叶逆变换。函数的调用格式为：

Y = ifft2(X)：用于返回数据矩阵 X 的二维傅里叶逆变换矩阵 Y，X 和 Y 的大小相同。

Y = ifft2(X,m,n)：用于返回数据矩阵 X 的二维傅里叶逆变换矩阵 Y，参数 m 和 n 确定返回的矩阵 Y 的大小。

【例 3-8】实现图像的傅里叶变换。

```
>> clear all;
I=imread('rice.png');   %导入图像
subplot(221);imshow(I);
title('原始图像');
J=fft2(I);             %图像傅里叶变换
subplot(222);imshow(J);
title('傅里叶变换后图像');
K=ifft2(J)/255;      %傅里叶逆变换
subplot(223);imshow(K);
title('傅里叶逆变换后图像')
G=fftshift(J);    %傅里叶变换后的图像频谱中心的移动
subplot(224);imshow(G);
title('中心化后的图像');
```

运行程序，效果如图 3-15 所示。

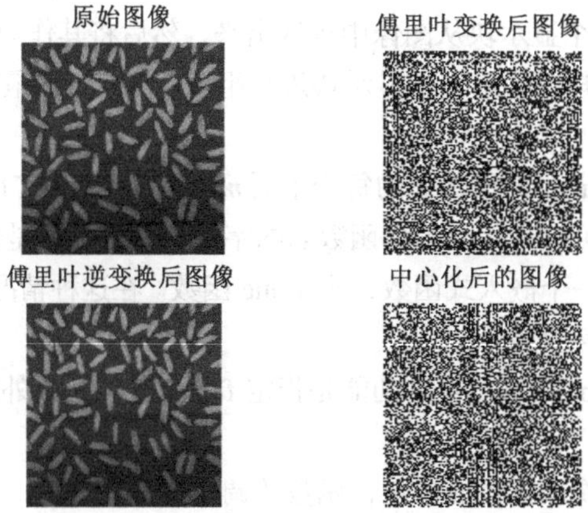

图 3-15　图像傅里叶变换

2. 基于 DCT 的图像压缩技术

DCT 即离散余弦变换。DCT 具有把高度相关数据能量集中的能力，这一点和傅里叶变换相似，且 DCT 得到的变换系数是实数，因此广泛应用于图像压缩。

从原理上讲可以对整幅图像进行 DCT 变换，但由于图像各部分上细节的丰富程度不同，这种整体处理的方式效果不好。为此，发送者首先将输入图像分解为 8×8 或 16×16 的块，然后再对每个图像块进行二维 DCT 变换，接着再对 DCT 系数进行量化、编码和传输；接收者通过对量化的 DCT 系数进行解码，并对每个图像块进行二维 DCT 反变换，最后将操作完成后所有的块拼接起来构成一幅单一的图像。对于一般的图像而言，大多数 DCT 系数值都接近于 0，可以去掉这些系数而不会对重建图像的质量产生重大影响。因此，利用 DCT 进行图像压缩确实可以节约大量的存储空间。

DCT 具有以下特点。

- DCT 为实的正交变换，变换核的基函数正交。
- 序列的 DCT 是 DFT（离散傅里叶变换）的对称扩展形式。
- 核可分离，可以用两次一维变换来执行。
- 余弦变换的能量向低频集中。
- 余弦变换有快速变换，和傅里叶变换一样，分奇偶组。

在 MATLAB 中提供了实现 DCT 变换的几个内置函数，下面给予介绍。

（1）dct2 函数

该函数用于实现二维快速 DCT 变换。函数的调用格式为：

B = dct2(A)：返回图像 A 的二维离散余弦变换值，它的大小与 A 相同，且各元素为离散余弦变换的系数 B(k1,k2)。

B = dct2(A,m,n)或 B = dct2(A,[m n])：在对图像 A 进行二维离散余弦变换前，先将图像 A 补零到 m×n。如果 m 和 n 比图像 A 的尺寸小，则在进行变换前，将图像 A 进行剪切。

（2）idct2 函数

该函数用于实现二维快速逆 DCT 变换。函数的调用格式为：

B = idct2(A)：返回图像 A 的二维离散余弦逆变换值，它的大小与 A 相同，且各元素为离散余弦变换的系数 B(k1,k2)。

B = idct2(A,m,n)或 B = idct2(A,[m n])：在对图像 A 进行二维离散余弦逆变换前，先将图像 A 被零到 m×n。如果 m 和 n 图像 A 的尺寸小，则在进行变换前，将图像 A 进行剪切。

（3）dctmtx 函数

dctmtx 函数用于计算二维 DCT 矩阵，函数的调用格式为：

t=dctmtx(n)：是返回 $n \times n$ 的 DCT 矩阵，如果矩阵 a 的大小为 $n \times n$ ， $t \times a$ 是矩阵 a 每一列的 DCT 变换值，$t' \times a$ 是矩阵 a 每一列的 DCT 逆变换。如果矩阵 a 为 $n \times n$ ，则 a 的 DCT 可以用 $t \times a \times t'$ 计算。特别当矩阵 a 很大时，此方法比利用 dct2 函数计算二维 DCT 要快。

【例 3-9】计算 DCT 变换的基函数。

```
>> clear all;
N=4;
%计算 4×4 变换的基函数。如果 N=8 或 16，则计算 8×8 和 16×16 变换的基函数
%DCT 变换
C=zeros(N,N);
for m=0:1:N-1
```

```
    for n=0:1:N-1
        if n==0
            k=sqrt(1/N);
        else
            k=sqrt(2/N);
        end
        C(m+1,n+1)=k*cos(((2*m+1)*n*pi)/(2*N));
    end
end
%得到基函数
colormap('gray');
for m=0:1:N-1
    for n=0:1:N-1
        subplot(N,N,m*N+n+1);
        Y=[zeros(m,N);zeros(1,n) 1 zeros(1,N-n-1);zeros(N-m-1,N)];
        X=C*Y*C';
        imagesc(X);
        axis square;
        axis off;
    end
end
```

运行程序，效果如图 3-16 所示。

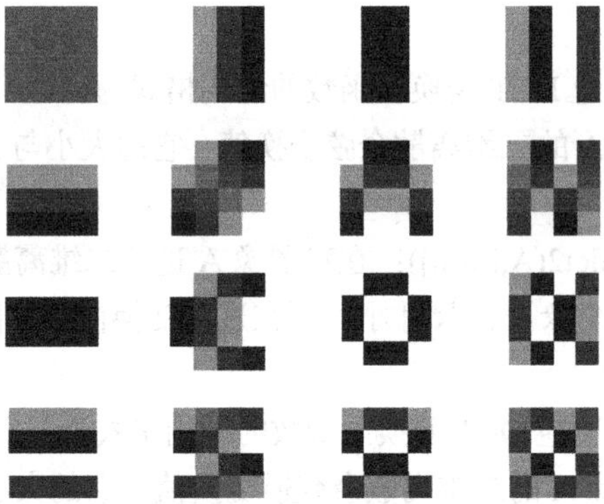

图 3-16　4×4 变换基函数

当将 N 改为 8 时，得到的 8×8 基函数，效果如图 3-17 所示。当将 N 改为 16 时，得到的 16×16 基函数，效果如图 3-18 所示。

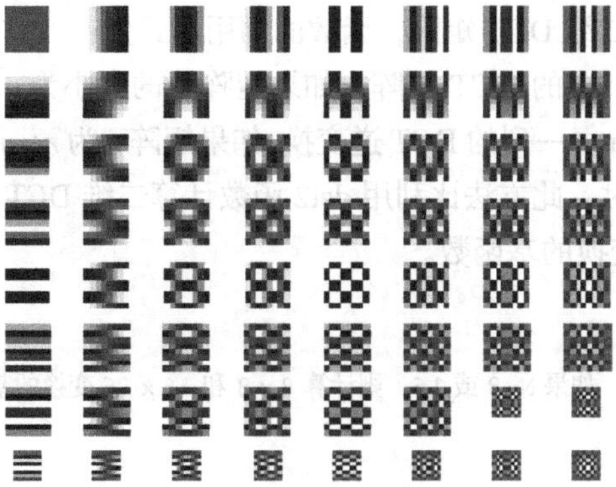

图 3-17　8×8 变换基函数

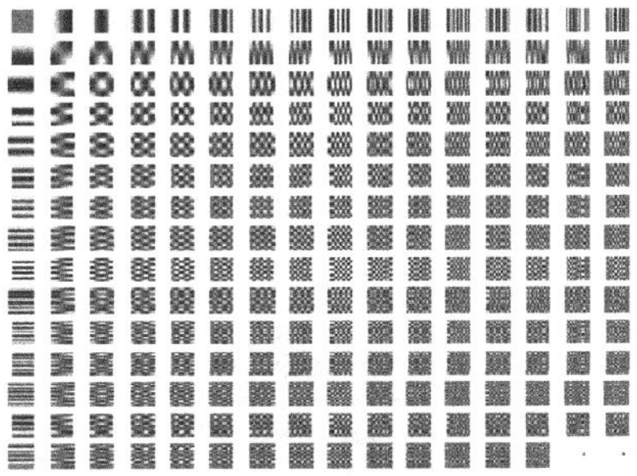

图 3-18　16×16 变换基函数

由图 3-16~图 3-18 可看出，这些基函数的频率从左到右增长，垂直频率从上到下增长，位于左上角的基函数为一常数，称为 DC（直流）基函数。

DCT 变换包含大量的三角函数运算，计算较为耗时，但是已有快速算法，即蝶形运算。此外，可以预先计算三角函数值，并采用查找表（LUT）方法进行。

【例 3-10】 对图像进行 DCT 和 IDCT 变换，然后比较原图像与重构图像的差异。

```
>> clear all;
RGB=imread('autumn.tif');
I=rgb2gray(RGB);             %将真彩色图像转换为灰度级亮度图像
I=im2double(I);              %将 I 变换为双精度格式
I1=dct2(I);                 %对 I 进行二维 DCT，返回的 I1 包含 DCT 系数
I2=idct2(I1);               %求二维 DCT 逆变换，重构图像
subplot(221);imshow(I);
xlabel('(a)原始图像')
subplot(222);imshow(I2);
xlabel('(b)重构图像');
subplot(223);imshow(I1);
xlabel('(c)图像的 DCT 普');
subplot(224);imshow(abs(I-I2));
xlabel('(d)重构图像与原图像差异');
figure;mesh(I1);
title('变换谱三维彩色图');
colorbar('vert');
set(gcf,'color','w')
```

运行程序，效果如图 3-19 及图 3-20 所示。

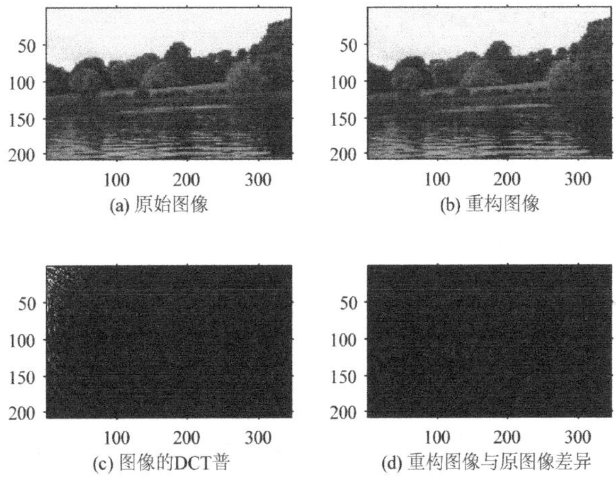

图 3-19　图像的 DCT 与 IDCT 重构

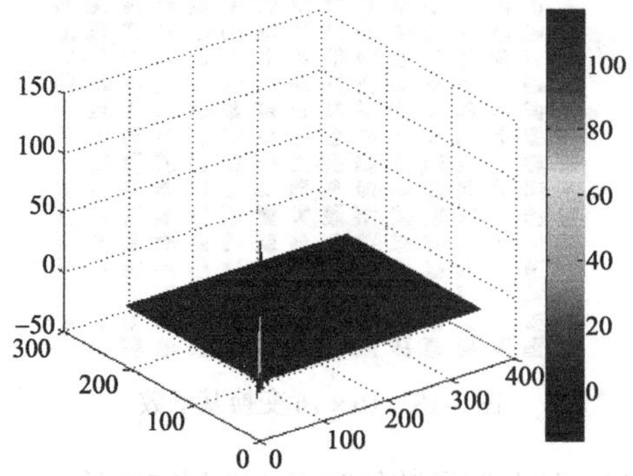

图 3-20　变换谱三维彩色效果图

3. 基于哈达玛变换的图像压缩技术

哈达玛变换（DWHT）在图像压缩编码中的应用也非常广泛，其具有如下特点。

- 能量集中。
- 原始数据中数字越是均匀分布，经变换后的数据越集中于矩阵的边角上。
- DWHT 只进行实数运算，存储容量少，速度快。

由于 DWHT 的特点，它在图像传输、通信技术和数据压缩中被广泛应用。

下面的例子是用二维哈达玛变换进行图像压缩。

【例 3-11】使用例 3-7 中的图像。首先将图像分割成 $(512/8)^2$ 个 8×8 子图像，对每个子图像进行哈达玛变换，这样每个子图像有 64 个变换系数，舍去 50%小的变换系数，即保留 32 个系数，进行 2：1 的压缩。

```
>>clear all;
%设置压缩比 cr
cr=0.5;   %cr=0.5 为 2:1 压缩;cr=0.125 为 8:1 压缩
I=imread('lena.bmp');  %图像的大小为 512×512
I1=double(I)/255;  %图像为 256 级灰度图像,对图像进行归一化操作
figure(1);
imshow(I1);   %显示原始图像
%对图像进行哈达玛变换
t=hadamard(8);
htcoe=blkproc(I1,[8 8],'P1*x*P2',t,t);
coevar=im2col(htcoe,[8 8],'distinct');
coe=coevar;
[y,ind]=sort(coevar);
[m,n]=size(coevar);  %根据压缩比确定要变 0 的系数个数
%舍去不重要的系数
snum=64-64*cr;
for i=1:n
    coe(ind(1:snum),i)=0;  %将最小的 snum 个变换系数清 0
end
b2=col2im(coe,[8 8],[512 512],'distinct');  %重新排列系数矩阵
%对截取后的变换系数进行哈达玛逆变换
I2=blkproc(b2,[8 8],'P1*x*P2',t,t);  %对截取后的变换系数进行哈达玛逆变换
I2=I2./(8*8);
```

```
figure(2);
imshow(I2);
%计算均方根误差 erms
e=double(I1)-double(I2);
[m,n]=size(e);
erms=sqrt(sum(e(:).^2)/(m*n))
```

当 cr=0.5 时，上述程序实现的图像压缩比为 2∶1，其压缩图像如图 3-21（b）所示，此时均方根误差 erms = 0.0271。

当 cr=0.125 时，上述程序实现的图像压缩比为 8∶1，其压缩图像如图 3-21（c）所示，此时均方根误差 erms = 0.0414。

(a) 原始图像　(b) 压缩比为 2∶1 的压缩图像　(c) 压缩比为 8∶1 的压缩图像

图 3-21　哈达玛变换编码

从上面三个例子可以看出，上面三种变换在丢弃 32 个系数（50%）时对重建图像品质在视觉上影响都很小。然而因这些系数的丢弃而产生的均方根误差，因为变换不同而有所不同，对于 FFT、DCT 和哈达玛变换（HT），它们的均方根误差 erms 分别为 0.0348、0.0316 和 0.0271。由此可见，HT 比 DCT 和 FFT 有更强的信息集中能力。

DCT 在压缩率方面与 KL 变换相差不多，而且能用类似 FFT 的算法实现快速变换，因此，DCT 在信息压缩能力和计算复杂性之间提供了一种很好的平衡，它已经成为 CCITT 建议的一种图像压缩技术。

3.4.2 尺寸选择

在变换编码中，首先要将图像数据分割成子图像，然后对子图像数据块实施某种变换，如 DCT，那么子图像尺寸取多大呢？实践证明，子图像尺寸取 4×4、8×8、16×16 适合图像的压缩，这是因为：

（1）如果子图像尺寸取得太小，虽然计算速度快，实现简单，但压缩能力有限。

（2）如果子图像尺寸取得太大，虽然去相关效果好，因为 DFT、DCT 等正弦类变换均渐近最佳性，但也渐趋饱和。若尺寸太大，由于图像本身的相关性很小，反而使其压缩效果不明显，而且增加了计算的复杂性。

3.4.3 比特分配

这里考虑对子图像经过变换后，要截取的变换系数的数量和保留系数的精度。在大多数变换编码中，选择要保留的系数时有以下二种方法。

（1）根据最大方差进行选择，称为区域编码。

（2）根据最大值的量级选择，称为阈值编码。

而对变换后的子图像进行截取、量化和编码，这整个过程称为比特分配。

1. 区域编码

区域编码是以信息论中视信息为不确定性的概率为基础的。根据这个原理，具有最大方差的变换系数携带着图像的大部分信息，因此在编码处理的过程中应该保留下来。这些方差本身可以像前面的例子中那样直接根据总的 $(N/n)^2$ 个变换子图像阵列计算出来，或以假设的图像模型（如马尔可夫自相关函数）为基础进行计算。在任何一种情况下，根据式（3-33），区域取样处理可被看成是每个 0 构造出来的。最大方差的系数通常被定位在图像变换的原点周围。图 3-22（a）中显示了典型的区域模板。

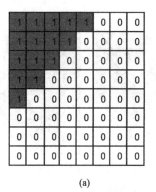

1	1	1	1	1	0	0	0
1	1	1	1	0	0	0	0
1	1	1	0	0	0	0	0
1	1	0	0	0	0	0	0
1	0	0	0	0	0	0	0
0	0	0	0	0	0	0	0
0	0	0	0	0	0	0	0
0	0	0	0	0	0	0	0

(a)

8	7	6	4	3	2	1	0
7	6	5	4	3	2	1	0
6	5	4	3	3	1	1	0
4	4	3	3	2	1	0	0
3	3	2	2	1	1	0	0
2	2	1	1	1	0	0	0
1	1	1	1	0	0	0	0
0	0	0	0	0	0	0	0

(b)

图 3-22　典型的区域模板

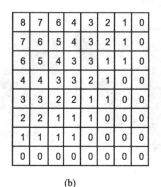

对在区域取样过程中保留的系数必须进行量化和编码，这样，区域模板有时被描绘成用于对每个系数编码的比特数，如图 3-22（b）所示。这里一般有 2 种分配方案：一是给系数分配相同的比特数，二是给系数不均匀地分配几个固定数目的比特数。在第一种情况下，系数通常用它们的标准差进行归一化处理，然后进行均匀量化。在第二种情况下，为每一个系数设计一个量化器。为构造所需的量化器，将直流分量系数建模为一个瑞利密度函数，而其他系数建模为拉普拉斯或高斯密度函数。因为每个系数都是子图像中像素的线性组合，所以根据中心极限定理，随着子图像尺寸的增加，系数趋向于高斯分布。

失真理论指出一个方差为 σ^2 的高斯随机变量不能用少于 $\frac{1}{2}\log_2(\sigma^2/D)$ 的比特来表示和用小于 D 的均方误差重建，也就是说分配给每个量化器的量化级数应与 $\log_2 \sigma^2 T(u,v)$ 成正比。如果式（3-33）是按最大方差保留的系数，那保留系数应该分配与其方差的对数成正比的比特数。

2. 阈值编码

区域编码对所有子图像用一个固定的模板，而阈值编码在本质上是自适应的，各个子图像保留的变换系数的位置可随着子图像的不同而不同。事实上由于阈值编码计算简单，所以是实际中最常用的自适应变换编码方法。

对于任意子图像，值最大的变换系数对重建子图像的质量贡献最大。

例如，在一个 8×8 的子图像中，经过 DCT 后，最大值位置如图 3-23（a）所示。用图 3-23（a）所示的典型阈值模板，去除小的变换系数，而后用图 3-23（b）所示的系数次序排序，得到有 64 个元素的数组，这样，对应模块中 1 的位置系数被保留下来（几乎都在数组的前面），后面是 0。后面的 0 可用行程编码方法进行编码，而对前面部分保留的系数用变长编码方法进行编码。

图 3-23（b）所示的排序法常被称为变换系数的 Z 形（zig-zig）扫描方式。

一般来说，对变换子图像取阈值有三种方法。

（1）对所有子图像用一个全局阈值。

（2）对各子图像分别用不同的阈值。

（3）根据子图像中各系数的位置选取阈值。

1	1	0	1	0	0	0	0
1	1	1	1	0	0	0	0
1	1	1	0	0	0	0	0
1	0	0	0	0	0	0	0
0	0	0	0	0	0	0	0
0	1	0	0	0	0	0	0
0	0	0	0	0	0	0	0
0	0	0	0	0	0	0	0

(a)

0	1	5	6	14	15	27	28
2	4	7	13	16	26	29	42
3	8	12	17	25	30	41	43
9	11	18	24	31	40	44	53
10	19	23	32	39	45	52	54
20	22	33	38	46	51	55	60
21	34	37	47	50	56	59	61
35	36	48	49	57	58	62	63

(b)

图 3-23　典型的阈值模板

第一种方法，压缩的程度随不同图像而异，取决于超过全局阈值的系数数量，因此全局阈值的选择也是一个问题。

第二种方法，也称为最大 N 编码，这种方法对每幅子图像都丢弃相同数目的系数，其结果是编码率是事先可知的，也就是预定的。

第三种方法与第一种方法类似，码率是变化的。与第一种方法相比，第三种方法的优点是可将取阈值和量化结合起来，即可将式（3-33）中 $T(u,v)m(u,v)$ 用下面的式子代替：

$$\hat{T}(u,v)=\text{round}\left[\frac{T(u,v)}{Z(u,v)}\right] \tag{3-35}$$

其中 $\hat{T}(u,v)$ 是 $T(u,v)$ 取阈值和量化近似，Z 是取阈值和量化的变换矩阵，$Z(u,v)$ 是 Z 的元素。

$$Z=\begin{bmatrix} Z(0,0) & Z(0,1) & \cdots & Z(0,n-1) \\ Z(1,0) & Z(1,1) & \cdots & Z(1,n-1) \\ \vdots & \vdots & \ddots & \vdots \\ Z(n-1,0) & Z(n-1,1) & \vdots & Z(n-1,n-1) \end{bmatrix} \tag{3-36}$$

经取阈值和量化变换的子图像 $\hat{T}(u,v)$ 在逆变换得到 $F(u,v)$ 的近似前首先要与 $Z(u,v)$ 相乘，这是逆量化过程，得到的数组记为 $\bar{T}(u,v)$，它是 $\hat{T}(u,v)$ 的一个近似。

$$\bar{T}(u,v)=\hat{T}(u,v)Z(u,v) \tag{3-37}$$

对 $\bar{T}(u,v)$ 求逆变换得到解压缩的近似子图像。

图 3-24 给出了对 $Z(u,v)$ 赋予某个常数值 c 时得到的量化曲线，其中当且仅当 $kc-c/2 \leqslant T(u,v)$ 时 $\hat{T}(u,v)$ 取整数值 k。当 $Z(u,v)>2T(u,v)$ 时 $\hat{T}(u,v)=0$，此时变换系数完全截去。当使用随 k 值增加而增加的变长码表示 $\hat{T}(u,v)$ 时，用来表示 $T(u,v)$ 的比特数由 c 的值控制。这样可根据需要通过增减 Z 中的元素值来获得不同的压缩量。

图 3-24（b）给出了 JPEG 编码标准中的 8×8 图像块的 DCT 变换系数的一种推荐量化步长矩阵。

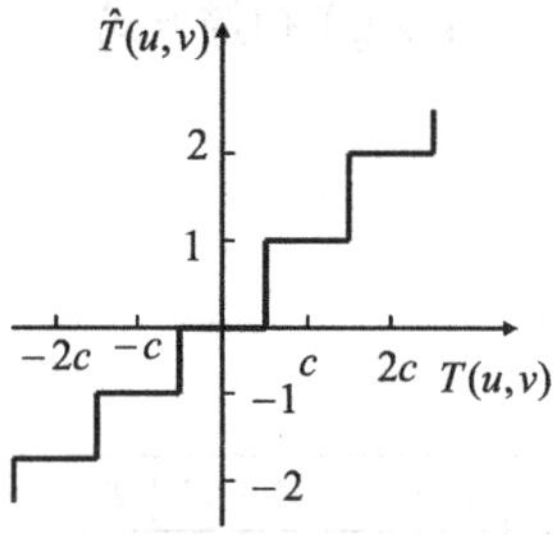

(a) 阈值量化曲线

16	11	10	14	24	40	51	61
12	12	14	19	26	58	60	55
14	13	16	24	40	57	69	56
14	17	22	29	51	87	80	62
18	22	37	56	68	109	103	77
24	35	55	64	81	104	113	92
49	64	78	87	103	121	120	101
72	92	95	98	112	100	103	99

(b) DCT 量化步长矩阵

图 3-24　阈值编码

3.4.4　DCT 编码的实现

下面以一个示例来进一步讨论 DCT、阈值编码和熵编码的一些具体实现技术。取一个 8×8 的图像块，首先是变换、量化、熵编码的编码过程，然后是逆变换、逆量化、逆熵编码过程。8×8 图像块数据如下（256 级灰度）。

52	55	61	66	70	61	64	73
63	59	66	90	109	85	69	72
62	59	68	113	144	104	66	73
63	58	71	122	154	106	70	69
67	61	68	104	126	88	68	70
79	65	60	70	77	68	58	75
85	71	64	59	55	61	65	83
87	79	69	68	65	76	78	94

原图像为 256 级灰度，$L=8$，每个像素减 2^{L-1}，即减 128，得：

−76	−73	−67	−62	−58	−67	−64	−55
−65	−69	−62	−38	−19	−43	−59	−56
−66	−69	−60	−15	16	−24	−62	−55
−65	−70	−57	−6	26	−22	−58	−59
−61	−67	−60	−24	−2	−40	−60	−58
−49	−63	−68	−58	−51	−60	−70	−53
−43	−57	−64	−69	−73	−67	−63	−45
−41	−49	−59	−60	−63	−52	−50	−34

$N=8$，进行 DCT，得变换系数矩阵为：

−414	−29.105	−61.941	−25.332	54.75	−19.716	−0.59112	2.0786
6.0824	−20.587	−61.633	8.011	11.528	−6.6413	−6.4229	6.7781
−46.09	7.9553	76.727	−25.594	−29.656	10.139	6.3891	−4.7739
−48.914	11.77	34.305	−14.233	−9.8612	6.1913	1.3355	1.4999
10.75	−7.6338	−12.452	−2.0442	−0.5	1.3659	−4.5838	1.5185
−9.6419	1.407	3.412	−3.294	−0.47062	0.4152	1.8119	−0.9392
−2.8272	−1.2285	1.3891	0.076289	0.91873	−3.515	1.7733	−2.7744
−1.2457	−0.7072	−0.48687	−2.6945	−0.089984	−0.39582	−0.91025	0.40512

很明显可以看出，能量集中在少数低频系数上。然后用图 3-24（b）所示的量化步长矩阵和式（3-35）对变换系数进行量化，量化器输出为：

−26	−3	−6	2	2	0	0	0
1	−2	−4	0	0	0	0	0
−3	1	5	−1	−1	0	0	0
−3	1	2	0	0	0	0	0
1	0	0	0	0	0	0	0
0	0	0	0	0	0	0	0
0	0	0	0	0	0	0	0
0	0	0	0	0	0	0	0

注意，经过 DCT 和量化处理后产生了大量的零值系数，再根据图 3-23（b）所示的次序对系数排序得：

−26，−3，1，−3，−2，−6，2，−4，1，−3，1，1，5，0，2，0，0，−1，2，0，0，0，0，0，0，−1，EOB，这里的 EOB 表示块结束。然后用熵编码进一步压缩，这里用 Huffman 编码。以上就是编码过程。

解码过程刚好相反，对编码后的数进行 Huffman 解码，然后重新生成矩阵：

−26	−3	−6	2	2	0	0	0
1	−2	−4	0	0	0	0	0
−3	1	5	−1	−1	0	0	0
−3	1	2	0	0	0	0	0
1	0	0	0	0	0	0	0
0	0	0	0	0	0	0	0
0	0	0	0	0	0	0	0
0	0	0	0	0	0	0	0

根据式（3-37）进行逆量化，矩阵变成：

−416	−33	−60	32	48	0	0	0
12	−24	−56	0	0	0	0	0
−42	13	80	−24	−40	0	0	0
−42	17	44	0	0	0	0	0
18	0	0	0	0	0	0	0
0	0	0	0	0	0	0	0
0	0	0	0	0	0	0	0
0	0	0	0	0	0	0	0

对上面的矩阵进行 DCT 逆变换，结果如下：

−63.187	−63.243	−64.417	−65.345	−63.197	−58.437	−54.581	−53.211
−73.464	−72.888	−59.846	−39.017	−31.222	−41.689	−54.269	−58.637
−75.952	−79.421	−53.461	−7.4813	7.044	−21.661	−52.074	−60.58
−63.676	−77.867	−54.227	0.58542	17.856	−18.514	−52.93	−58.041
−49.487	−74.304	−66.148	−23.453	−8.9383	−38.284	−61.113	−57.707
−43.851	−69.657	−76.257	−55.782	−47.111	−61.128	−67.259	−57.909
−43.002	−59.086	−70.357	−68.646	−65.391	−65.13	−59.817	−50.999
−41.918	−47.639	−−57.129	−64.714	−64.4	−56.372	−46.796	−41.165

最后对每个像素加 128 得解码结果：

64	64	63	62	64	69	73	74
54	55	68	88	96	86	73	69
52	48	74	120	135	106	75	67
64	50	73	128	145	109	75	69
78	53	61	104	119	89	66	70
84	58	51	72	80	66	60	70
84	68	57	59	62	62	68	77
86	80	70	63	63	71	81	86

下面用 MATLAB 实现上面的编码过程，这是一个近似的基本 JPEG 过程，也是一个完整的 DCT 编码实例。自定义编写的 jpegencode 函数，源代码参考附件。

【例 3-12】仍考虑大小为 512 像素 × 512 像素、灰度级为 256 的标准 Lena 图像，用函数 jpegencode 进行近似的 JPEG 编码。

```
>>clear all;
x=imread('lena.bmp'); %读入原始图像
subplot(121); %显示原始图像
imshow(x);
y=jpegencode(x,5); %进行近似的 JPEG 编码
X=jpegecode(y);   %进行解码
subplot(122);
imshow(X); %显示压缩图像
%计算均方根误差
e=double(x)-double(X);
[m,n]=size(e);
erms=sqrt(sum(e(:).^2)/(m*n))
%计算压缩比
cr=imageratio(x,y)
```

运行程序，效果如图 3-25 所示。

(a) 原始图像

(b) 压缩后图像

图 3-25 近似 JPEG 压缩效果

图 3-25（b）的压缩比 cr=29.8561，其均方根误差 erms=7.9322。

结果与实际的 JPEG 编码有一定的差异，两个编码系统的显著差别是：

（1）在 JPEG 标准中，对量化后变换系数分 DC 系数和 AC 系数分别编码，而在近似的 JPEG 编码中直接用 Huffman 编码。

（2）在 JPEG 标准中，Huffman 编码和解码是默认的码表，而在近似 JPEG 编码中增加了码表

的信息。用标准的 JPEG 编码对标准图像 Lena 进行压缩，要达到图 3-25（b）所示的效果，压缩比可以近似的 JPEG 编码提高近一倍。

3.4.5　图像压缩编码标准

随着计算机网络技术的发展，图像通信已越来越受到广泛的关注，这就需要对图像数据进行标准化传输，制定图像压缩编码的标准显得尤为重要。在静态图像编码标准中，常用的有 JPEG 和 JBIG 等。本节对 JPEG 标准做介绍。

1. JPEG 标准

JPEG 是由 CCITT（国际电报电话咨询委员会）和 ISO（国标标准化组织）两个组织联合组建的图片专家组。该组织于 1991 年建立并通过第一个适用于连续色调静止数字图像压纹的国际标签（ISO 10918-1），称为国际 JPEG 标准建议，从而统一了用于彩色传真、静止图像、可视会议和电子出版物等图像的压缩和传输格式。该标准广泛应用于计算机和通信等领域。经 JPEG 压缩的图像，可在不影响图像质量的前提下，得到很高的压缩比。该标准既可以用软件实现，也可以用硬件实现。JPEG 的优越性，使得它在短短的几年内就获得了极大的成功，JPEG 的应用正日益普及。

JPEG 定义了两种不同性能的系统，既基本系统和扩展系统，其中包含 4 种不同的编码方法和解码方法，分别是基于 DCT 的顺序模式（Sequential DCT-based）、基于 DCT 的累进模式（Progressive DCT-based）无失真模式（Lossless）和层次模式（Hierarchical）。无失真方式压缩比较低，而有失真方式能提供很高的压缩比，但压缩比越高失真程度也越大。其中，基于 DCT 技术的是有失真压缩算法。基于系统采用顺序工作方式，在熵编码阶段使用赫夫曼编码方法来降低冗余度，解码器只存储两个赫夫曼表。扩展系统提供增强功能，使用累进方式工作，编码过程中采用自适应的算术编码。JPEG 压缩算法的使用者能够调整压缩参数，以尽量减少图像质量的降低而使压缩比增大。

如图 3-26 所示为基于 DCT 的基本系统的压缩过程。从中可看到，压缩过程包括 DCT、量化和熵编码，这 3 个工作阶段组成一个性能卓越的压缩器。具体地，JPEG 压缩由色度空间变换、采样、DCT、量化和编码几部分组成。在图像数据输入编码器前首先将图像划分若干 8×8 的图像子块，JPEG 在利用 DCT 算法对图像压缩时，如果是彩色图像，先针对每一子块进行彩色空间变换，把 R，G，B 信号分解为 Y，U，V 信号做采样。然后对每一个 8×8 图像子块进行二维离散余弦变换（FDCT）。再分别通过亮度和色度量化表量化，然后进行熵编码形成代码流。这样，那些小幅值系数被分配很少的存储空间，甚至不传送，从而压缩了数据的容量。在代码流中，按照 Y，U，V 的次序存放。依次取出源图像下一个子块，重复以上步骤。照此进行下去，最终得到对源图像压缩的代码流，以供存储和传输。

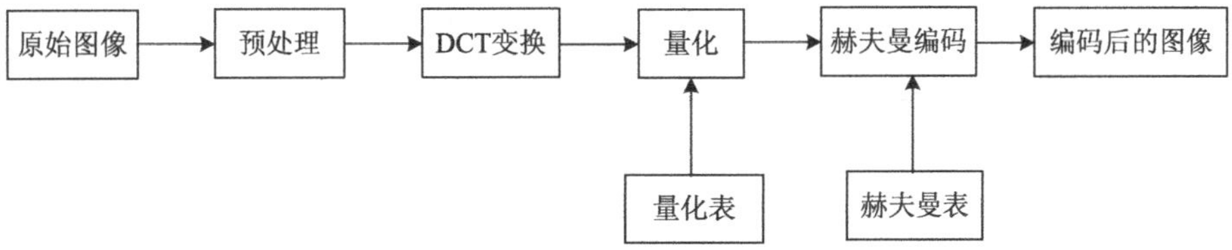

图 3-26　JPEG 编码

JPEG 压缩的有损之处体现在：

（1）在由 RGB 到 YUV 色度空间变换时，保留每个像素点的亮度信息，而只保留部分像素点的色度信息。

（2）经过 DCT 变换后的变换系数被进一步量化。量化系数的选取是不均匀的。人眼敏感的低频信号区采用细量化，而高频信号区采用粗量化。这样，人眼感觉不到的高频信号被忽略，仅仅保留了低频信号，从而达到压缩的目的。

在 JPEG 出台前，对大量高质量图像存储量的要求一直是图像得以广泛应用的障碍。问题不在于缺乏图像压缩算法，而是缺乏一种允许在不同的应用之间进行图像交换的标准算法。JPEG 对上述问题提供了一种高质量，同时也是非常实用和简洁的解决方法。JPEG 静态图像压缩标准在许多不同的领域得到了广泛的应用。它采用的 DCT 变换编码和熵编码，具有适中的计算复杂性，易于硬件实现。它在保证图像质量的前提下能提供较高的压缩比，通过使用专用压缩芯片，JPEG 甚至可以用于较高波特率下连续图像的传输。通过对 JPEG 标准的深入研究，可以了解图像压缩方面的许多原理和知识，并且可以灵活应用到自己的研究项目或软件开发中。

采用 JPEG 压缩方法而节省的数据是大量的。尽管基于分块 DCT 变换编码的 JPEG 图像压缩技术已得到了广泛的应用，然而在低比特率压缩时，这种编码的一个主要缺点是产生方块效应，严重影响解码图像的视觉效果。其主要原因是低比特率压缩的粗量化过程在各个方块内引入高频量化误差，各子块独立编码而没有考虑块间的相关性，从而造成块边缘的不连续性。此外，由于舍去了图像的高频信息，所以编码图像的边缘难以很好地保持。目前去除方块效应的方法可以分为两类。第一类是在编码部分采用重叠分块的方案，但这会提高图像传输的比特率，加重编解码的负担；第二类是后处理技术，即对解码图像进行图像增强或图像恢复等处理。

2. JPEG 算法实现

JPEG 压缩是有损压缩，它利用了人的视觉系统的特性，使用量化和无损压缩编码相结合来去掉视角的冗余信息和数据本身的冗余信息。JPEG 算法框图如图 3-27 所示，压缩编码大致分为 3 个步骤。

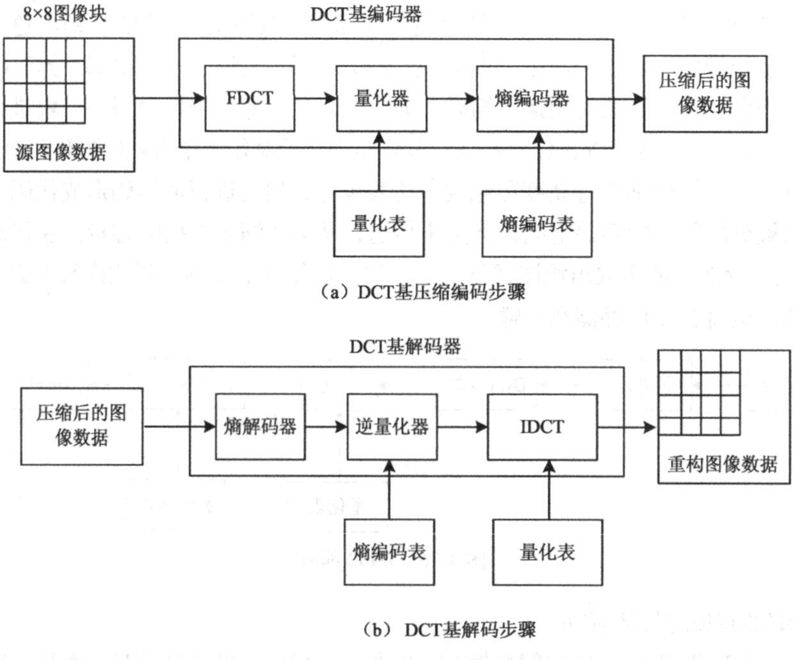

图 3-27　JPEG 压缩编码-解码算法框图

（1）使用正向离散余弦变换（forward discrete cosine transform，FDCT）把空间域表示的图变换成频率域表示的图。

（2）使用加权函数对 DCT 系数进行量化，这个加权函数对于人的视觉系统是最佳的。

（3）使用赫夫曼可变字长编码器对量化系数进行编码。

JPEG 算法与彩色空间无关，因此“RGB 到 YUV 变换”和“YUV 到 RGB 变换”不包含在 JPEG 算法中。JPEG 算法处理的彩色图像是单独的彩色分量图像，因此它可以压缩来自不同彩色空间的数据，如 RGB、YCbCr 和 CMYK。

JPEG 压缩编码算法的主要计算步骤为：

（1）正向离散余弦变换

编码前一般先将图像从 RGB 空间转换到 YCbCr 空间，然后将每个分量图像分割成不重叠的 8×8 像素块，每个 8×8 像素块称为一个数据单元，把采样频率最低的分量图像中 1 个数据单元所对应的像区上覆盖的所有分量上的数据单元按顺序编组为 1 个最小编码单元，以这个最小编码单元为单位顺序将数据单元进行二维离散余弦变换 FDCT。最终得到的 64 个系数代表了该图像块的频率成分。其中低频分量集中在左上角，高频分量集中在右下角。通常将系数矩阵左上角系统称为直流系数（DC），代表了该数据块的平均值，其余 63 个称为交流系数（AC）。

（2）量化

FDCT 处理后得到的 64 个系数中，低频分量包含了图像亮度等主要信息，在编码时可以忽略高频分量以达到压缩的目的。在 JPEG 标准中，用具有 64 个独立元素的量化表来规定 DCT 域中相应的 64 个系数的量化精度，使得对某个系数的具体量化阶取决于人眼对该频率分量的视觉敏感程度。

（3）Z 字形编码

Z（zigzag scan）扫描是将 DCT 系数量化后的数据矩阵变为一维数列，为灿编码奠定基础。

（4）差分脉冲编码调制（DPCM）与直流系数（DC）编码

直流系数反映了一个 8×8 数据块的平均亮度。JPEG 标准对直流系数做差分编码。如果直流系数的动态范围为−1024~+1024，则差值的动态范围为−2047~+2047。如果为每一个差值赋一个码字，则码表将十分庞大。为此，JPEG 标准对码进行了简化，采用“前缀码（SSSS）+尾码”来表示。

（5）行程长度编码（RLE）与交流系数（AC）编码

由于经 Z 形排列后的交流系数更有可能出现连续 0 组成的字符串，JPEG 标准采用行程编码对数据进行压缩。JPEG 标准将一个非零的交流系数及其前面的 0 行程长度的组合成为一个事件，将每个事件编码表示为“MMMM/SSSS+尾码”。

（6）熵编码

熵编码通常采用赫夫曼编码器对量化系数进行编码。

【例 3-13】对图像进行 JPEG 编码，编程步骤如上所述。

```
>>clear all;
ORIGIN=imread('lena.bmp');            %读入原始图像
%步骤 1：正向离散余弦变换(FDCT)
fun=@DCT_Measure;
%步骤 2：量化
B=blkproc(ORIGIN,[8,8],fun);          %得到量化后的系数矩阵，与原始图像尺寸相同，需要进一步处理
n=length(B)/8;                            %对每个维度分成的块数
C=zeros(8);                           %初始化为 8×8 的全 0 矩阵
```

```
for y=0:n-1
    for x=0:n-1
        T1=C(:,[end-7:end]);            %取出上一组数据做差分,T1 的所有 8 行和最后 8 列组成的 8×8
        T2=B(1+8*x:8+8*x,1+8*y:8+8*y);
        T2(1)=T2(1)-T1(1);              %直流系数做差分
        C=[C,T2];                       %将 C 和 T2 矩阵串联
    end
end
C=C(:,[9:end]);                         %去除 C 的前 8 列，就是前面的全 0
%步骤 4：用 Code_Huffman( )函数实现上述 JPEG 算法步骤中的步骤 3、4、5 和 6 步
JPGCode={''};                           %存储编码的元胞初始化为空的字符串
for a=0:n^2-1
    T=Code_Huffman(C(:,[1+a*8:8+a*8]));
    JPGCode=strcat(JPGCode,T);
end
sCode=cell2mat(JPGCode);                %将元胞转化为数组
Fid=fopen('JPGCode.txt','w');           %用变量 fid 标记 I/O 流，打开文本文件
fprintf(Fid,'%s',sCode);            %将压缩码 sCode 保存到文本文件中。添加而不是覆盖
fclose(Fid);                            %关闭 I/O 流
[x y]=size(A);
b=x*y*8/length(sCode);
v=8/b;                                  %计算压缩比和压缩效率
disp('JPEG 压缩数据已保存至 JPGCode.txt 中');
disp(['压缩比为：',num2str(b),'; 压缩效率：',num2str(v)]);
```

运行程序，输出如：

压缩比为：7.4564

压缩效率：1.0561

在程序中调用到自定义编写的 JPGCode 函数，请参考本书附赠的源代码。

小 结

本章详细介绍了信息论、统计编码、预测编码和变换编码的主要原理和实现技术，给出了很多实例，便于读者的学习以及在实践中的应用。统计编码的目的在于在消息和码字之间找到明确的一一对应关系，以便在恢复时能够准确无误地再现出来，或者至少是极相似地找到相当的对应关系。预测编码和变换编码的主要目的是降低图像原始空间域表示中存在的非常强的相关性。通过本章学习，读者对图像编码压缩应该有较为深刻的认识，能够掌握一些基本的图像压缩编码方法。本章还介绍了静态图像的编码标准 JPEG 标准及其算法实现步骤。

习 题

3-1　640×480×8bit 的数字化电视帧，每帧有 1024B 的描述结构，请问 220MB 存储空间可以存 30 帧/秒的电视图像多少秒？如果用压缩比为 4.25 的无损压缩算法结果又如何？

3-2　简述变换编码的原理及过程。

3-3　已知 a、e、i、o、u、k 的出现概率分别为 0.2、0.3、0.1、0.2、0.1、0.1,对 0.23355 进行算术解码。

3-4　设某一幅图像共有 8 个灰度级,各灰度级出现的概率分别为:P1=0.20,P2=0.09,P3=0.11,P4=0.13，P5=0.07，P6=0.12，P7=0.08，P8=0.20，试对些图像进行霍夫曼编码，并计算信源的熵、编码效率及冗余度。

3-5　分析有损预测编码的信息损失发生在哪一个步骤。

3-6　图像编码有哪些国际标准？它们的基本应用对象分别是什么?

3-7　对一幅图像，在 MATLAB 中按照 JPEG 标准对图像进行压缩编码，并画出程序流程图。

3-8　设已知 $X_1=(-1,1)^{\mathrm{T}}, X_2=(0,3)^{\mathrm{T}}, X_3=(1,5)^{\mathrm{T}}, X_4=(2,7)^{\mathrm{T}}$ ，求协方差矩阵和变换矩阵。

第4章 图像复原

图像在形成、传输和记录过程中，由于受多种原因的影响，图像的质量会有所下降，从而引起图像退化。

4.1 图像复原概述

图像复原的目的就是尽可能复原被退化图像的本来面目。实现图像复原需要弄清退化的原因，建立相应的数学模型，并沿着图像质量降低的逆过程对图像进行复原。为了给出图像退化的数学模型，首先要清楚物体成像过程的数学过程。为了方便地描述成像系统，通常将成像系统视为线性系统。虽然物体的成像系统总存在着非线性，但如果这种非线性失真并不至于引起明显的误差，或在局部可以满足线性性质，就可以采用线性系统来近似描述成像系统的过程和性质。

1. 图像退化的原因

造成图像退化的原因很多，最为典型的图像退化表现为光学系统的像差、光学成像系统的衍射、成像系统的非线性畸变、投影胶片感光的非线性、成像过程中物体与摄像设备之间的相对运动、大气的湍流效应、受环境随噪声的干扰、成像光源或射线的散射、处理方法的缺陷，以及所用的传输信道受到噪声污染等。这些因素都会使成像的分辨率和对比度下降以致图像质量下降。引起图像退化的因素众多而且性质不同，因此，图像复原的方法、技术也各不相同。

2. 图像复原的方法

对于图像复原，一般可采用两种方法。一种方法是对于图像缺乏先验知识的情况下的复原，此时可对退化过程如模型和噪声建立数学模型，进行描述，进而寻找一种去除或消弱其影响的过程；另一种方法是对原始图像已经知道是哪些退化因素引起的图像质量下降过程，来建立数学模型，并依据它对图像退化的影响进行拟合的过程。

4.2 图像从退化到复原

图像复原（Restoration）是以客观标准为基础，利用图像本身的先验知识来改善图像质量的过程。这与后面将要介绍的图像增强或多或少有些交叉和相似之处。但是图像增强更多的是一个主观改善的过程，它主要是以迎合人类的视觉感官为目标。图像复原期望将退化过程模型化，并以客观的情况为准则，最大限度地恢复图像本来的面貌。

4.2.1　图像退化的模型

图像复原处理的关键问题在于建立退化模型。在对退化图像进行复原处理时，如果对图像缺乏足够的先验知识，可利用已有的知识和经验对模糊或噪声等退化过程进行数学模型的建立及描述，并针对此退化过程的数学模型进行图像复原。可以看出，这种复原方式是对图像在被退化过程影响之前的情况的一种估计。与之相反，如果对退化图像拥有了足够的先验知识，则可以对退化图像建立数学模型并据此对退化图像进行拟合。这样的处理只涉及对未退化图像较少的几个参数进行估计，因而会更加准确有效。由此可见，图像退化过程的先验知识在图像复原技术中所起的重要作用，反映到滤波器的设计上，就相当于寻求点扩展函数（point-spread function，PSF）的问题。

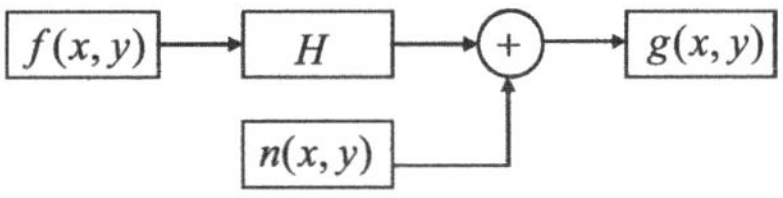

图 4-1　图像退化的一般过程

所谓点扩展函数是成像系统的脉冲响应，其物理概念为：物点经成像系统后不再是一点，而是一个弥散的同心圆。如果成像系统是一个空间不变系统（移不变系统），则物平面的点光源在物场中移动时，点光源的像只改变其位置并不改变其函数形式，可以利用同一函数形式处理图像平面中的每一个点，因此确定成像系统的点扩散函数对于图像复原是很重要的。

图 4-1 给出了图像退化的一般模型，此模型对大多数的退化过程具有通用性。

在此模型中退化过程被模型化为一个系统（或算子）H，原始图像 $f(x,y)$ 在经过该系统退化作用后与一个加性噪声 $n(x,y)$ 相叠加而产生出最终的退化图像 $g(x,y)$。可用数学表达式表示

$$g(x,y)=H[f(x,y)]+n(x,y) \tag{4-1}$$

式（4-1）就是用数学表达式表示的退化系统的一般模型。

4.2.2　连续的退化模型

一幅连续的输入图像 $f(x,y)$ 可以看作是由一系列点源组成的。因此，$f(x,y)$ 可以通过点源函数的卷积来表示。即

$$f(x,y)=\int_{-\infty}^{+\infty}\int_{-\infty}^{+\infty}f(\alpha,\beta)\delta(x-\alpha,y-\beta)\mathrm{d}\alpha\mathrm{d}\beta \tag{4-2}$$

式中，δ 函数为点源函数，表明空间上的点脉冲。

在不考虑噪声的一般情况下，连续图像经过退化系统 H 后的输出为

$$g(x,y)=H[f(x,y)] \tag{4-3}$$

把式（4-2）代入到式（4-3）可知，输出函数

$$g(x,y)=H[f(x,y)]=H\left[\int_{-\infty}^{+\infty}\int_{-\infty}^{+\infty}f(\alpha,\beta)\delta(x-\alpha,y-\beta)\mathrm{d}\alpha\mathrm{d}\beta\right] \tag{4-4}$$

对于非线性或者空间变化系数，要从上式求出 $f(x,y)$ 是非常困难的。为了使求解具有实际意义，现在只考虑线性和空间不变系统的图像退化。

$$\begin{aligned}g(x,y)=H[f(x,y)]&=H\left[\int_{-\infty}^{+\infty}\int_{-\infty}^{+\infty}f(\alpha,\beta)\delta(x-\alpha,y-\beta)\mathrm{d}\alpha\mathrm{d}\beta\right]\\&=\int_{-\infty}^{+\infty}\int_{-\infty}^{+\infty}f(\alpha,\beta)H[\delta(x-\alpha,y-\beta)]\mathrm{d}\alpha\mathrm{d}\beta\\&=\int_{-\infty}^{+\infty}\int_{-\infty}^{+\infty}f(\alpha,\beta)h(x-\alpha,y-\beta)\mathrm{d}\alpha\mathrm{d}\beta\end{aligned} \tag{4-5}$$

式中，$h(x-\alpha,y-\beta)$ 称为该退化系统的点扩展函数，或叫系统的冲激响应函数。它表示系统对坐标为 (α,β) 处的冲激函数 $\delta(x-\alpha,y-\beta)$ 的响应。

式（4-5）表明，只要系统对冲激函数的响应为已知，那么就可以非常清楚地知道退化图像是如何形成的。因为对于任一输入 $f(\alpha,\beta)$ 的响应，都可以用式（4-5）计算出来。当冲激响应函数已知时，从 $f(x,y)$ 得到 $g(x,y)$ 非常容易，但是从 $g(x,y)$ 恢复得到 $f(x,y)$ 却仍然是件不容易的事。在这种情况下，退化系统的输出就是输入图像信号与该系统冲激响应的卷积。

$$g(x,y)=\int_{-\infty}^{+\infty}\int_{-\infty}^{+\infty}f(\alpha,\beta)h(x-\alpha,y-\beta)\mathrm{d}\alpha\mathrm{d}\beta=f(x,y)*h(x,y) \tag{4-6}$$

前面为了简化分析忽略了噪声的影响，事实上图像退化除成像系统本身的因素之外，还要受到噪声的污染，如果假定噪声 $n(x,y)$ 为加性白噪声（下一节将对噪声进行分析），这时上式可以写成

$$\begin{aligned}g(x,y)&=\int_{-\infty}^{+\infty}\int_{-\infty}^{+\infty}f(\alpha,\beta)h(x-\alpha,y-\beta)\mathrm{d}\alpha\mathrm{d}\beta+n(x,y)\\&=f(x,y)*h(x,y)+n(x,y)\end{aligned} \tag{4-7}$$

在频率域上，可以将上式写成

$$G(u,v)=F(u,v)H(u,v)+N(u,v) \tag{4-8}$$

式中，$G(u,v)$、$F(u,v)$、$N(u,v)$ 分别是退化图像 $g(x,y)$、原图像 $f(x,y)$、噪声信号 $n(x,y)$ 的傅里叶变换，$H(u,v)$ 是系统的点冲激响应函数 $h(x,y)$ 的傅里叶变换，称为系统在频率域的传递函数。

式（4-7）和式（4-8）就是连续函数的退化模型。由此可见，图像复原实际上就是在已知 $g(x,y)$ 的情况下，从式（4-7）求 $f(x,y)$ 的问题，或者已知 $G(u,v)$ 而由式（4-8）求 $F(u,v)$ 的问题，这两种表述是等价的、进行图像复原的关键问题是寻求降质系统在空间域上的冲激响应函数 $h(x,y)$，或者是寻求降质系统在频率域上的传递函数 $H(u,v)$。一般来说，传递函数比较容易求得。因此，在进行图像复原之前，一般应设法求得完全的或近似的降质系统传递函数，要想得到 $h(x,y)$，只需对 $H(u,v)$ 求傅里叶变换即可。

4.2.3 离散的退化模型

目前都是采用计算机对图像进行复原处理，计算机处理一般为数字信号，为了方便计算机对退化图像进行恢复，必须考虑对式（4-7）中的退化图像 $g(x,y)$、退化系统的点扩展函数 $h(x,y)$、要恢复的输入图像 $f(x,y)$ 进行均匀采样离散化，从而由前面介绍的连续函数模型转化并引申出离散的退化模型。为了研究方便，先考虑一维情况，然后再推广到二维离散图像的退化模型。

1. 一维离散情况退化模型

为使讨论简化，暂不考虑噪声存在。设 $f(x)$ 为具有 A 个采样值的离散输入函数，$h(x)$ 为具有 B 个采样值的退化系统的冲激响应，则经退化系统后的离散输出函数 $g(x)$ 为输入 $f(x)$ 和冲激响应 $h(x)$ 的卷积。即

$$g(x)=f(x)*h(x) \tag{4-9}$$

分别对 $f(x)$ 和 $h(x)$ 用添零延伸的方法扩展成周期 $M=A+B-1$ 的周期函数，即

$$\begin{aligned}f_e(x)&=\begin{cases}f(x), & 0\leqslant x\leqslant A-1\\0, & A\leqslant x\leqslant M-1\end{cases}\\h_e(x)&=\begin{cases}h(x), & 0\leqslant x\leqslant B-1\\0, & B\leqslant x\leqslant M-1\end{cases}\end{aligned} \tag{4-10}$$

此时输出

$$g_e(x)=f_e(x)*h_e(x)=\sum_{m=0}^{M-1}f_e(m)h_e(x-m) \tag{4-11}$$

式中 $x=0,1,2,\cdots,M-1$。

因为 $f_e(x)$ 和 $h_e(x)$ 已扩展成周期函数，故 $g_e(x)$ 也是周期性函数，用矩阵表示为

$$\begin{bmatrix} g_e(0) \\ g_e(1) \\ \vdots \\ g_e(M-1) \end{bmatrix} = \begin{bmatrix} h_e(0) & h_e(-1) & \cdots & h_e(-M+1) \\ h_e(1) & h_e(0) & \cdots & h_e(-M+2) \\ \vdots & \vdots & \ddots & \vdots \\ h_e(M-1) & h_e(M-2) & \cdots & h_e(0) \end{bmatrix} \begin{bmatrix} f_e(0) \\ f_e(1) \\ \vdots \\ f_e(M-1) \end{bmatrix} \tag{4-12}$$

因为 $h_e(x)$ 的周期为 M，所以 $h_e(x)=h_e(x+M)$，即

$$\begin{aligned} h_e(-1) &= h_e(M-1) \\ h_e(-2) &= h_e(M-2) \\ &\vdots \\ h_e(-M+1) &= h_e(1) \end{aligned} \tag{4-13}$$

将式（4-13）代入到式（4-12），因此 $M\times M$ 阶矩阵 H 可写为

$$H=\begin{bmatrix} h_e(0) & h_e(M-1) & h_e(M-2) & \cdots & h_e(1) \\ h_e(1) & h_e(0) & h_e(M-1) & \cdots & h_e(2) \\ \vdots & \vdots & \vdots & \ddots & \vdots \\ h_e(M-1) & h_e(M-2) & h_e(M-3) & \cdots & h_e(0) \end{bmatrix} \tag{4-14}$$

式（4-12）写成如下更简洁的形式

$$g=Hf \tag{4-15}$$

式中，g 和 f 都是 M 维列向量，H 是 $M\times M$ 阶矩阵，矩阵中的每一行元素均相同，只是每行以循环方式右移一位，因此矩阵 H 是循环矩阵。可以证明，循环矩阵相加还是循环矩阵，循环矩阵相乘还是循环矩阵。

2. 二维离散模型

上述讨论的一维退化模型不难推广到二维情况。设输入的数字图像 $f(x,y)$ 大小为 $A\times B$，点扩展函数 $h(x,y)$ 被均匀采样为 $C\times D$ 大小。为避免交迭误差，仍用添零扩展的方法，将它们扩展成 $M=A+C-1$ 和 $N=B+D-1$ 个元素的周期函数。

$$\begin{aligned} f_e(x,y) &= \begin{cases} f(x,y), & 0\leqslant x\leqslant A-1 \text{且} 0\leqslant y\leqslant B-1 \\ 0, & \text{其他} \end{cases} \\ h_e(x,y) &= \begin{cases} h(x,y), & 0\leqslant x\leqslant C-1 \text{且} 0\leqslant y\leqslant D-1 \\ 0, & \text{其他} \end{cases} \end{aligned} \tag{4-16}$$

则输出的降质数字图像为

$$g_e(x,y)=f_e(x,y)*h_e(x,y)=\sum_{m=0}^{M-1}\sum_{n=0}^{N-1} f_e(m,n)h_e(x-m,y-n) \tag{4-17}$$

式中，$x=0,1,2,\cdots,M-1$，$y=0,1,2,\cdots,N-1$。

式（4-17）的二维离散退化模型同样可以用矩阵表示形式，即

$$g=Hf \tag{4-18}$$

式中 g、f 是 $MN\times 1$ 维列向量，H 是 $MN\times MN$ 维矩阵。其方法是将 $g(x,y)$ 和 $f(x,y)$ 中的元素堆积起来排成列向量。

$$\begin{aligned} f_1 = [&f_1(0,0), f_1(0,1),\cdots, f_1(0,N-1), f_1(1,0), f_1(1,1),\cdots, f_1(1,N-1),\cdots, \\ &f_1(M-1,0), f_1(M-1,1),\cdots, f_1(M-1,N-1)^T] \end{aligned} \tag{4-19}$$

$$g_1 = [f_1(0,0), g_1(0,1),\cdots, g_1(0,N-1), g_1(1,0), g_1(1,1),\cdots, g_1(1,N-1),\cdots,$$

$$g_1(M-1,0),g_1(M-1,1),\cdots,g_1(M-1,N-1)^T] \tag{4-20}$$

$$H=\begin{bmatrix} H_0 & H_{M-1} & H_{M-2} & \cdots & H_1 \\ H_1 & H_0 & H_{M-1} & \cdots & H_2 \\ \vdots & \vdots & \vdots & \ddots & \vdots \\ H_{M-1} & H_{M-2} & H_{M-3} & \cdots & H_0 \end{bmatrix} \tag{4-21}$$

H_i 为子矩阵，大小为 $N\times N$，即 H 矩阵由 $M\times M$ 个大小为 $N\times N$ 的子矩阵组成，称为分块循环矩阵，分块矩阵是由延拓函数 $h_e(x,y)$ 的第 j 行构成的，构成方法如下：

$$H_j=\begin{bmatrix} h_e(j,0) & h_e(j,N-1) & h_e(j,N-2) & \cdots & h_e(j,1) \\ h_e(j,1) & h_e(j,0) & h_e(j,N-1) & \cdots & h_e(j,2) \\ \vdots & \vdots & \vdots & \ddots & \vdots \\ h_e(j,N-1) & h_e(j,N-2) & h_e(j,N-3) & \cdots & h_e(j,0) \end{bmatrix} \tag{4-22}$$

如果考虑到噪声的影响，一个更加完整的离散图像退化模型可以写成如下形式：

$$g_e(x,y)=\sum_{m=0}^{M-1}\sum_{n=0}^{N-1} f_e(m,n)h_e(x-m,y-n)+n_e(x,y) \tag{4-23}$$

写成矩阵形式为：

$$g=Hf+n \tag{4-24}$$

其矩阵表示法：

$$g=Hf+n=\begin{bmatrix} H_0 & H_{M-1} & H_{M-2} & \cdots & H_1 \\ H_1 & H_0 & H_{M-1} & \cdots & H_2 \\ \vdots & \vdots & \vdots & \ddots & \vdots \\ H_{M-1} & H_{M-2} & H_{M-3} & \cdots & H_0 \end{bmatrix}\begin{bmatrix} f_e(0) \\ f_e(1) \\ \vdots \\ f_e(MN-1) \end{bmatrix}+\begin{bmatrix} n_e(0) \\ n_e(1) \\ \vdots \\ n_e(MN-1) \end{bmatrix} \tag{4-25}$$

上述离散退化模型都是在线性空间不变的前提下得出的，这种退化模型已为许多恢复方法所采用，并有良好的复原效果。目的是在给定 $g(x,y)$，并且知道退化系统的点扩展函数 $h(x,y)$ 和噪声分布 $n(x,y)$ 的情况下，估计出没退化前的原始图像 $f(x,y)$。但是，对于实际应用，要想从式（4-24）得出 $f(x,y)$，其计算工作是十分困难的。例如，对于一般大小的图像来说，$M=N=512$，此时矩阵 H 的大小为 $MN\times MN=512\times512\times512\times512=262114\times262114$，要直接得出 $f(x,y)$，则需要求解 262114 个联立方程组，其计算量是十分惊人的。为了解决这样的问题，必须利用循环矩阵的性质，来简化运算得到可以实现的方法。

4.2.4 循环矩阵对角化

1. M 阶循环矩阵的对角化

对于式（4-21）所示的 M 阶循环矩阵 H，其本征向量和本征值分别为：

$$w(k)=\left[1 \quad \exp\left(\mathrm{j}\frac{2\pi}{M}k\right) \quad \cdots \quad \exp\left[\mathrm{j}\frac{2\pi}{M}(M-1)k\right]\right]^T \tag{4-26}$$

$$\lambda(k)=h_e(0)+h_e(M-1)\exp\left(\mathrm{j}\frac{2\pi}{M}k\right)+\cdots+h_e(1)\exp\left[\mathrm{j}\frac{2\pi}{M}(M-1)k\right] \tag{4-27}$$

将 H 的 M 个本征向量组成 $M\times M$ 的矩阵 W

$$W=[w(0) \quad w(1) \quad \cdots \quad w(M-1)] \tag{4-28}$$

此处各 w 的正交性保证了 W 的逆矩阵存在，而 W^{-1} 的存在保证了 W 的列，即 H 的本征向量，是线性独立的。于是，可以将 H 写成

$$H = WDW^{-1} \tag{4-29}$$

其中 D 为对角矩阵，其元素是 H 的本征值，即 $D(k,k) = \lambda(k)$。

2. 块循环矩阵的对角化

对于式（4-25）中的块循环矩阵 H，定义一个 $MN \times MN$（包含 $M \times M$ 个 $N \times N$ 块）的矩阵 W，其块元素为

$$W(i,m) = \exp\left(\mathrm{j}\frac{2\pi}{M}im\right)W_N, \quad i,m = 0,1,2,\cdots,M-1 \tag{4-30}$$

其中 W_N 为 $N \times N$ 的矩阵，其元素为

$$W_N(k,n) = \exp\left(\mathrm{j}\frac{2\pi}{M}kn\right), \quad k,n = 0,1,2,\cdots,N-1 \tag{4-31}$$

借助以上对循环矩阵的讨论可类似得到

$$H = WDW^{-1} \tag{4-32}$$

进一步，H 的转置 H^T 可用 D 的复共轭 D^* 表示为

$$H^T = WD^*W^{-1} \tag{4-33}$$

3. 退化模型对角化的效果

首先讨论一维情况，将式（4-32）代入式（4-18），并且两边同时左乘 W^{-1}，得

$$W^{-1}g = DW^{-1}f \tag{4-34}$$

乘积 $W^{-1}f$ 和 $W^{-1}g$ 都是 M 维列向量，其第 k 项分别记为 $F(k)$ 和 $G(k)$，有

$$F(k) = \frac{1}{M}\sum_{i=0}^{M-1} f_e(i)\exp\left(-\mathrm{j}\frac{2\pi}{M}ki\right), \quad k = 0,1,\cdots,M-1 \tag{4-35}$$

$$G(k) = \frac{1}{M}\sum_{i=0}^{M-1} g_e(i)\exp\left(-\mathrm{j}\frac{2\pi}{M}ki\right), \quad k = 0,1,\cdots,M-1 \tag{4-36}$$

它们分别是扩展序列 $f_e(x)$ 和 $g_e(x)$ 的傅里叶变换。

式（4-34）中 D 的主对角线元素是 H 的本征值，由式（4-27）有

$$D(k,k) = \lambda(k) = \sum_{i=0}^{M-1} h_e(i)\exp\left(-\mathrm{j}\frac{2\pi}{M}ki\right) = M \bullet H(k), \quad k = 0,1,\cdots,M-1 \tag{4-37}$$

其中 $H(k)$ 是扩展序列 $h_e(x)$ 的傅里叶变换。

综合式（4-35）~式（4-37），得

$$G(k) = M \bullet H(k)F(k), \quad k = 0,1,\cdots,M-1 \tag{4-38}$$

上式右边是 $f_e(x)$ 和 $h_e(x)$ 在频域的卷积，可用 FFT 计算之。

现在考虑二维情况。将式（4-29）代入式（4-25），并且两边同时左乘 W^{-1}，得

$$W^{-1}g = DW^{-1}f + W^{-1}n \tag{4-39}$$

式中乘积 $W^{-1}g$、$W^{-1}f$ 和 $W^{-1}n$ 都是 MN 维列向量，其元素可记为 $G(u,v)$、$F(u,v)$ 和 $N(u,v)$，$u = 0,1,\cdots,M-1$，$v = 0,1,\cdots,N-1$，即

$$G(u,v) = \frac{1}{MN}\sum_{x=0}^{M-1}\sum_{y=0}^{N-1} g_e(x,y)\exp\left(-\mathrm{j}2\pi\left(\frac{ux}{M}+\frac{vy}{N}\right)\right) \tag{4-40}$$

$$F(u,v) = \frac{1}{MN}\sum_{x=0}^{M-1}\sum_{y=0}^{N-1} f_e(x,y)\exp\left(-\mathrm{j}2\pi\left(\frac{ux}{M}+\frac{vy}{N}\right)\right) \tag{4-41}$$

$$N(u,v) = \frac{1}{MN}\sum_{x=0}^{M-1}\sum_{y=0}^{N-1} N_e(x,y)\exp\left(-\mathrm{j}2\pi\left(\frac{ux}{M}+\frac{vy}{N}\right)\right) \tag{4-42}$$

它们分别是扩展序列 $f_e(x,y)$ 、$g_e(x,y)$ 和 $n_e(x,y)$ 的二维傅里叶变换。而式（4-39）中对角矩阵 D 的 MN 个对象元素 $D(k,i)$ 与 $h_e(x,y)$ 的二维傅里叶变换 $H(u,v)$ 相关，即

$$H(u,v)=\frac{1}{MN}\sum_{x=0}^{M-1}\sum_{y=0}^{N-1}h_e(x,y)\exp\left(-\mathrm{j}2\pi\left(\frac{ux}{M}+\frac{vy}{N}\right)\right) \tag{4-43}$$

$$D(k,i)=\begin{cases}MN\bullet H\left(\left[\dfrac{k}{N}\right],k\bmod N\right), & i=k\\ 0, & i\neq k\end{cases} \tag{4-44}$$

其中 $[k/N]$ 表示不超过 k/N 的最大的整数，$k\bmod N$ 代表用 N 除 k 得到的余数。

综合式（4-40）~式（4-44），并将 MN 代入 $H(u,v)$，得到

$$G(u,v)=H(u,v)F(u,v)+N(u,v)\ ,\quad u=0,1,\cdots,M-1, v=0,1,\cdots,N-1 \tag{4-45}$$

上式表明，要解式（4-25）所代表的退化模型的大系统方程，我们只需计算很少几个 $M\times N$ 的傅里叶变换就可以了。

4.2.5 模型估计法

退化模型可解决图像复原问题，因此多年来一直在应用。在某些情况下，模型要把引起退化的环境因素考虑在内。例如，退化模型

$$H(u,v)=e^{-k(u^2+v^2)^{5/6}} \tag{4-46}$$

就是基于大气湍流的物理特性而提出来的。其中 k 是常数，它与湍流的特性有关。

模型化的另一个主要方法是从基本原理开始推导一个数学模型。例如，匀速直线运算造成的模糊就可以运用数学推导出其退化函数。假设对平面匀速运动的物体采集一幅图像 $f(x,y)$，并设 $x_0(t)$ 和 $y_0(t)$ 分别是景物在 x 和 y 方向的运动分量，T 是采集时间长度，忽略其他因素，实际采集到的由于运动造成的模糊图像 $g(x,y)$ 为：

$$g(x,y)=\int_0^T f[x-x_0(t),y-y_0(t)]\mathrm{d}t \tag{4-47}$$

其傅里叶变换为：

$$\begin{aligned}G(u,v)&=\int_{-\infty}^{+\infty}\int_{-\infty}^{+\infty}g(x,y)e^{-\mathrm{j}2\pi(ux+vy)}\mathrm{d}x\mathrm{d}y\\&=\int_{-\infty}^{+\infty}\int_{-\infty}^{+\infty}\left[\int_0^T f[x-x_0(t),y-y_0(t)]\mathrm{d}t\right]e^{-\mathrm{j}2\pi(ux+vy)}\mathrm{d}x\mathrm{d}y\end{aligned} \tag{4-48}$$

改变积分顺序，有

$$G(u,v)=\int_0^T\left[\left[\int_{-\infty}^{+\infty}\int_{-\infty}^{+\infty}f[x-x_0(t),y-y_0(t)]\right]e^{-\mathrm{j}2\pi(ux+vy)}\mathrm{d}x\mathrm{d}y\right]\mathrm{d}t \tag{4-49}$$

再利用傅里叶变换的位移性，有

$$G(u,v)=\int_0^T F(u,v)e^{-\mathrm{j}2\pi[ux_0(t)+vy_0(t)]}\mathrm{d}t=F(u,v)\int_0^T e^{-\mathrm{j}2\pi[ux_0(t)+vy_0(t)]}\mathrm{d}t \tag{4-50}$$

令

$$H(u,v)=\int_0^T e^{-\mathrm{j}2\pi[ux_0(t)+vy_0(t)]}\mathrm{dt} \tag{4-51}$$

则式（4-50）可写成我们熟悉的形式

$$G(u,v)=H(u,v)F(u,v) \tag{4-52}$$

如果给定运动量 $x_0(t)$ 和 $y_0(t)$，退化传递函数可直接由式（4-51）得到。

假设当前图像只在 x 方向做匀速直线运动，即

$$\begin{cases} x_0(t) = at/T \\ y_0(t) = 0 \end{cases} \tag{4-53}$$

由上式可见，当 $t = T$ 时，$f(x,y)$ 在水平方向的移动距离为 a。将式（4-53）代入式（4-51），得

$$H(u,v) = \int_0^T e^{-j2\pi u x_0(t)} dt = \int_0^T e^{-j2\pi uat/T} dt = \frac{T}{\pi ua} \sin(\pi ua) e^{-j\pi ua} \tag{4-54}$$

上式表明，当 n 为整数时，H 在 $u = n/a$ 处为零。若允许 y 分量也变化，且按 $y_0(t) = bt/T$ 运动，则退化传递函数为

$$H(u,v) = \frac{T}{\pi(ua + vb)} \sin[\pi(ua + vb)] e^{-j\pi(ua+vb)} \tag{4-55}$$

【例 4-1】图像运动造成的图像模糊实例。

```
>>clear all;
I=imread('fenj.jpg');  %读入清晰图像
subplot(121);
imshow(I);  %显示原始图像
len=30;  %设置运动位移为 30 个像素
theta=45;  %设置运动角度为 45 度
psf=fspecial('motion',len,theta);  %建立二维仿真线性运动滤波器 psf
I1=imfilter(I,psf,'circular','conv');  %用 psf 产生退化图像
subplot(122);
imshow(I1);  %显示运动后的图像
```

运行程序，效果如图 4-2 所示。

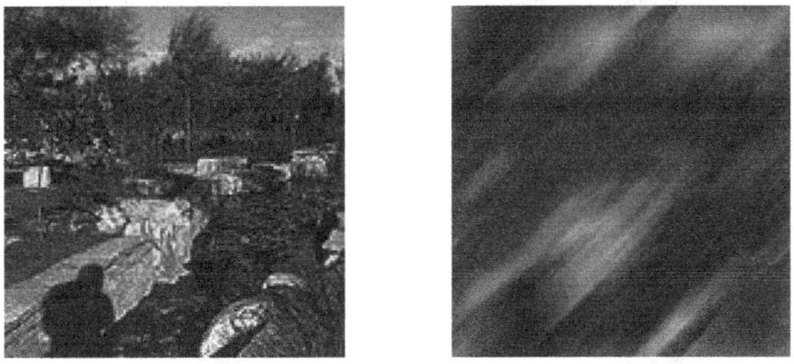

(a) 原始图像　　(b) 运动造成的图像模糊

图 4-2　运动模糊示例

在以上程序中，使用到 MATLAB 内置的两个函数，分别为 fspecial 函数及 imfilter 函数。

（1）fspecial 函数

在 MATLAB 中，提供了 fspecial 函数用于实现创建滤波算子。函数的调用格式为：

- h = fspecial(type)：参数 type 为设置滤波算子各类的参数，包括 average（均值滤波）、gaussian（高斯滤波）、laplacian（拉普拉斯滤波）、log（拉普拉斯高斯滤波）等 7 种常用的滤波算子的构建。
- h = fspecial(type, parameters)：指定构建的滤波算子，并设置相应的滤波算子的参数 parameters。

（2）imfilter 函数

在 MATLAB 中，提供了 imfilter 函数用于实现图像线性滤波。函数的调用格式为：

B = imfilter(A,h)：输入参数 A 为待滤波图像的数据矩阵，h 为线性滤波算子，返回滤波后的

图像 B。

【**例 4-2**】对图像添加不同滤波器进行邻域平均法处理。

```
>> clear all;
I = imread('cameraman.tif');
subplot(2,2,1); imshow(I);
title ('原始图像');
H = fspecial('motion',20,45);
MotionBlur = imfilter(I,H,'replicate');
subplot(2,2,2);imshow(MotionBlur);
title ('运动滤波器');
H = fspecial('disk',10);
blurred = imfilter(I,H,'replicate');
subplot(2,2,3); imshow(blurred);
title ('圆形均值滤波器');
H = fspecial('unsharp');
sharpened = imfilter(I,H,'replicate');
subplot(2,2,4); imshow(sharpened);
title('掩模滤波器');
```

运行程序，效果如图 4-3 所示。

图 4-3　图像线性滤波

4.3　图像噪声

数字图像的噪声主要来源于图像的获取和传输过程。图像传感器的工作情况受各种因素的影响，如图像获取中的环境条件和传感元器件自身的质量。例如，当使用 CCD 摄像机获取图像时，光照强度和传感器的温度是生成图像中产生大量噪声的主要因素。图像在传输过程中主要由于所用传输信道被干扰而受到噪声污染。例如，通过无线网络传输的图像可能会因为光或其他大气的干扰被污染。本节主要介绍一些重要噪声。

4.3.1　噪声概率密度

通常会关心图像噪声分量灰度的统计特性，它们可以被认为是由概率密度函数（PDF）表示的随机变量，下面是图像处理应用中最常见的几种概率密度函数。

1. 高斯噪声

由于高斯噪声在空间和频域中数学上的易处理性，这种噪声（也称为正态噪声）模型经常被用于实践中。高斯噪声的易处理性，使高斯模型经常用于临界情况下。

高斯随机变量 z 的 PDF 由下式给出

$$p(z)=\frac{1}{\sqrt{2\pi\sigma}}e^{-(z-\mu)^2/2\sigma^2} \tag{4-56}$$

其中，z 表示灰度值，μ 表示 z 的平均值或期望值，σ 表示 z 的标准差。标准差的平方 σ^2，称为 z 的方差。高斯函数的曲线如图 4-4（a）所示。当 z 服从式（4-56）的分布时，其值有 70% 落在 $[(\mu-\sigma),(\mu+\sigma)]$ 范围内，且有 95%落在 $[(\mu-2\sigma),(\mu+2\sigma)]$ 范围内。

2. 瑞利噪声

瑞利噪声的概率密度函数由式（4-60）给出：

$$p(z)=\begin{cases}\frac{2}{b}(z-a)e^{-(z-a)^{2/b}}, & z\geqslant a\\ 0, & z<a\end{cases} \tag{4-57}$$

概率密度的均值和方差由下式给出：

$$\mu=a+\sqrt{\pi b/4} \tag{4-58}$$

和

$$\sigma^2=\frac{b(4-\pi)}{4} \tag{4-59}$$

图 4-4（b）显示了瑞利密度曲线。注意，距原点的位移和其密度图形的基本形状向右变形有着密切的联系。瑞利密度对于近似偏移的直方图十分适用。

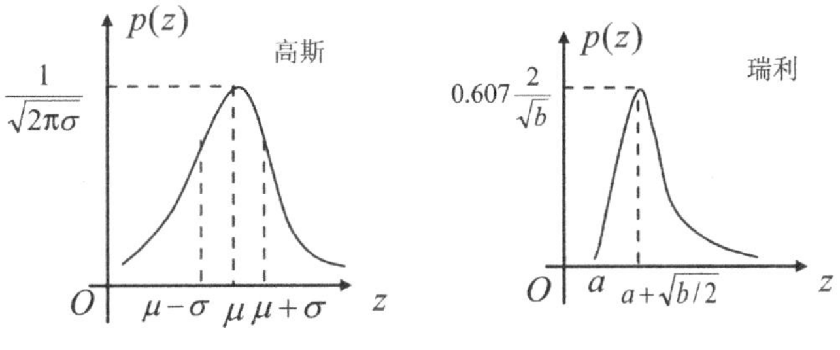

(a) 高斯密度曲线　(b)瑞利密度曲线

图 4-4　高斯与瑞利密度曲线

3. 伽玛（爱尔兰）噪声

伽玛噪声的 PDF 由式（4-63）给出。

$$p(z)=\begin{cases}\frac{a^b z^{b-1}}{(b-1)!}e^{-az}, & z\geqslant 0\\ 0, & z<0\end{cases} \tag{4-60}$$

其中 $a>0$，b 为正整数，“!”表示阶乘。其密度的均值和方差由下式给出。

$$\mu = \frac{b}{a} \tag{4-61}$$

和

$$\sigma^2 = \frac{b}{a^2} \tag{4-62}$$

图 4-5（a）显示了伽玛密度的曲线。尽管式（4-63）经常被用来表示伽玛密度，严格地说，只有当分母为伽玛函数$\Gamma(a)$时才是正确的。当分母如表达式所示时，该密度近似称为爱尔兰密度。

4. 指数分布噪声

指数噪声的 PDF 可由下式给出。

$$p(z) = \begin{cases} ae^{-az}, & z \geqslant 0 \\ 0, & z < 0 \end{cases} \tag{4-63}$$

其中$a > 0$。概率密度函数的期望和方差是：

$$\mu = \frac{1}{a} \tag{4-64}$$

和

$$\sigma^2 = \frac{1}{a^2} \tag{4-65}$$

注意

指数分布的概率密度函数是爱尔兰概率分布的特殊情况，此时，$b = 1$。图 4-5（b）显示了该密度函数的曲线。

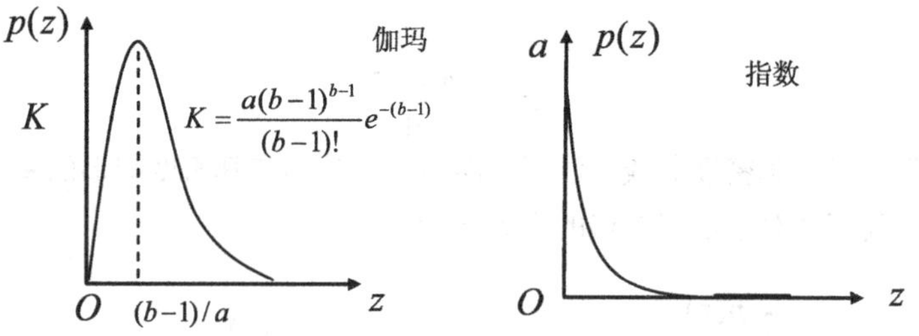

(a) 伽码密度曲线　　(b) 指数密度曲线

图 4-5　伽玛和指数密度曲线

5. 均匀分布噪声

均匀分布噪声的概率密度，可由下式给出。

$$p(z) = \begin{cases} \dfrac{1}{b-a}, & a \leqslant z \leqslant b \\ 0, & \text{其他} \end{cases} \tag{4-66}$$

概率密度函数的期望值和方差可由下式给出。

$$\mu = \frac{a+b}{2} \tag{4-67}$$

和

$$\sigma^2 = \frac{(b-a)^2}{12} \tag{4-68}$$

图 4-6（a）显示了均匀密度的曲线。

6. 脉冲噪声（椒盐噪声）

（双极）脉冲噪声的 PDF 可由下式给出。

$$p(z)=\begin{cases}P_a, & z=a\\ P_b, & z=b\\ 0, & \text{其他}\end{cases} \tag{4-69}$$

如果 $b>a$，灰度值 b 在图像中将显示为一个亮点，相反，a 的值将显示为一个暗点。若 P_a 或 P_b 为零，则脉冲噪声称为单极脉冲。如果 P_a 和 P_b 均不为零，尤其是它们近似相等时，脉冲噪声值将类似于随机分布在图像上的胡椒和盐粉微粒。由于这个原因，双极脉冲噪声也称为椒盐噪声。同时，它们有时也称为散粒和尖峰噪声。

噪声脉冲可以是正的，也可以是负的。因为脉冲干扰通常比图像信号的强度大，因此，在一幅图像中，脉冲噪声总是数字化为最大值（纯黑或纯白）。这样，通常假设 a、b 是饱和值，负脉冲以一个黑点（胡椒点）出现在图像中。由于相同的原因，正脉冲以白点（盐点）出现在图像中。对于一个 8 位图像，这意味着 $a=0$（黑），$b=255$（白）。图 4-6（b）显示了脉冲噪声的概率密度曲线。

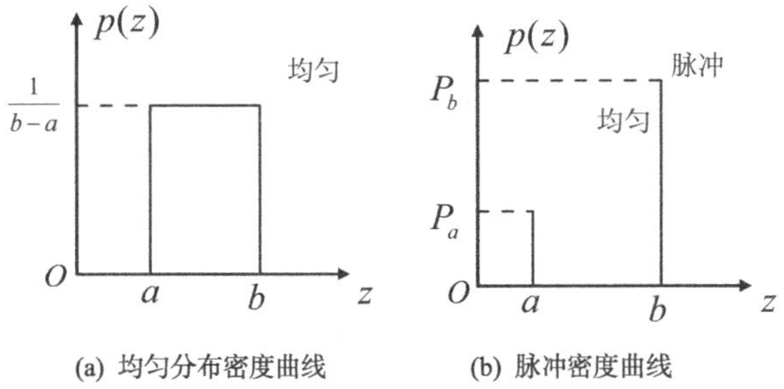

图 4-6　均匀分布及脉冲密度曲线

4.3.2　函数添加噪声

MATLAB 工具箱提供了函数 imnoise 来使用噪声污染一幅图像。该函数的调用格式可参考第 2 章。下面通过一个实例来演示该函数的用法。

【例 4-3】利用 imnoise 函数为图像添加噪声，对比图像添加噪声前后效果。

```
>>clear all;
f=imread('horse.jpg');    %读取当前目录下的图像
I=imnoise(f,'salt & pepper',0.02);
subplot(121);imshow(f);
subplot(122);imshow(I);
```

运行程序，效果如图 4-7 所示。

(a) 原始图像　　(b) 加噪声后的图像

图 4-7　添加噪声前后图像比较

除此之外，在此自定义编写一个 imnoise2 函数，用于实现为几种随机噪声绘制直方图。该函数产生一个大小为 L×H 的噪声数组 M，为了使这个数组有用，需要对它进一步的处理。例如，如果要用这个数组来污染一幅图像，可以使用函数 find 寻找 M 中所有值为 0 的坐标，并把图像中相应的坐标置为可能的最小灰度值。imnoise2 函数的源代码参考本书附赠的源代码。

【例 4-4】利用 imnoise2 函数显示上面介绍的几种噪声的随机直方图。

```
>>clear all;
r=imnoise2('gaussian',100000,1,0,1);  %产生参数是 x=0,y=1 的高斯噪声序列
subplot(3,2,1);
hist(r,50);
title('高斯噪声直方图');
r=imnoise2('rayleigh',100000,1,0,1);  %产生参数是 x=0,y=1 的瑞利噪声序列
subplot(3,2,2);
hist(r,50);
title('瑞利噪声直方图');
r=imnoise2('lognormal',100000,1,1,0.25);  %产生参数是 x=0,y=1 的对数噪声序列
subplot(3,2,3);
hist(r,50);
title('对数噪声直方图');
r=imnoise2('exponential',100000,1,1);  %产生参数是 x=0,y=1 的指数序列
subplot(3,2,4);
hist(r,50);
title('指数噪声直方图');
r=imnoise2('uniform',100000,1,0,1);  %产生参数是 x=0,y=1 的均匀序列
subplot(3,2,5);
hist(r,50);
title('均匀噪声直方图');
r=imnoise2('salt & pepper',100000,1,0.05,0.05);  %产生参数是 x=0.05,y=0.05 的椒盐噪声序列
subplot(3,2,6);
hist(r,50);
title('椒盐噪声直方图');
```

运行程序，效果如图 4-8 所示。

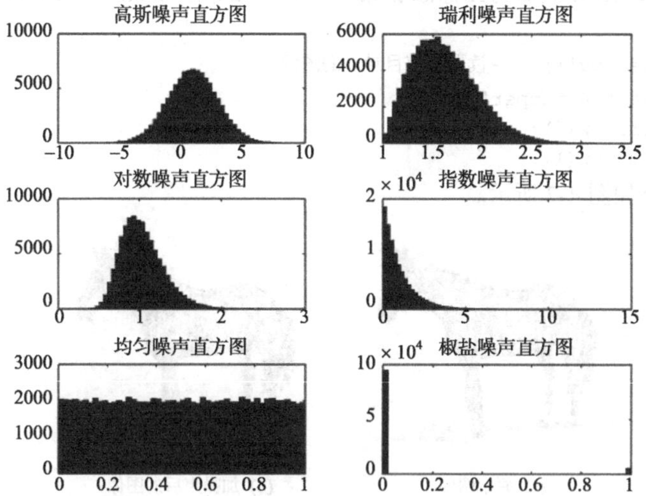

图 4-8　随机数的直方图

4.4　空域滤波复原

当在一幅图像中唯一存在的退化是噪声时，式（4-7）和式（4-8）变成：

$$g(x,y)=f(x,y)+n(x,y)$$

和

$$G(u,v)=F(u,v)+N(u,v)$$

噪声项是未知的，因此不能从 $g(x,y)$ 或 $G(u,v)$ 中减去它们。如果在周期噪声的情况下，通常从 $G(u,v)$ 的谱来估计 $N(u,v)$ 是可能的。

在只有加性噪声存在的前提下，选择空间滤波方法即可解决。空间滤波复原法主要包括均值滤波复原、顺序统计滤波复原和自适应滤波复原。

4.4.1　均值滤波

均值滤波器包括算术均值滤波器、几何均值滤波器、谐波均值滤波器和逆谐波均值滤波器。令 S_{xy} 表示中心点 (x,y)，尺寸 m×n 的矩形图像窗口，下面列出各种滤波器的 I/O 表达式。

算术均值滤波器表达式：

$$\hat{f}(x,y)=\frac{1}{nm}\sum_{(s,t)\in S_{xy}}g(s,t)$$

几何均值滤波器表达式：

$$\hat{f}(x,y)=\left[\prod_{(s,t)\in S_{xy}}g(s,t)\right]^{\frac{1}{nm}}$$

谐波均值滤波器表达式：

$$\hat{f}(x,y)=\frac{nm}{\sum\limits_{(s,t)\in S_{xy}}\frac{1}{g(s,t)}}$$

逆谐波均值滤波器表达式：

$$\hat{f}(x,y)=\frac{\sum\limits_{(s,t)\in S_{xy}}g(s,t)^{Q+1}}{\sum\limits_{(s,t)\in S_{xy}}g(s,t)^{Q}}$$

算术均值滤波器简单地平滑了一幅图像的局部变化，在模糊了结果的同时减少了噪声。几何均值滤波器所达到的平滑度可以与算术均值滤波器相比，但在滤波过程中会丢失更少的图像细节。谐波均值滤波器善于处理类似高斯噪声那样的噪声，它对于正脉冲（盐点）噪声效果较好，但不适于负脉冲（胡椒点）噪声。逆谐波均值滤波器适合减少或消除脉冲噪声。当 Q 值为正时，适用于消除胡椒噪声；当 Q 为负时，适用于消除盐点噪声。Q=0 时，逆谐波滤波器蜕变为算术均值滤波器；Q=–1 时，逆谐波滤波器蜕变为谐波均值滤波器。

【例 4-5】对图像进行算术均值和几何均值滤波。

```
>> clear all;
I=imread('cameraman.tif');
```

```
I1=im2double(I);           %将图像转换为双精度型
I2=imnoise(I1,'gaussian',0.05);   %添加高斯白噪声
PSF=fspecial('average',3);   %产生 PSF
J=imfilter(I2,PSF);              %算术均值滤波
K=exp(imfilter(log(I2),PSF));  %几何均值滤波
figure;
subplot(221);imshow(I);
title('(a)原始图像');
subplot(222);imshow(I2);
title('(b)含有高斯噪声的图像');
subplot(223);imshow(J);
title('(c)算术均值滤波后图像');
subplot(224);imshow(K);
title('(d)几何均值滤波后图像');
```

运行程序，效果如图 4-9 所示。

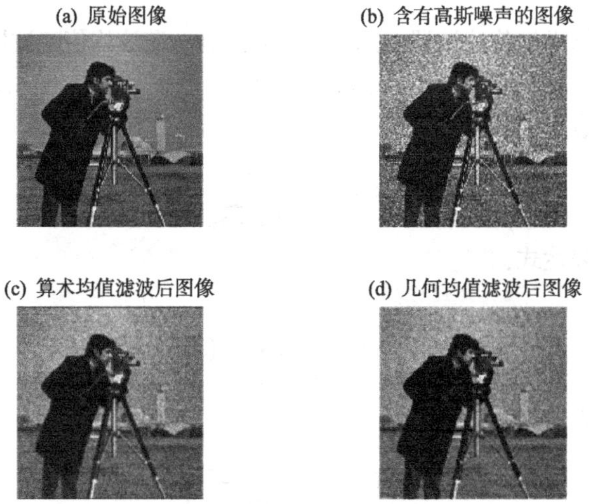

图 4-9　采用算术均值与几何均值滤波

图 4-9（b）所示为受到高斯噪声污染的灰度图像，图 4-9（c）所示为采用 3×3 的算术均值进行滤波后得到的图像，图 4-9（d）所示为采用 3×3 的几何均值进行滤波后得到的图像。

【例 4-6】采用逆谐波均值滤波器对图像进行滤波。

```
>> clear all;
I=imread('cameraman.tif');
I1=im2double(I);           %将图像转换为双精度型
I2=imnoise(I1,'salt & pepper',0.015);   %添加椒盐噪声
PSF=fspecial('average',3);   %产生 PSF
Q1=1.45;
Q2=-1.45;
J1=imfilter(I2.^(Q1+1),PSF);
J2=imfilter(I2.^Q1,PSF);
J=J1./J2;                        %逆谐滤波，Q 为正
K1=imfilter(I2.^(Q2+1),PSF);
K2=imfilter(I2.^Q2,PSF);
K=K1./K2;                       %逆谐滤波，Q 为负
```

```
figure;
subplot(221);imshow(I);title('(a)原始图像');
subplot(222);imshow(I2);title('(b)含有椒盐噪声的图像');
subplot(223);imshow(J);title('(c)Q 为正的逆谐滤波');
subplot(224);imshow(K);title('(d)Q 为负的逆谐滤波');
```

运行程序，效果如图 4-10 所示。

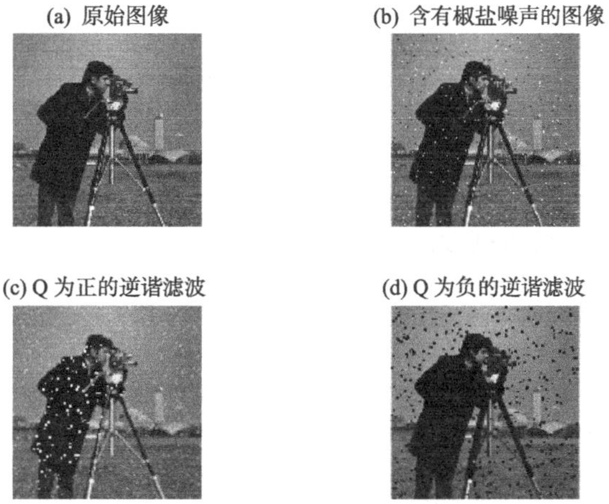

图 4-10　采用逆谐波均值滤波器效果

4.4.2　顺序统计滤波

顺序统计滤波器的输出基于由滤波器包围的图像区域中像素点的排序，滤波器在任何点的输出由排序结果决定。下面列出几种常用的顺序滤波器的 I/O 表达式。

中值滤波器表达式：

$$\hat{f}(x,y)=\underset{(s,t)\in S_{xy}}{median}\{g(s,t)\}$$

最大值滤波器表达式：

$$\hat{f}(x,y)=\max_{(s,t)\in S_{xy}}\{g(s,t)\}$$

最小值滤波器表达式：

$$\hat{f}(x,y)=\min_{(s,t)\in S_{xy}}\{g(s,t)\}$$

中点滤波器表达式：

$$\hat{f}(x,y)=\frac{1}{2}\left[\max_{(s,t)\in S_{xy}}\{g(s,t)\}+\min_{(s,t)\in S_{xy}}\{g(s,t)\}\right]$$

其中最著名的顺序统计滤波器是中值滤波器，它对很多随机噪声都有良好的消噪能力，且在相同尺寸下比线性平滑滤波器引起的模糊更小。最大值滤波器在发现图像中的最亮点时非常有用，同时特别适用于消除胡椒噪声。而最小值滤波器在发现图像中的最暗点时非常有用，同时特别适用于消除盐噪声。中点滤波器将顺序统计和求均值相结合，对于高斯白噪声和均匀随机噪声最为有效。

在 MATLAB 中，提供了 medfilter2 函数用于进行图像二维中值滤波。函数的调用格式为：

B = medfilt2(A, [m n])：A 为待滤波的图像的数据矩阵，B 为滤波后的数据矩阵，参数[m n]

为中值滤波的邻域块的大小，默认为 3×3。

B = medfilt2(A)：使用默认的邻域块对图像 A 进行中值滤波。

B = medfilt2(A, 'indexed', ...)：参数'indexed'表明操作对象为索引图像。

【例 4-7】采用二维默认（3×3）的中值滤波对图像进行复原。

```
>> clear all;
I=imread('lean.png');
subplot(2,3,1);imshow(I);
xlabel('(a)原始图像');
J=imnoise(I,'salt & pepper',0.025);    %添加椒盐噪声
subplot(2,3,2);imshow(J);
xlabel('(b)含椒盐噪声图像');
%用 3×3 的滤波窗口对含椒盐噪声图像进行中值滤波处理
%如果用[m,n]的滤波窗口做中值滤波，语法为 K=medfilt2(J,[m,n]);
K=medfilt2(J);
subplot(2,3,4);imshow(K,[]);
xlabel('(d)对椒盐噪声图像进行中值滤波消噪处理')
J2=imnoise(I,'gaussian',0.025);    %添加高斯白噪声
subplot(2,3,3);imshow(J2);
xlabel('(c)含高斯白噪声图像');
%用 3×3 的滤波窗口对含高斯白噪声图像进行中值滤波处理
K2=medfilt2(J2);
subplot(2,3,6);imshow(K2,[]);
xlabel('(e)对高斯白噪声图像进行中值滤波消噪处理')
```

运行程序，效果如图 4-11 所示。

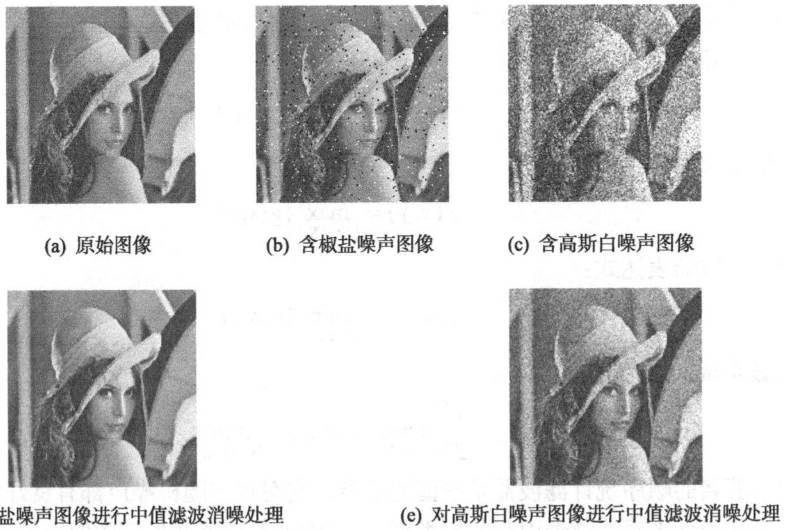

(a) 原始图像　(b) 含椒盐噪声图像　(c) 含高斯白噪声图像

(d) 对椒盐噪声图像进行中值滤波消噪处理　(e) 对高斯白噪声图像进行中值滤波消噪处理

图 4-11　默认（3×3）的滤波器窗口中值滤波效果

在 MATLAB 中，可以通过 ordfilt2 函数进行二维排序滤波。函数 medfilt2 在进行滤波时，选取的是排序后的中值。函数 ordfilt2 在进行滤波时，可以选择排序后的任意一个值作为输出。ordfilt2 函数的调用格式为：

B = ordfilt2(A, order, domain)：对图像 X 做顺序统计滤波，order 为滤波器输出的顺序值，domain 为滤波窗口。

B = ordfilt2(A, order, domain, S)：S 是与 domain 大小相同的矩阵，它是对应 domain 中非零值位置的输出偏置，这在图形形态学中是很有用的。例如：

- Y=ordfilt2(X,5,ones(3,3))，相当于 3×3 的中值滤波
- Y=ordfilt2(X,1,ones(3,3))，相当于 3×3 的最小值滤波
- Y=ordfilt2(X,9,ones(3,3))，相当于 3×3 的最大值滤波
- Y=ordfilt2(X,1,[0 1 0;1 0 1;0 1 0])，输出的是每个像素的东、西、南、北 4 个方向相邻像素灰度的最小值。

【例 4-8】利用各种顺序统计滤波器对带噪图像实现复原处理。

```
>> clear all;
I=imread('lean.png');
subplot(2,3,1);imshow(I);
xlabel('(a)原始图像');
g=imnoise(I,'salt & pepper',0.25);
subplot(2,3,2);imshow(g);
xlabel('(b)带椒盐噪声图像');
g1=double(g)/255;
j1=medfilt2(g1,'symmetric');
subplot(2,3,3);imshow(j1);
xlabel('(c)中值滤波复原');
j2=ordfilt2(g1,median(1:3*3),ones(3,3),'symmetric');
subplot(2,3,4);imshow(j2);
xlabel('(d)中点滤波复原');
j3=ordfilt2(g1,1,ones(3,3));
subplot(2,3,5);imshow(j1);
xlabel('(e)最小值滤波复原');
j4=ordfilt2(g1,9,ones(3,3));
subplot(2,3,6);imshow(j4);
xlabel('(f)最大值滤波复原');
```

运行程序，效果如图 4-12 所示。

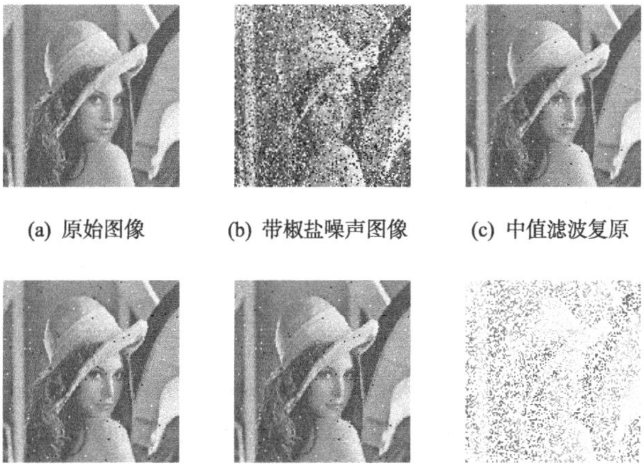

(a) 原始图像　(b) 带椒盐噪声图像　(c) 中值滤波复原

(d) 中点滤波复原　(e) 最小值滤波复原　(f) 最大值滤波复原

图 4-12　顺序统计滤波器复原图像效果

4.4.3 自适应滤波

上述均值滤波器和顺序统计滤波器并没有考虑图像中各像素特征的差异，因而滤除噪声的能力有限。基于 $m\times n$ 矩形图像窗口 S_{xy} 区域内图像的统计特性提出来的自适应滤波器优于迄今为止讨论的所有滤波器的性能。这种滤波器在提高滤波能力的同时也带来滤波器的复杂度。下面介绍一种自适应、局部噪声消除滤波器。

随机变量最简单的统计度量是均值和方差。均值给出了计算均值的区域中灰度平均值的度量，而方差给出了这个区域的平均对比度的度量。滤波器作用于局部域 S_{xy}，它在中心点（x,y）上的响应基于 4 个量。

（1）$g(x,y)$：噪声图像在点 (x,y) 上的值 $g(x,y)$。

（2）δ_n^2：干扰 $f(x,y)$ 以形成 $g(x,y)$ 的噪声方差。

（3）m_L：区域 S_{xy} 上像素的局部均值。

（4）δ_L^2：区域 S_{xy} 上像素点的局部方差。

滤波器的预期性能如下：

（1）如果 $\delta_n^2=0$，滤波器应简单地返回 $g(x,y)$ 的值，即在零噪声下，$g(x,y)$ 等同于 $f(x,y)$。

（2）如果局部方差 δ_L^2 与 δ_n^2 是高相关的，那么滤波器要返回一个 $g(x,y)$ 的近似值。一个典型的高局部方差是边缘相关的，并且这些边缘应该保留。

（3）如果两个方差相等，希望滤波器返回区域 S_{xy} 上像素的算术均值。这种情况发生在局部区域与整幅图像有相同特性的条件下，并且局部噪声简单地用求平均来降低。

基于上述假定的滤波器的自适应输出为：

$$\hat{f}(x,y)=g(x,y)-\frac{\delta_n^2}{\delta_L^2}[g(x,y)-m_L] \tag{4-70}$$

上式中唯一需要知道或估计的量是噪声的方差 δ_n^2，而其他参数可以从 S_{xy} 中各个坐标（x,y）处的像素值计算出来。在式（4-70）中假定 $\delta_n^2\leqslant\delta_L^2$，模型中的噪声是加性和位置无关的。因为 S_{xy} 是整幅图像的子集，因而是一个合理的假设。然而，很少有确切的 δ_n^2 的知识，因此，在实际中很可能违反这个条件。由于这个原因，应该对式（4-70）的实现构建一个测试，以便当条件 $\delta_n^2>\delta_L^2$ 发生时，将比率设置为 1，有：

$$\hat{f}(x,y)=\begin{cases}g(x,y)-\dfrac{\delta_n^2}{\delta_L^2}[g(x,y)-m_L], & \delta_n^2\leqslant\delta_L^2\\ m_L, & \delta_n^2>\delta_L^2\end{cases}$$

这使得该滤波器成为非线性的。然而，它可以防止由于缺乏图像噪声方差的知识而产生无意义的结果。另一种方法是允许产生负值，并在最后重新标定灰度值。这个结果将损失图像的动态范围。

在 MATLAB 中，函数 wiener2 可以根据图像中的噪声进行自适应维纳滤波，还可以对噪声进行估计。该函数根据图像的局部方差来调整滤波器的输出。函数的调用格式为：

J = wiener2(I,[m n],noise)：该函数对图像 I 进行自适应维纳滤波，采用的窗口大小为 m×n，如果不指定窗口大小，默认值为 3×3。输入参数 noise 为噪声的参量，返回值 J 滤波后得到的图像。

[J,noise] = wiener2(I,[m n])：对图像中的噪声进行估计，返回值 noise 为噪声的能量。

【例 4-9】对图像进行自适应滤波器复原。

```
>> clear all;
RGB=imread('saturn.png');    %读入图像
```

```
I=rgb2gray(RGB);              %RGB 转换为灰度图像
I=imcrop(I,[100,100,1024,1024]); %图像剪切
J=imnoise(I,'gaussian',0,0.025); %添加噪声
[K,noise]=wiener2(J,[5,5]);      %自适应滤波
figure;
subplot(131);imshow(RGB);
title('(a) 原始图像');
subplot(132);imshow(J);
title('(b) 含有高斯噪声的图像');
subplot(133);imshow(K);
title('(c)采用自适应滤波得到的图像');
```

运行程序，效果如图 4-13 所示。

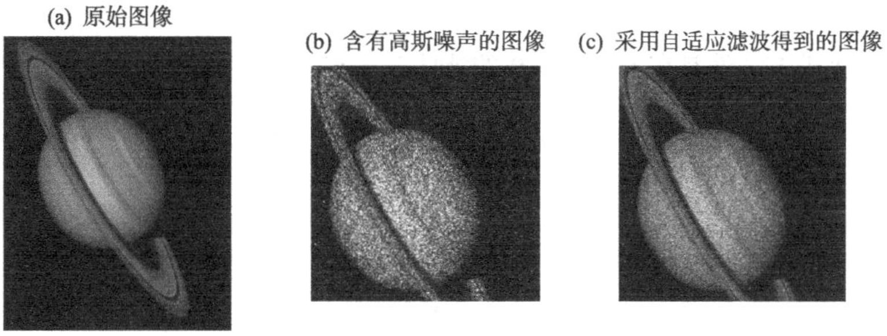

图 4-13　采用自适应滤波对图像进行复原

4.5　图像复原法

由于引起图像退化的因素众多，且性质各不相同，目前没有统一的复原方法，众多研究人员根据不同的应用物理环境，采用了不同的退化模型、处理技巧和估计准则，从而得到了不同的复原方法。

4.5.1　逆滤波法

在图像复原中，逆滤波器复原包括无约束复原、有约束复原，以及运动模糊图像复原等。

1. 无约束复原

由式（4-8）可知，$n = g - Hf$，在对 n 没有先验知识的情况下，需要寻找一个 f 的估计值 $\hat{f}$，使得 $H\hat{f}$ 在最小均方误差条件下最接近 g，使 n 的范数最小。

$$\|n\| = n^T n = \left\|g - H\hat{f}\right\|^2 = (g - H\hat{f})^T (g - H\hat{f}) \tag{4-71}$$

图像复原问题就转变成求 $L(\hat{f}) = \left\|g - H\hat{f}\right\|$ 的极小值问题。为此，只需要求其对 $\hat{f}$ 的微分就可以得到复原公式，这种复原称为无约束复原，得到

$$\hat{f} = H^{-1} g \tag{4-72}$$

对其进行离散傅里叶变换，得 $\hat{F}(u,v) = \dfrac{G(u,v)}{H(u,v)}$，则复原后的图像为

$$\hat{f}(x,y)=IDFT(\hat{F}(u,v))=IFFT(\frac{G(u,v)}{H(u,v)}) \quad (4\text{-}73)$$

将 $G(u,v)=H(u,v)F(u,v)+N(u,v)$ 代入 $\hat{F}(u,v)=\dfrac{G(u,v)}{H(u,v)}$ 得

$$\hat{F}(u,v)=F(u,v)+\frac{N(u,v)}{H(u,v)} \quad (4\text{-}74)$$

上式包含了所求的 $F(u,v)$，但同时又增加了由噪声带来的项 $\dfrac{N(u,v)}{H(u,v)}$，而在许多实际应用中，$H(u,v)$ 离开原点后衰减很快，在 $H(u,v)$ 较小或者接近于 0 时对噪声具有放大作用，属于病态性质。这意味着退化图像中小的噪声干扰，在 $H(u,v)$ 取最小值的那些频谱上，将对复原的图像产生很大的影响。为此，任何图像复原方法的一项重要考虑就是当存在病态时如何控制噪声对结果的骚扰。

其中一种改进方法就是在 $H(u,v)=0$ 的那些频谱点及其附近，人为地设置 $H^{-1}(u,v)$ 的值，使得在这些频谱点附近 $\dfrac{N(u,v)}{H(u,v)}$ 不会对 $\hat{F}(u,v)$ 产生太大的影响。如将 $\dfrac{N(u,v)}{H(u,v)}$ 修改为：

$$\frac{1}{H(u,v)}=\begin{cases} k, & |H(u,v)|\leqslant d \\ \dfrac{1}{H(u,v)}, & \text{其他} \end{cases} \quad (4\text{-}75)$$

另外一种改进方法，就是考虑到退化系统的 $H(u,v)$ 带宽比噪声的带宽窄得多，其频率特性具有低通性质，因此可令 $H(u,v)$ 为一低通系统：

$$\frac{1}{H(u,v)}=\begin{cases} \dfrac{1}{H(u,v)}, & (u^2+v^2)^{1/2}\leqslant D_0 \\ 1, & \text{其他} \end{cases} \quad (4\text{-}76)$$

【例 4-10】 通过逆滤波器对图像进行复原。

```
>> clear all;
I=imread('cameraman.tif');   %读入图像
I=im2double(I);
[m,n]=size(I);
M=2*m;
n=2*n;
u=-m/2:m/2-1;
v=-n/2:n/2-1;
[U,V]=meshgrid(u,v);
D=sqrt(U.^2+V.^2);
D0=130;                      %截止频率
H=exp(-(D.^2)./(2* (D0*2)));  %高斯低通滤波器
N=0.01*ones(size(I,1),size(I,2));
N=imnoise(N,'gaussian',0,0.001);  %添加噪声
J=fftfilter(I,H)+N;          %频域滤波并加入噪声
figure;
subplot(121);imshow(I);
title('(a)原始图像');
subplot(122);imshow(J,[]);
title('(b)退化后的图像');
```

运行程序，效果如图 4-14 所示。

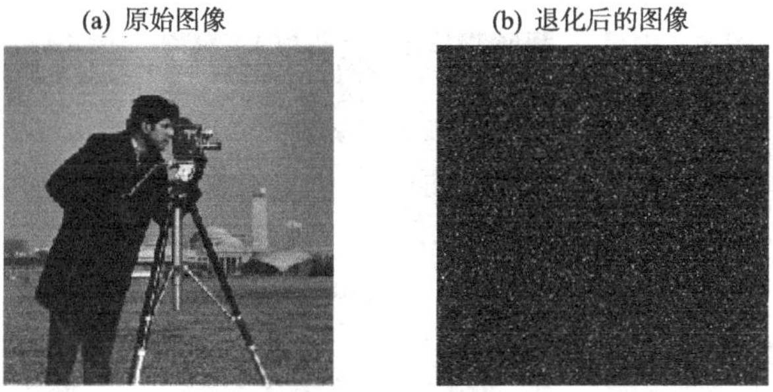

图 4-14 图像的退化

在程序中，先读入灰度图像，然后采用高斯低通滤波器对图像进行退化，并添加均值为 0，方差为 0.001 的高斯噪声进一步对图像进行退化。在程序中调用到自定义的 fftfilter 函数，用于对图像进行频域滤波。源代码参考附件。

2. 消除匀速运动模糊

根据傅里叶变换的卷积性质，模糊图像 $g(x,y)$ 是退化系统单位冲激响应 $h(x,y)$ 与原图像 $f(x,y)$ 卷积的结果。因此频域中的逆滤波就相当于时域中的去卷积过程。MATLAB 提供了 deconvblind 函数用于实现图像的盲目去卷积，函数的调用格式为：

[J,PSF] = deconvblind(I, INITPSF, NUMIT, DAMPAR, WEIGHT)：J 为重构图像；PSF 为 PSF 的为估计值；INITPSF 为 PSF 的初始值；PSFe（点扩展函数的估计）受其初始推测尺寸的影响巨大，而很少受其值的影响（一个元素均为 1 的数组是合理的初始推测）；NUMIT 表示迭代次数，默认值为 10 次；DAMPAR 为一标量，默认为 0，它指定了输出图像与输入图像的偏离阈值，当像素值偏离原值的范围在 DAMPAR 以内时，就不用再迭代了，这既抑制了像素上的噪声，又保存了必要的图像细节；WEIGHT 为一个与 I 同样大小的矩阵，它为每一个像素分配一个权重来反映其重量，默认值为一个单位数组。

【例 4-11】消除图 4-2（b）的运动模糊。

```
>>clear all;
[I1,map]=imread('fenj-mf.jpg');  %读入运动模糊图像
figure(1);
imshow(I1);
len=30;
theta=45;
initpsf=fspecial('motion',len,theta);  %建立复原点扩散函数
[J,P]=deconvblind(I1,initpsf,30); %去卷积
figure(2);
imshow(J);                      %显示结果图像如图 4-15(c)所示
figure(3);
imshow(P,[],'notruesize');  %显示复原点扩散函数如图 4-15(b)所示
```

运行程序效果如图 4-15（a）~（c）所示。

值得指出的是：图 4-15（c）是精确设置复原点扩展函数的结果，即复原点扩散函数与模糊原图像的点扩散函数的参数相同，此时，复原效果很好。但是，如果通过观察模糊图像来估计有关运动参数时，去模糊效果就要受到其估计精度的影响。图 4-15（e）为非精确设置原点扩散函数的结果，而图 4-15（d）为在这种情况下的复原点扩散函数。

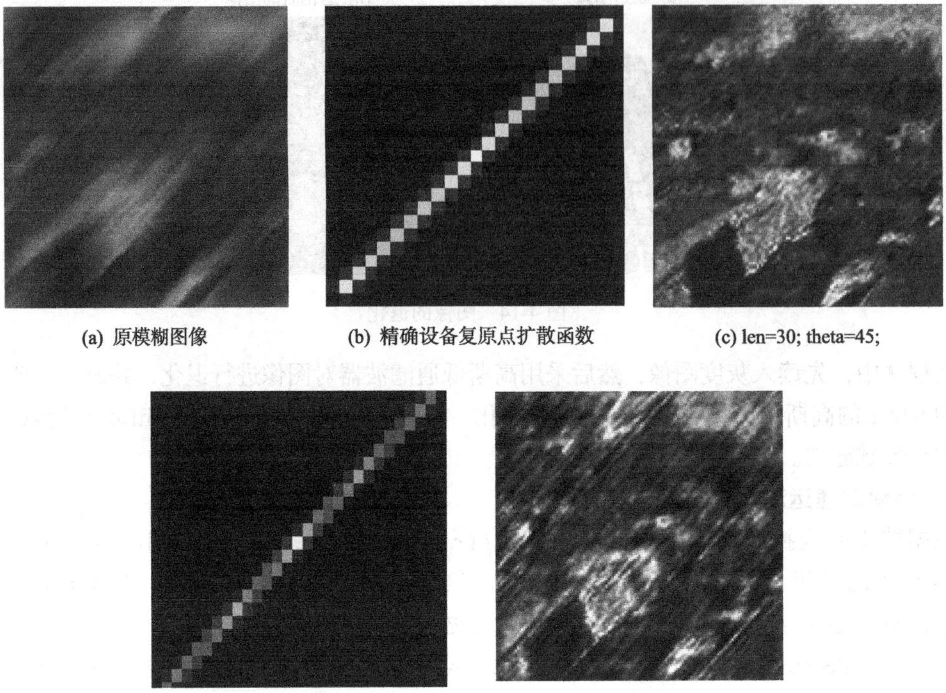

(a) 原模糊图像　(b) 精确设备复原点扩散函数　(c) len=30; theta=45;

(d) 非精确设置复原点扩散函数　(e)len=35; theta=40;

图 4-15　去卷积复原图

4.5.2　维纳滤波法

在不同的应用领域，对 $\hat{f}$ 会有不同的约束条件，使处理得到的图像满足某种条件。在这种情况下，求解方程 $L(\hat{f})=\left\|g-H\hat{f}\right\|$ 就需要使用拉格朗日乘数法，令 Q 为 f 的约束算子，寻找一个最优估计 $\hat{f}$ ，即求解最小化 $L(\hat{f})=\left\|Q\hat{f}\right\|^2+\lambda(\left\|g-H\hat{f}\right\|^2-\left\|n\right\|^2)$ 的 $\hat{f}$ ，得到

$$\hat{f}=\left(H^TH+\frac{1}{\lambda}Q^TQ\right)^{-1}H^Tg \tag{4-77}$$

以上方法一般称为有约束复（维纳滤波复原）。

已知有约束复原方程为 $\hat{f}=\left(H^TH+\frac{1}{\lambda}Q^TQ\right)^{-1}H^Tg$ ，如果再定义 $Q^TQ=R_f^{-1}R_n$ ，其中 R_f 、R_n 分别是 f 和 n 的自相关矩阵，$R_f=E(f\cdot f^T)$ ，$R_n=E(n\cdot n^T)$ ，而 $S_n(u,v)$ 和 $S_f(u,v)$ 分别是 $f(x,y)$ 和 $n(x,y)$ 的功率谱密度。代入式（4-77），可得

$$\hat{f}=\left(H^TH+\frac{1}{\lambda}R_f^{-1}R_n\right)^{-1}H^Tg \tag{4-78}$$

根据 H 的特点和矩阵傅里叶变换，可以得到

$$\hat{F}(u,v)=\left[\frac{1}{H(u,v)}\cdot\frac{\left|H(u,v)\right|^2}{\left|H(u,v)\right|^2+\frac{1}{\lambda}\left(\frac{S_n(u,v)}{S_f(u,v)}\right)}\right]G(u,v) \tag{4-79}$$

由式（4-79）可以看出，当 $S_n(u,v)=0$ 时，式（4-79）与无约束复原是一致的，称为逆滤波复原。当 $\lambda=1$ 时，式（4-79）就成为维纳滤波器，即此时所得到的估计值使 $E\left\{\left[f(x,y)-\hat{f}(x,y)\right]^2\right\}$ 取最小值的最优估计；当 λ 不为零时，式（4-79）称为参量维纳滤波器，也称为约束最小二乘滤波复原。

对于维纳滤波器，从式（4-79）可知，当 $H(u,v)=0$ 时，由于存在 $\dfrac{S_n(u,v)}{S_f(u,v)}$ 项，故 $H(u,v)$ 不会出现被 0 除的情形，同时分子中含有 $H(u,v)^*$ 项，在 $H(u,v)=0$ 处，$H(u,v)=0$。

当 $S_n(u,v) << S_f(u,v)$ 时，$H(u,v)\to 1/H(u,v)$，此时维纳滤波就变成了逆滤波。

当 $\dfrac{S_n(u,v)}{S_f(u,v)} >> H(u,v)$ 时，$H(u,v)=0$，表明维纳滤波避免了逆滤波中出现的对噪声的过多放大作用。

当 $S_n(u,v)$ 和 $S_f(u,v)$ 未知时，经常用常数 K 来表示 $S_n(u,v)$ 和 $S_f(u,v)$ 的比值，于是式（4-79）就可以近似为：

$$\hat{F}(u,v)=\left[\frac{1}{H(u,v)}\cdot\frac{\left|H(u,v)\right|^2}{\left|H(u,v)\right|^2+K}\right]G(u,v) \tag{4-80}$$

这就是实际中应用的公式。

在 MATLAB 中，提供了 deconvwnr 函数进行图像的维纳滤波复原。函数的调用格式为：

J = deconvwnr(I,PSF,NSR)：复原 PSF（点扩展函数）和可能的加性噪声卷积退化的图像 I。算法是基于最佳的估计图像和真实图像的最小均方误差，和噪声图像（数组）的相关运算。在没有噪声的情况下，维纳滤波就是理想逆滤波。参数 NSR 为噪信功率比，NSR 可以是标量或和 I 相同大小的数组，默认值为 0。

J = deconvwnr(I,PSF,NCORR,ICORR)：参数 NCORR 和 ICORR 分别为噪声和原始图像自相关函数。NCORR 和 ICORR 不大于原始图像大小或维数。一个 N 维 NCORR 和 ICORR 数组是对应于每一维的自相关。如果 PSF 为向量，NCORR 或 ICORR 向量表示第一维的自相关函数；如果 PSF 为数组，PSF 的所有非单维对称推断一维自相关函数。NCORR 或 ICORR 向量表明噪声或图像的功率。

注意

输出图像 J 能够展示算法中的离散傅里叶变换而产生的振铃。在处理图像调用 deconvwnr 前，先调用 edgetaper 函数，可以减少振铃。例如，I=edgetaper(I,PSF)。

【例 4-12】通过维纳滤波对运动模糊图像进行复原。

```
>> clear all;
I=imread('onion.png');
I=rgb2gray(I);
I=im2double(I);
len=25;                 %参数设置
theta=20;
PSF=fspecial('motion',len,theta);    %产生 PSF
J=imfilter(I,PSF,'conv','circular');  %运动模糊
nsr=0;
K=deconvwnr(J,PSF,nsr);     %维纳滤波复原
figure;
```

```
subplot(131);imshow(I);
xlabel('(a)原始图像');
subplot(132);imshow(J);
xlabel('(b)退化图像');
subplot(133);imshow(K);
xlabel('(c)复原图像');
```

运行程序，效果如图 4-16 所示。

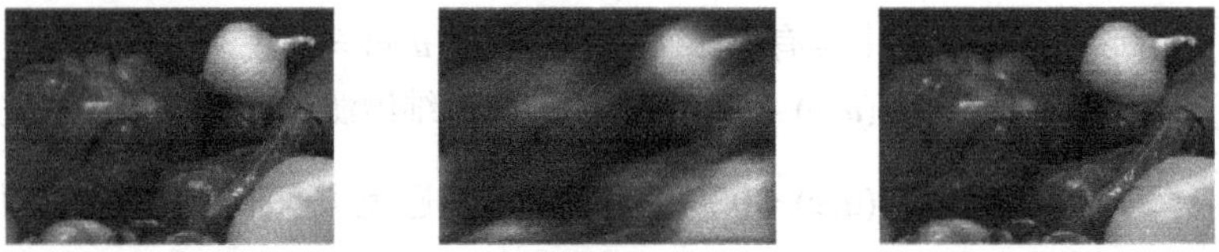

(a) 原始图像　(b) 退化图像　(c) 复原图像

图 4-16　对运动模糊图像进行复原

在程序中，首先读入 RGB 彩色图像，然后转换为灰度图像。采用 fspecial 产生 PSF，运动位移为 25 个像素，角度为 20 度，并调用 imfilter 函数通过卷积对图像进行滤波，产生运动模糊图像。最后通过 deconvwnr 函数对运动模糊图像进行复原。

在程序中，首先读入灰度图像，然后通过 fspecial 函数创建 PSF，运动位移为 21 像素。运动角度为 11 度，并调用 imfilter 函数通过卷积进行图像的滤波，得到运动模糊的图像。然后给运动模糊图像添加均值为 0、方差为 0.00015 的高斯噪声。

4.5.3　Lucy-Richardson 滤波法

Lucy-Richardson 算法是目前应用最广泛的图像复原技术之一，采用迭代的方法。Lucy-Richardson算法能够按照泊松噪声统计标准求出与给定PSF卷积后最可能成为输入模糊图像的图像。当 PSF 已知而图像噪声信息未知时，也可以采用该算法进行复原操作。从成像方程和泊松统计可以有如下推导：

$$I(i)=\sum_j P(i/j)O(j) \tag{4-81}$$

式中，O 是原始图像，$P(i/j)$ 是 PSF，I 是无噪声模糊图像。在已知 $I(i)$ 时，在每个图像像素点的估计 $D(i)$ 的联合似然函数为：

$$\ln\prod=\sum_i[D(i)\ln I(i)-I(i)-\ln D(i)] \tag{4-82}$$

当下式满足时，其最大似然函数的解存在。

$$\frac{\partial\ln\prod}{\partial O(j)}=\sum_i\left[\frac{D(i)}{I(i)}-1\right]P(i/j)=0 \tag{4-83}$$

则可得 Lucy-Richardson 迭代式，即

$$O_{new}(j)=O(j)\frac{\sum_i P(i/j)D(i)I(i)}{\sum_i P(i/j)} \tag{4-84}$$

可以看出每次迭代时，都可以提高解的似然性。随着迭代次数的增加，最终将会收敛在具有最大似然性的解处。

J = deconvlucy(I, PSF)：该函数中对输入图像 I 采用 Lucy-Richardson 算法进行图像复原，PSF 为点扩展函数，返回值 J 为复原后得到的图像。

J = deconvlucy(I, PSF, NUMIT)：该函数中参数 MUMIT 为算法的重复次数，默认值为 10。

J = deconvlucy(I, PSF, NUMIT, DAMPAR)：该函数中参数 DAMPAR 为偏差阈值，默认值为 0。

J = deconvlucy(I, PSF, NUMIT, DAMPAR, WEIGHT)：该函数中参数 WEIGHT 为像素的加权值，默认为原始图像的数值。

J = deconvlucy(I, PSF, NUMIT, DAMPAR, WEIGHT, READOUT)：该函数中参数 READOUT 为噪声矩阵，默认值为 0。

J = deconvlucy(I, PSF, NUMIT, DAMPAR, WEIGHT, READOUT, SUBSMPL)：该函数中参数 SUBSMPL 为噪声矩阵，默认值为 1。

【例 4-13】对彩色图像进行模糊，增加加性噪声，然后利用 Lucy-Richardson 滤波器对其进行复原处理。

```
>> clear all;
I = imread('board.tif');
I = I(50+[1:256],2+[1:256],:);
subplot(1,3,1), imshow(I)
xlabel('(a)原始图像');
%创建 PSF
PSF = fspecial('gaussian',5,5);
%图像中创建一个模拟的模糊和添加噪声
Blurred = imfilter(I,PSF,'symmetric','conv');
V = .002;
BlurredNoisy = imnoise(Blurred,'gaussian',0,V);
subplot(1,3,2), imshow(BlurredNoisy)
xlabel('(b)降质图像');
%使用 deconvlucy 函数复原模糊图像
luc1 = deconvlucy(BlurredNoisy,PSF,5);
subplot(1,3,3), imshow(luc1)
xlabel('(c)图像复原')
```

运行程序，效果如图 4-17 所示。

(a) 原始图像　　(b) 降质图像　　(c) 图像复原

图 4-17　彩色图像的 Lucy-Richardson 滤波复原效果

4.5.4　约束最小二乘方滤波法

约束最小二乘方滤波从式（4-77）出发，即需要确定变换矩阵 Q。实际上，式（4-77）为一个病态方程，其解有时会发生严重的振荡。一种减小振荡的方法是建立基于平滑测度的最优准则，例如可最小化某些二阶微分的函数。$f(x,y)$ 在 (x,y) 处的二阶微分可用下式近似。

$$\frac{\partial^2 f}{\partial x^2}+\frac{\partial^2 f}{\partial y^2}\approx 4f(x,y)-[f(x+1,y)+f(x-1,y)+f(x,y+1)+f(x,y-1)] \tag{4-85}$$

上述二阶微分可用 $f(x,y)$ 与下面的算子卷积得到。

$$p(x,y)=\begin{bmatrix}0 & -1 & 0\\ -1 & 4 & -1\\ 0 & -1 & 0\end{bmatrix} \tag{4-86}$$

有一种基于这种二阶微分的最优准则是：

$$\min\left[\frac{\partial^2 f}{\partial x^2}+\frac{\partial^2 f}{\partial y^2}\right]^2 \tag{4-87}$$

为避免重叠误差，可将 $p(x,y)$ 扩展为 $f(x,y)$ 的扩展，即

$$p_e(x,y)=\begin{cases}p(x,y), & 0\leqslant x\leqslant 2,0\leqslant y\leqslant 2\\ 0, & 3\leqslant x\leqslant M-1,3\leqslant y\leqslant N-1\end{cases} \tag{4-88}$$

如果 $f(x,y)$ 的尺寸是 $M\times N$，因为 $p(x,y)$ 的尺寸为 3×3，故取 $M\geqslant A+3-1$，$N\geqslant B+3-1$。上述平滑准则也可以用矩阵形式表示。首先构造一个分块循环矩阵。

$$C=\begin{bmatrix}C_0 & C_{M-1} & \cdots & C_1\\ C_1 & C_0 & \cdots & C_2\\ \vdots & \vdots & \ddots & \vdots\\ C_{M-1} & C_{M-2} & \cdots & C_0\end{bmatrix} \tag{4-89}$$

其中每个子矩阵都是由第 j 列的 $p_e(x,y)$ 构成的 $N\times N$ 循环矩阵。

$$C_j=\begin{bmatrix}p_e(j,0) & p_e(j,N-1) & \cdots & p_e(j,1)\\ p_e(j,1) & p_e(j,0) & \cdots & p_e(j,2)\\ \vdots & \vdots & \ddots & \vdots\\ p_e(j,N-1) & p_e(j,N-2) & \cdots & p_e(j,0)\end{bmatrix} \tag{4-90}$$

C 可以用那里定义的 W 进行对角化，即

$$E=W^{-1}CW \tag{4-91}$$

其中 E 是一个对角矩阵，其元素为：

$$E(k,i)=\begin{cases}P\left(\left[\dfrac{k}{N}\right],k\bmod N\right), & i=k\\ 0, & i\neq k\end{cases} \tag{4-92}$$

这里 $P(u,v)$ 是 $p_e(x,y)$ 的二维傅里叶变换。

事实上，如果我们要求满足以下约束

$$\left\|g-H\hat{f}\right\|^2=\|n\|^2 \tag{4-93}$$

那么最优可表示为

$$\hat{f}=(H^T H+sC^T C)^{-1}H^T g=(WD^* DW^{-1}+sWE^* EW^{-1})^{-1}WD^* W^{-1}g \tag{4-94}$$

上式两边同时左乘以 W^{-1}，得

$$W^{-1}\hat{f}=(D^* D+sE^* E)^{-1}D^* W^{-1}g \tag{4-95}$$

上式中的元素可写成

$$\hat{F}(u,v)=\left[\frac{H^*(u,v)}{\left|H(u,v)\right|^2+s\left|P(u,v)\right|^2}\right]G(u,v) \tag{4-96}$$

其中 s 是可调参数。我们需要调节 s 以满足约束式(4-93),只有当 s 满足这个条件时,式(4-96)才能达到最优。为此，定义一个残差向量 r

$$r=g-H\hat{f} \tag{4-97}$$

由式（4-96）的解可知，$\hat{F}(u,v)$，即隐含的 $\hat{f}$，是 s 的函数，所以 r 也是该参数 s 的函数，有

$$\phi(s)=r^T r=\|r\|^2 \tag{4-98}$$

它是 s 的单调递增函数。现在需要调整 s，使得

$$\|r\|^2=\|n\|^2\pm a \tag{4-99}$$

其中 a 是一个准确度系数。如果 $a=0$，那么式（4-92）的约束就严格满足了。

因为 $\phi(s)$ 是单调的，寻找满足要求的 s 值并不难。寻找满足式（4-99）的 s 值的一个简单算法是：

（1）指定初始 s 值。

（2）计算 $\hat{f}$ 和 $\|r\|^2$。

（3）如果式（4-99）满足，则停止；如果 $\|r\|^2<\|n\|^2-a$，则增加 s；如果 $\|r\|^2>\|n\|^2+a$，则减少 s，然后转到第（2）步继续。

为了使用这一算法，需要量化 $\|r\|^2$ 和 $\|n\|^2$ 的值。要计算 $\|r\|^2$，从式（4-97）得

$$R(u,v)=G(u,v)-H(u,v)\hat{F}(u,v) \tag{4-100}$$

由此，可以通过计算 $R(u,v)$ 的傅里叶逆变换得到 $r(x,y)$，有

$$\|r\|^2=\sum_{x=0}^{M-1}\sum_{y=0}^{N-1}r^2(x,y) \tag{4-101}$$

要计算 $\|n\|^2$，首先可对整幅图像上的噪声方差使用取样平均的方法估计，即

$$\sigma_n^2=\frac{1}{MN}\sum_{x=0}^{M-1}\sum_{y=0}^{N-1}[n(x,y)-m_n]^2 \tag{4-102}$$

其中 m_n 是样本的均值。

$$m_n=\frac{1}{MN}\sum_{x=0}^{M-1}\sum_{y=0}^{N-1}n(x,y) \tag{4-103}$$

显然有

$$\|n\|^2=\sum_{x=0}^{M-1}\sum_{y=0}^{N-1}n^2(x,y)=MN[\sigma_n^2+m_n^2] \tag{4-104}$$

在 MATLAB 图像处理工具箱中提供了 deconvreg 函数用于对图像实现约束最小二乘滤波处理。其调用格式为：

J = deconvreg(I, PSF)：复原可能的加性噪声和 PSF 相关退化的图像 I。在保持图像的平滑的情况下，算法是估计图像和实际图像间最小二乘方误差最佳约束。

J = deconvreg(I, PSF, NOISEPOWER)：参数 NOISEPOWER 为加性噪声功率，默认值为 0。

J = deconvreg(I, PSF, NOISEPOWER, LRANGE)：参数 LRANGE 向量是寻找最佳解决定义值范围。运算法则就是在 LRANGE 范围内找到一个最佳的拉格朗日乘数。如果 LRANGE 为标量，算法的 LAGRA 假定给定并等于 LRANGE；NP 值被忽略。默认的范围为[1e-9,1e9]。

J = deconvreg(I, PSF, NOISEPOWER, LRANGE, REGOP)：参数 REGOP 为约束自相关的规则化算子。保持图像平滑度的默认规则化算子是 Laplacian 算子。REGOP 数组的维数不能超过图像的维数，任何非单独维与 PSF 的非单独维相对应。

[J, LAGRA] = deconvreg(I, PSF,...)：输出拉格朗日乘数值 LAGRA，并且复原图像。

注意　输出图像 J 能够展示算法中的离散傅里叶变换而产生的振铃。在处理图像调用 deconvwnr 前，先调用 edgetaper 函数，可以减少振铃。例如：I=edgetaper(I,PSF)。

【例 4-14】利用约束最小二乘滤波对图像进行复原。

```
>> clear all;
I=imread('peppers.png');
I=I(125+[1:256],1:256,:);     %图像剪切
subplot(2,3,1);imshow(I);
xlabel('(a)原始图像');
%模拟运动模糊和噪声
LEN=11;                        %设置长度
THETA=5;                       %设置角度
PSF=fspecial('motion',LEN,THETA);  %生成滤波器
blurred=imfilter(I,PSF,'conv');   %图像卷积运算
subplot(2,3,2);imshow(blurred);
xlabel('(b)模糊图像');
%添加高斯噪声
V=0.02;
BlurredNoise=imnoise(blurred,'gaussian',0,V);   %添加高斯白噪声
subplot(2,3,3);imshow(BlurredNoise);
xlabel('(c)带高斯噪声模糊图像')
%使带高斯噪声模糊图像复原
NP=V*prod(size(I));            %噪声功率
[J1,LAGRA]=deconvreg(BlurredNoise,PSF,NP); %图像复原
subplot(2,3,4);imshow(J1);
xlabel('(d)使用真实 NP 复原')
J2=deconvreg(BlurredNoise,PSF,NP*1.3);   %采用放大 1.3 倍的 NP
subplot(2,3,5);imshow(J2);
xlabel('(e)采用放大 1.3 倍的 NP 复原')
%使用小于真实 NP 值的复原
J3=deconvreg(BlurredNoise,PSF,NP/1.3);   %采用缩小 1.3 倍的 NP
subplot(2,3,6);imshow(J3);
xlabel('(f)采用缩小 1.3 倍的 NP 复原');
figure;
%降低噪声放大和响应
edged=edgetaper(BlurredNoise,PSF);   %去卷积处理
J4=deconvreg(BlurredNoise,PSF,NP/1.3); %图像复原
subplot(2,3,1);imshow(J4);
xlabel('(a)使用 edgetaper 复原');
%使用拉格朗日乘法器
J5=deconvreg(edged,PSF,[],LAGRA);   %使用拉格朗日乘法器复原
```

```
subplot(2,3,2);imshow(J5);
xlabel('(b)拉格朗日乘法器复原');
%使用增大的 LAGRA 值复原
J6=deconvreg(edged,PSF,[],LAGRA*99);      %使用增大的拉格朗日乘法器复原
subplot(2,3,3);imshow(J6);
xlabel('(c)增大拉格朗日乘法器复原');
%使用缩小的 LAGRA 值复原
J7=deconvreg(edged,PSF,[],LAGRA/99);      %使用缩小的拉格朗日乘法器复原
subplot(2,3,4);imshow(J7);
xlabel('(d)缩小拉格朗日乘法器复原');
%使用一维 Laplacian 约束复原图像
REGOP=[1 -2 1];            %改变约束方法
J8=deconvreg(BlurredNoise,PSF,[],LAGRA,REGOP);
subplot(2,3,6);imshow(J8);
xlabel('(e)使用一维 Laplacian 约束复原');
```

运行程序，效果如图 4-18 及图 4-19 所示。

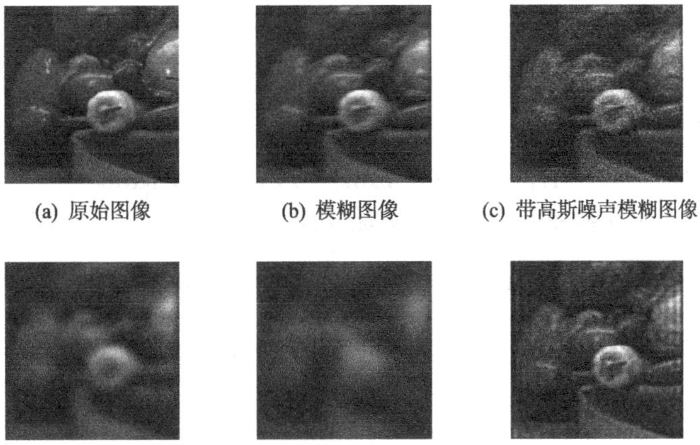

(a) 原始图像　(b) 模糊图像　(c) 带高斯噪声模糊图像

(d) 使用真实 NP 复原　(e) 采用放大 1.3 倍的 NP 复原　(f) 采用缩小 1.3 倍的 NP 复原

图 4-18　使用最小二乘滤波器复原图像效果 1

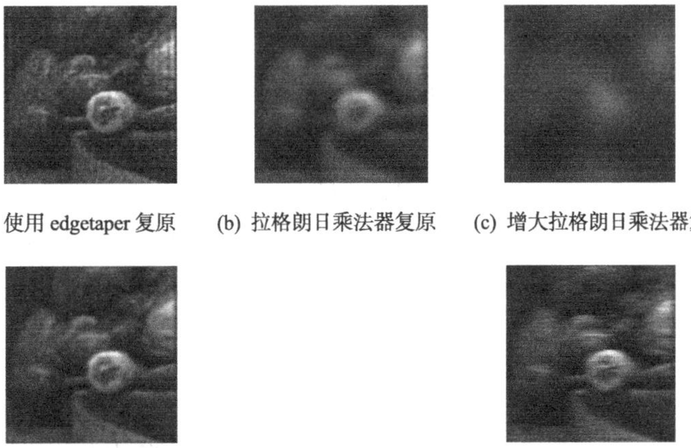

(a) 使用 edgetaper 复原　(b) 拉格朗日乘法器复原　(c) 增大拉格朗日乘法器复原

(d) 缩小拉格朗日乘法器复原　(e) 使用一维 Laplacian 约束复原

图 4-19　使用最小二乘滤波器复原图像效果 2

4.5.5 盲解卷积法

逆滤波法有其局限性，很可能出现因为奇点而使解丢失和噪声被无限地放大等问题，而且需要明确知道图像的模糊原因，即点扩展函数，但在实际过程中，点扩展函数不可能被精确地知道，因此就需要对图像进行盲卷积。

所谓盲卷积图像复原就是在未知点扩展函数的前提下，从模糊图像中最大程度地恢复出原图像的过程。

由式（4-1）有

$$n(x,y)=g(x,y)-f(x,y)*h(x,y)$$

令 $E\left(\int n^2\mathrm{d}x\right)=\sigma^2$，$E(x)$ 为随机变量的期望，有

$$\|h\times f-g\|^2=E\left[\int(h\times f-g)^2\mathrm{d}x\right]=E\left(\int n^2\mathrm{d}x\right)=\sigma^2E(x)$$

则图像复原问题可归结为下面的最小约束问题。

$$\min[\alpha_1 r(f)+\alpha_2 r(h)]$$

其中，$r(g)$ 为惩罚函数，α_1 为大于 0 的加权系数。与之对应的 Lagrange 形式为

$$\min L(f,h)=\min\left[\|h\times f-g\|^2+\alpha_1 r(f)+\alpha_2 r(h)\right] \tag{4-105}$$

这里的 α_1 综合了 Lagrange 乘子之后的系数。图像复原的问题在于如何定义惩罚项 $r(g)$，这里有 H_1 规则和 TV 规则：

$$H_1(u)=\iint|\nabla u|^2\mathrm{d}x\mathrm{d}y\text{，}TV(u)=\iint|\nabla u|\mathrm{d}x\mathrm{d}y$$

即 2 范数准则为 1 范数准则，其中 ∇ 为梯度算子。取 H_1 规则，则式（4-105）转化为

$$\begin{aligned}\min L(f,h)&=\min\left[\|h\times f-g\|^2+\alpha_1\iint|\nabla f|^2\mathrm{d}x\mathrm{d}y+\alpha_2\iint|\nabla h|^2\mathrm{d}x\mathrm{d}y\right]\\&=\min\left[\int(h\times f-g)^2\mathrm{d}x\mathrm{d}y+\alpha_1\iint|\nabla f|^2\mathrm{d}x\mathrm{d}y+\alpha_2\iint|\nabla h|^2\mathrm{d}x\mathrm{d}y\right]\\&=\int\min\left[(h\times f-g)^2+\alpha_1\iint|\nabla f|^2+\alpha_2\iint|\nabla h|^2\right]\mathrm{d}x\mathrm{d}y\\&=\int\min Z\mathrm{d}x\mathrm{d}y\end{aligned}$$

用 Z 对 f 和 h 求偏导，并令其为 0，即有：

$$\begin{aligned}\frac{\partial Z}{\partial f}&=h(-x,-y)\times(h\times f-g)-2\alpha_1\Delta f=0\\\frac{\partial Z}{\partial h}&=f(-x,-y)\times(h\times f-g)-2\alpha_2\Delta h=0\end{aligned} \tag{4-106}$$

对于二维形式，$g=Hf+n$，其中 H 是由 h 决定的分块循环矩阵。

$$H=\begin{pmatrix}H_0 & H_{M-1} & \cdots & H_1\\H_1 & H_0 & \cdots & H_2\\\vdots & \vdots & \ddots & \vdots\\H_{M-1} & H_{M-2} & \cdots & H_0\end{pmatrix}$$

其中，H_i 为

$$H_i=\begin{pmatrix}h(i,0) & h(i,N-1) & \cdots & h(i,1)\\h(i,1) & h(i,0) & \cdots & h(i,2)\\\vdots & \vdots & \ddots & \vdots\\h(i,N-1) & h(i,N-2) & \cdots & h(i,0)\end{pmatrix}$$

对应的式（4-106）变为：

$$\left[H\times H+\alpha_1(-\Delta)\right]f=H\times g$$
$$\left[F\times F+\alpha_2(-\Delta)\right]h=F\times g$$

对应的频域形式为：

$$F(u,v)=\frac{H\times(u,v)G(u,v)}{\left|H(u,v)\right|^2+\alpha_1R(u,v)}$$
$$H(u,v)=\frac{F\times(u,v)G(u,v)}{\left|F(u,v)\right|^2+\alpha_2R(u,v)}$$

即一全的 R 经验公式为：

$$R(u,v)=4-2\cos\left(\frac{2\pi u}{M}\right)-2\cos\left(\frac{2\pi v}{N}\right) \quad (4\text{-}107)$$

其中，M 与 N 表示 R 的大小。

在 MATLAB 中提供了 deconvblind 函数用于实现用盲卷积算法复原图像。其调用格式为：

[J,PSF] = deconvblind(I, INITPSF)：使用盲卷积算法对图像 I 进行复原，得到复原后图像 J 和重建点扩散函数矩阵 PSF。参数 INITPSF 为矩阵，表示重建点扩展函数矩阵的初始值。

[J,PSF] = deconvblind(I, INITPSF, NUMIT)：使用盲卷积算法对图像 I 进行复原。参数 NUMIT 为迭代次数，其默认值为 10。

[J,PSF] = deconvblind(I, INITPSF, NUMIT, DAMPAR)：使用盲卷积算法对图像 I 进行复原。参数 DAMPAR 为输出图像与输入图像的偏离阈值。deconvblind 对于超过阈值的像素，不再进行迭代计算，这既抑制了像素上的噪声，又保存了必要的图像细节。

[J,PSF] = deconvblind(I, INITPSF, NUMIT, DAMPAR, WEIGHT)：用盲卷积算法对图像 I 进行复原。参数 WEIGHT 为矩阵，其元素为图像每个像素的权值，默认值为与输入图像有相同维数的单位矩阵。

[J,PSF] = deconvblind(I, INITPSF, NUMIT, DAMPAR, WEIGHT, READOUT)：用盲卷积算法对图像进行复原。参数 READOUT 指定噪声类型，其默认值为 10。

【例 4-15】对退化图像采用盲解卷积算法进行复原。

```
>> clear all;
I = checkerboard(8);                    %产生图像
PSF = fspecial('gaussian',7,10);   %建立 PSF
V = .0001;
BlurredNoisy = imnoise(imfilter(I,PSF),'gaussian',0,V);  %图像退化
WT = zeros(size(I));
WT(5:end-4,5:end-4) = 1;
INITPSF = ones(size(PSF));                  %初始化 PSF 大小
[J P] = deconvblind(BlurredNoisy,INITPSF,20,10*sqrt(V),WT);   %图像复原
figure;
subplot(221);imshow(BlurredNoisy);
xlabel('(a) 含噪声的的退化图像');
subplot(222);imshow(PSF,[]);
xlabel('(b) 估计得到 PSF 图像');
subplot(223);imshow(J);
xlabel('(c) 去模糊图像');
subplot(224);imshow(P,[]);
```

```
xlabel('(d) PSF 复原图像');
```

运行程序，效果如图 4-20 所示。

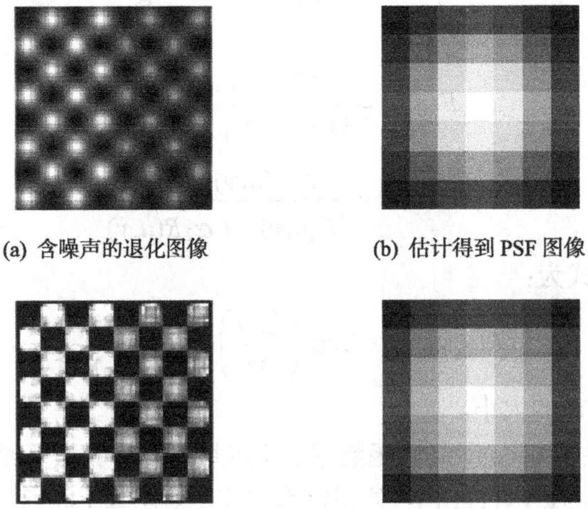

(a) 含噪声的退化图像　(b) 估计得到 PSF 图像

(c) 去模糊图像　(d) PSF 复原图像

图 4-20　采用盲解卷积进行图像复原

4.6　图像复原实现

在前面已经对 MATLAB 的复原提供的函数及概述做了介绍，下面通过几个实例来巩固对图像复原的学习。

下面通过程序示例来说明图像复原的应用。

【例 4-16】仿真一个运动模糊的 PSF，对如图 4-21 左图所示的原始图像进行模糊操作，并指定运动位移为 32 像素，运动角度为 25 度。

要创建模糊图，首先使用 fspecial 函数创建 PSF，然后调用 imfilter 函数，并使用 PSF 对原始图像进行卷积操作，这样就可以得到一幅模糊化图像，如图 4-21 右图所示。

```
>>clear all;
I=imread('peppers.png');  %读入图像
I=I(10+[1:256],222+[1:256],:);  %裁剪图像
subplot(121);imshow(I);
title('原始图像');
LEN=32;
THETA=25;
PSF=fspecial('motion',LEN,THETA); %产生运动模糊的 PSF
Blurred=imfilter(I,PSF,'circular','conv');
subplot(122);imshow(Blurred);
title('运动模糊图像');
```

对于模糊后的图像，用真实的 PSF 函数采用维纳滤波方法恢复图像，代码如下。

```
wnr1=deconvwnr(Blurred,PSF);  %维纳滤波复原
subplot(121);imshow(Blurred);
title('运动模糊图像');
```

```
subplot(122);imshow(wnr1);
title('维纳滤波复原');
```

复原后的结果如图 4-22 所示。

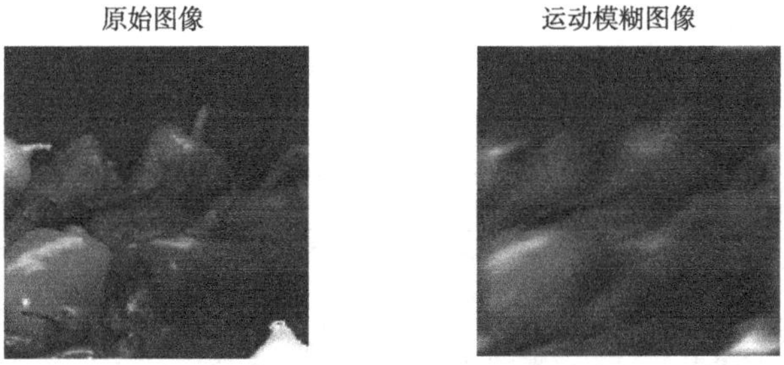

图 4-21　原始图像及模糊后图像

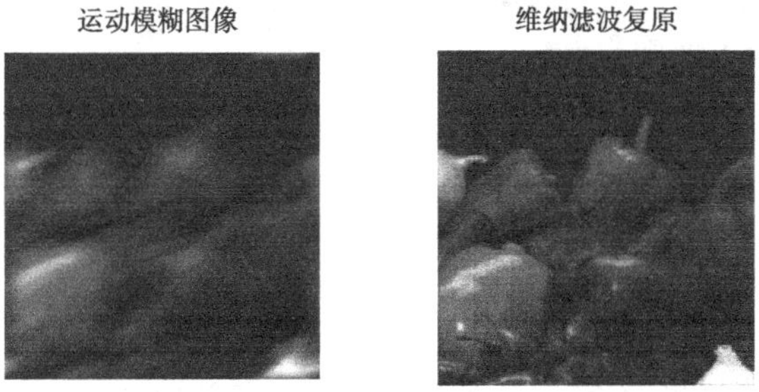

图 4-22　真实的 PSF 维纳滤波复原图像

从恢复的图像来看，效果还是可以的，因为这里采用了真实 PSF 函数来复原，但是实际中有大多数情况下 PSF 是不知道的，下面用估计的 PSF 函数来复原图像。

首先用两倍于真实模糊距离的 PSF 函数复原，结果如图 4-23（a）所示。

```
wnr2=deconvwnr(Blurred,fspecial('motion',2*LEN,THETA));
subplot(121);imshow(wnr2);
```

然后以两倍于模糊运动角速度的 PSF 函数复原，结果如图 4-23（b）所示。

```
wnr3=deconvwnr(Blurred,fspecial('motion',LEN,2*THETA));
subplot(122);imshow(wnr3);
```

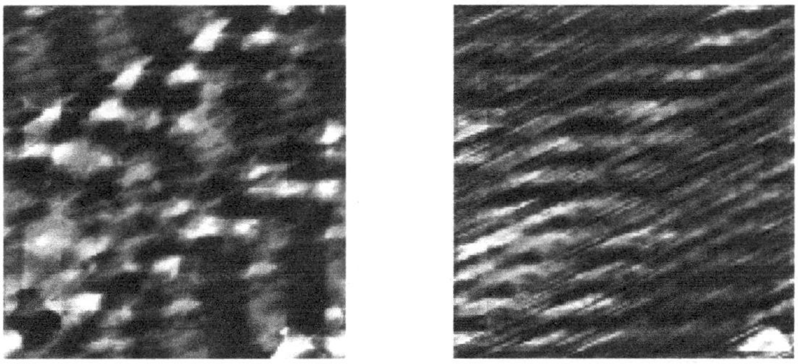

(a) 过大的模糊距离 PSF 复原　　(b) 过大的模糊角度 PSF 复原

图 4-23　两种估计复原方式

如果运动模糊后的图像中混入了噪声，如图 4-24（a）所示。

```
noise=0.1*randn(size(I));
BlurredNoisy=imadd(Blurred,im2uint8(noise));
subplot(121);imshow(BlurredNoisy);
```

那么需要同时利用噪声模型来复原图像，结果如图 4-24（b）所示。比较复原后图像和原始图像，那么发现运动模糊复原得比较好，但是噪声抑制较差，这是因为没有对噪声强度进行估计。

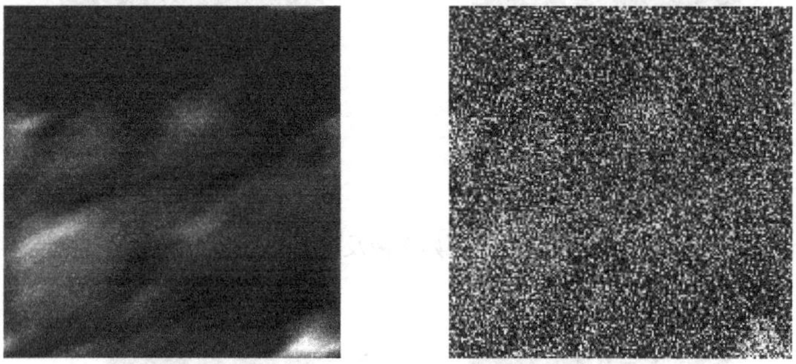

(a) 模糊加噪图像　　(b) 利用噪声模型复原图像

图 4-24　运动模糊后含噪图像

```
wnr4=deconvwnr(BlurredNoisy,PSF);
subplot(122);imshow(wnr4);
```

为了描述噪声的强度，可以引入信噪比的概念，如程序中的 NSR，然后以 NSR 为噪声参数进行图像复原，图 4-25（a）和图 4-25（b）所示分别是以真实 NSR 和 NSR/2 做参数复原的效果。

```
NSR=sum(noise(:).^2)/sum(im2double(I(:)).^2);
wnr5=deconvwnr(BlurredNoisy,PSF,NSR);
subplot(121);imshow(wnr5);
wnr6=deconvwnr(BlurredNoisy,PSF,NSR/2);
subplot(122);imshow(wnr6);
```

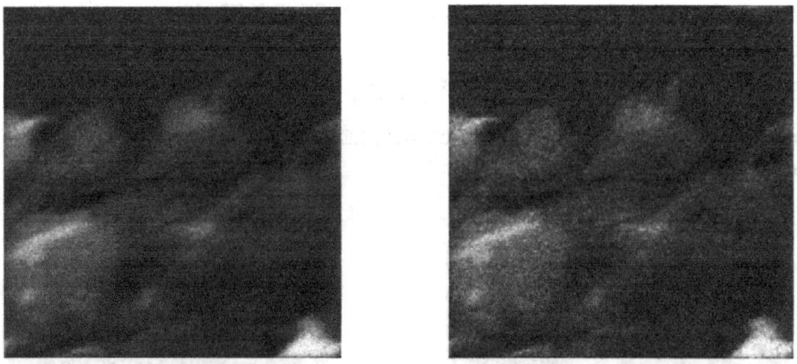

(a) 以真实信噪比复原　　(b) 以过小信噪比复原

图 4-25　两种参数复原效果

除了利用信噪比做参数，还可以利用图像的自相关信息来提高图像复原的质量。

```
NP=abs(fftn(noise)).^2;
NPOW=sum(NP(:))/prod(size(noise));   %噪声能量
NCORR=fftshift(real(ifftn(NP)));     %计算噪声的自相关函数
IP=abs(fftn(im2double(I))).^2;
IPOW=sum(IP(:))/prod(size(I));       %原始图像能量
```

```
ICORR=fftshift(real(ifftn(IP)));    %图像的自相关函数
wnr7=deconvwnr(BlurredNoisy,PSF,NCORR,ICORR);  %将自相关函数作为参数
subplot(121);imshow(wnr7);
```

复原的结果如图 4-26（a）所示，图 4-26（b）所示则是以真实图像的一维自相关函数作为参数进行复原的效果，比较两图可以发现后者由于信息不完全导致了网格的产生。

```
ICORR1=ICORR(:,ceil(size(I,1)/2));
wnr8=deconvwnr(BlurredNoisy,PSF,NPOW,ICORR1);
subplot(122);imshow(wnr8);
```

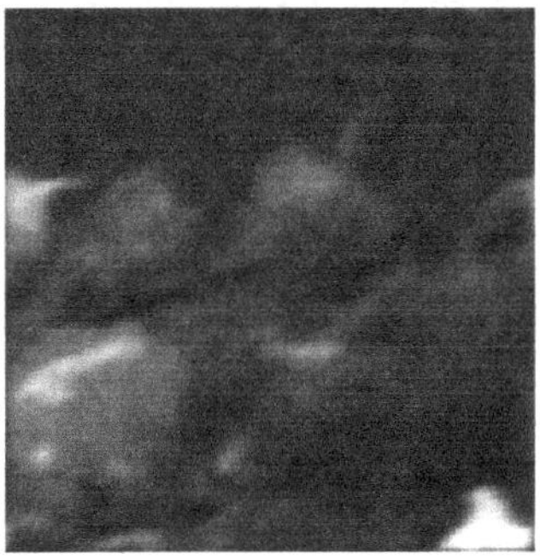

(a) 以自相关函数复原

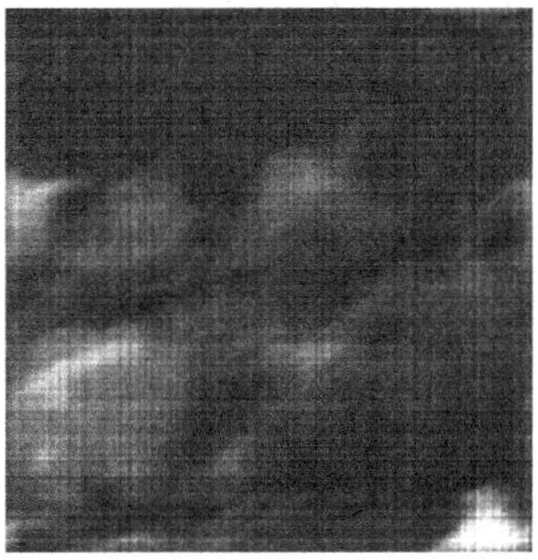

(b) 以一维自相关函数复原

图 4-26　两种复原方式复原结果

小　结

图像复原在实际中应用非常广泛，算法也比较多。本章在以连续函数和离散函数两种形式介绍了图像退化的一般模型后，接着对在图像形成、传输和记录过程中，由于受噪声等因素的影响，图像质量有所下降，进而介绍 MATLAB 提供的几个常用的算法：逆滤波、维纳滤波、Lucy-Richardson 滤波复原、约束最小二乘方滤波等。

在应用中，我们需要把握两点：一是尽可能地从物理原理上估准图像的点扩展函数，因为，只有降质模型准确了才有可能准确复原出图像本来的面目；二是尽可能地尝试多种方法。事实上，上面介绍的几个方法各有所长，除非对降质图像的降质模型有本质上的把握，否则应当用多个方法来看图像的效果，选择结果最好的。

习　题

4-1　写出连续退化模型，并解释何为冲激响应函数。

4-2　试画图简述图像退化的基本模型。

4-3　试比较逆滤波和维纳滤波的优缺点，如何克服逆滤波的缺点？

4-4　用约束最小二乘方滤波复原时，不同的噪声强度、拉氏算子的搜索范围和约束算子对复原效果有何影响？

4-5　设两个系统的点扩展函数都是 $h_1(x,y)$，其大小为

$$h_1(x,y)=\begin{cases}e^{-(x+y)} & x\geqslant 0, y\geqslant 0\\ 0 & 其他\end{cases}$$

若将此两个系统串接，试求此系统的总的冲激响应 $h(x,y)$ 。

4-6　对于一幅退化图像，如果不知道原图像的功率谱，而只知道噪声的方差，请问采用何种方法复原图像比较好？为什么？

4-7　选取一幅模糊图像，或对一幅正常图像进行模糊处理，然后用 MATLAB 图像工具箱进行逆滤波、维纳滤波与约束最小二乘方滤波复原实验。

4-8　对一幅图像添加各种噪声，采用本章介绍的复原方法进行消噪处理。

第 5 章 图像几何变换

几何变换，是图像处理和图像分析的重要内容之一。通过几何运算，可以根据应用的需要使用原图像产生大小、形状和位置等各方面的变化。简单地说，几何变换可以改变像素点所在的几何位置，以及图像中各物体之间的空间位置关系，这种运算可以被看成是将各物体在图像内移动，特别是图像具有一定的规律性时，一个图像可以由另一个图像通过做几何变换来产生。实际上，几何变换的结果可以比上述比喻灵活得多，一个不受约束的几何变换，可将输入图像中的一个点变换到输出图像中的任意位置。几何变换不仅提供了产生某些特殊的图像的可能，甚至还可以使图像处理程序设计简单化。从变换性质来分，几何变换可以分为图像的位置变换（平移、镜像、旋转）、形状变换（放大、缩小和剪切）以及图像的复合变换等。

5.1 几何校正

图像在获取或显示的过程中往往会产生几何失真，或称几何畸变，产生这种现象的主要原因有：成像系统本身具有的非线性，摄像时视角的变化，被摄对象表面弯曲等。例如，视像管摄像机及阴极射线管显示器的扫描偏转系统有一定的非线性，常常造成枕形失真或桶形失真；由斜视角度获得的图像的透视失真；由卫星摄取的地球表面的图像往往覆盖较大的面积，因地球表面呈球形，这样摄取的地面图像也将会有较大的几何失真。几何失真主要是由于图像中的像素点发生位移而产生的，其典型表现为图像中的物体扭曲、远近比例不协调等。解决这类失真问题的方法称为几何畸变校正，简称几何校正。

几何畸变校正分两步，第一步对原图像的像素坐标空间进行几何变换，以使像素落在正确的位置上，第二步是重新确定新像素的灰度值。这是因为经过上面的坐标变换后，有些像素点有时被挤压在一起，有时又被分散开，使校正后的像素不落在离散的坐标点上，因此需要重新确定这些像素点的灰度值。

5.1.1 几何畸变描述

任意几何畸变都可以由非失真坐标系 (x, y) 变换到失真坐标系 (x', y') 的方程来定义。

$$\begin{cases} x' = h_1(x, y) \\ y' = h_2(x, y) \end{cases} \tag{5-1}$$

设 $f(x,y)$ 是无失真的原始图像，$g(x',y')$ 是 $f(x,y)$ 畸变的结果，这一失真的过程是已知的并且用函数 $h_1(x,y)$ 和 $h_2(x,y)$ 定义，于是有

$$\begin{cases} g(x',y') = f(x,y) \\ x' = h_1(x,y) \\ y' = h_2(x,y) \end{cases} \tag{5-2}$$

这是几何校正的基本关系式，这种失真的复原问题实际上是映射变换问题。

5.1.2 图像几何校正

1. 几何变换

从几何校正的基本关系可见，在已知畸变图像 $g(x',y')$ 的情况下要求原始图像 $f(x,y)$ 的关键是要求得函数 $h_1(x,y)$ 和 $h_2(x,y)$ 。如果由先验知识知道了 $h_1(x,y)$ 和 $h_2(x,y)$ ，则 $f(x,y)$ 的求取就较为简单了。但实际中往往 $h_1(x,y)$ 和 $h_2(x,y)$ 不知道，这时我们可以采用后验校正方法。

通常 $h_1(x,y)$ 、$h_2(x,y)$ 可用多项式来近似。

$$x' = \sum_{i=0}^{N}\sum_{j=0}^{N-i} a_{ij} x^i y^j \tag{5-3}$$

$$y' = \sum_{i=0}^{N}\sum_{j=0}^{N-i} b_{ij} x^i y^j \tag{5-4}$$

式中，N 为多项式的次数，a_{ij} 、b_{ij} 为各项待定系数。

后验校正方法的思想是通过一些已知的正确像素点和畸变点间的对应关系，拟合出式（5-3）和式（5-4）多项式的系数。拟合出的多项式作为恢复其他畸变点的变换基础。例如，一个基准图通过成像系统后形成畸变图像，通过研究基准图与畸变图之间点的对应关系，找出多项式的各系数。

$N=1$ 时，变换是线性的。

$$\begin{cases} x' = ax + by + c \\ y' = dx + ey + f \end{cases} \tag{5-5}$$

通常也可用这种线性畸变来近似较小的几何畸变。

可由基准图找出三个点 (x_1,y_1) 、(x_2,y_2) 、(x_3,y_3) 与畸变图上三个点坐标 (x_1',y_1') 、(x_2',y_2') 、(x_3',y_3') 一一对应，将对应点坐标代入式（5-5），并写成矩阵形式。

$$\begin{cases} x_1' = a_0 + a_1x_1 + a_2y_1 \\ x_2' = a_0 + a_1x_2 + a_2y_2 \\ x_3' = a_0 + a_1x_3 + a_2y_3 \end{cases} \quad \begin{bmatrix} x_1' \\ x_2' \\ x_3' \end{bmatrix} = \begin{bmatrix} 1 & x_1 & y_1 \\ 1 & x_2 & y_2 \\ 1 & x_3 & y_3 \end{bmatrix} \begin{bmatrix} a_0 \\ a_1 \\ a_2 \end{bmatrix} \tag{5-6}$$

$$\begin{cases} y_1' = b_0 + b_1x_1 + b_2y_1 \\ y_2' = b_0 + b_1x_2 + b_2y_2 \\ y_3' = b_0 + b_1x_3 + b_2y_3 \end{cases} \quad \begin{bmatrix} y_1' \\ y_2' \\ y_3' \end{bmatrix} = \begin{bmatrix} 1 & x_1 & y_1 \\ 1 & x_2 & y_2 \\ 1 & x_3 & y_3 \end{bmatrix} \begin{bmatrix} b_0 \\ b_1 \\ b_2 \end{bmatrix} \tag{5-7}$$

可用联立方程或矩阵求逆，解出 a_0 、a_1 、a_2 和 b_0 、b_1 、b_2 6 个系数。这样 $h_1(x,y)$ 和 $h_2(x,y)$ 可确定，然后利用 $h_1(x,y)$ 、$h_2(x,y)$ 的变换复原此三点连线所包围的三角形部分区域内各点像素。由此每三个一组的点重复进行，即可实现全部图像的几何校正。

要更精确一些，可用二次型畸变来近似。

$$\begin{cases} x' = a_0 + a_1 x + a_2 y + a_3 x^2 + a_4 xy + a_5 y^2 \\ y' = b_0 + b_1 x + b_2 y + b_3 x^2 + b_4 xy + b_5 y^2 \end{cases} \tag{5-8}$$

有 12 个参数未知，需要 6 对已知坐标点 (x_1, y_1)、(x_1', y_1')、(x_2, y_2)、(x_2', y_2')，…，(x_6, y_6)、(x_6', y_6')。

写成矩阵形式有

$$\begin{bmatrix} x_1' \\ x_2' \\ x_3' \\ x_4' \\ x_5' \\ x_6' \end{bmatrix} = \begin{bmatrix} 1 & x_1 & y_1 & x_1^2 & x_1 y_1 & y_1^2 \\ 1 & x_2 & y_2 & x_2^2 & x_2 y_2 & y_2^2 \\ 1 & x_3 & y_3 & x_3^2 & x_3 y_3 & y_3^2 \\ 1 & x_4 & y_4 & x_4^2 & x_4 y_4 & y_4^2 \\ 1 & x_5 & y_5 & x_5^2 & x_5 y_5 & y_5^2 \\ 1 & x_6 & y_6 & x_6^2 & x_6 y_6 & y_6^2 \end{bmatrix} \begin{bmatrix} a_0 \\ a_1 \\ a_2 \\ a_3 \\ a_4 \\ a_5 \end{bmatrix} \tag{5-9}$$

即

$$x' = Ca \tag{5-10}$$

同理有

$$y' = Cb \tag{5-11}$$

用联立方程组或矩阵运算可求出 a 和 b 向量，即可求出 $h_1(x, y)$ 和 $h_2(x, y)$。

然而由于实际情况的复杂多样，上面各式联立方程组或矩阵运算不一定有解或有多组解，或者不是全局的最优解等，这时就要采用最小二乘法来解决这个问题，以保证求得的 $h_1(x, y)$ 和 $h_2(x, y)$ 函数在全局上能最好地反映几何失真的情况。

设已知 L 个坐标对应关系如下：

$(x_1', y_1') \to (x_1, y_1)$，$(x_2', y_2') \to (x_2, y_2)$，…，$(x_L', y_L') \to (x_L, y_L)$。进行拟合时，应使拟合误差平方和为最小，即令

$$\varepsilon_1 = \sum_{e=1}^{L} \left(x_e' - \sum_{i=0}^{N} \sum_{j=0}^{N-i} a_{ij} x_e^i y_e^j \right)^2 \tag{5-12}$$

$$\varepsilon_2 = \sum_{e=1}^{L} \left(y_e' - \sum_{i=0}^{N} \sum_{j=0}^{N-i} b_{ij} x_e^i y_e^j \right)^2 \tag{5-13}$$

为最小。

上式的极值条件为

$$\begin{aligned} \sum_{e=1}^{L} \left(\sum_{i=0}^{N} \sum_{j=0}^{N-i} a_{ij} x_e^i y_e^j \right) x_e^s y_e^t &= \sum_{e=1}^{L} x_e' x_e^s y_e^t \\ \sum_{e=1}^{L} \left(\sum_{i=0}^{N} \sum_{j=0}^{N-i} b_{ij} x_e^i y_e^j \right) x_e^s y_e^t &= \sum_{e=1}^{L} y_e' x_e^s y_e^t \end{aligned} \tag{5-14}$$

式中 $s = 0, 1, 2, \cdots, N$，$t = 0, 1, 2, \cdots, N - s$。

通常为简化计算，在式中只取到二次，即 $N = 2$，得到

$$Ta = x' \tag{5-15}$$

$$Tb = y' \tag{5-16}$$

式中，T 为 6×6 矩阵，a、x、b、y 都为 6×1 的列向量。

$$T=\begin{bmatrix}\sum_{e=1}^{L}1 & \sum_{e=1}^{L}y_e & \sum_{e=1}^{L}y_e^2 & \sum_{e=1}^{L}x_e & \sum_{e=1}^{L}x_ey_e & \sum_{e=1}^{L}x_e^2\\ \sum_{e=1}^{L}y_e & \sum_{e=1}^{L}y_e^2 & \sum_{e=1}^{L}y_e^3 & \sum_{e=1}^{L}x_ey_e & \sum_{e=1}^{L}x_ey_e^2 & \sum_{e=1}^{L}x_e^2y_e\\ \sum_{e=1}^{L}y_e^2 & \sum_{e=1}^{L}y_e^3 & \sum_{e=1}^{L}y_e^4 & \sum_{e=1}^{L}x_ey_e^2 & \sum_{e=1}^{L}x_ey_e^3 & \sum_{e=1}^{L}x_e^2y_e^2\\ \sum_{e=1}^{L}x_e & \sum_{e=1}^{L}x_ey_e & \sum_{e=1}^{L}x_ey_e^2 & \sum_{e=1}^{L}x_e^2 & \sum_{e=1}^{L}x_e^2y_e & \sum_{e=1}^{L}x_e^3\\ \sum_{e=1}^{L}x_ey_e & \sum_{e=1}^{L}x_ey_e^2 & \sum_{e=1}^{L}x_ey_e^3 & \sum_{e=1}^{L}x_e^2y_e & \sum_{e=1}^{L}x_e^2y_e^2 & \sum_{e=1}^{L}x_e^3y_e\\ \sum_{e=1}^{L}x_e^2 & \sum_{e=1}^{L}x_e^2y_e & \sum_{e=1}^{L}x_e^2y_e^2 & \sum_{e=1}^{L}x_e^3 & \sum_{e=1}^{L}x_e^3y_e & \sum_{e=1}^{L}x_e^4\end{bmatrix}$$

$$a=[a_{00}\quad a_{01}\quad a_{02}\quad a_{10}\quad a_{11}\quad a_{20}]^T$$

$$b=[b_{00}\quad b_{01}\quad b_{02}\quad b_{10}\quad b_{11}\quad b_{20}]^T$$

$$x'=\left[\sum_{e=1}^{L}x'_e\quad \sum_{e=1}^{L}x'_ey_e\quad \sum_{e=1}^{L}x'_ey_e^2\quad \sum_{e=1}^{L}x'_ex_e\quad \sum_{e=1}^{L}x'_ex_ey_e\quad \sum_{e=1}^{L}x'_ex_e^2\right]^T$$

$$y'=\left[\sum_{e=1}^{L}y'_e\quad \sum_{e=1}^{L}y'_ey_e\quad \sum_{e=1}^{L}y'_ey_e^2\quad \sum_{e=1}^{L}y'_ex_e\quad \sum_{e=1}^{L}y'_ex_ey_e\quad \sum_{e=1}^{L}y'_ex_e^2\right]^T \tag{5-17}$$

解出方程组，即可得到拟合参数。一旦得到拟合参数，就可对畸变的图像进行校正，对原图像中的每一对坐标 (x,y) 按式（5-15）、式（5-16）计算出其在畸变图像上的坐标 (x',y')，根据坐标 (x',y') 的灰度值情况给原始图像中坐标 (x,y) 的像素点赋值。这时有三种情况：（1）如果这一坐标恰好落在畸变图像的像素上，则原图像 (x,y) 点的灰度值就为畸变图像相应点 (x',y') 的灰度值；（2）如果这一坐标落在图像内而不是像素点，那么可用下面介绍的方法进行内插值而得到灰度级；（3）如果坐标落在畸变图像的外边，则用最靠近它的图像的像素点的灰度值作为它的灰度值。

2. 内插法确定像素的灰度值

当原图像坐标 (x,y) 变换后，落在畸变图像内，但不是刚好在图像的像素点上，就需要通过一定的手段求出这一点的灰度值，常用的方法有最近邻法、双线性内插法和三次卷积法。

（1）最近邻法：最简单的插值方法是最近邻法，即选择离它所映射到的位置最近的输入像素的灰度值为插值结果。若原图像上坐标为 (x,y) 的像素经变换后落在畸变图像 $g(x',y')$ 内的坐标为 (u,v)，则近邻插值的数学表示为

$$f(x,y)=g(x'_k,y'_t) \tag{5-18}$$

其中 x'_k,y'_t 满足

$$\begin{cases}\frac{1}{2}(x'_{k-1}+x'_t)<u<\frac{1}{2}(x'_k+x'_{k+1})\\ \frac{1}{2}(y'_{t-1}+y'_t)<u<\frac{1}{2}(y'_t+y'_{t+1})\end{cases} \tag{5-19}$$

这种插值法对于邻近像素点的灰度值有较大改变，细微结构是粗糙的。

（2）双线性内插法：原图像 $f(x,y)$ 上的一像素坐标为 (x,y)，经变换后，落在畸变图像 $g(x',y')$ 内的坐标为 (u,v)，如图 5-1 所示。图中[ ]表示取整。

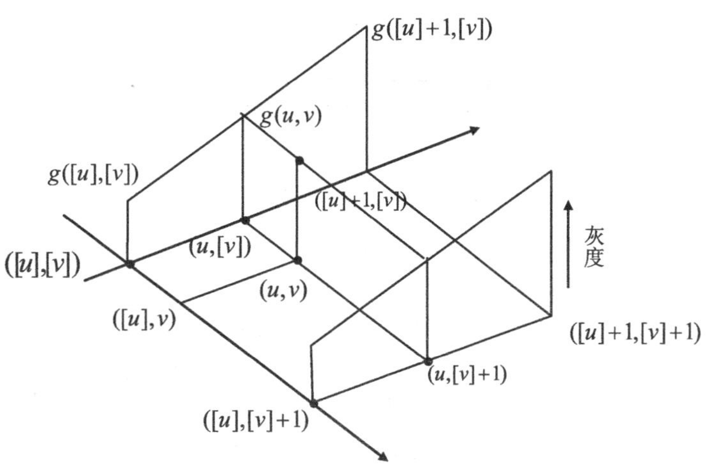

图 5-1 由四邻点灰度值插值求 $g(u,v)$ 的灰度值

定义：$a=u=[u]$，$b=v-[v]$，则 $g(u,v)$ 的取值按如下公式计算：

$$\begin{aligned}g(u,v)=&(1-a)(1-b)g([u],[v])+(1-a)bg([u],[v]+1)\\&+a(1-b)g([u]+1,[v])+abg([u]+1,[v]+1)\end{aligned} \tag{5-20}$$

当 $u=[u]$ 或 $v=[v]$ 时，则有

$$g(u,v)=(1-b)g([u],[v])+bg([u],[v]+1) \tag{5-21}$$

或

$$g(u,v)=(1-a)g([u],[v])+ag([u]+1,[v]) \tag{5-22}$$

复原图像

$$f(x,y)=g(u,v)，\quad u=h_1(x,y)，\quad v=h_2(x,y)$$

这就是双线性内插法，它具有低通滤波器性质，使高频信息受损，图像轮廓模糊。

（3）三次卷积法：如果在变换后的坐标附近能找到 16 个邻点，就可采用此法。设 16 个邻点排成的矩阵为

$$B=\begin{bmatrix}g([u]-1,[v]-1) & g([u]-1,[v]) & g([u]-1,[v]+1) & g([u]-1,[v]+2)\\ g([u],[v]-1) & g([u],[v]) & g([u],[v]+1) & g([u],[v]+2)\\ g([u]+1,[v]-1) & g([u]+1,[v]) & g([u]+1,[v]+1) & g([u]+1,[v]+2)\\ g([u]+2,[v]-1) & g([u]+2,[v]) & g([u]+2,[v]+1) & g([u]+2,[v]+2)\end{bmatrix} \tag{5-23}$$

则坐标点处的灰度值近似为

$$\begin{aligned}&f(x,y)=g(u,v)=ABC\\&A=[s(1+b)\quad s(b)\quad s(1-b)\quad s(2-b)]\\&C=[s(1+a)\quad s(a)\quad s(1-a)\quad s(2-a)]^T\end{aligned} \tag{5-24}$$

上式中 $s(\cdot)$ 函数为

$$s(\omega)=\begin{cases}1-2|\omega|^2+|\omega|^3, & |\omega|<1\\ 4-8|\omega|+5|\omega|^2-|\omega|^3, & 1\leqslant|\omega|<2\\ 0, & |\omega|\geqslant 2\end{cases} \tag{5-25}$$

三次卷积法计算量大，但精度高，能保持较好的图像边缘细节。

5.2 齐次坐标

数字图像是对一幅连续图像的坐标和色彩都离散化了的图像，坐标的离散通过采样完成，色彩的离散通过量化完成，因此可以用二维数组 $f(x,y)$ 表示，其中 x 和 y 表示像素点的坐标位置，$f(x,y)$ 代表图像点 (x,y) 的灰度值（如果所处理的是彩色图像，则通过 RGB 值表示）。图像几何变换的基础是代数和几何学。几何变换可以使用户获得大小、形状和位置都发生变化的各种图像。为讨论和研究问题的方便，无论是图像比例缩放、旋转、反射和剪切，还是图像的平移、透视变化及复合变换等，几何变换一般采用如下形式。

$$\begin{bmatrix} x_1 \\ y_1 \end{bmatrix} = T\begin{bmatrix} x_0 \\ y_0 \end{bmatrix} = \begin{bmatrix} a & b \\ c & d \end{bmatrix}\begin{bmatrix} x_0 \\ y_0 \end{bmatrix} \tag{5-26}$$

根据几何学知识，上述变换可以实现图像各像素点以及坐标原点的比例缩放、反射、剪切和旋转等各种变换，但是上述 2×2 变换矩阵 T 不能实现图像的平移以及绕任意点的比例统一缩放、反射、剪切和旋转等变换。

因此，为了能够用统一的矩阵线性变换形式，表示和实现这些常见的图像几何变换，就需要引入一种新的坐标，即齐次坐标。采用齐次坐标可以实现上述各种几何变换的统一表示。

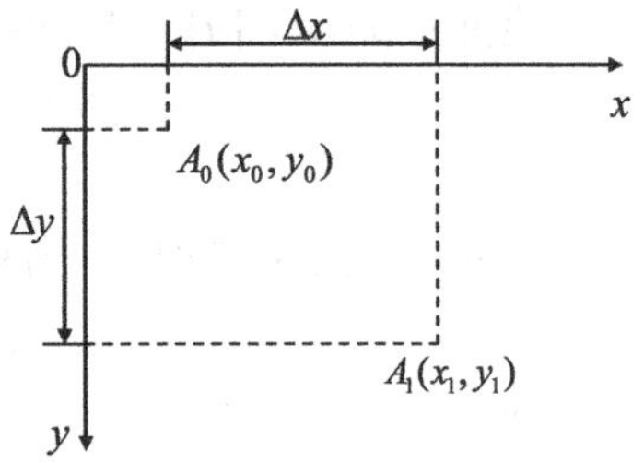

图 5-2　像素点的平移

若将点 $A_0(x_0,y_0)$ 在水平方向（ x 方向）平移 Δx 距离，在垂直方向（ y 方向）平移 Δy 距离到新的位置 $A_1(x_1,y_1)$，如图 5-2 所示，则新位置 $A_1(x_1,y_1)$ 点的坐标为：

$$\begin{cases} x_1 = x_0 + \Delta x \\ y_1 = y_0 + \Delta y \end{cases} \tag{5-27}$$

式（5-27）可以表示为如下形式。

$$\begin{bmatrix} x_1 \\ y_1 \end{bmatrix} = \begin{bmatrix} 1 & 0 \\ 0 & 1 \end{bmatrix}\begin{bmatrix} x_0 \\ y_0 \end{bmatrix} + \begin{bmatrix} \Delta x \\ \Delta y \end{bmatrix} \tag{5-28}$$

但却无法表示为式（5-26），即不能表示为如下形式。

$$\begin{bmatrix} x_1 \\ y_1 \end{bmatrix} = \begin{bmatrix} a & b \\ c & d \end{bmatrix}\begin{bmatrix} x_0 \\ y_0 \end{bmatrix} \tag{5-29}$$

由于矩阵 T 中没有引入平移常量，无论 a 、b 、c 、d 取什么值，都不能实现式（5-27）所示的平移功能。因此，为了用式（5-26）表示平移变换，需要对式（5-26）进行改进。

根据矩阵运算规律，可以将 T 矩阵扩展为如下 2×3 变换矩阵，其形式为：

$$T = \begin{bmatrix} 1 & 0 & \Delta x \\ 0 & 1 & \Delta y \end{bmatrix} \tag{5-30}$$

若将矩阵 T 分块，该矩阵的第一、二列构成单位矩阵，第三列元素分别为 x 、y 方向的平移量。扩展后变换矩阵 2×3 矩阵，而矩阵相乘时要求前者的列数与后者的行数相等，因此，应在坐标列矩阵 $[x \quad y]^T$ 中引入第三个元素，扩展为 3×1 的列矩阵 $[x \quad y \quad 1]^T$ 。于是，以 $(x,y,1)$ 表示二维坐标点 (x,y)，就可以实现点的平移变换。变换形式如下：

$$\begin{bmatrix} x_1 \\ y_1 \end{bmatrix} = \begin{bmatrix} 1 & 0 & \Delta x \\ 0 & 1 & \Delta y \end{bmatrix}\begin{bmatrix} x_0 \\ y_0 \\ 1 \end{bmatrix} \tag{5-31}$$

通过上述变换虽然可以实现图像各像素点的平移变换，但为使变换运算时更方便，一般将 2×3 阶变换矩阵 T 进一步扩充为 3×3 矩阵，即采用如下变换矩阵：

$$T=\begin{bmatrix}1 & 0 & \Delta x\\0 & 1 & \Delta y\\0 & 0 & 1\end{bmatrix} \tag{5-32}$$

于是，平移变换可以用如下形式表示：

$$\begin{bmatrix}x_1\\y_1\\1\end{bmatrix}=\begin{bmatrix}1 & 0 & \Delta x\\0 & 1 & \Delta y\\0 & 0 & 1\end{bmatrix}\begin{bmatrix}x_0\\y_0\\1\end{bmatrix} \tag{5-33}$$

由此可知，引入附加坐标后，将 2×2 矩阵扩展为 3×3 矩阵，就可以对各种几何变换进行统一表示。这种以 $n+1$ 维向量表示 n 维向量的方法称为齐次坐标表示法。齐次坐标的几何意义相当于点 (x,y) 投影在 xyz 三维立体空间的 $z=1$ 的平面上。

5.3 插　　值

在图像处理领域的主要是二维插值。插值通常利用曲线拟合的方法，通过离散的采样点建立一个连续函数，用这个重建的函数便可以求出任意位置的函数值。在 MATLAB 图像处理工具箱中，提供了三种插值方法。

- 最近邻插值（Nearest neighbor interpolation）。
- 双线性插值（Bilinear interpolation）。
- 双三次插值（Bicubic interpolation）。

在 MATLAB 图像工具箱中提供了 interp2 函数来实现插值运算。其调用格式为：

ZI = interp2(X,Y,Z,XI,YI)：对 X、Y 和 Z 定义的二维数组进行对应于 XI 和 YI 的插值运算返回数组 ZI。X 和 Y 必须具有单调性、相同的格式。返回值 ZI 关联于点 XI(i,j)，YI(i,j)。

ZI = interp2(Z,XI,YI)：默认 X=1:n、Y＝1:m，这里[m,n]=size(Z)。

ZI = interp2(Z,ntimes)：应用递归 ntimes（默认值为 1）次把每个元素交错插值扩展 Z。

ZI = interp2(X,Y,Z,XI,YI,method)：参数 method 定义了选择插值的方法，其可选值有：

- 'nearest'：最近邻插值。
- 'linear'：双线性插值（默认项）。
- 'spline'：三次样条插值。
- 'cubic'：立方插值。

【例 5-1】利用 interp2 函数对图像进行各种插值。

```
>> clear all;
I2=imread('coins.png');
subplot(2,3,1);imshow(I2);
xlabel('(a)原始图像')
Z1=interp2(double(I2),2,'nearest');     %最近邻插值法
Z1=uint8(Z1);
subplot(2,3,2);imshow(Z1);
xlabel('(b)最近邻插值');
```

```
Z2=interp2(double(I2),2,'linear');      %线性插值法
Z2=uint8(Z2);
subplot(2,3,3);imshow(Z2);
xlabel('(c)线性插值法');
Z3=interp2(double(I2),2,'spline');    %三次样条插值法
Z3=uint8(Z3);
subplot(2,3,4);imshow(Z3);
xlabel('(d)三次样条插值');
Z4=interp2(double(I2),2,'cubic');     %立方插值
Z4=uint8(Z4);
subplot(2,3,5);imshow(Z4);
xlabel('(e)立方插值');
```

运行程序，效果如图 5-3 所示。

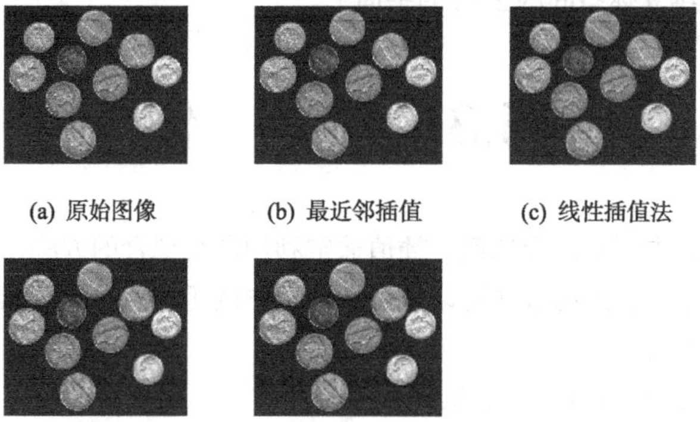

(a) 原始图像　(b) 最近邻插值　(c) 线性插值法

(d) 三次样条插值　(e) 立方插值

图 5-3　图像的不同插值效果

5.4　图像的形变与位变

图像的位置变换主要包括图像平移变换、图像镜像变换和图像旋转变换等。而图像形状变换包含图像错切变换、裁剪变换、缩放变换等。

5.4.1　平移变换

图像平移变换有以下几点说明。

（1）平移后图像上的每一点都可以在原图像中找到对应的点。例如，对于新图中的（0,0）像素，代入式（5-27）所示的方程组，可以求出对应原图像中的像素 $(-\Delta x,-\Delta y)$ 。如果 Δx 或 Δy 大于 0，则点 $(-\Delta x,-\Delta y)$ 不在原图像中。对于不在原图像中的点，可以直接将它的像素值统一设置为 0 或者 255（对于灰度图像就是黑色或白色）。

设某一图像矩阵 F 如式（5-34）所示。图像平移后，一方面可以将不在原图像中点的像素值统一设置为 0，如式（5-35）所对应的矩阵 G ，另一方面，也可以将不在原图像中的点的像素统一设置为 255，如式（5-11）所对应的矩阵 H 。

$$F=\begin{bmatrix} f_{11} & f_{12} & \cdots & f_{1n-1} & f_{1n} \\ f_{21} & f_{22} & \cdots & f_{2n-1} & f_{2n} \\ \vdots & \vdots & \ddots & \vdots & \vdots \\ f_{n1} & f_{n2} & \cdots & f_{nn-1} & f_{nn} \end{bmatrix} \tag{5-34}$$

$$G=\begin{bmatrix} 0 & 0 & 0 & \cdots & 0 \\ 0 & f_{11} & f_{12} & \cdots & f_{1n-1} \\ 0 & f_{21} & f_{22} & \cdots & f_{2n-1} \\ \vdots & \vdots & \vdots & \ddots & \vdots \\ 0 & f_{n1} & f_{n2} & \cdots & f_{nn-1} \end{bmatrix} \tag{5-35}$$

$$H=\begin{bmatrix} 255 & 255 & 255 & \cdots & 255 \\ 255 & f_{11} & f_{12} & \cdots & f_{1n-1} \\ 255 & f_{21} & f_{22} & \cdots & f_{2n-1} \\ \vdots & \vdots & \vdots & \ddots & \vdots \\ 255 & f_{n1} & f_{n2} & \cdots & f_{nn-1} \end{bmatrix} \tag{5-36}$$

（2）若图像平移后并没有被放大，说明移出的部分被截断，原图像中有点被移出显示区域。式（5-35）所示对应的矩阵 G 和式（5-36）所对应的矩阵 H，是式（5-34）所对应的矩阵 F 的结果。由于平移后图像没有被放大，使得移出的部分丢失。

（3）如果不想丢失被移出的部分图像，并将新生成的图像扩大，则

$$G=\begin{bmatrix} 0 & 0 & 0 & \cdots & 0 & 0 \\ 0 & f_{11} & f_{21} & \cdots & f_{1n-1} & f_{1n} \\ 0 & f_{21} & f_{22} & \cdots & f_{2n-1} & f_{2n} \\ \vdots & \vdots & \vdots & \ddots & \vdots & \vdots \\ 0 & f_{n1} & f_{2n} & \cdots & f_{nn-1} & f_{nn} \end{bmatrix} \tag{5-37}$$

在 MATLAB 中，也提供了对应的 translate 函数用于实现图像的平移。函数的调用格式为：

SE2 = translate(SE,V)：该函数用于实现图像的平移运算，参数 SE 为要进行平移的图像，V 为指定平移的位置。

【例 5-2】 利用 translate 函数实现图像的平移运算。

```
>> clear all;
I = imread('cameraman.tif');
se = translate(strel(1), [35 35]);
J = imdilate(I,se);
figure;
subplot(121);imshow(I);
xlabel('(a) 原始图像')
subplot(122);imshow(J);
xlabel('(b) 平移后图像');
```

运行程序，效果如图 5-4 所示。

(a) 原始图像　　(b) 平移后图像

图 5-4　图像的平移

5.4.2 裁剪变换

在实际应用或科研领域，很多时候要对图像进行裁剪操作。图像裁剪就是在原图像或者大图像中裁剪出图像块来，这个图像块一般是多边形形状的。图像裁剪是图像处理中最基本的操作之一。

在 MATLAB 图像处理工具箱中提供了 imcrop 函数对图像进行剪切处理。其调用格式为：

I = imcrop：对当前窗体中的图片显示剪切操作状态。

I2 = imcrop(I)或 X2 = imcrop(X, map)：分别对灰度图像、索引图像和真彩色图像进行剪切操作。

I2 = imcrop(I, rect)或 X2 = imcrop(X, map, rect)：指定矩形区域 rect 进行剪切操作，rect 为四元素向量[xmin,ymin,width,height]，分别表示矩形的左下角和长度及宽度，这些值在空间坐标中指定。

[...] = imcrop(x, y,...)：在指定坐标系（x,y）中剪切图像。

[I2 rect] = imcrop(…)或[X,Y,I2,rect] = imcrop(…)：在用户交互剪切图像的同时返回剪切框的参数 rect。

【例 5-3】使用 imcrop 函数对图像进行裁剪。

```
>>clear all;
I=imread('hua1.jpg');
I1=imcrop(I,[80 60 50 50]);
figure;
subplot(121);imshow(I);
subplot(122);imshow(I1);
```

运行程序，效果如图 5-5 所示。

(a) 原始图像

(b) 裁剪出来的图像块

图 5-5　图像的裁剪

【例 5-4】利用 imcrop 函数，通过鼠标操作实现图像的剪切操作。

```
>> clear all;
[A,map]=imread('house.jpg');
[I1,rect]=imcrop(A);   %对图像进行剪切
figure;
subplot(121);imshow(A);
rectangle('Position',rect,'LineWidth',2,'EdgeColor','r') %显示图像剪切区域
subplot(122);imshow(I1);  %显示剪切图像
```

运行程序，首先显示原图像 house，当鼠标移到图像区域后变成“+”，用户按住鼠标左键选择剪切区域，再在选择的剪切区域内右击，弹出剪切菜单，选择 Crop Image 选项，此时运行效果如图 5-6（a）所示，然后单击，确定剪切区域，效果如图 5-6（b）所示。用户在执行函数 imcrop 这种调用形式时，应注意它的执行方法。

(a) 怎样选择剪切图像

(b) 剪切效果

图 5-6　用鼠标实现图像的剪切操作

5.4.3　缩放变换

图像比例缩放是指将给定的图像在 x 轴方向按比例缩放 f_x 倍，在 y 轴方向按比例缩放 f_y 倍，从而获得一幅新的图像。如果 $f_x = f_y$，即在 x 轴方向和 y 轴方向缩放的比率相同，称这样的比例缩放为图像的全比例缩放。如果 $f_x \neq f_y$，图像的比例缩放会改变原始图像像素间的相对位置，产生几何畸变，如图 5-7 所示。设原图像中的点 $P_0(x_0, y_0)$ 比例缩放后，在新图像中的对应点为 $P(x, y)$，则 $P_0(x_0, y_0)$ 和 $P(x, y)$ 之间的对应关系如图 5-8 所示。

(a) 原始图像

(b) 非全比例缩小

(c) 全比例缩小

图 5-7　图像的缩放

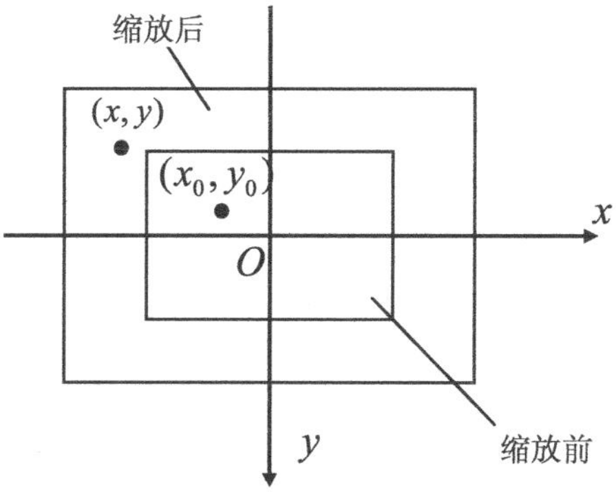

图 5-8　比例缩放

比例缩放前后两点 $P_0(x_0, y_0)$ 和 $P(x, y)$ 之间的关系用矩阵形式可以表示为：

$$\begin{bmatrix} x \\ y \\ 1 \end{bmatrix} = \begin{bmatrix} f_x & 0 & 0 \\ 0 & f_x & 0 \\ 0 & 0 & 0 \end{bmatrix} \begin{bmatrix} x_0 \\ y_0 \\ 1 \end{bmatrix} \tag{5-38}$$

式（5-38）的代数为：

$$\begin{cases} x = f_x \bullet x_0 \\ y = f_y \bullet y_0 \end{cases} \tag{5-39}$$

在 MATLAB 中，提供了 imresize 函数用于实现图像的缩放。函数的调用格式为：

B = imresize(A, scale)：返回图像 B，图像 B 的大小为 A 的 scale 倍。A 可以是灰度图像、真彩色图像、二值图像。参数 scale 的范围在[0,1]中，即 B 比 A 小，如果 scale 比 1.0 大，即 B 比 A 大。

B = imresize(A, [numrows numcols])：对原始图像 A 进行比例缩放，返回图像 B 的行数 mrows 和列数 rncols。如果 mrows 或 ncols 为 NaN，则表明 MATLAB 自动调整了图像的缩放比例。

[Y newmap] = imresize(X, map, scale)：对索引图像 X 进行成比例放大或缩小。参量 map 为一列数为 3 的矩阵，表示矩阵表。scale 可以为比例因子（标量）或是指定输出图像大小([numrows numcols])的向量。

[...] = imresize(..., method)：字符串参量 method 指定图像缩放插值法，nearest（最近邻插值）、bilinear（双线性插值）、bicubic（双立方插值），默认为 nearest。

[...] = imresize(..., parameter, value, ...)：参数对（parameter, value）可以配置抗锯齿（Antialiasing）、色图优化（Colormap）、颜色抖动（Dither）、缩放比例（Scale）、输出大小控制（OutputSize）和插值运算方法（Method）等。

【例 5-5】利用 imresize 函数实现图像的缩放。

```
>> clear all;
I = imread('fj5.jpg');
J = imresize(I, 0.5);
J1=imresize(I, 2.5);
subplot(231); imshow(I)
xlabel('(a)原始图像');
subplot(232), imshow(J)
xlabel('(b)缩小 0.5')
subplot(233), imshow(J1)
xlabel('(c)放大 2.5 倍')
J2 = imresize(I, 0.5, 'nearest');
subplot(234);imshow(J2)
xlabel('(d) 最近邻插值法');
J3 = imresize(I, 0.5, 'bilinear');
subplot(235);imshow(J3)
xlabel('(e) 双线性插值法');
J4 = imresize(I, 0.5, 'bicubic');
subplot(236);imshow(J4)
xlabel('(f) 双立方插值法');
```

运行程序，效果如图 5-9 所示。

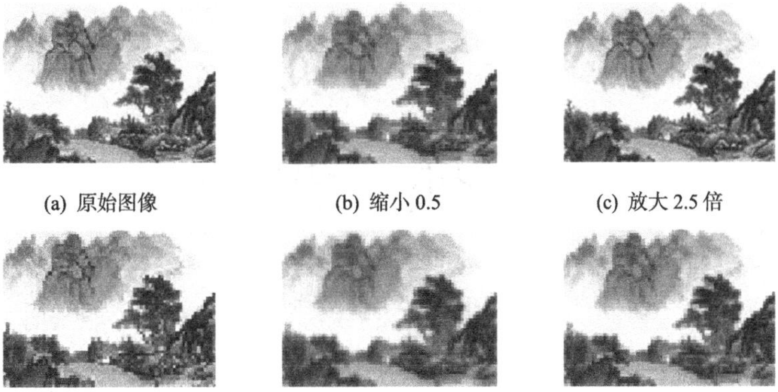

(a) 原始图像　(b) 缩小 0.5　(c) 放大 2.5 倍

(d) 最近领插值法　(e) 双线性插值法　(f) 双立方插值法

图 5-9　图像的缩放

5.4.4 旋转变换

图像的旋转变换是几何学中研究的重要内容之一。一般情况下，图像的旋转变换是指以图像的中心为原点，将图像上的所有像素都旋转同一个角度的变换。图像经过旋转变换之后，图像的位置发生了改变，但旋转后，图像的大小一般会改变。和平移变换一样，在图像旋转变换中既可以把转出显示区域的图像截去，也可以扩大显示区域的图像范围以显示图像的全部。

设原始图像的任意点 $A_0(x_0, y_0)$ 经旋转 β 角度以后到新的位置 $A(x, y)$，为表示方便，采用极坐标形式表示，原始点的角度为 α 。

根据极坐标与二维垂直坐标的关系，原始图像的点 $A_0(x_0, y_0)$ 的 x 和 y 坐标如下：

$$\begin{cases} x_0 = r\cos\alpha \\ y_0 = r\sin\alpha \end{cases} \tag{5-40}$$

旋转到新位置以后点 $A(x, y)$ 的坐标如下：

$$\begin{cases} x = r\cos(\alpha-\beta) = r\cos\alpha\cos\beta + r\sin\alpha\sin\beta \\ y = r\sin(\alpha-\beta) = r\sin\alpha\cos\beta + r\cos\alpha\sin\beta \end{cases} \tag{5-41}$$

旋转变换需要以点 $A_0(x_0, y_0)$ 表示点 $A(x, y)$，因此对上式进行简化，可得：

$$\begin{cases} x = x_0\cos\beta + y_0\sin\beta \\ y = -x_0\sin\beta + y_0\cos\beta \end{cases} \tag{5-42}$$

同样，图像的旋转变换也可以用矩阵形式表示如下：

$$\begin{bmatrix} x \\ y \\ 1 \end{bmatrix} = \begin{bmatrix} \cos\beta & \sin\beta & 0 \\ -\sin\beta & \cos\beta & 0 \\ 0 & 0 & 1 \end{bmatrix} \begin{bmatrix} x_0 \\ y_0 \\ 1 \end{bmatrix} \tag{5-43}$$

图像旋转之后，数字图像的坐标值必须是整数，可能引起图像部分像素点的局部改变，因此，这时图像的大小也会发生一定的改变。一般情况下，这种变化可能感觉不明显，如图 5-10 所示，图像经过两次 45° 和 135° 旋转变换，旋转 360° 之后，图像(b)的字迹发生了较明显的变化，特别是字体的边缘更为明显。

若图像角 $\beta = 45°$ 时，则变换关系如下：

$$\begin{cases} x = 0.707x_0 + 0.707y_0 \\ y = -0.707x_0 + 0.707y_0 \end{cases} \tag{5-44}$$

(a) 原始图像　　(b) 旋转以后的图像

图 5-10　旋转变换产生的影响

以原始图像的点（1,1）为例，旋转以后，均为小数，经舍入以后为（1,0），产生了位置误差。因此，图像旋转以后可能会发生一些细微变化。

对图像进行旋转变换时应注意以下几点。

（1）为了避免图像旋转之后可能产生的信息丢失，可以先进行平移，然后进行图像旋转。

（2）图像旋转之后，可能会出现一些空白点，需对这些空白点进行灰度级的插值处理，否则影响旋转之后的图像质量。

在某些情况下，一个几何变换需要两个独立算法支持。其中一个算法用来实现空间变换本身，用它描述每个像素点如何从其初始位置移动到目标位置，即每个像素点的几何变换；而另一个算法用于灰度级的插值，这是因为输入图像的位置坐标为整数，目标图像的像素坐标位置不一定是整数，需要进行灰度级插值来提高图像质量，反之亦然。

需要指出的是，上述所讨论的旋转是绕坐标轴原点（0,0）进行的，如果图像旋转是绕一个其他指定点 (a,b) 旋转，则先要将坐标系平移到该点，再进行旋转，然后将旋转后的图像平移回原来的坐标原点。

在 MATLAB 中，提供了 imrotate 函数用于实现图像的旋转。函数的调用格式为：

B = imrotate(A,angle)：将图像 A 旋转角度 angle，单位为（°），逆时针为正，顺时针为负。

B = imrotate(A,angle,method)：字符串参量 method 指定图像旋转插值方法，nearest（最近邻插值）、bilinear（双线性插值）、bicubic（双立方插值），默认为 nearest。

B = imrotate(A,angle,method,bbox)：字符串参量 bbox 指定返回图像的大小，其取值为：

- crop：输出图像 B 与输入图像 A 具有相同的大小，对旋转图像进行剪切以满足要求。
- loose：默认值，输出图像 B 包含整个旋转后的图像，通常 B 比输入图像 A 要大。

【例 5-6】 图像分别逆时针旋转 30°、45°和 60°。

```
>> clear all;
I=imread('peppers.png');
subplot(2,2,1);imshow(I);
xlabel ('(a)原始图像')
disp('图像旋转 30° ，最近邻插值法运算时间：')
tic
X1=imrotate(I,30,'nearest'); %旋转 30°
toc
subplot(2,2,2);imshow(uint8(X1));
xlabel ('(b)图像旋转 30° ')
disp('图像旋转 45° ，最近邻插值法运算时间：')
tic
X2=imrotate(I,45,'nearest'); %旋转 45°
```

```
toc
subplot(2,2,3);imshow(uint8(X2));
xlabel ('(c)图像旋转 45° ')
disp('图像旋转 60° ，最近邻插值法运算时间：');
tic
X3=imrotate(I,60,'nearest'); %旋转 60°
toc
subplot(2,2,4);imshow(uint8(X3));
xlabel('(d)图像旋转 60° ')
```

运行程序，输出如下，效果如图 5-11 所示。

图像旋转 30° ，最近邻插值法运算时间：

```
Elapsed time is 1.936626 seconds.
```

图像旋转 45° ，最近邻插值法运算时间：

```
Elapsed time is 0.052738 seconds.
```

图像旋转 60° ，最近邻插值法运算时间：

```
Elapsed time is 0.014323 seconds.
```

(a) 原始图像

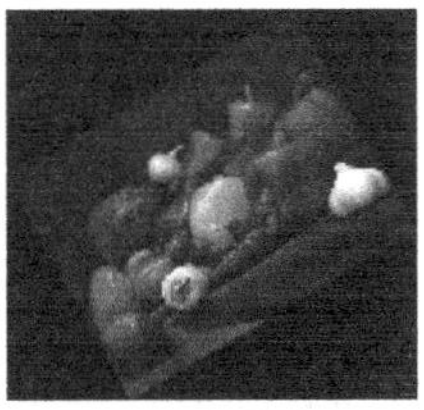

(b) 图像旋转 30°

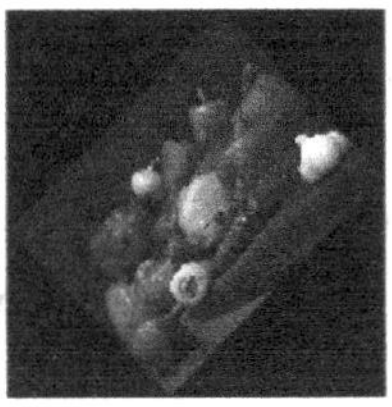

(c) 图像旋转 45°

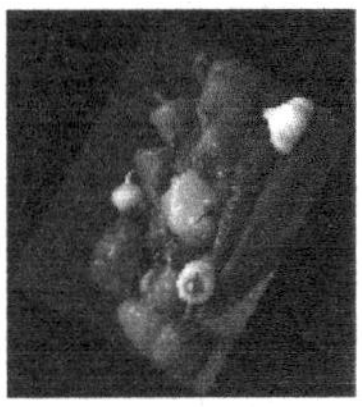

(d) 图像旋转 60°

图 5-11　图像旋转不同的角度效果

5.4.5 错切变换

图像的错切变换实际上是平面景物在投影平面上的非垂直投影。错切使图像中的图形产生扭变，这种扭变只在一个方向上产生，分别称为水平方向错切或垂直方向错切。下面分别对其进行简要介绍。

（1）水平方向的错切

根据图像错切定义，在水平方向上的错切是指图形在水平方向上发生了扭变。如图 5-12 所示，当图 5-12（a）发生了水平方向的错切之后，图 5-12（b）所示矩形的水平方向上的边扭变成斜边，而垂直方向上的边不变。图像在水平方向上错切的数学表达式为：

$$\begin{cases} x' = x + by \\ y' = y \end{cases} \tag{5-45}$$

式中，(x,y) 为原图像的坐标，(x',y') 为错切后的图像坐标。

根据式（5-45），错切时图形的列坐标不变，行坐标随原坐标 (x,y) 和系数 b 做线性变化，$b=\tan(\theta)$。若 $b>0$，图形沿 x 轴正方向做错切，若 $b<0$，图形沿 x 轴负方向做错切。

（2）垂直方向错切

图像在垂直方向上的错切，是指图形在垂直方向上的扭变。如图 5-13（a）发生了垂直方向的错切之后，图 5-13（b）所示矩形的水平方向上的边不变，垂直方向上的边扭变成斜边。图像在垂直方向上错切的数学表达式为：

$$\begin{cases} x' = x \\ y' = y + dx \end{cases} \tag{5-46}$$

式中，(x,y) 为原图像的坐标，(x',y') 为错切后的图像坐标。

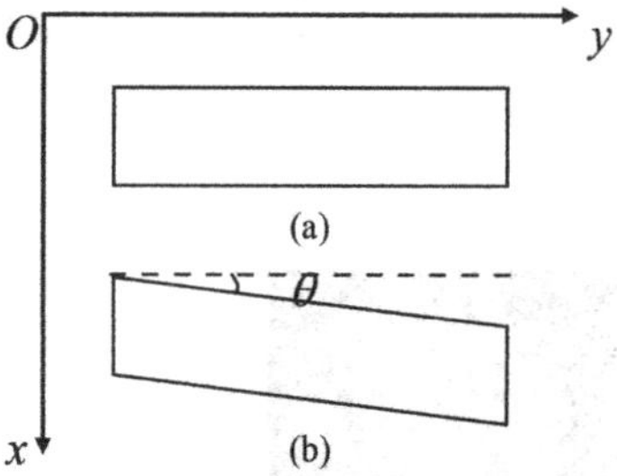

图 5-12　水平方向错切示意图

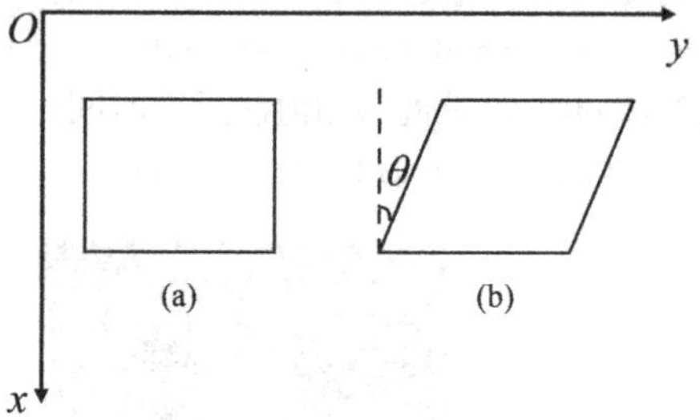

图 5-13　垂直方向错切示意图

根据式（5-46），错切时图形的行坐标不变，列坐标随原坐标 (x,y) 和系数 d 做线性变化，$d=\tan(\theta)$。若 $d>0$，图形沿 y 轴正方向做错切，若 $d<0$，图形沿 y 轴负方向做错切。

（3）利用错切实现图像的旋转

根据三角函数的性质，可以利用错切来实现图像的旋转。因为：

$$\begin{bmatrix} 1 & -\tan\frac{\theta}{2} \\ 0 & 1 \end{bmatrix}\begin{bmatrix} 1 & 0 \\ \sin\theta & 1 \end{bmatrix}\begin{bmatrix} 1 & -\tan\frac{\theta}{2} \\ \sin\theta & 1 \end{bmatrix}=\begin{bmatrix} \cos\theta & -\sin\theta \\ \sin\theta & \cos\theta \end{bmatrix} \tag{5-47}$$

图像旋转 θ 角度用矩阵形式表示为：

$$\begin{bmatrix} x' \\ y' \end{bmatrix}=\begin{bmatrix} \cos\theta & \sin\theta \\ \sin\theta & \cos\theta \end{bmatrix}\begin{bmatrix} x \\ y \end{bmatrix} \tag{5-48}$$

在 x 方向上和 y 方向上的错切用矩阵形式表示为：

$$\begin{bmatrix} x' \\ y' \end{bmatrix}=\begin{bmatrix} 1 & b \\ 0 & 1 \end{bmatrix}\begin{bmatrix} x \\ y \end{bmatrix},\quad \begin{bmatrix} x' \\ y' \end{bmatrix}=\begin{bmatrix} 1 & 0 \\ d & 1 \end{bmatrix}\begin{bmatrix} x \\ y \end{bmatrix} \tag{5-49}$$

所以，图像旋转可以分解成三次图像的错切来实现。

在 MATLAB 中，也可以用 imtransform 函数实现图像的错切效果，该函数的调用格式后面介绍。

【例 5-7】 利用 imtransform 函数实现图像的错切效果。

```
>> clear all;
I = imread('big.jpg');
tform = maketform('affine',[1 0 0; .5 1 0; 0 0 1]);
J = imtransform(I,tform);
figure;
subplot(121);imshow(I);
xlabel('(a) 原始图像');
```

```
subplot(122);imshow(J);
xlabel('(b) 错切效果');
```

运行程序，效果如图 5-14 所示。

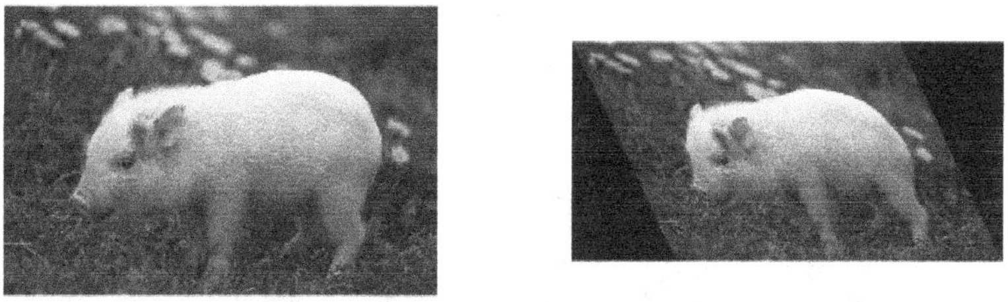

(a) 原始图像　　(b) 错切效果

图 5-14　函数实现图像错切效果

5.4.6　镜像变换

镜像变换也是与人们日常生活密切相关的一种变换，图像的镜像（Mirror）变换不改变图像的形状。图像的镜像变换包括水平镜像和垂直镜像两种。图像的水平镜像变换是将图像左半部分和右半部分以图像垂直中轴线为中心进行镜像对换，如图 5-15（b）所示；图像的垂直镜像变换是将图像上半部分和下半部分以图像水平中轴线为中心进行镜像对称，如图 5-15（c）所示；而图像的对角镜像变换是将图像做水平镜像再做垂直镜像变换后的结果，如图 5-15（d）所示。

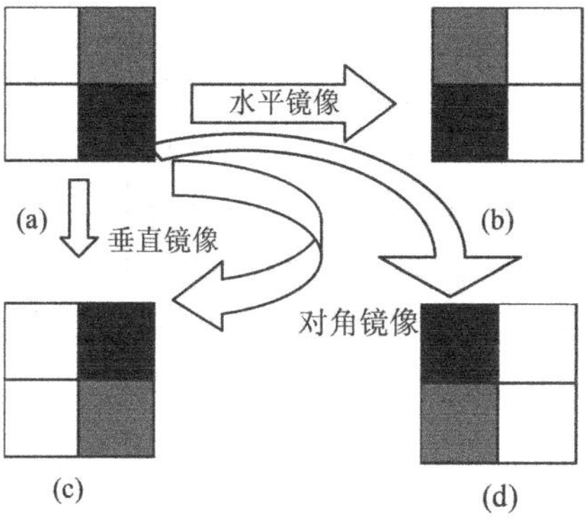

图 5-15　图像的镜像位置关系

1. 水平镜像

设点 $A_0(x_0, y_0)$ 进行镜像后的对应点为 $A(x, y)$，图像高度为 h，宽度为 w，原始图像中的点 $A_0(x_0, y_0)$ 经过水平镜像后坐标将变为：

$$\begin{cases} x = w - x_0 \\ y = y_0 \end{cases} \quad (5\text{-}50)$$

图像的水平镜像变换用矩阵形式表示如下：

$$\begin{bmatrix} x \\ y \\ 1 \end{bmatrix} = \begin{bmatrix} -1 & 0 & w \\ 0 & 1 & 0 \\ 0 & 0 & 1 \end{bmatrix} \begin{bmatrix} x_0 \\ y_0 \\ 1 \end{bmatrix} \quad (5\text{-}51)$$

同样也可以根据点 $A(x,y)$ 求解原始点 $A_0(x_0,y_0)$ 的坐标，矩阵表示形式如下：

$$\begin{bmatrix} x_0 \\ y_0 \\ 1 \end{bmatrix} = \begin{bmatrix} 1 & 0 & w \\ 0 & 1 & 0 \\ 0 & 0 & 1 \end{bmatrix} \begin{bmatrix} x \\ y \\ 1 \end{bmatrix} \tag{5-52}$$

图 5-16 所示为实际水平镜像的变换结果，图（a）为原始图像，图（b）为原始图像经水平镜像变换以后的图像。

(a) 原始图像　　(b) 水平镜像

图 5-16　图像的水平镜像变换

2. 垂直镜像

对于垂直镜像变换，设点 $A_0(x_0,y_0)$ 经过垂直镜像后坐标将变为点 $A(x,y)$，原始图像中的点 $A_0(x_0,y_0)$ 经过垂直镜像后坐标将变为：

$$\begin{cases} x = x_0 \\ y = h - y_0 \end{cases} \tag{5-53}$$

图像的垂直镜像变换也可以用矩阵变换表示，其矩阵表示形式如下：

$$\begin{bmatrix} x \\ y \\ 1 \end{bmatrix} = \begin{bmatrix} 1 & 0 & 0 \\ 0 & -1 & h \\ 0 & 0 & 1 \end{bmatrix} \begin{bmatrix} x_0 \\ y_0 \\ 1 \end{bmatrix} \tag{5-54}$$

垂直镜像也可以根据点 $A(x,y)$ 求解原始点 $A_0(x_0,y_0)$ 的坐标，矩阵表示形式如下：

$$\begin{bmatrix} x_0 \\ y_0 \\ 1 \end{bmatrix} = \begin{bmatrix} 1 & 0 & 0 \\ 0 & -1 & h \\ 0 & 0 & 1 \end{bmatrix} \begin{bmatrix} x \\ y \\ 1 \end{bmatrix} \tag{5-55}$$

(a) 原始图像　　(b) 垂直镜像变换

图 5-17　图像的垂直镜像变换

图 5-17 所示为垂直镜像的变换结果，图（a）为原始图像，图（b）为原始图像经垂直镜像变换以后的变换图像。

3. 对角镜像

对于对角镜像变换，设点 $A_0(x_0, y_0)$ 经过对角镜像后坐标将变为点 $A(x, y)$，原始图像中的点 $A_0(x_0, y_0)$ 经过对角镜像后坐标将变为：

$$\begin{cases} x = w - x_0 \\ y = h - y_0 \end{cases} \tag{5-56}$$

图像的对角镜像变换也可以用矩阵变换表示，其矩阵表示形式如下：

$$\begin{bmatrix} x \\ y \\ 1 \end{bmatrix} = \begin{bmatrix} -1 & 0 & w \\ 0 & -1 & h \\ 0 & 0 & 1 \end{bmatrix} \begin{bmatrix} x_0 \\ y_0 \\ 1 \end{bmatrix} \tag{5-57}$$

对角镜像也可以根据点 $A(x, y)$ 求解原始点 $A_0(x_0, y_0)$ 的坐标，矩阵表示形式如下：

$$\begin{bmatrix} x_0 \\ y_0 \\ 1 \end{bmatrix} = \begin{bmatrix} 1 & 0 & w \\ 0 & -1 & h \\ 0 & 0 & 1 \end{bmatrix} \begin{bmatrix} x \\ y \\ 1 \end{bmatrix} \tag{5-58}$$

图 5-18 所示为对角镜像的变换结果，图（a）为原始图像，图（b）为原始图像经对角镜像变换以后的变换图像。

(a) 原始图像　　(b) 对角镜像图像

图 5-18　图像对角镜像变换

在前面已经介绍过水平、垂直及对角镜像变换，下面通过 MATLAB 代码实现图像的镜像变换。

【例 5-8】利用 MATLAB 程序实现图像镜像变换效果。

```
>>clear all;
I=imread('ta.jpg');
figure;
subplot(221);imshow(I);
I=double(I);
h=size(I);
I_fliplr(1:h(1),1:h(2),1:h(3))=I(1:h(1),h(2):-1:1,1:h(3)); %水平镜像变换
I1=uint8(I_fliplr);
subplot(222);imshow(I1);
I_flipud(1:h(1),1:h(2),1:h(3))=I(h(1):-1:1,1:h(2),1:h(3)); %垂直镜像变换
I2=uint8(I_flipud);
subplot(223);imshow(I2);
I_fliplr_flipud(1:h(1),1:h(2),1:h(3))=I(h(1):-1:1,h(2):-1:1,1:h(3)); %对角镜像变换
I3=uint8(I_fliplr_flipud);
subplot(224);imshow(I3);
```

运行程序，效果如图 5-19 所示。

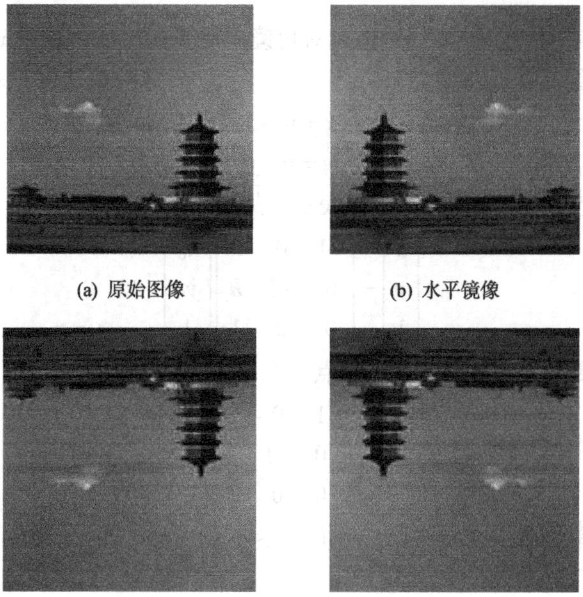

(a) 原始图像　　(b) 水平镜像

(c) 垂直镜像　　(d) 对角镜像

图 5-19　图像镜像变换显示效果

在 MATLAB 中也提供了相对的函数实现图像的镜像变换。下面介绍这几个函数。

（1）maketform 函数

maketform 函数用于创建空间变换结构。函数的调用格式为：

T = maketform(transformtype,...)：创建一个多维空间变换结构 T。字符串参量 transformtype 表示变换类型，其取值为：

- 'affine'：二维或多维仿射变换。
- 'projective'：二维或多维投影变换。
- 'custorm'：M 维到 N 维的自定义变换。
- 'box'：在各维上独立进行仿射变换。
- 'composite'：多种变换的组合变换。

T = maketform('affine',A)：创建一个 N 维仿射变换结构 T。参量 A 为非奇异的(N+1)×(N+1)或(N+1)×N 实数矩阵。如果 A 是(N+1)×(N+1)矩阵，则 A 最后一列必须全为 0。

T = maketform('affine',U,X)：创建一个二维仿射结构 T。参量 U、X 均为 3×2 输入输出矩阵，定义仿射变换。

T = maketform('projective',A)：创建一个 N 维投影变换结构 T。参量 A 为非奇异的(N+1)×(N+1)实数矩阵，其中，A(N+1,N+1)不能为 0。

T = maketform('projective',U,X)：创建一个二维投影变换结构 T。参量 U、X 均为 3×2 输入输出矩阵，定义投影变换。

T = maketform('custom', NDIMS_IN, NDIMS_OUT, FORWARD_FCN, INVERSE_FCN, TDATA)：基于用户提供的函数句柄和参数，创建一个用户自定义的变换结构 T。参量 NDIMS_IN 和 NDIMS_OUT 表示输入和输出的维数。FORWARD_FCN 和 INVERSE_FCN 表示正变换和逆变换函数的句柄。

T = maketform('composite',T1,T2,...,TL)或 T = maketform('composite', [T1 T2 ... TL])：创建一个复合变换结构 T，T 由 T1,T2,...,TL 叠加变换而成。例如，如果 L=3，则正变换 tformfwd(U,T)等价于正变换 tformfwd(tformfwd(tformfwd(U,T3),T2),T1)。

（2）imtransform 函数

imtransform 函数用于对图像进行二维空间变换。函数的调用格式为：

B = imtransform(A,tform)：按照指定的二维空间变换结构 tform 对图像 A 进行空间变换处理。tform 由 maketform 函数或 cp2tform 函数获取。如果 ndims(A)>2，例如真彩色图像，变换结构自动从高维的所有二维面进行变换计算。

B = imtransform(A,tform,interp)：指定插值的形式，可以指定为'nearest'（最邻近插值）、'bilinear'（双线性插值）和'bicubic'（立方插值）或是 makeresampler 函数返回值。

[B,xdata,ydata] = imtransform(...)：返回输出 X-Y 空间上的输出图像 B 的位置。XDATA 和 YDATA 为二元向量。XDATA 元素指定了 X 轴上图像 B 的第一列和最后一列，YDATA 元素指定了 Y 轴上图像 B 的第一列和最后一列。通常，函数会自动计算出 XDATA 和 YDATA，也就是图像的坐标轴显示的范围，以便让图像 B 包含完整的图像 A 变换后的信息。然而，也可以改变自动计算的形式。

[B,xdata,ydata] = imtransform(...,Name,Value)：指定影响空间变换的参数，参数的名称及属性如表 5-1 所列。

表 5-1　imtransform 函数的属性名及属性值

属性名	取值及说明
'UData'	说明图像 A 在 UV 坐标的空间位置。UData 是两元素向量，相应给出图像 A 从第一列和最后一列的在水平轴（U 轴）的坐标，默认值[1 size(A,2)]
'VData'	说明图像 A 在 UV 坐标的空间位置。VData 是两元素向量，相应给出图像 A 从第一行和最后一行的在垂直轴（V 轴）的坐标，默认值[1 size(A,1)]
'XData'	说明变换后图像 B 在 XY 坐标的空间位置。XData 是两元素向量，相应给出变换后图像 B 从第一列和最后一列在水平轴（X 轴）的坐标
'YData'	说明变换后图像 B 在 XY 坐标的空间位置。YData 是两元素向量，相应给出变换后图像 B 从第一行和最后一行在垂直轴（Y 轴）的坐标
'XYScale'	XYScale 为一个实数或两元素的向量。如果是向量，那么第一个元素说明在 XY 空间中每个像素的宽度，第二个元素说明在 XY 空间中每个像素的高度；如果是一个实数，则说明在 XY 空间中每个像素的高度和宽度相等
'Size'	两元素非负整数向量。说明输出图像 B 的行和列，如果输入图像 A 是 RGB 图像，即维数 k 大于 2，则输出图像 B 的高维与输入相等，即 size(B,k)=size(A,k)
'FillValues'	对一个矩阵填充 1 个或几个值。如果输入图像 A 是二维图像，'FillValue'的取值为实数，如果输入图像 A 是 RGB 图像，则'FillValues'的取值应该是三元素向量

【例 5-9】利用 maketform 函数及 imtransform 实现图像的镜像变换。

```
>> clear all;
I=imread('maomi.jpg');
[height,width,dim]=size(I);
%水平镜像变换
tform=maketform('affine',[-1 0 0;0 1 0;width 0 1]);
B=imtransform(I,tform,'nearest');
%垂直镜像变换
```

```
tform2=maketform('affine',[1 0 0;0 -1 0;0 height 1]);
C=imtransform(I,tform2,'nearest');
%对角镜像变换
tform3=maketform('affine',[-1 0 0;0 -1 0;width,height 1]);
D=imtransform(I,tform3,'nearest');
subplot(221);imshow(I);
xlabel('(a) 原始图像');
subplot(222), imshow(B);
xlabel('(b) 水平镜像');
subplot(223), imshow(C);
xlabel('(c) 垂直镜像');
subplot(224), imshow(D);
xlabel('(d) 对角镜像');
```

运行程序，效果如图 5-20 所示。

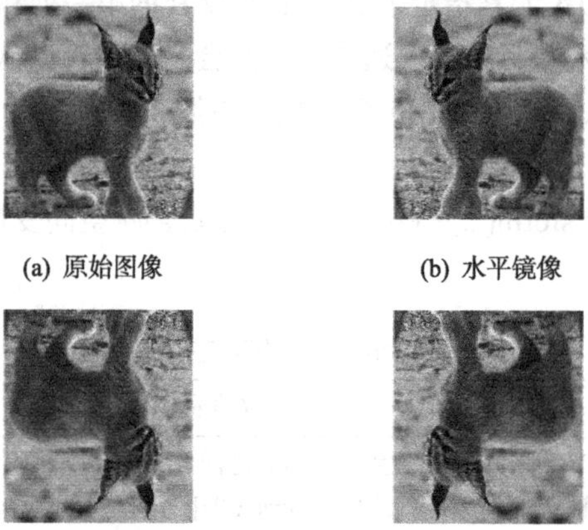

(a) 原始图像　(b) 水平镜像　(c) 垂直镜像　(d) 对角镜像

图 5-20　函数实现图像的镜像效果

5.4.7　转置变换

图像转置实现了一种图形坐标互换的效果。

转置的映射关系如下：

$$\begin{cases} x = y_0 \\ y = x_0 \end{cases}$$

用矩阵表示则为：

$$[x \quad y \quad 1] = [x_0 \quad y_0 \quad 1]\begin{bmatrix} 0 & 1 & 0 \\ 1 & 0 & 0 \\ 0 & 0 & 1 \end{bmatrix}$$

逆运算为：

$$[x_0 \quad y_0 \quad 1] = [x \quad y \quad 1]\begin{bmatrix} 0 & 1 & 0 \\ 1 & 0 & 0 \\ 0 & 0 & 1 \end{bmatrix}$$

可见，逆运算矩阵与原始矩阵相同，因此图像的运算使用向前映射和向后映射都可以。值得注意的是，进行图像转置后，图像的大小会发生改变。

【例 5-10】利用 MATLAB 编程实现图像的转置。

```
>> clear all;
I=imread('dot.jpg');
J=transp(I);   %对图像进行转置
subplot(121);imshow(I);
xlabel('(a)原始图像');
subplot(122);imshow(J);
xlabel('(b)转置图像');
```

运行程序，效果如图 5-21 所示。

(a) 原始图像　　(b) 转置图像

图 5-21　自定义函数实现图像的转置

根据需要，自定义编写图像转置函数 transp.m。源代码参考本书附赠的源代码。

5.5　图像复合变换

图像的复合变换是指对给定的图像连续施行若干次如前所述的平移、镜像、比例缩放、旋转等基本变换后所完成的变换，图像的复合变换又叫级联变换。

利用齐次坐标，对给定的图像依次按一定顺序连续施行若干次基本变换，其变换的矩阵仍然可以用3×3 阶的矩阵表示，而且从数学上可以证明，复合变换的矩阵等于基本变换的矩阵按顺序依次相乘得到的组合矩阵。设对给定的图像依次进行了基本变换 $F_1,F_2,\cdots,F_N$，它们的变换矩阵分别为 $T_1,T_2,\cdots,T_N$，则图像复合变换的矩阵 T 可以表示为：$T=T_NT_{N-1},\cdots,T_1$。

1. 复合平移

设某个图像先平移到新的位置 $P_1(x_1,y_1)$ 后，再将图像平移到位置 $P_2(x_2,y_2)$ 的位置，则复合平移矩阵为：

$$T=T_1T_2=\begin{bmatrix}1&0&x_1\\0&1&y_1\\0&0&1\end{bmatrix}\begin{bmatrix}1&0&x_2\\0&1&y_2\\0&0&1\end{bmatrix}=\begin{bmatrix}1&0&x_1+x_2\\0&1&y_1+y_2\\0&0&1\end{bmatrix}\tag{5-59}$$

由此可见，尽管一些顺序的平移用到矩阵的乘法，但最后合成的平移矩阵，只需对平移常量做加法运算。

2. 复合比例

同样，对某个图像连续进行比例变换，最后合成的复合比例矩阵，只要对比例常量做乘法运算即可。复合比例矩阵如下：

$$T = T_1T_2 = \begin{bmatrix} a_1 & 0 & 0 \\ 0 & d_1 & 0 \\ 0 & 0 & 1 \end{bmatrix}\begin{bmatrix} a_2 & 0 & 0 \\ 0 & d_2 & 0 \\ 0 & 0 & 1 \end{bmatrix} = \begin{bmatrix} a_1a_2 & 0 & 0 \\ 0 & d_1d_2 & 0 \\ 0 & 0 & 1 \end{bmatrix} \tag{5-60}$$

3. 复合旋转

类似地，对图像连续进行多次旋转变换，最后合成的旋转变换矩阵等于各次旋转角度之和。以包含两次旋转变换的复合旋转变换为例，其最后的变换矩阵如下：

$$\begin{aligned} T = T_1T_2 &= \begin{bmatrix} \cos\theta_1 & \sin\theta_1 & 0 \\ -\sin\theta_1 & \cos\theta_1 & 0 \\ 0 & 0 & 1 \end{bmatrix}\begin{bmatrix} \cos\theta_2 & \sin\theta_2 & 0 \\ -\sin\theta_2 & \cos\theta_2 & 0 \\ 0 & 0 & 1 \end{bmatrix} \\ &= \begin{bmatrix} \cos(\theta_1+\theta_2) & \sin(\theta_1+\theta_2) & 0 \\ -\sin(\theta_1+\theta_2) & \cos(\theta_1+\theta_2) & 0 \\ 0 & 0 & 1 \end{bmatrix} \end{aligned} \tag{5-61}$$

以上均为相对于原点（图像中心）做比例、旋转等复合变换，如果要相对其他参考点进行以上变换，则要先进行平移，然后再进行其他基本变换，最后形成图像的复合变换。不同的复合变换，所包含的基本变换的数量和次序各不相同，但是无论其变换过程多么复杂，都可以分解成若干基本变换组成，采用齐次坐标表示，且图像复合变换矩阵由一系列基本变换矩阵依次相乘而得到。

【例 5-11】将一幅图像向下、向右平移，并用白色填充空白部分，再对其做垂直镜像，然后旋转 45°，再扩大 3 倍。

```
>>clear all;          %清除所有变量
I=imread('moon.jpg'); %读取原始图像
figure;
subplot(121);imshow(I);
I=double(I);
I1=zeros(size(I))+255;
h=size(I1);
I1(50+1:h(1),50+1:h(2),1:h(3))=I(1:h(1)-50,1:h(2)-50,1:h(3));  %平移变换
I2(1:h(1),1:h(2),1:h(3))=I1(h(1):-1:1,1:h(2),1:h(3)); %镜像变换
I3=imrotate(I2,45,'nearest');  %旋转变换
I4=imresize(I3,3,'nearest');  %扩大 3 倍
I4=uint8(I4);
subplot(122);imshow(I4);
```

运行程序，效果如图 5-22 所示。

(a) 原始图像

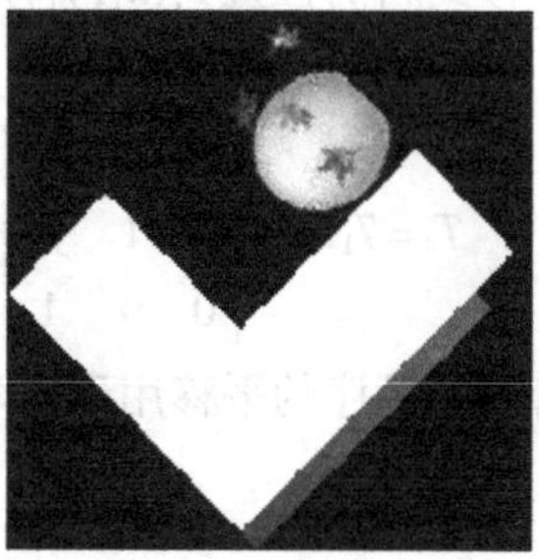

(b) 复合变换的图像

图 5-22　图像复合变换

5.6　图像的二维变换

5.6.1　二维仿射变换

在 MATLAB 中，用户结合 maketform 函数和 intransform 函数就可以灵活实现图像的二维仿射变换，而变换的结果和变换参数结构体密切相关。以放射性变换为例，原图像 $f(x,y)$ 和变换后图像 $g(x',y')$，放射性变换中原图像中某个像素点坐标 (x,y) 和变换后该像素点坐标 (x',y') 满足关系式：

$$(x',y')=T(x,y)$$

具体数学表达式：

$$x'=a_0x+a_1y+a_2$$
$$y'=b_0x+b_1y+b_2$$

矩形形式表示为：

$$\begin{bmatrix} x' \\ y' \\ 1 \end{bmatrix}=\begin{bmatrix} a_0 & a_1 & a_2 \\ b_0 & b_1 & b_2 \\ 2 & 1 & 1 \end{bmatrix}\begin{bmatrix} x \\ y \\ 1 \end{bmatrix}$$

实现放射性变换（平移、缩放、旋转和错切）的变换矩阵，如表 5-2 所列。

表 5-2　放射性变换中变换矩阵 T 取值表

放射性变换类型	a_0	a_1	a_2	b_0	b_1	b_2
平移 Δ_x,Δ_y	1	0	Δ_x	0	1	Δ_y
缩放 $[s_x,s_y]$	s_x	0	0	0	s_y	0
逆时针旋转 θ 角度	$\cos\theta$	$\sin\theta$	0	$-\sin\theta$	$\cos\theta$	0
水平错切 sh_x	1	0	0	sh_x	1	0
垂直错切 sh_y	1	sh_y	0	0	1	0
整体错切 $[sh_x,sh_y]$	1	sh_y	0	sh_x	1	0

【例 5-12】利用 imtransform 函数，实现图像的平移、缩放、旋转和错切。

```
>> clear all;
[I,map]=imread('hib.jpg');  %读入图像
% 创建旋转参数结构体
Ta = maketform('affine',[cosd(30) -sind(30) 0; sind(30) cosd(30) 0; 0 0 1]');
Ia = imtransform(I,Ta);                          %实现图像旋转
Tb = maketform('affine',[5 0 0; 0 10.5 0; 0 0 1]'); %创建缩放参数结构体
Ib = imtransform(I,Tb);%实现图像缩放
xform = [1 0 55; 0 1 115; 0 0 1]';                 %创建图像平移参数结构体
Tc = maketform('affine',xform);
Ic = imtransform(I,Tc, 'XData', ...                %进行图像平移
[1 (size(I,2)+xform(3,1))], 'YData', ...
[1 (size(I,1)+xform(3,2))],'FillValues', 255 );
```

```
Td = maketform('affine',[1 4 0; 2 1 0; 0 0 1]');%创建图像整体切变的参数结构体
Id = imtransform(I,Td,'FillValues', 255);                    %实现图像整体剪切
set(0,'defaultFigurePosition',[100,100,1000,500]);%修改图形图像位置的默认设置
set(0,'defaultFigureColor',[1 1 1])%修改图形背景颜色的设置
figure                  %显示结果
subplot(221),imshow(Ia),axis on;
xlabel('(a) 图像的旋转');
subplot(222),imshow(Ib),axis on;
xlabel('(b) 图像的缩放')
subplot(223),imshow(Ic),axis on;
xlabel('(c) 图像的平移')
subplot(224),imshow(Id),axis on;
xlabel('(d) 图像的错切')
```

运行程序，效果如图 5-23 所示。

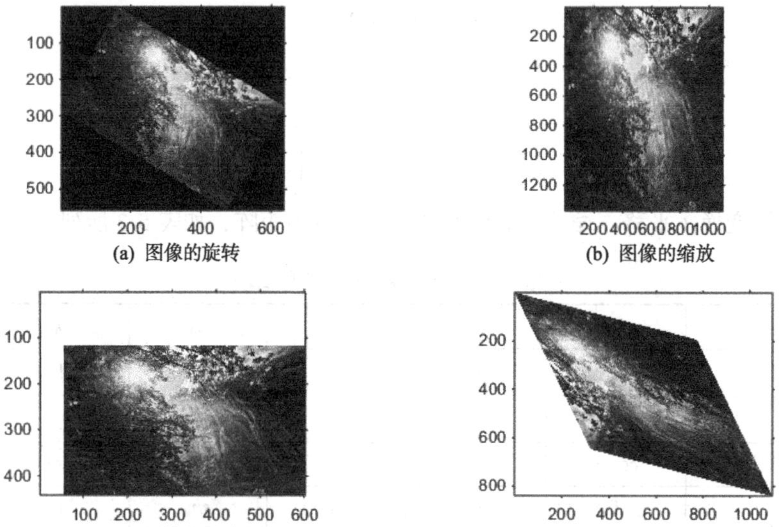

(a) 图像的旋转　(b) 图像的缩放　(c) 图像的平移　(d) 图像的错切

图 5-23　图像的放射性变换

5.6.2　二维投影变换

二维投影变换可以把一幅图像按照近大远小的规律投影到一个平面上，产生立体效果。

【例 5-13】下面利用 MATLAB 程序代码实现二维投影变换。

```
>> clear all;
T=[-2.7390 0.2929 -0.6373;0.7426 -0.7500 0.8088;2.8750 0.7500 1.0000];  %给定数据
tform=maketform('projective',T);
vistform(tform,pointgrid([0 0;1 1]));
```

运行程序，效果如图 5-24 所示。

图 5-25 说明了图 5-24 中投影变换的某些几何特性。图 5-24（a）所示的输入空间网格中有两组平行线，一组是水平的，一组是垂直的。图 5-25 显示了这两组平行线变换到输出空间后的线，在称为尽头点的位置交叉。尽头点位于地平线上，当变换的时候，仅平行于水平线的输入空间的线保持水平，所有的其他平行线变换在位于地平线上尽头点处交叉的线。

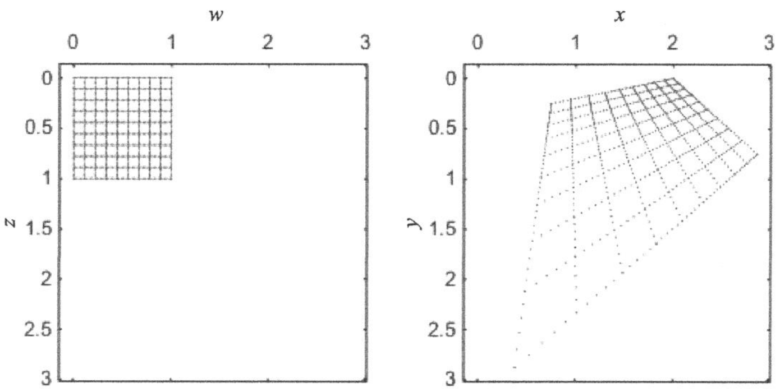

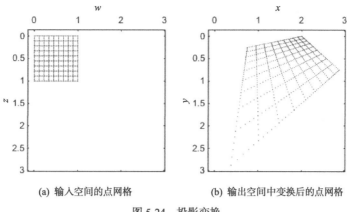

(a) 输入空间的点网格　　(b) 输出空间中变换后的点网格

图 5-24　投影变换

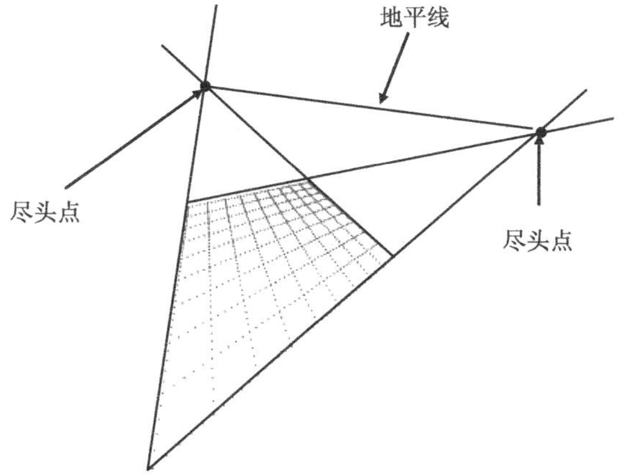

图 5-25　投影变换的尽头点与水平线

在 MATLAB 中除了利用代码可实现二维投影变换外，利用 MATLAB 中提供的 maketform 函数、makeresampler 函数及 imtransform 函数也可实现图像二维投影变换。

makeresampler 函数用于创建重采样结构。重采样指影像灰度数据在几何变换后，重新插值像素灰度的过程。函数的调用格式为：

R = makeresampler(interpolant, padmethod)：创建一个可分离的重采样结构 R。字符串参量 interpolant 指定采样器所使用的插值方法，具体取值如表 5-3 所示。字符串参量 padmethod 指定采样器对输入矩阵以外空间的数据的输出方法，取值为 bound（跳跃）、circular（循环）、fill（填充）、replicate（复制）、symmetric（对称）。

表 5-3　interpolant 参数

变换类型	说　明
cubic	三次插值法
linear	线性插值法
nearest	最近邻插值法

【例 5-14】图像二维投影变换实例。

```
>>clear all;
I=imread('yazi.jpg'); %读取原始图像
```

```
I1=imresize(I,[60 60]);
figure;
subplot(121);imshow(I);
T=maketform('projective',[1 1;31 1;31 31;1 31],[5 5;40 5;35 30;-10 30]);
T1=makeresampler('cubic','circular');
T2=imtransform(I1,T,T1,'size',[150 200],'XYScale',1);
subplot(122);imshow(T2);
```

运行程序，效果如图 5-26 所示。

(a) 原始图像

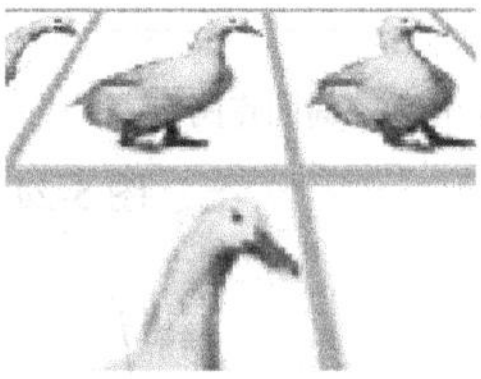

(b) 投影后的图像

图 5-26　使用 imtransform 函数实现图像投影

使用以下的程序绘制出的结果与例 5-15 绘制出的图 5-26 是一样的。

```
>>clear all;
I=imread('yazi1.jpg'); %读取原始图像
I1=imresize(I,[60 60]);
A=[ 1.1581       0        0;
   -0.4228    0.6066   -0.0074;
    4.2279    4.3566    1.0000];
figure;
subplot(121);imshow(I);
T=maketform('projective',A);
T1=makeresampler('cubic','circular');
T2=imtransform(I1,T,T1,'size',[150 200],'XYScale',1);
subplot(122);imshow(T2);
```

运用好 maketform 函数中的两个参数，能够绘制出很多特殊效果的图形。

小　结

为了达到某种视觉效果，变换输入图像的像素位置，通过把输入图像的像素位置映射到一个新的位置达到改变原图像显示效果的目的，称这一过程为图像的几何运算。图像的几何运算主要是指对图像进行齐次坐标、图像形状及位置变换（平移、裁剪、缩放、旋转、错切、镜像）、图像复合变换以及图像的邻域操作与区域选取等运算过程。

习　题

5-1　设 $f(221,396)=18$，$f(221,397)=45$，$f(222,396)=52$，$f(222,397)=36$，试用线性插值

法计算 $f(221.3, 396.7)$的值。

5-2　复合变换的矩阵等于基本变换的矩阵按顺序依次相乘得到的组合矩阵，即 $\boldsymbol{T} = \boldsymbol{T}_N, \boldsymbol{T}_{N-1}, \cdots, \boldsymbol{T}_1$，问矩阵顺序的改变能否影响变换的结果？

5-3　编写一个程序以实现如下功能：将一个灰度图像与该图像少许平移后（边界全部填充为零）得到的图像相减后再相乘，并显示和比较两种操作带来的不同的图像输出效果。

5-4　将图像围绕点 $(x, y) = (127,127)$ 逆时针旋转 30°，写出几何变换。假设（0, 0）在左上角。

5-5　自行将一幅图像进行平移、裁剪、缩放、旋转、错切、镜像等变换，比较各种变换的效果。

5-6　参数 MATLAB 的帮助文档（在命令窗口中输入 help brighten，然后按 Enter 键），设计实验方案，研究函数 brighten 把图像变暗或变亮的规则。

第6章 图像频域变换

空间域和频域为我们提供了不同的视角。在空间域中，函数的自变量(x,y)被视为二维空间中的一点，数字图像$f(x,y)$即为一个定义在二维空间中的矩形区域上的离散函数。换一个角度，如果将$f(x,y)$视为幅值变化的二维信号，则可以通过某些变换手段（如傅里叶变换、离散余弦变换、沃尔什变换和小波变换等）在频域下对它进行分析。

6.1 傅里叶变换

傅里叶变换提供了一种变换到频域的手段，用傅里叶变换表示的函数特征可以完全通过傅里叶反变换进行重建，不丢失任何信息，因此它可以使工作在频域，而在转换回空间域时不丢失任何信息。

6.1.1 连续傅里叶变换

令$f(x)$为实变量x的一维连续函数，即$f(x)$具有有限个间断点、有限个极值点、绝对可积时，则其傅里叶变换对（傅里叶变换和反变换）一定存在。在实际应用中，这些条件基本上都是可以满足的。

一维连续函数的傅里叶变换对定义为：

$$F[f(x)] = F(u) = \int_{-\infty}^{+\infty} f(x)\mathrm{e}^{-\mathrm{j}2\pi ux}\mathrm{d}x \quad (6\text{-}1)$$

$$F^{-1}[F(u)] = f(x) = \int_{-\infty}^{+\infty} F(u)\mathrm{e}^{\mathrm{j}2\pi ux}\mathrm{d}u \quad (6\text{-}2)$$

式中，x为时域变量，u为频域变量。

一维连续函数的傅里叶变换对的符号表示为：$f(x) \Leftrightarrow F(u)$。

$f(x)$为实函数，其傅里叶变换$F(u)$通常为复函数，若$F(u)$的实部为$R(u)$，虚部为$I(u)$，则其复数形式为：

$$F(u) = R(u) + \mathrm{j}I(u) \quad (6\text{-}3)$$

也可以将上式写成指数形式：

$$F(u) = |F(u)|\mathrm{e}^{\mathrm{j}\theta(u)} \quad (6\text{-}4)$$

式中，振幅为：

$$|F(u)| = \sqrt{R^2(u) + I^2(u)} \quad (6\text{-}5)$$

相角为：

$$\theta(u)=\arctan\left[\frac{I(u)}{R(u)}\right] \tag{6-6}$$

振幅谱的平方称为 $f(x)$ 的能量谱。

$$E(u)=|F(u)|^2=R^2(u)+I^2(u) \tag{6-7}$$

一维连续函数的傅里叶变换推广到二维，如果二维函数 $f(x,y)$ 满足狄里赫莱条件，则它的傅里叶变换对为：

$$F[f(x,y)]=F(u,v)=\int_{-\infty}^{+\infty}\int_{-\infty}^{+\infty}f(x,y)\mathrm{e}^{\mathrm{j}2\pi(ux+vy)}\mathrm{d}x\mathrm{d}y \tag{6-8}$$

$$F^{-1}[F(u,v)]=f(x,y)=\int_{-\infty}^{+\infty}\int_{-\infty}^{+\infty}F(u,v)\mathrm{e}^{\mathrm{j}2\pi(ux+vy)}\mathrm{d}u\mathrm{d}v \tag{6-9}$$

式中，x,y 为时域变量，u,v 为频域变量。

二维连续函数的傅里叶变换对的符号表示为：$f(x,y)\Leftrightarrow F(u,v)$。

若 $F(u,v)$ 的实部为 $R(u,v)$，虚部为 $I(u,v)$，则其复数形式、指数形式、振幅、相角、能量谱表示如下。

复数形式：

$$F(u,v)=R(u,v)+\mathrm{j}I(u,v) \tag{6-10}$$

指数形式：

$$F(u,v)=|F(u,v)|\mathrm{e}^{\mathrm{j}\theta(u,v)} \tag{6-11}$$

振幅：

$$|F(u,v)|=\sqrt{R^2(u,v)+I^2(u,v)} \tag{6-12}$$

相角：

$$\theta(u,v)=\arctan\left[\frac{I(u,v)}{R(u,v)}\right] \tag{6-13}$$

能量谱：

$$E(u,v)=|F(u,v)|^2=R^2(u,v)+I^2(u,v) \tag{6-14}$$

6.1.2　离散傅里叶变换

由于计算机只能处理离散数值，所以连续傅里叶变换在计算机上无法直接使用。为了在计算机上实现傅里叶变换计算，必须把连续函数离散化，即将连续傅里叶变换转化为离散傅里叶变换（Discrete Fourier Transform, DFT）。

设 $\{f(x)\,|\,f(0),f(1),f(2),\cdots,f(N-1)\}$ 为一维信号 $f(x)$ 的 N 个采样，其离散傅里叶变换对为：

$$F[f(x)]=F(u)=\sum_{x=0}^{N-1}f(x)\mathrm{e}^{-\mathrm{j}2\pi ux/N} \tag{6-15}$$

$$F^{-1}[F(u)]=f(x)=\frac{1}{N}\sum_{u=0}^{N-1}F(u)\mathrm{e}^{\mathrm{j}2\pi ux/N} \tag{6-16}$$

式中，$x,u=0,1,\cdots,N-1$。注意在式（6-16）中的系数 $1/N$ 也可以放在式（6-15）中。有时也可在傅里叶正变换和逆变换前分别乘以 $1/\sqrt{N}$，这是无关紧要的，只要正变换和逆变换前系数乘积等于 $1/N$ 即可。

由欧拉公式可知：

$$e^{j\theta} = \cos\theta + j\sin\theta \tag{6-17}$$

将式（6-17）代入式（6-15）中，并利用 $\cos\theta = \cos(-\theta)$，可得：

$$F(u) = \sum_{x=0}^{N-1} f(x)\left(\cos\frac{2\pi ux}{N} - j\sin\frac{2\pi ux}{N}\right) \tag{6-18}$$

可见，离散序列的傅里叶变换仍是一个离散的序列，每一个 u 对应的傅里叶变换结果是所有输入序列 $f(x)$ 的加权和（每一个 $f(x)$ 都乘以不同频率的正弦和余弦值），u 决定了每个傅里叶变换结果的频率。

一维离散傅里叶变换的复数形式、指数形式、相角、能量谱的表示类似于一维连续函数相应的表达式。

将一维离散傅里叶变换推广到二维，则二维离散傅里叶变换对被定义为：

$$F[f(x,y)] = F(u,v) = \frac{1}{MN}\sum_{x=0}^{M-1}\sum_{y=0}^{N-1} f(x,y)e^{-j2\pi\left(\frac{ux}{M}+\frac{vy}{N}\right)} \tag{6-19}$$

$$F^{-1}[F(u,v)] = f(x,y) = \sum_{x=0}^{M-1}\sum_{y=0}^{N-1} F(u,v)e^{j2\pi\left(\frac{ux}{M}+\frac{vy}{N}\right)} \tag{6-20}$$

式中，$u,x = 0,1,2,\cdots,M-1$，$v,y = 0,1,2,\cdots,N-1$，x,y 为时域变量，u,v 为频域变量。

同一维离散傅里叶变换一样，系数 $1/MN$ 可以在正变换或逆变换中，也可以在正变换和逆变量前分别乘以 $1/\sqrt{MN}$，只要两式系数的乘积等于 $1/MN$ 即可。

二维离散函数的复数形式、指数形式、振幅、相角、能量谱的表示类似于二维连续函数相应的表达式。

6.1.3 离散傅里叶变换的性质

离散傅里叶变换建立了函数在空间域与频率域之间的转换关系，把空间域难以显示的特征在频率域中十分清楚地显示出来。在数字图像处理中，经常需要利用这种转换关系和转换规律。下面介绍二维离散傅里叶变换的基本性质。

1. 可分离性

由式（6-19），有

$$\begin{aligned} F(u,v) &= \frac{1}{MN}\sum_{x=0}^{M-1}\sum_{y=0}^{N-1} f(x,y)e^{-j2\pi ux/M}e^{-j2\pi vy/N} \\ &= \frac{1}{M}\sum_{x=0}^{M-1} e^{-j2\pi ux/M}\frac{1}{N}\sum_{y=0}^{N-1} f(x,y)e^{-j2\pi vy/N} \end{aligned} \tag{6-21}$$

其中 $u = 0,1,\cdots,M-1, v = 0,1,\cdots,N-1$。

同理，式（6-20）可以分离成如下形式：

$$f(x,y) = \sum_{u=0}^{M-1} e^{j2\pi ux/M}\frac{1}{N}\sum_{u=0}^{N-1} F(u,v)e^{j2\pi vy/N}, \quad x = 0,1,\cdots,M-1, y = 0,1,\cdots,N-1 \tag{6-22}$$

由上述的分离形式可以看出，一个二维离散傅里叶变换可以通过先后两次运用一维傅里叶变换来实现，即先沿 $f(x,y)$ 的列方向求一维离散傅里叶变换得到 $F(x,v)$，再对 $F(x,v)$ 沿行的方向求一维离散傅里叶变换得到 $F(u,v)$。

$$F(x,v) = \frac{1}{N}\sum_{y=0}^{N-1} f(x,y)e^{-j2\pi vy/N}, \quad v = 0,1,\cdots,N-1 \tag{6-23}$$

$$F(u,v)=\frac{1}{M}\sum_{x=0}^{M-1}F(x,v)\mathrm{e}^{-\mathrm{j}2\pi ux/M}\ ,\quad u=0,1,\cdots,M-1 \tag{6-24}$$

这个过程可用图 6-1 表示。

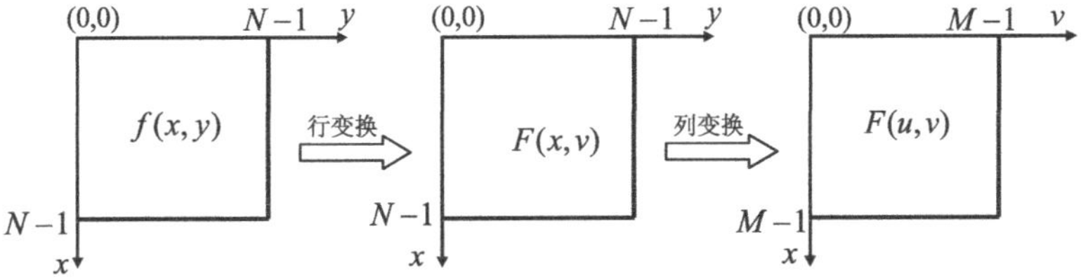

图 6-1　二维离散傅里叶变换的分离过程

二维离散傅里叶变换的分离过程与正变换的分离过程相似。

2. 平移性

傅里叶变换的平移性是指将 $f(x,y)$ 乘以一个指数项，相当于将其二维离散傅里叶变换 $F(u,v)$ 的频域中心移动到新的位置。类似地，将 $F(u,v)$ 乘以一个指数项，就相当于将其二维离散傅里叶变换 $f(x,y)$ 的频域中心移动到新的位置。这个性质可以表示为：

$$f(x,y)=\mathrm{e}^{\mathrm{j}2\pi(u_0x+v_0y)/N}\Leftrightarrow F(u-u_0,v-v_0) \tag{6-25}$$

$$f(x-x_0,y-y_0)\Leftrightarrow F(u,v)\mathrm{e}^{-\mathrm{j}2\pi(u_0x+v_0y)/N} \tag{6-26}$$

从式（6-25）可以看出，对 $f(x,y)$ 的平移不影响其傅里叶变换的幅值。

由式（6-26）可以看出，当空域中 $f(x,y)$ 产生移动时，在频域中只发生相移，而傅里叶变换的幅值不变，因为：

$$\left|F(u,v)\mathrm{e}^{-\mathrm{j}2\pi(u_0x+v_0y)/N}\right|=\left|F(u,v)\right| \tag{6-27}$$

反之，当频域中 $F(u,v)$ 产生相移时，相应的 $f(x,y)$ 在空域中也只发生相移，而幅值不变。

在数字图像处理中，常常需要将 $F(u,v)$ 的原点移到 $N\times N$ 方阵的中心，以使能清楚地分析傅里叶变换频谱的情况。要做到这一点，只需令：

$$u_0=v_0=N/2$$

则

$$\mathrm{e}^{\mathrm{j}2\pi(u_0x+v_0y)/N}=\mathrm{e}^{\mathrm{j}\pi(x+y)}=(-1)^{x+y} \tag{6-28}$$

将式（6-28）代入式（6-25）中，可得

$$f(x,y)(-1)^{x+y}\Leftrightarrow F\left(u-\frac{N}{2},v-\frac{N}{2}\right) \tag{6-29}$$

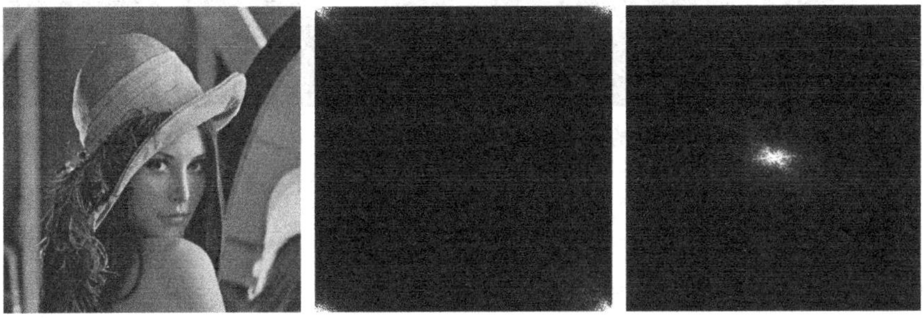

(a) lena 原始图　　(b) 无平移的傅里叶频谱　　(c) 原点移到中心的傅里叶变换

图 6-2　图像频谱移动示例

式（6-29）说明：如果需要将图像频谱的原点从起始点（0,0）移到图像的中心点$\left(\frac{N}{2},\frac{N}{2}\right)$，只要将$f(x,y)$乘上$(-1)^{x+y}$因子进行傅里叶变换即可实现。图 6-2 表明了这一过程。

3. 周期性

傅里叶变换和反变换均以N为周期，即

$$F(u,v)=F(u+N,v)=F(u,v+N)=F(u+N,v+N) \tag{6-30}$$

上式可以通过将等式右边几项分别代入式（6-19）来进行验证。傅里叶变换的周期性表明，尽管$F(u,v)$对无穷多个u和v的值重复出现，但只需根据在任意周期内的 N 个值就可以从$F(u,v)$得到$f(x,y)$。也就是说，只需一个周期内的变换就可以将$F(u,v)$完全确定。这一性质对于$f(x,y)$在空域里也同样成立。

4. 共轭对称性

如果$f(x,y)$是实函数，则它的傅里叶变换具有共轭对称性。

$$F(u,v)=F^*(-u,-v) \tag{6-31}$$

$$|F(u,v)|=|F(-u,-v)| \tag{6-32}$$

式中，$F^*(u,v)$是$F(u,v)$的复共轭。

5. 旋转不变性

若引入极坐标使

$$\begin{cases}x=r\cos\theta\\ y=r\cos\theta\end{cases}\qquad\begin{cases}u=\omega\cos\phi\\ v=\omega\cos\phi\end{cases}$$

则$f(x,y)$和$F(u,v)$分别表示为$f(r,\theta)$，$F(\omega,\phi)$。

在极坐标中，存在以下的变换对：

$$f(r,\theta+\theta_0)\Leftrightarrow F(\omega,\phi+\theta_0) \tag{6-33}$$

式（6-33）表明，如果$f(x,y)$在空域旋转θ_0角度，则相应的傅里叶变换$F(u,v)$在频域上也旋转同一角度θ_0。二维离散傅里叶变换的旋转不变性如图 6-3 所示，其中图 6-3（a）及（b）是原图像及其傅里叶频谱，图 6-3（c）和（d）则是旋转后的图像及其傅里叶频谱，由图可见，如果图像本身在空间域上旋转，则其二维离散傅里叶变换在频率域上也会旋转，而且旋转的角度相同。

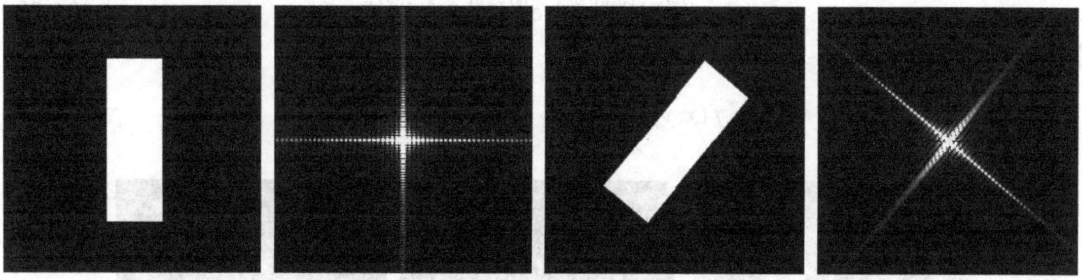

(a) 原图像　(b) 原图像的傅里叶变换　(c) 旋转后的图像　(d) 旋转后图像的傅里叶频谱

图 6-3　二维离散傅里叶变换的旋转不变性

6. 分配和比例性

傅里叶变换的分配性表明傅里叶变换对于加法可以分配，而对乘法则不行。即：

$$F\{f_1(x,y)+f_2(x,y)\}=F\{f_1(x,y)\}+F\{f_2(x,y)\} \tag{6-34}$$

$$F\{f_1(x,y)+f_2(x,y)\}\neq F\{f_1(x,y)\}\cdot F\{f_2(x,y)\} \tag{6-35}$$

傅里叶变换的比例性表明对于两个标量 a 和 b，有：

$$af(x,y) \Leftrightarrow aF(u,v) \tag{6-36}$$

$$f(ax,by) \Leftrightarrow \frac{1}{|ab|}F\left(\frac{u}{a},\frac{v}{b}\right),\quad (a \neq 0, b \neq 0) \tag{6-37}$$

式（6-37）说明了在空间比例尺度的展宽，对应于在频域比例尺度的压缩，其幅值也减少为原来的 $\frac{1}{|ab|}$，如图 6-4 所示。

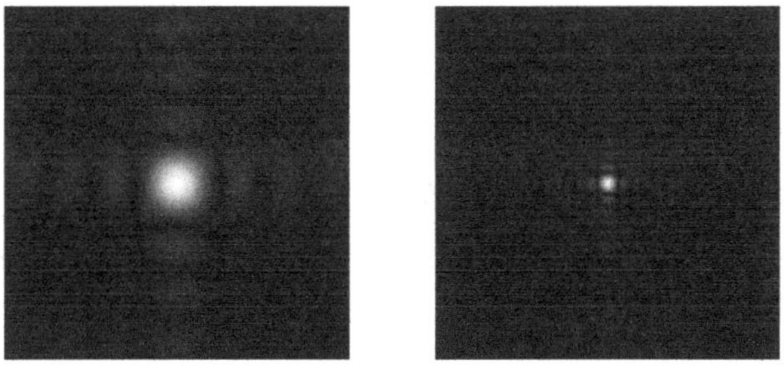

(a) 比例尺度展宽前的频谱　　(b) 比例尺度展宽后的频谱

图 6-4　傅里叶变换的比例性

7. 平均值

二维离散函数 $f(x,y)$ 的平均值定义为：

$$\bar{f}(x,y) = \frac{1}{MN}\sum_{x=0}^{M-1}\sum_{y=0}^{N-1} f(x,y) \tag{6-38}$$

由式（6-19）可知：

$$F(0,0) = \frac{1}{MN}\sum_{x=0}^{M-1}\sum_{y=0}^{N-1} f(x,y) \tag{6-39}$$

对比式（6-38）和式（6-39），可得：

$$\bar{f}(x,y) = F(0,0) \tag{6-40}$$

这说明 $f(x,y)$ 的平均值等于其傅里叶变换 $F(u,v)$ 在频率原点的值 $F(0,0)$。

6.1.4　快速傅里叶变换

快速傅里叶变换（FFT）的算法就是在研究离散傅里叶变换计算的基础上，节省计算量以达到快速计算的目的。由于二维离散傅里叶变换可以分离成两步的一维离散傅里叶变换来实现，这里只介绍一维离散傅里叶变换的快速算法。

若一维离散傅里叶变换的定义式为：

$$F[f(x)] = F(u) = \sum_{x=0}^{N-1} f(x)\mathrm{e}^{-\mathrm{j}2\pi ux/N} \qquad (u = 0,1,\cdots,N-1) \tag{6-41}$$

可知，要直接计算 DFT 的每一个 $F(u)$，对 N 个采样点，则要进行 N^2 次复数乘法和 $N(N-1)$ 次复数加法。由于 1 次复数乘法要做 4 次实数乘法和 2 次实数加法，1 次复数加法要做 2 次实数加法，所以做 1 次 DFT 需要做 $4N^2$ 次实数乘法和 $N(4N-1)$ 次实数加、减法。随着采样点数 N 的增加，其运算次数将急剧增加，运算量很大，这直接影响了 DFT 的实际应用。为此，在 20 世纪 60 年代，研究出一些快速算法，Cooley 和 Tukey 提出了一种逐次加倍法的快速傅里叶算法（Fast

Fourier Transform, FFT）。

先将式（6-15）写成：

$$F(u)=\sum_{x=0}^{N-1} f(x)W^{ux} \tag{6-42}$$

式中，$W=\mathrm{e}^{-\mathrm{j}2\pi/N}$，称为旋转因子。

这样，可将式（6-42）所示的一维离散傅里叶变换用矩阵的形式表示为：

$$\begin{bmatrix} F(0) \\ F(1) \\ \vdots \\ F(N-1) \end{bmatrix} = \begin{bmatrix} W^{0\times0} & W^{1\times0} & \cdots & W^{(N-1)\times0} \\ W^{0\times1} & W^{1\times1} & \cdots & W^{(N-1)\times1} \\ \vdots & \vdots & & \vdots \\ W^{0\times(N-1)} & W^{1\times(N-1)} & \cdots & W^{(N-1)\times(N-1)} \end{bmatrix} \begin{bmatrix} f(0) \\ f(1) \\ \vdots \\ f(N-1) \end{bmatrix} \tag{6-43}$$

式中，由 W^{ux} 构成的矩阵称为 W 阵或系数矩阵。

观察 DFT 的 W 阵，并结合 W 的定义表达式 $W=\mathrm{e}^{-\mathrm{j}2\pi/N}$，可以发现系数 W 是以 N 为周期的。这样，W 阵中很多系数就是相同的，不必进行多次重复计算，且由于 W 的对称性，即：

$$W^{\frac{N}{2}}=\mathrm{e}^{-\mathrm{j}\frac{2\pi}{\mathrm{N}}\frac{N}{2}}=-1\text{，}\ W^{u\times x+\frac{N}{2}}=W^{u\times x}\times W^{\frac{N}{2}}=-W^{u\times x} \tag{6-44}$$

因此，可进一步减少计算工作量。

例如，对于 $N=4$，W 阵为：

$$\begin{bmatrix} W^0 & W^0 & W^0 & W^0 \\ W^0 & W^1 & W^2 & W^3 \\ W^0 & W^2 & W^4 & W^6 \\ W^0 & W^3 & W^6 & W^9 \end{bmatrix} \tag{6-45}$$

由 W 的周期性得：$W^4=W^0$，$W^6=W^2$，$W^9=W^1$；再由 W 的对称性可得：$W^3=-W^1$，$W^2=-W^0$。于是式（6-45）可变为：

$$\begin{bmatrix} W^0 & W^0 & W^0 & W^0 \\ W^0 & W^1 & -W^0 & -W^1 \\ W^0 & -W^0 & W^0 & -W^0 \\ W^0 & -W^1 & -W^0 & W^1 \end{bmatrix} \tag{6-46}$$

可见，$N=4$ 的 W 阵中只需计算 W^0 和 W^1 两个系数即可。这说明 W 阵的系数有许多计算工作是重复的。如果把一个离散序列分解成若干短序列，并充分利用旋转因子 W 的周期性和对称性来计算离散傅里叶变换，便可以简化运算过程，这就是 FFT 的基本思想。

设 N 为 2 的正整数次幂，即：

$$N=2^n \quad (n=1,2,\cdots) \tag{6-47}$$

令 M 为正整数，且

$$N=2M \tag{6-48}$$

将式（6-48）代入式（6-42），则离散傅里叶变换可改写成为：

$$F(u)=\sum_{x=0}^{2M-1} f(x)W_{2M}^{ux}=\sum_{x=0}^{M-1} f(2x)W_{2M}^{u(2x)}+\sum_{x=0}^{M-1} f(2x+1)W_{2M}^{u(2x+1)} \tag{6-49}$$

由旋转因子 W 的定义可知 $W_{2M}^{2ux}=W_{2M}^{ux}$，因此式（6-49）变为：

$$F(u)=\sum_{x=0}^{M-1} f(2x)W_M^{ux}+\sum_{x=0}^{M-1} f(2x+)W_M^{ux}W_{2M}^{u} \tag{6-50}$$

定义：

$$F_e(u)=\sum_{x=0}^{M-1} f(2x)W_M^{ux} \qquad (u,x=0,1,\cdots,M-1) \tag{6-51}$$

$$F_o(u)=\sum_{x=0}^{M-1} f(2x+1)W_M^{ux} \qquad (u,x=0,1,\cdots,M-1) \tag{6-52}$$

于是，式（6-50）变为：

$$F(u)=F_e(u)+W_{2M}^{u}F_o(u) \tag{6-53}$$

进一步考虑W的对称性和周期性可知$W_M^{u+M}=W_M^u$和$W_{2M}^{u+M}=-W_{2M}^u$，于是：

$$F(u+M)=F_e(u)-W_{2M}^{u}F_o(u) \tag{6-54}$$

由此，可将一个N点的离散傅里叶变换分解成两个$N/2$短序列的离散傅里叶变换，即分解为偶数和奇数的离散傅里叶变换$F_e(u)=F_o(u)$。

以计算N=8 的 DFT 为例，此时$n=3$，$M=4$。由式（6-53）和式（6-54）可得：

$$\begin{cases}F(0)=F_e(0)+W_8^0F_o(0)\\ F(1)=F_e(1)+W_8^1F_o(1)\\ F(2)=F_e(2)+W_8^2F_o(2)\\ F(3)=F_e(3)+W_8^3F_o(3)\\ F(4)=F_e(4)+W_8^0F_o(4)\\ F(5)=F_e(5)+W_8^5F_o(5)\\ F(6)=F_e(6)+W_8^6F_o(6)\\ F(7)=F_e(7)+W_8^7F_o(7)\end{cases} \tag{6-55}$$

式中，u取 0~7 时，$F(u)$、$F_e(u)$、$F_o(u)$的关系可用图 6-5 描述。左方的两个节点为输入节点，代表输入数值；右方两个节点为输出节点，表示输入数值的叠加，运算由左向右进行。线旁的W_8^1和$-W_8^1$加权系数，定义由$F(1)$、$F(5)$、$F_e(1)$、$F_o(1)$所构成的结构为蝶形运算单元，其表示的运算为：

$$\begin{cases}F(1)=F_e(1)+W_8^1F_o(1)\\ F(5)=F_e(1)-W_8^1F_o(1)\end{cases} \tag{6-56}$$

$F_e(u)$和$F_o(u)$都是 4 点的 DFT，因此，如果对它们再按照奇偶进行分组，则有：

$$\begin{cases}F_e(0)=F_{ee}(0)+W_8^0F_{eo}(0)\\ F_e(1)=F_{ee}(1)+W_8^2F_{eo}(1)\\ F_e(2)=F_{ee}(0)-W_8^0F_{eo}(0)\\ F_e(3)=F_{ee}(1)-W_8^2F_{eo}(1)\end{cases} \tag{6-57}$$

$$\begin{cases}F_o(0)=F_{oe}(0)+W_8^0F_{oo}(0)\\ F_o(1)=F_{oe}(1)+W_8^2F_{oo}(1)\\ F_o(2)=F_{oe}(0)-W_8^0F_{oo}(0)\\ F_o(3)=F_{oe}(1)-W_8^2F_{oo}(1)\end{cases} \tag{6-58}$$

这样，$F_{ee}(u)$、$F_{eo}(u)$、$F_{oe}(u)$、$F_{oo}(u)$计算$F_e(u)$和$F_o(u)$的蝶形图如图 6-6 所示。

综上所述，8 点的 DFT 的完整蝶形计算图和逐级分解框图分别如图 6-7 和图 6-8 所示。

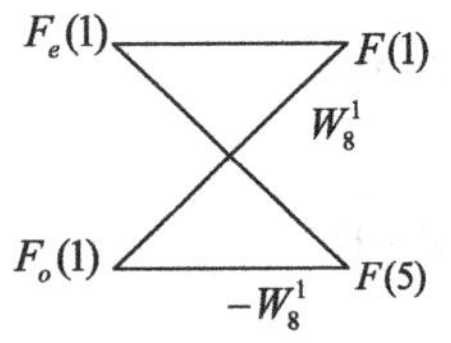

图 6-5　蝶形运算单元

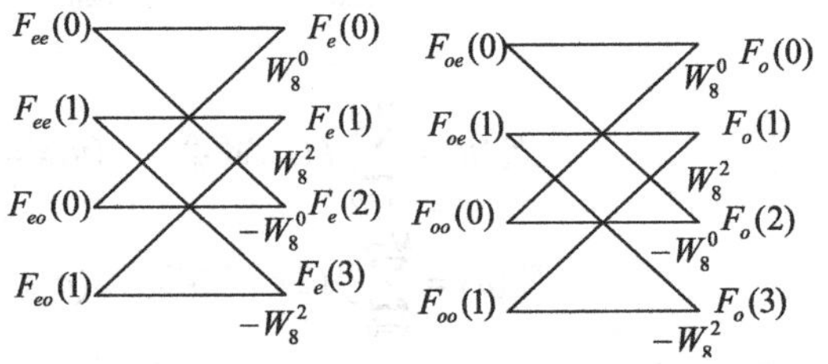

图 6-6　4 点 DFT 分解为 2 点 DFT 的蝶形流程图

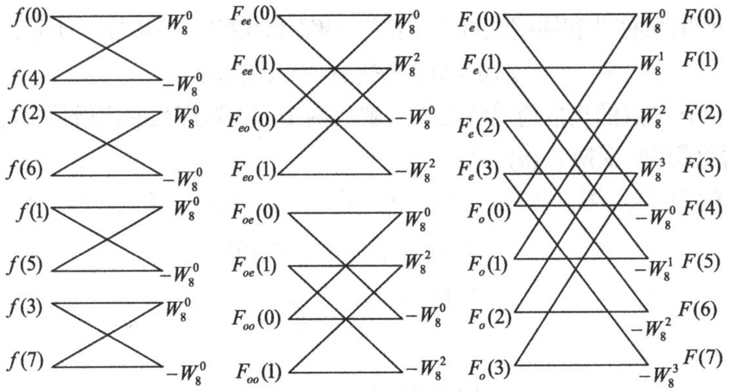

图 6-7　8 点 DFT 的蝶形流程图

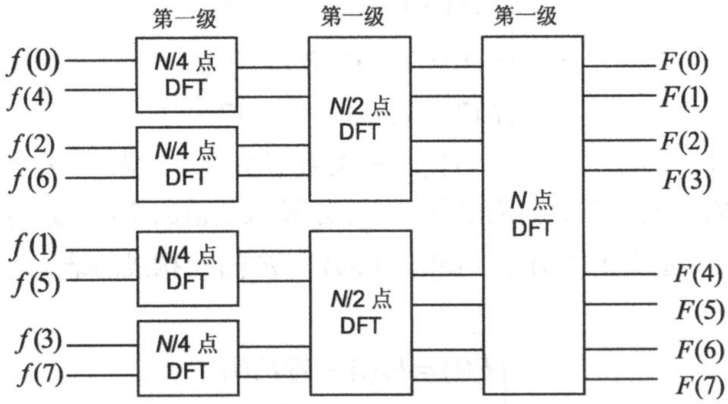

图 6-8　8 点 DFT 逐级分解框图

上述 FFT 是将 $f(x)$ 序列按 x 的奇偶进行分组计算的，称之为时间抽选 FFT。如果将频域序列的 $F(u)$ 按 u 的奇偶进行分组计算，也可实现快速傅里叶计算，这称为频率抽选 FFT。

6.1.5　傅里叶变换的应用

傅里叶变换在图像处理中是一个最基本的数学工具。利用这个工具，可以对图像的频谱进行各种各样的处理，如滤波、降噪、增强等，下面通过对正弦波去噪和增强的实例介绍傅里叶变换的应用。

图 6-9（a）所示是一幅有栅格的图像，它的频谱如图 6-9（b）所示。对于图像中的平坦区域，它占有图像的低频（中心）位置，这部分成分占图像的大部分区域，因而其值较高。对于栅格部分，可以认为是一种正弦波，这种成分是图像的另一个重要组成成分，其对应的频率将在频谱图

上出现较高的值，即图 6-9（b）中原点两侧的亮点，出现在横轴而不是纵轴是该正弦波的方向决定的，当我们把对应正弦波的频率去除后再求傅里叶反变换，就会达到去除噪声的目的，如图 6-9（c）和（d）所示。同样道理，当我们对一幅图像频谱的纵向中心轴上增加一个谱段上的强度时就会有相应的横向的波纹出现，如图 6-10 所示。

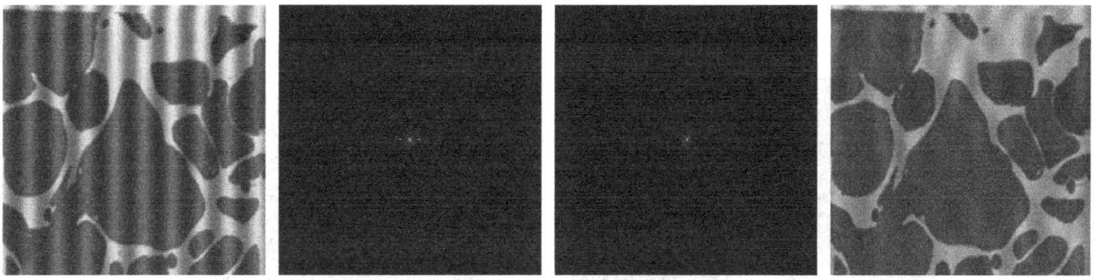

(a) 有栅格影响的原始图像　(b) 傅里叶变换频谱图　(c) 去除高频成分　(d) 傅里叶反变换结果

图 6-9　用傅里叶变换去除正弦波噪声示例

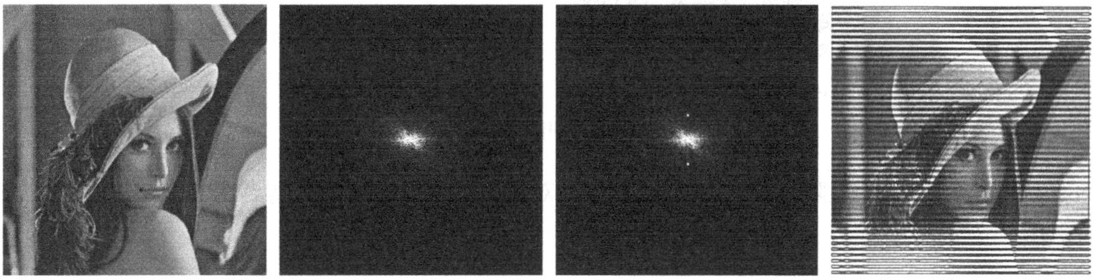

(a) 原始图像　(b) 原始图像的频谱　(c) 增强纵轴上的某一谱段的强度　(d) 傅里叶反变换的结果

图 6-10　利用傅里叶变换对图像加正弦波的示例

通过上面图像处理案例，读者可以了解到傅里叶变换对数字图像处理的应用，但其是怎样实现的呢？通过以下示例的图文来进一步了解。

MATLAB 提供的 fft 函数、fft2 函数和 fftn 函数，分别用于进行一维 DFT、二维 DFT 和 N 维的 DFT 的快速傅里叶变换，以及 ifft 函数、ifft2 函数和 ifftn 函数分别用于进行一维 DFT、二维 DFT 和 N 维 DFT 的快速傅里叶逆变换。下面通过示例来说明计算并显示图像傅里叶谱的方法。

【例 6-1】考察下面的矩形函数 $f(m,n)$。该函数在一个矩形的区域中的函数值为 1，其他区域都为 0，如图 6-11 所示。

```
>> clear all;
N=100
f=zeros(50,50);
f(15:35,23:28)=1;
figure,imshow(f,'notruesize');
```

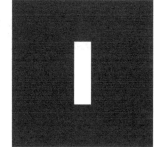

图 6-11　矩形连续函数及其傅里叶变换幅值

对于傅里叶变换结果，通常还采用另一种方法进行显示，即将变换结果的函数值取对数，即 $\log|F(\omega_1,\omega_2)|$ 接近于 0 值部分的细节凸现出来，如图 6-12 所示。

```
>> clear all;
N=100
```

```
f=zeros(50,50);
f(15:35,23:28)=1;
figure,imshow(f,'notruesize');
F=fft2(f,N,N);
F2=log(abs(F));
figure;
x=1:N;y=1:N;
imshow(F2,[],'notruesize')
```

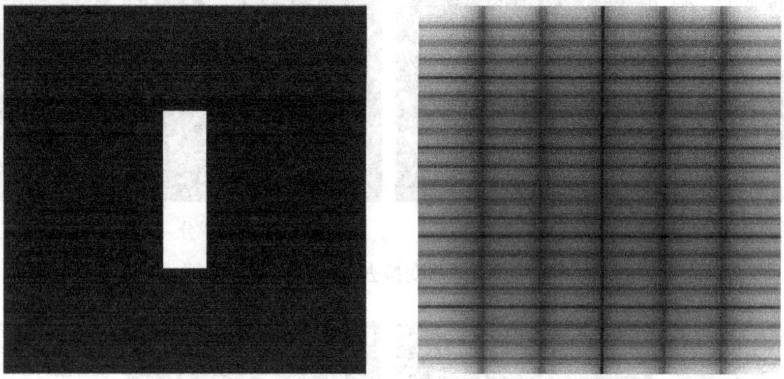

(a) 矩形连续函数　　(b) 傅里叶变换对数图形

图 6-12　傅里叶变换对数图形

对图 6-11 所示的矩阵函数旋转 45°，然后对其进行傅里叶变换，得到图 6-13(b)所示的幅值对数图。

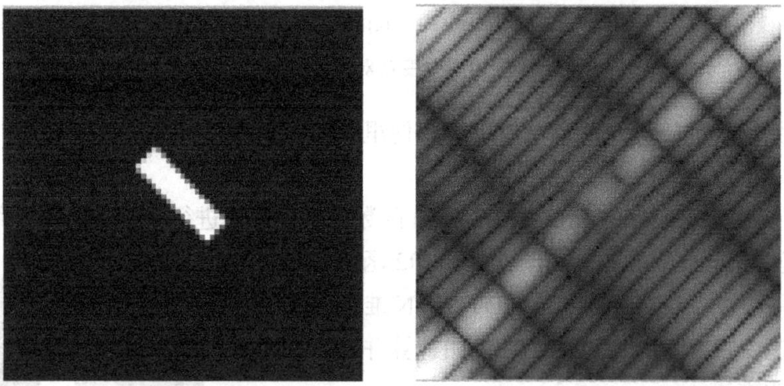

(a) 旋转后的矩形函数　　(b) 傅里叶变换对数图

图 6-13　矩形函数及傅里叶变换

```
>> clear all;
N=100;
f=zeros(50,50);
f(15:35,23:28)=1;
J=imrotate(f,45,'bilinear');  %图像旋转 45°
figure,imshow(J,'notruesize')
F=fft2(J,N,N);
F2=log(abs(F));
figure;
x=1:N;y=1:N;
imshow(F2,[],'notruesize')
```

比较图 6-12 和图 6-13，可以发现二维傅里叶变换具有如下旋转性质。

如果在极坐标下表示二维函数图形，把空间域和空间频域的直角坐标均做坐标转换。

空间域 $x = r\cos\theta, y = r\sin\theta$ 空间频域 $u = \omega\cos\varphi, y = \omega\sin\varphi$

则有 $f(m,n)$ 在空间域极坐标系中表示为 $(r,\theta), F(u,v)$ 在空间频域极坐标系中表示为 $F(\omega,\varphi)$ 。如果有：

$$f(r,\theta) \Leftrightarrow F(\omega,\varphi)$$

则有：

$$f(r,\theta+\theta_0) \Leftrightarrow F(\omega,\varphi+\varphi_0)$$

即如果 $f(x,y)$ 在空间旋转一个角度 θ_0 后得到新的函数 $f(r,\theta+\theta_0)$ ，其对应的傅里叶变换 $F(\omega,\varphi+\varphi_0)$ 是 $f(x,y)$ 的傅里叶变换 $F(\omega,\varphi)$ 在空间频域中旋转同样的角度 θ_0 得到的函数。反之亦然。

【例 6-2】交换两幅图像的相位谱。

```
>> clear all;
% 读取图片
A = imread('beauty.jpg');
B = imread('cat.jpg');
% 求傅里叶变换
Af = fft2(double(A));
Bf = fft2(double(B));
% 分别求幅度谱和相位谱
AfA = abs(Af);
AfB = angle(Af);
BfA = abs(Bf);
BfB = angle(Bf);
% 交换相位谱并重建复数矩阵
AfR = AfA .* cos(BfB) + AfA .* sin(BfB) .* i;
BfR = BfA .* cos(AfB) + BfA .* sin(AfB) .* i;
% 傅里叶反变换
AR = abs(ifft2(AfR));
BR = abs(ifft2(BfR));
% 显示图像
subplot(2,2,1);imshow(A);
xlabel('(a)原图像 1');
subplot(2,2,2);imshow(B);
xlabel('(c)原图像 2');
subplot(2,2,3);imshow(AR, []);
xlabel('(c)图像 1 的幅度谱和图像 2 的相位谱组合');
subplot(2,2,4);imshow(BR, []);
xlabel('(d)图像 2 的幅度谱和图像 1 的相位谱组合');
```

运行程序，效果如图 6-14 所示。

通过例 6-2 可发现，交换相位谱后，反变换之后得到的图像内容与其相位谱对应的图像一致。图像中整体灰度分布的特性，如明暗、灰度变化趋势等则在比较大的程度上对应的幅度谱，因为幅度谱反映了图像整体上各个方向的频率分量的相对强度。

通过傅里叶变换将图像从时域转换到频域，然后进行相应的处理，如滤波和增强等，然后再通过傅里叶反变换将图像从频域转换到时域。

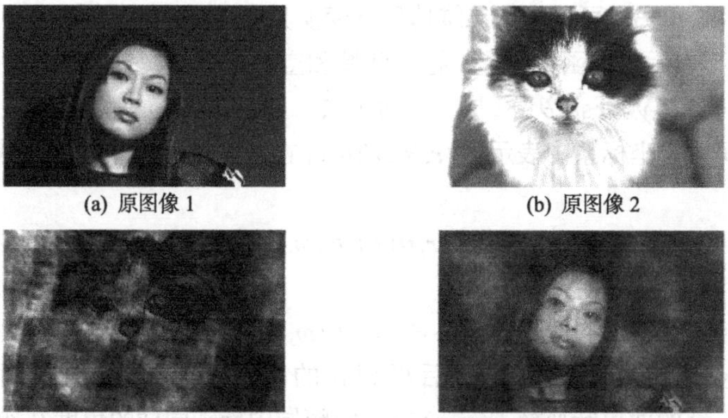

(a) 原图像 1　(b) 原图像 2

(c) 图像 1 的幅度谱和图像 2 的相位谱组合　(d) 图像 2 的幅度谱和图像 1 的相位谱组合

图 6-14　幅度谱与相位谱的关系

巴特沃斯低通滤波器的公式为：

$$H(u,v)=\frac{1}{1+\left[\dfrac{D(u,v)}{D_0}\right]^{2n}}$$

其中，D_0 为截止频率，$D(u,v)=\sqrt{u^2+v^2}$。由于进行中心化，频率的中心为$\left(\dfrac{M}{2},\dfrac{N}{2}\right)$，故

$D(u,v)=\left[\left(u-\dfrac{M}{2}\right)^2+\left(V-\dfrac{N}{2}\right)^2\right]^{\frac{1}{2}}$。参数 n 为巴特沃斯滤波器的阶数，n 越大滤波器的形状越陡峭。

巴特沃斯高通滤波器的公式为：

$$H(u,v)=\frac{1}{1+\left[\dfrac{D_0}{D(u,v)}\right]^{2n}}$$

其参数的意义和巴特沃斯低通滤波器相同。

【例 6-3】对图像进行巴特沃斯低通滤波器。

```
>> clear all;          %清除变量
I=imread('cameraman.tif');
I=im2double(I);
J=fftshift(fft2(I));
[x, y]=meshgrid(-128:127, -128:127);
z=sqrt(x.^2+y.^2);
D1=10;  D2=40;
n=6;
H1=1./(1+(z/D1).^(2*n));
H2=1./(1+(z/D2).^(2*n));
K1=J.*H1;
K2=J.*H2;
L1=ifft2(ifftshift(K1));
L2=ifft2(ifftshift(K2));
figure;
subplot(131);imshow(I);
xlabel('(a) 原始图像');
subplot(132);imshow(real(L1));
xlabel('(b) 截止频率为 10Hz');
```

```
subplot(133);imshow(real(L2));
xlabel('(b) 截止频率为 40Hz');
```

运行程序，效果如图 6-15 所示。

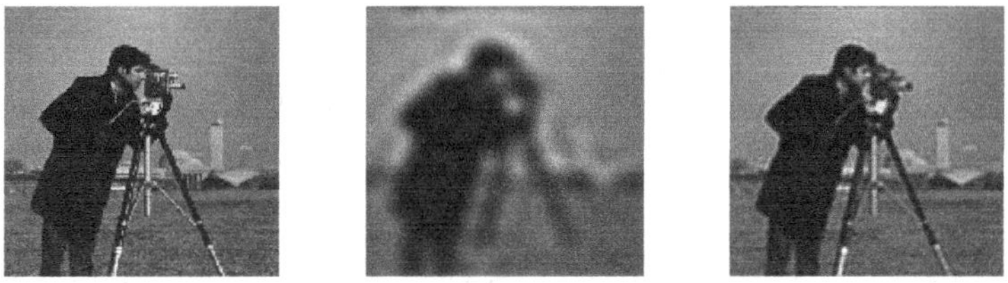

(a) 原始图像　(b) 截止频率为 10Hz　(c) 截止频率为 40Hz

图 6-15　对图像进行巴特低通滤波

在程序中，读入灰度图像，接着对图像进行二维离散傅里叶变换和平移，然后设计巴特沃斯低通滤波器，在频域对图像进行滤波，最后进行二维离散傅里叶反变换。在进行巴特沃斯低通滤波时，截止频率越低，图像变得越模糊，因为图像中的高频部分（图像的边缘）都被过滤掉了。

【例 6-4】对图像进行巴特沃斯高通滤波。

```
>> clear all;
I=imread('cameraman.tif');
I=im2double(I);
J=fftshift(fft2(I));       %傅里叶变换和平移
[x, y]=meshgrid(-128:127, -128:127);
z=sqrt(x.^2+y.^2);
D1=5;  D2=40;              %截止频率
n1=4;  n2=8;                %滤波器的阶数
H1=1./(1+(D1./z).^(2*n1));
H2=1./(1+(D2./z).^(2*n2));
K1=J.*H1;                  %滤波
K2=J.*H2;                  %滤波
L1=ifft2(ifftshift(K1));  %傅里叶反变换
L2=ifft2(ifftshift(K2)); %傅里叶反变换
figure;
subplot(131);imshow(I);
xlabel('(a) 原始图像');
subplot(132);imshow(real(L1));
xlabel('(b) 截止频率 10Hz')
subplot(133);imshow(real(L2));
xlabel('(c) 截止频率 40Hz')
```

运行程序，效果如图 6-16 所示。

(a) 原始图像　(b) 截止频率为 10Hz　(c) 截止频率为 40Hz

图 6-16　对图像进行巴特沃斯高通滤波

6.2 离散余弦变换

傅里叶变换存在一个最大的问题，即它的参数都是复数，在数据的描述上相当于实数的两倍。为了克服这一问题，希望有一种能够找到实现相同功能但数据量又不大的变换。离散余弦变换（DCT）就是在这种需求下产生的。

DCT以一组不同频率和幅值的正弦函数和来近似一幅图像，实际上它是傅里叶变换的实数部分。DCT具有一个特殊的性质，即对一幅典型图像来说，其大部分可视化信息集中在少数DCT系数上。基于这个特性，DCT常被用于图像压缩，如目前的国际压缩标准的JPEG格式中就用到了DCT变换。具体的做法与DFT相似，对高频系数大间隔量化，低频部分小间隔量化。

正变换：

$$F(\mu,v)=\frac{2}{\sqrt{MN}}c(\mu)c(v)\sum_{x=0}^{M-1}\sum_{y=0}^{N-1}f(x,y)\cos\left[\frac{\pi}{2N}(2x+1)\mu\right]\cos\left[\frac{\pi}{2M}(2y+1)v\right] \quad (6\text{-}59)$$

其中，$0\leqslant\mu\leqslant M-1$，$0\leqslant v\leqslant N-1$。

逆变换：

$$F(x,y)=\frac{2}{\sqrt{MN}}\sum_{\mu=0}^{M-1}\sum_{v=0}^{N-1}c(\mu)c(v)f(\mu,v)\cos\left[\frac{\pi}{2N}(2x+1)\mu\right]\cos\left[\frac{\pi}{2M}(2y+1)v\right] \quad (6\text{-}60)$$

其中$0\leqslant x\leqslant M-1$，$0\leqslant y\leqslant N-1$。

式中，$c(x)=\begin{cases}\frac{1}{\sqrt{2}}, & x=0\\ 1, & x=1,2,\cdots,N-1\end{cases}$

逆变换的定义式表明任何$F(x,y)$都可以表示式（6-31）一系列DCT基函数的和。而$F_c(\mu,v)$则是对应的系数，图6-17说明了这种对应关系。

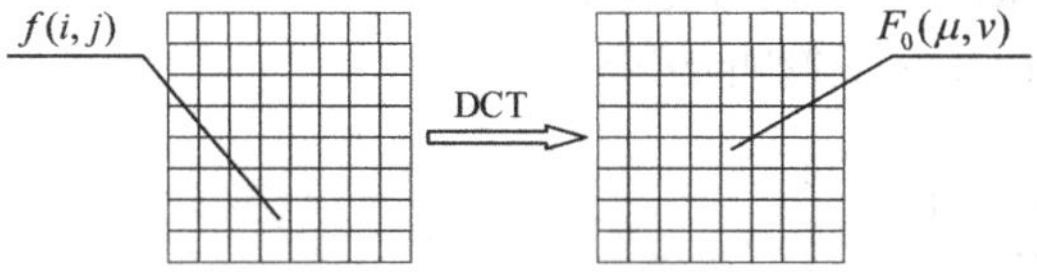

图6-17　DCT变换对应关系

MATLAB图像处理工具箱提供了两种计算DCT的实现方法。

（1）使用函数dct2实现。dct2方法是基于FFT算法来实现较大输入的快速计算方法。

（2）利用dctmtx函数，获得DCT传输矩阵来计算。该方法对于一些小的方阵输入更有效，例如8×8、16×16的矩阵输入。

【例6-5】下面将通过一段程序示例来说明DCT的一些性质。

```
>>clear all;
RGB=imread('frabm.bmp');
GR=rgb2gray(RGB); %转换成灰度图像
figure(1);imshow(GR);
D=dct2(GR);  %计算DCT
figure(2);imshow(log(abs(D)),[]);
colormap(gray(4)); colorbar;
```

```
D(abs(D)<0.1)=0;
I=idct2(D)/255;
figure(3);imshow(I)
```

以上程序对原始图片 frabm.bmp 进行离散余弦变换，如图 6-18（a）所示；变换后的结果如图 6-18（b）所示。由结果可知，变换后 DCT 系数能量主要集中在左上角，其余大部分系数接近于零，这说明 DCT 具有适用于图像压缩的特性。将变换后的 DCT 系数进行门限操作，将小于一定值的系数归零，然后做逆 DCT 运算，得到压缩后的图片，如图 6-18（c）所示。

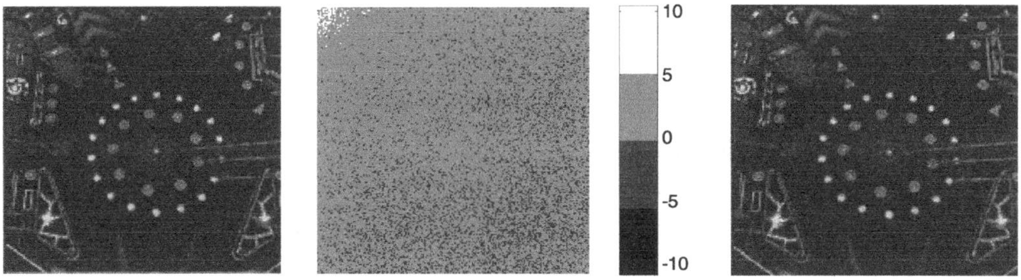

(a) 原始图像　　(b) 余弦变换结果　　(c) 压缩后的图片

图 6-18　离散余弦变换及压缩图像

比较变换前后的图片，可以发现视觉效果相差很小，可见压缩的效果比较理想。

6.3　沃尔什–哈达玛变换

离散傅里叶变换和离散余弦变换在快速算法中要用到复数乘法、三角函数乘法，这些运算占用时间仍然较多。在某些应用领域，需要更有效和更便利的变换方法。沃尔什（Walsh）变换就是其中一种。

6.3.1　沃尔什变换

下面可以看到，沃尔什变换核矩阵只有 + 1 和–1 两种元素，因而在计算沃尔什变换过程中只有加减运算而没有乘法运算，从而大大提高了运算速度。这一点对图像处理来说是至关重要的，特别是在实时处理大量数据时，沃尔什变换更加显示出其优越性。

1. 一维离散沃尔什变换

一维离散沃尔什变换核为：

$$g(x,u)=\frac{1}{N}\prod_{i=0}^{n-1}(-1)^{b_i(x)b_{n-1-i}(u)} \tag{6-61}$$

其中 $b_k(z)$ 是 z 的二进制表示的第 k 位。如果 $n=3$，$z=5=(101)_2$，有 $b_0(z)=1$，$b_1(z)=0$，$b_2(z)=1$。$N=2^n$ 是沃尔什变换的阶数。于是，一维离散沃尔什变换可写成：

$$W(u)=\frac{1}{N}\sum_{u=0}^{N-1}f(x)\prod_{i=0}^{n-1}(-1)^{b_i(x)b_{n-1-i}(u)}\ ,\quad u=0,1,\cdots,N-1 \tag{6-62}$$

一维沃尔什逆变换为：

$$h(x,u)=\prod_{i=0}^{n-1}(-1)^{b_i(x)b_{n-1-i}(u)} \tag{6-63}$$

相应的一维离散沃尔什逆变换为：

$$f(x)=\sum_{u=0}^{N-1}W(u)\prod_{i=0}^{n-1}(-1)^{b_i(x)b_{n-1-i}(u)}\ ,\quad x=0,1,\cdots,N-1 \tag{6-64}$$

一维沃尔什正变换核与逆变换核只差一个常数项$1/N$，所以用正变换的算法也可用于逆变换。由沃尔什变换核组成的矩阵是一个对称矩阵并且其行和列正交，即任意两行相乘或两列相乘后的各数之和必定为零。例如当$n=2$，$N=4$ 的变换核矩阵为G_4：

$$G_4=\frac{1}{4}\begin{bmatrix}1 & 1 & 1 & 1\\ 1 & 1 & -1 & -1\\ 1 & -1 & 1 & -1\\ 1 & -1 & -1 & 1\end{bmatrix} \tag{6-65}$$

而$n=3$，$N=8$ 时的变换核矩阵为G_8：

$$G_8=\frac{1}{8}\begin{bmatrix}1&1&1&1&1&1&1&1\\ 1&1&1&1&-1&-1&-1&-1\\ 1&1&-1&-1&1&1&-1&-1\\ 1&1&-1&-1&-1&-1&1&1\\ 1&-1&1&-1&1&-1&1&-1\\ 1&-1&1&-1&-1&1&-1&1\\ 1&-1&-1&1&1&-1&-1&1\\ 1&-1&-1&1&-1&1&1&-1\end{bmatrix} \tag{6-66}$$

2. 二维离散沃尔什变换

将一维的情况推广到二维，可以得到二维沃尔什正变换核和逆变换核分别为：

$$g(x,y,u,v)=\frac{1}{N^2}\prod_{i=0}^{n-1}(-1)^{[b_i(x)b_{n-1-i}(u)+b_i(y)b_{n-1-i}(v)]} \tag{6-67}$$

$$h(x,y,u,v)=\prod_{i=0}^{n-1}(-1)^{[b_i(x)b_{n-1-i}(u)+b_i(y)b_{n-1-i}(v)]} \tag{6-68}$$

相应的二维离散沃尔什正变换和逆变换为：

$$W(u,v)=\frac{1}{N^2}\sum_{u=0}^{N-1}\sum_{y=0}^{N-1}f(x,y)\prod_{i=0}^{n-1}(-1)^{[b_i(x)b_{n-1-i}(u)+b_i(y)b_{n-1-i}(v)]}\ ,\quad u,v=0,1,\cdots,N-1 \tag{6-69}$$

$$f(x,y)=\sum_{u=0}^{N-1}\sum_{v=0}^{N-1}W(u,v)\prod_{i=0}^{n-1}(-1)^{[b_i(x)b_{n-1-i}(u)+b_i(y)b_{n-1-i}(v)]}\ ,\quad x,y=0,1,\cdots,N-1 \tag{6-70}$$

由式（6-67）与式（6-68）可见

$$g(x,y,u,v)=g_1(x,u)g_1(y,v) \tag{6-71}$$

$$h(x,y,u,v)=h_1(x,u)h_1(y,v) \tag{6-72}$$

即二维沃尔什正变换核和逆变换核都是可分离的和对称的。因此，二维沃尔什离散变换可以用两步一维离散沃尔什变换来进行。

6.3.2 离散哈达玛变换

哈达玛（Hadamard）变换本质上是一种特殊排序的沃尔什变换。哈达玛变换矩阵也是一个方阵，且只包括+1 和−1 两种元素，各行和各列之间彼此是正交的。合达玛变换核矩阵与沃尔什变换核矩阵的不同之处仅仅是行的次序不同。而哈达玛变换的最大优点在于它的变换核矩阵具有简单的递推关系，即高阶矩阵可以由低阶矩阵求得。这个特点使得人们更愿意采用哈达玛变换。

1. 一维离散哈达玛变换

一维离散哈达玛变换核为：

$$g(x,u)=\frac{1}{N}(-1)^{\sum_{i=0}^{n-1}b_i(x)b_i(u)} \tag{6-73}$$

其中指数上的求和是以 2 为模的，$b_k(z)$ 是 z 的二进制表示的第 k 位。$N=2^n$ 是哈达玛变换的阶数。相应的一维离散哈达玛变换为：

$$B(u)=\frac{1}{N}\sum_{x=0}^{N-1}f(x)(-1)^{\sum_{i=0}^{n-1}b_i(x)b_i(u)},\quad u=0,1,\cdots,N-1 \tag{6-74}$$

一维哈达玛逆变换核为：

$$h(x,u)=(-1)^{\sum_{i=0}^{n-1}b_i(x)b_i(u)} \tag{6-75}$$

相应的一维离散哈达玛逆变换为：

$$f(x)=\sum_{u=0}^{N-1}B(u)(-1)^{\sum_{i=0}^{n-1}b_i(x)b_i(u)},\quad x=0,1,\cdots,N-1 \tag{6-76}$$

2. 二维离散哈达玛变换

将一维的情况推广到二维，可以得到二维哈达玛正变换核和逆变换核为：

$$g(x,y,u,v)=\frac{1}{N^2}(-1)^{\sum_{i=0}^{n-1}[b_i(x)b_i(u)+b_i(y)b_i(v)]} \tag{6-77}$$

$$h(x,y,u,v)=(-1)^{\sum_{i=0}^{n-1}[b_i(x)b_i(u)+b_i(y)b_i(v)]} \tag{6-78}$$

相应的二维离散哈达玛正变换和逆变换为：

$$B(x,u)=\frac{1}{N^2}\sum_{x=0}^{N-1}\sum_{y=0}^{N-1}f(x,y)(-1)^{\sum_{i=0}^{n-1}[b_i(x)b_i(u)+b_i(y)b_i(v)]},\quad u,v=0,1,\cdots,N-1 \tag{6-79}$$

$$f(x,y)=\sum_{u=0}^{N-1}\sum_{v=0}^{N-1}B(u,v)(-1)^{\sum_{i=0}^{n-1}[b_i(x)b_i(u)+b_i(y)b_i(v)]},\quad x,y=0,1,\cdots,N-1 \tag{6-80}$$

显然，哈达玛正变换核和逆变换核既是分离的，也是对称的。因此，二维离散哈达玛变换可以由两步一维离散哈达玛变换来进行。

6.3.3 快速哈达玛变换

由于二维变换可以用两步一维变换来实现，所以这里仅讨论一维快速哈达玛变换算法。设 $N=2^n$，由一维离散哈达玛变换式（6-74），一维哈达玛变换可写成矩阵形式：

$$B=\frac{1}{N}H_nf \tag{6-81}$$

其中：

$$B=\begin{bmatrix}B(0)\\B(1)\\\vdots\\B(N-1)\end{bmatrix} \tag{6-82}$$

$$f = \begin{bmatrix} f(0) \\ f(1) \\ \vdots \\ f(N-1) \end{bmatrix} \quad (6\text{-}83)$$

H_n 是 N 阶哈达玛矩阵，具有如下重要特性：

$$\frac{1}{N} H_n H_n = I \quad (6\text{-}84)$$

其中 I 为单位矩阵。

$N = 2(n = 1)$ 阶哈达玛矩阵为：

$$H_1 = \begin{pmatrix} 1 & 1 \\ 1 & -1 \end{pmatrix} \quad (6\text{-}85)$$

$N = 2^n$ 阶哈达玛矩阵为：

$$H_n = \begin{pmatrix} H_{n-1} & H_{n-1} \\ H_{n-1} & -H_{n-1} \end{pmatrix} \quad (6\text{-}86)$$

例如 $N = 4$ 阶哈达玛矩阵为：

$$H_2 = \begin{pmatrix} H_1 & H_1 \\ H_1 & -H_1 \end{pmatrix} = \begin{bmatrix} 1 & 1 & 1 & 1 \\ 1 & -1 & 1 & -1 \\ 1 & 1 & -1 & -1 \\ 1 & -1 & -1 & 1 \end{bmatrix} \quad (6\text{-}87)$$

利用矩阵分块技术或矩阵因子分解技术，便可导出快速哈达玛变换（FHT）算法。

6.3.4 沃尔什–哈达玛的应用

Hadamard 变换相当于在原来的图像矩阵左右分别乘以一个矩阵，这两个矩阵都是正交矩阵，称为 Hadamard 变换矩阵。Hadamard 变换矩阵所有的元素都是+1 或–1。MATLAB 提供的 hadamard 函数可产生 Hadamard 矩阵。函数的调用格式为：

H = hadamard(n)：该函数产生阶数为 n 的 Hadamard 变换矩阵 H。Hadamard 变换矩阵 H 满足 H'*H=n*I，其中 I 为 n 阶单位矩阵。

【例 6-6】利用沃尔什-哈达玛变换实现图像压缩。

```
>> clear all;
sig=imread('lean.png');
sig=double(sig)/255;              %图像归一化处理
subplot(1,2,1);imshow(sig)
xlabel('(a)原始图像');
[m,n]=size(sig);                  %图像大小
sz=16;                            %给出图像分块尺寸和保留系数的个数
snum=32;
%分块和进行沃尔什-哈达玛变换
T=hadamard(sz);
hd=blkproc(sig,[sz,sz],'P1*x*P2',T,T);
%重新排列系数
coe=im2col(hd,[sz,sz],'distinct');
coe_t=sort(coe);
[Y,ind]=sort(coe);
```

```
%舍去具有较小方差的系数
[m1,n1]=size(coe);
snum=m1-snum;
for i=1:n1
   coe_t(ind(1:snum),i)=0;
end
%重建图像
re_hd=col2im(coe_t,[sz,sz],[m,n],'distinct');
re_sig=blkproc(re_hd,[sz,sz],'P1*x*P2',T,T);
subplot(1,2,2);imshow(re_sig);
xlabel('(b)压缩图像')
%计算归一化图像的均方误差
error=sig.^2-re_sig.^2;
disp('原图像与压缩图像误差为: ');
mse=sum(error(:)/prod(size(re_sig)))
```

运行程序，效果如图 6-19 所示。

原图像与压缩图像误差为：

```
mse =
  -76.9039
```

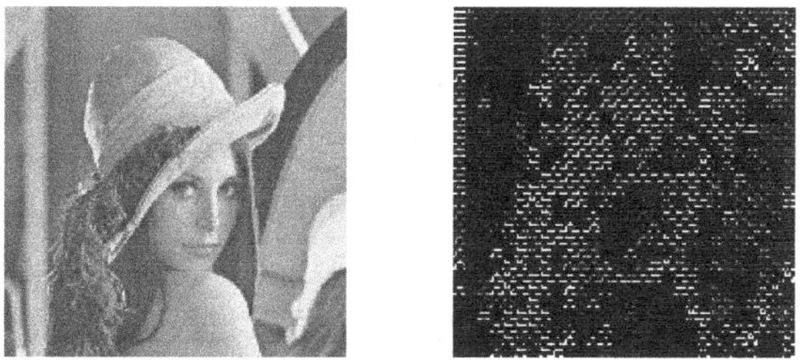

(a) 原始图像　　(b) 压缩图像

图 6-19　利用沃尔什-哈达玛变换效果

6.4　Hough 变换

在数字图像处理中，Hough 变换属于特征提取技术，它由 Paul Hough 于 1962 年提出，最初只是用于二值图像直线检测，后来扩展到任意形状的检测。现在常用的变换技术称作广义 Hough 变换，1981 年被 Dana.H.Ballard 扩展后应用到计算机视觉领域。

6.4.1　Hough 变换的原理

从图像中提取特征时，最简单也最有用的莫过于简单形状的检测了，比如直线检测、圆检测、椭圆检测以及其他类似的形状等。为了达到这个目的，必须能够检测到这样一组像素点，使它们位于拟定形状的边沿上。这就是 Hough 变换要解决的问题。

最简单的 Hough 变换就是线性变换。为了说明问题，我们先假设在某个图像上存在一条直线，其表达式为 $y = kx + b$ 。显然，最能表示这条直线特征的就是其斜率 k 和截距 b ，因此，这条直线在参数空间内可表示为（k, b），如图 6-20 所示。

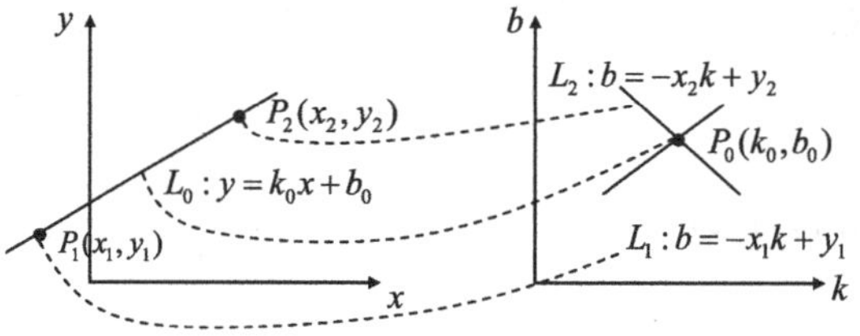

图 6-20　对偶变换

从图 6-20 中可以看出，x-y 坐标和 k-b 坐标由点线“----”构成对偶关系。x-y 坐标中的点 P_1、P_2 对应于 k-b 坐标中的 L_1 和 L_2，而 k-b 坐标中的点 P_0 对应于 x-y 坐标中的 L_0。

这样只要观测（k,b）空间内点的叠加程度就可判断原始图像的共线情况了。k 和 b 都是无界的，因此，运用（k,b）表示直线可能使问题变得病态。比如，当直线和 x 轴垂直时，其斜率是无穷大。因此，为了从计算上避免这个问题，往往把它转为式 (r,θ) 这样的形式，其中 r 为原点到直线的距离，θ 为原点到直线的垂线的向量角。这样，直线的表达式可以转化为：

$$y=\left(-\frac{\cos\theta}{\sin\theta}\right)x+\left(\frac{r}{\sin\theta}\right) \tag{6-88}$$

整理得：

$$r=x\cdot\cos\theta+y\cdot\sin\theta \tag{6-89}$$

在极坐标 (r,θ) 中变为一条正弦曲线，$\theta\in[0,\pi]$。可以证明，直角坐标 x-y 中直线上的点经过 Hough 变换后，它们的正弦曲线在极坐标 (r,θ) 有一个公共交点。

也就是说，极坐标 (r,θ) 上的一点 (r,θ)，对应于直角坐标 x-y 中的一条直线。而且它们是一一对应的。

为了检测出直角坐标 x-y 中由点所构成的直线，可以将极坐标 (r,θ) 量化成许多小格。根据直角坐标中每个点的坐标（x,y），在 $\theta\in[0,\pi]$ 内以小格的步长计算各个 r 值，所得值落在某个小格内，便使该小格的累加记数器加 1。当直角坐标中全部的点都变换后，对小格进行检验，计数值最大的小格，其 (r,θ) 值对应于直角坐标中所求直线。

6.4.2 Hough 变换的扩展

尽管上面只介绍了利用 Hough 变换检测直线，但稍做改变后，它便可以检测任意我们想要的形状。比如圆，在 (x,y) 坐标内可以表示为：

$$(x-x_0)^2+(y-y_0)^2=R_0^2$$

其中，(x_0,y_0) 为圆心。

利用直线的对偶变换思想，可以用三个参数 (x_0,y_0,R_0) 来表示一个圆，其他的过程就都完全一样了，唯一不一样的地方就是这个对偶变换是三维的。

其他的形状也是一样的，理论上只要我们构造其形状方程，利用参数的对偶变换，就可检测到我们要检测的图形了。

但实际上，当参数维数过高时，这样检测的效果往往很难达到要求。这也是 Hough 变换的局限性。

6.4.3 Hough 变换的应用

在 MATLAB 中，Hough 变换的函数包括函数 hough、houghpeaks 函数及 houghlines 函数。

（1）hough 函数

hough 函数用于进行 Hough 变换。函数的调用格式为：

[H, theta, rho] = hough(BW)：该函数对二值图像 BW 进行 Hough 变换，返回值 H 为 Hough 变换矩阵，theta 为变换角度 θ，rho 为变换半径 r。

[H, theta, rho] = hough(BW, ParameterName, ParameterValue)：该函数中将参数 ParameterName 设置为 ParameterValue。参数主要有三个设置：

- ThetaResolution：为[0,90]之间的实值标量。
- Hough：为变换的 theta 轴间隔，默认值为 1。
- RhoResolution：为 0 到图像像素个数之间的标量，rho 的间隔默认值为 1。

（2）houghpeaks 函数

houghpeaks 函数用于计算 Hough 变换的峰值。函数的调用格式为：

peaks = houghpeaks(H, numpeaks)：提取 Hough 变换后参数平面的峰值点。参量 H 为 Hough 变换矩阵，由 Hough 函数生成。numpeaks 指定要提取的峰值数目，默认值为 1。返回值 peaks 为一个 Q×2 矩阵，包含峰值的行坐标和列坐标，Q 为提取的峰值数目。

peaks = houghpeaks(..., param1, val1, param2, val2)：提取 Hough 变换后参数平面的峰值点。参量 param1，val1，param2 和 val2 指定寻找峰值的门限或峰值对周围像点的抑制范围。

（3）houghlines 函数

houghlines 函数用于根据 Hough 变换提取线段。函数的调用格式为：

lines = houghlines(BW, theta, rho, peaks)：根据 Hough 变换的提取图像 BW 中的线段。参量 theta 和 rho 由函数 hough 的输出得到，peaks 表示 Hough 变换峰值，由函数 houghpeaks 的输出得到。输出参量 lines 为结构矩阵，矩阵长度为提取出的线段的数目，矩阵中的每个元素表示一条线段的相关信息。

lines = houghlines(..., param1, val1, param2, val2)：根据 Hough 变换的结果提取图像 BW 中的线段。参量 param1, val1, param2, val2 用于指定是否合并或保留线段。

可以用 houghline 函数检测 H 中的叠加点，从而检测出 BW 的线段。下面给出一个实例。

【例 6-7】用 hough 函数检测图像中的直线。

```
>>clear all;
RGB=imread('gantrycrane.png');
I=rgb2gray(RGB); %转化成强度图像
BW=edge(I,'canny'); %提取边界
[H,T,R]=hough(BW,'RhoResolution',0.5,'ThetaResolution',0.5);
%显示原始图像
subplot(221);imshow(RGB);
title('gantrycrane.png');
%显示 Hough 矩阵
subplot(212);
imshow(imadjust(mat2gray(H)),'XData',T,'YData',R,'InitialMagnification','fit');
title('Hough transform of gantrycrane.png');
xlabel('\theta');ylabel('\rho');
axis on;axis normal;hold on;
colormap(hot);
P=houghpeaks(H,5,'threshold',ceil(0.3*max(H(:))));
lines=houghlines(BW,T,R,P,'FillGap',5,'MinLength',7);
figure;
```

```
imshow(BW);hold on;
max_len=0;
for k=1:length(lines)
   xy=[lines(k).point1;lines(k).point2];
   plot(xy(:,1),xy(:,2),'LineWidth',2,'Color','green');
   %显示线段的开头和结尾
   plot(xy(1,1),xy(1,2),'x','LineWidth',2,'Color','yellow');
   plot(xy(2,1),xy(2,2),'x','LineWidth',2,'Color','red');

   %检测最长线段的终点
   len=norm(lines(k).point1-lines(k).point2);
   if(len>max_len)
      max_len=len;
      xy_long=xy;
   end
end
%保存图像
imwrite(I,'cha_1.bmp','bmp');
imwrite(BW,'cha_2.bmp','bmp');
H=H/(max(max(H)));
imwrite(H,'cha_3.bmp','bmp');
```

运行程序，效果如图 6-21 所示。

(a) 原始图像

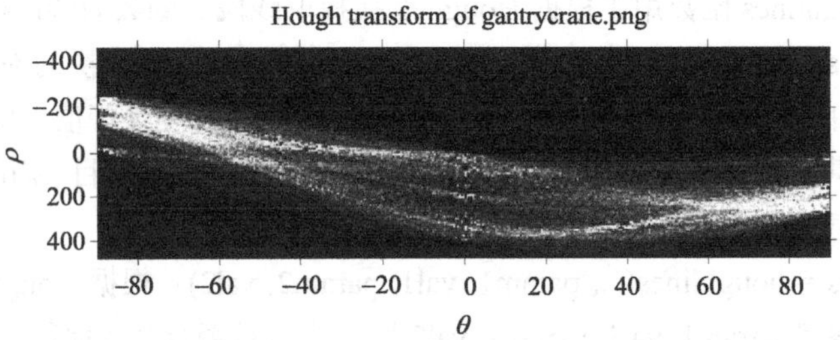

(b) Hough 变换效果

图 6-21　Hough 变换效果图像

H 矩阵上明显有高叠加点，也就是说，图像中包含大量的直线。利用阈值，可得到其检测的最终结果，如图 6-22 所示。

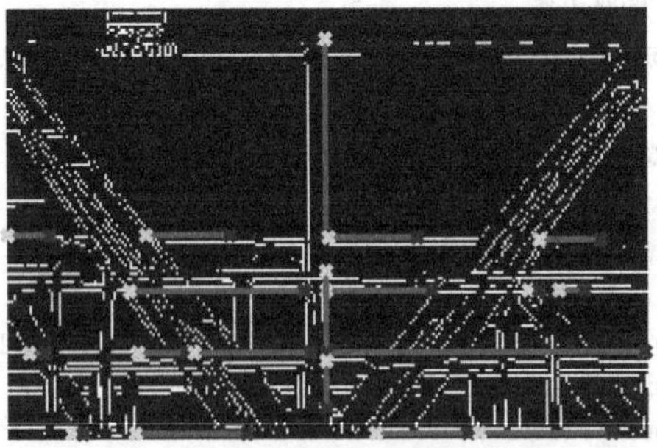

图 6-22　houghline 的检测结果

从图中可以看出，利用 Hough 可以有效地检测出图像中的直线段。不过，为了得出较好的结果，必须多次调整检测的阈值。

6.5　Radon 变换

在医学图像处理中，往往通过对某切面做多个 X 射线投影，来获得切面的结构图形，这就是图像重建。图像重建有很多方法，但实际上，当人们在处理二维或三维投影数据时，真正有效的重建算法都是以 Rodon 变换和 Radon 逆变换作为数学基础的。因此，对这种变换算法和快速算法的研究在医学影像中有着特殊意义。

6.5.1　平行数据 Radon 变换

Radon 变换用来计算图像矩阵在某方向上的投影。

如图 6-23 所示，间距为 1 个像素的平行光束穿过图像，则 Radon 变换计算穿过图像长度上的积分，即

$$R_\theta(x') = \int_{-\infty}^{+\infty} f(x'\cos\theta - y'\sin\theta, x'\sin\theta + y'\cos\theta)\mathrm{d}y' \qquad (6\text{-}90)$$

式中，$R_\theta(x')$ 表示积分结果。实际上，在医疗 X 射线图像上，它是射源强度与拍摄强度之差，即沿途损耗。其中：

$$\begin{bmatrix} x' \\ y' \end{bmatrix} = \begin{bmatrix} \cos\theta & \sin\theta \\ -\sin\theta & \cos\theta \end{bmatrix} \begin{bmatrix} x \\ y \end{bmatrix} \qquad (6\text{-}91)$$

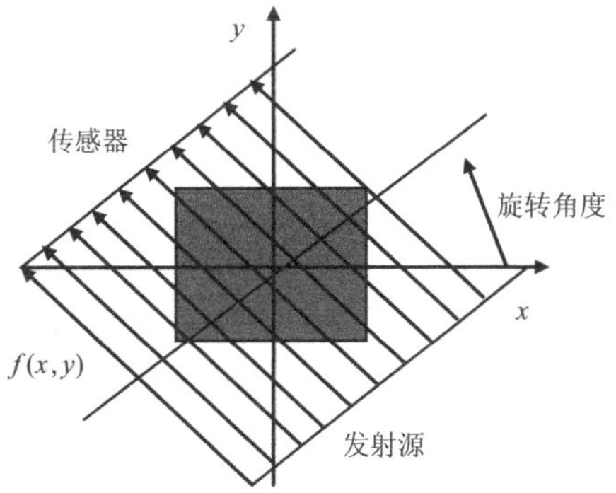

图 6-23　Radon 变换平行投影数据

假设图像是灰度全相等的，图 6-24 给出了其在 θ 角方向上的 Radon 变换的结果。

对二值图像而言，某方向上积分（这时即点个数）很大则表明该方向上有较强的线性，也就是存在线段。就这点而言，这和 Hough 变换是相同的。

在 MATLAB 图像处理工具箱中提供了 radon 函数用于计算指定方向上图像的投影。其调用格式为：

R = radon(I, theta)：计算图像 I 在 theta 矢量指定的方向上的 Radon 变换。

[R,xp] = radon(...)：R 的各行返回 theta 中各方向上 randon 变换值，xp 矢量表示沿 x 轴相应的坐标值。图像 I 的中心在 floor((size(I)+1)/2)，在 x 轴上对应 x'=0。

例如，在一个 20×30 的图像里，中心像素为（10,15）。

支持的数据类型可以为 double 或 logical，或者其他类型。所有输入参数和输出参数的数据类型都为 double。

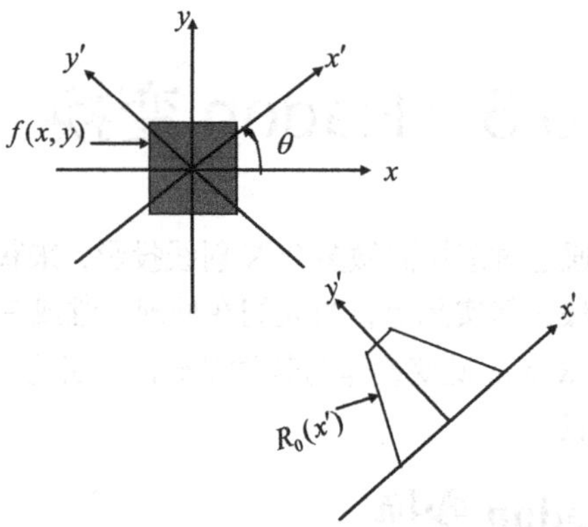

图 6-24　均匀图像上的 Radon 变换

【例 6-8】真彩色图像的 Radon 变换。

```
>>clear all;
RGB=imread('hai1.jpg'); %读入真彩色图像
GRAY=rgb2gray(RGB);  %将真彩色图像转换为灰度图像
figure;
subplot(221);imshow(RGB);  %显示真彩色图像
subplot(222);imshow(GRAY); %显示灰度图像
[R,xp]=radon(GRAY,[0 45]);  %计算变换角度为 0° 和 60° 的 Radon 变换
subplot(223);plot(xp,R(:,1));%显示 0° 方向上的 Radon 变换
title('R_{0^o}(x\prime)');
subplot(224);plot(xp,R(:,2));%显示 60° 方向上的 Radon 变换
title('R_{60^o}(x\prime)');
```

运行程序，效果如图 6-25 所示。

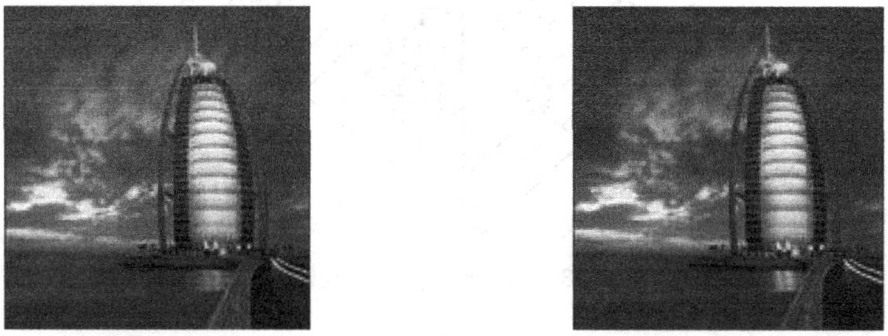

(a) 真彩色图像　　(b) 灰度图像

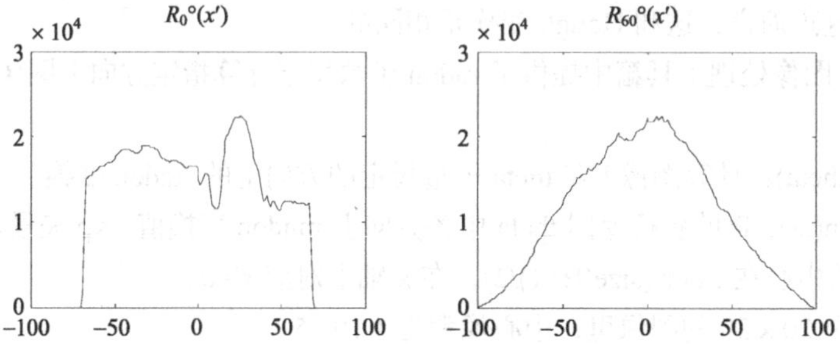

(c) 0° 方向上的 Radon 变换　　(d) 60° 方向上的 Radon 变换

图 6-25　真彩色的 Radon 变换结果

Radon 变换与计算机视觉中的 hough 变换很相似，可以利用 radon 变换来实现 hough 变换。

【例 6-9】 利用 Radon 函数实现边缘检测。

```
>> clear all;
I = fitsread('solarspectra.fts');
I = mat2gray(I);
BW = edge(I);
subplot(121);imshow(I),
xlabel('(a)原始图像');
subplot(122), imshow(BW)
xlabel('(b)边缘图像')
```

运行程序，效果如图 6-26 所示。

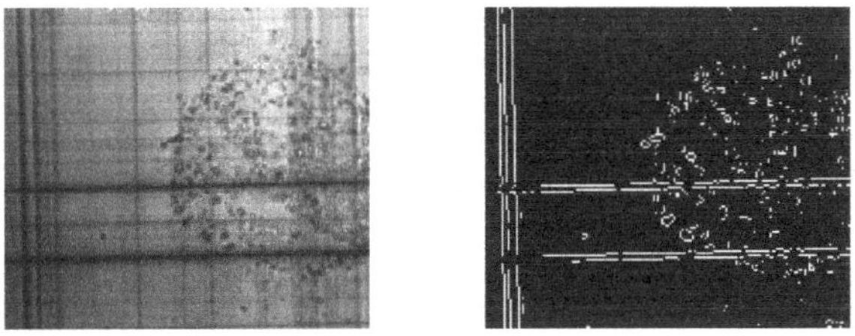

(a) 原始图像　　(b) 边缘图像

图 6-26　图像的边缘检测

```
%计算边缘图像的 Radon 变换
theta = 0:179;
[R,xp] = radon(BW,theta);
figure, imagesc(theta, xp, R); colormap(hot);
xlabel('\theta (degrees)'); ylabel('x\prime');
title('R_{\theta} (x\prime)');
colorbar
```

运行程序，效果如图 6-27 所示。

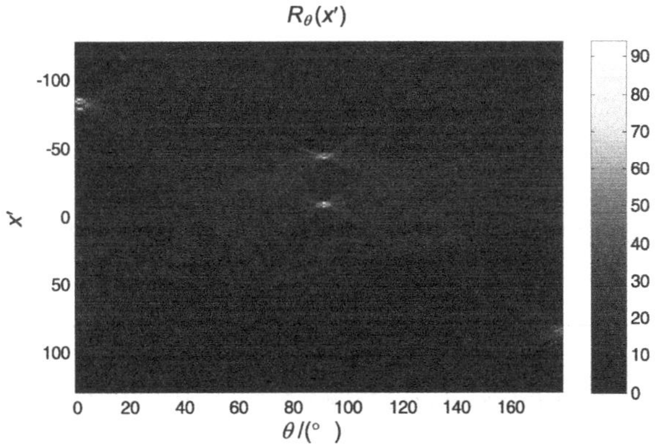

图 6-27　边缘图像的 Radon 变换

计算出 Radon 变换矩阵中的峰值，这些峰值对应于原始图像中的直线。这个例子中，R 的最强值出现在 $\theta=1°$，$x'=-80$ 处，垂直于 $\theta=1°$，并位于 $x'=-80$ 处的直线显示在图 6-28 中，用红色覆盖在原始图像上。

平行于红线的直线也在 $\theta=1°$ 处有峰值，垂直于红线的直线在 $\theta=91°$ 处。

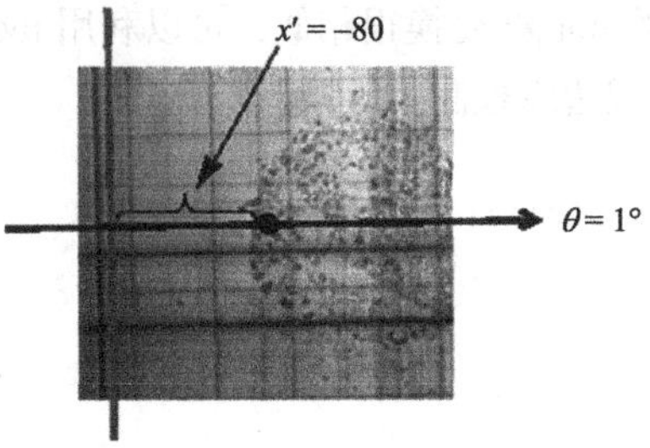

图 6-28　原始图像中的直线

6.5.2　扇形数据 Radon 变换

除了对平行数据进行 Radon 变换外，有时候也考虑扇形数据的 Radon 变换，即辐射数据直线传感器的 Radon 变换和辐射数据弧形传感的 Radon 变换，如图 6-29 和图 6-30 所示。从本质上讲，辐射数据的 Radon 变换和平行数据的 Radon 变换是相同的，不同的是几何上的具体处理方式，这里就不赘述了。

在 MATLAB 中提供了 fanbeam 函数实现辐射数据的 Radon 变换。其调用格式为：

```
F = fanbeam(I,D)
F = fanbeam(..., param1, val1, param1, val2,...)
[F, fan_sensor_positions, fan_rotation_angles] = fanbeam(...)
```

其中，I 表示需要 Fan-Beam 变换的图像，D 表示光源到图像中心像素点的距离。param1, val1, param1, val2,...表示输入的一些参数，如表 6-1 所列，参数 fan_sensor_positions、fan_rotation_angles 分别返回探测器和扇形旋转角度信息。

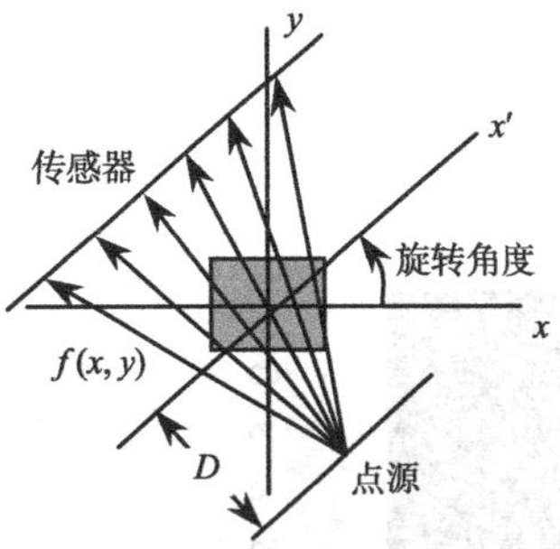

图 6-29　辐射数据直线传感器 Radon 变换

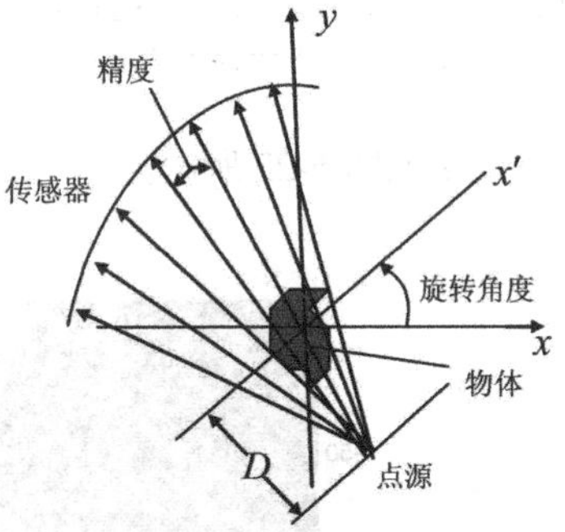

图 6-30　辐射数据弧形传感器的 Radon 变换

表 6-1　fanbeam 函数的控制参数

参　数	说　明
'FanRotationIncrement'	正实标量；指定 Fan-Beam 投影旋转角度的增量（扫描精度），度数计量单位，默认值为 1
'FanSensorGeometry'	指定探测器类型字符串： 'arc'——默认值，探测器为圆弧型，离旋转中心距离为 D 'line'——探测器为直线型，离旋转中心距离为 D
'FanSensorSpacing'	正实标量，指定扇形光束的间距，具体值与' FanSensorGeometry'设定相关；如果' FanSensorGeometry '='arc'，值表示角间隔，默认为 1；如果' FanSensorGeometry '='line'，值表示像素线性间距

【例 6-10】应用扇形数据 Radon 变换，说明映射和重建过程。

```
>>clear all;
%产生测试图像并显示，如图 6-31（a）所示
I=phantom(256);
figure;imshow(I);
%计算映射数据，设定几何关系为“弧度”，然后分别给定光束密度为 2 弧度、1 弧度%以及 0.25 弧度
d=250;
dsensor1=2;
f1=fanbeam(I,d,'FanSensorSpacing',dsensor1);
dsensor2=1;
f2=fanbeam(I,d,'FanSensorSpacing',dsensor2);
dsensor3=0.25;
[f3,sensor_pos3,fan_rot_angles3]=fanbeam(I,d,'FanSensorSpacing',dsensor3);
%显示 f3 映射的数据，如图 6-31（b）所示
figure;imagesc(fan_rot_angles3,sensor_pos3,f3);
colormap(hot);colorbar;
xlabel('Fan Rotation Angle (degrees)');
ylabel('Fan Sensor Position (degrees)');
%通过调用 ifanbeam 函数来实现图像重建，如图 6-32 所示
output_size=max(size(I));
Ifan1=ifanbeam(f1,d,'FanSensorSpacing',dsensor1,'OutputSize',output_size);
figure,imshow(Ifan1);
Ifan2=ifanbeam(f2,d,'FanSensorSpacing',dsensor2,'OutputSize',output_size);
figure,imshow(Ifan2);
Ifan3=ifanbeam(f3,d,'FanSensorSpacing',dsensor3,'OutputSize',output_size);
figure,imshow(Ifan3);
```

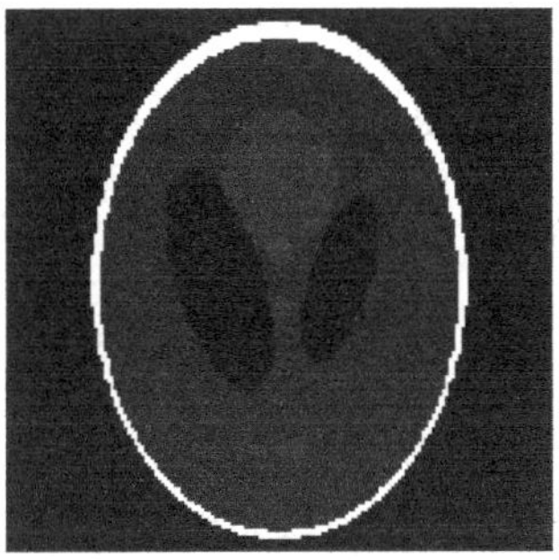

(a) 原始图

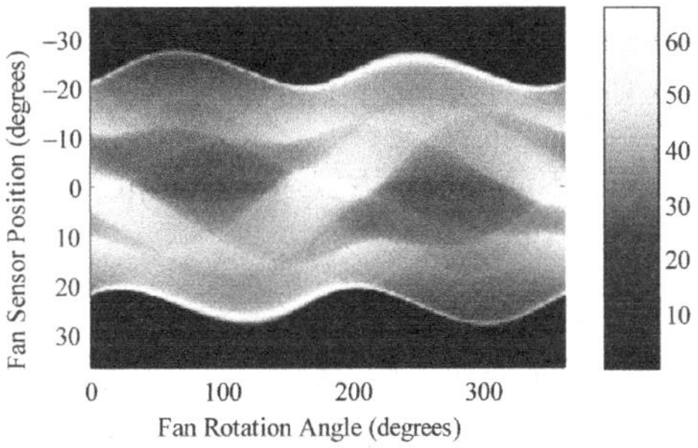

(b) 映射数据

图 6-31　图像映射

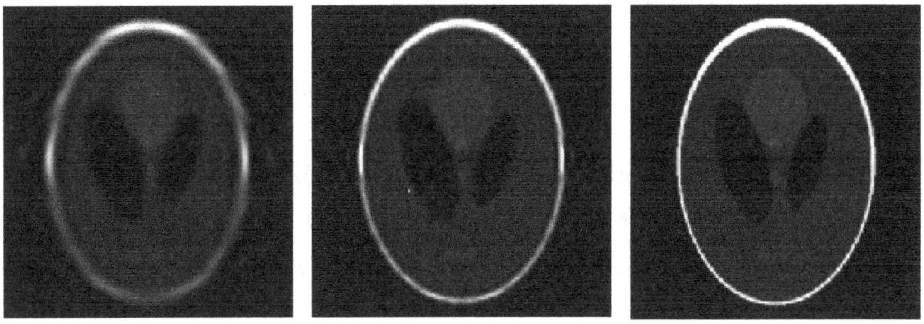

(a) Ifan1 重建图像　(b) Ifan2 重建图像　(c) Ifan3 重建图像

图 6-32　不同映射密度重建的图像效果比较

比较图 6-32 可知，重构图像的效果明显 Ifan3 最好，而 Ifan1 最模糊。这是因为，用于图像重构的投影数越多，则重构效果越好。显然，用 Ifan1 重构图像由于投影太少，重构图像中有很多虚假点。所以，为了避免这种情况，重构较高质量的图像，需要提高可以增加重构图像的投影角度数目。

6.5.3 Radon 逆变换

事实上，Radon 变换最常用的是其逆变换。在医学 X 光扫描时，X 光在通过人的身体时会不断地衰减，这个衰减的量可视作沿 X 光方向上的积分。因此，水平扫描一圈可以得到一个切面的 Radon 变换结果。对于不同方向上的这个结果，利用其逆变换，便可恢复出切面图形来。更进一步，众多不同位置的切面图像便可构成三维结构，如图 6-33 所示。

从本质上讲，其逆过程的求解实际上是解线性方程组的过程，如图 6-34 所示。这里只给出这些变换的详细用法。

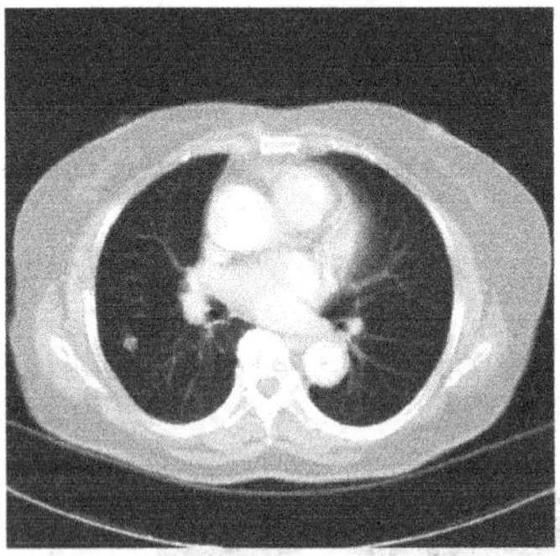

图 6-33　胚胎切面扫描图

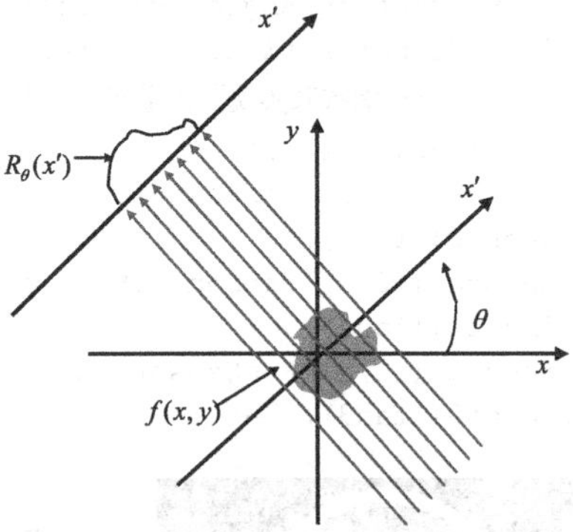

图 6-34　Radon 逆变换

MATLAB 针对不同的扫描方式：平行束和扇形束，都给出了相应的逆的函数，下面分别给予介绍。

（1）iradon 函数

iradon 函数用于实现逆平行 Radon 变换。函数的调用格式为：

I = iradon(R, theta)：滤波 Radon 变换是先对投影 R 滤波，再用滤波后的投影重构图像。有些情况下，投影含有噪声，为了消除高频噪声，可以通过加窗去除噪声，其加窗函数格式为：

- I=iradon(R,theta,'Ram-Lak')：采用 Ram-Lak 滤波（默认）。
- I=iradon(R,theta,'Shepp-Logan')：采用 Shepp-Logan 窗做滤波，sinc 函数生成 Ram-Lak 滤波器。
- I=iradon(R,theta,'Cosine')：采用 Cosine 窗做滤波，cosine 函数生成 Ram-Lak 滤波器。
- I=iradon(R,theta,'Hamming')：采用 Hamming 窗做滤波，Hamming 窗 Ram-Lak 滤波器。
- I=iradon(R,theta,'Hann')：采用 Hann 窗做滤波，Hann 窗 Ram-Lak 滤波器。
- I=iradon(R,theta,D)：允许指定归一化频率 D，高于 D 的滤波器响应为零，整个滤波器压缩在[0,D]的范围内。假如系统不含高频信息而存在高频噪声时可用来完全抑制噪声，又不会影响图像重构。

I = iradon(P, theta, interp, filter, frequency_scaling, output_size)：根据指定的参数实现 Radon 逆变换。

[I,H] = iradon(...)：除了返回 Radon 变换后的重建图像 I 外，还返回其变换矩阵 H。

【例 6-11】利用 iradon 函数实现 Radon 逆变换，对图像进行重构。

```
>>clear all;
P=phantom(256);   %原始图像如图 6-31 (a) 所示
theta1=0:10:170;
[R1,xp]=radon(P,theta1);
theta2=0:5:175;
[R2,xp]=radon(P,theta2);
theta3=0:2:180;
[R3,xp]=radon(P,theta3);
figure(1);imagesc(theta3,xp,R3);
colormap(hot);colorbar;
xlabel('\theta');ylabel('x\prime');
A1=iradon(R1,10);
A2=iradon(R2,5);
A3=iradon(R3,2);
figure(1);imshow(A1);
figure(2);imshow(A2);
figure(3);imshow(A3);
%保存图像
imwrite(P,'ch6_1.bmp','bmp');
imwrite(A1,'ch6_2.bmp','bmp');
imwrite(A2,'ch6_3.bmp','bmp');
imwrite(A3,'ch6_4.bmp','bmp');
```

运行程序，效果如图 6-35 所示。

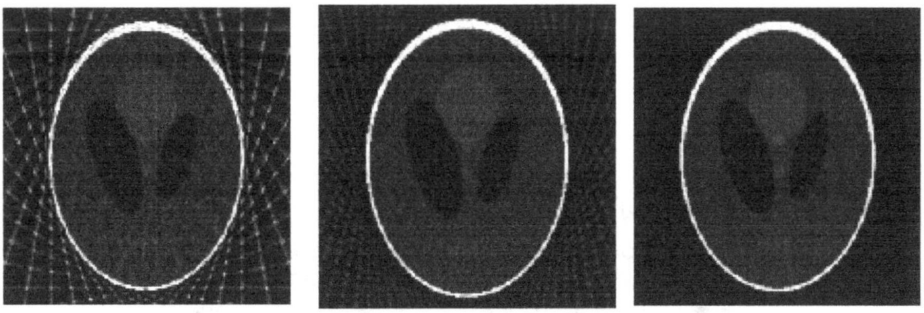

(a) theta=10 效果图　　(b) theta=5 效果图　　(c) theta=2 效果图

图 6-35　利用 Radon 逆变换重建图像

从上图可以看出，利用 Radon 逆变换可以很容易重建原始图像，且 theta 值越小，扫描精度越大，重建效果越好。

也正是因为它具有良好的重建性能。Radon 逆变换在医学图像领域有着重要的应用。

（2）ifanbeam 函数

在 MATLAB 中，提供了 ifanbeam 函数用于实现逆扇形数据 Radon 变换。函数的调用格式为：

```
I = ifanbeam(F,D)
I = ifanbeam(...,param1,val1,param2,val2,...)
[I,H] = ifanbeam(...)
```

其中，F 表示二维 Fan-Beam 变换数据，每列数据对应一个旋转角度的 Fan-Beam 变换数据。ifanbeam 假定的投影中心点是 ceil(size(F,1)/2)。H 为返回的频率响应滤波器。param1,val1,param2,val2,...表示输入的一些参数，如表 6-2 所列。

表 6-2 ifanbeam 函数的控制参数

参 数	说 明
'FanCoverage'	指定光束旋转的范围字符串： 'cycle'——默认，旋转全范围 0~360 'minimal'——表示对象所必须旋转最小的范围
'FanRotationIncrement'	正实标量：指定 Fan-Beam 投影旋转角度的增量，和 fanbeam 函数相同
'FanSensorGenometry'	指定探测器的放置形式，和 fanbeam 函数相同
'FanSensorSpacing'	正实标量，指定扇形光束的间距，和 fanbeam 函数相同
'Filter'	指定采用的滤波器，和 iradon 函数相同
'FrequencyScalling'	滤波器频率轴缩放比例大小的一个标量值（范围：0~1）
'Interpolation'	插值方法：'nearest'、'linear(默认)'和'spline'
'OutputSize'	重构图像行和列的正值标量： 如果'OutputSize'没有被指定，ifanbeam 函数自动指定大小。 如果'OutputSize'被指定大小，当 ifanbeam 函数重构图像比原图像小些或大些时，不会改变数据的缩放比例。 注意：如果投影数据由 fanbeam 函数计算得到，那么重构图像可能和原始图像不一样大小

【例 6-12】对所创建的图像进行扇形数据 Radon 重构。

```
>>clear all;
ph = phantom(128);
d = 100;
F = fanbeam(ph,d);
I = ifanbeam(F,d);
subplot(121);imshow(ph),
xlabel('(a)原始图像');
subplot(122), imshow(I);
xlabel('(b) Fan-Beam 重构')
```

运行程序，效果如图 6-36 所示。

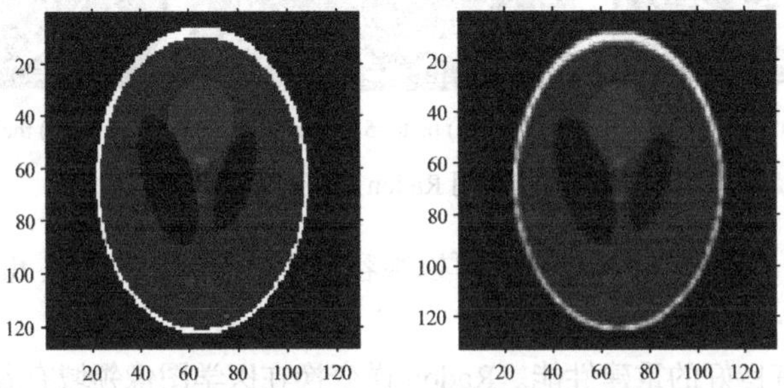

(a) 原始图像 (b) Fan-Beam 重构

图 6-36 Fan-Beam 重构图像

小 结

与数字图像的空域表示法相对应，图像的傅里叶变换表示法，即频域表示法在数字图像处理学中占有同样重要的地位。本章从一维连续函数的傅里叶变换、一维离散函数的傅里叶变换入手，详细介绍了离散傅里叶变换的物理意义、离散傅里叶变换的性质以及快速傅里叶变换的算法原理，同时结合实例说明运用 MATLAB 函数实现图像快速傅里叶变换的方法。

除了图像的傅里叶变换外，本章还介绍了几种非常有用的正交变换。它们是离散余弦变换、沃尔什变换、哈达玛变换、Hough 变换、霍特林变换和 Radon 逆变换。

习　题

6-1　离散傅里叶变换都有哪些性质？这些性质说明了什么？

6-2　用 FFT 计算下列序列的离散傅里叶变换。

$$f(x)=\begin{cases}1, & 0\leqslant x\leqslant 7\\ 0, & \text{其他}\end{cases}$$

6-3　编写一个程序，要求实现下列算法：首先将图像分割为许多 8×8 的子图像，对每个子图像进行 FFT，对每个子图像中的 64 个系数，按照每个系数的方差来排序后，舍去小的变换系数，只保留 16 个系数，实现 4 : 1 的图像的压缩。

6-4　计算长度为 N 的序列的 FFT 需要 $\dfrac{N}{2}\log_2 N$ 次乘法，那么计算一幅 $N\times N$ 图像的二维 FFT 需要多少次乘法运算？

6-5　求下列离散图像的二维离散傅里叶变换、离散沃尔什变换和离散哈达玛变换。

$$\begin{bmatrix}0 & 3 & 3 & 0\\ 0 & 3 & 3 & 0\\ 0 & 3 & 3 & 0\\ 0 & 3 & 3 & 0\end{bmatrix}$$

6-6　用 MATLAB 计算并显示图像的傅里叶变换谱。

6-7　写出 $N=2^4$ 时的哈达玛变换矩阵 $\boldsymbol{H}_4$。

6-8　画出 $N=8$ 时的沃尔什变换核矩阵 $\boldsymbol{G}_8$。

6-9　图像矩阵为 $\boldsymbol{I}=\begin{bmatrix}10 & 20 & 30 & 40\\ 0 & 1 & 8 & 9\\ 10 & 2 & 8 & 9\\ 10 & 20 & 8 & 4\end{bmatrix}$，通过编程对该图像进行二维哈达玛变换。

6-10　K-L 变换的优点是什么？K-L 变换都有哪些性质？

6-11　对一幅灰度图像，采用 LoG 算子得到该图像二值边缘图像，然后进行 Hough 变换，通过编程实现，并对结果进行分析。

第7章 小波变换

小波分析的应用是与小波分析的理论研究紧密地结合在一起的。现在，它已经在科技信息产业领域取得了令人瞩目的成就。从数学的角度来看，信号与图像处理可以统一看作是信号处理（图像可以看作是二维信号），在小波分析许多应用中，都可以归结为信号处理问题。现在，对于其性质随实践是稳定不变的信号，处理的理想工具仍然是傅里叶分析。但是在实际应用中的绝大多数信号是非稳定的，而特别适用于非稳定信号的工具就是小波分析。

7.1 小波定义

小波分析是当前数学中的一个迅速发展的新领域，它同时具有先进理论和应用十分广泛的双重意义。

小波变换的定义为：

$$W_f(a,b)=\int_{-\infty}^{+\infty} f(t)\psi_{a,b}(t)\mathrm{d}t=\int_{-\infty}^{+\infty} f(t)a^{-\frac{1}{2}}\psi\left(\frac{t-b}{a}\right)\mathrm{d}t$$

其逆变换为：

$$f(t)=\frac{1}{C_\psi}\int_{-\infty}^{+\infty}\int_{-\infty}^{+\infty} a^{-2}W_f(a,b)\psi_{a,b}(t)\mathrm{d}a\mathrm{d}b$$

其中

$$C_\psi=\int_{-\infty}^{+\infty}\frac{|\psi(\omega)|^2}{\omega}\mathrm{d}\omega<\infty$$

其中，ψ 为傅里叶变换，C_ψ 取有限值。

1. 连续小波

设 $\psi(t)\in L^2(R)$，其傅里叶变换为 $\hat{\psi}(\varpi)$，当 $\hat{\psi}(\omega)$ 满足允许条件（完全重构条件或恒等分辨条件）

$$C_\psi=\int_R\frac{\left|\hat{\psi}(\omega)\right|^2}{|\omega|}\mathrm{d}\omega<\infty$$

时，即我们称 $\psi(t)$ 为一个基本小波或母小波。将母函数 $\psi(t)$ 经伸缩和平移后得

$$\psi_{a,b}(t)=\frac{1}{\sqrt{|a|}}\psi\left(\frac{t-b}{a}\right)\qquad a,b\in R;a\neq 0$$

称其为一个小波序列。其中 a 为伸缩因子，b 为平移因子。对于任意的函数 $f(t)\in L^2(R)$ 的连续小波变换为

$$W_f(a,b) \leqslant f, \psi_{a,b} \geqslant |a|^{-1/2} \int_R f(t) \overline{\psi(\frac{t-b}{a})} \mathrm{d}t$$

其重构公式（逆变换）为

$$f(t) = \frac{1}{C_\psi} \int_{-\infty}^{\infty} \int_{-\infty}^{\infty} \frac{1}{a^2} W_f(a,b) \psi(\frac{t-b}{a}) \mathrm{d}a\mathrm{d}b$$

由于基小波 $\psi(t)$ 生成的小波 $\psi_{a,b}(t)$ 在小波变换中对被分析的信号起着观测窗的作用，所以 $\psi(t)$ 还应该满足一般函数的约束条件

$$\int_{-\infty}^{\infty} |\psi(t)| \mathrm{d}t < \infty$$

故 $\hat{\psi}(\omega)$ 是一个连续函数。这意味着，为了满足完全重构条件式，$\hat{\psi}(\omega)$ 在原点必须等于 0，即

$$\hat{\psi}(0) = \int_{-\infty}^{\infty} \psi(t) \mathrm{d}t = 0$$

为了使信号重构的实现在数值上是稳定的，处理完全重构条件外，还要求小波 $\psi(t)$ 的傅里叶变化满足下面的稳定性条件：

$$A \leqslant \sum_{-\infty}^{\infty} \left| \hat{\psi}(2^{-j}\omega) \right|^2 \leqslant B$$

式中 $0<A \leqslant B<\infty$ 。

连续小波变换具有以下重要性质：

（1）线性性：一个多分量信号的小波变换等于各个分量的小波变换之和。

（2）平移不变性：若 $f(t)$ 的小波变换为 $W_f(a,b)$ ，则 $f(t-\tau)$ 的小波变换为 $W_f(a,b-\tau)$ 。

（3）伸缩共变性：若 $f(t)$ 的小波变换为 $W_f(a,b)$ ，则 $f(ct)$ 的小波变换为 $\frac{1}{\sqrt{c}} W_f(ca,cb), c>0$ 。

（4）自相似性：对应不同尺度参数 a 和不同平移参数 b 的连续小波变换之间是自相似的。

（5）冗余性：连续小波变换中存在信息表述的冗余度。

小波变换的冗余性事实上也是自相似性的直接反映，它主要表现在以下两个方面。

（1）由连续小波变换恢复原信号的重构分式不是唯一的。也就是说，信号 $f(t)$ 的小波变换与小波重构不存在一一对应关系，而傅里叶变换与傅里叶反变换是一一对应的。

（2）小波变换的核函数即小波函数 $\psi_{a,b}(t)$ 存在许多可能的选择（例如，它们可以是非正交小波、正交小波、双正交小波，甚至允许是彼此线性相关的）。

小波变换在不同的（a，b）之间的相关性增加了分析和解释小波变换结果的困难，因此，小波变换的冗余度应尽可能减小，它是小波分析中的主要问题之一。

2. 离散小波

在实际应用中，尤其是在计算机上实现时，连续小波变换必须加以离散化。因此，有必要讨论连续小波序列 $\psi_{a,b}(t)$ 和连续小波变换 $W_f(a,b)$ 的离散化。

在连续小波中，考虑函数

$$\psi_{a,b}(t) = |a|^{-\frac{1}{2}} \psi\left(\frac{t-b}{a}\right)$$

这里，$b \in R$ ，$a \in R_+$ ，且 $a \neq 0$ ，ψ 是容许的，为方便起见，在离散化中，总限制 a 只取正值，这样相容性条件就变为

$$C_\psi = \int_0^{\infty} \frac{|\hat{\psi}(\varpi)|}{|\varpi|} \mathrm{d}\varpi < \infty$$

通常，把连续小波变换中尺度参数a和平移参数b的离散化公式分别取作$a = a_0^j$，$b = ka_0^j b_0$，这里$j \in Z$，扩展步长$a_0 \neq 1$是固定值，为方便起见，总是假定$a_0 > 1$（m可取正，也可取负，因此这个假定无关紧要）。所以对应的离散小波函数$\psi_{j,k}(t)$即可写作

$$\psi_{j,k}(t) = a_0^{-\frac{j}{2}}\psi\left(\frac{t - ka_0^j b_0}{a_0^j}\right) = a_0^{-\frac{j}{2}}\psi(a_0^{-j}t - kb_0)$$

而离散化小波系数则可表示为

$$C_{j,k} = \int_{-\infty}^{\infty} f(t)\psi_{j,k}^*(t)\mathrm{d}t = \langle f, \psi_{j,k} \rangle$$

其重构公式为

$$f(t) = C\sum_{-\infty}^{\infty}\sum_{-\infty}^{\infty} C_{j,k}\psi_{j,k}(t)$$

C是一个与信号无关的常数。

7.2 小波分解和重构算法

7.2.1 小波分解与重构

为了能够处理二维函数或信号（如图像信号），就必须引入二维小波和二维小波变换及相应的快速算法。二维多分辨分析有两种，一种是可分离的，一种是不可分离的。前一种情况简单且应用广泛。因此本节就介绍可由一维多分辨分析的张量积空间构造的二维多分辨分析。而不可分离的情况也比较常见，但在图像处理领域应用不多，故这里不做介绍。

用$L^2(R^2)$表示平面上平方可积函数空间，即

$$f(x,y) \in L^2(R^2) \Leftrightarrow \int_{-\infty}^{+\infty}\int_{-\infty}^{+\infty} |f(x,y)|^2 \,\mathrm{d}x\mathrm{d}y < \infty \tag{7-1}$$

容易证明，平面上有限区域中的一幅图像的能量是有限的。如设$f(x,y)$是一幅图像，它的定义域围成的区域的面积为D，设$f(x,y)$最大的亮度值为M，即$f(x,y) \leqslant M$，则

$$\int_{-\infty}^{+\infty}\int_{-\infty}^{+\infty} |f(x,y)|^2 \,\mathrm{d}x\mathrm{d}y \leqslant M^2 D < +\infty$$

引入$L^2(R^2)$空间的内积

$$\langle f, g \rangle = \int_{R^2} f(x,y)\overline{g(x,y)}\mathrm{d}x\mathrm{d}y,\ f, g \in L^2(R^2)$$

相应的范数定义为

$$\|f\|_{L^2(R^2)} = \langle f, f \rangle^{1/2},\ f \in L^2(R^2)$$

在不发生混淆的情况下，范数也常记为$\|f\|_{L^2}$。$f(x,y)$的 Fourier 变换定义为

$$\hat{f}(\zeta) = \hat{f}(\zeta_1, \zeta_2) = \int_{R^2} f(x,y)\mathrm{e}^{-i(x\zeta_1 + y\zeta_2)}\mathrm{d}x\mathrm{d}y$$

设F和D是两个有限维或可数无限维线性空间。F和D的基底分别为$\cdots, f_{-1}, f_0, f_1, \cdots$及$\cdots, d_{-1}, d_0, d_1, \cdots$。定义以形如$f_i d_i (i = 0, \pm1, \pm2, \cdots;\ j = 0, \pm1, \pm2, \cdots)$的元素为基底的空间$H$，为$F$与$D$的张量积空间，表示为

$$H = F \otimes D$$

如果F和D都是函数空间，x和y分别是F和D中的自变量，则张量积空间H中的元素称

为二维张量积函数或张量积曲面。

现在，设$\left\{V_k^1\right\}$和$\left\{V_k^2\right\}$是由尺度函数$\varphi^1(x)$和$\varphi^2(y)$生成的两个多分辨分析，则可以得到V_k^1和V_k^2的张量积空间。

$$V_k = V_k^1 \otimes V_k^2$$

由于V_k^1的基底为$\left\{2^{k/2}\varphi^1(2^k x-j)\right\}$，$V_k^2$的基底为$\left\{2^{k/2}\varphi^2(2^k y-l)\right\}$，所以$V_k$的基底为$\left\{2^k\varphi^1(2^k x-j)\varphi^2(2^k y-l)\right\}$。

对于二元函数$f(x,y)$，引入记号

$$f_{k;j,l}(x,y) = 2^k f(2^k x-j, 2^k y-l)$$

记

$$\varphi(x,y) = \varphi^1(x)\varphi^2(y)$$

则$\left\{\varphi_{k;j,l}(x,y): j,l \in Z\right\}$是$V_k$的基底。这样$\left\{V_k\right\}$就形成$L^2(R^2)$中的一个多分辨分析，$\varphi(x,y)$就是相应的尺度函数。

设V_k^1关于V_{k+1}^1的补空间W_k^1，V_k^2关于V_{k+1}^2的补空间W_k^2，即

$$V_{k+1}^1 = V_k^1 \dotplus W_k^1, V_{k+1}^2 = V_k^2 \dotplus W_k^2$$

现在，设$\psi^1(x)$生成W_0^1，$\psi^2(x)$生成W_0^2，即

$$W_0^1 := clos_{L^2(R)}\left\langle \psi^1(x-k): k \in Z\right\rangle$$

$$W_0^2 := clos_{L^2(R)}\left\langle \psi^2(x-k): k \in Z\right\rangle$$

这时

$$\begin{aligned} V_{k+1} &= V_{k+1}^1 \otimes V_{k+1}^2 = (V_k^1 \dotplus W_k^1)\otimes(V_k^2 \dotplus W_k^2) \\ &= V_k^1 \otimes V_k^2 \dotplus V_k^1 \otimes W_k^2 \dotplus W_k^1 \otimes V_k^2 \dotplus W_k^1 \otimes W_k^2 \\ &= V_k \dotplus W_k \end{aligned} \tag{7-2}$$

其中，

$$W_k = W_k^{(1)} + W_k^{(2)} + W_k^{(3)},$$

$$W_k^{(1)} = V_k^1 \otimes W_k^2, W_k^{(2)} = W_k^1 \otimes V_k^2, W_k^{(3)} = W_k^1 \otimes W_k^2$$

同样，由于V_k^1的基底为$\left\{2^{k/2}\varphi^1(2^k x-j)\right\}$，$W_k^2$的基底为$\left\{2^{k/2}\psi^1(2^k y-l)\right\}$，则$W_k^{(1)}$的基底为$\left\{2^k\varphi^1(2^k x-j)\psi^2(2^k y-l)\right\}$。记

$$\psi^1(x,y) = \varphi^1(x)\psi^2(y)$$

则$W_k^{(1)}$的基底为$\left\{\psi_{k;j,l}^1 : j,l \in Z\right\}$。类似的，记

$$\psi^2(x,y) = \psi^1(x)\varphi^2(y)$$

$$\psi^3(x,y) = \psi^1(x)\psi^2(y)$$

则$W_k^{(2)}$的基底为$\left\{\psi_{k;j,l}^2 : j,l \in Z\right\}$，$W_k^{(3)}$的基底为$\left\{\psi_{k;j,l}^3 : j,l \in Z\right\}$。

可以看到，与一维只有一个尺度函数和一个小波函数不同的是，二维情形有一个尺度函数$\varphi(x,y)$和三个小波函数$\psi^1(x,y), \psi^2(x,y), \psi^3(x,y)$。

与一维情况类似，我们有直交和分解

$$L^2(R^2) = \cdots \dotplus W_{-1} \dotplus W_0 \dotplus W_1 \dotplus \cdots$$

则对于 $\forall f(x,y)\in L^2(R^2)$ 都有唯一分解

$$f(x,y)=\cdots+d_{-1}(x,y)+d_0(x,y)+d_1(x,y)+\cdots$$

其中 $d_k(x,y)\in W_k$。

若 $\varphi^1(x),\varphi^2(y)$ 及 $\psi^1(x),\psi^2(y)$ 都是半正交尺度函数与半正交小波函数，则上面的直交和分解就可以变为正交和分解

$$L^2(R^2)=\cdots\oplus W_{-1}\oplus W_0\oplus W_1\oplus\cdots$$

此时，

$$W_k\perp W_n\,,\ k\neq n$$

即

$$\langle d_k,d_n\rangle=0\,,\ k\neq n$$

其中 $d_k\in W_k\,,\ d_n\in W_n$。

设 $f_k(x,y)\in V_k\,,\ d_k(x,y)\in W_k$，则

$$f_{k+1}(x,y)=f_k(x,y)+d_k(x,y)$$

其中对于任何 $k,f_k\in V_k,d_k\in W_k$。这样对于 $d_k\in W_k$ 还可以进一步分解为

$$d_k=d_k^{(1)}+d_k^{(2)}+d_k^{(3)}$$

其中 $d_k^{(i)}\in W_k^{(i)}\quad (i=1,2,3)$，则有 $f_{k+1}(x,y)\in V_{k+1}$。

利用一维情况下的两尺度方程和小波方程

$$\begin{cases}\varphi^1(x)=\sum\limits_n h_n^1\varphi^1(2x-n)\\ \psi^1(x)=\sum\limits_n g_n^1\varphi^1(2x-n)\end{cases}$$

$$\begin{cases}\varphi^2(x)=\sum\limits_n h_n^2\varphi^2(2x-n)\\ \psi^2(x)=\sum\limits_n g_n^2\varphi^2(2x-n)\end{cases}$$

可以得到二维张量积两尺度关系为

$$\begin{cases}\varphi(x,y)=\sum\limits_{n,m} h_{n,m}\varphi(2x-n,2y-m)\\ \psi^i(x,y)=\sum\limits_{n,m} g_{n,m}^i\varphi(2x-n,2y-m)\,,\ (i=1,2,3)\end{cases}$$

其中

$$\begin{cases}h_{n,m}=h_n^1h_m^2\,,\ g_{n,m}^1=h_n^1g_m^2\\ g_{n,m}^2=g_n^1h_m^2\,,\ g_{n,m}^3=g_n^1g_m^2\end{cases}$$

现在，设

$$f_k(x,y)=\sum_{k;n,m} c_{k;n,m}\varphi(2^kx-n,2^ky-m)$$

$$g_k^{(i)}(x,y)=\sum_{n,m} d_{k;n,m}^i\psi^i(2^kx-n,2^ky-m)$$

则由

$$f_{k+1}(x,y)=f_k(x,y)+g_k^{(1)}(x,y)+g_k^{(2)}(x,y)+g_k^{(3)}(x,y)$$

再利用尺度函数 $\varphi(x,y)$ 和小波函数 $\psi^1(x,y)\,,\ \psi^2(x,y)\,,\ \psi^3(x,y)$ 及其二进伸缩和平移的正交性，可以得到二维 Mallat 算法如下：

（1）分解算法

$$\begin{cases} c_{k;n,m} = \sum_{l,j} h_{l-2n} h_{j-2m} c_{k+1;l,j} \\ d_{k;n,m}^{1} = \sum_{l,j} h_{l-2n} g_{j-2m} c_{k+1;l,j} \\ d_{k;n,m}^{2} = \sum_{l,j} g_{l-2n} h_{j-2m} c_{k+1;l,j} \\ d_{k;n,m}^{3} = \sum_{l,j} g_{l-2n} g_{j-2m} c_{k+1;l,j} \end{cases}$$

（2）重构算法

$$c_{k+1;n,m} = \sum_{l,j} h_{n-2l} h_{m-2j} c_{k;n,m} + \sum_{l,j} h_{n-2l} g_{m-2j} d_{k;n,m}^{1} + \sum_{l,j} g_{n-2l} h_{m-2j} d_{k;n,m}^{2} + \sum_{l,j} g_{n-2l} g_{m-2j} d_{k;n,m}^{3}$$

类似的，利用一维双正交多分辨分析，可以获得二维双正交多分辨分析。只要将相应的分解和重构滤波器置换，就可以得到二维双正交多分辨分析的 Mallat 算法。我们称序列 $\left\{c^{k}, d_{k}^{1}, d_{k}^{2}, d_{k}^{3}\right\}$ 为 c^{k+1} 的一级二维小波变换。

则对应于二维 Mallat 算法的滤波器组表示如图 7-1 所示。

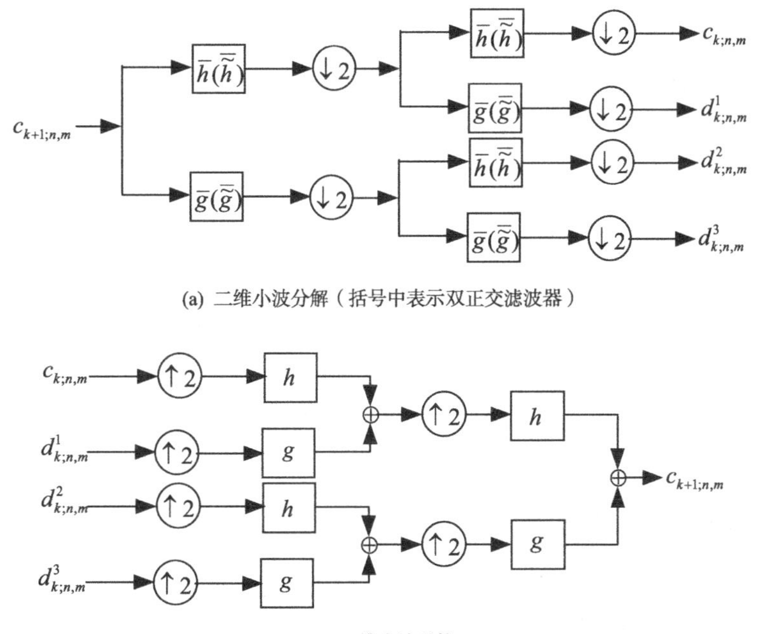

(a) 二维小波分解（括号中表示双正交滤波器）

(b) 二维小波重构

图 7-1　二维二通道 Mallat 算法的滤波器组表示

有了上面的分析，现在就可以分析二维离散图像信号的处理方法。设 $\{b_{n,m}\}$ $(n=0,1,\cdots,N-1)$ 是一幅输入图像，其像素点之间的距离为 N^{-1}，其中 $N=2^{L}$。我们可以将 $b_{n,m}$ 与尺度 2^{L} 下的一个逼近函数

$$f(x,y) = \sum_{n,m} c_{n,m}^{L} \varphi_{L,n,m}(x,y) \in V_{L}^{2}$$

联系起来，其中 $c_{n,m}^{L}=\langle f,\tilde{\varphi}_{L,n,m}\rangle$，$\varphi,\tilde{\varphi}$ 是两个对偶尺度函数。使得 $b_{n,m}$ 为 $f(x,y)$ 的均匀采样，即 $b_{n,m}=f(N^{-1}n,N^{-1}m)$。另外，根据 $c_{n,m}^{L}=\langle f,\tilde{\varphi}_{L,n,m}\rangle$，有

$$Nc_{n,m}^{L}=\int_{-\infty}^{+\infty}\int_{-\infty}^{+\infty}f(u,v)\frac{1}{N^{-2}}\tilde{\varphi}(\frac{u-N^{-1}n}{N^{-1}},\frac{v-N^{-1}m}{N^{-1}})\mathrm{d}u\mathrm{d}v$$

由于 $\int_{-\infty}^{+\infty}\int_{-\infty}^{+\infty}\varphi(u,v)\mathrm{d}u\mathrm{d}v=1$，故

$$\int_{-\infty}^{+\infty}\int_{-\infty}^{+\infty}\frac{1}{N^{-2}}\tilde{\varphi}(\frac{u-N^{-1}n}{N^{-1}},\frac{v-N^{-1}m}{N^{-1}})\mathrm{d}u\mathrm{d}v=1$$

从而，$Nc_{n,m}^{L}$ 是 f 在 $(N^{-1}n,N^{-1}m)$ 的一个小邻域上的加权平均。因此有

$$Nc_{n,m}^{L}\approx f(N^{-1}n,N^{-1}m)=b_{n,m}$$

若将 $\{c_{k+1;n,m}\}$ 看成是一幅二维图像信号，n 和 m 分别为行下标和列下标，则二维小波变换过程可以如下解释：先利用分析滤波器 $\bar{\tilde{h}}$、$\bar{\tilde{g}}$ 对图像的每一 n 行做小波变换，得到低频部分 $\sum_{j}\tilde{h}_{j-2m}c_{k+1;l,j}$ 和高频部分 $\sum_{j}\tilde{g}_{j-2m}c_{k+1;l,j}$；然后对得到的数据的每一 m 列用分析滤波器 $\bar{\tilde{h}}$、$\bar{\tilde{g}}$ 做小波变换，对 $\sum_{j}\tilde{h}_{j-2m}c_{k+1;l,j}$ 的各列做小波变换得到低频系数 $\sum_{1}\tilde{h}_{l-2n}(\sum_{j}\tilde{h}_{j-2m}c_{k+1;n,m})$，即 $c_{j;n,m}$，得到高频系数 $\sum_{1}\tilde{g}_{l-2n}(\sum_{j}\tilde{h}_{j-2m}c_{k+1;n,m})$，即 $d_{k;n,m}^{1}$。对 $\sum_{j}\tilde{g}_{j-2m}c_{k+1;l,j}$ 的各列做小波变换得到低频系数 $\sum_{1}\tilde{h}_{l-2n}(\sum_{j}\tilde{g}_{j-2m}c_{k+1;n,m})$，即 $d_{k;n,m}^{2}$，及高频系数 $\sum_{1}\tilde{g}_{l-2n}(\sum_{j}\tilde{g}_{j-2m}c_{k+1;n,m})$，即 $d_{k;n,m}^{3}$。一级小波分解后图像由四部分构成。

$$\begin{bmatrix}(c_{k;n,m}) & (d_{k;n,m}^{1})\\(d_{k;n,m}^{2}) & (d_{k;n,m}^{3})\end{bmatrix}$$

其中，每个子图像都是原始图像尺寸大小的 $\frac{1}{4}$。这样每一级变换得到的低频信号递归地进行分解。同样重构过程也可类似进行。这样就形成了二维小波变换的塔式结构。

回顾从一维离散小波变换到二维的扩展，二维静态小波变换采用相似的方式。对行和列分别采用高通和低通滤波器。这样分解的结果仍然是四组图像、近似图像、水平细节图像、竖直细节图像和对角图像，与离散小波变换不同的只是静态小波分解得到的四幅图像与原图像尺寸一致，道理与一维情况相同。

7.2.2 小波变换的实现

二维小波分析用于图像压缩是小波分析应用的一个重要方面。它的特点是压缩比高，压缩速度快，压缩后能保持图像的特征基本不变，且在传递过程中可以抗干扰。小波分析用于图像压缩具有明显的优点。

1. 利用二维小波分析进行图像压缩

基于小波分析的图像压缩方法很多，比较成功的有小波包、小波变换零树压缩、小波变换矢量量化压缩等。

在 MATLAB 中，提供了相关函数用于实现利用二维小波对图像进行压缩处理。

（1）dwt2 函数

该函数可用于二维单尺度的离散小波变换。函数的调用格式为：

- [cA,cH,cV,cD] = dwt2(X,'wname')：用指定的小波函数 wname 对二维离散小波进行分解，近似系数矩阵 cA 和 3 个精确系数矩阵 cH、cV、cD（水平、垂直、对角线）分别返回低频系数向量和高频系数向量。
- [cA,cH,cV,cD] = dwt2(X,Lo_D,Hi_D)：用指定的低通滤波器 Lo_D 和高通滤波器 Hi_D 对二维离散小波进行分解，并返回近似系数矩阵 cA 和 3 个精确系数矩阵 cH、cV、cD（水平、垂直、对角线）。

（2）wavedec2 函数

函数 wavedec2 可用于二维多尺度的离散小波变换。函数的调用格式为：

- [C,S] = wavedec2(X,N,'wname')：用小波函数 wname 对信号 X 在尺度 N 上的二维分解，N 是严格的正整数。返回近似分量 C 和细节分量 L。
- [C,S] = wavedec2(X,N,Lo_D,Hi_D)：函数通过低通分解滤波器 Lo_D 和高通分解滤波器（Hi_D）进行二维分解。

（3）detcoef2 函数

detcoef2 函数用于提取高频的二维离散变换的细节小波系数。函数的调用格式为：

- D = detcoef2(O,C,S,N)：O 为提取系数的类型，其取值有三种，O='h'表示提取水平系数，O='v'时表示提取垂直系数，O='d'时表示提取对角线系数。[C,S]为分解结构，N 为尺度数，N 必须为一个正整数且 1≤N≤size(S,1)-2。

（4）appcoef2 函数

appcoef2 函数用于提取二维小波分析的近似系数。函数的调用格式为：

- A = appcoef2(C,S,'wname',N)：计算尺度 N（N 必须为一个正整数且 0≤N≤length(S)-2），小波函数为 wname，分解结构为[C,S]时的二维分解低频系数。
- A = appcoef2(C,S,'wname')：用于提取最后一尺度（N=length(S)-2）的小波变换低频系数。
- A = appcoef2(C,S,Lo_R,Hi_R)、A = appcoef2(C,S,Lo_R,Hi_R,N)：用重构滤波器 Lo_R 和 Hi_R 进行信号低频系数的提取。

下面给出一个图像信号，即一个二维信号，文件名为 wbarb.mat，利用二维小波分析对图像进行压缩。一个图像做小波分解后，可得到一系列不同分辨率的子图像，不同分辨率的子图像对应的频率是不相同的。高分辨率（高频）子图像上大部分点的数值都接近于 0，越是高频这种现象越明显。对一个图像来说，表现一个图像最主要的部分是低频部分，所以一个最简单的压缩方法是利用小波分解，去掉图像的高频部分而只保留低频部分。图像压缩可按如下程序进行处理。

【例 7-1】利用小波分解对图像实现压缩处理。

```
>>clear all;
%装入图像
load wbarb;
%显示图像
subplot(221);image(X);colormap(map)
title('原始图像');
axis square
disp('压缩前图像 X 的大小：');
whos('X')
%对图像用 bior3.7 小波进行 2 层小波分解
[c,s]=wavedec2(X,2,'bior3.7');
%提取小波分解结构中第一层低频系数和高频系数
```

```
ca1=appcoef2(c,s,'bior3.7',1);
ch1=detcoef2('h',c,s,1);
cv1=detcoef2('v',c,s,1);
cd1=detcoef2('d',c,s,1);
%分别对各频率成分进行重构
a1=wrcoef2('a',c,s,'bior3.7',1);
h1=wrcoef2('h',c,s,'bior3.7',1);
v1=wrcoef2('v',c,s,'bior3.7',1);
d1=wrcoef2('d',c,s,'bior3.7',1);
c1=[a1,h1;v1,d1];
%显示分解后各频率成分的信息
subplot(222);image(c1);
axis square
title('分解后低频和高频信息');
%下面进行图像压缩处理
%保留小波分解第一层低频信息，进行图像的压缩
%第一层的低频信息即为 ca1，显示第一层的低频信息
%首先对第一层信息进行量化编码
ca1=appcoef2(c,s,'bior3.7',1);
ca1=wcodemat(ca1,440,'mat',0);
%改变图像的高度
ca1=0.5*ca1;
subplot(223);image(ca1);colormap(map);
axis square
title('第一次压缩');
disp('第一次压缩图像的大小为：');
whos('ca1')
%保留小波分解第二层低频信息，进行图像的压缩，此时压缩比更大
%第二层的低频信息即为 ca2，显示第二层的低频信息
ca2=appcoef2(c,s,'bior3.7',2);
%首先对第二层信息进行量化编码
ca2=wcodemat(ca2,440,'mat',0);
%改变图像的高度
ca2=0.25*ca2;
subplot(224);image(ca2);colormap(map);
axis square
title('第二次压缩');
disp('第二次压缩图像的大小为：');
whos('ca2')
```

运行程序，输出如下所示。

压缩前图像 X 的大小：

```
  Name      Size         Bytes  Class
  X       256x256       524288  double array
Grand total is 65536 elements using 524288 bytes
```

第一次压缩图像的大小为：

```
  Name      Size         Bytes  Class
  ca1     135x135       145800  double array
Grand total is 18225 elements using 145800 bytes
```

第二次压缩图像的大小为：

```
  Name      Size          Bytes  Class
  ca2      75x75          45000  double array
Grand total is 5625 elements using 45000 bytes
```

图像对比如图 7-2 所示。可以看出，第一次压缩提取的是原始图像中小波分解第一层的低频信息，此时压缩效果较好，压缩比较小（约为 1/3）。第二次压缩是提取第一层分解低频部分的低频部分，即小波分解第二层的低频部分，其压缩比较大（约为 1/12），压缩效果在视觉上也基本过得去。这是一种最简单的压缩方法，只保留原始图像中低频信息，不经过其他处理即可获得较好的压缩效果。在上面的例子中，我们还可以只提取小波分解第 3、4……层的低频信息。从理论上说，我们可以获得任意压缩比的压缩图像。

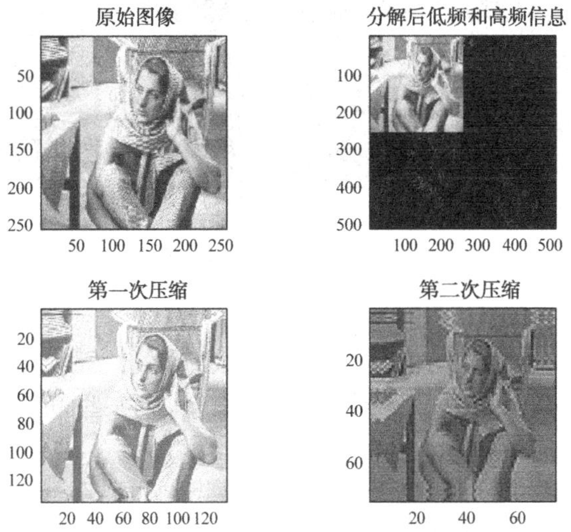

图 7-2　利用二维小波分析进行图像压缩

下面通过一个实例来演示小波对图像进行分解。

【例 7-2】小波分析用于图像分解。

```
>> clear all;
load noiswom
[swa,swh,swv,swd]=swt2(X,3,'db1');
% 使用 db1 小波对 noiswom 图像进行三层静态小波分解
% 可以看出，swt2 小波分解同样不改变信号的长度，原来的 96×96 的图
% 像做了三层分解以后，分解系数是 12 个 96×96 的图像
colormap(map)
kp=0;
for i=1:3
subplot(3,4,kp+1),image(wcodemat(swa(:,:,i),192));
title(['Approx,cfs,level',num2str(i)])
% 显示第 i 层近似系数图像，以 192 字节为单位编码
subplot(3,4,kp+2),image(wcodemat(swh(:,:,i),192));
title(['Horiz.Det.cfs level',num2str(i)])
subplot(3,4,kp+3),image(wcodemat(swv(:,:,i),192));
title(['Vert.Det.cfs level',num2str(i)])
subplot(3,4,kp+4),image(wcodemat(swd(:,:,i),192));
title(['Diag.Det.cfs level',num2str(i)])
kp=kp+4;
end
```

运行程序，效果如图 7-3 所示。

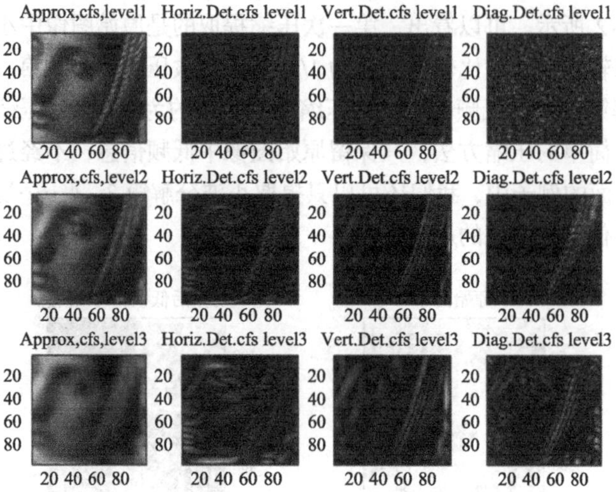

图 7-3　图像的分解效果图

2. **图像阈值化**

由于阈值处理只关心系数的绝对值，并不关心系数的位置，所以二维小波变换系数的阈值化方法同一维情况大同小异，为了方便用户使用小波工具箱，对某些阈值化方法提供了专门的二维处理函数。

（1）ddencmp 函数

在 MATLAB 中，提供了 ddencmp 函数用于获取在消噪或压缩过程中的默认阈值（软或硬）、熵标准。函数的调用格式为：

[THR,SORH,KEEPAPP,CRIT] = ddencmp(IN1,IN2,X)：返回小波或小波包对输入向量或矩阵 X 进行压缩或消噪的默认值。参量 THR 表示阈值，参量 SORH 表示软、硬阈值，参量 KEEPAPP 允许保留近似系数，参量 CRIT 表示熵名（只用于小波包）。输入参量 IN1 当取值为'den'时表示消噪，取值为'cmp'是表示压缩；当 IN2 为'wv'时表示小波，为'wp'时表示小波包。

[THR,SORH,KEEPAPP] = ddencmp(IN1,'wv',X)：如果 IN1='den'，返回 X 消噪的默认值，如果 IN1='cmp'时，返回 X 压缩的默认值。这些值可应用于 wdencmp 函数。对于小波包输出四个参量。

[THR,SORH,KEEPAPP,CRIT] = ddencmp(IN1,'wp',X)：如果 IN1='den'，返回 X 消噪的默认值，如果 IN1='cmp'，返回 X 压缩的默认值。这些值可应用于 wpdencmp 函数。

（2）wdcbm2 函数

在 MATLAB 中，提供了 wdcbm2 函数使用 Birge-Massart 算法处理二维小波的阈值。函数的调用格式为：

[THR,NKEEP] = wdcbm2(C,S,ALPHA,M)：返回信号消噪和压缩的 level-dependent 阈值 THR，NKEEP 为其系数值。THR 是通过基于 Birge-Massart 小波系数选取算法而获取的。参数[S,C]表示信号消噪或压缩时小波 j(size(S,1)-2)层分解的结构。ALPHA 和 M 必须是大于 1 的实数。参数 THR 为一个 3×j 的矩阵，THR(:,j)包含有垂直、对角线和水平三个方向的第 i 层独立的阈值。NKEEP 为一个长度为 j 的矢量，NKEEP(i)包含了 i 层系数值。Birge-Massart 算法是由 j、m 和 ALPHA 三个参数定义的。

- 在 j+1 层（以及近似层），保持状态不变。
- 对于 i 层从 1 到 j，n_i 的最大系数由下式给出。

$$n_i = M(j+2-i)^{ALPHA}$$

一般情况下信号压缩时 ALPHA 取 1.5，信号消噪时 ALPHA 取 3。M 的默认值为 prod(S(1,:))，即取系数的近似值，这是由上式得到的，即令 i=j+1，则 $n_{j+1} = M =$ prod(S(1,:))。M 值的范围为 [prod(S(1,:)),6*prod(S(1,:))]。

wdcbm2(C,S,ALPHA)：等价于 wdcbm2(C,S,ALPHA,prod(S(1,:)))。

下面我们通过一个例子来说明二维信号的小波压缩的一般方法，在这个例子中我们同时采用求默认阈值的 ddencmp 函数和基于经验公式的 wdcbm2 函数对图像进行压缩，并对压缩效果进行比较。

【例 7-3】 利用 ddencmp 函数及 wdcbm2 函数实现图像压缩处理。

```
>>clear all;
load detfingr;
% 求得颜色映射表的长度，以便后面的转换
nbc=size(map,1);
% 用默认方式求出图像的全局阈值
[thr,sorh,keepapp]=ddencmp('cmp','wv',X);
thr
% 对图像作用全局阈值
[xd,cxd,lxd,perf0,perfl2]=wdencmp('gbl',X,'bior3.5',3,thr,sorh,keepapp);
% 用 bior.3.5 小波对图像进行三层分解
[c,s]=wavedec2(X,3,'bior3.5');
% 指定 Birge-Massart 策略中的经验系数
alpha=1.5;m=2.7*prod(s(1,:));
% 根据各层小波系数确定分层阈值
[thr1,nkeep1]=wdcbm2(c,s,alpha,m);
% 对原图像作用分层阈值
[xd1,cxd1,sxd1,perf01,perfl21]=wdencmp('lvd',c,s,'bior3.5',3,thr1,'s');
thr1
% 将颜色映射表转换为灰度映射表
colormap(pink(nbc));
subplot(221);
image(wcodemat(X,nbc));
title('原始图像');
subplot(222);
image(wcodemat(xd,nbc));
title('全局阈值化压缩图像');
xlabel(['能量成分',num2str(perfl2),'%','零系数成分',num2str(perf0),'%']);
subplot(223);
image(wcodemat(xd1,nbc));
title('分层阈值化压缩图像');
xlabel(['能量成分',num2str(perfl21),'%','零系数成分',num2str(perf01),'%']);
```

运行程序，效果如图 7-4 所示。

可见分层阈值化压缩方法同全局阈值化方法相比，在能量损失不是很大的情况下可以获得最高的压缩化，这主要是因为层数和方向相关的阈值化方法能利用更精细的细节信息进行阈值化处理。

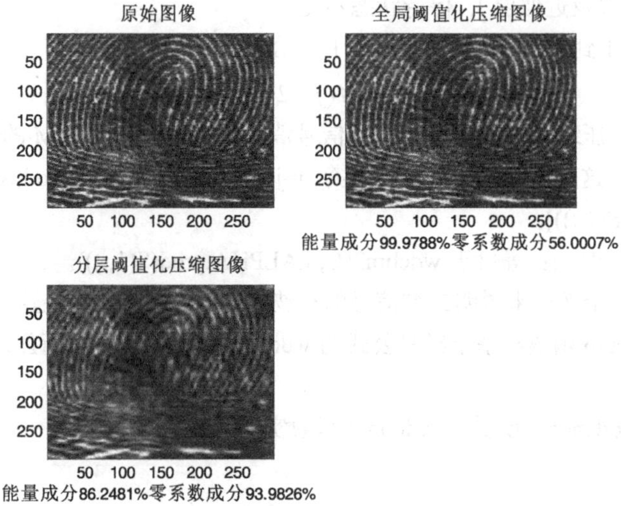

图 7-4　全局阈值化压缩和分层阈值化压缩

3. 离散小波逆变换

前面介绍了怎样利用小波分解图像，或怎样利用小波变换去提取图像的系数，而小波的逆变换是指在分解的基础上重构图像。

在 MATLAB 中，提供了相应的函数用于实现图像的重构。

（1）idwt2 函数

在 MATLAB 中，提供了 idwt2 函数用于实现单尺度二维离散小波的重构。函数的调用格式为：

X = idwt2(cA,cH,cV,cD,'wname')：根据近似系数矩阵 cA 和 3 个精确系数矩阵 cH、cV、cD，用指定的 wname 小波函数对小波进行重构。返回向量 X 为单尺度重构后信号的低频系数。

X = idwt2(cA,cH,cV,cD,Lo_R,Hi_R)：根据近似系数矩阵 cA 和 3 个精确系数矩阵 cH、cV、cD，用指定的低通滤波器 Lo_R 和高通滤波器 Hi_R 对小波进行重构。如果 size(cA) = size(cH) = size(cV) = size(cD)且滤波器的长度为 lf，则 X 的长度为 size(X)=2*size(cA)-lf+2。

X = idwt2(cA,cH,cV,cD,'wname',S)或 X = idwt2(cA,cH,cV,cD,Lo_R,Hi_R,S)：S 用于指定信号重构后的中间长度部分，其必须满足 S<2*size(cA)-lf+2。

X = idwt2(...,'mode',MODE)：用指定的拓展模式 MODE 进行小波重构。

X = idwt2(cA,[],[],[],...)：在给定的近似系数 cA 的基础上返回单尺度近似系数矩阵 X。

X = idwt2([],cH,[],[],...)：在给定的近似系数 cA 的基础上返回单尺度细节系数矩阵 X。

（2）wrcoef2 函数

在 MATLAB 中，提供了 wrcoef2 函数用于对二维小波系数进行单支重构。函数的调用格式为：

X = wrcoef2('type',C,S,'wname',N)或 X = wrcoef2('type',C,S,'wname')：对二维信号的分解结构[C,S]用指定的小波函数 wname 进行重构。当 type=a 时，即对信号的低频部分进行重构，此时 N 可以为 0；当 type=h 或 v、d 时，指对信号水平或垂直、对角线（或斜线）的高频部分进行重构。N 为正整数，且有：

- 当 type=a 时，0≤N≤size(S,1)-2。
- 当 type=h、v 或 d 时，1≤N≤size(S,1)-2。

X = wrcoef2('type',C,S,Lo_R,Hi_R,N)或 X = wrcoef2('type',C,S,Lo_R,Hi_R)：指定重构滤波器进

行重构，Lo_R 为低频滤波器，Hi_R 为高频滤波器。

（3）upcoef2 函数

在 MATLAB 中，提供了 upcoef2 函数用于实现二维小波分解的直接重构。函数的调用格式为：

Y = upcoef2(O,X,'wname',N,S)：对向量 X 进行重构并返回中间长度为 S 的部分。参数 N 为正整数，为尺度。如果 O='a'，则是对低频系数进行重构；如果 O='h'（'v'或'd'），则对水平方向（垂直方向或对角线方法）的高频系数进行重构。

Y = upcoef2(O,X,Lo_R,Hi_R,N,S)：指定低通滤波器 Lo_R 及高通滤波器 Hi_R 对 X 进行重构。

Y = upcoef2(O,X,'wname',N)或 Y = upcoef2(O,X,Lo_R,Hi_R,N)：对 N 层的小波分解系数进行重构。

（4）upwlev2 函数

在 MATLAB 中，提供了 upwlev2 函数用于实现二维小波分解的单尺度重构。函数的调用格式为：

[NC,NS,cA] = upwlev2(C,S,'wname')：对小波分解结构[C,S]进行单尺度重构，即对分解结构[C,S]的第 n 步进行重构，返回一个新的分解[NC,NS]（第 n-1 步的分解结构），并提取和最后一尺度的低频系数矩阵，即如果[C,S]为尺度 n 的一个分解结构，则[NC,NS]为尺度 n-1 的一个分解结构，cA 为尺度 n 的低频系数矩阵，C 为原始的小波分解向量，S 为相应的记录矩阵。

[NC,NS,cA] = upwlev2(C,S,Lo_R,Hi_R)：用低通滤波器 Lo_R 和高通滤波器 Hi_R 对图像进行重构。

【例 7-4】利用 upcoef2 函数实现图像多层小波重构及显示。

```
>> clear all;
X=imread('flower1.jpg');          %读取图像进行灰度转换
X=rgb2gray(X);
[c,s] = wavedec2(X,2,'db4');      %对图像进行小波 2 层分解
siz = s(size(s,1),:);             %提取第 2 层小波分解系数矩阵大小
ca2 = appcoef2(c,s,'db4',2);      %提取第 1 层小波分解的近似系数
chd2 = detcoef2('h',c,s,2);       %提取第 1 层小波分解的细节系数水平分量
cvd2 = detcoef2('v',c,s,2);       %提取第 1 层小波分解的细节系数垂直分量
cdd2 = detcoef2('d',c,s,2);       %提取第 1 层小波分解的细节系数对角分量
a2 = upcoef2('a',ca2,'db4',2,siz); %利用函数 upcoef2 对提取 2 层小波系数进行重构
hd2 = upcoef2('h',chd2,'db4',2,siz);
vd2 = upcoef2('v',cvd2,'db4',2,siz);
dd2 = upcoef2('d',cdd2,'db4',2,siz);
A1=a2+hd2+vd2+dd2;
[ca1,ch1,cv1,cd1] = dwt2(X,'db4');    %对图像进行小波单层分解
a1 = upcoef2('a',ca1,'db4',1,siz);  %利用函数 upcoef2 对提取 1 层小波分解系数进行重构
hd1 = upcoef2('h',cd1,'db4',1,siz);
vd1 = upcoef2('v',cv1,'db4',1,siz);
dd1 = upcoef2('d',cd1,'db4',1,siz);
A0=a1+hd1+vd1+dd1;
set(0,'defaultFigurePosition',[100,100,1000,500]);%修改图形图像位置的默认设置
set(0,'defaultFigureColor',[1 1 1])        %修改图形背景颜色的设置
figure                                  %显示相关滤波器
subplot(341);imshow(uint8(a2));
xlabel('(a)重构的 a2');
```

```
subplot(342);imshow(hd2);
xlabel('(b)重构的 hd2');
subplot(343);imshow(vd2);
xlabel('(c)重构的 vd2');
subplot(344);imshow(dd2);
xlabel('(d)重构的 dd2');
subplot(345);imshow(uint8(a1));
xlabel('(e)重构的 a1');
subplot(346);imshow(hd1);
xlabel('(f)重构的 hd1');
subplot(347);imshow(vd1);
xlabel('(g)重构的 vd1');
subplot(348);imshow(dd1);
xlabel('(h)重构的 dd1');
subplot(349);imshow(X);
xlabel('(i)原图像');
subplot(3,4,10);imshow(uint8(A1));
xlabel('(j)近似图像 A0');
subplot(3,4,11);imshow(uint8(A0));
xlabel('(k)近似图像 A1');
```

运行程序，效果如图 7-5 所示。

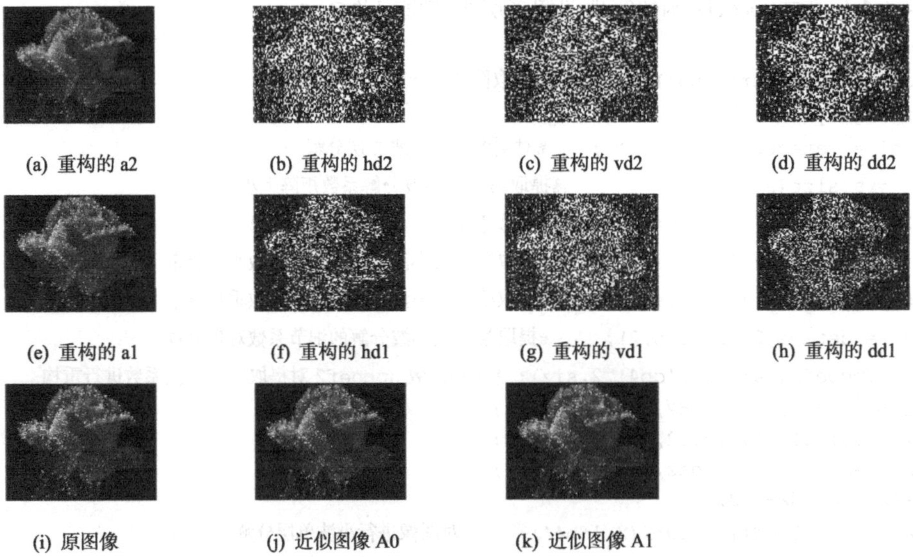

图 7-5　图像多层小波重构图

在以上程序中，首先读入图像数据 X 并进行图像类型转换，然后利用 wavedec2 函数进行 2 层小波分解，并利用 appcoef2 函数和 detcoef2 函数提取第 2 层小波分解系数，再利用 upcoef2 函数对提取 2 层小波系数 ca2、ch2、cv2、cd2 进行重构得到 a2、hd2、vd2、dd2。按照相同的方法，先利用 dwt2 函数对图像进行单层分解，得到小波分解第 1 层分解系数 ca1、ch1、cv1、cd1，再利用 upcoef2 函数重构 a1、hd1、vd1、dd1，最后利用两种方法重构的图像低频高频分量合成近似图像 A1 和 A0。

7.3　数字水印技术

数字水印技术的核心就是通过在数字产品中嵌入版权信息以提供产品所有权的证据，任何恶意破坏和去除隐藏信息的手段，都将同时导致数字产品被破坏。数字水印信息是嵌在数字产品中的数字信号，水印的存在要以不破坏原数据的欣赏价值、使用价值为原则。水印信息并不影响作品的宏观内容，因而水印信息将永久地保存在多媒体作品当中，任何人若试图从作品中剔除水印都不得不大幅度破坏原作品，从而保护了作者的合法版权。

7.3.1　水印技术需要解决的问题

数字水印技术是近几年国际学术界兴起的一个前沿研究领域。尽管各种水印算法如雨后春笋般不断涌现，但数字水印技术仍然是一个未成熟的研究领域，还有许多问题需要解决，其理论基础依然非常薄弱，大多数水印算法还是经验性的。主要有以下几个方面还需努力。

（1）设计对水印系统进行公正的比较和评价方法。在这方面已有部分学者进行一些初步的研究，但缺乏普遍性和原理性，水印系统的脆弱之处无法进行全面测试与衡量。

（2）从现实的角度看，水印系统必然要在算法的鲁棒性、水印的嵌入信息量以及不可觉察性之间达到一个平衡，这涉及鲁棒性算法的原理性设计、水印的构造模型、水印能量和容量的理论估计、水印嵌入算法和检测算法的理论研究等方面。如何确定平衡点仍是一个难题，目前大多数水印算法均利用经验而不是从理论上解决此问题。

（3）如何将水印技术与现行国际图像及视频压缩标准（如 JPEG2000 和 MPEG-4）相结合，以及如何将水印技术应用于 DVD 工业标准中。

（4）所有权的证明问题还没有完全解决，就目前已出现的很多算法而言，攻击者完全可破坏掉图像中的水印，或复制出一个理论上存在的“原始图像”，这导致文件所有者不能令人信服地提供版权归属的有效证据。因此一个好的水印算法能提供完全没有争议的版权证明，在这方面还需要做很多工作。目前将水印作为版权保护的法律证据还不可能。

（5）声频和视频水印的解决方案还不完善，大多数的视频水印算法实际上是将其图像水印的结果直接应用于视频领域中，而没有考虑视频应用大数据量以及近乎实时的特性。从今后的发展上看，水印在包括 DVD 等数字产品在内的视频和音频领域将有极为广阔的应用前景。因此如何设计成熟的、合乎国际规范的水印算法仍然悬而未决。

（6）现有水印算法在原理上有许多雷同之处，但目前国内外的工作尚未能对这些有内在联系的不同算法的共性问题进行高度提炼和深入的理论研究，因而缺乏对数字水印做进一步研究具有指导意义的理论结果。

7.3.2　水印技术的方法

下面介绍一种典型的基于小波变换的数字水印方法。

（1）将水印图像做时域上的变换，目的是对水印信息进行乱序，达到加密的效果。采用函数：

$$A_N(k):\begin{bmatrix}x'\\y'\end{bmatrix}=\begin{bmatrix}1 & 1\\k & k+1\end{bmatrix}\begin{bmatrix}x\\y\end{bmatrix}\quad \bmod N$$

其中，k 是一个控制参数，N 是矩阵的大小，(x,y) 和 (x',y') 表示像素点变换前后的位置。假设 P 表示由二值水印信息组成的一个 $m\times m$ 的矩阵，对每一个点的坐标做 $A_N(k)$ 变换之后，这个 $m\times m$ 的矩阵将变成一个 $N\times N$ 的矩阵，矩阵的每个元素为 0 或 1。

（2）对图像做小波变换，对变换后得到的小波系数，选出一个起始位置在 (P_1,P_2)，大小为 $N\times N$ 的系数矩阵。这个矩阵的大小与水印图像做时域变换后形成的矩阵的大小是一致的。

（3）在选出的系数矩阵中嵌入水印信息，即将两个 $N\times N$ 的矩阵进行信息叠加，其中含有水印信息的矩阵元素为 0 或 1。TYC 提出了一种信息叠加的方案。

A—水印信息进行时域变换后得到的大小为 $N\times N$ 的矩阵。

U—在矩阵 A 中含有水印信息的位置的集合。

B—图像经过小波变换后得到的系数矩阵 $(N\times N)$。

S—模。

C—B 和 U 的交集。

$\delta(i,j)$—$\delta(i,j)=c(i,j)\bmod S$。

对于所有属于 U 和 A 交集的点 (i,j) 有：

如果 $A(i,j)=1$，并且 $B(i,j)\geqslant 0$，则 $c(i,j)=c(i,j)-\delta(i,j)+T_1$。

如果 $A(i,j)=0$，并且 $B(i,j)\geqslant 0$，则 $c(i,j)=c(i,j)-\delta(i,j)+T_2$。

如果 $A(i,j)=1$，并且 $B(i,j)<0$，则 $c(i,j)=c(i,j)+\delta(i,j)-T_1$。

如果 $A(i,j)=0$，并且 $B(i,j)<0$，则 $c(i,j)=c(i,j)+\delta(i,j)-T_2$。

这里 T_1、T_2 是水印嵌入的门限，安全性系数包括 n、k、p_1、p_2、m、N、S、T_1、T_2。

水印的提取过程如下。

假设 y 是从小波变换域抽取的一个 $N\times N$ 的系数矩阵，起始位置为 (P_1,P_2)，$\theta(i,j)$ 满足 $\theta(i,j)=Y(i,j)\bmod S$，$D$ 是一个 $N\times N$ 的矩阵。对 Y 中的所有点 (i,j)，定义：

如果 $|\theta(i,j)|\geqslant(T_1+T_2)/2$，则 $D(i,j)=1$。

如果 $|\theta(i,j)|<(T_1+T_2)/2$，则 $D(i,j)=0$。

因此对矩阵 D 做 $T-n$ 次 $A_N(k)$ 反变换，水印图像就被恢复出来了。

7.3.3 水印技术的应用

随着数字水印技术的发展，各种水印算法层出不穷，而 MATLAB 作为当今社会最流行的语言编程软件，通过 MATLAB 可方便地实现数字图像的水印技术。下面通过实例来演示在 MATLAB 中利用小波变换实现数字图像的水印技术。

【例 7-5】本例先将原始彩色数字图像分解为 3 个基色分量 C_r、C_g、C_b，分别对该三个基色分量做 2 层小波分解。将彩色数字水印同样分解为 W_r、W_g、W_b 三个基色分量，分别对其进行一次小波分解。然后便将彩色数字水印的三基色分解系数分别对应嵌入到原始彩色图像的三基色分解系数中，嵌入公式为：

$$\begin{cases} C_{r(g,b)}A_2(i,j)=C_{r(g,b)}A_2(i,j)+r(g,b)\times W_{r(g,b)}A_1(i,j) \\ C_{r(g,b)}H_1(i,j)=C_{r(g,b)}H_1(i,j)+r(g,b)\times W_{r(g,b)}H_1(i,j) \\ C_{r(g,b)}V_1(i,j)=C_{r(g,b)}V_1(i,j)+r(g,b)\times W_{r(g,b)}V_1(i,j) \\ C_{r(g,b)}D_1(i,j)=C_{r(g,b)}D_1(i,j)+r(g,b)\times W_{r(g,b)}D_1(i,j) \end{cases}$$

其中，$r(g,b)A_2(i,j)$ 表示原始彩色图像的红色分量 R（或 G、B）经小波 2 层分解后的低频

区域中的第 i、j 个系数的值，其余类推，并且 r:g:b=2:1:4。

```
>> clear all;
start_time=cputime;
I1=imread('hill1.jpg');
subplot(1,2,1);imshow(I1);
xlabel('(a)原始图像');
I2=imread('hill2.jpg');
subplot(1,2,2);imshow(I2,[]);
xlabel('(b)水印');
%三色分离
I1=double(I1);
I2=double(I2);
I1r=I1(:,:,1);
I2r=I2(:,:,1);
I1g=I1(:,:,2);
I2g=I2(:,:,2);
I1b=double(I1(:,:,3));
I2b=double(I2(:,:,3));
%系数 r 大，增加鲁棒性，r 小，增加透明性
r=0.05;
%水印 R 的分解
[Cwr,Swr]=wavedec2(I2r,1,'haar');
%图像 R 的分解
[Cr,Sr]=wavedec2(I1r,2,'haar');
%水印的嵌入
Cr(1:size(Cwr,2)/16)=Cr(1:size(Cwr,2)/16)+r*Cwr(1:size(Cwr,2)/16);
k=0;
while k<=size(Cr,2)/size(Cwr,2)-1
    Cr(1+size(Cr,2)/4+k*size(Cwr,2)/4:size(Cr,2)/4+(k+1)*size(Cwr,2)/4)...
        =Cr(1+size(Cr,2)/4+k*size(Cwr,2)/4:size(Cr,2)/4+(k+1)*size(Cwr,2)/4)+...
        r*Cwr(1+size(Cwr,2)/4:size(Cwr,2)/2);
    Cr(1+size(Cr,2)/2+k*size(Cwr,2)/4:size(Cr,2)/2+(k+1)*size(Cwr,2)/4)...
        =Cr(1+size(Cr,2)/2+k*size(Cwr,2)/4:size(Cr,2)/2+(k+1)*size(Cwr,2)/4)+...
        r*Cwr(1+size(Cwr,2)/4:size(Cwr,2)/4);
    Cr(1+3*size(Cr,2)/4+k*size(Cwr,2)/4:3*size(Cr,2)/4+(k+1)*size(Cwr,2)/4)...
        =Cr(1+3*size(Cr,2)/4+k*size(Cwr,2)/4:3*size(Cr,2)/4+(k+1)*size(Cwr,2)/4)+...
        r*Cwr(1+3*size(Cwr,2)/4:size(Cwr,2)/2);
    k=k+1;
end
Cr(1:size(Cwr,2)/4)=Cr(1:size(Cwr,2)/4)+r*Cwr(1:size(Cwr,2)/4);
g=0.025;
%水印 G 的分解
[Cwg,Swg]=wavedec2(I2g,1,'haar');
%图像 G 的分解
[Cg,Sg]=wavedec2(I1g,2,'haar');
%水印的嵌入
Cg(1:size(Cwg,2)/16)=Cg(1:size(Cwg,2)/16)+g*Cwg(1:size(Cwg,2)/16);
k=0;
while k<=size(Cg,2)/size(Cwg,2)-1
    Cg(1+size(Cg,2)/4+k*size(Cwg,2)/4:size(Cg,2)/4+(k+1)*size(Cwg,2)/4)...
        =Cg(1+size(Cg,2)/4+k*size(Cwg,2)/4:size(Cg,2)/4+(k+1)*size(Cwg,2)/4)+...
        g*Cwg(1+size(Cwg,2)/4:size(Cwg,2)/2);
```

```
    Cg(1+size(Cg,2)/2+k*size(Cwg,2)/4:size(Cg,2)/2+(k+1)*size(Cwg,2)/4)...
        =Cg(1+size(Cg,2)/2+k*size(Cwg,2)/4:size(Cg,2)/2+(k+1)*size(Cwg,2)/4)+...
        g*Cwg(1+size(Cwg,2)/4:size(Cwg,2)/4);
    Cg(1+3*size(Cg,2)/4+k*size(Cwg,2)/4:3*size(Cg,2)/4+(k+1)*size(Cwg,2)/4)...
        =Cg(1+3*size(Cg,2)/4+k*size(Cwg,2)/4:3*size(Cg,2)/4+(k+1)...
        *size(Cwg,2)/4)+g*Cwg(1+3*size(Cwg,2)/4:size(Cwg,2)/2);
    k=k+1;
end
Cg(1:size(Cwg,2)/4)=Cg(1:size(Cwg,2)/4)+g*Cwg(1:size(Cwg,2)/4);
b=0.1;
%水印B的分解
[Cwb,Swb]=wavedec2(I2b,1,'haar');
%图像B的分解
[Cb,Sb]=wavedec2(I1b,2,'haar');
%水印的嵌入
Cb(1:size(Cwb,2)/16)=Cb(1:size(Cwb,2)/16)+b*Cwb(1:size(Cwb,2)/16);
k=0;
while k<=size(Cb,2)/size(Cwb,2)-1
    Cb(1+size(Cb,2)/4+k*size(Cwb,2)/4:size(Cb,2)/4+(k+1)*size(Cwb,2)/4)...
        =Cb(1+size(Cb,2)/4+k*size(Cwb,2)/4:size(Cb,2)/4+(k+1)*size(Cwb,2)/4)+...
        b*Cwb(1+size(Cwb,2)/4:size(Cwb,2)/2);
    Cb(1+size(Cb,2)/2+k*size(Cwb,2)/4:size(Cb,2)/2+(k+1)*size(Cwb,2)/4)...
        =Cb(1+size(Cb,2)/2+k*size(Cwb,2)/4:size(Cb,2)/2+(k+1)*size(Cwb,2)/4)+...
        b*Cwb(1+size(Cwb,2)/4:size(Cwb,2)/4);
    Cb(1+3*size(Cb,2)/4+k*size(Cwb,2)/4:3*size(Cb,2)/4+(k+1)*size(Cwb,2)/4)...
        =Cb(1+3*size(Cb,2)/4+k*size(Cwb,2)/4:3*size(Cb,2)/4+(k+1)...
        *size(Cwb,2)/4)+b*Cwb(1+3*size(Cwb,2)/4:size(Cwb,2)/2);
    k=k+1;
end
Cb(1:size(Cwb,2)/4)=Cb(1:size(Cwb,2)/4)+b*Cwb(1:size(Cwb,2)/4);
%图像重构
I1r=waverec2(Cr,Sr,'haar');
I1g=waverec2(Cg,Sg,'haar');
I1b=waverec2(Cb,Sb,'haar');
%三色的叠加
temp=size(I1r);
pic=zeros(temp(1),temp(2),3);
for i=1:temp(1);
    for j=1:temp(2);
        pic(i,j,1)=I1r(i,j);
        pic(i,j,2)=I1g(i,j);
        pic(i,j,3)=I1b(i,j);
    end
end
ot=uint8(round(pic));
%转化为uint8
I2_image_u=uint8(ot);
imwrite(I2_image_u,'watemarked.bmp','bmp');
%显示时间
e_time=cputime-start_time
figure;imshow(I2_image_u);
```

运行程序，效果如图 7-6 及图 7-7 所示。

(a) 原始图像　　(b) 水印

图 7-6　图像的水印化

图 7-7　数字图像的水印效果图

7.4　小波包分析的应用

小波包变换是基于小波变换的进一步发展，能够提供比小波变换更高的分辨率。本节介绍小波包分析方法，从小波包的构造、去噪阀值的确定等几个方面来进行阐述。小波包分解与小波分解相比，是一种更精细的分解方法，它不仅对图像的低频部分进行分解，也要对图像的高频部分进行分解。小波包对图像分解做多分辨率分解是在小波函数对图像的分解基础上发展起来的，通过水平和垂直滤波，小波包变换将原始图像分为四个子带：水平和垂直方向上的低频子带，水平和垂直方向上的高频子带。继续对图像的低频子带和高频子带进行分解就可以得到图像的小波包分解树结构。

7.4.1　小波包基本理论

短时傅里叶变换对信号的频带划分是线性等间隔的。多分辨分析可以对信号进行有效的时频分解，但由于其尺度是按二进制变化的，所以在高频频段其频率分辨率较差，而在低频频段其时间分辨率较差，即对信号的频带进行指数等间隔划分（具有等 Q 结构）。小波包分析能够为信号提供一种更精细的分析方法，它将频带进行多层次划分，对多分辨率分析没有细分的高频部分进一步分解，并能够根据被分析信号的特征，自适应地选择相应频带，使之与信号频谱相匹配，从而提高了时-频分辨率，因此小波包具有更广泛的应用价值。

关于小波包分析的理解，我们这里以一个三层的分解进行说明，其小波包分解树如图 7-8 所示。

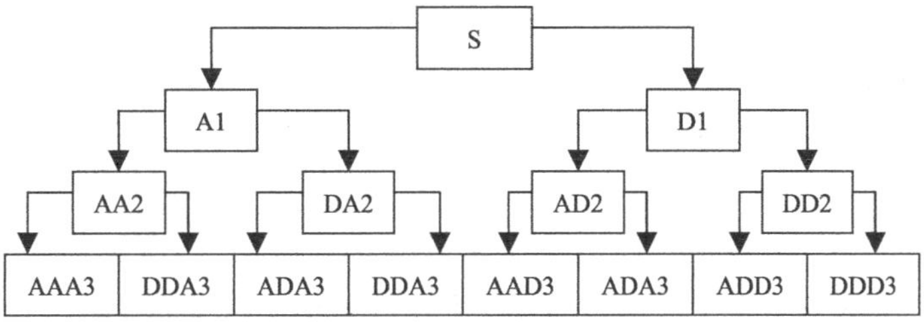

图 7-8　三层小波包分解树

图 7-8 中，A 表示低频，D 表示高频，末尾的序号数表示小波分解的层数，即尺度数。由图 7-8 可见，分解级数越大，也就是选择的小波包尺度越大，小波包系数对应的空间分辨率就越低，利用这一点，可以在不同的空间分辨率上进行分析，实现图像的消噪、压缩、编码等各种处理工作。

分解具有关系：

S=AAA3+DAA3+ADA3+DDA3+AAD3+DAD3+ADD3+DDD3

7.4.2 小波包算法

下面给出小波包的分解算法和重构算法。

设 $g_j^n(t) \in U_j^n$，则 g_j^n 可表示为

$$g_j^n(t) = \sum_l d_l^{j,n} u_n(2^j t - l) \tag{7-3}$$

小波包分解算法：由 $\left\{d_l^{j+1,n}\right\}$ 求 $\left\{d_l^{j,2n}\right\}$ 与 $\left\{d_l^{j,2n+1}\right\}$。

$$\begin{aligned} d_l^{j,2n} &= \sum_k a_{k-2l} d_k^{j+1,n} \\ d_l^{j,2n+1} &= \sum_k b_{k-2l} d_k^{j+1} \end{aligned} \tag{7-4}$$

小波包重构算法：由 $\{d_l^{j,2n}\}$ 与 $\left\{d_l^{j,2n+1}\right\}$ 求 $\left\{d_l^{j+1,n}\right\}$。

$$d_l^{j+1,n} = \sum_k \left[h_{l-2k} d_k^{j,2n} + g_{l-2k} d_k^{j,2n+1} \right]$$

相对于小波变换，小波包变换能够对图像中的高频部分进行分解，具有更强的适应性，因此更加适合于图像的各种处理。

小波包分析属于线性时频分析法，它具有良好的时频定位特性以及对信号的自适应能力，因而能够对各种时变信号进行有效的分解。

7.4.3 小波包的消噪处理

在 MATLAB 中，也提供了相关函数用于实现图像的消噪处理。wdencmp 函数使用小波对信号进行消噪或压缩。函数的调用格式为：

[XC,CXC,LXC,PERF0,PERFL2] =wdencmp('gbl',X,'wname',N,THR,SORH,KEEPAPP)：表示对输入信号 X（一维或二维）进行消噪或压缩后返回 XC（消噪或压缩后的结果），其中，wname 为指定所用的小波函数，'gbl'（global 的缩写）表示各层都用同一个阈值处理。输出参数[CXC,LXC] 为 XC 的小波分解结构。PERF0 和 PERFL2 是恢复和压缩 L^2 范数百分比。如果[C,L]是 X 的小波分解结构，则 PERFL2=100*(CXC 向量的范数/C 向量的范数)^2；如果 X 是一个一维信号，小波 wname 是一个正交小波，则 PERFL2= $\frac{100\|XC\|^2}{\|X\|^2}$。N 表示小波分解的层数，wname 为一个包含小波名的字符串，SORH 是软阈值或硬阈值的选择（'s'或'h'）。如果 KEEPAPP=1，则低频系数不进行阈值量化，也就是说系数不会受到改变，反之，低频系数要进行阈值量化，即系数会受到改变。

[XC,CXC,LXC,PERF0,PERFL2] = wdencmp('lvd',X,'wname',N,THR,SORH) 和 [XC,CXC,LXC, PERF0,PERFL2] = wdencmp('lvd',C,L,'wname',N,THR,SORH)：对一维情况和'lvd'（level-dependent，即每层用一个不同的阈值）选项，如果用相同的输入选项，这两种调用格式都具有相同的输出变量，但是每层必须都要有一个阈值，故阈值向量 THR 的长度为 N。另外，低频系数被保存，与 wden 函数相比，wdencmp 更灵活，可按照用户的消噪方式来消噪。对二维情况和'lvd'选项，这两种调用格式中的 THR 必须是一个三维矩阵，其含有水平、对角、垂直三个方向的独立阈值，且长度为 N。

【例 7-6】利用小波包变换对一个二维含噪图像进行消噪处理。

```
>>clear all;
%装载并显示原始图像
load julia;
subplot(2,2,1);
image(X);
colormap(map);
title('原始图像');
axis square;
%在图像中加入噪声
init=2055615866;
randn('seed',init);
X1=X+10*randn(size(X));
subplot(2,2,2);
image(X1);
colormap(map);
title('含噪图像');
axis square;
%基于小波包的消噪处理
thr=10;sorh='s';
crit='shannon';
keepapp=0;
X2=wpdencmp(X1,sorh,3,'sym4',crit,thr,keepapp);
%画出消噪后的图像
subplot(2,2,3);
image(X2);
colormap(map);
title('全局阈值消噪图像');
axis square;
%对图像进行平滑处理以增强消噪效果（中值滤波）
for i=2:175;
    for j=2:259
        Xtemp=0;
        for m=1:3
            for n=1:3
                Xtemp=Xtemp+X2(i+m-2,j+n-2);
            end
        end
        Xtemp=Xtemp/9;
        X3(i,j)=Xtemp;
    end
end
%显示平滑结果
subplot(2,2,4);
image(X3);
colormap(map);
title('平滑后的图像');
axis square;
```

计算结果如图 7-9 所示，其中左上角是原始的图像，右上角是添加噪声后的图像。通过小波包分解并设置全局阈值消噪后的结果如图 7-9 左下图所示，与含噪图像相比，明显清楚了很多；进一步对消噪后的图像进行平滑处理，如图 7-9 右下图所示，与消噪后的图像相比，它明显光滑了。

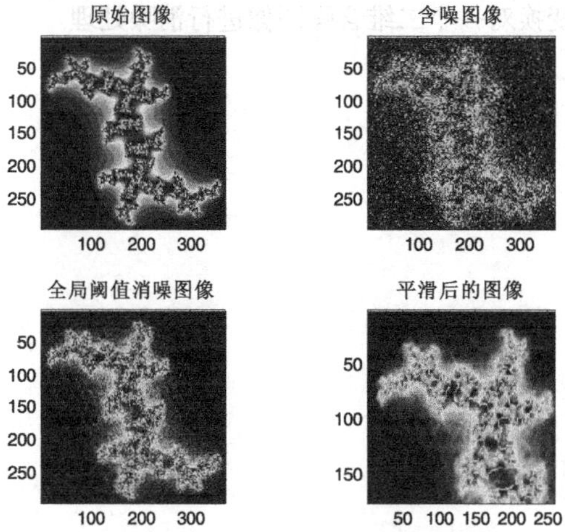

图 7-9　基于小波包变换的图像消噪

在 MATLAB 中还可以利用二维小波包分解函数 wpdec2 来实现图像消噪。wpdec2 函数的调用格式为：

T = wpdec2(X,N,'wname',E,P)：根据相应的小波包分解向量 X 和指定的小波函数 wname 对 X 进行 N 层分解，并返回树结构 T。其中，E 为一个字符串，用来指定熵类型，E 的类型可以有 shannon、threshold、norm、log energy、sure、user 或 STR（此选择与 P 选择无关）。P 是一个可选的参数，其根据参数 E 的值来定。

- 如果 E=shannon 或 log energy，则 P 不用。
- 如果 E=threshold 或 sure，则 P 是阈值，并且必须为正数。
- 如果 E=norm，则 P 为指数，且有 1≤P<2。
- 如果 T=sure，则 P 是一个包含*.m 文件名的字符串，*.m 文件是在一个输入变量 X 下用户自己的熵函数。

T = wpdec2(X,N,'wname')或 T = wpdec2(X,N,wnam,'shannon')：默认阈值为 shannon。

【例 7-7】利用二维小波包分解对一个二维含噪图像进行消噪处理。

```
>>clear all;
%装载并显示原始图像
load trees;
subplot(2,2,1);
image(X);
colormap(map);
title('原始图像');
axis square;
%生成含噪图像
init=2055615866;
randn('seed',init);
X1=X+20*randn(size(X));
subplot(2,2,2);
image(X1);
colormap(map);
title('含噪图像');
axis square;
%用小波 sym2 对图像 X1 进行一层小波包分解
```

```
T=wpdec2(X1,1,'sym2');
%设置阈值
thr=8.342;
%对图像的小波包分解系数进行软阈值量化
NT=wpthcoef(T,0,'s',thr);
%仅对低频系数进行重构
X2=wprcoef(NT,1);
%画出消噪后的图像
subplot(2,2,3);
image(X2);
colormap(map);
title('消噪后的图像');
axis square;
```

程序运行结果如图 7-10 所示，其中左上角是原始的图像，右上角是添加噪声后的图像，通过二维小波包分解并对系数进行阈值化处理后，重构的图像如图 7-10 左下图所示，与含噪图像相比，它明显清楚了很多，达到了消噪的效果。

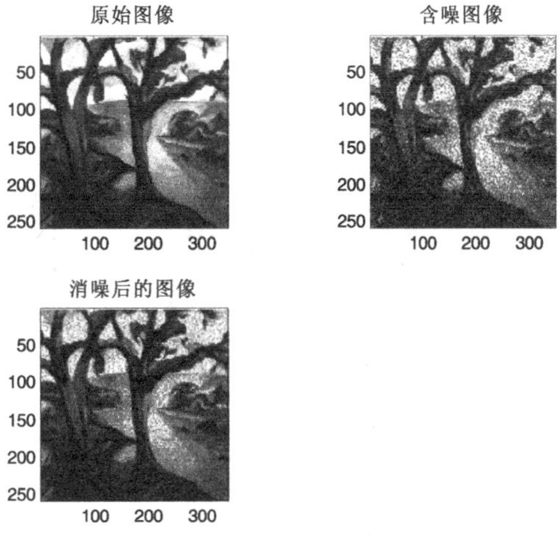

图 7-10　基于二维小波包分解的图像消噪

7.5　小波分析用于图像增强

图像增强是图像处理中最基本的技术之一。这里只介绍基于多层方法的增强技术。小波变换将一幅图像分解为大小、位置和方向均不相同的分量，在做逆变换之前，可根据需要对不同位置、不同方向上的某些分量改变其系数的大小，从而使得某些感兴趣的分量放大而使某些不需要的分量减小。其基本框图如图 7-11 所示。

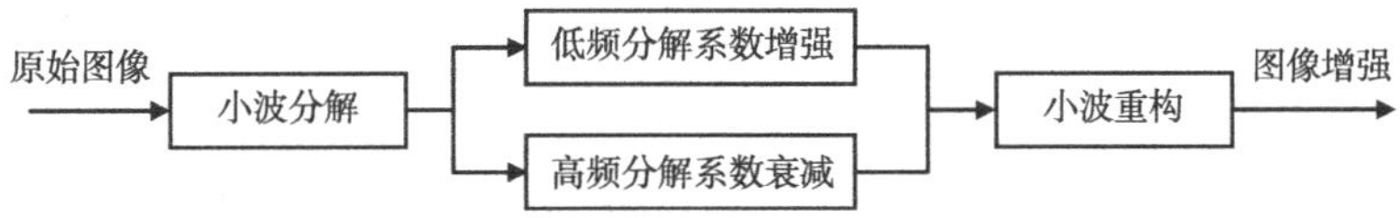

图 7-11　基于小波变换的图像增强基本原理

【例 7-8】用小波变换对图像进行增强处理。

```
>> clear all;
load wbarb;
subplot(1,2,1);imshow(X,map);
xlabel('(a)原始图像');
axis square;
[C,S]=wavedec2(X,2,'sym5');        %进行二层小波分解
sizec=size(C);                     %处理分解系数，突出轮廓，弱化细节
for i=1:sizec(2)                   %小波系数处理
    if(C(i)>350);
        C(i)=2*C(i);
    else
        C(i)=0.5*C(i);
    end
end
x=waverec2(C,S,'sym5');      %小波变换进行重构
subplot(1,2,2);imshow(x,map);
xlabel('(b)增强图像');
axis square;
```

运行程序，效果如图 7-12 所示。

(a) 原始图像　　(b) 增强图像

图 7-12　小波变换对图像进行增强效果

由图 7-12 可见，达到了图像增强的效果，增强后的图像对比更加明显，但由于细节上的弱化，却使得图像产生模糊的感觉。

7.6　小波分析用于图像融合

图像融合是综合两幅或多幅图像的信息，以获得对同一场景更为准确、更为全面、更为可靠的图像描述，按照处理层次由低到高一般可分为 3 级：像素级图像融合、特征级图像融合和决策级图像融合。它们有各自的优缺点，在实际应用中根据具体需求来选择。但是，像素级图像融合是最基本、最重要的图像融合方法，它是最低层次的融合，也是后两级融合处理的基础。像素级图像融合方法大致可分 3 类，分别是简单的图像融合方法、基于塔形分解的图像融合方法和基于小波变换的图像融合方法。

如果一个图像进行 L 层小波分解，将得到（$3L$+1）层子带，其中包括低频的基带 C_j 和 $3L$ 层的高频子带 D^h、D^v 和 D^d。用 $f(x,y)$ 代表原图像，记为 C_0，设尺度系数 $\varphi(x)$ 和小波系数 $\psi(x)$ 对

应的滤波器系数矩阵分别为 $\boldsymbol{H}$ 和 $\boldsymbol{G}$，则二维小波分解算法可描述为：

$$\begin{cases} C_{j+1} = \boldsymbol{H}C_j\boldsymbol{H}' \\ D_{j+1}^h = \boldsymbol{G}C_j\boldsymbol{H}' \\ D_{j+1}^v = \boldsymbol{H}C_j\boldsymbol{G}' \\ D_{j+1}^D = \boldsymbol{G}C_j\boldsymbol{G}' \end{cases}$$

式中，j 表示分解层数，h、v、d 分别表示水平、垂直、对角分量，$\boldsymbol{H}'$和 $\boldsymbol{G}'$分别是 $\boldsymbol{H}$ 和 $\boldsymbol{G}$ 的共轭转置矩阵。

小波重构算法为：

$$C_{j-1} = \boldsymbol{H}'C_j\boldsymbol{H} + \boldsymbol{G}'D_j^h\boldsymbol{H} + \boldsymbol{H}'D_j^v\boldsymbol{G} + \boldsymbol{G}'D_j^d\boldsymbol{G}$$

基于二维 DWT 的融合过程如图 7-13 所示，IamgeA 和 IamgeB 代表两幅原图像 A 和 B，ImageF 代表融合后的图像，具体步骤如下。

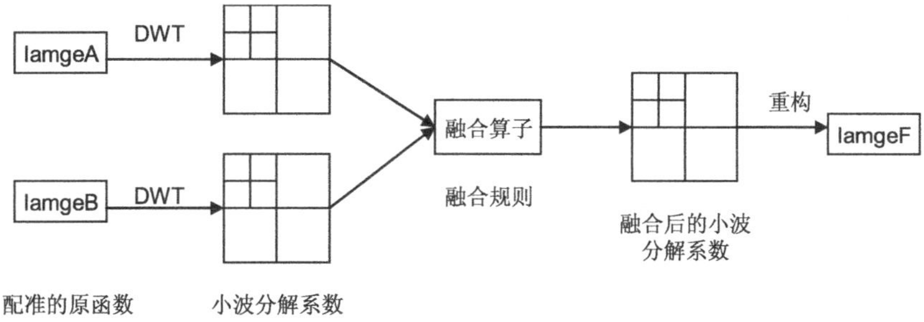

图 7-13　基于 DWT 图像融合过程

（1）图像的预处理。

图像滤波：对失真变质的图像直接进行融合必然导致图像噪声融入融合效果，所以在进行融合前，必须对原始图像进行预处理以消除噪声。

图像配准：多种成像模式或多焦距提供的信息常常具有互补性，为了综合使用多种成像模式和多焦距以提供更全面的信息，常常需要将有效信息进行融合，使多幅图像在空间域中达到几何位置的完全对应。

（2）对 ImageA 和 ImageB 进行二维 DWT 分解，得到图像的低频和高频分量。

（3）根据低频和高频分量的特点，按照各自的融合算法进行融合。

（4）对以上得到的高低频分量，经过小波逆变换重构得到融合图像 ImageF。

【例 7-9】用小波分析对两个不同的图像进行融合。

```
>> clear all;
load bust;
X1=X;map1=map;
%画出原始图像
subplot(131);image(X1);
colormap(map1);
xlabel('(a)bust 图像');
axis square
load mask;
X2=X;map2=map;
for i=1:256
   for j=1:256
```

```
        if (X2(i,j)>100)
          X2(i,j)=1.2*X2(i,j);
        else
          X2(i,j)=0.5*X2(i,j);
        end
      end
    end
    subplot(132);image(X2);
    colormap(map2);
    xlabel('(b)mask 图像');
    axis square
    %用小波函数 sym4 对 X1 进行 2 层小波分解
    [c1,s1]=wavedec2(X1,2,'sym4');
    %对分解系数进行处理以突出轮廓部分，弱化细节部分
    sizec1=size(c1);
    for i=1:sizec1(2)
      c1(i)=1.2*c1(i);
    end
    %用小波函数 sym4 对 X2 进行 2 层小波分解
    [c2,s2]=wavedec2(X2,2,'sym4');
    %下面进行小波变换域的图像融合
    c=c1+c2;
    %减小图像亮度
    c=0.5*c;
    %对融合的系数进行重构
    xx=waverec2(c,s1,'sym4');
    %画出融合后的图像
    subplot(133);image(xx);
    xlabel('(c)融合图像');
    axis square
```

运行程序，效果如图 7-14 所示。

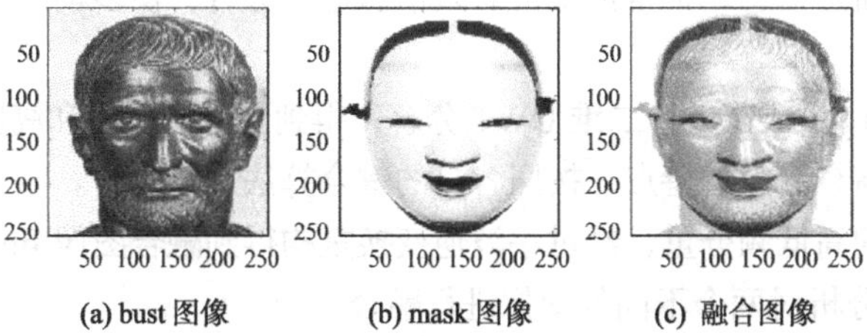

图 7-14　基于小波的图像融合效果图

一幅图像和它某一部分放大后的图像融合，融合后的图像给人一种朦朦胧胧梦幻般的感觉，对较深的背景部分则做了淡化处理。

7.7　小波包分析用于图像压缩

在小波包分析中，其信号压缩的算法思想和在小波分析中的基本相同，所不同的就是小波包提供了一种更为复杂，也更为灵活的分析手段。小波包分析对上层的低频部分和高频部分同时进

行分解，具有更加精确的局部分析能力。

在本节中，用小包波分析进行图像压缩处理的基本原理和方法与前面所介绍的对信号压缩的相同。本节仅以具体的实例来说明小波包在图像压缩处理中的应用。

【例 7-10】利用小波包分析对给定图像进行压缩处理。

```
>>clear all;
%装载并显示原始图像
load wbarb;
subplot(1,2,1);
image(X);
colormap(map);
title('原始图像');
%采用默认的全局阈值
[thr,sorh,keepapp,crit]=ddencmp('cmp','wp',X);
%图像进行压缩
Xc=wpdencmp(X,sorh,3,'bior3.1',crit,thr,keepapp);
%显示压缩结果
subplot(1,2,2);
image(Xc);
colormap(map);
title('全局阈值压缩图像');
```

计算结果如图 7-15 所示，其中左图是原始的图像，右图是经过全局阈值压缩过的图像，比较可见，压缩后的图像基本上保持了原来的图像的内容，但其中包含的大量冗余信息被剔除了。

图 7-15 基于小波包分解的图像压缩

7.8 小波包分析用于图像边缘检测

图像的边缘检测是对图像进行进一步处理和识别的基础，虽然图像边缘产生的原因不同，但反映在图像的组成基元上，它们都是图像上灰度的不连续点或灰度剧烈变化的地方，这就意味着图像边缘就是信号的高频部分。因此所有的边缘检测方法都是检测信号的高频分量，但是在实际图像中，由于噪声的存在，边缘检测成为一个难题。

小波包分解后得到的图像序列由近似部分和细节组成，近似部分是原始图像对高频部分进行滤波所得的近似表示。经滤波后，近似部分去除了高频分量，因此能够检测到原始图像中检测不到的边缘。

1. 多尺度边缘检测

通常，沿边缘走向的幅度变化平缓，垂直于边缘走向的幅度变化剧烈。此外，因物体大小不一，它们的边缘也有不同的尺度。边缘点的 Lipschitz 正则性取决于尺度细化过程中模极大的衰减速度。

在二维情况下，边缘检测算法通过计算图像信号 $f(x,y)$ 的梯度矢量：

$$\Delta f=\left(\frac{\partial f}{\partial x},\frac{\partial f}{\partial y}\right)$$

模的局部极大值用来寻找图像边缘的空间位置。梯度矢量的方向指出了图像灰度值变化最快的方向。

为了计算图像信号的两个偏导数，需要两个有方向性的二维小波，它们分别是二维平滑函数 $\theta(x,y)$ 的偏导数

$$\psi^x(x,y)=-\frac{\partial\theta(x,y)}{\partial x},\psi^y(x,y)=-\frac{\partial\theta(x,y)}{\partial y}$$

$\theta(x,y)$ 在 $x-y$ 平面的积分为 1，且很快地收敛到零。

令

$$\psi_j^x(x,y)=2^{-j}\psi^x(2^{-j}x,2^{-j}y),\psi_j^y(x,y)=2^{-j}\psi^y(2^{-j}x,2^{-j}y)$$

并定义小波变换的两个分量

$$W^x f(2^j,x,y)=(f(u,v),\psi_j^x(u-x,v-y))=f*\overline{\psi_j^x}(x,y)$$

$$W^y f(2^j,x,y)=(f(u,v),\psi_j^y(u-x,v-y))=f*\overline{\psi_j^y}(x,y)$$

其中

$$\overline{\psi_j^x}(x,y)=\psi_j^x(-x,-y),\overline{\psi_j^y}(x,y)=\psi_j^y(-x,-y)$$

任意 $f\in L^2(R^2)$ 的二进制小波变换定义为如下函数族

$$Wf(2^j,x,y)=\left\{W^x f(2^j,x,y),W^y f(2^j,x,y)\right\}_{j\in Z}$$

为确保二进制小波变换的完备性和稳定性，必须满足如下充分必要条件：存在两个正常数 A 和 B，对 $\forall(\omega_x,\omega_y)\in R^2-\{(0,0)\}$ 使

$$A\leqslant\sum_{j=-\infty}^{\infty}\left|\hat{\psi}^x(2^j\omega_x,2^j\omega_y)\right|^2+\left|\hat{\psi}^y(2^j\omega_x,2^j\omega_y)\right|^2\leqslant B$$

其中，$\hat{\psi}^x$ 和 $\hat{\psi}^y$ 分别表示 ψ^x 和 ψ^y 的二维傅里叶变换。满足上式的 $\left\{\psi^x,\psi^y\right\}$ 称为二进小波，对二进小波，存在重构小波 $\left\{\tilde{\psi}^x,\tilde{\psi}^y\right\}$，它们的傅里叶变换满足

$$\sum_{j=-\infty}^{\infty}2^{-2j}\left[\hat{\tilde{\psi}}^x(2^j\omega_x,2^j\omega_y)\hat{\psi}^{x*}(2^j\omega_x,2^j\omega_y)+\hat{\tilde{\psi}}^y(2^j\omega_x,2^j\omega_y)\hat{\psi}^{y*}(2^j\omega_x,2^j\omega_y)\right]=1$$

因而

$$f(x,y)=\sum_{j=-\infty}^{\infty}2^{-2j}\left[W^x f(2^j,x,y)*\tilde{\psi}_j^x(x,y)+W^y f(2^j,x,y)*\tilde{\psi}_j^y(x,y)\right]$$

由于$\left\{\psi^x,\psi^y\right\}$是平滑函数$\theta(x,y)$的 1 阶偏导数，所以二维二进小波变换的两个分量等价于信号$f(x,y)$被平滑后的梯度矢量的两个分量，即

$$\begin{pmatrix} W^x f(2^j,x,y \\ W^y f(2^j,x,y \end{pmatrix} = 2^j \begin{pmatrix} \dfrac{\partial}{\partial x}(f*\overline{\theta}_j)(x,y) \\ \dfrac{\partial}{\partial y}(f*\overline{\theta}_j)(x,y) \end{pmatrix} = 2^j \nabla(f*\overline{\theta}_j)(x,y)$$

梯度矢量$\nabla(f*\overline{\theta}_j)(x,y)$的模正比于

$$Mf(2^j,x,y) = \sqrt{\left|W^x f(2^j,x,y)\right|^2 + \left|W^y f(2^j,x,y)\right|^2}$$

而梯度矢量与水平方向的夹角为

$$Af(2^j,x,y) = \begin{cases} \alpha(x,y), & \text{如} W^x f(2^j,x,y) \geqslant 0 \\ \pi-\alpha(x,y), & \text{如} W^x f(2^j,x,y) < 0 \end{cases}$$

其中

$$\alpha(x,y) = \arctan\left(\frac{W^y f(2^j,x,y)}{W^x f(2^j,x,y)}\right)$$

用二进小波变换实现多尺度边缘检测就是寻找$Mf(2^j,x,y)$的局部极大值，$Af(2^j,x,y)$指明了边缘的方向。除了边缘的位置和方向外，还可以用小波变换的衰减速度判断边缘的奇异性。对 Lipschitz 指数$0 \leqslant \alpha \leqslant 1$，如存在常数$A>0$，对所有的$(x,y) \in R^2$，使得

$$\left|f(x,y)-f(x_0,y_0)\right| \leqslant A(\left|x-x_0\right|^2+\left|y-y_0\right|^2)^{\alpha/2}$$

则称函数f在(x_0,y_0)点 Lipschitzα。如对区域$(x_0,y_0) \in \Omega$内的所有点，都存在$A>0$，使得上式成立，则称函数f在Ω内一致 Lipschitzα。可以证明：当且仅当存在$A>0$，对于所有的2^j尺度及区域Ω内的所有点，使得

$$\left|Mf(2^j,x,y)\right| \leqslant A2^{j(\alpha+1)}$$

则f在Ω内一致 Lipschitzα。

2. 快速多尺度边缘检测

做边缘检测的二维二进小波可以设计为一维二进小波的可分积，具体地说，它们的傅里叶变换为

$$\hat{\psi}^x(\omega_x,\omega_y) = G(\omega_x/2)\hat{\varphi}(\omega_x/2)\hat{\varphi}(\omega_y/2)$$

$$\hat{\psi}^y(\omega_x,\omega_y) = G(\omega_y/2)\hat{\varphi}(\omega_x/2)\hat{\varphi}(\omega_y/2)$$

其中，$\hat{\varphi}(\omega)$是一个低通滤波器，而

$$G(x) = -i\sqrt{2}\mathrm{e}^{-i\omega/2}\sin(\omega/2)$$

是一个高通数字滤波器。

为了能用滤波器快速实现二维离散二进小波变换，假定尺度函数满足如下二尺度方程

$$\hat{\varphi}(\omega) = \prod_{p=1}^{+\infty}\frac{H(2^{-p}\omega)}{\sqrt{2}} = \frac{1}{2}H\left(\frac{\omega}{2}\right)\hat{\varphi}\left(\frac{\omega}{2}\right)$$

若选择尺度函数为m次样条，即

$$\hat{\varphi}(\omega) = \mathrm{e}^{-\frac{i\varepsilon\omega}{2}}\left(\frac{\sin(\omega/2)}{(\omega/2)}\right)^{m+1}, \varepsilon = \begin{cases} 0, & \text{当}m\text{为奇数} \\ 1, & \text{当}m\text{为偶数} \end{cases}$$

则可得

$$H(\omega)=\sqrt{2}\mathrm{e}^{-i\varepsilon\omega/2}\left[\cos(\omega/2)\right]^{m+1}$$

对二进小波变换在所有尺度时都均匀采样，假定采样间隔等于 1，则离散小波系数为

$$d_j^x(n,m)=W^x(2^j,n,m),\quad d_j^y(n,m)=W^y(2^j,n,m)$$

同样定义原始图像信号为

$$a_0(n,m)=\langle f(x,y),\varphi(x-n)\varphi(y-m)\rangle$$

和 $j\geqslant 0$ 时的平滑图像信号

$$a_j(n,m)=\langle f(x,y),\varphi_j(x-n)\varphi_j(y-m)\rangle$$

那么，二维离散二进小波变换的 *a trous* 算法表示为如下离散卷积形式。

$$a_{j+1}(n,m)=a_j*\overline{h_jh_j}(n,m)$$
$$d_{j+1}^x(n,m)=a_j*\overline{g_j}\delta(n,m)$$
$$d_{j+1}^y(n,m)=a_j*\delta\overline{g_j}(n,m)$$

其中，

$$\overline{h_jh_j}(n,m)=\overline{h_j}(n)\overline{h_j}(m)$$
$$\overline{g_j}\delta(n,m)=\overline{g_j}(n)\delta(m)$$
$$\delta\overline{g_j}(n,m)=\delta(n)\overline{g_j}(m)$$

也就是说，a_{j+1} 是 a_j 沿横向和纵向低通滤波的结果，而 d_{j+1}^x 是 a_j 沿横向高通滤波的结果，d_{j+1}^y 是 a_j 沿着纵向高通滤波的结果。

【例 7-11】 利用小波包进行图像边缘检测。

```
>> clear all;
%装载并显示原始图像
load bust;
%加入含噪
init=2055615866;
randn('seed',init);
X1=X+20*randn(size(X));
subplot(221);image(X1);
colormap(map);
xlabel('(a)原始图像');
axis square;
%用小波 db4 对图像 X 进行一层小波包分解
T=wpdec2(X1,1,'db4');
%重构图像近似部分
A=wprcoef(T,[1 0]);
subplot(222);image(A);
xlabel('(b)图像的近似部分');
axis square;
%原图像的边缘检测
BW1 = edge(X1,'prewitt');
subplot(223);imshow(BW1);
xlabel('(c)原图像的边缘');
axis square;
%%图像近似部分的边缘检测
BW2= edge(A,'prewitt');
```

```
subplot(224);imshow(BW2);
xlabel('(d)图像近似部分的边缘');
axis square;
```

运行程序，效果如图 7-16 所示。

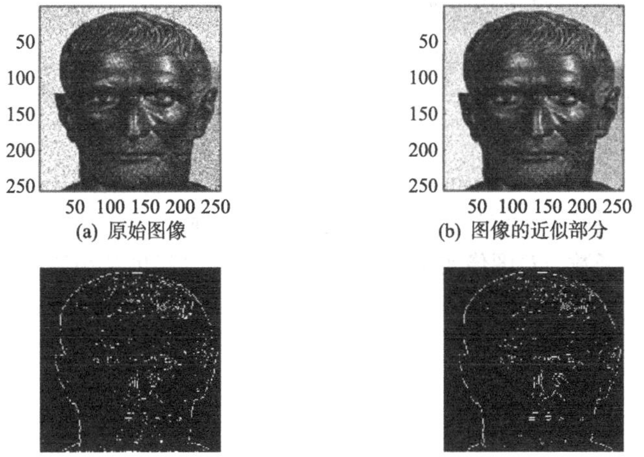

(a) 原始图像　(b) 图像的近似部分

(c) 原图像的边缘　(d) 图像近似部分的边缘

图 7-16　图像的边缘检测

原始含噪图像如图 7-16（a）所示，利用 db4 正交小波基对其进行一层小波包分解后，重构其近似部分如图 7-16（b）所示，比较可见，经小波包分解后所得到的近似部分比原始图像层次更加分明，因此利用分解后的近似图像能检测边缘。图 7-16（c）所示是直接对原始图像进行边缘检测的结果，图 7-16（d）所示是对近似图像进行边缘检测的结果，比较可见，后一种方法的效果更好。

图像处理是针对性很强的技术，根据不同应用、不同要求需要采用不同的处理方法。采用的方法是综合各学科较先进的成果而成的，如数学、物理学、心理学、信号分析学、计算机学和系统工程等。计算机图像处理主要采用两大类方法：一类是空域中的处理，即在图像空间中对图像进行各种处理；另一类是把空间与图像经过变换，如傅里叶变换，变到频率域，在频率域中进行各种处理，然后再变回到图像的空间域，形成处理后的图像。图像处理是“信息处理”的一个方面，这一观点现在已经为人所熟知。

小　　结

计算机图像处理主要采用两大类方法：一类是空域中的处理，即在图像空间中对图像进行各种处理；另一类是把空间与图像经过变换，如傅里叶变换，变到频率域，在频率域中进行各种处理，然后再变回到图像的空间域，形成处理后的图像。图像处理是“信息处理”的一个方面，这一观点现在已经为人所熟知。它可以进一步细分为多个研究方向：图片处理、图像处理、模式识别、景物分析、图像理解、光学处理等。小波分析用在图像处理方面，主要是用来进行图像压缩、图像去噪、图像增强（包括图像钝化和图像锐化）、图像融合、图像分解。

习　　题

7-1　利用小波分析对含噪正弦波进行消噪。

7-2　采用 sym8 正交小波对 cameraman.tif 图像进行三次分解。

7-3　对于一给定的正弦信号 $s(i)=\sin(i\pi/100+\pi/4),1=0,1,\cdots,199$，请利用多分辨分析对该信号进行分解与重构。

7-4　利用二维小波分析将 woman.mat 和 wbarb.mat 两幅图像融合在一起。

7-5　利用小波包变换对一个二维含噪图像进行消噪处理。

7-6　利用 bswfun 函数，对图像实现计算并画出双正交“尺度和小波”图形。

第 8 章 图像增强

图像增强作为基本的图像处理技术，其目的是对图像进行加工，以得到对具体应用来说视觉效果更“好”更“有用”的图像。具体应用的目的和要求不同，“好”和“有用”的含义也不相同，因此图像增强技术是面向具体问题的。从根本上说，图像增强的通用标准是不存在的，例如，一种很适合增强 X 射线图像的方法，不一定是增强卫星云图的最好方法。

需要注意的是，图像增强算法并不能增加原始图像的信息，而是通过某种技术手段有选择地突出对某一具体应用有价值的信息，即图像增强只通过突出某些信息以增强对这些信息的辨识能力，而其他信息则被压缩了。也就是说，图像的增强处理并不是一种无损处理。例如，图像平滑处理算法中经常采用低通滤波法，虽然消除了图像的噪声，但图像的空间纹理特征却被削弱了，图像从整体上显得比较模糊。因此，图像噪声的消除是以纹理信息（高频信息）的减弱为代价而实现的。

8.1 图像质量评价

图像质量的基本含义是指人们对一幅图像视觉感受的评价。图像质量包含两方面的内容，一是图像的逼真度，即被评价图像与原标准图像的偏离程度；二是图像的可懂度，指图像能向人或机器提供信息的能力。目前为止，还没有找到一种和人的人观感受一致的客观、定量的图像质量评价方法。

图像质量评价方法分为两类，即主观评价和客观评价。主观评价方法就是直接利用人们自身的观察来对图像做出判断，其最具代表性的方法就是主观质量评分法，通过对测试者的评分来判断图像质量。它有两类度量尺度，绝对性尺度和比较性尺度。测试者根据规定的评价尺度，对测试图像按视觉效果给出图像等级，最后将所有测试者给出的等级进行归一化平均，得到评价结果。主观评价方法是准确地表示人们视觉感受的方法。但主观评价方法缺乏稳定性，经常受实验条件，测试者的情绪、动机及疲劳程度等多种因素的影响。此外，主观评价方法费时费力，很难在实际工程应用中采用。

客观评价方法是用处理图像与原始图像的误差来衡量处理图像的质量。传统的质量评价基于一个思想，就是与标准图像的灰度差异越大，图像质量退化越严重。具有代表性的方法是评价指标有均方误差（MSE）和峰值信噪比（PSNE）等。传统的质量评价计算简单，运算速度快，但不能很好地反应人的视觉特性。为了更好地逼近人的主观感受，一些新的图像质量评价方法开始参考人的视觉特性模型，例如，重视观察者感兴趣部位的质量评价方法等。

8.2 图像噪声

对于数字图像处理而言，噪声是指图像中的非本源信息。因此，噪声会影响人的感官对所接收的信源信息的准确理解。在理论上，噪声只能通过概率统计的方法来认识和研究噪声信号。从严格意义上分析，图像噪声可认为是多维随机信号，可以采用概率分布函数、概率密度函数以及均值、方差、相关函数等描述噪声特征。

8.2.1 图像噪声的产生

目前，大多数数字图像系统中，输入光图像都通过扫描方式将多维图像变成一维电信号，再对其进行存储、处理和传输等，最后形成多维图像信号。在这一系列复杂过程中，图像数字化设备、电气系统和外界影响将使得图像噪声的产生不可避免。例如，处理高放大倍数遥感图片 X 射线图像系统中的噪声去除等已成为不可或缺的技术。

8.2.2 图像噪声分类

图像噪声按其产生的原因可分为外部噪声和内部噪声。外部噪声是指系统外部干扰从电磁波或经电源传进系统内部而引起的噪声，如电气设备、自然界的放电现象等引起的噪声。一般情况下，数字图像中常见的外部干扰主要包括如下几种。

（1）设备元器件及材料本身引起的噪声，如磁带、磁盘表面缺陷所产生的噪声。

（2）系统内部设备电路所引起的噪声，包括电源系统引入的交流噪声，偏转系统和箝位电路引起的噪声等。

（3）电器部件机械运动产生的噪声，如数字化设备的各种接头因抖动引起的电流变化所产生的噪声，磁头、磁带抖动引起的抖动噪声等。

需要指出的是，噪声分类方法不是绝对的，按不同的性质有不同的分类方法。例如，从统计特性看，图像噪声可分为平稳噪声和非平稳噪声两种，其中统计特性不随时间变化的噪声称为平稳噪声，统计特性随时间变化的噪声称为非平稳噪声。根据噪声与信号之间的关系，可分为加性噪声和乘性噪声。理论上，加性随机噪声方法成熟，且处理比较方便；而乘性随机噪声处理方法目前还没有成熟的理论，并且处理起来非常复杂。一般条件下，现实生活中所遇到的绝大多数图像噪声均可认为是加性噪声。

8.2.3 图像噪声特点

图 8-1 所示是一幅含有噪声的图像，一般情况下，图像中的噪声有以下三个特点。

图 8-1 含有噪声的图像

1. 叠加性

在图像的串联传输系统中，各个串联部分引起的噪声一般具有叠加效应，使信噪比下降。

2. 分布和大小不规则

由于噪声在图像中是随机出现的，所以其分布和幅值也是随机的。

3. 噪声与图像之间具有相关性

通常情况下，摄像机的信号和噪声相关，明亮部分噪声小，黑暗部分噪声大。数字图像处理技术中存在的量化噪声与图像相位相关。例如，图像内容接近平坦时，量化噪声呈现伪轮廓，但此时图像信号中的随机噪声会因为颤噪效应而使量化噪声变得不很明显。

改善被噪声污染的图像质量有两种方法。一是不考虑图像噪声的原因，只对图像中某些部分加以处理或突出有用的图像特征信息，改善后的图像并不一定与原图像信息完全一致。这一类改善图像特征的方法就是图像增强技术，主要目的是要提高图像的可辨识性。另一类方法是针对图像产生噪声的具体原因，采取技术方法补偿噪声影响，使改善后的图像尽可能地接近原始图像，这类方法称为图像恢复或复原技术。

8.3　图像增强处理分类

图像增强处理方法根据处理过程所在的空间不同，可分为基于空间域的增强方法和基于频率域的增强方法两大类，如图 8-2 所示。

- 图像增强
  - 空间域增强
    - 灰度变换
      - 直接灰度变换
        - 线性变换
          - 按比例线性拉伸
          - 分段线性拉伸
        - 非线性变换
          - 对数拉伸
          - 指数拉伸
          - 其他非线性拉伸
      - 直方图修正
        - 直方图均衡化
        - 直方图规定化
    - 空域滤波
      - 平滑滤波
        - 邻域平均法
        - 中值滤波
      - 锐化滤波
        - 梯度法
        - 其他算子
        - 定向滤波
  - 频率域增强
    - 低通滤波
    - 高通滤波
    - 同态滤波

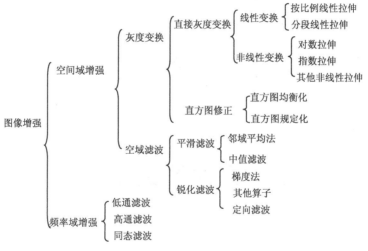

图 8-2　图像增强方法类型

此外，图像增强技术按所处理对象的不同还可分为灰度图像增强和彩色图像增强，按增强的目的还可分为光谱信息增强、空间纹理信息增强和时间信息增强。通常情况下，如果没有特别说明，一般均指对灰度图像的增强。

8.3.1　空域增强法

基于空间域的增强方法直接在图像所在的二维空间进行处理，即直接对每一像素点的灰度值进行处理，根据所采用的技术不同又可分为灰度变换和空域滤波两类方法。

空域滤波是基于邻域处理的增强方法，它应用某一模板对每个像素点与其周围邻域的所有像素点进行某种确定数学运算得到该像素点新的灰度值，输出值的大小不仅与该像素点的灰度值有关，而且还与其邻域内的像素点的灰度值有关，常用的图像平滑滤波与锐化滤波技术就属于空域滤波的范畴。

8.3.2 频域增强法

频率域增强法首先将图像从空间域按照某种变换模型（如傅里叶变换或其他变换等）变换到频率域，然后在频域对图像进行处理，再将其反变换到空间域，通常包括低通、高通和同态等滤波器结构。

8.3.3 图像增强效果评价

目前对图像增强效果的评价主要包括定性评价和定量评价两个方面。

定性评价主要根据人的主观感觉，对图像增强的视觉效果进行评判，一般主要对图像的清晰度、色调、纹理等几方面进行主观评价。定性分析的不足是与评价者的主观性密切相关，即对同一幅被增强的图像，不同的人可能有不同的评价。定性分析的主要优点是可以从一幅图像中有选择地对具体研究对象进行重点比较和评价，即定性分析可以对图像的局部或具体研究目标进行评价，具有灵活性和广泛的适应性。

定量评价图像增强效果目前还没有业界统一接受的标准与尺度，目前通常采用的方法是从图像的信息量、标准差、均值、纹理度量值和具体研究对象的光谱特征值等方面与原始图像进行比较评价。定量分析的最大优点是客观公正，但通常是对一幅图像从整体上进行统计分析，很难对图像的局部或具体对象进行评价，而图像整体的定量分析容易受到噪声等因素的影响。因此，对图像增强效果的评价一般以定性分析为主。

需要强调的是，评价一个图像增强算法的性能优越与否是比较复杂的，增强效果的好坏不仅与具体算法有一定的关系，还与原始图像的数据特征直接相关。一个对图像 A 效果好的增强算法不一定适合于图像 B。因此，为了得到满意的图像增强效果，一般情况下应同时比较几种增强算法，从中选出视觉效果好，计算量小，又满足要求的最优算法。

8.4 图像的统计特性

在 MATLAB 中，灰度图像是一个二维矩阵，RGB 彩色图像是三维矩阵。图像作为矩阵，可以计算其平均值、方差和相关系数等统计特征。

8.4.1 图像的均值

在 MATLAB 中，采用 mean2 函数计算矩阵的均值。对于灰度图像，图像数据是二维矩阵，可以通过函数 mean2()计算图像的平均灰度值。mean2 函数的调用格式为：

B = mean2(A)：求解 RGB 彩色图像 A 的所有颜色的平均值。

gpuarrayB = mean2(gpuarrayA)：求解灰度图像的平均灰度值。

如果要计算 RGB 彩色图像每种颜色的平均值，如红色的平均值，可采用 mean2(I(:,:,A))。

【例 8-1】利用 mean2 函数计算灰度和彩色图像的平均值。

```
>> clear all;
I=imread('onion.png');%读入彩色图像
J=rgb2gray(I);          %将彩色图像转换为灰度图像
gray=mean2(J)           %灰度图像的平均值
```

```
rgb=mean2(I)          %RGB 图像的平均值
r=mean2(I(:, :, 1))  %红色
g=mean2(I(:, :, 2))  %绿色
b=mean2(I(:, :, 3)) %蓝色
figure;
subplot(121);imshow(uint8(I));
xlabel('(a) 彩色图像');
subplot(122);imshow(uint8(J));
xlabel('(b) 灰度图像')
```

运行程序，输出如下，效果如图 8-3 所示。

```
gray =
 100.6817
rgb =
  91.7928
r =
 137.3282
g =
  92.7850
b =
  45.2651
```

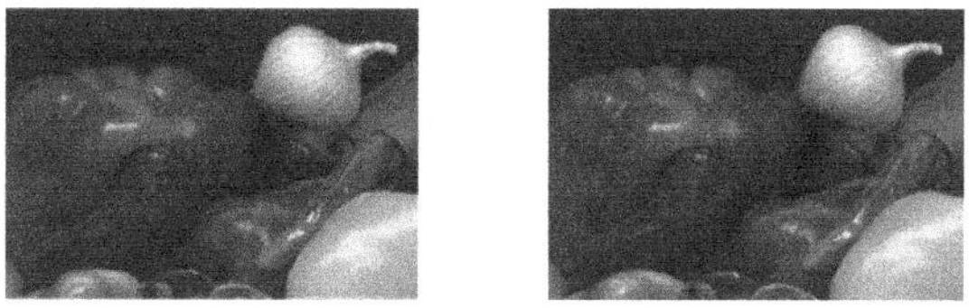

(a) 彩色图像　　(b) 灰度图像

图 8-3　RGB 彩色图像与灰度图像的平均值

在程序中，通过 rgb2gray 函数将 RGB 彩色图像转换为灰度图像。再通过函数 mean2 计算灰度图像和彩色图像的平均值。由运行输出的结果可知，这些数据和实际的图像完全相符，红色和绿色成分较多，蓝色成分比较少。

8.4.2　图像的标准差

对于向量 $x_i, i=1,2,\cdots,n$，其标准差为：

$$s=\sqrt{\frac{1}{n-1}\sum_{i=1}^{n}(x_i-x)^2}$$

其中，$x=\frac{1}{n}\sum_{i=1}^{n}x_i$，该向量的长度为 n。

在 MATLAB 中，采用 std 函数计算向量的标准差，通过 std2 函数计算矩阵的标准差。灰度图像的像素为二维矩阵 A，则该图像的标准差为 std2(A)。函数的调用格式为：

B = std2(A)：计算灰度图像的二维矩阵 A 的标准差。

【例 8-2】计算灰度图像的标准差。

```
>> clear all;
I=imread('tire.tif');
s1=std2(I)          %计算标准差
```

```
J=histeq(I);          %直方图均衡化
s2=std2(J)            %计算标准差
```

运行程序，输出如下：

```
s1 =
  62.1770
s2 =
  74.6841
```

在程序中，读入灰度图像 tire.tif，通过 std2 计算该灰度图像的标准差，然后对该灰度图像进行直方图均衡化处理，再计算处理后的图像的标准差。该灰度图像经过直方图均衡化处理后，明暗对比度增加，图像变得更加清晰，其标准差也变大了。

8.4.3 图像的相关系数

灰度图像的像素为二维矩阵，两个大小相等的二维矩阵，可以计算相关系数，其公式为：

$$r=\frac{\sum_{m}\sum_{n}(A_{mn}-\bar{A})(B_{mn}-\bar{B})}{\sqrt{\left(\sum_{m}\sum_{n}(A_{mn}-\bar{A})^2\right)\left(\sum_{m}\sum_{n}(B_{mn}-\bar{B})^2\right)}}$$

其中，A_{mn} 和 B_{mn} 大小为 m 行 n 列的灰度图像，$\bar{A}$ 为 mean2(A)，$\bar{B}$ 为 mean2(B)。

在 MATLAB 中，提供了 corr2 函数用于计算两个灰度图像的相关系数。函数的调用格式为：

r = corr2(A,B)：其中 A 和 B 为大小相等的二维矩阵，r 为两个矩阵的相关系数。

【例 8-3】利用 corr2 函数计算两个灰度图像的相关系数。

```
>> clear all;
I = imread('pout.tif');
J = medfilt2(I);              %中值滤波
R = corr2(I,J)               %计算相关系数
figure;
subplot(121);imshow(I);
xlabel('(a) 原始图像');
subplot(122);imshow(J);
xlabel('(b) 中值滤波');
```

运行程序，输出如下，效果如图 8-4 所示。

```
R =
   0.9959
```

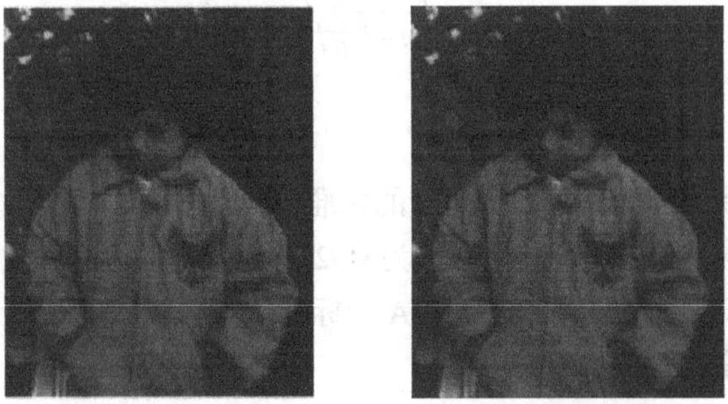

(a) 原始图像　　(b) 中值滤波

图 8-4　两幅图像的相关系数

在程序中，读入灰度图像 pout.tif，然后通过 medfilt2 函数对该灰度图像进行二维中值滤波，通过 corr2 函数计算滤波前和滤波捕捉两幅图像的相关系数。由结果可知，这两幅图像的相关系数为 0.9959，相似度非常高。

8.4.4　图像的等高线

在 MATLAB 中，提供了 imcontour 函数用于绘制灰度图像的等高线。函数的调用格式为：

imcontour(I)：该函数中 I 为灰度图像的二维数据矩阵，绘制灰度图像的等高线。

imcontour(I,n)：该函数设置等高线的条数为 n，如果不指定 n，该函数会自动选取 n 的值。

【例 8-4】利用 imcontour 函数计算灰度图像的等高线。

```
>> clear all;
I = imread('circuit.tif');
figure;
subplot(121);imshow(I);
xlabel('(a) 原始图像');
subplot(122);imcontour(I,3)
xlabel('(b)等高线');
```

运行程序，效果如图 8-5 所示。

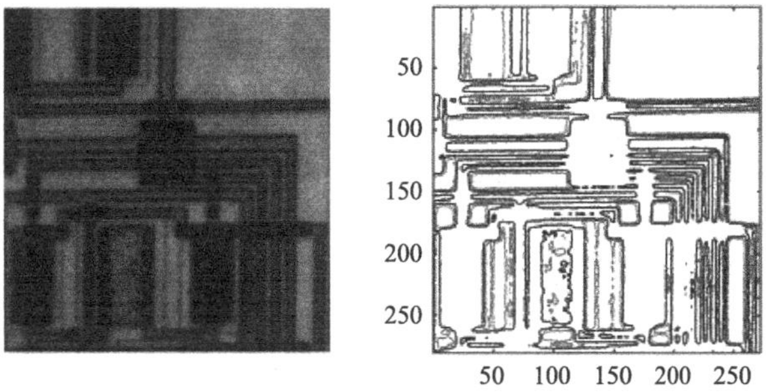

(a) 原始图像　　(b) 等高线

图 8-5　灰度图像的等高线

8.5　空间域滤波

滤波是信号处理中的一个概念，是将信号中特定波段频率滤除的操作，在数字信号处理中通常采用傅里叶变换及其逆变换实现。

8.5.1　空间域滤波的定义

对图像中的每一点 (x,y)，重复以下操作步骤。

（1）对预先定义的以 (x,y) 为中心的邻域内的像素进行运算。

（2）将（1）中运算的结果作为 (x,y) 点新的响应。

上述过程即称为邻域处理或空间域滤波。一幅数字图像可以看作一个二维函数 $f(x,y)$，而 $x-y$ 平面表明了空间位置信息，称为空间域，基于 $x-y$ 空间邻域的滤波操作称作空间域滤波。如果对于邻域中的像素计算为线性运算，则又称为线性空间域滤波，否则称为非线性空间域滤波。

图 8-6 直观地展示了用一个 3×3 的模板（又称为滤波器、模板、掩模、核或窗口）进行空间滤波的过程，模板 w 中，用黑笔圈出的是其中心。

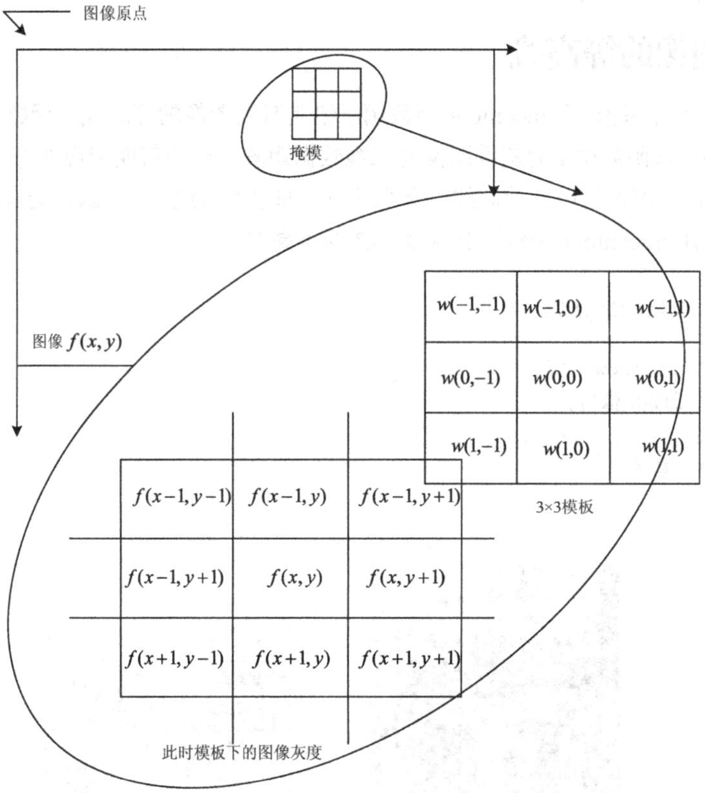

图 8-6　空间滤波图

滤波过程就是在图像 $f(x,y)$ 中逐点地移动模板，使模板中心和点 (x,y) 重合，在每一点 (x,y) 处滤波器的响应根据模板的具体内容并通过预先定义的关系来计算，一般而言，模板中的非 0 元素指出了邻域处理的范围，只有那些当模板中心与点 (x,y) 重合时，图像 f 中和模板中非 0 像素重合的像素参与了决定点 (x,y) 像素值的操作，在线性空间滤波中模板的系数则给出了一种加权模式，即 (x,y) 处的响应由模板系数与模板下面区域的相应 f 的像素值的乘积之和给出。例如，对于图 8-6 而言，此刻对于模板的响应 R 为：

$$R = w(-1,-1)f(x-1,y-1) + w(-1,0)f(x-1,y) + \cdots +$$
$$w(0,0)f(x,y) + \cdots + w(1,0)f(x+1,y) + w(1,1)f(x+1,y+1)$$

更一般情况下，对于一个大小为 $m\times n$ 的模板，其中 $m=2a+1$，$n=2b+1$，a、b 均为正整数，即模板长与宽均为基数，且可能的最小尺寸为 3×3（偶数尺寸的模板由于其不具有对称性很少被使用，而 1×1 大小的模板的操作不考虑邻域信息，退化为图像点运算），可以将滤波操作形式化的表示为：

$$g(x,y) = \sum_{s=-a}^{a}\sum_{t=-b}^{b} w(s,t)f(x+s,y+t)$$

对于大小为 $M\times N$ 的图像 $f(0,\cdots M-1,0,\cdots N-1)$，对 $x=0,1,2,\cdots,M-1$ 和 $y=0,1,2,\cdots,N-1$ 依次应用公式，从而完成了对于图像 f 所有像素的处理，得到新的图像 g。

8.5.2 边界处理

执行滤波操作要注意的一点是当模板位于图像边缘时，模板的某些元素很可能会位于图像之外的情况，这时需要对在边缘附近执行滤波操作单独处理，以避免引用到本不属于图像的无意义的值。

以下 3 种策略都可以用来解决边界问题。

（1）收缩处理范围

处理时忽略位于图像 f 边界附近会引起问题的那些点，如对于图 8-6 中所使用的模拟，处理时忽略图像 f 四周一圈 1 个像素宽的边界，即只处理 $x=1,2,\cdots,M-2$ 和 $y=1,2,\cdots,N-2$（在 MATLAB 中应为 $x=2,3,\cdots,M-1$ 和 $y=2,3,\cdots,N-1$）范围内的点，从而确保了滤波过程中模板始终不会超出图像 f 的边界。

（2）使用常数填充图像

根据模板形状为图像 f 虚拟出边界，虚拟边界像素值为指定的常数，如 0，得到虚拟图像 f'。保证模板在移动过程中始终不会超出 f' 的边界。

（3）使用复制像素的方法填充图像

和（2）基本相同，只是用来填充虚拟边界像素值的不是固定的常数，而是复制图像 f 本身边界的模式。

8.5.3 空间域滤波的实现

在 MATLAB 中，提供了相关函数主要有 imfilter 和 fspecial。imfilter 完成滤波操作，而 fspecial 可以创建一些预定的二维滤波器。这两个函数的调用、说明及用法在第 4 章已做介绍，在本节中只要通过一个例子来实现空间域滤波在图像增强中的应用。

【例 8-5】对读入的灰度图像，用模板 $w=\dfrac{1}{9}\begin{bmatrix}1&1&1\\1&1&1\\1&1&1\end{bmatrix}$ 对图像进行相关滤波，采用重复的边界填充方式。

```
>> clear all;
f=imread('lena.bmp');   %读入图像
figure;
subplot(121);imshow(f);
xlabel('(a)原始图像') ;
w=[1 1 1;1 1 1;1 1 1]/9   %滤波模板
g=imfilter(f,w,'corr','replicate');  %滤波
subplot(122);imshow(g);
xlabel('(b)滤波后图像');
```

运行程序，输出如下，效果如图 8-7 所示。

```
w =
    0.1111    0.1111    0.1111
    0.1111    0.1111    0.1111
    0.1111    0.1111    0.1111
```

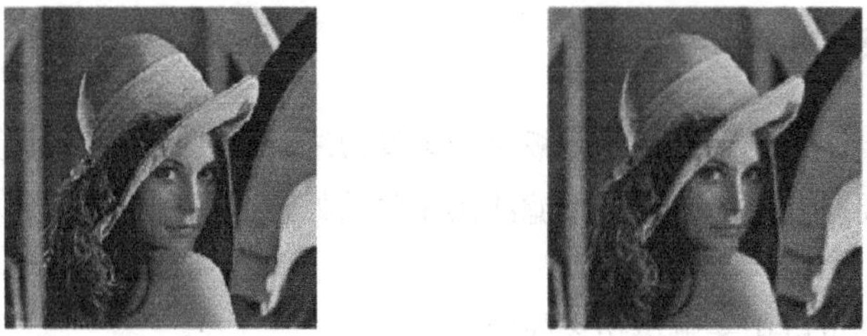

(a) 原始图像　　(b) 滤波后图像

图 8-7　相关滤波前后对比图

8.6 图像平滑

众所周知，实际获得的图像在形成、传输、接收和处理的过程中，不可避免地存在着外部干扰和内部干扰，如光电转换过程中敏感元件灵敏度的不均匀性、数字化过程的量化噪声、传输过程中的误差以及人为因素等，均会使图像质量变差，需要进行图像的平滑处理，图像平滑的目的是为了消除噪声。图像的平滑可以在空间域进行，也可以在频率域进行。空间域常用的方法有邻域平均法、中值滤波和多图像平均法等。在频率域，噪声频谱多在高频段，因此可以采用各种形式的低通滤波方法进行平滑处理。

对图像而言，通过单独对某个像素点的灰度值分析所获得的信息是非常有限的，而且也是不可靠的。这是因为，图像所包含的信息往往是通过多个像素点共同组成的。反过来讲，在对图像进行处理时，为了保持或增强图像的信息，也应该考虑图像的邻域。

邻域运算的输出图像中每个像素都是由对应的输入像素及其邻域内的像素共同决定的图像运算。通常邻域是远小于图像尺寸的一个规则形状。比如一个点的邻域定义可以为以该点为中心的矩形的集合。实际处理中，这样的邻域一般为 7×7、5×5、3×3 等，如图 8-8 所示。

邻域运算主要作用是对图像进行空域滤波，比如平滑、中值滤波以及边缘检测等，此外，邻域运算还可以对结构图进行细化等。边缘检测和细化要应用到形态学算子的部分函数，我们把相关内容放到形态学运算的章节中进行详细介绍，这里不再讨论。

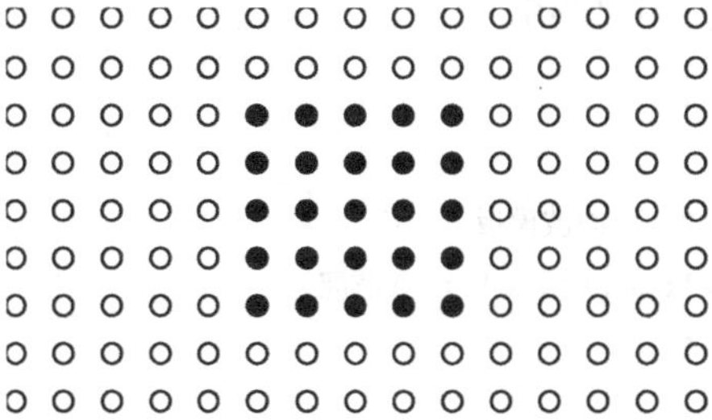

图 8-8　像素邻域示意图

8.6.1 平滑分析

平滑运算的目的是消除或尽量减少噪声，改善图像的质量。假设加性噪声是随机独立分布的，这样利用邻域的平均或加权平均就可以有效地抑制噪声干扰。从信号分析的观点来看，图像平滑本质上是低通滤波。它通过信号的低频部分，阻截高频的噪声信号。

1. 图像平滑原理

由于图像边缘也处于高频部分，这样往往带来另外一个问题：在对图像进行平滑操作时，往往对图像的细节造成一定程度的破坏。

若 S 为像素 (x_0, y_0) 的邻域集合，包含 (x_0, y_0)，(x, y) 表示 S 中的元素，$f(x, y)$ 表示 (x, y) 点的灰度值，$a(x, y)$ 表示各点的权重，则对 (x_0, y_0) 进行平滑可表示为：

$$f'(x_0, y_0) = \frac{1}{\sum_{(x,y)\in S} a(x, y)} \left[\sum_{(x,y)\in S} a(x, y) f(x, y) \right] \tag{8-1}$$

一般而言，权重相对中心都是对称的。对于如下 3×3 大小的模板，其权重都是相等的。

$$T = \frac{1}{5}\begin{bmatrix} 0 & 1 & 0 \\ 1 & 1 & 1 \\ 0 & 1 & 0 \end{bmatrix} \tag{8-2}$$

对于这个模板对应的函数表达式为：

$$f'(x, y) = \frac{1}{5}\left[f(x, y-1) + f(x-1, y) + f(x, y) + f(x+1, y) + f(x, y+1) \right] \tag{8-3}$$

它可表示为：

$$f'(x, y) = \frac{1}{5}\left[1\times f(x, y-1) + 1\times f(x-1, y) + \cdots + 1\times f(x, y+1) \right] = \frac{1}{5} T \times f \tag{8-4}$$

也就是说，邻域运算可以用邻域与模板的卷积得到，这也极大地方便了计算。

2. 图像平滑的实现

在 MATLAB 中提供了 wiener2 函数用于实现维纳滤波器（平滑滤波器）。函数的调用格式为：

J = wiener2(I,[m n],noise)：使用二维维纳滤波对图像 I 进行滤降噪处理。参数 m 与 n 为标量，指定 m × m 邻域来估计图像均值与方差，默认区域大小为 3 × 3。参数 noise 为矩阵，表示指定噪声。

[J,noise] = wiener2(I,[m n])：使用二维维纳滤波对图像 I 进行降噪处理，并返回函数的估计噪声 noise。

【例 8-6】二维维纳滤波对图像进行降噪处理。

```
>> clear all;
RGB = imread('saturn.png');  %读入一幅真彩色图像
I = rgb2gray(RGB);           %将真彩色图像转换为灰度图像
subplot(1,3,1);imshow(RGB);
xlabel('(a)真彩色图像')
%给灰度图像添加高斯白噪声
J = imnoise(I,'gaussian',0,0.025); %给灰度图像添加高斯白噪声，均值为 0，方差为 0.025
subplot(1,3,2);imshow(J)
xlabel('(b)带噪声的图像')
%使用二维维纳滤波对图像进行降噪处理
K = wiener2(J,[5 5]);   %指定 5 × 5 邻域估计图像均值
subplot(1,3,3), imshow(K)
xlabel('(c)维纳滤波降噪')
```

运行程序，效果如图 8-9 所示。

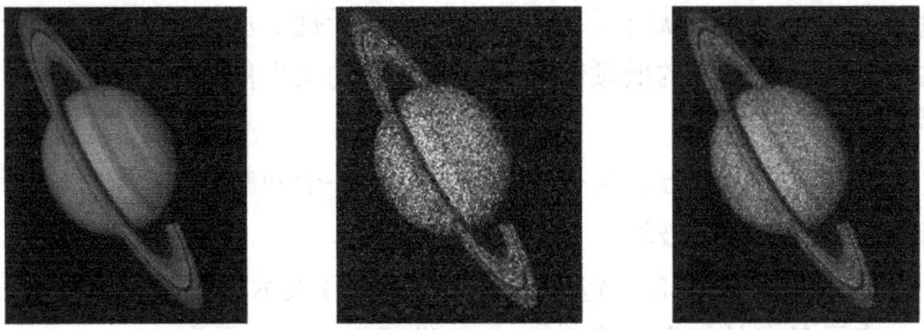

(a) 真彩色图像　　(b) 带噪声的图像　　(c) 维纳滤波降噪

图 8-9　图像的平滑处理效果

3. 高斯加权函数

高斯滤波（Gaussian Filters）采用高斯函数作为加权函数。这是因为：一方面，二维高斯函数具有旋转对称性，保证滤波时各方向平滑程度相同；另一方面，离中心点越远，权值越小，这样就可以确保边缘细节不被模糊。

设计离散高斯滤波器的方法如下。

设定 σ_2 和 n，确定高斯模板权值，假设 $\sigma_2=2$ 和 $n=5$，如表 8-1 所示。

表 8-1　高斯模板权值

[*i*, *j*]	–2	–1	0	1	2
–2	0.135	0.287	0.105	0.287	0.135
–1	0.287	0.606	0.779	0.606	0.287
0	0.105	0.779	1	0.779	0.105
1	0.287	0.606	0.779	0.606	0.287
2	0.135	0.287	0.105	0.287	0.135

整数化和归一化后如表 8-2 所示。

表 8-2　权值归一化结果

[*i*, *j*]	–2	–1	0	1	2
–2	1	2	3	2	1
–1	2	4	6	4	2
0	3	6	7	6	3
1	2	4	6	4	2
2	1	2	3	2	1

读者可以利用上面给出的模板对例 8-7 所得加噪图像进行高斯核去噪操作，比较一下平滑去噪与高斯核去噪效果。

【例 8-7】对含有高斯噪声的图像进行平滑操作去噪处理。

```
>>clear all;
a=imread('coins.png');  %读取图像
anoised=imnoise(a,'gaussian',0.1,0.005); %对图像进行高斯加噪
%制定卷积核
h=ones(3,3)/5;
h(1,1)=0;
h(1,3)=0;
h(3,1)=0;
```

```
h(1,3)=0;
%平滑运算
a2=imfilter(anoised,h);
subplot(131);
imshow(a);  %显示原始图像
subplot(132);
imshow(anoised); %加有高斯噪声的图像
subplot(133);
imshow(a2);  %经过平滑后的图像
```

运行程序，效果如图 8-10 所示。

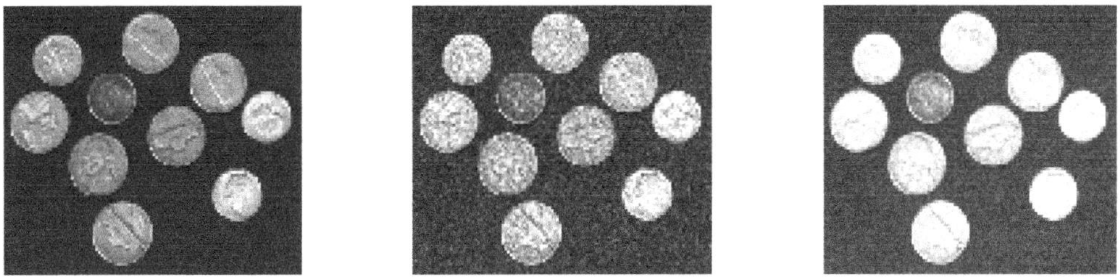

(a) 原始图像　　(b) 加有高斯噪声的图像　　(c) 经过平滑后的图像

图 8-10　平滑去噪的结果

从图 8-10 可看出，邻域权值完全相等的滤波方法，虽然运算简单但结果却难以令人满意。

8.6.2　邻域平均法

对一些图像进行线性滤波可以去除图像中某些类型的噪声，如采用邻域平均法的均值滤波器就非常适用于去除通过扫描得到的图像中的颗粒噪声。

1. 邻域平均法原理

邻域平均法是空间域平滑噪声技术。对于给定的图像 $f(i,j)$ 中的每个像点 (m,n)，取其邻域 S。设 S 含有 M 个像素，取其平均值作为处理后所得图像像点 (m,n) 处的灰度。用一像素邻域内各像素灰度平均值来代替该像素原来的灰度，即邻域平均技术。

邻域 S 的形状和大小根据图像特点确定。一般取的形状是正方形、矩形及十字形等，S 的形状和大小可以在全图处理过程中保持不变，也可根据图像的局部统计特性而变化，点 (m,n) 一般位于 S 的中心。如 S 为 3×3 邻域，点 (m,n) 位于 S 中心，则

$$\bar{f}(m,n)=\frac{1}{9}\sum_{i=-1}^{1}\sum_{j=-1}^{1}f(m+i,n+j) \tag{8-5}$$

假设噪声 n 是加性噪声，在空间各点互不相关，且期望为 0，方差为 σ^2，g 是未受污染的图像，含有噪声的图像 f 经过邻域平均后为：

$$\bar{f}(m,n)=\frac{1}{M}\sum f(i,j)=\frac{1}{M}\sum g(i,j)+\frac{1}{M}\sum n(i,j) \tag{8-6}$$

由式（8-6）可知，经邻域平均后，噪声的均值不变，方差 $\sigma_a^2=\frac{1}{M}\sigma^2$，即噪声方差变小，说明噪声强度减弱了，抑制了噪声。

由式（8-6）可以看出，邻域平均法也平滑了图像信号，特别是可能使图像目标区域的边界变得模糊。可以证明，对图像进行邻域平均处理相当于图像信号通过一低通滤波器。

2. 邻域平均法的实现

在 MATLAB 中，也提供了对应的函数用于实现邻域平均法以实现图像的增强。

【例 8-8】用各种尺寸的模板平滑图像。

图 8-11（a）为原始图像，图 8-11（b）为迭加了均匀分布随机噪声的 8 位灰度图像，图 8-11（c）、（d）、（e）、（f）依次为 3×3、5×5、7×7 和 9×9 平滑模糊对原始图像进行平滑滤波的结果。由此可见，当所用平滑模板尺寸增大时，对噪声的消除有所增强，但同时所得到的图像变得更加模糊，细节的锐化程度逐步减弱。

邻域平均法有力地抑制了噪声，同时也引起了模糊，模糊程度与邻域半径成正比。下面是 MATLAB 实现的邻域平均法抑制噪声的程序。

```
>>clear all;
I=imread('eight.tif');
J=imnoise(I,'salt & pepper',0.02);
subplot(231);imshow(I);
subplot(232);imshow(J);
K1=filter2(fspecial('average',3),J);   %进行 3×3 模板平滑滤波
K2=filter2(fspecial('average',5),J);   %进行 5×5 模板平滑滤波
K3=filter2(fspecial('average',7),J);   %进行 7×7 模板平滑滤波
K4=filter2(fspecial('average',9),J);   %进行 9×9 模板平滑滤波
subplot(233);imshow(uint8(K1));
subplot(234);imshow(uint8(K2));
subplot(235);imshow(uint8(K3));
subplot(236);imshow(uint8(K4));
```

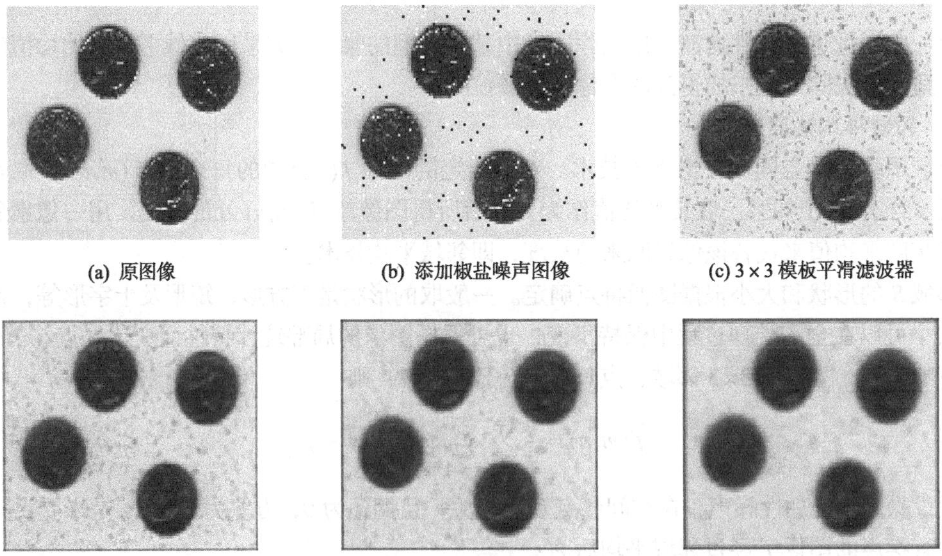

(a) 原图像　(b) 添加椒盐噪声图像　(c) 3×3 模板平滑滤波器

(d) 5×5 模板平滑滤波　(e) 7×7 模板平滑滤波　(f) 9×9 模板平滑滤波

图 8-11　对图像用不同模板进行平滑滤波的效果

在 MATLAB 图像处理工具箱中提供了 fspecial 函数用来创建预定义的滤波器模板，并提供了 filter2 函数用指定的滤波器模板对图像进行均值滤波运算。filter2 函数的调用格式为：

Y = filter2(h,X)：其中，h 为指定的滤波器模板，X 为原始图像，Y 为滤波后的图像。

Y = filter2(h,X,shape)：返回结果 Y 的大小由参数 shape 确定，shape 取值如下：

- full：返回二维互相关的全部结果，size(Y)>size(X)。
- same：返回二维互相关结果的中间部分，Y 的大小与 X 相同。
- valid：返回二维互相关未使用边缘补 0 的部分，size(Y)<size(X)。

【例 8-9】用不同大小模板的均值滤波对图像进行消噪处理。

```
>> clear all;
I=imread('lean.png');
subplot(2,2,1);imshow(I);
xlabel('(a)原始图像');
J=imnoise(I,'salt & pepper',0.25);    %添加椒盐噪声
J1=filter2(fspecial('average',3),J)/255;      %3×3 模板均值滤波
subplot(2,2,2);imshow(J1);
xlabel('(b)3×3 模板均值滤波消噪');
J2=filter2(fspecial('average',5),J)/255;      %5×5 模板均值滤波
subplot(2,2,3);imshow(J2);
xlabel('(c)5×5 模板均值滤波消噪');
J3=filter2(fspecial('average',7),J)/255;      %7×7 模板均值滤波
subplot(2,2,4);imshow(J3);
xlabel('(d)7×7 模板均值滤波消噪');
```

运行程序，效果如图 8-12 所示。

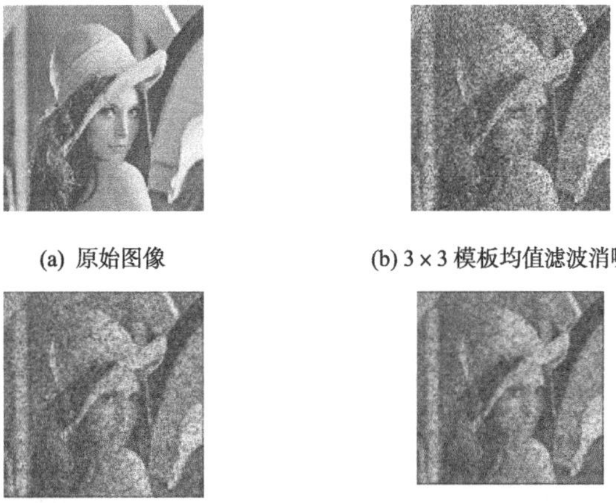

(a) 原始图像　(b) 3×3 模板均值滤波消噪

(c) 5×5 模板均值滤波消噪　(d) 7×7 模板均值滤波消噪

图 8-12　均值滤波效果图

由图 8-12 可见，均值滤波消噪时，模板大小的选取至关重要。一般来说，模板越大，消噪能力越强，但同时也会使图像变得模糊。原因在于：均值滤波时采用了平均操作，图像数据本身也会因为平均而导致模糊。

8.6.3　中值滤波

与加权平均方式的平滑滤波不同，中值滤波用一个含有奇数点的滑动窗口，将邻域中的像素按灰度级排序，取其中间值为输出像素。它的效果取决于两个要素：邻域的空间范围和中值计算中涉及的像素数（当空间范围较大时，一般只用某个稀疏矩阵做计算）。它的优点在于能够在抑制随机噪声的同时不使边缘模糊。但对于线、尖顶等细节多的图像不宜采用中值滤波。

1. 中值滤波器原理

若 S 为像素 (x_0, y_0) 的邻域集合，包含 (x_0, y_0)，(x, y) 表示 S 中的元素，$f(x, y)$ 表示 (x, y) 点的灰度值，$|S|$ 表示集合 S 中元素的个数，Sort 表示排序，则对 (x_0, y_0) 进行平滑可表示为：

$$f'(x_0, y_0) = \left[\operatorname*{Sort}_{(x,y)\in S} f(x, y) \right]_{\frac{|S|+1}{2}} \tag{8-7}$$

2. 中值滤波器的实现

在 MATLAB 中，也提供了 medfilt2 函数用于实现图像的中值滤波器处理，该函数的用法及说明在第 4 章已做介绍，在此通过实例来说明用法。

【例 8-10】 用 3×3 的滤波窗口进行中值滤波处理。

```
>> clear all;
I=imread('cameraman.tif');
subplot(2,3,1),imshow(I);
xlabel('(a)原始图像');
J=imnoise(I,'salt & pepper',0.01);      % 加均值为 0，方差为 0.01 的椒盐噪声
subplot(2,3,2),imshow(J);
xlabel('(b)添加椒盐噪声图像');
K = medfilt2(J);
%用于 3×3 的滤波窗口对图像 J 进行中值滤波
%若用[m,n]的滤波窗口做中值滤波，语法为 K = medfilt2(J,[m,n])
subplot(2,3,3),imshow(K,[]);
xlabel('(c)中值滤波');
subplot(2,3,4),imshow(I);
xlabel('(d)原始图像');
J2=imnoise(I,'gaussian',0.01);        % 加均值为 0，方差为 0.01 的高斯噪声
subplot(2,3,5),imshow(J2); xlabel('(e)添加高斯噪声');
K2 = medfilt2(J2);
subplot(2,3,6),imshow(K2,[]);
xlabel('(f)中值滤波');
```

运行程序，效果如图 8-13 所示。

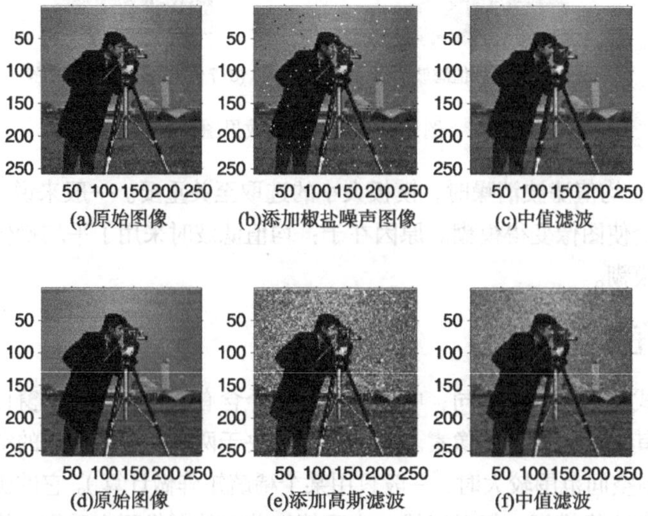

图 8-13　3×3 窗口的中值滤波对图像处理

由图 8-13 可以看到，中值滤波器对椒盐噪声的消噪效果比较好，但是对高斯噪声的消噪效果不理想。

滤波窗口的尺寸对滤波效果有直接影响，下面使用 6×6 的滤波窗口进行中值滤波处理。其代码为：

```
>> clear all;
I=imread('cameraman.tif');
subplot(2,3,1),imshow(I);
xlabel('(a)原始图像');
J=imnoise(I,'salt & pepper',0.01);     % 加均值为 0，方差为 0.01 的椒盐噪声
subplot(2,3,2),imshow(J);
xlabel('(b)添加椒盐噪声图像');
K = medfilt2(J,[6,6]);              %6×6 的滤波窗口
%用于 6×6 的滤波窗口对图像 J 进行中值滤波
%若用[m,n]的滤波窗口做中值滤波，语法为 K = medfilt2(J,[m,n])
subplot(2,3,3),imshow(K,[]);
xlabel('(c)中值滤波');
subplot(2,3,4),imshow(I);
xlabel('(d)原始图像');
J2=imnoise(I,'gaussian',0.01);       % 加均值为 0，方差为 0.01 的高斯噪声
subplot(2,3,5),imshow(J2);
xlabel('(e)添加高斯噪声');
K2 = medfilt2(J2,[6,6]);            %6×6 的滤波窗口
subplot(2,3,6),imshow(K2,[]);
xlabel('(f)中值滤波');
```

运行程序，效果如图 8-14 所示。

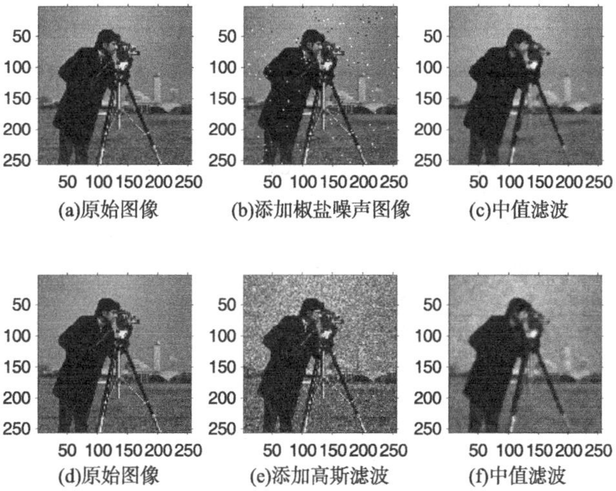

图 8-14　6×6 的滤波窗口中值滤波

比较图 8-13 及图 8-14，可发现对于椒盐噪声，中值滤波法效果很好。对于高斯噪声，选用 6×6 窗口滤波效果好于 3×3 窗口滤波，但图像模糊加重。

8.6.4　多图像平均法

多图像平均法利用对同一景物的多幅图像取平均来消除噪声产生的高频成分，在图像采集中

常应用这种方法去除噪声。

1. 多图像平均法原理

假定对同一景物 $f(x,y)$ 摄取 M 幅图像 $g_i(x,y)(i=1,2,\cdots,M)$，由于在获取时可能有随机的噪声存在，所以 $g_i(x,y)$ 可表示为：

$$g_i(x,y)=f(x,y)+n_i(x,y) \tag{8-8}$$

式中，$n_i(x,y)$ 是叠加在每一幅图像 $g_i(x,y)$ 上的随机噪声。假设各点的噪声是互不相关的，且均值为 0，则 $f(x,y)$ 为 $g(x,y)$ 的期望值，如果对 M 幅图像做灰度平均，则平均后的图像为：

$$\overline{g}(x,y)=\frac{1}{M}\sum_{i=1}^{M}g_i(x,y) \tag{8-9}$$

那么可以证明它们的数学期望为：

$$E\{\overline{g}(x,y)\}=f(x,y) \tag{8-10}$$

均方差为：

$$\sigma_{\overline{g}(x,y)}^2=\frac{1}{M}\sigma_{n(x,y)}^2 \tag{8-11}$$

式（8-11）表明对 M 幅图像平均可把噪声方差减少为原来的 $1/M$，当 M 增大时，$\overline{g}(x,y)$ 将更加接近于 $f(x,y)$。多图像取平均处理常用于摄像机中，以减少电视摄像机光导析像管的噪声，这时可对同一景物连续摄像多幅图像并数字化，再对多幅图像平均。一般选用 8 幅图像取平均。这种方法的实际应用困难是难于把多幅图像配准起来，以便使相应的像素能正确地对应排列。

2. 多图像平均法的实现

下面通过一个实例来演示在图像处理中怎样利用多图像平均法实现图像的增强效果。

【例 8-11】 用多图像平均法消除随机噪声。

图 8-15 所示的是用多图像平均法消除随机噪声的例子。图 8-15（a）是一幅叠加了零均值高斯随机噪声的灰度图像，图 8-15（b）和（c）分别为用 4 幅和 8 幅同类图像（噪声类型相同，均值和方差也相同）进行相加平均的结果。由图可见，随机参与平均的图像数量增加，噪声的影响逐步减小。

(a) 叠加高斯噪声的灰度图像　(b) 4 幅图像叠加平均的结果　(c) 8 幅图像叠加平均的结果

图 8-15　用多图像平均法消除随机噪声

8.6.5 自适应滤波

MATLAB 图像处理工具箱中的 wiener2 函数可以实现对图像噪声的自适应滤除。wiener2 函数根据图像的局部方差来调整滤波器的输出。当局部方差大时，滤波器的平滑效果较弱，滤波器的平滑效果强。

1. 自适应滤波原理

wiener2 函数采用的算法是首先估计出像素的局部矩阵和方差。

$$\mu = \frac{1}{MN}\sum_{n_1,n_2\in\eta} a(n_1,n_2) \tag{8-12}$$

$$\sigma^2 = \frac{1}{MN}\sum_{n_1,n_2\in\eta} a^2(n_1,n_2)-\mu^2 \tag{8-13}$$

η 是图像中每个像素的 $M\times N$ 的邻域。然后，对每一个像素利用 wiener2 滤波器估计出其灰度值。

$$b(n_1,n_2)=\mu+\frac{\sigma^2-v^2}{\sigma^2}(a(n_1,n_2)-\mu) \tag{8-14}$$

这里 v^2 是图像中噪声的方差。

2. 自适应滤波的实现

下面通过实例来演示怎样使用 wiener2 函数利用自适应滤波法实现图像的增强效果。

【例 8-12】对加入高斯噪声的图像 eight.tif 做维纳滤波。

```
>>clear all;
I=imread('eight.tif');
J=imnoise(I,'gaussian',0,0.008);
K=wiener2(J,[5 5]);
figure;
subplot(131);imshow(I);
subplot(132);imshow(J);
subplot(133);imshow(K);
```

运行程序，效果如图 8-16 所示。

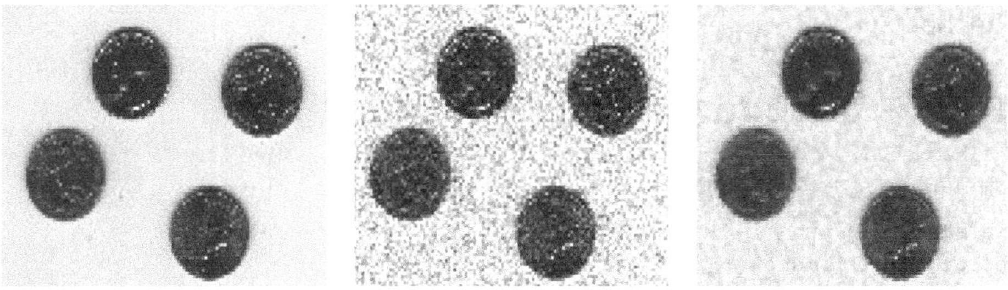

(a) 原始图像　(b) 加噪声后的图像　(c) 维纳滤波后图像

图 8-16　噪声图像维纳滤波前后效果

8.7 图像锐化

在图像识别中，需要有边缘鲜明的图像，即图像的锐化。图像锐化的目的是为了突出图像的边缘信息，加强图像的轮廓特征，以便于人眼的观察和机器的识别。然而边缘模糊是图像中常出现的质量问题，由此造成的轮廓不清晰，线条不鲜明，使图像特征提取、识别和理解难以进行。增强图像边缘和线条，使图像边缘变得清晰的处理称为图像锐化。

图像锐化从图像增强的目的看，它是与图像平滑相反的一类处理。

边缘和轮廓一般都位于灰度突变的地方，由此人们很自然地想起用灰度差分突出其变换。然而，边缘和轮廓在一幅图像中常常具有任意的方向，而一般的差分运算是有方向性的，因此和差分方向一致的边缘、轮廓便检测不出来。为此，人们希望找到一些各向同性的检测算子，它们对任意方向的边缘、轮廓都有相同的检测能力。具有这种性质的锐化算子有梯度、拉普拉斯和其他一些相关运算。如果从数学的观点看，图像模糊的实质就是图像受到平均或者积分运算的影响，因此对其进行逆运算（如微分运算），就可以使图像清晰，下面介绍常用的图像锐化运算。

8.7.1 线性锐化

线性高通滤波器是最常用的线性锐化滤波器，这种滤波器的中心系数都是正的，而周围的系数都是负的。对 3×3 的模板来说，典型的系数取值是：

[0 -1 0;　-1 4 -1 0 -1 0]

事实上这是拉普拉斯算子。

拉普拉斯算子是实线性导数运算，对被运算的图像它满足各向同性的要求，这对于图像增强是非常有利的。拉氏算子的表达式是：

$$\nabla^2 = \frac{\partial^2 f}{\partial x^2} + \frac{\partial^2 f}{\partial y^2} \tag{8-15}$$

对于离散函数 $f(i,j)$，其差分形式是：

$$\nabla^2 f(i,j) = \Delta x^2 f(i,j) + \Delta y^2 f(i,j) \tag{8-16}$$

这里 $\Delta x^2 f(i,j)$ 和 $\Delta y^2 f(i,j)$ 是 $f(i,j)$ 在 x 方向和 y 方向的二阶差分，所以离散函数的拉氏算子的表达式为：

$$\nabla^2 f(i,j) = f(i+1,j) + f(i-1,j) + f(i,j+1) + f(i,j-1) - 4f(i,j)$$

系数取值是：

[0 -1 0; -1 8 -1; 0 -1 0]

【例 8-13】用线性锐化滤波对图像进行锐化滤波处理。

```
>> clear all;
%下面利用拉普拉斯算子对模糊图像进行增强
I=imread('lean.png');
subplot(1,2,1);imshow(I);
xlabel('(a)原始图像');
I=double(I);  %转换数据类型为 double 双精度型
H=[0 1 0,1 -4 1,0 1 0];  %拉普拉斯算子
J=conv2(I,H,'same');  %用拉普拉斯算子对图像进行二维卷积运算
%增强的图像为原始图像减去拉普拉斯算子滤波的图像
K=I-J;
subplot(1,2,2),imshow(K,[])
xlabel('(b)锐化滤波处理')
```

运行程序，效果如图 8-17 所示。

由图 8-17 可见，图像模糊的部分得到了锐化，边缘部分得到了增强，边界更加明显。但图像显示清楚的地方，经滤波后发生了失真，这也是拉普拉斯算子增强的一大缺点。

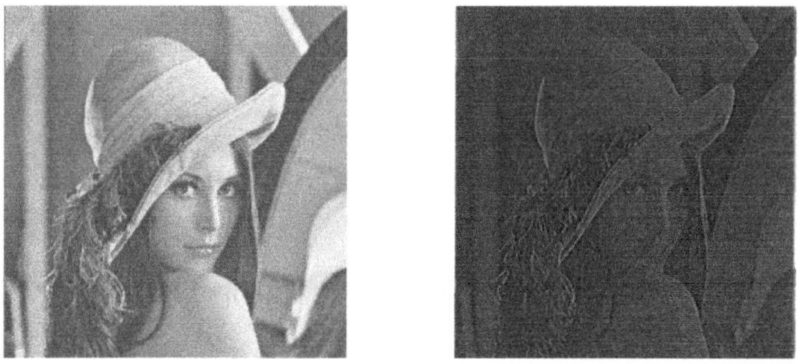

(a) 原始图像 (b) 锐化滤波处理

图 8-17 拉普拉斯算子对模糊图像进行增强

8.7.2 锐化滤波器

实现图像的锐化可使图像的边缘或线条变得清晰，高通滤波可用空域高通滤波法来实现。本节将围绕空间高通滤波讨论图像锐化中常用的运算及方法，其中有梯度运算、各种锐化算子、拉普拉斯（Laplacian）算子、空间高通滤波法和掩模法等图像锐化技术。

1. 梯度算子

图像锐化中最常用的方法是梯度法。对图像 $f(x,y)$，在其点 (x,y) 上的梯度是一个二维列向量，可定义为：

$$G[f(x,y)]=\begin{bmatrix}\dfrac{\partial f}{\partial x}\\ \dfrac{\partial f}{\partial y}\end{bmatrix}=[G_x \quad G_y]^T=\begin{bmatrix}\dfrac{\partial f}{\partial x} & \dfrac{\partial f}{\partial y}\end{bmatrix}^T \tag{8-17}$$

梯度的幅度（模值）$|G[f(x,y)]|$ 为：

$$|G[f(x,y)]|=\sqrt{G_x^2+G_y^2}=\sqrt{\left(\dfrac{\partial f}{\partial x}\right)^2+\left(\dfrac{\partial f}{\partial y}\right)^2}=\left[\left(\dfrac{\partial f}{\partial x}\right)^2 \quad \left(\dfrac{\partial f}{\partial y}\right)^2\right]^{1/2} \tag{8-18}$$

函数 $f(x,y)$ 沿梯度的方向在最大变化率方向上的方向角 θ 为：

$$\theta=\dfrac{G_y}{G_x}=\arctan\begin{bmatrix}\dfrac{\partial f}{\partial x}\\ \dfrac{\partial f}{\partial y}\end{bmatrix} \tag{8-19}$$

不难证明，梯度的幅度 $|G[f(x,y)]|$ 是一个各向同性的算子，并且是 $f(x,y)$ 沿 G 向量方向上的最大变化率。梯度幅度是一个标量，它用到了平方和开平方运算，具有非线性，并且总是正的。为了方便起见，以后把梯度幅度简称为梯度。

在实际计算中，为了降低图像的运算量，常用绝对值或最大值代替平方和平方根运算，所以近似求梯度模值（幅度）为：

$$|G[f(x,y)]|=\sqrt{G_x^2+G_y^2}\approx|G_x|+|G_y|=\left|\dfrac{\partial f}{\partial x}\right|+\left|\dfrac{\partial f}{\partial y}\right| \tag{8-20}$$

$$|G[f(x,y)]|=\sqrt{G_x^2+G_y^2}\approx\max\{|G_x|,|G_y|\} \tag{8-21}$$

但应记住式（8-17）与式（8-18）在概念上是不相同的，不要因称呼的简化而被混淆。

对于数字图像处理，有两种二维离散梯度的计算方法，一种是典型梯度算法，它把微分 $\partial f/\partial y$

和$\partial f/\partial x$近似用差分$\Delta_x f(i,j)$和$\Delta_y f(i,j)$代替，沿 x 和 y 方向的一阶差分可写成式（8-22），如图 8-18（a）所示。

$$\begin{cases} G_x = \Delta_x f(i,j) = f(i+1,j) - f(i,j) \\ G_y = \Delta_y f(i,j) = f(i,j+1) - f(i,j) \end{cases} \tag{8-22}$$

由此得到典型梯度算法为：

$$\left|G[f(i,j)]\right| \approx \left|G_x\right| + \left|G_y\right| = \left|f(i+1,j) - f(i,j)\right| + \left|f(i,j+1) - f(i,j)\right| \tag{8-23}$$

或者

$$\left|G[f(i,j)]\right| \approx \max\{\left|G_x\right|, \left|G_y\right|\} = \max\{\left|f(i+1,j) - f(i,j)\right|, \left|f(i,j+1) - f(i,j)\right|\} \tag{8-24}$$

另一种称为 Roberts 梯度的差分算法，如图 8-18（b）所示，采用交叉差分表示为：

$$\begin{cases} G_x = f(i+1,j+1) - f(i,j) \\ G_y = f(i,j+1) - f(i+1,j) \end{cases} \tag{8-25}$$

可得 Roberts 梯度为：

$$\left|G[f(i,j)]\right| = \nabla f(i,j) \approx \left|f(i+1,j+1) - f(i,j)\right| + \left|f(i,j+1) - f(i+1,j)\right| \tag{8-26}$$

或者

$$\left|G[f(i,j)]\right| = \nabla f(i,j) \approx \max\{\left|f(i+1,j+1) - f(i,j)\right|, \left|f(i,j+1) - f(i+1,j)\right|\} \tag{8-27}$$

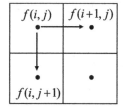

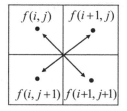

(a) 典型梯度算法(直接沿 x 和 y 方向的一阶差分方法)　　(b) Roberts 梯度算法(交叉差分方法)

图 8-18　两种二维离散梯度的计算方法

值得注意的是，对于 $M \times N$ 的图像，处在最后一行或最后一列的像素是无法直接求得梯度的，对于这个区域的像素来说，一种处理方法是：当 $x = M$ 或 $y = N$ 时，用前一行或前一列的各点梯度值代替。

从梯度公式中可以看出，其值是与相邻像素的灰度差值成正比的。在图像轮廓上，像素的灰度有陡然变化，梯度值很大；在图像灰度变化相对平缓的区域梯度值较小；而在等灰度区域，梯度值为零。由此可见，图像经过梯度运算后，留下灰度值急剧变化的边沿处的点，这就是图像经过梯度运算后可使其细节清晰从而达到锐化目的的实质。

在实际应用中，常利用卷积运算来近似梯度，这时 G_x 和 G_y 是各自使用的一个模板（算子）。对模板的基本要求是模板中心的系数为正，其余相邻系数为负，且所有的系数之和为零。例如，上述的 Roberts 算子，其 G_x 和 G_y 模板如式（8-28）所示。

$$G_x = \begin{bmatrix} 1 & 0 \\ 0 & -1 \end{bmatrix} \quad G_y = \begin{bmatrix} 0 & 1 \\ -1 & 0 \end{bmatrix} \tag{8-28}$$

2. 其他锐化算子

利用梯度与差分原理组成的锐化算子还有以下几种。

（1）Sobel 算子

以待增强图像的任意像素 (i,j) 为中心，取 3×3 像素窗口，分别计算窗口中心像素在 x 和 y 方向的梯度：

$$S_x = [f(i-1,j-1)+2f(i,j-1)+f(i+1,j-1)] - [f(i-1,j+1)+2f(i,j+1)+f(i+1,j+1)] \quad (8\text{-}29)$$

$$S_y = [f(i+1,j-1)+2f(i+1,j)+f(i+1,j+1)] - [f(i-1,j-1)+2f(i-1,j)+f(i-1,j+1)] \quad (8\text{-}30)$$

增强后的图像在(i,j)处的灰度值为：

$$f'(i,j)=\sqrt{S_x^2+S_y^2} \quad (8\text{-}31)$$

用模板表示为：

$$S_x=\begin{bmatrix}1&0&-1\\2&0&-2\\1&0&-1\end{bmatrix} \quad S_y=\begin{bmatrix}-1&-2&-1\\0&0&0\\1&2&1\end{bmatrix} \quad (8\text{-}32)$$

（2）Prewitt 算子

$$f'(i,j)=(S_x^2+S_y^2)^{\frac{1}{2}}=\sqrt{S_x^2+S_y^2} \quad (8\text{-}33)$$

用模板表示为：

$$S_x=\begin{bmatrix}1&0&-1\\1&0&-1\\1&0&-1\end{bmatrix} \quad S_y=\begin{bmatrix}-1&-1&-1\\0&0&0\\1&1&1\end{bmatrix} \quad (8\text{-}34)$$

（3）Isotropic 算子

$$f'(i,j)=(S_x^2+S_y^2)^{\frac{1}{2}}=\sqrt{S_x^2+S_y^2} \quad (8\text{-}35)$$

用模板表示为：

$$S_x=\begin{bmatrix}1&0&-1\\\sqrt{2}&0&-\sqrt{2}\\1&0&-1\end{bmatrix} \quad S_y=\begin{bmatrix}-1&-\sqrt{2}&-1\\0&0&0\\1&\sqrt{2}&1\end{bmatrix} \quad (8\text{-}36)$$

3. 拉普拉斯算子

拉普拉斯算子法比较适用于改善因为光线的漫反射造成的图像模糊。拉普拉斯算子法是常用的边缘增强处理算子，它是各向同性的二阶导数，一个连续的二元函数$f(x,y)$，它在位置(x,y)处的拉普拉斯运算定义为：

$$\nabla^2 f(x,y)=\frac{\partial^2 f}{\partial x^2}+\frac{\partial^2 f}{\partial y^2} \quad (8\text{-}37)$$

式中，$\nabla^2 f(x,y)$称为拉普拉斯算子。对数字图像，由参照梯度的差分算法式（8-22）可写出图像$f(i,j)$的一阶偏导为：

$$\frac{\partial f(i,j)}{\partial x}=\Delta_x f(i,j) \quad \frac{\partial f(i,j)}{\partial y}=\Delta_y f(i,j) \quad (8\text{-}38)$$

二阶偏导为：

$$\frac{\partial^2 f(i,j)}{\partial x^2}=\Delta_x f(i+1,j)-\Delta_x f(i,j) \quad (8\text{-}39)$$

$$\frac{\partial^2 f(i,j)}{\partial y^2}=\Delta_y f(i,j+1)-\Delta_y f(i,j) \quad (8\text{-}40)$$

根据式（8-37）经整理可得：

$$
\begin{aligned}
g(i,j) = \nabla^2 f(i,j) &= \frac{\partial^2 f(i,j)}{\partial x^2} + \frac{\partial^2 f(i,j)}{\partial y^2} \\
&= f(i+1,j) + f(i-1,j) + f(i,j+1) + f(i,j-1) - 4f(i,j)
\end{aligned} \tag{8-41}
$$

对于式（8-41）也可由拉普拉斯算子模板来表示：

$$
H_1 = \begin{bmatrix} 0 & 1 & 0 \\ 1 & -4 & 1 \\ 0 & 1 & 0 \end{bmatrix} \quad H_2 = \begin{bmatrix} 1 & 1 & 1 \\ 1 & -8 & 1 \\ 1 & 1 & 1 \end{bmatrix} \tag{8-42}
$$

空间域锐化滤波用卷积形式表示为：

$$
g(i,j) = \nabla^2 f(x,y) = \sum_{r=-k}^{k} \sum_{s=-l}^{l} f(i-r, j-s) H(r,s) \tag{8-43}
$$

式中，$H(r,s)$除了可取式（8-42）的拉普拉斯算子模板外，只要适当地选择滤波因子（权函数）$H(r,s)$，就可以组成不同性能的高通滤波器，从而使边缘锐化突出细节。

几种常用的归一化高通滤波的模板如下：

$$
H_1 = \begin{bmatrix} 0 & -1 & 0 \\ -1 & 5 & -1 \\ 0 & -1 & 0 \end{bmatrix} \quad H_2 = \begin{bmatrix} -1 & -1 & -1 \\ -1 & 9 & -1 \\ -1 & -1 & -1 \end{bmatrix} \quad H_3 = \begin{bmatrix} 1 & -2 & 1 \\ -2 & 5 & -2 \\ 1 & -2 & 1 \end{bmatrix}
$$

这些已经归一化的模板可以避免处理后的图像出现亮度偏移。其中，H_1 等效于用 Laplacian 算子增强图像。若要增强具有方向性的边缘和线条，则应采用方向滤波，这时模板算子可由方向模板组成。

【例 8-14】 用 sobel 算子、prewitt 算子、log 算子对图像滤波。

```
>> clear all;
I=imread('eight.tif');
subplot(221);imshow(I);
xlabel('(a)原始图像');
h1=fspecial('sobel');
I1=filter2(h1,I);
subplot(222);imshow(I1);
xlabel('(b)soble算子滤波');
h2=fspecial('prewitt');
I2=filter2(h2,I);
subplot(223);imshow(I2);
xlabel('(c)prewitt算子滤波');
h3=fspecial('log');
I3=filter2(h3,I);
subplot(224);imshow(I3);
xlabel('(d)log算子滤波');
```

运行程序，效果如图 8-19 所示。

8.7.3 图像锐化的技术

图像在传输和变换过程中会受到各种干扰而退化，比较典型的就是图像模糊。图像锐化的目的就是使边缘和轮廓线模糊的图像变得清晰，并使其细节清晰。锐化技术可以在空间域中进行，常用的方法是对图像进行微分处理，也可以在频域中运用高通滤波技术来处理。

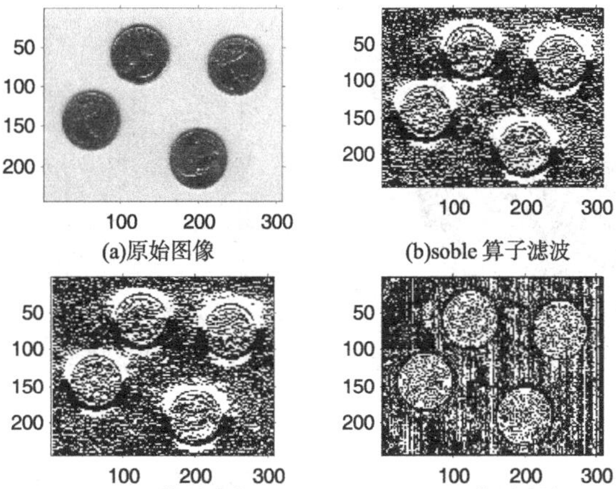

(a)原始图像　(b)soble 算子滤波　(c)prewitt 算子滤波　(d)log 算子滤波

图 8-19　非线性锐化滤波

1. 空域高通滤波法

下面通过一个实例来演示怎样利用 MATLAB 程序代码实现利用空域高通滤波法实现图像的增强。

【例 8-15】利用空域高通滤波法对图像进行增强，其中 H_1 、H_2 和 H_3 是高通滤波方阵模板。

$$H_1=\begin{bmatrix}0 & -1 & 0\\ -1 & 5 & -1\\ 0 & -1 & 0\end{bmatrix}\quad H_2=\begin{bmatrix}-1 & -1 & -1\\ -1 & 9 & -1\\ -1 & -1 & -1\end{bmatrix}\quad H_3=\begin{bmatrix}1 & -2 & 1\\ -2 & 5 & -2\\ 1 & -2 & 1\end{bmatrix}$$

图像锐化的 MATLAB 程序代码如下：

```
>>clear all;
I=imread('\lena.bmp');
J=im2double(I);
subplot(2,2,1),imshow(J,[])
h1=[0 -1 0, -1 5 -1,0 -1 0];
h2=[-1 -1 -1, -1 9 -1,-1 -1 -1];
h3=[1 -2 0, -2 5 -2,1 -2 1];
A=conv2(J,h1,'same');
subplot(2,2,2), imshow(A,[])
B=conv2(J,h2,'same');
subplot(2,2,3),imshow(B,[])
C=conv2(J,h3,'same');
subplot(2,2,4),imshow(C,[])
```

运行程序，效果如图 8-20 所示。

2. 梯度法图像锐化

采用梯度进行图像增强的方法有很多。

第 1 种方法是使其输出图像 $g(i,j)$ 的各点等于该点处的梯度幅度，即：

$$g(i,j)=G[f(i,j)]=\nabla f(i,j) \tag{8-44}$$

这种方法的缺点是输出的图像在灰度变化比较小的区域，$g(i,j)$ 很小，显示的是一片黑色。

第 2 种方法是使：

$$g(i,j)=\begin{cases}\left|G[f(i,j)]\right|, & \left|G[f(i,j)]\right|\geqslant T\\ f(i,j), & \text{其他}\end{cases} \tag{8-45}$$

(a) 原始图像

(b) H_1 算子

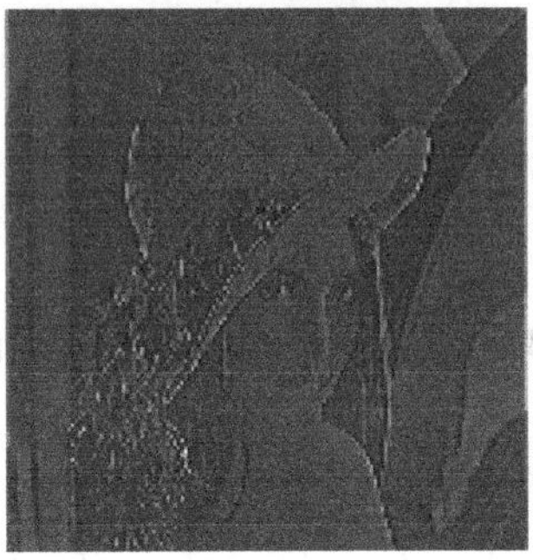

(c) H_2 算子

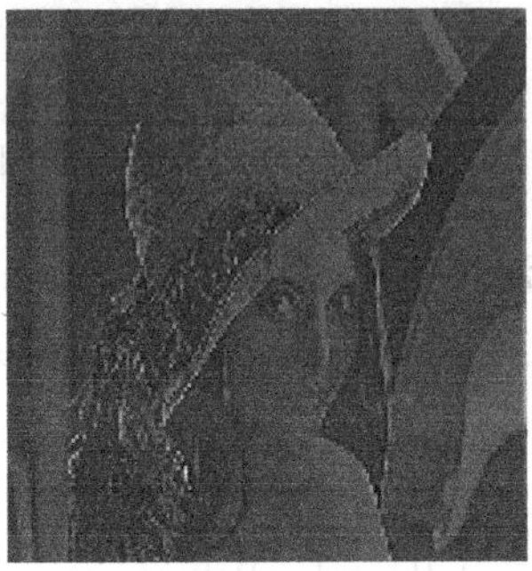

(d) H_3 算子

图 8-20　空域高通滤波法示例

当梯度值超过某阈值 T 的像素时，选用梯度值，而小于该阈值 T 时，选用原图像的像素点值，即适当的选取 T，可以有效地增强边界而不影响比较平滑的背景。

第 3 种方法是使：

$$g(i,j)=\begin{cases} L_G, & |G[f(i,j)]| \geqslant T \\ f(i,j), & \text{其他} \end{cases} \tag{8-46}$$

当梯度值超过某阈值 T 的像素时，选用固定灰度 L_G 来代替，而小于该阈值 T 时，仍选用原图像的像素点的值。这种方法可以使边界清晰，同时又不损害灰度变化比较平缓区域的图像特性。

第 4 种方法是使：

$$g(i,j)=\begin{cases} |G[f(i,j)]|, & |G[f(i,j)]| \geqslant T \\ L_B, & \text{其他} \end{cases} \tag{8-47}$$

当梯度值超过某阈值 T 的像素时，选用梯度值，而小于该阈值 T 时，选用固定的灰度 L_B。这种方法将背景用一个固定的灰度级 L_B 来代替，可用于分析边缘灰度的变化。

第 5 种方法是使：

$$g(i,j)=\begin{cases} L_G, & |G[f(i,j)]| \geqslant T \\ L_B, & \text{其他} \end{cases} \tag{8-48}$$

当梯度值超过某阈值 T 的像素时，选用固定灰度 L_G 来代替，而小于该阈值 T 时，选用固定的灰度 L_B。根据阈值将图像分成边缘和背景，边缘和背景分别用两个不同的灰度级来表示，这种方法生成的是二值图像。

下面给出的是梯度法图像锐化的 MATLAB 程序，实现了前面所介绍的 5 种锐化方法。

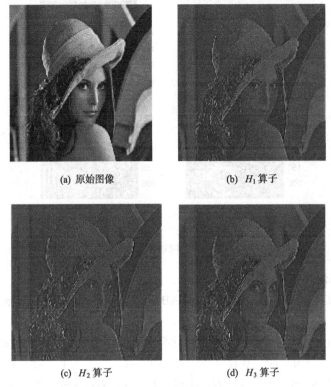

【例 8-16】利用梯度法中 5 种图像锐化方法实现图像增强效果。

```
>>clear all;
[I,map]=imread('lena.bmp');
figure(1),imshow(I,map);
I=double(I);
[IX,IY]=gradient(I);
GM=sqrt(IX.*IX+IY.*IY);
meth1=GM;
figure(2),imshow(meth 1,map);
meth 2=I;
J=find(GM>10);
meth 2(J)=GM(J);
figure(3),imshow(meth 2,map);
meth 3=I;
J=find(GM>10);
meth 3(J)=255;
figure(4),imshow(meth 3,map);
meth 4=I;
J=find(GM<10);
meth 4(J)=255;
figure(5),imshow(meth 4,map);
meth 5=I;
J=find(GM>10);
meth 5(J)=255;
Q=find(GM<10);
OUTS(Q)=0;
figure(6),imshow(meth 5,map);
```

运行程序，效果如图 8-21 所示。

(a) 原始图像　　(b) 第 1 种方法　　(c) 第 2 种方法

(d) 第 3 种方法　　(e) 第 4 种方法　　(f) 第 5 种方法

图 8-21　梯度法图像锐化的 5 种图像增强效果

8.8 频域滤波

频率域图像增强首先通过傅里叶变换将图像从空间域转换为频率域，然后在频率域内对图像进行处理，最后通过傅里叶反变换转换到空间域。频率域内的图像增强通常包括低通滤波、高通滤波、带阻滤波和同态滤波等。

设 $f(x,y)$ 为原始图像函数，$h(x,y)$ 为滤波器脉冲响应函数，则空域内的滤波是基于卷积运算的，为：

$$g(x,y)=f(x,y)*h(x,y)$$

其中，$h(x,y)$ 可以是低通或高通滤波，$g(x,y)$ 为空域滤波的输出图像函数。根据卷积定理，上式的傅里叶变换为：

$$G(u,v)=F(u,v)H(u,v)$$

其中，$G(u,v)$、$F(u,v)$ 和 $H(u,v)$ 分别是 $g(x,y)$、$f(x,y)$ 和 $h(x,y)$ 的傅里叶变换。$h(x,y)$ 为滤波系统的传递函数，根据具体的要求进行设计，再与 $F(u,v)$ 相乘，即可获得频谱改善的 $G(u,v)$，从而实现低通滤波或高通滤波。最后求 $G(u,v)$ 的傅里叶反变换，可获得滤波后的图像 $g(x,y)$。频域滤波的关键是 $G(u,v)$ 的设计。

8.8.1 低通滤波

最理想的低通滤波器是直接“截断”傅里叶变换中的高频成分，仅通过频率为指定的频率 D_0 以下的低频成分，即理想低通滤波器的二维传递函数为：

$$H(u,v)=\begin{cases}1, & D(u,v)\leqslant D_0\\ 0, & D(u,v)>D_0\end{cases}$$

【例 8-17】理想低通滤波器。

```
>> clear all;
I=imread('lean.png');
subplot(2,3,1);imshow(I);
J=double(I);
%采用傅里叶变换
f=fft2(J);
%数据矩阵平衡
g=fftshift(f);
subplot(2,3,2);imshow(log(abs(g)),[]);
color(jet(64));
[M,N]=size(f);
n1=floor(M/2);
n2=floor(N/2);
% d0=5,15,45,65
d0=5;
for i=1:M
    for j=1:N
        d=sqrt((i-n1)^2+(j-n2)^2);
        if d<=d0;
            h=1;
        else
            h=0;
```

```
        end
        g(i,j)=h*g(i,j);
    end
end
g=ifftshift(g);
g=uint8(real(ifft2(g)));
subplot(2,3,3);imshow(g);
```

运行程序，效果如图 8-22 所示。

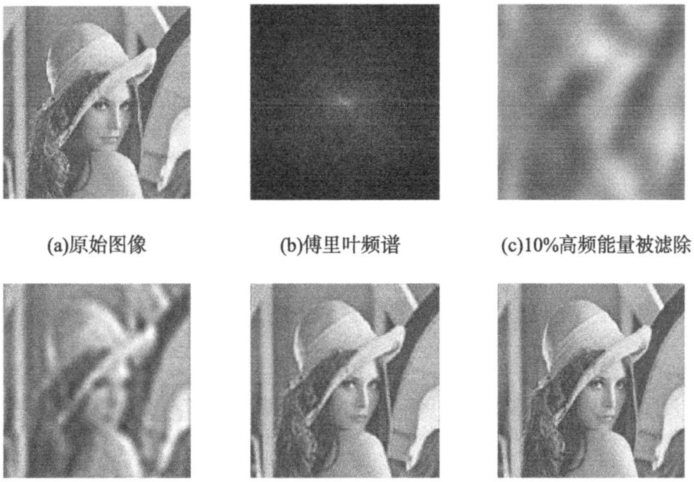

(a)原始图像 (b)傅里叶频谱 (c)10%高频能量被滤除

(d)3.6%高频能量被滤除 (e)1%高频能量被滤除 (f)0.6%高频能量被滤除

图 8-22 理想低通滤波器所产生的模糊效果

由图 8-22 可看出，图 8-22（c）到图 8-22（f）所示就是用理想低通滤波器进行处理得到的结果，其中截断频率分别由以上各圆周半径确定。由图 8-22（c）可见，尽管只有 10%的高频能量被滤掉，但图像中绝大多数的细节信息都丢失了，事实上这幅图已无多少实际用途了。图 8-22（d）有 3.6%的高频能量被滤掉，图像中仍有明显的振铃效应。图 8-22（e）只滤除了 1%的高频能量，图像虽有一定程度的模糊，但视觉效果尚可。最后，图 8-22（f）滤除 0.6%的高频能量，所得的滤波结果与原图几乎无差别。

然而，这种理想低通滤波器是无法采用电子器件实现的，尽管它可以在计算机上仿真实现。实际上常用的低通滤波器主要有巴特沃思低通滤波器、指数低通滤波器等。

1. 巴特沃斯低通滤波器

截断频率距离原点的距离为 D_0，n 级巴特沃思低通滤波器（BLPT）的传递函数的定义表达式为：

$$H(u,v)=\frac{1}{1+\left[\dfrac{D(u,v)}{D_0}\right]^{2n}} \tag{8-49}$$

其中，D_0 为截止频率，n 为巴特沃思低通滤波器的级数（阶数）。不同于理想的低通滤波器，它的传递函数与滤波除的频率之间没有明显的截断。显然，当 $D(u,v)$ 远小于 D_0 时，$H(u,v)$ 将接近于 1；当 $D(u,v)$ 远大于 D_0 时，$H(u,v)$ 将接近于 0。阶数 n 越高，巴特沃思低通滤波器越接近于理想的低通滤波器。

2. 指数低通滤波器

指数低通滤波器的传递函数为：

$$H(u,v)=\mathrm{e}^{-\left[\frac{D(u,v)}{D_0}\right]^n} \tag{8-50}$$

一般情况下，取 $H(u,v)$ 下降至最大值的二分之一时的 $D(u,v)$ 为截止频率 D_0 。其剖面图如图 8-23 所示。与巴特沃斯低通滤波器一样，指数低通滤波器从通过频率到截止频率之间具有一段平滑的过渡带，也没有明显的不连续性。

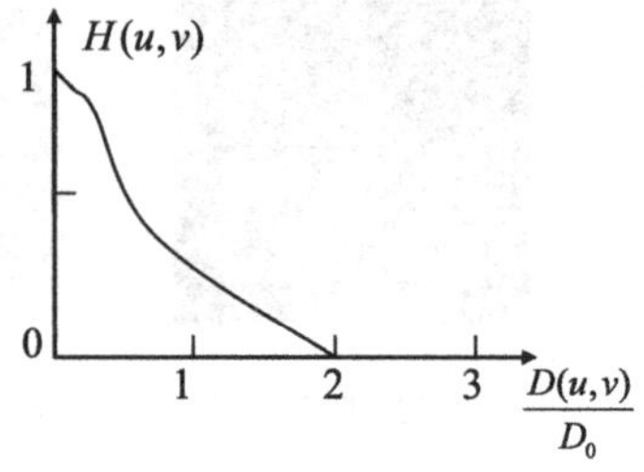

图 8-23　指数低通滤波器

3. 梯形低通滤波器

梯形滤波器（TLPF）函数是对理想低通滤波器函数和完全平滑低通滤波器函数的折中。其传递函数为：

$$H(u,v)=\begin{cases}1, & D(u,v)<D_0\\ \dfrac{[D(u,v)-D_1]}{(D_0-D_1)}, & D_0\leqslant D(u,v)\leqslant D_1\\ 0, & D(u,v)>D_1\end{cases} \tag{8-51}$$

式中，D_0 和 D_1 是规定的。

4. 高斯低通滤波器

高斯低通滤波器的产生公式为：

$$H(u,v)=\mathrm{e}^{-D^2(u,v)/2D_0^2} \tag{8-52}$$

其中，D_0 为高斯低通滤波器的截止频率。

5. 低通滤波器的实现

下面通过实例来演示怎样利用 MATLAB 代码实现低通滤波器增强图像。

【例 8-18】用巴特沃斯低通滤波器去除图像中的椒盐噪声。

```
>>clear all;
%实现巴特沃斯低通滤波器
I=imread('saturn.png');
J=imnoise(I,'salt & pepper',0.02);  %给原图像加入椒盐噪声
figure;
subplot(121);imshow(J);
J=double(J);
%采用傅里叶变换
f=fft2(J);
%数据矩阵平衡
g=fftshift(f);
[m,n]=size(f);
```

```
N=3;
d0=20;
n1=floor(m/2);
n2=floor(n/2);
for i=1:m
    for j=1:n
        d=sqrt((i-n1)^2+(j-n2)^2);
        h=1/(1+(d/d0)^(2*N));
        g(i,j)=h*g(i,j);
    end
end
g=ifftshift(g);
g=uint8(real(ifft2(g)));
subplot(122);imshow(g);
```

运行程序，效果如图 8-24 所示。

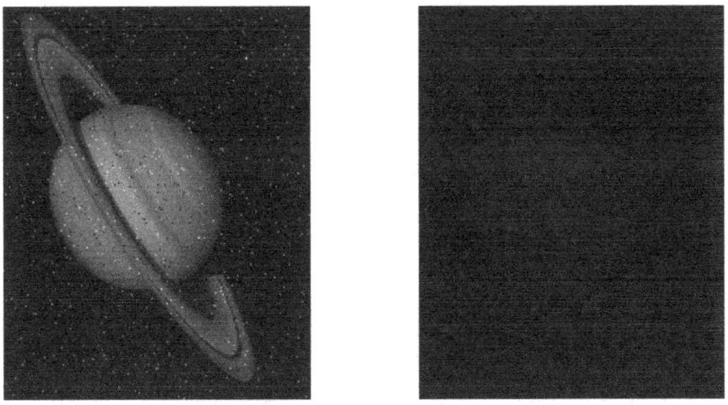

(a) 加噪声的图像　　(b) 低通滤波器锐化效果

图 8-24 加噪声和经巴特沃斯低通滤波后的图像

【例 8-19】利用各种低通滤波器对含噪图像实现增强效果。

```
>>clear all;
[I,map]=imread('lena.bmp');
noisy=imnoise(I,'gaussian',0.01);
[M,N]=size(I);
F=fft2(noisy);
fftshift(F);
Dcut=100;
D0=150;
D1=250;
for u=1:M
    for v=1:N
        D(u,v)=sqrt(u^2+v^2);
        BUTTERH(u,v)=1/(1+(sqrt(2)-1)*(D(u,v)/Dcut)^2);
        EXPOTH(u,v)=exp(log(1/sqrt(2))*(D(u,v)/Dcut)^2);
        if D(u,v)<D0
            THPFH(u,v)=1;
        elseif D(u,v)<=D1
            THPEH(u,v)=(D(u,v)-D1)/(D0-D1);
        else
            THPFH(u,v)=0;
        end
    end
```

```
end
BUTTERG=BUTTERH.*F;
BUTTERfiltered=ifft2(BUTTERG);
EXPOTG=EXPOTH.*F;
EXPOTfiltered=ifft2(EXPOTG);
THPFG=THPFH.*F;
THPFfiltered=ifft2(THPFG);
figure,imshow(noisy);
figure,imshow(BUTTERfiltered,map)
figure,imshow(EXPOTfiltered,map)
figure,imshow(THPFfiltered,map);
```

程序运行，效果如图 8-25 所示。

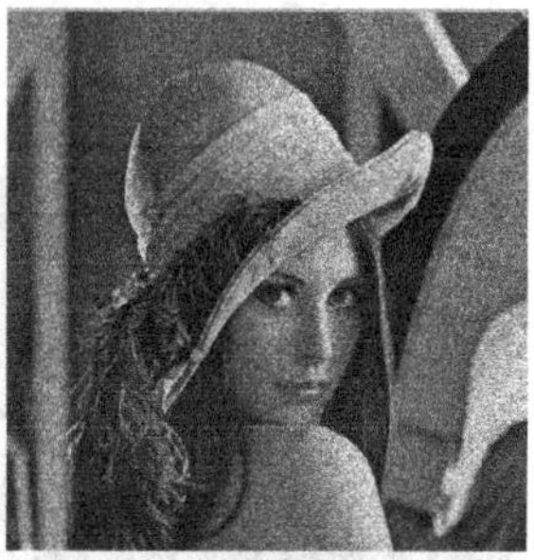

(a) 带高斯噪声的图像

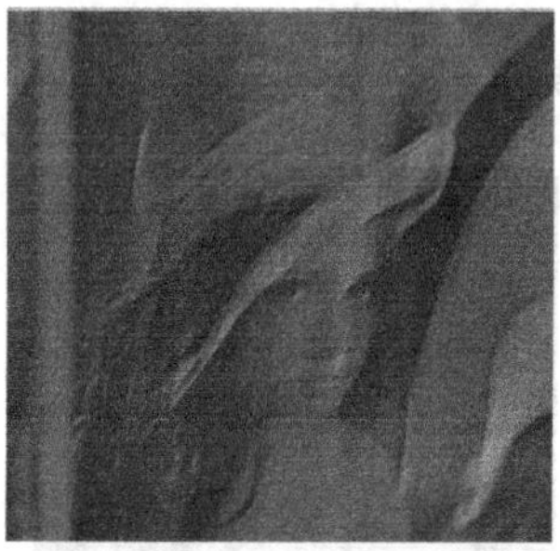

(b) Butterworth 低通滤波效果

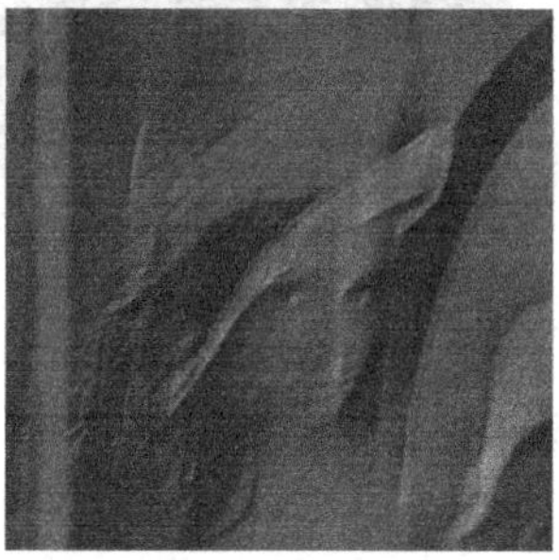

(c) 指数低通滤波效果

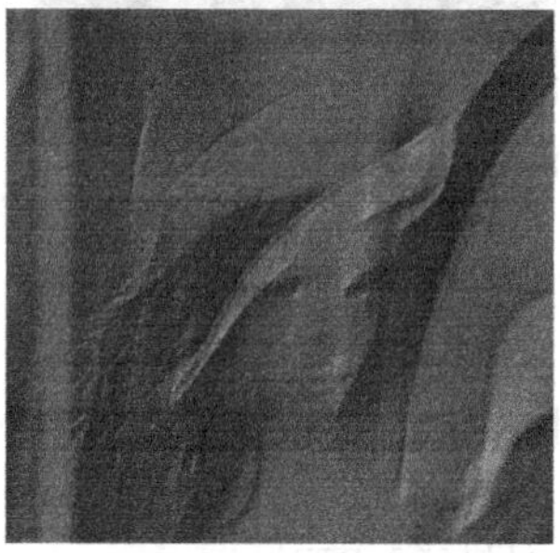

(d) 梯形低通滤波效果

图 8-25　频域低通滤波增强图像

8.8.2　频域高通滤波

由于图像中的边缘、线条等细节部分与图像频谱中的高频分量相对应，在频域中用高通滤波器处理，能够使图像的边缘或线条变得清晰，图像得到锐化。高通滤波器衰减傅里叶变换中的低频分量，通过傅里叶变换中的高频信息。

因此，采用高通滤波的方法让高频分量顺利通过，使低频分量受到抑制，就可以增强高频的成分。

在频域中实现高通滤波，滤波的数学表达式为：

$$G(u,v)=H(u,v)\cdot F(u,v) \tag{8-53}$$

式中，$F(u,v)$ 为原图像 $f(x,y)$ 的傅里叶频谱，$G(u,v)$ 为锐化后图像 $g(x,y)$ 的傅里叶频谱，$H(u,v)$ 为滤波器的转换函数，即频谱响应。那么对高通滤波器而言，$H(u,v)$ 使高频分量通过，低频分量抑制。常用的高通滤波器有 4 种，如图 8-26 所示。

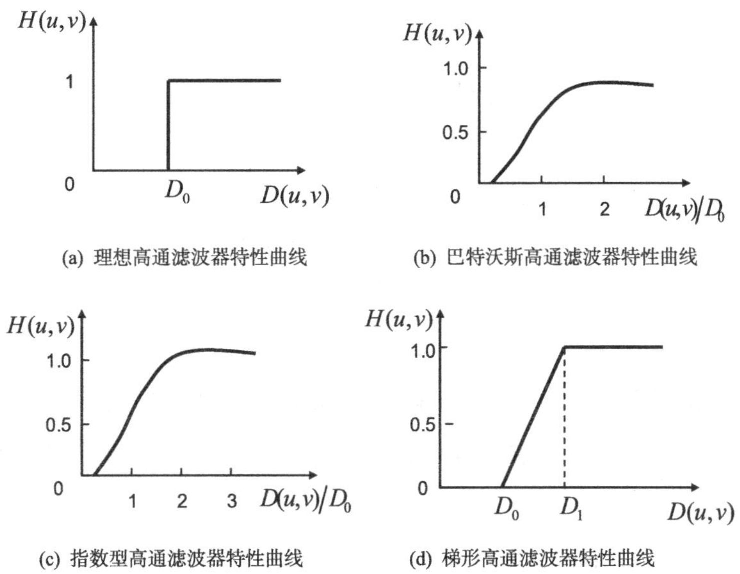

图 8-26 4 种频域高通滤波器传递函数 $H(u,v)$ 的剖面图

1. 理想高通滤波器

二维理想高通滤波器（IHPF）的传递函数 $H(u,v)$ 定义为：

$$H(u,v)=\begin{cases}1, & D(u,v)>D_0\\ 0, & D(u,v)\leqslant D_0\end{cases} \tag{8-54}$$

式中，D_0 为频率平面上从原点算起的截止距离，称为截止频率，$D(u,v)=\sqrt{u^2+v^2}$ 是频率平面点 (u,v) 到频率平面原点（0,0）的距离。

它在形状上和前面介绍的理想低通滤波器形状刚好相反，但与理想低通滤波器一样，这种理想高通滤波器也无法用实际的电子器件硬件来实现。

2. 巴特沃斯高通滤波器

n 阶巴特沃斯（Butterworth）高通滤波器（BHPF）的传递函数定义为：

$$H(u,v)=\frac{1}{1+[D_0/D(u,v)]^{2n}} \tag{8-55}$$

式中，D_0 为截止频率，$D(u,v)=\sqrt{u^2+v^2}$ 为点 (u,v) 到频率平面原点的距离。当 $D(u,v)=D_0$ 时，$H(u,v)$ 下降到最大值的 $\frac{1}{2}$。

当选择截止频率 D_0，要求使该点处的 $H(u,v)$ 下降到最大值的 $\frac{1}{\sqrt{2}}$ 为条件时，可用下式实现：

$$H(u,v)=\frac{1}{1+[\sqrt{2}-1][D_0/D(u,v)]^{2n}} \tag{8-56}$$

3. 指数型高通滤波器

指数型高通滤波器（EHPF）的传递函数定义为：

$$H(u,v)=\mathrm{e}^{-[D_0/D(u,v)]^n} \tag{8-57}$$

式中，D_0 为截止频率，变量 n 控制着从原点算起的距离函数 $H(u,v)$ 的增长率。当 $D(u,v)=D_0$ 时，可采用下式：

$$H(u,v)=\mathrm{e}^{\ln(1/\sqrt{2})[D_0/D(u,v)]^n} \tag{8-58}$$

它使 $H(u,v)$ 在截止频率 D_0 时等于最大值的 $\frac{1}{\sqrt{2}}$。

4. 梯形高通滤波器

梯形高通滤波器（THPF）的传递函数定义为：

$$H(u,v)=\begin{cases}0, & D(u,v)<D_1\\ \dfrac{D(u,v)-D_1}{D_0-D_1} & D_1\leqslant D(u,v)\leqslant D_0\\ 1, & D(u,v)>D_0\end{cases} \tag{8-59}$$

式中，D_0 为截止频率，D_1 为 0 截止频率，频率低于 D_1 的频率全部衰减。通常了为实现方便，D_0 并不是在半径上来使 $H(u,v)$ 为最大值的 $\frac{1}{\sqrt{2}}$。条件是 D_1 可以是任意的，只要它小于 D_0，满足 $D_0>D_1$ 即可。

下面通过实例用上面介绍的高通滤波器方法对图像实现增强处理。

【例 8-20】用频域高通滤波法对图像进行增强。

```
>>clear all;
% 频域高通滤波法对图像进行增强
[I,map]=imread('lena.bmp');
noisy=imnoise(I,'gaussian',0.01);  %原图中加入高斯噪声
[M N]=size(I);
F=fft2(noisy);
fftshift(F);
Dcut=100;
D0=250;
D1=150;
for u=1:M
   for v=1:N
       D(u,v)=sqrt(u^2+v^2);
%巴特沃斯高通滤波器传递函数
BUTTERH(u,v)=1/(1+(sqrt(2)-1))*(Dcut/D(u,v))^2;
EXPOTH(u,v)=exp(log(1/sqrt(2))*(Dcut/D(u,v))^2); %指数高通滤波器传递函数
       if D(u,v)<D1 %梯形高通滤波器传递函数
          THFH(u,v)=0;
       elseif D(u,v)<=D0
          THPFH(u,v)=(D(u,v)-D1)/(D0-D1);
       else
          THPFH(u,v)=1;
       end
   end
end
BUTTERG=BUTTERH.*F;
BUTTERfiltered=ifft2(BUTTERG);
EXPOTG=EXPOTH.*F;
EXPOTfiltered=ifft2(EXPOTG);
THPFG=THPFH.*F;
THPFfiltered=ifft2(THPFG);
subplot(2,2,1),imshow(noisy)  %显示加入高斯噪声的图像
subplot(2,2,2),imshow(BUTTERfiltered) %显示经过巴特沃斯高通滤波器后的图像
```

```
subplot(2,2,3),imshow(EXPOTfiltered) %显示经过指数高通滤波器后的图像
subplot(2,2,4),imshow(THPFfiltered); %显示经过梯形高通滤波器后的图像
```

运行程序，效果如图 8-27 所示。

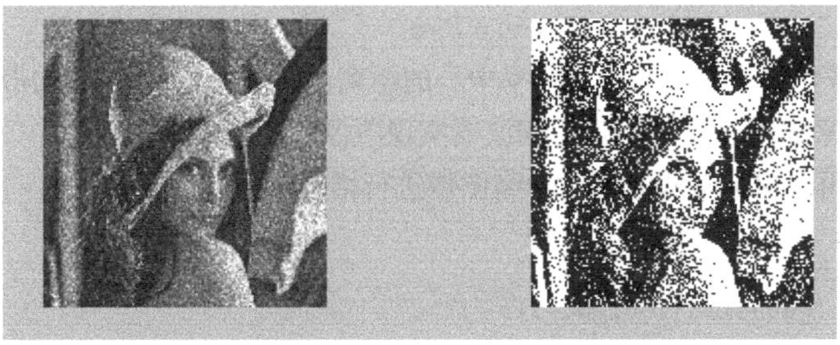

(a) 加入高斯噪声后的图像　　(b) 巴特沃斯高通滤波后的图像

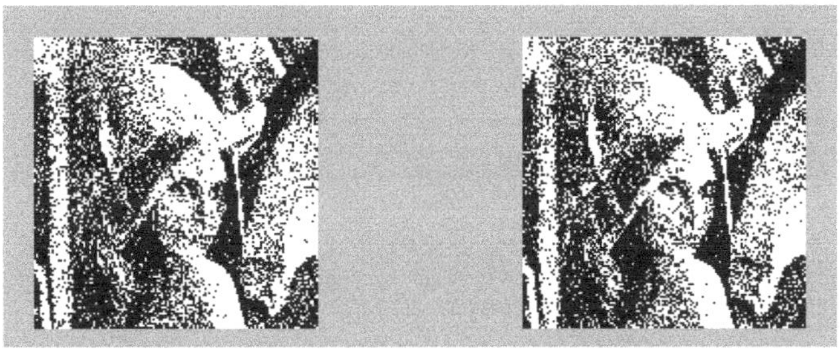

(c) 指数型高通滤波后的图像　　(d) 梯形高通滤波后的图像

图 8-27　频域高通滤波实现图像增强效果

8.8.3　带阻滤波

带阻滤波器是用来抑制距离频域中心一定距离的一个圆环区域的频率，可以用来消除一定频率范围的周期噪声。带阻滤波器包括理想带阻滤波器、巴特沃斯带阻滤波器和高斯带阻滤波器。

1. 理想带阻滤波器

带阻滤波器的公式为：

$$H(u,v)=\begin{cases}1, & D(u,v)<D_0-\dfrac{W}{2}\\ 0, & D_0-\dfrac{W}{2}\leqslant D(u,v)\leqslant D_0+\dfrac{W}{2}\\ 1, & D(u,v)>D_0+\dfrac{W}{2}\end{cases} \tag{8-60}$$

其中，D_0 为需要阻止的频率点与频率中心的距离，W 为带阻滤波器的带宽。

2. 巴特沃斯带阻滤波器

巴特沃斯带阻滤波器的公式为：

$$H(u,v)=\frac{1}{1+\left[\dfrac{D(u,v)W}{D^2(u,v)-D_0^2}\right]^{2n}} \tag{8-61}$$

其中，D_0 为需要阻止的频率点与频率中心的距离，W 为带阻滤波器的带宽，n 为巴特沃斯滤波器的阶数。

3. 高斯带阻滤波器

高斯带阻滤波器的公式为：

$$H(u,v)=1-\mathrm{e}^{\frac{1}{2}\left[\frac{D^2(u,v)-D_0^2}{D(u,v)W}\right]^2} \tag{8-62}$$

其中，D_0 为需要阻止的频率点与频率中心的距离，W 为带阻滤波器的带宽。

下面通过实例来演示怎样利用带阻滤波器实现图像的增强效果。

【例 8-21】利用理想带阻滤波器对含噪图像进行增强。

```
>> clear all;
I=imread('coins.png');
J=imnoise(I, 'gaussian', 0, 0.01);
J=im2double(J);
M=2*size(J,1);
N=2*size(J,2);
u=-M/2:(M/2-1);
v=-N/2:(N/2-1);
[U,V]=meshgrid(u, v);
D=sqrt(U.^2+V.^2);
D0=50;
W=30;
H=double(or(D<(D0-W/2), D>D0+W/2));
G=fftshift(fft2(J, size(H, 1), size(H, 2)));
K=G.*H;
L=ifft2(ifftshift(K));
L=L(1:size(J,1), 1:size(J, 2));
figure;
subplot(131);imshow(I);
xlabel('(a) 原始图像');
subplot(132);imshow(J);
xlabel('(b) 含高斯噪声的图像')
subplot(133);imshow(L);
xlabel('(c) 理想带阻滤波后的图像');
```

运行程序，效果如图 8-28 所示。

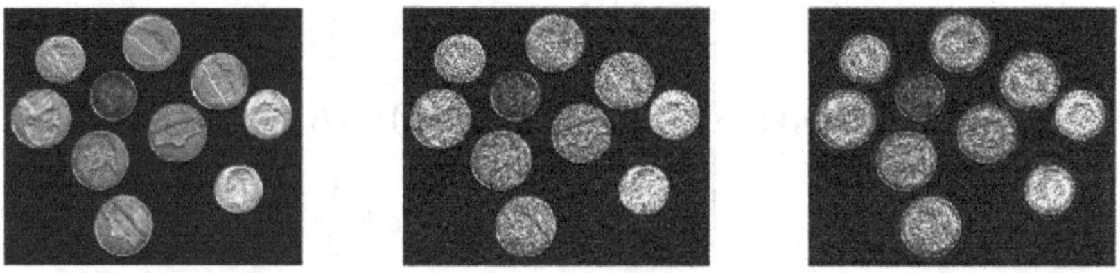

(a) 原始图像　　(b) 含高斯噪声的图像　　(c) 理想带阻滤波后的图像

图 8-28　理想带阻滤波器进行图像增强效果

8.8.4 同态滤波

一幅图像 $f(x,y)$ 能够用它的入射光分量和反射光分量来表示，其关系式如下：

$$f(x,y)=i(x,y)\cdot r(x,y) \tag{8-63}$$

另外，入射光分量 $i(x,y)$ 由照明源决定，即它和光源有关，通常用来表示慢的动态变化，可直接决定一幅图像中像素能达到的动态范围。而反射光分量 $r(x,y)$ 则是由物体本身特性决定的，它表示灰度的急剧变化部分，如两个不同物体的交界部分、边缘部分及线等。入射光分量同傅里叶平面上的低频分量相关，而反射光分量则同其高频分量相关。因为两个函数乘积的傅里叶变换是不可分的，所以式（8-63）不能直接用来对照明光和反射频率分量进行变换，即：

$$F[f(x,y)] \neq F[i(x,y) \cdot] F[r(x,y)] \quad (8\text{-}64)$$

如果令：

$$z(x,y) = \ln[f(x,y)] = \ln[i(x,y)] + \ln(r(x,y)) \quad (8\text{-}65)$$

再对式（8-65）取傅里叶变换，由此可得：

$$F\{z(x,y)\} = F\{\ln[f(x,y)]\} = F\{\ln[i(x,y)]\} + F\{\ln[r(x,y)]\} \quad (8\text{-}66)$$

$$Z(u,v) = I(u,v) + R(u,v) \quad (8\text{-}67)$$

式中，$I(u,v)$ 和 $R(u,v)$ 分别为 $\ln[i(x,y)]$ 和 $\ln[r(x,y)]$ 的傅里叶变换。如果选用一个滤波函数 $H(u,v)$ 来处理 $Z(u,v)$，则有：

$$\begin{aligned} S(u,v) &= Z(u,v)H(u,v) \\ &= I(u,v)H(u,v) + R(u,v)H(u,v) \end{aligned} \quad (8\text{-}68)$$

式中，$S(u,v)$ 为滤波后的傅里叶变换。它的反变换为：

$$\begin{aligned} s(x,y) &= F^{-1}\{S(u,v)\} \\ &= F^{-1}[I(u,v)H(u,v)] + F^{-1}[R(u,v)H(u,v)] \end{aligned} \quad (8\text{-}69)$$

如果令：

$$i'(x,y) = F^{-1}[I(u,v)H(u,v)] \quad (8\text{-}70)$$

$$r'(x,y) = F^{-1}[R(u,v)H(u,v)] \quad (8\text{-}71)$$

则式（8-66）可表示为：

$$s(x,y) = i'(x,y) + r'(x,y) \quad (8\text{-}72)$$

式中，$i'(x,y)$ 和 $r'(x,y)$ 分别是入射光和反射光取对数，又用 $H(u,v)$ 滤波后的傅里叶反变换值，$Z(x,y)$ 是原始图像 $f(x,y)$ 取对数而形成的。为了得到所要求的增强图像 $g(x,y)$，必须进行反运算，即：

$$\begin{aligned} g(x,y) &= \exp\{s(x,y)\} = \exp\{i'(x,y) + r'(x,y)\} \\ &= \exp\{i'(x,y)\} \cdot \exp\{r'(x,y)\} \\ &= i_0(x,y) \cdot r_0(x,y) \end{aligned} \quad (8\text{-}73)$$

$$\begin{aligned} i_0(x,y) &= \exp\{i'(x,y)\} \\ r_0(x,y) &= \exp\{r'(x,y)\} \end{aligned} \quad (8\text{-}74)$$

式中，$i_0(x,y)$ 和 $r_0(x,y)$ 分别为输出图像的照明光和反射光分量。

图像增强方法如图 8-29 所示。此方法要用同一个滤波器来实现对入射分量和反射分量的理想控制，其关键是选择合适的 $H(u,v)$。因 $H(u,v)$ 要对图像中的低频和高频分量有不同的影响，因此，把它称为同态滤波。如果 $G(u,v)$ 的特性如图 8-30 所示，$r_L < 1$，$r_H > 1$，则此滤波器将减少低频和增强高频，它的结果是同时使灰度动态范围压缩和对比度增强。

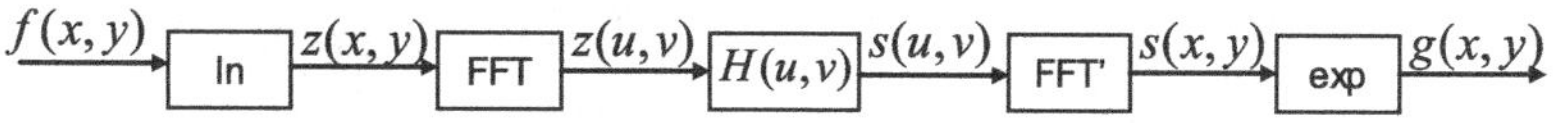

图 8-29 同态滤波器图像增强的方法

值得指出的是：在傅里叶变换平面上用增强高频成分突出边缘和线的同时，也降低了低频成分，从而使平滑的灰度变化区域出现模糊，使平滑的灰度变化区基本上相同。因此，为了保存低频分量，通常在高通滤波器上加一个常量，但这样做又会增加高频成分，结果也不佳。这时，经常用后滤波处理来补偿它，就是在高频处理之后，对一幅图像再进行直方图平坦化，使灰度值重新分配。这样处理的结果，会使图像得到很大的改善。

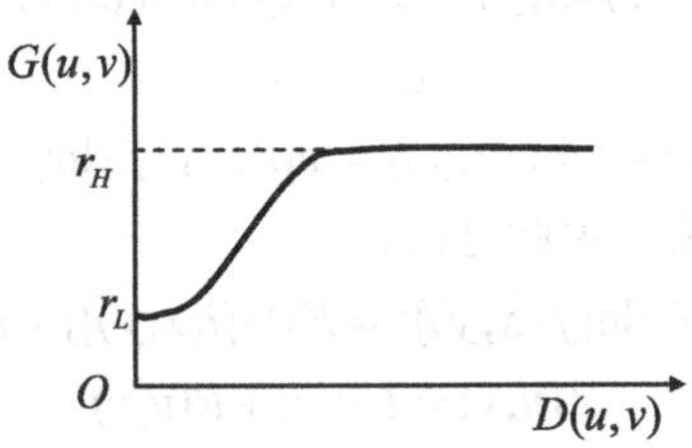

图 8-30　同态滤波器滤波函数的剖面

【例 8-22】利用同态滤波器的方法实现图像的增强效果。

```
>>clear all;
J=imread('eight.tif');
figure;
subplot(121);imshow(J);
J=double(J);
f=fft2(J);  %采用傅里叶变换
g=fftshift(f);  %数据矩阵平衡
[m,n]=size(f);
d0=10;
r1=0.5;
rh=2;
c=4;
n1=floor(m/2);
n2=floor(n/2);
for i=1:m;
    for j=1:n
        d=sqrt((i-n1)^2+(j-n2)^2);
        h=(rh-r1)*(1-exp(-c*(d.^2/d0.^2)))+r1;
        g(i,j)=h*g(i,j);
    end
end
g=ifftshift(g);
g=uint8(real(ifft2(g)));
subplot(122);imshow(g);
```

运行程序，效果如图 8-31 所示。

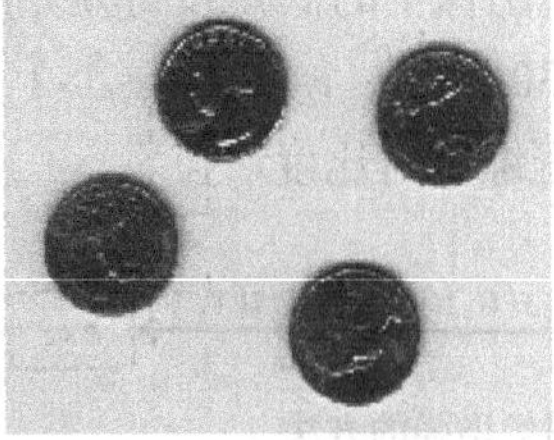

(a) 原始图像

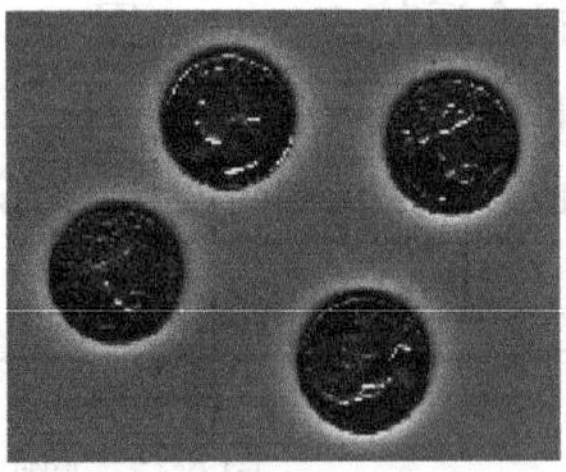

(b) H1=0.5 和 H2=2.0 的同态滤波结果

图 8-31　同态滤波增强效果

8.9 伪色彩增强

图像伪彩色是指将黑白图像转化为彩色图像，或者是将单色图像变换成给定彩色分布的图像。人对图像灰度分辨能力比较低，只能分辨出几十级，而对彩色的辨别能力却非常强，可以分辨出上千种颜色。因此，为了更有效地提取图像信息，图像增强伪色彩处理把单色（黑白）图像的不同灰度级按照线性或非线性映射函数变换成不同的彩色。

8.9.1 密度分割法

密度分割法或密度分层是伪彩色增强中最简单的一种方法，它对图像亮度范围进行分割，使一定亮度间隔对应于某一类地物或几类地物，从而有利于图像的增强和分类。它把黑白图像的灰度级从 0（黑）到 M0（白）分成 N 个区间 $L_i,(i=1,2,\cdots,N)$，给每个区间 L_i 指定一种彩色 C_i，这样即可把一幅灰度图像变成一幅伪彩色图像。这种方法简单直接，缺点是使变换出的彩色数目有限。

【例 8-23】对图像利用密度分割法进行伪彩色增强。

```
>> clear all;
a=imread('eight.tif');
subplot(121);imshow(a);
xlabel('(a)原始图像');
c=zeros(size(a));
pos=find(a<20);
c(pos)=a(pos);
b(:,:,3)=c;
c=zeros(size(a));
pos=find((a>20)&(a<40));
c(pos)=a(pos);
b(:,:,2)=c;
c=zeros(size(a));
pos=find(a>=40);
c(pos)=a(pos);
b(:,:,1)=c;
b=uint8(b);
subplot(122);imshow(b);
xlabel('(b)密度分割')
```

运行程序，效果如图 8-32 所示。

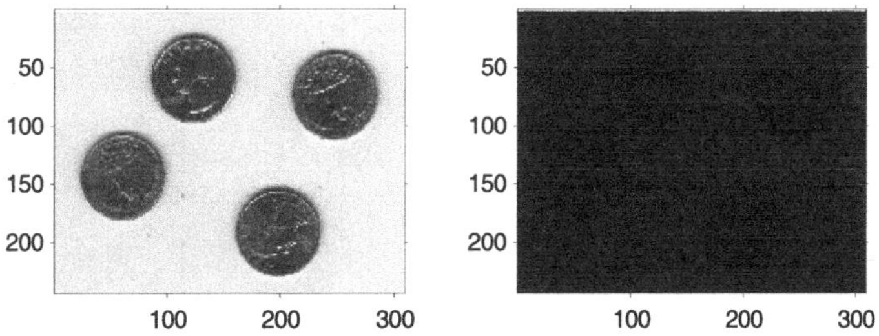

(a) 原始图像　　(b) 密度分割

图 8-32 密度分割法伪彩色增强

由图 8-32 可看出，灰度图像变为一幅以红色为主的伪彩色图像。由于变换出的彩色数目有限，伪彩色增强的效果一般。

8.9.2 彩色变换法

密度分割法实质上是通过一个分段线性函数实现从灰度到彩色的变换的，每个像素只经过一个变换对应到某一种颜色。与密度分割不同，空间域灰度级-彩色变换是一种更为常用、更为有效的伪彩色增强法。其根据色度学的原理，将原图像 $f(x,y)$的灰度分段经过红、绿、蓝三个独立变换$T_R()$、$T_G()$和$T_B()$，变成红、绿和蓝三种基色分量 $R(x, y)$、$G(x, y)$和 $B(x, y)$，然后用它们分别去控制彩色显示器的红、绿、蓝，即可以在彩色显示器的屏幕上合成一幅彩色图像。三个变换是独立的，彩色的含量由变换函数$T_R()$、$T_G()$和$T_B()$的形状而定。但是，在实际应用中这三个变换函数一般取同一类函数，例如，可以取带绝对值的正弦函数，也可以取线性变换函数。典型的变换函数如图 8-33 所示，灰度值范围为[0,L]，每个变换取不同的分割线性函数。

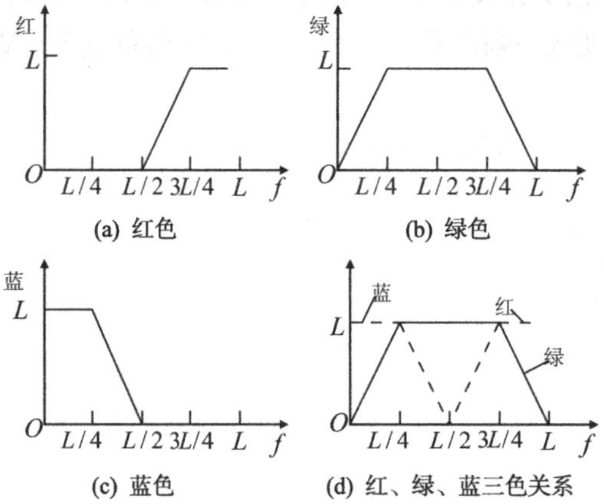

图 8-33 典型的变换函数

【例 8-24】灰度变换法伪彩色处理。

```
>>clear all;
I=imread('saturn.png');
I=rgb2gray(I);
subplot(131);imshow(I);
xlabel('(a)原始图像');
[m,n]=size(I);
L=255;                    %后续减 1
R=zeros(m,n);
G=zeros(m,n);
B=zeros(m,n);
for i=1:m
    for j=1:n
        if I(i,j)<(L)/4
            R(i,j)=1;
            G(i,j)=4*I(i,j);
            B(i,j)=L;
        else
            if I(i,j)<=L/2
                R(i,j)=1;
                G(i,j)=L;
```

```
                B(i,j)=-4*I(i,j)+2*L;
            else
                if I(i,j)<=3*L/4;
                    R(i,j)=4*I(i,j)-2*L;
                    G(i,j)=L;
                    B(i,j)=1;
                else
                    R(i,j)=L;
                    G(i,j)=-4*I(i,j)+4*L;
                    B(i,j)=1;
                end
            end
        end
    end
end
%亮度值最大值转换为 255
R=R-1;
G=G-1;
B=B-1;
Im=cat(3,R,G,B);
subplot(132);imshow(uint8(Im));
xlabel('(c)亮度值转换')
%把灰度图像 I 分成 8 层
I=double(I);
J=floor(I/32);
%对图像数组进行等分层处理
R=floor(J/4);
G=rem(floor(J/2),2);
B=rem(J,2);
%灰度与彩色变换关系
Im=cat(3,R,G,B);
%组成 m×n×3 图像数组
subplot(133);imshow(Im)
xlabel('(c)灰度与彩色变换')
```

运行程序，效果如图 8-34 所示。

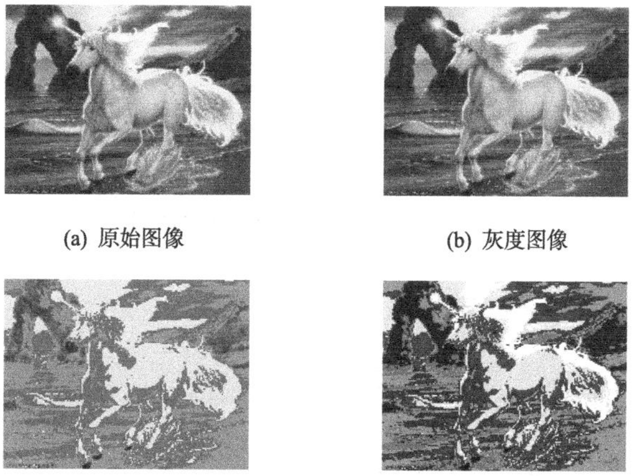

(a) 原始图像　　(b) 灰度图像

(c) 亮度值转换　　(d) 灰度与彩色变换

图 8-34　变换法为彩色处理

8.9.3 频域伪彩色处理法

在频域伪彩色增强时，先把灰度图像 $f(x,y)$中的不同频率成分经 FFT 傅里叶变换到频率域。在频率域内，经过三个不同传递特性的滤波器，$f(x,y)$被分离成三个独立分量，然后对它们进行 IFFT 逆傅里叶变换，便得到三幅代表不同频率分量的单色图像。接着对这三幅图像做进一步的附加处理（如直方图均衡化等），最后将它们作为三基色分别加到彩色显示器的红、绿、蓝显示通道，从而实现频率域分段的伪彩色增强。频率域滤波的伪彩色增强处理原理框图如图 8-35 所示。

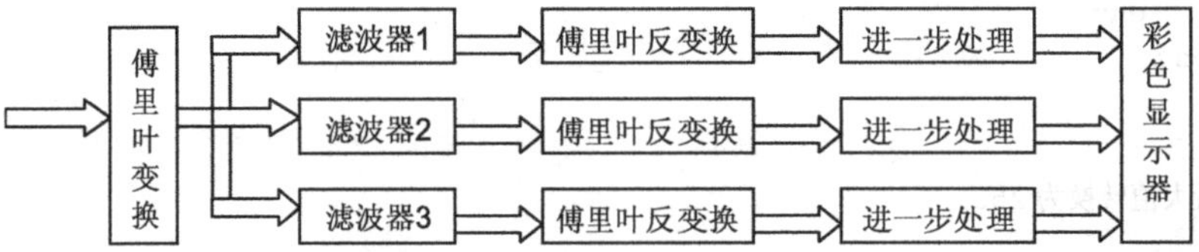

图 8-35　频率域伪彩色增强原理图

在频域的滤波可借助前面介绍的各种频域滤波器的知识，根据需要来实现图像中的不同频率成分加以彩色增强。灰度图像通过频域滤波器能够抽取不同的频率信息，各频率成分被编成不同的彩色。典型的处理方法是采用低通、带通和高通三种滤波器，把图像分成低频、中频和高频三个频域分量，然后分别给予不同的三基色，从而得到对频率敏感的伪彩色图像。

【例 8-25】采用频域伪彩色对图像进行增强处理。

```
>> clear all;
I=imread('CAT.jpg');
subplot(1,2,1);imshow(I);
xlabel('(a)原始图像');
[M,N]=size(I);
f=fft2(I);
F=fftshift(f);
re=100;
gr=200;
be=150;
bw=100;
bu=10;
bv=10;
for u=1:M
    for v=1:N
       D(u,v)=sqrt(u^2+v^2);
       redh(u,v)=1/(1+(sqrt(2)-1)*(D(u,v)/re)^2);
       greenh(u,v)=1/(1+(sqrt(2)-1)*(gr/D(u,v))^2);
       blued(u,v)=sqrt((u-bu)^2+(v-bv)^2);
       blueh(u,v)=1-1/(1+blued(u,v)*bw/((blued(u,v))^2-(be)^2)^2);
    end
end
Red=redh.*F;
rc=ifft2(Red);
Green= greenh.*F;
grc=ifft2(Green);
Blue=blued.*F;
blc=ifft2(Blue);
rc=real(rc)/256;
grc=real(grc)/256;
blc=real(blc)/256;
```

```
for i=1:M
    for j=1:N
        out(i,j,1)=rc(i,j);
        out(i,j,2)=grc(i,j);
        out(i,j,3)=blc(i,j);
    end
end
out=abs(out);
subplot(1,2,2);imshow(out);
xlabel('(b)频域伪色处理')
```

运行程序，效果如图 8-36 所示。

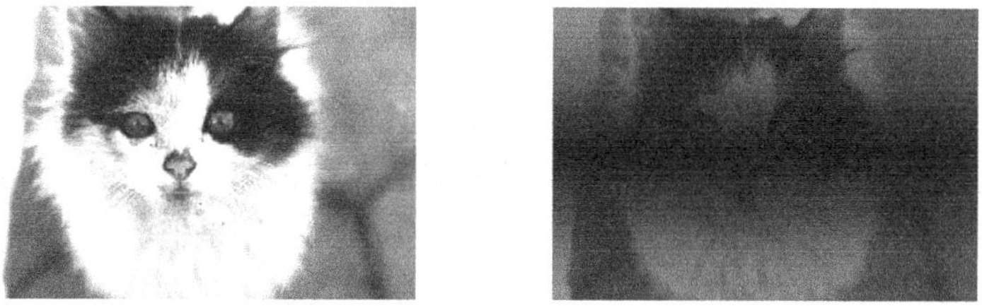

(a) 原始图像　　(b) 频域伪色处理

图 8-36　频域伪彩色增强效果

小　结

图像增强是数字图像处理的基本技术，其目的是增强突出图像中的一部分重点关注的信息，而同时抑制另一部分暂时不太关注的信息。用于图像增强技术的大多数都是基于数学和统计学概念，而且根据不同的用途，它们是严格的面向问题的，因此图像增强的定义正确与否是高度主观化的。

噪声是图像中的非本源信息，从而，噪声会影响人的感官对所接收的信源信息的准确理解。本章从图像噪声的产生入手，先展开介绍由于噪声类型不同，从而产生不同的程序，影响图像质量，最后针对不同噪声对图像的影响介绍图像增强的处理方法。

习　题

8-1　图像增强技术能增加原始图像的信息吗？为什么？

8-2　图像噪声按其产生的原因可以分为几种类型？

8-3　什么是灰度直方图？如何计算？如何用 MATLAB 编程实现直方图均衡化？

8-4　在图像增强技术中，常用的空域灰度变换包括哪几种？

8-5　什么是图像平滑？空间域图像平滑的方法有哪些？针对高斯噪声、椒盐噪声和乘法性噪声，进行图像平滑方法的比较。在 MATLAB 环境中如何编程实现对图像进行去噪处理？

8-6　什么是中值滤波，中值滤波的特点是什么？它主要用于消除什么类型的噪声？

8-7　什么是同态滤波？简述其基本原理。

8-8　什么是带阻滤波？利用带阻滤波对一幅带噪灰度图像实现增强处理。

8-9　简述空域平滑滤波器和锐化滤波器的相同点、不同点及它们之间的联系。

第 9 章 图像分割与边缘检测

计算机图像处理技术的发展，使得人们可以通过计算机来获取及处理图像信息。现在，图像处理技术已成功地应用在许多领域，其中，纸币识别、车牌识别、文字识别、指纹识别等已为大家所熟悉。如图 9-1 所示，图像识别的基础是图像分割，其作用是把反映物体真实情况的、占据不同区域的、具有不同特性的目标区分开来，并形成数字特征。图像分割是图像识别和图像理解的基本前提步骤，图像分割质量的好坏直接影响后续图像处理的效果，甚至决定其成败，因此，图像分割的作用是至关重要的。

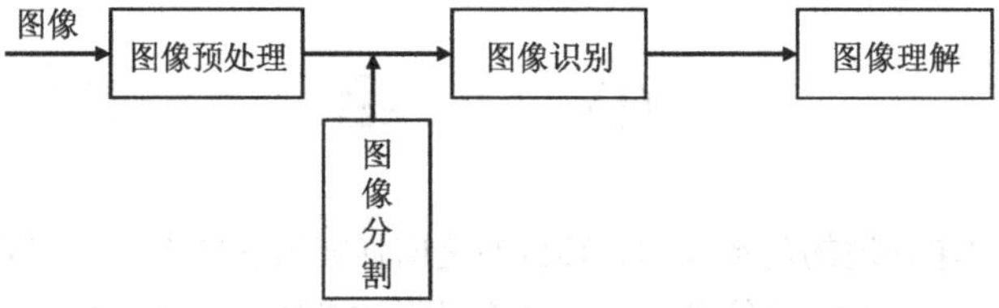

图 9-1　图像分割在整个图像处理过程中的作用

图像分割是指将一幅图像分解为若干互不交叠的、有意义的、具有相同性质的区域。好的图像分割应具备以下特征。

（1）分割出来的各区域对某种特质（如灰度、纹理）而言具有相似性，区域内部是连通的且没有过多小孔。

（2）相邻区域对分割所依据的性质有明显的差异。

（3）区域边界是明确的。

大多数图像分割方法只是部分满足上述特征。如果强调分割区域的同性约束，则分割区域很容易产生大量小孔和不规整边缘；若强调不同区域间性质差异的显著性，则易造成不同质区域的合并。具体处理时，不同的图像分割方法总是在各种约束条件之间寻找一种合理的平衡。

图像分割更形式化的定义如下：令 I 表示图像，H 表示具相同性质的谓词，图像分割把 I 分解成 n 个区域 $R_i, i=1,2,\cdots,n$，满足：

（1）$\bigcup_{i=1}^{N} R_i = I, R_i \cap R_j = \varnothing$，$\forall i,j$，$i \neq j$

（2）$\forall i$，$i=1,2,\cdots,n$，$H(R_i) = \text{True}$

（3）$\forall i,j$，$i \neq j$，$H(R_i \cap R_j) = \text{False}$

条件（1）表明分割区域要覆盖整个图像且各区域互不重叠，条件（2）表明每一个区域都具有相同的性质，条件（3）表明相邻的两个区域性质相异不能合并为一个区域。

实际的图像处理和分析都是面向某种具体应用的，所以上述条件中的各种关系也要视具体情况而定。目前，还没有一种通用的方法可以很好地兼顾这些约束条件，也没有一种通用的方法可以完成不同的图像分割任务。原因在于实际的图像是千差万别的，还有一个重要原因在于图像数据质量下降，包括图像在获取和传输过程中引入的种种噪声以及光照不均等因素。到目前为止，对图像分割的好坏进行评价还没有统一的准则。因此，图像分割是图像分析和计算机视觉中的经典难题。至今，提出的分割算法已有上千种，每年还有不少新算法出现。这些算法的实现方式各不相同，然而大都基于图像在像素级的两个性质：不连续性和相似性。属于同一目标的区域一般具有相似性，而不同的区域在边界表现出不连续性。

9.1　点与线检测

本节讨论在数学图像中检测亮度不连续的三种基本类型：点、线和边缘，对于 3×3 的模板来说，该过程包括计算系数与模板覆盖区域包含的亮度的乘积之和。图 9-2 中的模板在任何一点的响应 R 由下式给出。

$$R = w_1 z_1 + w_2 z_2 + \cdots + w_9 z_9 = \sum_{i=1}^{9} w_i z_i$$

其中，z_i 是与模板系数 w_i 相关的像素的亮度。

9.1.1　点检测

嵌在一幅图像的恒定区域或亮度几乎不变的区域里的孤立点的检测，在后果上都是比较简单的。

-1	-1	-1
-1	8	-1
-1	-1	-1

图 9-2　点检测模板

使用图 9-2 中的模板，如果在模板中心位置 $|R| \geqslant T$，就说明孤立的点已经被检测出来了。

其中，T 为非负的阈值。这种检测点的方法可使用 MATLAB 提供的 imfilter 函数实现，并用图 9-2 中的模板来实现。重要的要求是当模板中心是孤立点时，模板的响应最强，而在恒定亮度区域中，响应为零。

如果 T 已给出，则执行点检测的语句为：

```
>>g=abs(imfilter(tofloat(f),w))>T;
```

其中，f 为输入图像，w 是适合点检测的模板，也就是图 9-2 中的模板，g 是包含检测点的图像。其中，imfilter 把输出转换为输入所属的类，如果输入是整数类，并且 abs 操作不接受整数数据，那么在滤波操作中用 tofloat(f)来防止对数值的过早截取。输出图像 g 是 logical 类，值是 0 和 1。如果 T 值没有给出，那么通常基于滤波结果来选取。在那种情况下，先前的一串指令分成三个基本步骤。

① 计算滤波后的图像 abs(imfilter(tofloat(f),w))。

② 从滤波后的图像的数据中找出 T 的值。

③ 把滤波后的图像与 T 做比较。

【例 9-1】实现图像的点检测。

图 9-3（a）显示了一幅图像 f，利用下列程序检测图像中不可见的黑点。

```
>> clear all;
```

```
f=imread('saturn.png');
f=im2bw(f,0.4);                    %将灰度图像转换为二值图像
w=[-1 -1 -1;-1 8 -1;-1 -1 -1];
g=abs(imfilter(tofloat(f),w));
T=max(g(:));
g=g>=T;
figure;
subplot(121);imshow(f);
xlabel('(a) 几乎不可见的孤立黑点');
subplot(122);imshow(g);
xlabel('(b) 已检测到点的图像');
```

运行程序，效果如图 9-3 所示。

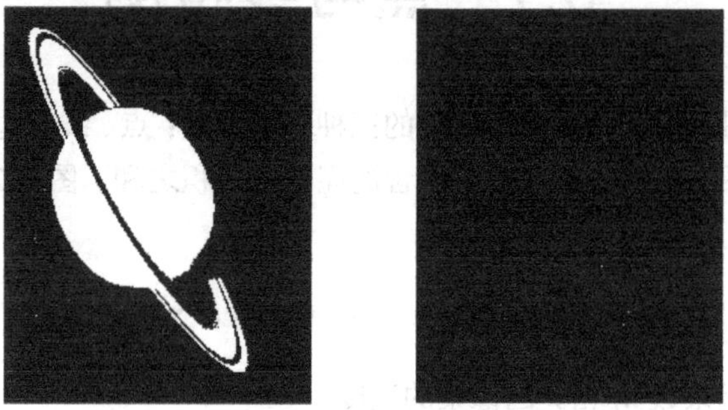

(a) 几乎不可见的孤立黑点　　(b) 已检测到点的图像

图 9-3　图像的点检测

在程序中，调用到自定义编写的 tofloat.m 函数，用于实现将整数型转换为浮点型。源代码为：

```
function [out, revertclass] = tofloat(in)
identity = @(x) x;
tosingle = @im2single;
table = {'uint8',   tosingle, @im2uint8
   'uint16',  tosingle, @im2uint16
   'int16',   tosingle, @im2int16
   'logical', tosingle, @logical
   'double',  identity, identity
   'single',  identity, identity};
classIndex = find(strcmp(class(in), table(:, 1)));
if isempty(classIndex)
   error('Unsupported input image class.');
end
out = table{classIndex, 2}(in);
revertclass = table{classIndex, 3};
```

程序中，在滤波后的图像 g 中选择最大值作为 T 值。然后在 g 中寻找所有的 g≥T。假设所有的点是孤立地镶嵌在恒定或是近似恒定的背景上。可识别能给出最大响应的点。因为在选择 g 中的最大值作为 T 值的情况下，在 g 中不存在比 T 值大的点。使用≥算子（代替=）定义一致性。如图 9-3（b）所示，其中有几个孤立点，该几点使用 T 值置为 max(g(:))且满足 g≥T 的条件。

点检测的另一种方法是在大小为 m×n 的所有邻点中寻找一些点，最大值和最小值的差超出了 T 的值。可利用前面介绍的 ordfilt2 函数来完成，代码为：

```
g=ordfilt2(f,m*n,ones(m,n))-ordfilt2(f,1,ones(m,n));
g=g>=T;
```

9.1.2　线检测

更复杂一点的是线检测。如图 9-4 所示的模板在图像上移动，就会对水平线（一个像素宽）的响应更强烈。对于恒定的背景，当线通过模板的中间一行时可能产生更大的响应。同样，图 9-4 中的第 2 个模板对+45° 线响应最好，第 3 个模板对垂直线响应最好，第 4 个模板对-45° 线响应最好。注意，每个模板的优先方向都用比其他可能方向要大的系数加权。每个模板的系数之和为 0，这表明在恒定亮度区域中，模板的响应为 0。

令 R_1、R_2、R_3 和 R_4 代表图 9-4 中模板的响应，从左到右。假定这 4 个模板分别用于图像，如果在图像的中心点，满足 $|R_i| > |R_j|, j \neq i$，就说那个点与模板 i 方向的线更相关。如果对图像中所有由给定模板定义的方向的线感兴趣，可以简单地通过图像运行这些模板，并对结果的绝对值取阈值，留下来的点便是响应最强烈的那些点，这些点与模板定义的方向最接近，并且线只有一个像素宽。

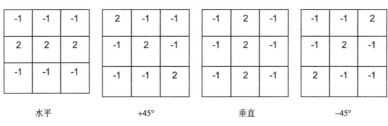

-1	-1	-1
2	2	2
-1	-1	-1

水平

2	-1	-1
-1	2	-1
-1	-1	2

+45°

-1	2	-1
-1	2	-1
-1	2	-1

垂直

-1	-1	2
-1	2	-1
2	-1	-1

–45°

图 9-4　线检测模板

【例 9-2】检测指定方向的线。

图 9-5（a）显示了一幅数字化（二值化）的电子线路模板的一部分。假如要寻找所有的一个像素宽的+45° 线。为了这一目的，使用图 9-4 中的第 2 个模板。

```
>> clear all;
f=imread('board.tif');
f=im2bw(f);                 %将灰度图像转换为二值图像
w=[-2 -1 -1;-1 2 -1;-1 -1 2];
g=imfilter(tofloat(f),w);
figure;
subplot(231);imshow(f);
xlabel('(a)原始图像')
subplot(232);imshow(g,[]);
xlabel('(b)+45° 线处理效果')
gtop=g(1:120,1:120);   %左侧部分
gtop=pixeldup(gtop,4);
subplot(233);imshow(gtop,[]);
xlabel('(c)b 图左上角放大效果')
gbot=g(end-119:end,end-119:end);
gbot=pixeldup(gbot,4);
subplot(234);imshow(gbot,[]);
xlabel('(d)b 图右下角放大效果')
g=abs(g);
subplot(235);imshow(g,[]);
xlabel('(e)b 图绝对值图')
T=max(g(:));
g=g>=T;
subplot(236);imshow(g);
```

```
xlabel('(f)所有的点，满足 g>=T')
```

运行程序，效果如图 9-5 所示。

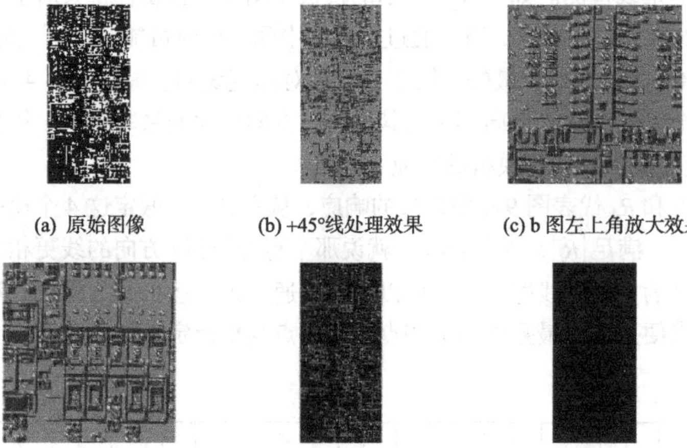

(a) 原始图像　(b) +45°线处理效果　(c) b 图左上角放大效果

(d) b 图右下角放大效果　(e) b 图绝对值图　(f) 所有的点，满足 g>=T

图 9-5　线检测图

在程序中，调用到自定义编写的 pixeldup.m 函数，源代码为：

```
function B = pixeldup(A, m, n)
%pixeldup 函数是将图像扩大 m×n 倍，通过复制每个像素点 m×n 次
if nargin < 2
   error('At least two inputs are required.');
end
if nargin == 2
   n = m;
end
% 产生与元素的向量 1:size(A, 1).
u = 1:size(A, 1);
% 复制向量中每个元素 n 次
m = round(m);
u = u(ones(1, m), :);
u = u(:);
%重复另一个方向
v = 1:size(A, 2);
n = round(n);
v = v(ones(1, n), :);
v = v(:);
B = A(u, v);
```

在图 9-5（b）中，比灰度背景暗一点的阴影与负值相对应。在+45° 方向上有两个主要线段，一个在左上方，另一个在右下方，图 9-5（c）和（d）显示了这两个区域的放大的片段。

注意

在图 9-5（d）中，直线部分比图 9-5（c）中的线段要亮得多。图 9-5（e）显示了图 9-5（b）的绝对值。因为我们对最强的响应感兴趣，所以令 T 等于图像中的最大值。图 9-5（f）以白色显示了满足条件 g≥T 的点，其中的 g 是图 9-5（e）中的图像。图中的孤立点也是对模板同样响应强烈的点。在原始图像中，这些点以及它们紧邻的点都是以这样的方法进行导向的。在那些孤立的位置，模板将产生最大响应。这些孤立的点可以由图 9-2 中的模板来检测。

9.2　边缘检测

边缘检测在图像处理与计算机视觉中占有特殊的位置，它是底层视觉处理中最重要的环节之一，也是实现基于边界的图像分割的基础。在图像中，边界表明一个特征区域的终结和另一个特征区域的开始，边界所分开区域的内部特征或属性是一致的，而不同区域内部的特征或属性是不同的，边缘的检测正是利用物体和背景在某种图像特性上的差异来实现的。这种差异包括灰度、颜色或者纹理特征。边缘检测实际上就是检测图像特性发生变化的位置。

本节所涉及的区域特征主要是指灰度，其他的区域特征如纹理等可通过变换生成新的特征值作为相应像素的新的“幅值”，这些幅值在某些处理中可理解为或称为“灰度”。图像灰度的不连续可分为：阶跃不连续，图像灰度在不连续处两边有显著差异；线条不连续，图像灰度突然从一个值变化到另一个值，保持一较小行程后又回到原来的值。

为了提取区域边界，可以对图像直接运用一阶微商算子或二阶微商算子，然后根据各像点处的微商幅值或其他附加条件判定其是否为边界点。如果图像中含有较强噪声，直接进行微商运算将会出现许多虚假边界点。因此，可以先采用曲面拟合方法用一种曲面函数拟合数字图像中要检测点的领域各像素的灰度，然后再对拟合曲面运用微商算子；或用一个阶跃曲面拟合数字图像，根据其阶跃幅值判断其是否为边界点；还可以先用一个函数与图像卷积平滑噪声，然后再对卷积结果运用微商方法提取边界点集。用于平滑噪声的函数通常称为平噪或平滑函数。Canny 提出了评价边界检测算法性能优良的三个指标：高的信噪比，精确的定位性能，对单一边界响应是唯一的。上述的微商思想、平滑思想、准则函数确定边界提取器思想等基本技术的不同“组合”便产生了不同边界提取算法。

由于噪声和模糊的存在，检测到的边界可能会变宽或在某些点处发生间断。边缘检测包括两个基本内容：首先抽取出反映灰度变化的边缘点，然后剔除某些边界点或填补边界间断点，并将这些边缘连接成完整的线。

9.2.1　边缘检测算子

函数导数反映图像灰度变化的显著程度，一阶导数的局部极大值和二阶导数的过零点都是图像灰度变化极大的地方。因此可将这些导数值作为相应点的边界强度，通过设置门限的方法，提取边界点集。

1. 基于一阶导数的边缘检测

梯度是图像对应二维函数的一阶导数：

$$G(x,y)=\begin{bmatrix}G_x\\G_y\end{bmatrix}=\begin{bmatrix}\dfrac{\partial f}{\partial x}\\\dfrac{\partial f}{\partial y}\end{bmatrix} \tag{9-1}$$

可以用以下三种范数衡量梯度的幅值：

$$|G(x,y)|=\sqrt{G_x^2+G_y^2},\quad 2\text{范数梯度} \tag{9-2}$$

$$|G(x,y)|=|G_x|+|G_y|,\quad 1\text{范数梯度} \tag{9-3}$$

$$|G(x,y)| \approx \max(|G_x|, |G_y|), \quad \infty\text{范数梯度} \tag{9-4}$$

梯度方向为函数最大变化率方向：

$$a(x,y) = \arctan(G_y / G_x) \tag{9-5}$$

常用的边缘检测算子有 Roberts 算子、Sobel 算子、Prewitt 算子、LOG 算子和 Canny 算子，由于图像由离散的像素点组成，这些算子将用差分近似偏导数。以下分别进行介绍。

（1）Roberts 交叉算子

Roberts 算子是一种利用局部差分算子寻找边缘的算子，两个卷积核分别为 $G_x = \begin{bmatrix} 1 & 0 \\ 0 & -1 \end{bmatrix}$，$G_y = \begin{bmatrix} 0 & 1 \\ -1 & 0 \end{bmatrix}$，采用 1 范数衡量梯度的幅度：$|G(x,y)| = |G_x| + |G_y|$。Roberts 算子对具有陡峭的低噪声的图像效果较好。

（2）Sobel 算子

Sobel 算子的两个卷积计算核分别为 $G_x = \begin{bmatrix} -1 & 0 & 1 \\ -2 & 0 & 2 \\ -1 & 0 & 1 \end{bmatrix}$ 和 $G_y = \begin{bmatrix} 1 & 2 & 1 \\ 0 & 0 & 0 \\ -1 & -2 & -1 \end{bmatrix}$，采用范数衡量梯度的幅度 $|G(x,y)| \approx \max(|G_x|, |G_y|)$。Sobel 算子对灰度渐变和噪声较多的图像处理得较好。

（3）Prewitt 算子

Prewitt 算子的两个卷积计算核分别为 $G_x = \begin{bmatrix} -1 & 0 & 1 \\ -1 & 0 & 1 \\ -1 & 0 & 1 \end{bmatrix}$ 和 $G_y = \begin{bmatrix} -1 & 1 & 1 \\ 0 & 0 & 0 \\ -1 & -1 & -1 \end{bmatrix}$，与 Sobel 算子一样，采用∞范数作为输出。Prewitt 算子对灰度渐变和噪声较多的图像处理得较好。

（4）Canny 算子

Canny 算子的梯度是用高斯滤波器的导数计算的，检测边缘的方法是寻找图像梯度的局部极大值。Canny 方法使用两个阈值来分别检测强边缘和弱边缘，而且仅当弱边缘与强边缘相连时，弱边缘才会包含在输出中。因此此方法不容易受噪声的干扰，能够检测到弱边缘。但 Canny 算子检测的边界连续性不如后面要介绍的 LOG 算子。

Canny 算法步骤如下。

① 用高斯滤波器平滑图像。

② 计算滤波后图像梯度的幅值和方向。

③ 对梯度幅值应用非极大值抑制，其过程为找出图像梯度中的局部极大值点，把其他非局部极大值点置零以得到细化的边缘。

④ 用双阈值算法检测和连续边缘，使用两个阈值 $T1$ 和 $T2$（$T1 > T2$），$T1$ 用来找到每条线段，$T2$ 用来在这些线段的两个方向上延伸寻找边缘的断裂处，并连接这些边缘。

（5）零交叉方法

零交叉方法先用指定的滤波器对图像进行滤波，然后寻找零交叉点作为边缘。

2. 基于二阶导数的边缘检测

图像灰度二阶导数的过零点对应边缘点，如图 9-6 所示。

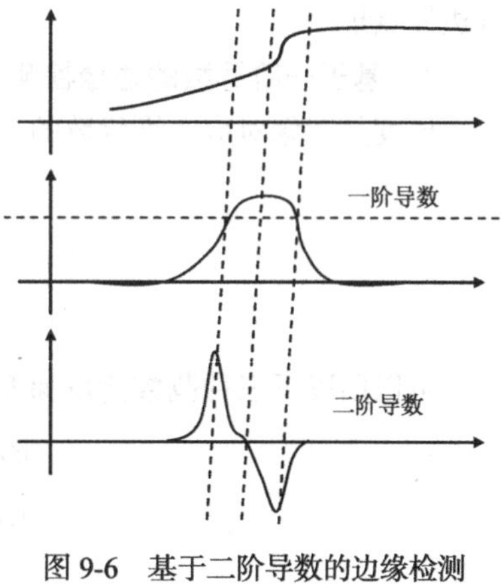

图 9-6　基于二阶导数的边缘检测

（1）拉普拉斯（Laplacian）算子

拉普拉斯算子是二阶导数的二维等效式，即

$$\nabla^2 f = \frac{\partial^2 f}{\partial x^2} + \frac{\partial^2 f}{\partial y^2} \tag{9-6}$$

$$\begin{aligned}\frac{\partial^2 f}{\partial x^2} &= \frac{\partial G_x}{\partial x} = \frac{\partial[f(i,j+1) - f(i,j)]}{\partial x} \\ &= \frac{\partial f(i,j+1)}{\partial x} - \frac{\partial f(i,j)}{\partial x} = [f(i,j+1) - 2f(i,j)] + f(i,j-1)\end{aligned} \tag{9-7}$$

$$\frac{\partial^2 f}{\partial y^2} = [f(i+1,j) - 2f(i,j)] + f(i-1,j) \tag{9-8}$$

表示为卷积模板：

$$\nabla^2 = \begin{bmatrix} 0 & 1 & 0 \\ 1 & -4 & 1 \\ 0 & 1 & 0 \end{bmatrix} \tag{9-9}$$

Laplacian 算子是二阶导数，因此它对于噪声有极高的敏感性，而且对于双边缘带不易检测出边缘的方向。基于这些原因，Laplacian 比一阶导数少用。如果对图像先做平滑操作可以有效降低噪声的影响，下面的 LOG 算子正是基于这一思想。

（2）拉普拉斯-高斯边缘检测算子（LOG：Laplacian Of Gaussian；Marr 算子）

基本思想：先用高斯函数对图像滤波，然后对滤波后的图像进行拉普拉斯运算，算得的值等于零的点认为是边界点。

LOG 运算：

$$h(x,y) = \nabla^2[g(x,y)] * f(x,y) \tag{9-10}$$

根据卷积求导法：

$$h(x,y) = [\nabla^2 g(x,y)] * f(x,y) \tag{9-11}$$

其中 $f(x,y)$ 为图像，$g(x,y)$ 为高斯函数，$g(x,y) = \frac{1}{2\pi\sigma^2}\exp\left[-\frac{x^2+y^2}{2\sigma^2}\right]$

$$\nabla^2 g(x,y) = \left(\frac{x^2+y^2-2\sigma^2}{\sigma^4}\right)e^{\frac{x^2+y^2}{2\sigma^2}} \tag{9-12}$$

$$\frac{\partial G(x,y)}{\partial x} = \frac{\partial \frac{1}{2\pi\sigma^2}\exp\left[-\frac{x^2+y^2}{2\sigma^2}\right]}{\partial x} = \frac{1}{2\pi\sigma^2}\exp\left[-\frac{x^2+y^2}{2\sigma^2}\right]\left(-\frac{x}{\sigma^2}\right) \tag{9-13}$$

$$\begin{aligned}\frac{\partial^2 G(x,y)}{\partial^2 x} &= \frac{1}{2\pi\sigma^2}\exp\left[-\frac{x^2+y^2}{2\sigma^2}\right]\left(-\frac{x^2}{\sigma^4}\right) + \frac{1}{2\pi\sigma^2}\exp\left[-\frac{x^2+y^2}{2\sigma^2}\right]\left(-\frac{1}{\sigma^2}\right) \\ &= \frac{1}{2\pi\sigma^4}\exp\left[-\frac{x^2+y^2}{2\sigma^2}\right]\left(\frac{x^2}{\sigma^2}-1\right)\end{aligned} \tag{9-14}$$

同理：

$$\frac{\partial^2 G(x,y)}{\partial^2 y} = \frac{1}{2\pi\sigma^4}\exp\left[-\frac{x^2+y^2}{2\sigma^2}\right]\left(\frac{y^2}{\sigma^2}-1\right) \tag{9-15}$$

故：

$$\nabla^2 G(x,y)=\frac{\partial^2 G(x,y)}{\partial^2 x}+\frac{\partial^2 G(x,y)}{\partial^2 y}=\frac{1}{2\pi\sigma^4}\left(\frac{x^2+y^2}{\sigma^2}-2\right)\exp\left[-\frac{x^2+y^2}{2\sigma^2}\right] \qquad (9\text{-}16)$$

在实际使用中，常常对 LOG 算子进行简化，使用差分高斯函数（DOG）代替 LOG 算子。

$$DOG(\sigma_1,\sigma_2)=\frac{1}{\sqrt{2\pi}\sigma_1}\exp\left[-\frac{x^2+y^2}{2\sigma_1{}^2}\right]-\frac{1}{\sqrt{2\pi}\sigma_2}\exp\left[-\frac{x^2+y^2}{2\sigma_2{}^2}\right] \qquad (9\text{-}17)$$

研究表明，差分高斯算子较好地符合人的视觉特性。根据二阶导数的性质，检测边界就是寻找 $\nabla^2 * f$ 的过零点。有两种等效计算方法：

① 图像与高斯函数卷积，再求卷积的拉普拉斯微分。

② 求高斯函数的拉普拉斯微分，再与图像卷积。

LOG 算子能有效地检测边界，但存在两个问题：一是 LOG 算子会产生虚假边界，二是定位精度不高。在实际应用中，还应做如下的一些考虑：σ 的选择，模板尺寸 N 的确定，边界强度和方向，提取边界的精度。其中高斯函数中方差参数 σ 的选择很关键，对图像边缘检测效果有很大的影响。高斯滤波器为低通滤波器，方差参数越大，通频带越窄，对较高频率的噪声的抑制作用越大，避免了虚假边缘的检测，同时信号的边缘也被平滑了，造成某些边缘点的丢失。反之，通频带越宽，可以检测到图像更高频率的细节，但对噪声的抑制能力相对下降，容易出现虚假边缘。因此，应用 LOG 算子，为取得更佳的效果，对于不同图像应选择不同参数。

9.2.2 边缘检测算子的实现

在 MATLAB 中，利用图像处理工具箱中的 edge 函数可以实现基于各种算子的边缘检测功能。edge 函数的调用格式为：

BW = edge(I,'roberts')：采用 Roberts 算子进行边检检测。

BW = edge(I,'roberts',thresh)：指定阈值 thresh，默认时函数会利用 RMS 算法自动选取。

[BW,thresh] = edge(I,'roberts',...)：根据默认的阈值进行边缘检测，并由 thresh 返回函数自动选取的阈值。用户可以在观察边缘检测效果的同时，根据返回的阈值进行调整，直到满意为止。

BW = edge(I,'sobel')：默认采用 sobel 算子进行边缘检测。

BW = edge(I,'sobel',thresh)：指定阈值 thresh，采用 soble 算子进行边缘检测。

BW = edge(I,'sobel',thresh,direction)：可以指定算子的方向。

- 当 direction='horizontal'时，即为水平方向。
- 当 direction='verical'时，为垂直方向。
- 当 direction='both'时，即为水平和垂直两个方向（默认）。

[BW,thresh] = edge(I,'sobel',...)：根据默认的阈值进行边缘检测，并由 thresh 返回函数自动选取的阈值。用户可以在观察边缘检测效果的同时，根据返回的阈值进行调整，直到满意为止。

BW = edge(I,'prewitt')：用 prewitt 算子进行边缘检测。

BW = edge(I,'prewitt',thresh)：指定阈值 thresh，采用 prewitt 算子进行边缘检测。

BW = edge(I,'prewitt',thresh,direction)：与 BW = edge(I,'sobel',thresh,direction)说明一致。

[BW,thresh] = edge(I,'prewitt',...)：与[BW,thresh] = edge(I,'sobel',...)说明一致。

BW = edge(I,'log')：用 LOG 算子自动选择阈值进行边缘检测。

BW = edge(I,'log',thresh)：根据指定的敏感阈值 thresh 用 LOG 算子进行边缘检测，edge 函数

忽略了所有小于阈值的边缘。如果没有指定阈值 thresh 或为空[]，函数自动选择参量值。

BW = edge(I,'log',thresh,sigma)：用参量 sigma 指定 LOG 滤波器标准偏差，sigma 的默认值为 2，滤波器的大小为 n×n，这里 n=ceil(signa*3)*2+1。

[BW,threshold] = edge(I,'log',...)：返回阈值 thresh 和边缘检测图像 BW。

BW = edge(I,'zerocross',thresh,h)：用滤波器 h 指定零交叉检测法。参量 thresh 为敏感阈值。如果没有指定阈值 thresh 或为空[]，函数自动选择参量值。

[BW,thresh] = edge(I,'zerocross',...)：返回阈值 thresh 和边缘检测图像 BW。

BW = edge(I,'canny')：用 Canny 算子自动选择阈值进行边缘检测。

BW = edge(I,'canny',thresh)：根据给定的敏感阈值 thresh 对图像进行 Canny 算子边缘检测。参量 thresh 为一个二元向量，第一个元素为低阈值，第二个元素为高阈值。如果 thresh 为一元参量，则此值作为高阈值，0.4*thresh 被用作低阈值。如果没有指定阈值 thresh 或为空[]，函数自动选择参量值。

BW = edge(I,'canny',thresh,sigma)：用指定的阈值和高斯滤波器的标准偏差 signa。默认的 sigma 值为 1。滤波器的尺寸基于 sigma 自动选择。

[BW,threshold] = edge(I,'canny',...)：返回二元阈值和图像 BW。

下面通过几个实例来演示怎样在 MATLAB 中利用 edge 实现边缘检测。

【例 9-3】 利用 Sobel 算子实现图像的边缘检测。

```
>>clear all;
image=imread('rice.png');
figure;imhist(image);  %显示图像的直方图
image0=edge(image,'sobel');  %自动选择阈值的 Sobel 算法
image1=edge(image,'sobel',0.06);  %指定阈值为 0.06
image2=edge(image,'sobel',0.04);  %指定阈值为 0.04
image3=edge(image,'sobel',0.02);  %指定阈值为 0.02
figure;imshow(image);
figure;
xlabel('原图');
subplot(221);imshow(image0);
xlabel('默认门限');
subplot(222);imshow(image1);
xlabel('门限 1');
subplot(223);imshow(image2);
xlabel('门限 2');
subplot(224);imshow(image3);
xlabel('门限 3');
```

运行程序，效果如图 9-7 所示。

从本例可以看出，如果要设定临界值，首先要看灰度直方图的分布，寻找其分界的地方为临界值，以本图像为例，差不多取到 0.06，其边缘效果就已经很明显了。

【例 9-4】 分别采用 Roberts 算子、Sobel 算子、Prewitt 算子、LOG 算子、Canny 算子和零交叉方法检测图像的边缘。

```
>>clear all;
I=imread('gantrycrane.png');
```

```
BW1=edge(I,'sobel');
BW2=edge(I,'roberts');
BW3=edge(I,'prewitt');
BW4=edge(I,'log');
BW5=edge(I,'canny');
BW6=edge(I,'zerocross');
figure;imshow(I);
figure;
subplot(231);imshow(BW1);
subplot(232);imshow(BW2);
subplot(233);imshow(BW3);
subplot(234);imshow(BW4);
subplot(235);imshow(BW5);
subplot(236);imshow(BW6);
```

运行程序，效果如图 9-8 所示。

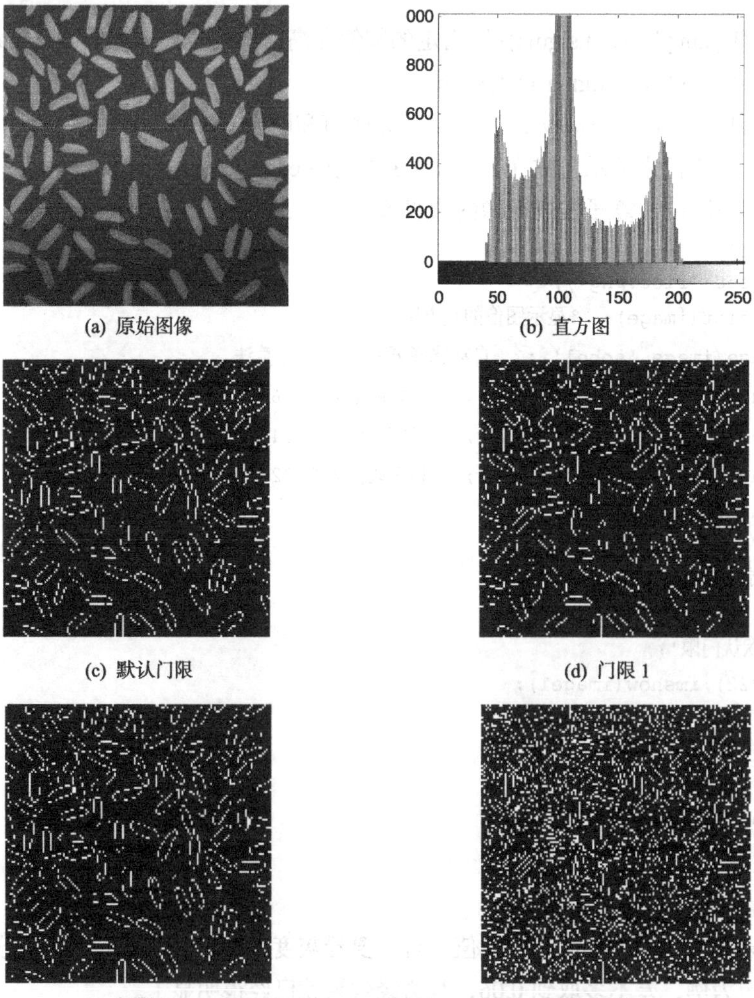

(a) 原始图像　(b) 直方图

(c) 默认门限　(d) 门限 1

(e) 门限 2　(f) 门限 3

图 9-7　Sobel 算法进行边缘检测

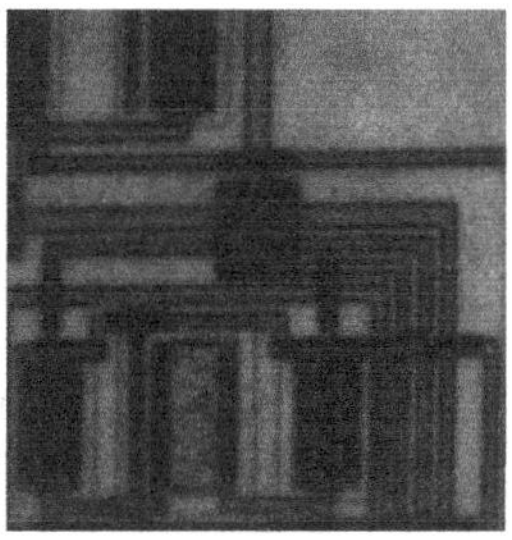

(a) 原始图像

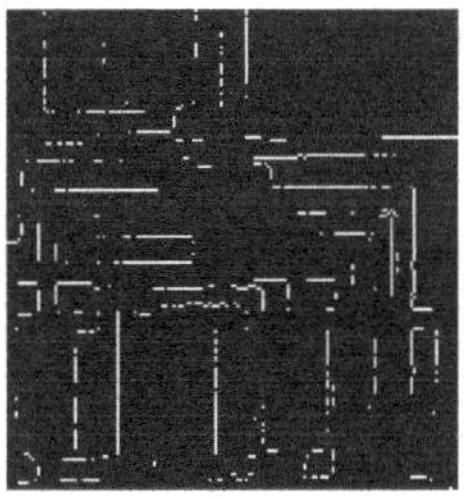

(b) Sobel 算子检测

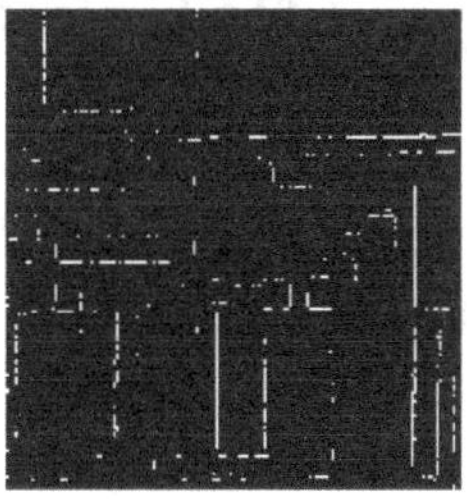

(c) Roberts 算子检测

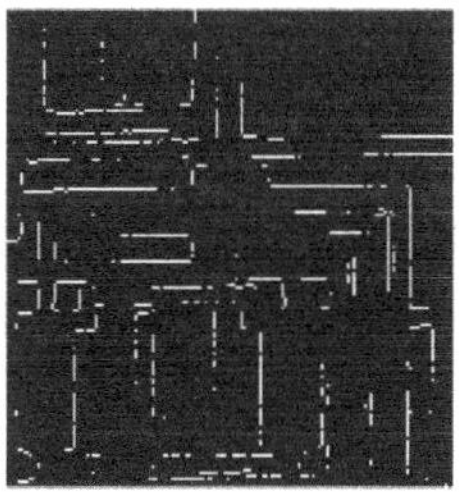

(d) Prewitt 算子检测

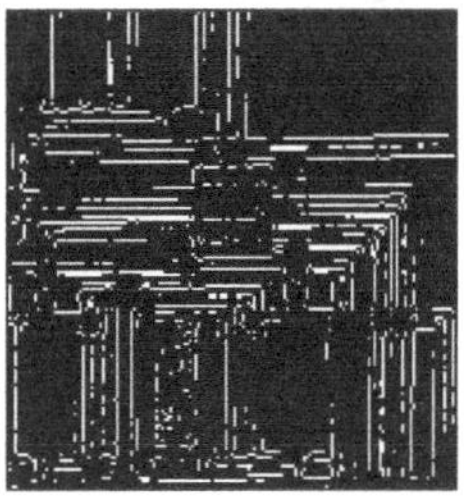

(e) LOG 算子检测

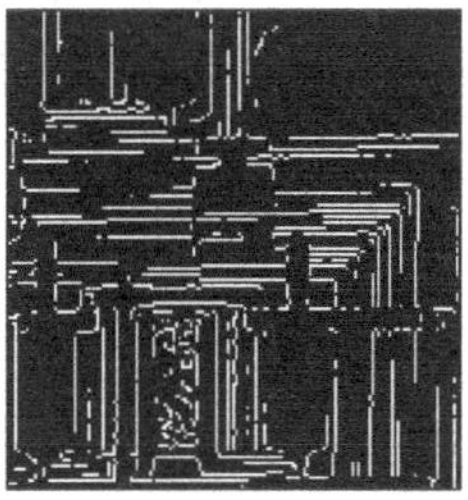

(f) Canny 算子检测

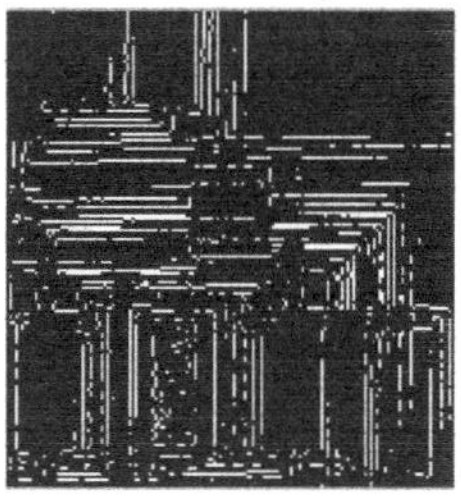

(g) Zerocross 算子检测

图 9-8　各算子检测边缘

9.2.3　各种边缘检测算子的比较

前面介绍了几种算子，那么它们各有哪些优缺点呢？下面比较各算子的优缺点。

（1）Roberts 算子

利用局部差分算子寻找边缘，边缘定位精度较高，但容易丢失一部分边缘，同时图像没有经过平滑处理，因此不具备抑制噪声能力。该算子对具有陡峭边缘且噪声低的图像效果较好。

（2）Sobel 算子和 Prewitt 算子

都是对图像先做加权平滑处理，然后再做微分运算，所不同的是平滑部分的权值有些差异，因此对噪声具有一定的抑制能力，但不能完全排除检测结果中出现的虚假边缘。虽然这两个算子边缘定位效果不错，但检测的边缘容易出现多像素宽度。

（3）Laplacian 算子

是不依赖于边缘方向的二阶微分算子，对图像中的阶跃型边缘点定位准确，该算子对噪声非常敏感，它使噪声成分得到加强，这两个特性使得该算子容易丢失一部分边缘的方向信息，造成一些不连续的检测边缘，同时抗噪声能力比较差。

（4）LOG 算子

该算子克服了 Laplacian 算子抗噪声能力比较差的缺点，但在抑制噪声的同时也可能将原有的比较尖锐的边缘也平滑了，造成这些尖锐边缘无法被检测到。

（5）Canny 算子

虽然是基于最优化思想推导出来的边缘检测算子，但实际效果并不一定最优，原因在于理论和实际有许多不一致的地方。该算子同样采用高斯函数对图像做平滑处理，因此具有较强的抑制噪声能力，同样该算子也会将一些高频边缘平滑掉，造成边缘丢失。Canny 算子采用双阈值算法检测和连接边缘，采用的多尺度检测和方向性搜索比 LOG 算子好。

9.3 阈值化技术

图像分割也可以理解为将图像中有意义的特征区域或需要应用的特征区域提取出来，这些特征区域可以是像素的灰度值、物体轮廓曲线、纹理特性等，也可以是空间频谱或直方图特征等。

9.3.1 灰度阈值法

阈值分割法是一种基于图像的分割技术。其基本原理是通过设定不同的特征阈值，把图像像素点分为若干类。常用的特征包括直接来自原始图像的灰度或彩色特征，由原始灰度或彩色值变换得到的特征。设原始图像为 $f(x,y)$，按照一定的准则在 $f(x,y)$ 中找到若干个特征值 $T_1,T_2,\cdots,T_N$，其中 $N\geqslant 1$，将图像分割为几部分，分割后的图像为：

$$g(x,y)=\begin{cases} L_N, & f(x,y)\geqslant T_N \\ L_{N-1}, & T_{N-1}\leqslant f(x,y)<T_N \\ \vdots & \vdots \\ L_1, & T_1\leqslant f(x,y)<T_2 \\ L_0, & f(x,y)<T_1 \end{cases}$$

一般意义下，阈值运算可以看作是对图像中某点的灰度、该点的某种局部特性以及该点在图像中的位置的一种函数，这种阈值函数可记作：

$$T(x,y,N(x,y),f(x,y))$$

式中，$f(x,y)$ 是点 (x,y) 的灰度值，$N(x,y)$ 是点 (x,y) 的局部邻域特性。根据对 T 的不同约束，可以得到 3 种不同类型的阈值。

（1）全局阈值 $T=T(f(x,y))$，只与点的灰度值有关。

（2）局部阈值 $T=T(N(x,y),f(x,y))$，与点的灰度值和该点的局部邻域特征有关。

（3）动态阈值 $T(x,y,N(x,y),f(x,y))$，与点的位置、该点的灰度值和该点邻域特征有关。

上式中全局阈值 T 的选择直接影响分割效果。通常可以通过分析灰度直方图来确定它的值，最常用的方法是利用灰度直方图求双峰或多峰，选择两峰之间谷底处的灰度值作为阈值。

如果只需要选取一个阈值，则称为单阈值分割，它将图像分为目标和背景两大类；如果用多个阈值分割，则称为多阈值方法，图像将被分割为多个目标区域和背景，为区分目标，还需要对各个区域进行标记。阈值分割方法基于对灰度图像的一种假设：目标或背景内的相邻像素间的灰度值是相似的，但不同目标或背景的像素在灰度上有差异，反映在图像直方图上，不同目标和背景则对应不同的峰。选取的阈值应位于两个峰之间的谷，从而将各个峰分开。

阈值分割的优点是实现简单，对于不同类的物体灰度值或其他特征值相差很大时，它能很有效地对图像进行分割。阈值分割通常作为图像的预处理，然后应用其他一系列分割方法进行后处理。

【例 9-5】利用灰度阈值法对图像进行分割。

```
>> clear all;
f=imread('peppers.png');
f=rgb2gray(f);                    %转换为灰度图像
f=im2double(f);                   %数据类型转换
%全局阈值
T=0.5*(min(f(:))+max(f(:)));
done=false;
while ~done
   g=f>=T;
   Tn=0.5*(mean(f(g))+mean(f(~g)));
   done=abs(T-Tn)<0.1;
   T=Tn;
end
display('Threshold(T) - Iterative');          %显示文字
T
r=im2bw(f,T);                                 %图像黑白转换
subplot(221);imshow(f);
xlabel('(a)原始图像');
subplot(222);imshow(r);
xlabel('(b)迭代法全局阈值分割');
Th=graythresh(f);                            %阈值
display('Global Thresholding- Otsu''s Method');
Th
s=im2bw(f,Th);
subplot(223);imshow(s);
xlabel('(c)全局阈值 Otsu 法阈值分割');
se=strel('disk',10);
ft=imtophat(f,se);
Thr=graythresh(ft);                          %阈值
display('Threshold(T) - Local Thresholding');
Thr
lt=im2bw(ft,Thr);                            %图像黑白转换
subplot(224);imshow(lt);
xlabel('(d)局部阈值分割')
```

运行程序，输出如下，效果如图 9-9 所示。

```
Threshold(T) - Iterative
T =                                %迭代阈值
   0.4691
Global Thresholding- Otsu's Method
Th =                               %Otsu 法阈值
   0.3961
Threshold(T) - Local Thresholding
Thr =                              %局部阈值
   0.1098
```

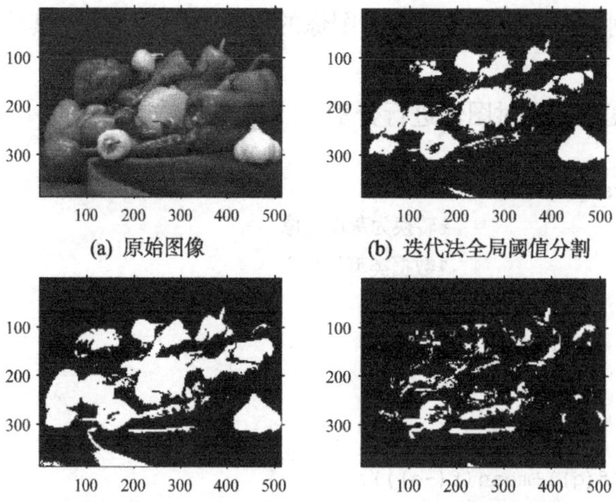

(a) 原始图像　(b) 迭代法全局阈值分割

(c) 全局阈值 Otsu 法阈值分割　(d) 局部阈值分割

图 9-9　阈值分割

9.3.2　Otsu 阈值分割法

Otsu 法是一种使类间方差最大的自动阈值的方法，该算法是在灰度直方图的基础上采用最小二乘法原理推导出来的，具有统计意义上的最佳分割。它的基本原理是以最佳阈值将图像的灰度值分割成两部分，使两部分之间的方差最大，即具有最大的分离性。

该方法具有简单、处理速度快的特点，是一种常用的阈值选取方法。其基本思想是：设图像像素数为 N，灰度范围为[0,L−1]，对应灰度级 i 的像素数为 N_i，几率为：

$$p_i = \frac{n_i}{N}, i = 0,1,2,\cdots,L-1$$

$$\sum_{i=0}^{L-1} p_i = 1$$

把图像中像素按灰度值用阈值 T 分成两类 C_0 和 C_1，C_0 由灰度值在[0,T]之间的像素组成，C_1 由灰度值在[T+1,L−1]之间的像素组成，对于灰度分布几率，整幅图像的均值为：

$$u_T = \sum_{i=0}^{L-1} i p_i$$

则 C_0 和 C_1 的均值为：

$$u_T = \sum_{i=0}^{L-1} \frac{i p_i}{\varpi_0}$$

$$u_T = \sum_{i=T+1}^{L-1} \frac{i p_i}{\varpi_1}$$

其中

$$\varpi_0 = \sum_{i=0}^{T} p_i$$

$$\varpi_1 = \sum_{i=T+1}^{L-1} p_i = 1 - \varpi_0$$

由上面式子可得：

$$u_T = \varpi_0 u_0 + \varpi_1 u_1$$

类间方差的定义为：

$$\begin{aligned}\sigma_B^2 &= \varpi_0(u_0-u_T)^2+\varpi_1(u_1-u_T)^2\\ &=\varpi_0(u_0-u_T)^2+u_T^2(\varpi_0+\varpi_1)-2(\varpi_0u_0+\varpi_1u_1)u_T\\ &=\varpi_0u_0^2+\varpi_1u_1^2-u_T^2\\ &=\varpi_0u_0^2+\varpi_1u_1^2-(\varpi_0u_0+\varpi_1u_1)^2\\ &=\varpi_0u_0^2(1-\varpi_0)+\varpi_1u_1^2(1-\varpi_1)-2\varpi_0\varpi_1u_0u_1\\ &=\varpi_1\varpi_0(u_0-u_1)^2\end{aligned}$$

让 T 在[0,L-1]范围依次取值，使 σ_B^2 最大的 T 值即为 Otsu 法的最佳阈值。在 MATLAB 图像处理工具箱中提供了 graythresh 函数，其求取阈值采用的就是 Otsu 法。

【例 9-6】 利用 Otsu 法实现图像阈值分割。

```
>> clear all;
I=imread('coins.png');
subplot(1,3,1);imshow(I);
xlabel('(a)原始图像');
%使用 graythresh 函数计算阈值
level = graythresh(I);
%大津法计算全局图像 I 的阈值
BW=im2bw(I,level);
subplot(1,3,2);imshow(BW);
xlabel('(b)graythresh 函数计算阈值');
disp(strcat('graythresh 函数计算灰度阈值: ',num2str(uint8(level*255))));
%下面 MATLAB 程序实现简化计算阈值
IMAX=max(max(I));          %取出最大灰度值
IMIN=min(min(I));          %取出最小灰度值
T=double(IMIN:IMAX);
ISIZE=size(I);    %图像大小
muxSize=ISIZE(1)*ISIZE(2);
for i=1:length(T)
    %从最小灰度值到最大值分别计算方差
    TK=T(1,i);
    ifground=0;
    ibground=0;
    %定义前景和背景灰度总和
    FgroundS=0;
    BgroundS=0;
    for j=1:ISIZE(1)
        for k=1:ISIZE(2)
            tmp=I(j,k);
            if(tmp>=TK)
                ifground=ifground+1;
                FgroundS=FgroundS+double(tmp);  %前景灰度值
            else
                %背景像素点的计算
                ibground=ibground+1;
                BgroundS=BgroundS+double(tmp);
            end
        end
```

```
        end
        %计算前景和背景的比例、平均灰度值
        %这里存在一个 0 分母的情况，导致警告，但不影响结果
        w0=ifground/muxSize;
        w1=ibground/muxSize;
        u0=FgroundS/ifground;
        u1=BgroundS/ibground;
        T(2,i)=w0*w1*(u0-u1)*(u0-u1);  %计算方差
    end
    %遍历后寻找 I 第二行的最大值
    oMax=max(T(2,:));
    %第二行方差的最大值，忽略 NaN
    idx=find(T(2,:)>=oMax);
    %方差最大值所对应的列号
    T=uint8(T(1,idx));
    %从第一行取出灰度值作为赋值
    disp(strcat('简化大津法计算灰度阈值：',num2str(T)));
    BW=im2bw(I,double(T)/255);  %阈值分割
    subplot(1,3,3);imshow(BW);
    xlabel('(c)简化大津法计算阈值');
```

运行程序，输出如下，效果如图 9-10 所示。

```
graythresh 函数计算灰度阈值：126
简化大津法计算灰度阈值：127
```

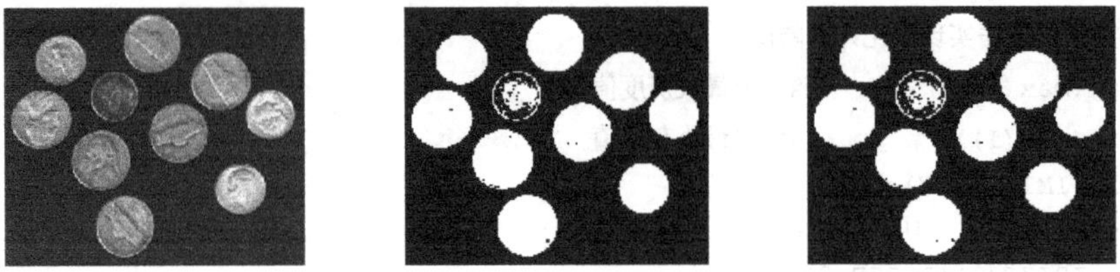

(a) 原始图像　　(b) graythresh 函数计算阈值　　(c) 简化大津法计算阈值

图 9-10　大津法分割图像的效果图

9.3.3　迭代式阈值分割法

迭代式阈值选择方法的基本思想是：开始时候选择一个阈值作为初始估计值，然后按某种策略不断地改进这一估计值，直到满意给定的准则为止。在迭代过程中，关键之处在于选择什么样的阈值改进策略。好的阈值改进策略应该具备两个特征：一是能够快速收敛，二是在每一个迭代过程中，新产生阈值优于上一次的阈值。下面介绍一种迭代式阈值选择算法，其具体步骤如下。

（1）选择图像灰度的中值作为初始阈值 T_0。

（2）利用阈值 T 把图像分割成两个区域—— R_1 和 R_2，用下式计算区域 R_1 和 R_2 的灰度均值 μ_1 和 μ_2。

$$\mu_1=\frac{\sum_{i=0}^{T_i} in_i}{\sum_{i=0}^{T_i} n_i},\quad \mu_2=\frac{\sum_{i=T_i}^{L-1} in_i}{\sum_{i=T_i}^{L-1} n_i} \tag{9-18}$$

（3）计算出 μ_1 和 μ_2 后，用下式计算出新的阈值 T_{i+1}。

$$T_{i+1} = \frac{1}{2}(\mu_1 + \mu_2) \tag{9-19}$$

（4）重复步骤（2）~（3），直到 T_{i+1} 和 T_i 的差小于某个给定值。

【例 9-7】采用迭代式阈值进行图像分割。

```
>> clear all;
I=imread('cameraman.tif');
I=im2double(I);
T0=0.01;                    %参数 T0
T1=(min(I(:))+max(I(:)))/2;
r1=find(I>T1);
r2=find(I<=T1);
T2=(mean(I(r1))+mean(I(r2)))/2;
while abs(T2-T1)<T0          %迭代求阈值
   T1=T2;
   r1=find(I>T1);
   r2=find(I<=T1);
   T2=(mean(I(r1))+mean(I(r2)))/2;
end
J=im2bw(I, T2);             %图像分割
figure;
subplot(121);  imshow(I);
xlabel('(a) 原始图像');
subplot(122);  imshow(J);
xlabel('(b) 迭代法求阈值分割图像');
```

运行程序，效果如图 9-11 所示。

(a) 原始图像　　(b) 迭代法求阈值分割图像

图 9-11　迭代法求阈值进行图像分割

9.3.4　分水岭算法

分水岭算法（watershed）是一种借鉴了形态学理论的分割方法，在该方法中，将一幅图像看成一个拓扑地形图，其中灰度值 $f(x,y)$ 对应地形高度值。高灰度值对应着山峰，低灰度值对应着山谷。水总是朝地势低的地方流动，直到某一局部低洼处才停下来，这个低洼处被称为吸水盆地。最终所有的水会分聚在不同的吸水盆地，吸水盆地之间的山脊被称为分水岭。水从分水岭流下时，它朝不同的吸水盆地流去的可能性是相等的。将这种想法应用于图像分割，就是要在灰度图像中

找出不同的吸水盆地和分水岭，由这些不同的吸水引盆地和分水岭组成的区域即为我们要分割的目标。

分水岭阈值选择算法可以看成是一种自适应的多阈值分割算法，在图像梯度图上进行阈值选择时，经常遇到的问题是如何恰当地选择阈值。阈值若选得太高，则许多边缘会丢失或边缘出现破碎现象；阈值若选得太低，则容易产生虚假边缘，而且边缘变厚导致定位不精确。分水岭阈值选择算法可避免这个缺点。如图 9-12 所示，两个低洼处为吸水盆地，阴影部分为积水，水平面的高度相当于阈值，随着阈值的升高，吸水盆地的水位也跟着上升，当阈值升至 T_3 时，两个吸水盆地的水都升到分水岭处，此时，若再升高阈值，则两个吸水盆地的水会溢出分水岭合为一体。因此，通过阈值 T_3 可以准确地分割出两个由吸水盆地和分水岭组成的区域。其中，分水岭对应于原始原始图像中的边缘。

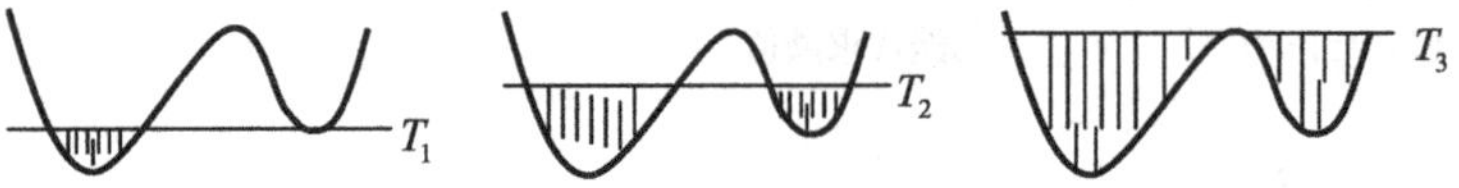

图 9-12　分水岭形成示意图

MATLAB 图像处理工具箱中的 watershed 函数可用于实现分水岭算法，该函数的调用格式为：

L = watershed(A)：其中，输入参数 A 为待分割的图像，实际上 watershed 函数不仅适用于图像分割，也可以用于对任意维区域的分割，A 是对这个区域的描述，可以是任意维的数组，每一个元素可以是任意实数。返回参数 L 与 A 维数相同的非负整数矩阵，标记分割结果，矩阵元素值为对应位置上像素点所属的区域编号，0 元素表示该对应像素点是分水岭，不属于任何一个区域。

L = watershed(A, conn)：指定算法中使用的元素的连通方式，对图像分割问题，conn 有两种取值。当 conn=4 时，表示为 4 连通；当 conn=8 时，表示为 8 连通。

【例 9-8】利用 watershed 函数对图像实现分水岭分割。

```
>>clear all;
I=imread('eight.tif');
subplot(221);
imshow(I);
title('原始图像');
subplot(222);
I=double(I);
%计算距离函数
hv=fspecial('prewitt');
hh=hv.';
gv=abs(imfilter(I,hv,'replicate'));
gh=abs(imfilter(I,hh,'replicate'));
g=sqrt(gv.^2+gh.^2);
% watershed 算法分割
subplot(222);
L=watershed(g);
wr=L==0;
imshow(wr);
title('分水岭');
I(wr)=255;
subplot(223);
imshow(uint8(I));
title('分割结果');
%取出梯度图中局部极小值点
```

```
rm=imregionalmin(g);
subplot(224);
imshow(rm);
title('局部极小值');
```

运行程序，效果如图 9-13 所示。

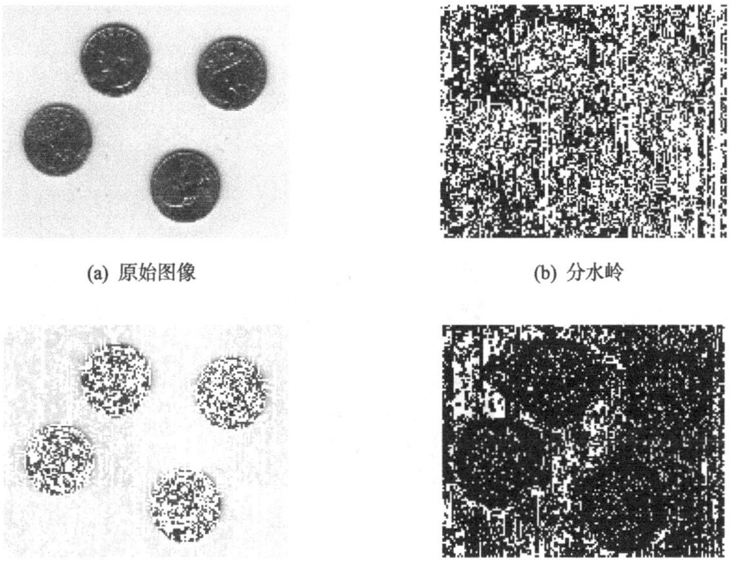

(a) 原始图像　(b) 分水岭　(c) 分割结果　(d) 局部极小值

图 9-13　不准确标记分水岭算法导致过分割

图 9-13（b）所示为从 watershed 算法得到的分水岭，对应于目标的边缘，由图可见出现了比较严重的过分割现象。原因在于分水岭算法是以梯度图的局部极小点作为吸水盆地的标记点的，从图 9-13（d）可见，梯度图中有过多的局部极小点。下面这个改进程序克服了这个缺点。

【例 9-9】用改进的分水岭算法对图像进行分割。

```
>>clear all;
I=imread('eight.tif');
subplot(231);
imshow(I);
%计算梯度图
I=double(I);
hv=fspecial('prewitt');
hh=hv.';
gv=abs(imfilter(I,hv,'replicate'));
gh=abs(imfilter(I,hh,'replicate'));
g=sqrt(gv.^2+gh.^2);
%计算距离函数
subplot(232);
df=bwdist(I);
imshow(uint8(df*8));
%计算外部约束
L=watershed(df);
em=L==0;
subplot(233);
imshow(em);
% 计算内部约束
```

```
im=imextendedmax(I,20);
subplot(234);
imshow(im);
%重构梯度图
g2=imimposemin(g,im|em);
subplot(235);
imshow(g2);
% watershed算法分割
L2=watershed(g2);
wr2=L2==0;
subplot(236);
I(wr2)=255;
imshow(uint8(I));
```

运行程序，效果如图 9-14 所示。

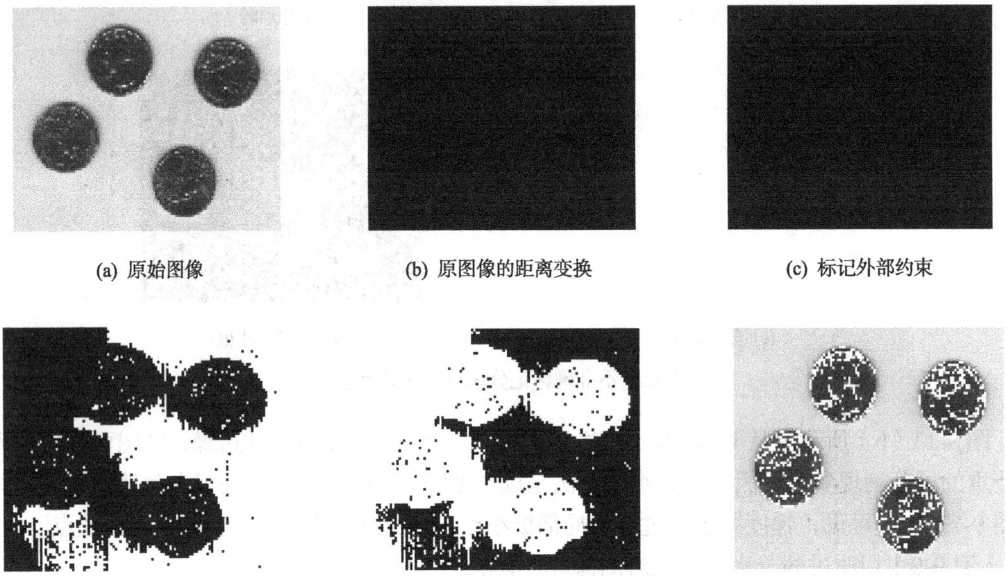

(a) 原始图像　(b) 原图像的距离变换　(c) 标记外部约束

(d) 标记内部约束　(e) 由标记内外部约束重构的梯度图　(f) 分割结果

图 9-14　准确标记的分水岭算法分割过程

【例 9-10】使用分水岭算法对三维图像进行分割。

```
>> clear all;
%制作三维二进制映射图，其中包含两个重叠的领域
center1 = -10;
center2 = -center1;
dist = sqrt(3*(2*center1)^2);
radius = dist/2 * 1.4;
lims = [floor(center1-1.2*radius) ceil(center2+1.2*radius)];
[x,y,z] = meshgrid(lims(1):lims(2));
bw1 = sqrt((x-center1).^2 + (y-center1).^2 +(z-center1).^2) <= radius;
bw2 = sqrt((x-center2).^2 + (y-center2).^2 +(z-center2).^2) <= radius;
bw = bw1 | bw2;
%绘制 3-D 二进制映射图
figure, isosurface(x,y,z,bw,0.5);
axis equal,
set(gcf,'color','w');
xlim(lims), ylim(lims), zlim(lims)
view(3), camlight;
```

```
lighting gouraud
%等值面的距离变换
D = bwdist(~bw);
figure, isosurface(x,y,z,D,radius/2);
axis equal
set(gcf,'color','w');
xlim(lims), ylim(lims), zlim(lims)
view(3), camlight;
lighting gouraud
%进行分水岭变换
D = -D;
D(~bw) = -Inf;
L = watershed(D);
figure
isosurface(x,y,z,L==2,0.5)
isosurface(x,y,z,L==3,0.5)
axis equal
xlim(lims), ylim(lims), zlim(lims)
view(3), camlight;
lighting gouraud
set(gcf,'color','w');
```

运行程序，效果如图 9-15 所示。

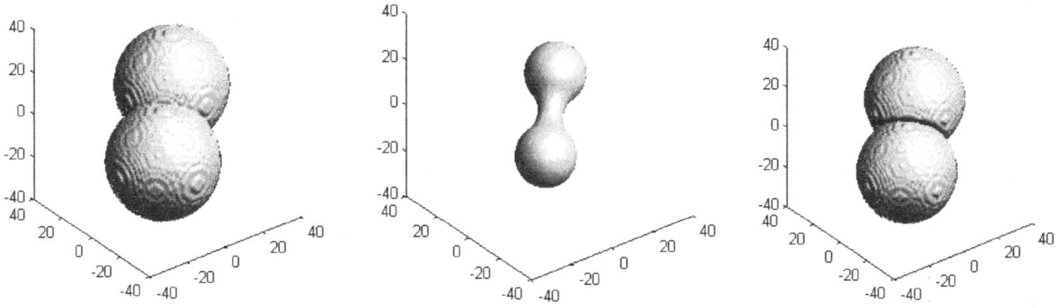

(a) 3-D 二值图像映射　　(b) 等值面的距离变换　　(c) 分水岭变换

图 9-15　分水岭变换在分割三维图像

9.4　边 界 跟 踪

数字图像可用各种方法检测出边缘点，在某些情况下，仅仅获得边缘点是不够的。此外，由于噪声、光照不均等因素的影响，获得的边缘点有可能是不连续的，必须通过边界跟踪将它们转换为有意义的边缘信息，以便于后续处理。边界跟踪可以直接在原图像上进行，也可以在做边界跟踪之前，先利用前边介绍的边缘检测方法对图像进行预处理得到图像的梯度图，然后在图像的梯度图上进行边界跟踪。

9.4.1　边界跟踪的方法

1．基本原理

边界跟踪从图像中一个边缘点出发，然后根据某种判别准则搜索下一个边缘点，以此跟踪出目标边界。边界跟踪包括三个步骤。

（1）确定边界的起始搜索点。起始点的选择很关键，对某些图像，选择不同的起始点会导致不同的结果。

（2）确定合适的边界判别准则和搜索准则。判别准则用于判断一个点是不是边缘点，搜索准则指导如何搜索下一个边缘点。

（3）确定搜索的终止条件。

假定图像为二值图像，其中只有一个具有闭合边界的目标。下面是一个按 4-连通方向搜索边界的方法。

（1）起始搜索点。按从左到右、从上到下的顺序搜索，找到的第一个亮点一定是最左上方的边缘点，把它作为起始搜索点，记为 *S*，同时记下起始搜索点的搜索方向，记为 D。这里黑色对应背景，白色对应目标物体。

（2）边界判别准则和搜索准则。按上、右、下、左的顺序寻找下一个边缘点 N，如图 9-16 所示。C 点为当前点，单元格中的数字表示搜索顺序。如果 *N* 点为亮点，则该点为边缘点，搜索下一个边缘点时，把 N 作为当前点 C，同时改变搜索方向，图 9-16 中箭头所指的像素点为搜索下一个边缘点时的第一个考虑点。

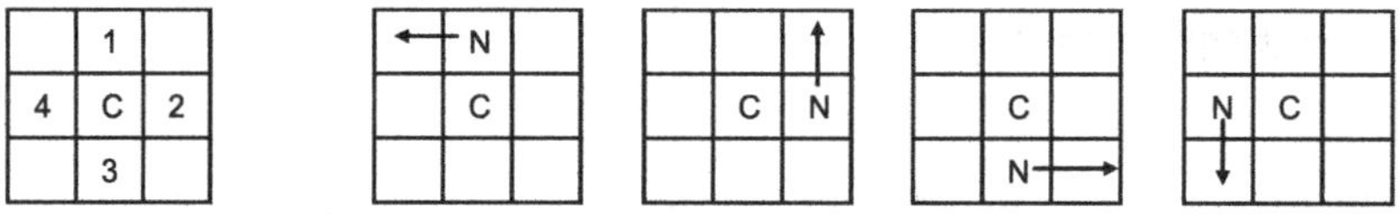

(a) 搜索顺序 (b) 搜索方向

图 9-16 边界跟踪搜索顺序和搜索方向

2. MATLAB 实现

在 MATLAB 中，提供了两个边界跟踪函数，分别为 bwtraceboundary 和 bwboundaries 函数。下面分别对这两个函数做介绍。

（1）bwtraceboundary 函数

该函数采用基于曲线跟踪的策略，需要给定搜索起始点和搜索方向，返回过该起始点的一条边界。其调用格式为：

B = bwtraceboundary(BW,P,fstep)：其中 BW 为图像矩阵，值为 0 的元素视为背景像素点，非 0 元素视为待提取边界的物体；P 为 2×1 维矢量，两个元素分别对应起始点的行和列坐标；参数 fstep 为字符串，指定起始搜索方向，图 9-17 展示了 fstep 的取值和各值的含义。其取值有 8 种，当 fstep='N'时表示从图像上方开始搜索，当 fstep='S'时表示从图像下方开始搜索，当 fstep='E'时表示从图像右方开始搜索，当 fstep='W'时表示从图像左方开始搜索，当 fstep='NE'时表示从图像右上方开始搜索，当 fstep='SE'时表示从图像右下方开始搜索，当 fstep='NW'时表示从图像左上方开始搜索，当 fstep='SW'时表示从图像左下方开始搜索。

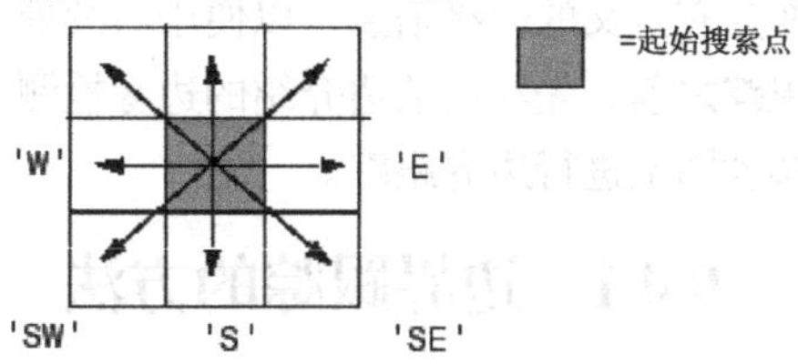

图 9-17 参数 fstep 的取值

B = bwtraceboundary(BW,P,fstep,conn)：参数 conn 表示指定搜索算法所使用的连通方式，其取值有 2 种，当 conn=4 时表示 4 连能（上、下、左、右），当 conn=8 时表示 8 连能（上、下、左、右、右上、右下、左上、左下）。

B = bwtraceboundary(...,N,dir)：参数 N 表示指定提取的最大长度，即这段边界所含的像素点的最大数目；dir 字符串指定搜索边界方向，其取值有 2 种，当 dir='clockwise'时表示在 clockwise 方向搜索（默认项），当 dir='counterclockwise'时表示在 counterclockwise 方向上搜索。

输出参数 B 为一 Q×2 维矩阵，其中 Q 为所提取的边界长度，即边界所含像素点数目，B 矩阵中存储边界像素点的行坐标和列坐标。

【例 9-11】利用边界跟踪法对二值图像进行跟踪。

```
>>clear all;
RGB=imread('earth.bmp');
figure;
imshow(RGB);
xlabel('Orignial');
I=rgb2gray(RGB);  %将彩色图像转换成灰度图像
threshold=graythresh(I);  %计算将灰度图像转换为二值图像所需要的门限
BW=im2bw(I,threshold);  %将灰度图像转换为二值图像
figure;
imshow(BW);
xlabel('二值图像');
dim=size(BW);
col=round(dim(2)/2)-90; %计算起始点列坐标
row=find(BW(:,col),1);  %计算起始点行坐标
connectivity=8;
num_points=180;
contour=bwtraceboundary(BW,[row,col],'N',connectivity,num_points);  %提取边界
figure;
imshow(RGB);
hold on;
plot(contour(:,2),contour(:,1),'g','LineWidth',2);
xlabel('Results');
```

运行程序，效果如图 9-18 所示。

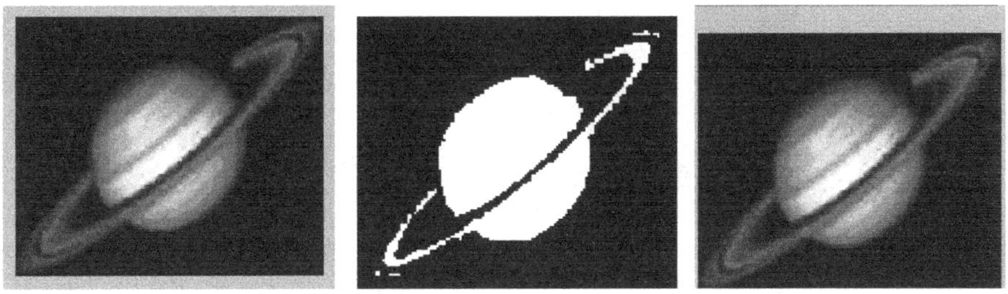

(a) 原始图像　　(b) 二值图像　　(c) 结果

图 9-18　bwtraceboundary 函数边界提取

（2）bwboundaries 函数

该函数属于区域跟踪算法，能给出二值图像中所有物体的外边界和内边界。其调用格式为：

B = bwboundaries(BW)

B = bwboundaries(BW,conn)

B = bwboundaries(BW,conn,options)

[B,L] = bwboundaries(...)

[B,L,N,A] = bwboundaries(...)

其中，BW、conn、B 参数与 bwtraceboundary 函数中的 BW、conn 参数相同。输入参数 options 为字符串，取值为'holes'或'noholes'，其中前者为默认项，它指定算法既搜索物体的外边界，也搜索物体的内边界，即洞的边界，后者使算法只搜索物体的外边界。

输出参数 L 为标志了该图像被边界所划分的区域，包括物体和洞，它是一个整数矩阵，与原图像具有相同的维数，元素值代表了该位置上的像素点所在的区域的编号，属于同一个区域的像素点对应的元素值相同。参数 N 为该图像被边界所划分成的区域的数目，因此 N=max(L(:))。参数 A 标志了被划分的区域的邻接关系，它是一个 N×N 维逻辑矩阵，其中 N 是被划分区域的数目，A(i,j)=1 说明第 i 个区域与第 j 个区域存在邻接关系，且第 i 个区域（子区域）在第 j 个区域（父区域）内。

【例 9-12】利用 bwboundaries 函数对图像边界跟踪，并对不同的区域标示不同的颜色。

```
>> clear all;
I = imread('rice.png');
I=imread('rice.png');
subplot(1,2,1);imshow(I);
xlabel('(a)原始图像');
BW = im2bw(I, graythresh(I));
[B,L] = bwboundaries(BW,'noholes');
subplot(1,2,2);imshow(label2rgb(L, @jet, [.5 .5 .5]))
hold on
for k = 1:length(B)
   boundary = B{k};
   plot(boundary(:,2), boundary(:,1), 'w', 'LineWidth', 2)
end
xlabel('(b)边界跟踪')
```

运行程序，效果如图 9-19 所示。

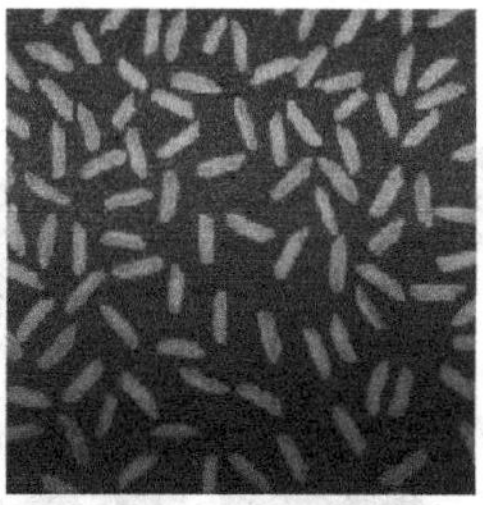
(a) 原始图像

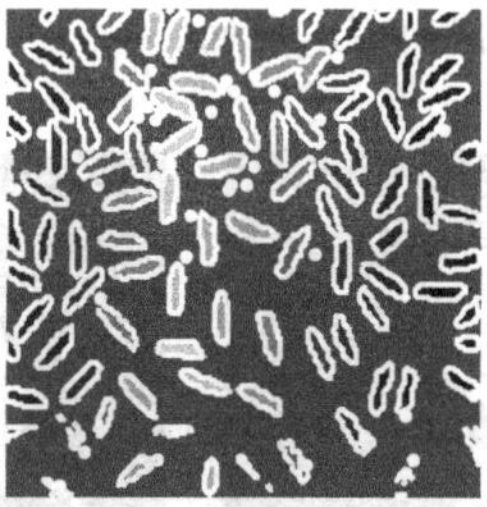
(b) 边界跟踪

图 9-19　利用 bwboundaries 函数对图像进行边界跟踪

【例 9-13】利用 bwboundaries 对 blobs.png 图像进行边界跟踪，并对不同的区域标示不同的颜色、类型和加粗。

```
>>clear all;
BW = imread('blobs.png');
[B,L,N,A] = bwboundaries(BW);
figure; imshow(BW); hold on;
for k=1:length(B),
    if(~sum(A(k,:)))
       boundary = B{k};
       plot(boundary(:,2),...
           boundary(:,1),'r','LineWidth',2);
       for l=find(A(:,k))'
```

```
            boundary = B{1};
            plot(boundary(:,2),...
               boundary(:,1),'g','LineWidth',2);
         end
      end
   end
```

运行程序，效果如图 9-20 所示。

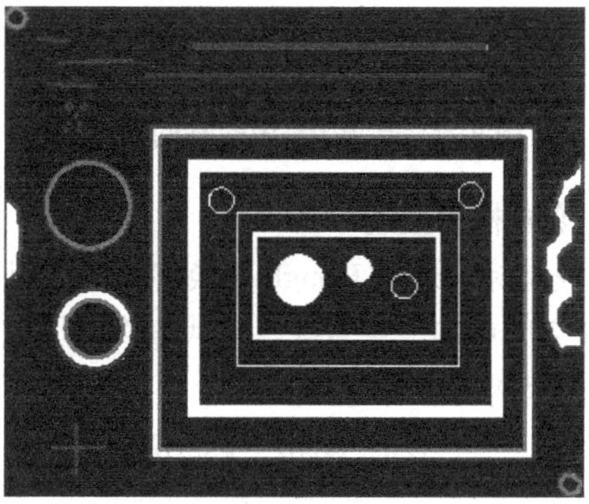

图 9-20　图像的边界跟踪效果

9.4.2　霍夫变换

Hough（霍夫）变换可以用于将边缘像素连接起来得到边界曲线，它的主要优点在于受噪声和曲线间断的影响较小。在已知曲线形状的条件下，Hough 变换实际上是利用分散的边缘点进行曲线逼近，它也可以看成是一种聚类分析技术，图像空间中的每一点都可以对参数空间中的参数集合进行投票表决，获得多数表决票的参数即为所求的特征参数。

1．利用直角坐标中的 Hough 变换检测直线

在图像空间中，经过 (x,y) 的直线可表示为：

$$y = ax + b \tag{9-20}$$

其中 a 为斜率，b 为截距。上式可变换为：

$$b = -xa + y \tag{9-21}$$

该变换即为直角坐标中对 (x,y) 点的 Hough 变换，它表示参数空间的一条直线，如图 9-21 所示。图像空间中的点 (x_i,y_i) 对应于参数空间中的直线 $b=-x_ia+y_i$，点 (x_j,y_j) 对应于参数空间中的直线 $b=-x_ja+y_j$，这两条直线的交点 (a',b') 即为图像空间中过点 (x_i,y_i) 和点 (x_j,y_j) 的直线的斜率和截距，事实上，图像空间中所有过这条直线的点经 Hough 变换后在参数空间中的直线都会交于 (a',b') 点。如此，通过 Hough 变换，就可以将图像空间中直线的检测问题转化为参数空间中对点的检测问题。Hough 变换的具体计算步骤如下。

（1）在参数空间中建立一个二维累加数组 A，数组的第一维的范围为图像空间中直线斜率的可能范围，第二维的范围为图像空间中直线截距的可能范围，且开始时把数组 A 初始为零。

（2）然后对图像空间中的点用 Hough 变换计算出所有的 a、b 值，每计算出一对 a、b 值，就对数组元素 $A(a,b)$ 加 1。计算结束后，$A(a,b)$ 的值就是图像空间中落在以 a 为斜率 b 为截距的直线上点的数目。

数组 A 的大小对计算量和计算精度影响很大，当图像空间中有直线为竖直线时，斜率 a 为无穷大，使得计算量大增。此时，参数空间可采用极坐标。

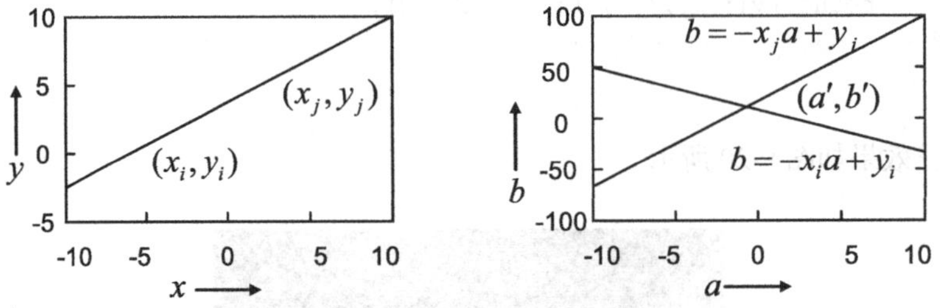

图 9-21　直角坐标中的 Hough 变换

2. 利用极坐标的 Hough 变换检测直线

跟直角坐标类似，可以在极坐标中通过 Hough 变换将图像空间中的直线对应于参数空间中的点。如图 9-22 所示，对于图像空间中的一条直线，ρ 代表直线原点的法线距离，θ 代表该法线与 x 轴的夹角，则可用如下参数方程来表示该直线。

$$\rho = x\cos\theta + y\sin\theta \tag{9-22}$$

上式就是极坐标中对点 (x, y) 的 Hough 变换。在极坐标中，横坐标为直线的法向角，纵坐标为直角坐标原点到直线的法向距离。图像空间中的点 (x, y)，经 Hough 变换映射到参数空间中一条曲线，这条曲线其实是正弦曲线。(θ', ρ') 为图像空间中共直线的点 (x_i, y_i) 和 (x_j, y_j) 的直线的斜率和截距，同样，图像空间中所有过这条直线的点经 Hough 变换后在参数空间中的曲线都会交于点 (θ', ρ')。证明如下。

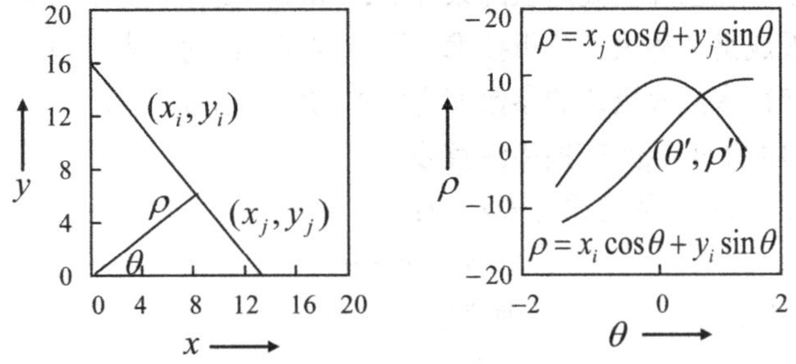

图 9-22　极坐标中的 Hough 变换

设图像空间中的点 (x_i, y_i) $(i = 1, 2, \cdots, n)$ 共线，则有：

$$y_i = ax_i + b,\quad i = 1, 2, \cdots, n \tag{9-23}$$

对应的 Hough 变换为：

$$\rho = x_i\cos\theta + y_i\sin\theta,\quad i = 1, 2, \cdots, n \tag{9-24}$$

将 $y_i = ax_i + b$ 代入上式得：

$$\rho = x_i(\cos\theta + a\sin\theta) + b\sin\theta,\quad i = 1, 2, \cdots, n \tag{9-25}$$

设这 n 条曲线相交于一点 (ρ', θ')，可得：

$$\rho' = x_i(\cos\theta' + a\sin\theta') + b\sin\theta',\quad i = 1, 2, \cdots, n \tag{9-26}$$

欲使上边 n 个等式成立，需取

$$\cos\theta' + a\sin\theta' = 0 \tag{9-27}$$

得：

$$\theta' = \arctan\left(\frac{-1}{a}\right) \qquad (9\text{-}28)$$
$$\rho' = b\sin\theta'$$

由此可知，n 条曲线都会相交于点 (ρ',θ')。

极坐标中 Hough 变换的实现跟直角坐标类似，也要在参数空间中建立一个二维累加数组 A，但是数组范围不同，第一维的范围为 $[-D,D]$，D 为图像的对角长度，第二维的范围为 $[-90°,90°]$。开始时把数组 A 初始化为零，然后对图像空间中的点，用 Hough 变换计算出所有的 (ρ,θ) 值，每计算出一对 (ρ,θ) 值，就对数组元素 $A(\rho,\theta)$ 加 1，计算结束后，$A(\rho,\theta)$ 的值就是图像空间中落在距原点的法线距离为 ρ，法线与 x 轴的夹角为 θ 的直线上点的数目。

下面是用 Hough 变换检测直线的 MATLAB 程序。程序中假定一条有意义的直线其共线点数至少是三个点以上，因此，thresh≥3，共线点数少于 thresh 的直线将被过滤掉。

【例 9-14】利用 Hough 变换检测图像的直线。

```
>>clear all;
f=imread('hours1.jpg');
subplot(221);
imshow(f);
title('原始图像');
T=graythresh(f);
f=im2bw(f,T);
subplot(222);
imshow(f);
title('二值化图像');
subplot(223);
f=bwmorph(f,'skel',Inf);
f=bwmorph(f,'skel',8);
imshow(f);
title('细化图像');
[rodetect,tetadetect,Accumulator]=houghtrans(f,0.25,1,20);
subplot(224);
[m,n]=size(f);
for n1=1:length(rodetect)
    if tetadetect(n1)~=0
        x=0:n-1;
        y=-cot(tetadetect(n1)*pi/180)*x+rodetect(n1)/sin(tetadetect(n1)*pi/180);
    else
        x=rodetect(n1)*ones(1,n);
    end;
    xr=x+1;
    yr=floor(y+1.0e-10)+1
    xidx=zeros(1,n);
    xmin=0;
    xmax=0;
    for i=1:n
        if(yr(i)>=1 & yr(i)<=m)
            if f(yr(i),xr(i))==1
                if xmin==0
                    xmin=i;
                end
                xmax=i;
            end
```

```
        end
      end
    if tetadetect(n1)~=0
        x=xmin-1:xmax-1;
        y=y(x+1);
      else
        y=xmin-1:xmax-1;
        x=x(y+1);
      end
      y=m-1-y;
      plot(x,y,'linewidth',1);
      hold on;
end
axis([0,m-1,0,n-1]);
title('Hough 变换检测出的直线');
```

运行程序，效果如图 9-23 所示。

(a) 原始图像

(b) 二值化图像

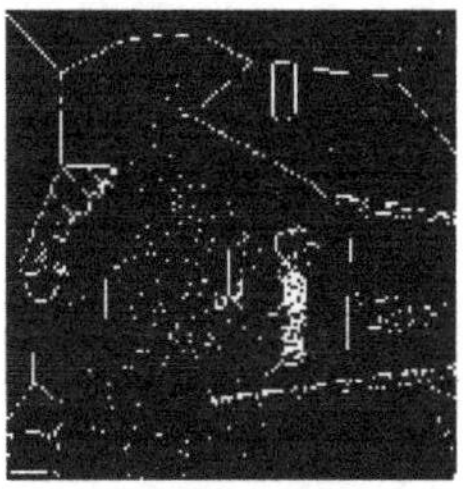
(c) 细化图像

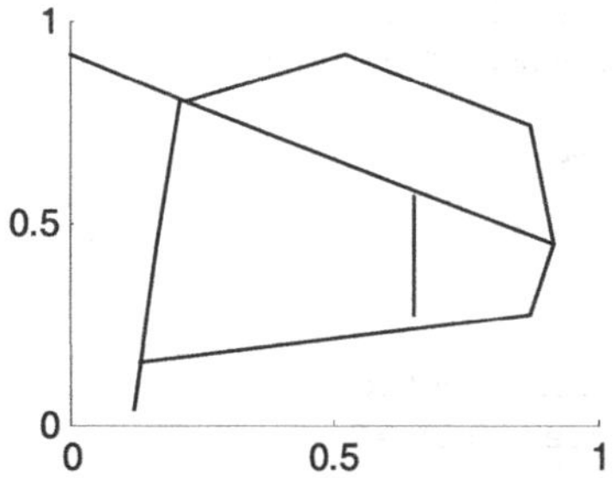

(d) Hough 变换检测出的直线

图 9-23　利用 Hough 变换检测直线

在以上程序中，调用到自定义编写的 houghtrans.m 函数，函数的源代码为：

```
function [rodetect,tetadetect,Accumulator]=houghtrans(imb,rostep,tetastep,thresh)
% houghtrans 函数用 Hough 变换检测直线,imb 为输入二值图像
% 图像的左上角为极坐标的原点
% rostep 和 tetastep 为参数 ρ 和 θ 的步长
% thresh 是阈值,用于过滤共线点数少的直线
if nargin==3
   thresh=3;
end
d=sqrt((size(imb,1))^2+(size(imb,2))^2);
D=ceil(d);
p=-D:rostep:D
teta=-90:tetastep:90;
```

```
Accumulator=zeros(length(p),length(teta));
rorec=zeros(length(p),length(teta));
teta=teta*pi/180;
for x=1:size(imb,2)
    for y=1:size(imb,1)
        if imb(y,x)==1
            indteta=0;
            for tetai=teta
                indteta=indteta+1;
                roi=(x-1)*cos(tetai)+(y-1)*sin(tetai);
                temp=abs(roi-p);
                mintemp=min(temp);
                indro=find(temp==mintemp);
                indro=indro(1);
                Accumulator(indro,indteta)=Accumulator(indro,indteta)+1;
            end
        end
    end
end
%在累加数组中找出局部最大值
Accumutemp=Accumulator-thresh;
Accumubinary=imregionalmax(uint8(Accumutemp));
[rodetect,tetadetect]=find(Accumubinary==1);
rodetect=diag(rorec(rodetect,tetadetect));
tetadetect=(tetadetect-1)*tetastep-90;
```

在进行 Hough 变换前先对原始图像做必要的预处理。首先用 Otsu 提出的最大类间方差法求取灰度阈值以对图像进行二值化处理；然后用形态函数处理二值化图像，得到细化的图像骨架；最后才利用 Hough 变换提取出图像中的直线。程序中，ρ 和 θ 的步长决定了计算量和计算精度。计算出 ρ 和 θ 后，利用它可以计算出对应的直线。然而还需要确定这条直线的起始和终点，这时要回到图像空间去寻找落在这条直线上的点。此外还要考虑到当 $\theta=0$，即直线为竖直线的特殊情况。从图 9-23 可以看出，利用 Hough 变换能将中断的竖直线连接起来。能将断了的线段连接起来是 Hough 变换的一大特点。Hough 变换的另外一大特点是其抑制噪声的能力，它能够提取出在噪声背景中的直线。

3. 利用 Hough 变换检测圆

Hough 变换利用了图像的全局特征，将边缘像素连接起来从而得到目标的边缘。Hough 变换不仅可以用于检测直线，事实上，它可以检测所有可以给出解析式的曲线，对圆周而言，它在直角坐标的一般方程为：

$$(x-a)^2+(x-b)^2=r^2 \tag{9-29}$$

其中 (a,b) 为圆心坐标，r 为圆的半径，图像空间中有三个参数 a、b、r，因此，在参数空间中累加数组的大小相应的是三维的，设为 $A(a,b,r)$，a、b 在允许范围内变化，根据上式求出 r 值，每计算出一个 (a,b,r) 值，就对数组元素 $A(a,b,r)$ 加 1，计算结束后，$A(a,b,r)$ 的值就是图像空间中落在以 (a,b) 为圆心坐标，以 r 为半径的圆周上的点的数目。可见，利用 Hough 变换检测圆的原理和计算过程与检测直线的类似，只是复杂程度增大了。如果可以得到边缘梯度角，从圆的中心到每一个边缘点的方向由梯度确定，剩下的未知参数只有圆的半径，那么就可以减少计算量。圆的极坐标方程为：

$$\begin{aligned} x &= a+r\cos\theta \\ y &= b+r\sin\theta \end{aligned} \tag{9-30}$$

在边缘点 (x,y) 处给定梯度角 θ，可以从上式中消除半径，得到：

$$b = a\tan\theta - x\tan\theta + y \tag{9-31}$$

此时，只需要一个两维的累加数组 $A(a,b)$。

4. 广义 Hough 变换

Hough 变换的原理是利用图像空间与参数空间的对应关系，将图像空间的检测问题转化到参数空间，通过在参数空间进行简单的累加统计来完成检测任务。利用这种思想，当目标的边缘没有解析表达式时，也可以使用 Hough 变换检测边缘。这就是广义 Hough 变换。广义 Hough 变换把物体的边缘形状编码成参考表，用这个离散的参考表来表示目标边缘。如图 9-24 所示，(a,b) 为目标内一参考点，(x,y) 为任一边缘点，(x,y) 到 (a,b) 的矢量为 r，r 与 x 的夹角为 φ，θ 为 (x,y) 处的梯度角。对于每一个梯度角为 θ 的边缘点 (x,y)，参考点的位置可由下式算出。

$$\begin{aligned} a &= x + r(\theta)\cos(\varphi(\theta)) \\ b &= y + r(\theta)\sin(\varphi(\theta)) \end{aligned} \tag{9-32}$$

利用广义 Hough 变换检测任意形状边界的主要步骤如下。

（1）在预知区域形状的条件下，将物体的边缘形状编码成参考表。对每个边缘点计算梯度角 θ_i，对每一个梯度 θ_i，算出对应于参考点的距离 r_i 和 φ_i。

（2）在参数空间建立一个二维的累加数组 $A(a,b)$，初值赋为零，对边缘上的每一点，计算出该点处的梯度角。然后，由式（9-32）计算出对每一个可能的参考点的位置值，对相应的数组元素 $A(a,b)$ 加 1。

（3）计算结束后，具有最大值的数组元素 $A(a,b)$ 所对应的 (a,b) 值即为图像空间中所求的参考点。求出图像空间中的参考点后，整个目标的边界就可以确定了。

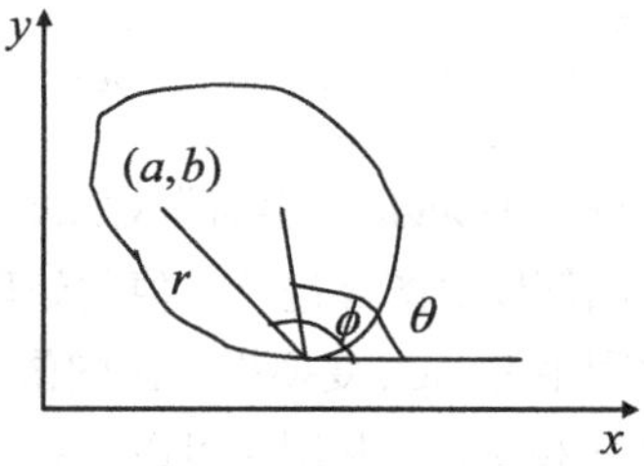

图 9-24 广义 Hough 变换参考点和边缘点的关系

9.5 区域分割

本节讨论一类应用区域生长、区域分裂与区域合并技术的图像分割算法，这些算法又简称为区域生长法。

9.5.1 区域生长的基本概念

在前面所讨论的内容中，我们感兴趣的是像素值的差别，而对于研究区域生长法来说则是寻找具有相似性的像素群，它们对应某种实体世界的平面或物体。区域增长的基本思想是将具有相似性质的像素集合起来构成区域。具体是先对每个需要分割的区域找一个种子像素作为增长的起始点，然后将种子像素周期邻域中与种子像素有相同或相似性质的像素合并到种子像素所在的区域。将这些新像素当作新的种子像素继续进行上面的过程，直到再没有满足条件的像素。图 9-25 说明了区域生成的基本目的。区域生长的一种最简单的方法是从某个像素开始，然后检查它的近邻，判断它们是否有相似性，这个相似性准则可以是灰度级、彩色、组织、梯度或其他特性。例如，如果它们有相似的亮度，那么，就将它们合起来形成一个区域。这样，就从单个像素往外生长出区域。

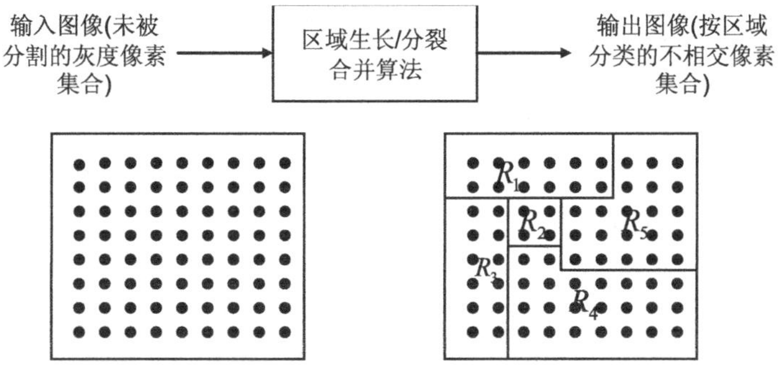

图 9-25　区域生长

图 9-26 所示为一个简单的区域生长的示例。这个示例的相似性准则是邻近点的灰度级与物体的平均灰度级的差小于 2。图中被接受的点和起始点均用一短线标出，其中图（a）是输入图像，图（b）是第一步接受的邻近点，图（c）是第二步接受的邻近点。这种区域生长方法是一个自底向上的运算过程。

5	5	9	6
4	9	10	8
2	2	9	3
3	3	3	3

(a)

5	5	9	6
4	9	10	8
2	2	9	3
3	3	3	3

(b)

5	5	9	6
4	9	10	8
2	2	9	3
3	3	3	3

(c)

图 9-26　区域生长示例

当生长任意物体时，相似性准则可以不是像素的亮度，而采用所谓结构判断准则。因此，此时的区域生长不是从像素开始而是将一幅图像分成一组小的区域。然后对每个区域应用均匀性检查，如果这一检查不成功，那么，对该区域再进行分裂操作。重复进行这一过程直到所有的区域是均匀时为止。这样，区域是由较小的区域而不是由像素生长的。显然这是一个自顶向下的运算过程。应用区域分裂/合并技术来实现区域生长存在两个关键问题：一是选择区域分裂的方法，二是分裂中止的判断准则。这种方法的具体实现和用于表示图像的数据结构关系很密切。采用小的区域而不用像素的主要优点是降低了对噪声的灵敏度。

值得注意的是区域生长技术的计算复杂费时，因此很少应用于对实时要求高的场合。只有当阈值分割或边缘提取技术无法产生满意的结果时，才考虑应用区域生长方法。

9.5.2　四叉树分解的分割法

1. 四叉树分解原理

四叉树分解结构可以用来实现分裂合并算法，在图像分析和图像压缩中应用广泛。四叉树分解将原始图像逐步细分成小块，操作的目的是将具有一致性的像素分到同个小块中。通常这些小块都是方块，只有少数情况分成长方形。因此当图像是方形，且像素点的个数是 2 的整数次幂时，四叉树分解法最适用。这里所说的一致性通常指方块内部各像素点的灰度值的范围不超过某个阈值，也就是各像素点的灰度值的接近程序满足要求。

四叉树分解的具体过程：将方形的原始图像分成四个相同大小的方块，判断每个方块是否满足一致性标准，如果满足就不再继续分裂，如果不满足就再细化成四个方块，并对细分得到的方块继续应用一致性经验。这个迭代重复的过程直到所有的方块都满足一致性标准才停止。最后，四叉树分解的结果可能包含多种不同尺寸的方块。

2. 四叉树分解的MATLAB实现

在 MATLAB 中，分别提供了三个函数用于四叉树分解，函数分别为 qtdecomp、qtgetblk、qtsetblk。下面分别介绍它们的具体使用方法。

（1）qtdecomp 函数

该函数用于对指定的图像进行四叉树分解。其调用格式为：

S = qtdecomp(I)：对灰度图像矩阵 I 进行四叉树分解，返回四叉树结构的稀疏矩阵 S。

S = qtdecomp(I, threshold)：表示如果块中元素最大值减去最小值大于 threshold，则分解块，threshold 为 0~1 的值。

S = qtdecomp(I, threshold, mindim)：表示如果块小于 mindim 就不再进行分解，无论其符合阈值条件与否。

S = qtdecomp(I, threshold, [mindim maxdim])：表示如果块小于 mindim 或大于 maxdim 就不再进行分解。maxdim/mindim 必须为 2 的幂。

S = qtdecomp(I, fun)：用 fun 函数确定是否分割图像块。qtdecomp 函数为 m×m×k 堆栈所有当前 m×m 大小的块进行 fun 函数处理，这里 k 为 m×m 块的个数。fun 函数应该返回只取 0 和 1 的元素的 k 维向量，其中 1 表示关联的块继续分割，而 0 表示不再分割。fun 函数可以是一个函数句柄，由@创建的，或者内联函数。

当 qtdecomp 函数处理的图像尺寸是 2 的整数次幂（128×128 或 256×256）时，这些图像最小可以分成 1×1 的方块。所处理的图像尺寸不是 2 的整数次幂时，在有些点上方块就不能继续再分解。例如，如果图像是 96×96 的，则可分成 48×48，然后分成 24×24，然后分成 12×12，再分成 6×6，最后分成 3×3，这时就不能再分成更小的方块了。处理这种图像时，必须将 mindim 设置为 3（或 2^3）。如果用包含了函数句柄的语法，则在不能再分的方块处该函数必须返回 0。

【例 9-15】对给定图像进行四叉树分解。

```
>> clear all;
I = imread('liftingbody.png');
S = qtdecomp(I,.27);
blocks = repmat(uint8(0),size(S));
for dim = [512 256 128 64 32 16 8 4 2 1];
  numblocks = length(find(S==dim));
  if (numblocks > 0)
    values = repmat(uint8(1),[dim dim numblocks]);
    values(2:dim,2:dim,:) = 0;
    blocks = qtsetblk(blocks,S,dim,values);
  end
end
blocks(end,1:end) = 1;
blocks(1:end,end) = 1;
subplot(121);imshow(I),
xlabel('(a)原始图像')
subplot(122), imshow(blocks,[])
xlabel('(b)四叉树分解')
```

运行程序，效果如图 9-27 所示。

（2）qtgetblk 函数

该函数用于获取四叉树分割中的块值。其调用格式为：

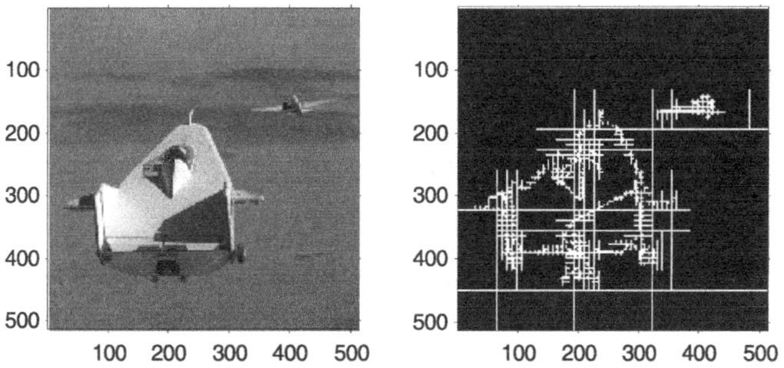

(a) 原始图像　　(b) 四叉树分解

图 9-27　图像四叉树分解效果

[vals, r, c] = qtgetblk(I, S, dim)：返回图像 I 的四叉树分割中 dim × dim 图像块的矩阵 vals。其中参数 S 为 qtdecomp 函数返回的稀疏数组，S 中包含了四叉树结构。参量 vals 为一个 dim × dim × k 的矩阵，这里 k 为四叉树分割中 dim × dim 块的数组。如果四叉树分割结构中没有定义大小的块，所有输出值为空矩阵，参量 r 和 c 包含了块左上角的行坐标和列坐标的向量。

[vals, idx] = qtgetblk(I, S, dim)：返回图像块的左上角的线性索引 idx。

【例 9-16】提取图像进行四叉分割的块。

```
>> clear all;
I = imread('liftingbody.png');
S = qtdecomp(I,.27);
blocks = repmat(uint8(0),size(S));
for dim = [512 256 128 64 32 16 8 4 2 1];
  numblocks = length(find(S==dim));
  if (numblocks > 0)
    values = repmat(uint8(1),[dim dim numblocks]);
    values(2:dim,2:dim,:) = 0;
    blocks = qtsetblk(blocks,S,dim,values);
  end
end
blocks(end,1:end) = 1;
blocks(1:end,end) = 1;
subplot(1,2,1);imshow(I);
xlabel('(a)原始图像');
subplot(1,2,2);imshow(blocks,[]);
xlabel('(b)块状表示四叉树分割')
```

运行程序，效果如图 9-28 所示。

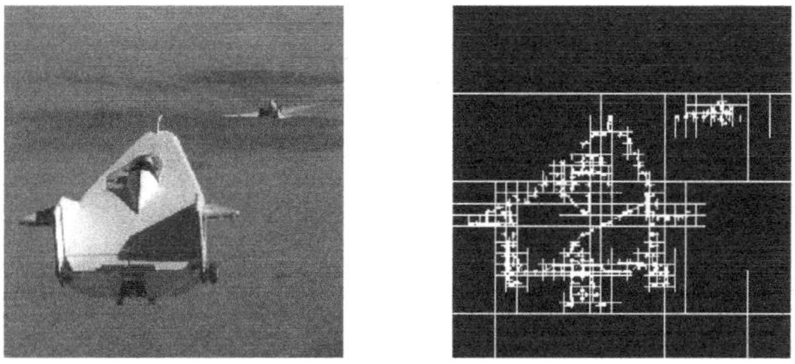

(a) 原始图像　　(b) 块状表示四叉树分割

图 9-28　图像四叉树分割的块提取效果

（3）qtsetblk 函数

该函数用于设置四叉树分割中子块的值。其调用格式为：

J = qtsetblk(I, S, dim, vals)：转换图像 I 四叉树分解中所有 dim × dim 子块为由 vals 构成的 dim × dim 子块。参数 S 为 qtdecomp 函数返回的包含四叉树结构的稀疏矩阵，参数 vals 为 dim × dim × k 的矩阵，这里 k 为四叉树分解中 dim × dim 子块的数量。

【例 9-17】重新设置四叉树分解的子块值。

```
>> clear all;
%定义灰度图像 I
I = [1    1    1    1    2    3    6    6
     1    1    2    1    4    5    6    8
     1    1    1    1   10   15    7    7
     1    1    1    1   20   25    7    7
    20   22   20   22    1    2    3    4
    20   22   22   20    5    6    7    8
    20   22   20   20    9   10   11   12
    22   22   20   20   13   14   15   16];
%阈值为 5 的四叉树分解
S = qtdecomp(I,5);
%定义一个新的子块集
newvals = cat(3,zeros(4),ones(4));
J = qtsetblk(I,S,4,newvals)
```

运行程序，输出如下：

```
J =
     0     0     0     0     2     3     6     6
     0     0     0     0     4     5     6     8
     0     0     0     0    10    15     7     7
     0     0     0     0    20    25     7     7
     1     1     1     1     1     2     3     4
     1     1     1     1     5     6     7     8
     1     1     1     1     9    10    11    12
     1     1     1     1    13    14    15    16
```

9.5.3 平均灰度的分割法

一个像素的值和一个区域上的平均值之间的最大差值可以作为一种均匀性判断准则。设 $f(P)$ 为图像像素灰度值，对大小为 N 的区域 R，令

$$m = \frac{1}{N}\sum_{P \in R} f(P) \tag{9-33}$$

于是，如果对某一阈值 T，区域 R 内的像素灰度值满足：

$$\max_{P \in R} \left| f(P) - m \right| < T \tag{9-34}$$

则称该区域是均匀的，这种均匀的判断是试探性的，并且可以把它作为其他均匀准则的模糊。下面说明这种方法的理论依据。

假设要处理的是具有零均值的高斯噪声图像，这就意味着在像素 P 上，噪声值为 l 的概率由下式决定：

$$P_x(l) = \frac{1}{\sqrt{2\pi}\sigma} \mathrm{e}^{-t^2/2\sigma^2} \tag{9-35}$$

式中 σ 是噪声的标准偏差。由于是白噪声，所以 $P_x(l)$ 的值与像素点的位置完全无关。实际上，

它表示噪声以同样的方式影响所有的像素。像素 P 的灰度值与其平均值的差大于某个量 x 的概率由式（9-36）积分给出。

$$g_m(x)=\frac{2}{\sqrt{2\pi\sigma}}\int_x^{+\infty}\mathrm{e}^{-t^2/2\sigma^2}\mathrm{d}l \tag{9-36}$$

如果一个区域是均匀的，可以证明式（9-36）是该区域灰度值的最佳估值器。在某种情况下，像素值偏离仅仅是由噪声引起的。因此，如果选 $l=T$，那么对某个像素，式（9-34）不满足的概率将由式（9-36）所确定。更确切地说，它等于 erf(T/a)。例如，使式（9-34）的 $T=2a$，那么对一特定像素来说，这个条件不满足的概率为 4.6%，而对于 $T=3a$，这一概率约为 0.3%。我们用 $p(T)$ 表示这一概率的值。于是，每个像素满足式（9-34）的概率为 $1-p(T)$，N 是每个区域的像素数，因此不能成功地识别一均匀区域的概率仅为 $1-[1-p(T)]^N$。若 $p(T)$ 值比 $1/N$ 小得多，这个量就近似等于 $Np(T)$。选阈值 T 等于噪声标准偏差的 3 倍，并假定对由 256 个像素构成的 16×16 方形区域做均匀性检查，可计算求得不满足的概率等于 54%。如果阈值是标准偏差的 4 倍，那么所求得的同一概率仅为 2.5%，从实际的观点来看这是一个可以接受的值。

将均匀区域误为非均匀区域不是唯一可能的误差，还必须估计将非均匀区域误为均匀区域的概率。在这种情况下，m 和像素值的差也是由图像各区域的值之间的差所造成的。令 m_1 和 m_2 是这些值，且令一个区域上 q_i% 的像素是其真值并为 $m_i(i=1,2)$ 的像素。如果该区域大到在估计均值时足以忽略噪声的影响，那么均值将是 $q_1m_1+q_2m_2$。如果一个像素有真值 m_1，那么这个值与此估计的平均值之间的差就为：

$$\Delta m=m_1-(q_1m_1+q_2m_2) \tag{9-37}$$

因此，使观测值与 m_1 相差 $T+\Delta m$ 或 $T-\Delta m$，就能出现这个值与 $q_1m_1+q_2m_2$ 的差大于 T 的情况，每种情况发生的概率为：

$$p_i=\frac{1}{2}[P(|T-\Delta m|)+P(|T+\Delta m|)] \tag{9-38}$$

因此，p_i 是对其真值为 m_i 的像素的观察值不满足方程（9-34）的概率。设有任何一个像素不满足该方程的概率为：

$$p_z=(1-p_1)^{q_1n}(1-p_2)^{q_2n} \tag{9-39}$$

式中的 p_z 是用类似于 p_1 的方式定义的。这样，p_n 是把一个实际上并不是均匀的区域当作是均匀的区域的概率。显然，如果 Δm 与 T 相比很小，那么 p_1 就接近于 $p(T)$。如果这对 p_2 也成立，那么 p_1 就近似等于 $[1-p(T)]^N$，它与误将非均匀的区域当作为均匀区域的概率是相同的。换句话说，均匀性的检测好像是一个随机事件，当一个区域包含的像素几乎属于同一类时，就出现 Δm 值最小的情况，因此，将它当作为均匀区域并不会引起较大误差。另一方面，如果一个区域是近似相等的两种像素类型的混合，即若 $q_1=q_2$ 使：

$$\Delta m=\frac{1}{2}[m_1\quad m_2] \tag{9-40}$$

则我们希望以很低的概率称该区域为均匀的。如果差值 Δm 的绝对值比噪声的标准偏差大得多，这种情况就会发生，因此此时 Δm 可与 T 的大小相比拟。在这些条件下，式（9-38）的方括号中第一项的自变量将接近于零，所以对应的概率将接近于 1，第二项中的自变量为标准偏差的很多倍，因此对应的概率接近为零。由这些假设可得 p_1 近似等于 0.5。也可求得 p_2 为相同的值。于是 p_n 近似等于 0.5^N。在这种情况下，不满足方程则意味着它是一个非均匀区域，其概率为 $1-0.5^N$。对 $N=256$，这一概率非常接近于 1。

9.5.4 基于相似统计特性的分割法

上一节的分析表明，把式（9-34）的均匀性准则用在将一个区域当作为非均匀区域方面可能会导致错误。例如当一幅图像用类似于式（9-34）的准则被分割时，常常会出现有大量的小区域似乎在图像中并没有任何真实的对应物。而利用相似统计特性来寻找具有均匀性的区域可以避免出现这些问题。这种方法是通过将一个区域上的统计特性与在该区域的各部分上所计算出的统计特性进行比较来判断区域的均匀性。如果它们相互很接近，那么这个区域可能是均匀的。这种方法对于纹理分割来说是有用的。我们可以在每一群区域上计算共生矩阵，然后比较这些矩阵，如果它们是相似的，那么这些区域的和是一个均匀区域。通常，令 F 为区域 R 上计算出的一个特征，如果 R_{12} 是两个相邻但不相连的区域 $F(R_1)$ 与 $F(R_2)$，则可通过使 $F(R_{12})$ 接近于 $F(R_1)$ 与 $F(R_2)$ 来定义均匀性准则，R_1 可能是早已求得的区域，R_2 是被考虑要加到 R_1 上的小区域。必须选择一个阈值 T，这样当 $F(R_1)$ 与 $F(R_2)$ 之差的绝对值低于 T 时，我们就认为它们是均匀的。这里 T 必须大于由噪声引起的 $F(R)$ 的方差。但是，在很多情况下，这一方差比噪声本身的方差小得多。而由不均匀性所引起的方差却具有和以前相同的大小。因此，基于统计特征比较的均匀性准则比式（9-34）所给出的准则更为准确。

9.6 运 动 分 割

静态图像是空间位置的函数，它与时间变化无关，仅仅单幅静止图像无法描述物体的运动。运动目标分割的研究对象通常是图像序列，图像序列的每一幅称为一帧，不同时刻采集的多帧图像中包含了存在于相机与景物之间的相对运动信息。图像序列一般可以表示为 $f(x,y,t)$，和静止图像相比，多了一个时间参数 t，一般认为所有图像的获取时间间隔相等，因此图像序列也可表示为 $f(x,y,i)$，i 为图像帧数。通过分析图像序列，获取景物的运动参数及各种感兴趣的视觉信息是计算机视觉的重要内容，而运动分割是它的关键技术。

9.6.1 背景差值法

背景差值法假定图像背景是静止不变的，因此图像背景不随图像帧数而变，可表示为 $b(x,y)$，定义图像系列为 $f(x,y,i)$，其中 (x,y) 为图像位置坐标，i 为图像帧数。将每一帧图像的灰度值减去背景的灰度值可得到一个差值图像。

$$id(x,y,i)=f(x,y,i)-b(x,y) \tag{9-41}$$

通过设置一个阈值 T 可得到一个二值化差值图像。

$$bid(x,y,i)=\begin{cases}1, & \text{如果}\,|id(x,y,i)|\geqslant T\\ 0, & \text{如果}\,|id(x,y,i)|<T\end{cases} \tag{9-42}$$

取值为 1 和 0 的像素分别对应于前景（运动目标区域）和背景（非运动区域），阈值 T 选择得准确与否直接影响到二值图像的质量。如果阈值 T 选得太高，二值图像中判定为运动目标的区域会产生碎化现象。相反，如果选得太低，又会引入大量的噪声。阈值 T 的选择方法可采用静态图像中阈值分割所使用的方法。可见背景差值法的原理是比较简单的，利用该方法可以较好地对静止背景下的运动目标进行分割。

【例 9-18】用背景差值法分割图像。

下面的 MATLAB 程序利用背景差值法从静止的背景中分割出目标，结果如图 9-29 所示。需要指出的是将一帧图像的灰度值减去背景图像的灰度值所得到的差值图像并不完全等于运动目标的图像，除非背景图像的像素值全为零，但只要它能起到分割和检测图像的作用，目的就达到了。

```
>>clear all;
I=imread('duck.png');
subplot(221);
imshow(I);
title('原始图像');
b=imread('background.png');
subplot(222);
imshow(b);
title('背景图像');
df=im2double(I);
db=im2double(b);
c=df-db;
d=im2uint8(c);
subplot(223);
imshow(d);
title('差值图像');
T=50;
T=T/255;
i=find(abs(c)>=T);
c(i)=1;
i=find(abs(c)<T);
c(i)=0;
subplot(224);
imshow(c);
title('二值化差值图像');
```

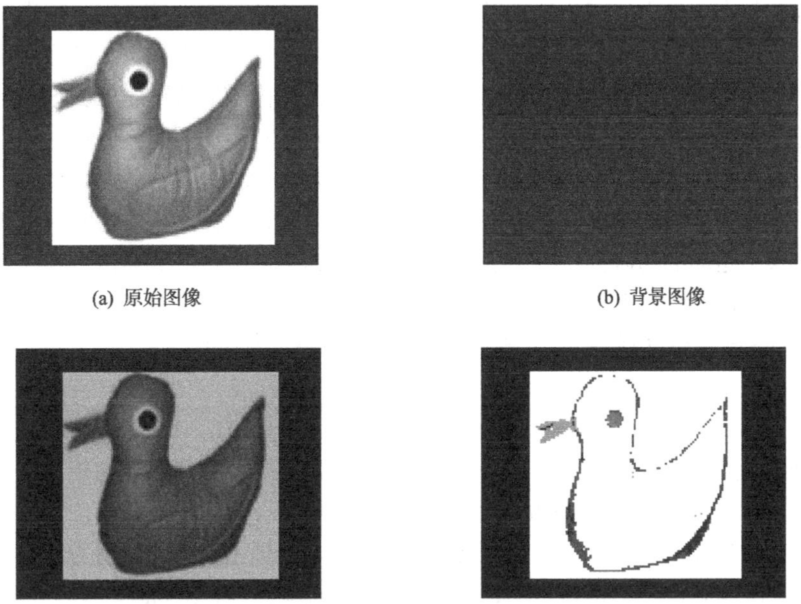

(a) 原始图像　(b) 背景图像

(c) 差值图像　(d) 二值化差值图像

图 9-29　用背景差值法分割图像

背景差值法速度快，检测准确，其关键是背景图像的获取。但是在有些情况下，静止背景是不易直接获得的，此外，由于噪声等因素的影响，仅仅利用单帧的信息容易产生错误，这就需要通过视频序列的帧间信息来估计和恢复背景，即背景重建。由于重建背景的质量、阈值的选择以及序列图像中其他各种因素的影响，检测出的二值图像中不可避免地会留下大量的噪声点，使得原图像中对应于运动目标的区域会出现不同程度的碎化现象。噪声点与运动目标区域的区域在于：运动目标区域表现为若干像素点组成的具有一定形状的空间，而噪声点则表现为一些相对独立的较小的像素点集合。为更好地反映出各个运动目标在当前图像中的位置，可以对二值图像进行滤波，去除噪声。一个简单噪声消除方法是使用尺度滤波器，滤掉小于某一尺度的连通成分，因为这些像素常常是由噪声产生的，留下大于某一尺度阈值的 4-连通或 8-连通成分，以便进一步地分析。对于运动检测，这个滤波器非常有效，但也会将一些有用的信号滤掉，比如那些来自缓慢运动或微小运动物体的信号。滤波完成后，还可以利用区域生长法合并本来属于同一目标的碎块邻域。

9.6.2 图像差分法

当图像背景不是静止时，无法用背景差值法检测和分割运动目标，此时，检测图像序列相邻两帧之间变化的另外一种简单方法是直接比较两帧图像对应像素点的灰度值。在这种方式下，帧 $f(x,y,i)$ 与帧 $f(x,y,j)$ 之间的变化用如下的二值差分图像表示。

$$bidf(x,y,i,j)=\begin{cases}1, & \text{如果}\left|f(x,y,j)-f(x,y,i)\right|\geqslant T\\ 0, & \text{其他}\end{cases} \tag{9-43}$$

式中 T 是阈值。同样，在差分图像中，取值为 1 的像素点代表变化区域。一般来说，变化区域对应于运动对象，当然它也有可能是由噪声或光照变化所引起的。阈值在这里同样起着非常重要的作用。对于缓慢运动的物体和缓慢光强变化引起的图像变化，在某些阈值下可能检测不到。图像差分法要求图像帧与帧之间要配准得很好，否则，容易产生大的误差。

缓慢运动物体在图像中的变化量是很小的，它在两个相邻的图像帧之间表现出来的差别是一个很小的量，尺度滤波器可能会将这些微小量当成噪声滤掉。另一方面，在实际情况中，由于随机噪声的影响，没有目标运动的地方也会出现图像差分值不为零的情况。解决这一问题的一种方法是把这些差分值累积起来，真正的目标运动区域必须对应较大的累积差分值，这就是累积差分图像方法（Accumulative Difference Picture，ADP）。这种方法不是仅仅分析两帧之间的变化，而是通过分析整个图像序列的变化，而来检测小位移或缓慢运动物体。该方法不仅可用于可靠地检测微小运动或缓慢运动的物体，还可用于估计物体移动速度的大小和方向以及物体的尺度大小。获得累积差分图像的过程如下：将图像序列的每一帧图像与一幅图像参考，并且置累积差分图像的初始值为 0。这样，在第 i 帧图像上的累积差分图像 $adp(x,y,i)$ 为：

$$adp(x,y,i)=\begin{cases}0, & i=0\\ adp(x,y,i-1)+bidf(x,y,0,i), & \text{其他}\end{cases} \tag{9-44}$$

图 9-30 所示是累积差分示意图，如图 9-30（a）到图 9-30（d）所示灰色矩形为运动目标，每次移动一个像素，图 9-30（e）到图 9-30（g）所示目标中所标的数值为相应位置的二值差分图像 $bidf(x,y,0,i), i=1,2,3$，图 9-30（h）到图 9-30（k）所示目标中所标的数值为相应位置的累积差分图像 $adp(x,y,i), i=0,1,2,3$。由图可见，如果仅仅利用前帧图像，由 $bidf(x,y,0,1)=1$，还不能肯定它是由运动目标造成的，还是由噪声造成的，利用前四帧图像，当目标运动至（4，1）位置时，可以发现 $adp(1,1,3)=3$，$adp(2,1,3)=1$，$adp(3,1,3)=1$，可见灰度值的变化是有规律的，由此可以判断它不是由噪声造成的。使用累积差分图像方法，对于累积差分图像值有规律的区域就可以判

断它不是噪声造成的，同时避免了因物体缓慢运动在图像中的变化量小而被当成噪声滤掉的错误。

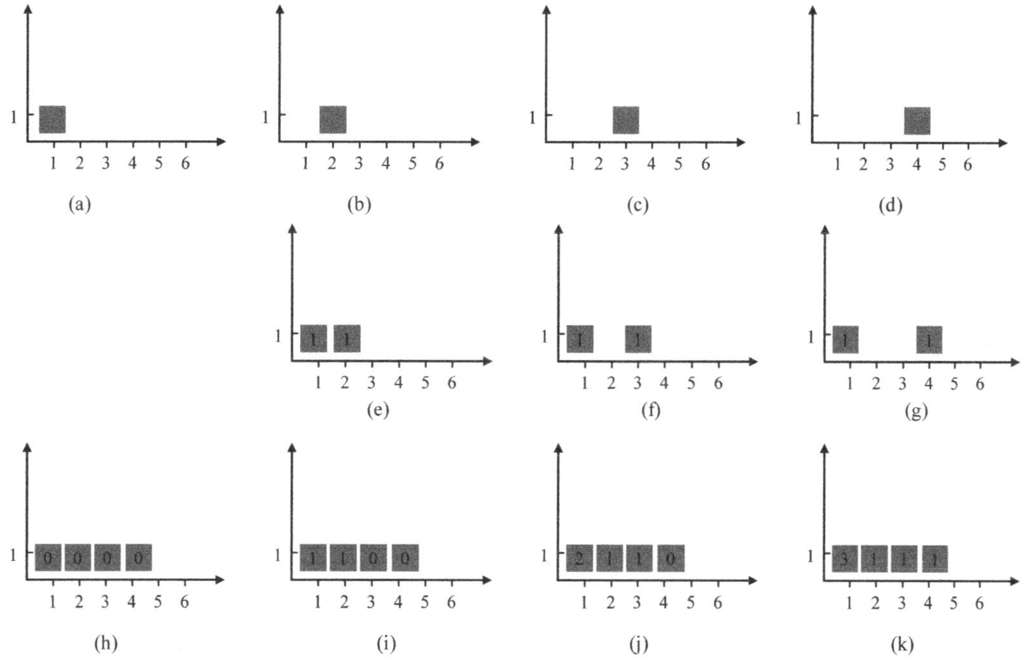

图 9-30　累积差分示意图

在差分图像中，不等于零的像素并不一定都属于运动物体，也可能是上一帧中被目标覆盖而在当前帧中显露出来的背景区域。差分图像中目标和显露的背景同时存在，必须去除显露的背景，才能得到实际的运动对象。利用相邻 3 帧图像两两差分，做二值化处理，然后将两差分图像做相“与”运算，可确定物体在中间那帧图像的位置，消除显露的背景，这种运算叫作对称差分运算。设帧 $f(x,y,i-1)$ 与帧 $f(x,y,i)$ 之间二值差分图像为 $bidf(x,y,i-1,i)$，帧 $f(x,y,i)$ 与帧 $f(x,y,i+1)$ 之间二值差分图像为 $bidf(x,y,i,i+1)$，则对第 i 帧图像的对称差分运算表示如下：

$$sbidf(x,y,i)=bidf(x,y,i-1,i)\cap bidf(x,y,i,i+1) \tag{9-45}$$

上式表明只有 $bidf(x,y,i-1,i)=1$ 和 $bidf(x,y,i,i+1)=1$ 同时成立时，$sbidf(x,y,i)=1$ 才成立。这样便可以消除二值图像中显露的背景，获得第 i 帧图像中的运动对象区域。

9.6.3　光流分割法

1. 光流约束方程

设图像点 (x,y) 在 t 时刻的灰度为 $I(x,y,t)$，该点光流的 x 和 y 分量为 $u(x,y)$ 和 $v(x,y)$，假设图像在 $t+\Delta t$ 时运动到 $(x+\Delta x,y+\Delta y)$，其中，$\Delta x=u\Delta t$，$\Delta y=v\Delta t$。灰度守恒假设是指运动前后图像点的灰度值保持不变，可如下表示：

$$I(x+\Delta x,y+\Delta y,t+\Delta t)=I(x,y,t) \tag{9-46}$$

如果亮度随 x,y,t 光滑变化，则可以将上式的左边用泰勒级数展开并略去二阶以上高阶无穷小项，可得：

$$I(x,y,t)=\Delta x\frac{\partial I}{\partial x}+\Delta y\frac{\partial I}{\partial y}+\Delta t\frac{\partial I}{\partial t}=I(x,y,t) \tag{9-47}$$

上式两边同时除以 Δt，并令 $\Delta t\to 0$，可得：

$$\frac{\partial I}{\partial x}\frac{\mathrm{d}x}{\mathrm{d}t}+\frac{\partial I}{\partial y}\frac{\mathrm{d}y}{\mathrm{d}t}+\frac{\partial I}{\partial t}=0 \tag{9-48}$$

容易看出上式即为：

$$\frac{\mathrm{d}(I(x,y,t))}{\mathrm{d}t}=0 \tag{9-49}$$

令

$$u=\frac{\mathrm{d}x}{\mathrm{d}t},\quad v=\frac{\mathrm{d}y}{\mathrm{d}t} \tag{9-50}$$

$$I_x=\frac{\partial I}{\partial x},\quad I_y=\frac{\partial I}{\partial y},\quad I_t=\frac{\partial I}{\partial t} \tag{9-51}$$

代入式（9-48）可得：

$$I_x u+I_y v+I_t=0 \tag{9-52}$$

该式即为光流约束方程。方程中的 I_x，I_y 和 I_t 可直接从图像中计算出来。但是图像中的每一点上有两个未知数 u 和 v，只有一个方程是不能确定光流的。这个不确定问题称为孔径问题（aperture problem），为了唯一地求解出 u 和 v，需要增加其他约束。

在某些场合，光流基本方程的灰度守恒假设条件往往不能满足，如遮挡性、多光源和透明性等原因，这些场合就无法用光流约束方程求解光流。应用光流约束方程求解光流时，需要找到当前帧像素点 (x,y) 处在下一帧的对应点位置 $(x+\Delta x, y+\Delta y)$。然而，实际的成像过程从三维到二维丢失了一部分信息，某些对应匹配是不可能完成的。物体运动过程中，当前帧中被目标物体覆盖的背景和下一帧被目标物体覆盖的背景是不同的，当前帧中被目标物体覆盖的背景区域在下一帧中就找不到匹配点。此时应用光流约束方程求解光流，在运动边界处的运动信息是不可靠的，即可能产生不正确的运动点或局外点。此外，在某些场合，光流并不等于运动流。

2. 光流分割

基于光流的运动图像分割根据光流的不连续性来分割运动图像，不同的光流区域对应着不同的运动目标，它首先估计运动图像稠密光流，然后将相似的光流矢量合并，形成不同的块对应不同的运动物体。设三维场景中有一个刚性物体，在时刻 t_k 其中一点 (x_k, y_k, z_k) 经过旋转和平移运动，在时刻 t_{k+1} 到达 $(x_{k+1}, y_{k+1}, z_{k+1})$。当刚性物体旋转的角度很小时，三维刚性物体运动模型可表示如下：

$$\begin{bmatrix} x_{k+1} \\ y_{k+1} \\ z_{k+1} \end{bmatrix} = R_k \begin{bmatrix} x_k \\ y_k \\ z_k \end{bmatrix} + T_k = \begin{bmatrix} 1 & -\theta & \psi \\ \theta & 1 & -\varphi \\ -\psi & \varphi & 1 \end{bmatrix} \begin{bmatrix} x_k \\ y_k \\ z_k \end{bmatrix} + \begin{bmatrix} t_x \\ t_y \\ t_z \end{bmatrix} \tag{9-53}$$

其中 R_k 为旋转矩阵，T_k 为平移向量。θ，ψ，φ 分别表示绕 x，y，z 轴的逆时针旋转角。上式还可以写成：

$$\begin{bmatrix} x_{k+1}-x_k \\ y_{k+1}-y_k \\ z_{k+1}-z_k \end{bmatrix} = \begin{bmatrix} 0 & -\theta & -\psi \\ \theta & 0 & -\varphi \\ -\psi & \varphi & 0 \end{bmatrix} \begin{bmatrix} x_k \\ y_k \\ z_k \end{bmatrix} + \begin{bmatrix} t_x \\ t_y \\ t_z \end{bmatrix} \tag{9-54}$$

上式两端同除以 $\Delta t = t_{k+1}-t_k$，得到速度变换公式：

$$\begin{bmatrix} \dot{x}_k \\ \dot{y}_k \\ \dot{z}_k \end{bmatrix} = \begin{bmatrix} 0 & -\dot{\theta} & -\dot{\psi} \\ \dot{\theta} & 0 & -\dot{\varphi} \\ -\dot{\psi} & \varphi & 0 \end{bmatrix} \begin{bmatrix} x_k \\ y_k \\ z_k \end{bmatrix} + \begin{bmatrix} \dot{t}_x \\ \dot{t}_y \\ \dot{t}_z \end{bmatrix} \tag{9-55}$$

由此可得三维速度场在图像平面上的正交投影：

$$\begin{aligned} u &= \dot{x}_k = \dot{t}_x - \dot{\theta} y_k + \dot{\psi} z_k = \dot{t}_x - \dot{\theta} y' + \dot{\psi} z \\ v &= \dot{y}_k = \dot{t}_y + \dot{\theta} x_k - \dot{\varphi} z_k = \dot{t}_y + \dot{\theta} x' - \dot{\varphi} z \end{aligned} \tag{9-56}$$

其中 (x',y') 为 (x_k,y_k,z_k) 在图像平面上的正交投影。

设刚性物体运动的平面方程为：

$$z = a_0 + a_1 x + a_2 y \tag{9-57}$$

将该式代入式（9-56），得到含有 6 个参数的仿射流模型：

$$\begin{aligned} u &= b_0 + b_1 x' + b_2 y' \\ v &= b_3 + b_4 x' + b_5 y' \end{aligned} \tag{9-58}$$

其中 $b_0 = t_x + a_0\dot{\psi}$， $b_1 = a_1\dot{\psi}$， $b_2 = a_2\dot{\psi} - \dot{\varphi}$， $b_3 = t_y - a_0\dot{\theta}$， $b_4 = \dot{\varphi} - a_1\dot{\theta}$， $b_5 = -a_2\dot{\theta}$

基于 Hough 变换的光流分割可分为三个步骤。

（1）根据仿射变换将光流矢量编组。Hough 变换可以看成是一种聚类方法，应用该方法可以在量化参数空间中投票选出最具代表性的参数值。应用 Hough 变换对式（9-58）的仿射光流模型进行分割。首先，确定 6 个参数的最小值和最大值；然后在六维特征空间中把 $a_1,\cdots,a_6$ 按一定的步长量化成离散的参数集合；最后，应用 Hough 变换从光流中找出具有一致的仿射变换的光流矢量，将它们编成一组，同时，记下每一个光流矢量的对应参数集。这些组与某个运动小平面相对应。

（2）将步骤（1）得到的组按某种准则合并成块。这些块与某个运动目标相对应。

（3）将未合并的光流矢量归并到它们邻近的块中，直到没有新的光流矢量需要合并为止。

可以看出，这一方法需要的计算量很大。为了减小计算量，可采用一些改进的 Hough 变换算法。例如把参数空间分成两个不相连的子集合 $\{a_1,a_2,a_3\}\times\{a_4,a_5,a_6\}$，用它们来实现两个三维 Hough 变换，或者迭代应用 Hough 变换，每一次迭代时，参数空间将在上一次迭代的估计值周围进行量化，以得到更高的参数精度。

9.6.4　块分割法

基于块的运动估计与光流计算不同，它不需要计算每一个像素点的运动，而只需计算由若干像素组成的像素块的运动。对于许多图像分析和估计应用来说，块运动分析是一种很好的近似。基于块的运动模型假设图像运动可以用块运动来表征。它把每一帧图像分成许多小块，然后利用这些小块进行分割跟踪处理。块的基本运动有平移、旋转、仿射、透视等，实际块运动一般都由这些运动组合而成。

1. 平移运动

假设图像中运动目标做平移运动，令 (x_i,y_i) 表示第 i 帧中某块中的一个像素点，该点在第 $i+1$ 帧中的对应点为 (x_{i+1},y_{i+1})，第 i 帧到第 $i+1$ 帧的平移变换公式表示为：

$$\begin{aligned} x_{i+1} &= x_i + \Delta x \\ y_{i+1} &= y_i + \Delta y \end{aligned} \tag{9-59}$$

对块中所有的像素，有：

$$f(x,y,t_i) = f(x+\Delta x, y+\Delta y, t_{i+1}) \tag{9-60}$$

2. 仿射运动

如果运动中包含了平移和旋转，则需要将平移变换推广到仿射变换：

$$\begin{aligned} x_{i+1} &= a x_i + b y_i + c \\ y_{i+1} &= d x_i + e y_i + f \end{aligned} \tag{9-61}$$

上式称为 6 参数仿射变换，它不仅可以描述块的平移、旋转运动，还表示块的变形运动。仿射变换一个重要的性质就是平面上两条平行直线，经仿射变换后，仍然保持平行。

3. 透视投影变换

二维系列图像是三维物体运动在图像平面投影形成的，因此通常要考虑透视投影变换。

$$\begin{aligned} x_{i+1} &= \frac{a_0 x_i + a_1 y_i + a_2}{a_3 x_i + a_4 y_i + 1} \\ y_{i+1} &= \frac{b_0 x_i + b_1 y_i + b_2}{b_3 x_i + b_4 y_i + 1} \end{aligned} \tag{9-62}$$

4. 双线性变换

导致图像动态变化的原因是多方面的，它可能由物体运动引起，也有可能由物体结构、大小或形状变化引起，为了能够描述更复杂的块运动，有时需要使用双线性变换。

$$\begin{aligned} x_{i+1} &= a_0 x_i + a_1 y_i + a_2 x_i y_i + a_3 \\ y_{i+1} &= b_0 x_i + b_1 y_i + b_2 x_i y_i + b_3 \end{aligned} \tag{9-63}$$

基于块的运动估计可以解决光流的孔径问题，它只计算一个块的运动，不需计算每一个像素点的运动，计算简单有效，对于许多应用都是一种很好的近似。

9.6.5 聚类分割法

聚类算法不需要训练样本，因此聚类是一种无监督的（unsupervised）统计方法。因为没有训练样本，聚类算法迭代的执行对图像分类和提取各类的特征值速度加快。从某种意义上说，聚类是一种自我训练的分类。其中，K 均值、模糊 C 均值（Fuzzy C-Means）、EM（Expectation-Maximization）和分层聚类方法是常用的聚类算法。

1. 基本原理

K 均值算法先对当前的每一类求均值，然后按新生成的均值对象素进行重新分类（将像素归入均值最近的类），对新生成的类再迭代执行前面的步骤。模糊 C 均值算法从模糊集合理论的角度对 K 均值进行了推广。EM 算法把图像中每一个像素的灰度值看作是几个概率分布（一般用 Gaussian 分布）按一定比例的混合，通过优化基于最大后验概率的目标函数来估计这几个概率分布的参数和它们之间的混合比例。分层聚类方法通过一系列类别的连续合并和分裂完成，聚类过程可以用一个类似树的结构来表示。聚类分析不需要训练集，但是需要有一个初始分割提供初始参数，初始参数对最终分类结果影响较大。另一方面，聚类也没有考虑空间关联信息，因此也对噪声和灰度不均匀敏感。这里具体介绍 K 均值算法。设簇的个数为 K，其步骤为：

（1）取任意的 K 个属性值向量为初始簇的中心，设这 K 个值为 $Y_1(l), Y_2(l), \cdots, Y_K(l)$，循环处理的次数设为 n，其初始值设为 1。

（2）所有的属性值向量 X 由下式进行分类，使向量集{X}中的向量分别属于簇的中心 $Y_1(n), Y_2(n), \cdots, Y_l(n), Y_K(n)$ 相应的子集 $S_1(n), S_2(n), \cdots, S_l(n), S_K(n)$。

$$d_l = \min\{d_j\} \to X \in S_l(n), \quad N_K \underline{\underline{\Delta}} \{1, 2, K\}$$

（3）这里的 d_j 是 X 与 $Y_j(n)$ 之间的距离，由下式定义。

$$d_j \underline{\underline{\Delta}} \|X - Y_j(n)\|$$

（4）由下式计算各子集 $S_l(n) (l \cong \{1, 2, 3, \cdots, K\})$ 的新簇的中心 $Y_l(n+1)$。

$$Y_l(n+1) = \frac{1}{N_l} \sum_{X \in S_l(n)} X$$

（5）N_l 是集合 $S_l(n)$ 中的元素个数。上式中的 $Y_l(n+1)$ 是属于 S_l 的 X 的平均值。

（6）对所有簇，当下式成立时处理结束，否则就返回到（2）继续处理。

$$Y_l(n+1)=Y_l(n)\ ,\quad l \in N$$

2. 聚类分割的实现

下面通过一个实例来演示怎样在 MATLAB 中实现聚类分割。

【例 9-19】 基于色彩空间，使用 K 均值聚类算法对图像进行分割。目标是自动使用 L*a*b*色彩空间和 K 均值聚类算法实现图像分割。

```
>> clear all;
I=imread('hestain.png');
subplot(2,3,1);imshow(I);
xlabel('(a)H&E 图像');
%将图像的色彩空间由 RGB 色彩空间转换到 L*a*b 色彩空间
cform = makecform('srgb2lab');          %色彩空间转换
lab_I= applycform(I,cform);
%使用 k 均值聚类算法对 a*b 空间中的色彩进行分类
ab=double(lab_I(:,:,2:3));      %数据类型转换
nrow=size(ab,1);              %求矩阵尺寸
ncol=size(ab,2);              %求矩阵尺寸
ab=reshape(ab,nrow*ncol,2);     %矩阵形状变换
ncolors=3;
%重复聚类 3 次，以避免局部最小值
[c_idx,c_center]=kmeans(ab,ncolors,'distance','sqEuclidean','Replicates',3);
%使用 k 均值聚类算法得到的结果对图像进行标记
pixel_labels=reshape(c_idx,nrow,ncol);         %矩阵形状改变
subplot(2,3,2);imshow(pixel_labels,[]);
xlabel('(b)使用簇索引对图像进行记');
s_image=cell(1,3);                   %元胞型数组
rgb_label=repmat(pixel_labels,[1 1 3]);       %矩阵平铺
for k=1:ncolors
    color=I;
    color(rgb_label~=k)=0;
    s_image{k}=color;
end
subplot(2,3,3);imshow(s_image{1});
xlabel('(c)簇 1 中的目标');
subplot(2,3,4);imshow(s_image{2});
xlabel('(d)簇 2 中的目标');
subplot(2,3,5);imshow(s_image{3});
xlabel('(e)簇 3 中的目标');
%分割细胞核到一个分离图像
mean_c_value=mean(c_center,2);
[tmp,idx]=sort(mean_c_value);
b_c_num=idx(1);
L=lab_I(:,:,1);
b_indx=find(pixel_labels==b_c_num);
L_blue=L(b_indx);
i_l_b=im2bw(L_blue,graythresh(L_blue));    %图像黑白转换
%使用亮蓝色标记属于蓝色细胞核的像素
n_labels=repmat(uint8(0),[nrow,ncol]);     %矩阵平铺
```

```
n_labels(b_indx(i_l_b==false))=1;
n_labels=repmat(i_l_b,[1,1,3]);                    %矩阵平铺
b_n=I;
b_n(n_labels~=1)=1;
subplot(2,3,6);imshow(b_n);
xlabel('(f)使用簇索引对图像进行标记');
```

运行程序，效果如图 9-31 所示。

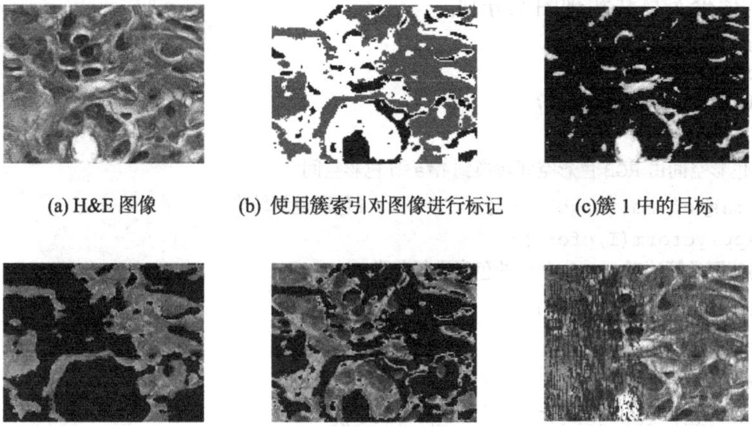

(a) H&E 图像　(b) 使用簇索引对图像进行标记　(c)簇 1 中的目标

(d) 簇 2 中的目标　(e) 簇 3 中的目标　(f) 使用簇索引对图像进行标记

图 9-31　彩色图像的分割效果

小　　结

图像分割是一个将一幅数字图像划分为不交叠的、连通的像素的过程，其中一个对应于背景，其他则对应于图像中的各个物体。为了改善图像分割时的性能，在分割之前可以进行背景平滑和噪声消除。从实际应用的角度出发，图像分割算法有边缘检测、阈值分割、区域分割、运动分割等。

边缘是指其周围像素灰度变化不连续的那些像素的集合。边缘广泛存在于物体与背景之间、物体与物体之间。因此它是图像分割所依赖的重要特征。

图像的分割性能受诸多因素的影响，包括图像的同质性、空间结构特性、连续性、纹理、内容、物理视觉特性等。好的图像分割应全面考虑这些特性，因此，图像分割的发展趋势应具有以下特点。

（1）多种分割方法相结合。例如结合区域与边界信息的分割方法，这样的方法可以结合边缘法和区域法的优点，通过边缘的约束限制可以避免区域的过分割，同时，通过区域分割可以补充边缘法漏检的边缘，使分割更符合实际情况。例如可以先进行边缘检测与连接，再比较相邻区域的某种特性，若相近则合并。也可以对图像分别进行边缘检测和区域生长，然后将获得的结果按照一定的规则进行融合，以得到更合理的分割结果。

（2）人工智能技术的应用。到目前为止，虽然提出了很多图像分割算法，然而这些算法大都是针对某一具体应用提出来的，只利用了图像的部分信息，缺乏智能性，将人工智能技术引入图像分割相信可以取得更好的效果。

（3）人机交互的分割方法。人在分割和检测图像时毫不费劲，没有任何一台计算机在分割和检验真实图像时能达到人类视觉系统的水平，这是由于人类在观察图像时使用了大量的知识。所以人机交互的分割方法可以实现更好的分割效果。

习　题

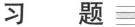

9-1　指出 Canny 算子的优缺点。

9-2　证明高斯-拉普拉斯算子 $\nabla^2 h(x,y)=\frac{1}{\pi\sigma^4}\left[\frac{x^2+y^2}{2\sigma^2}-1\right]\mathrm{e}^{-\frac{x^2+y^2}{2\sigma^2}}$ 的平均值为零。

9-3　对一幅给定的灰度图像，利用各种算子实现边缘检测，对比它们的优劣势。

9-4　对于非二值图像，如何应用边界跟踪算法。噪声对跟踪算法有什么影响。

9-5　设有 1 幅 8×8 的二值数字图像，除中心处有 1 个 3×3 的像素值为 1 的正方形区域外，其余的像素值均为 0。试分别用 Roberts，Sobel 和 Prewitt 算子计算该幅数字图像的梯度值和方向角。

9-6　运动图像帧与帧之间没有配准好，对图像差分法有什么影响？

9-7　获取背景差值法中的背景图像以及图像差分中的参考图像是分割的关键，如何利用多幅运动图像构造出一个基准图像？

9-8　用分裂合并法分割如下图所示的图像，并给出对应分割结果的四叉树。

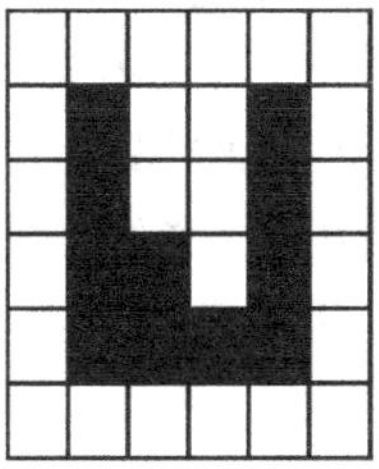

9-9　利用块分割法，对给定的灰度图像实现分割。

第 10 章 图像特征描述

数字图像分析是图像处理的高级阶段，它所研究的是使用机器分析和识别周围物体的视觉图像，从而可得出结论性的判断。但是，人类视觉系统认识的图像能让计算机系统也认识就必须寻找出算法，分析图像的特征，然后将其特征用数学的办法描述出来并教会计算机也懂得这些特征。这样，计算机也就具有了认识或者识别图像的本领，这称为图像模式识别，也叫图像识别。在图像识别中，对获得的图像直接进行分类是不现实的。首先，图像数据占用很大的存储空间，直接进行识别费时费力，其计算量无法接受；其次图像中含有许多与识别无关的信息，如图像的背景等，因此必须进行特征的提取和选择，这样就能对被识别的图像数据进行大量压缩，有利于图像识别。要使计算机具有识别的本领，首先要得到图像的各种特性，称为图像特征提取。提取特征和选择特征很关键，特征若提取不恰当，分类就不精确，甚至无法分类。

图像特征是指图像的原始特性或属性。其中有些是视觉直接感觉到的自然特征，如区域的亮度、边缘的轮廓、纹理或色彩等；有些是需要通过变换或测量才能得到的人为特征，如变换频谱、直方图、矩等。常见的图像特征可以分为灰度（密度、颜色）特征、纹理特征和几何形状特征等。其中灰度特征和纹理特征属于内部特征，需要借助分割图像从原始图像上测量。几何形状特征属于外部特征，可以从分割图像上测量。

10.1 图像特征概述

图像特征描述的目的是为了让计算机具有认识或者识别图像的能力，即图像识别。图像识别是根据一定的图像特征进行的，因而这些特征的选择显得非常重要，它将直接影响到图像识别分类器的设计、性能及其识别结果的准确性。由此可以看出，特征选择是图像识别中的一个关键环节。特征选择和提取的基本任务是如何从众多特征中找出最有效的特征。在具体论述不同特征的分析技术之前，下面首先对几个经常用到的名词做一些说明。

1. 特征形成

根据待识别的图像，通过计算产生一组原始特征，称为特征形成。

2. 特征提取

特征提取从广义上而言就是指一种变换。具体而言，原始特征的数量很大，或者说原始样本处于一个高维空间中，通过映射或变换的方法可以将高维空间中的特征描述用低维空间的特征来描述，这个过程就叫特征提取。变换后的特征是原始特征的某些组合。

3. 特征选择

从一组特征中挑出一些最有效的特征以达到降低特征空间维数的目的，这个过程就叫特征选择。目前几乎还没有解析的方法能够指导特征的选择。很多情况下，凭直觉的引导可以列出一些可能的特征表，然后用特征排序的方法计算不同特征的识别率。利用识别率来对特殊表进行删减，从而选出若干最好的特征。对于一个特征而言，评判的标准有以下 4 个方向。

（1）可区别性

对于属于不同类型的图像而言，它们的特征应具有明显的差异。比如道路识别中，道路的颜色是一个好特征，因为它与背景的颜色有着明显的区别。

（2）可靠性

对于同类图像而言，特征值应该比较接近。比如杂志封面的文字图像分割中，对于不同颜色的文字，如果采用颜色这个特征，则是一个不好的特征。

（3）独立性好

所选择的特征之间彼此不相关。例如，对于医学图像中的细胞的识别，如果用细胞的直径和面积作为特征，则不能作为独立的特征，因为二者高度相关，所反映的细胞的属性基本相同，即细胞的大小。

（4）数量少

图像识别系统的复杂程度随着特征数目的增多而迅速增加，尤其是用来训练分类器和测试结果的图像样本随特征数目的增多呈指数关系增长。

特征选取的方法很多，从一个模式中提取什么特征，因不同的模式而异，并且与识别的目的、方法等有直接关系。需要说明的是特征提取和选择并不是截然分开的，有时可以先将原始特征空间映射到低维空间，在这个空间中再进行选择以进一步降低维数。也可以经过选择去掉那些明显没有分类信息的特征，再进行映射以降低维数。

特征提取和选择的总原则是：尽可能减少整个识别系统的处理时间和错误识别率，当两者无法兼得时，需要做出相应的平衡；或者缩小错误识别的概率，以提高识别精度，但会增加系统运动的时间；或者提高整个系统速度以适应实时的需要，但会增加错误识别的概率。

10.2　颜色特征分析

10.2.1　颜色直方图

1. 一般特征直方图

设 $s(x_i)$ 为图像 P 中某一特征值 x_i 的像素的个数，$N=\sum_j s(x_j)$ 为 P 中的总像素数，对 $s(x_i)$ 做归一化处理，即：

$$h(x_i)=\frac{s(x_i)}{N}=\frac{s(x_i)}{\sum_j s(x_j)} \tag{10-1}$$

图像 P 的一般特征直方图为：

$$H(P)=[h(x_1),h(x_2),\cdots,h(x_n)] \tag{10-2}$$

式中，n 为某一特征取值的个数。

事实上，直方图就是某一特征的概率分布。对于灰度图像，直方图就是灰度的概率分布。

2. 累加特征直方图

假设图像 P 某一特征的一般特征直方图为 $H(P)=[h(x_1),h(x_2),\cdots,h(x_n)]$。令：

$$\lambda(x_i)=\sum_{j=1}^{i}h(x_j) \tag{10-3}$$

该特征的累加直方图为：

$$\lambda(P)=[\lambda(x_1),\lambda(x_2),\cdots,\lambda(x_n)] \tag{10-4}$$

3. 二维直方图

设图像 $X=\{x_{mn}\}$ 大小为 $M\times N$，由 X 采用 3×3 或 5×5 点阵平滑得到的图像为 $Y=\{y_{mn}\}$，它的大小也为 $M\times N$，由 X 和 Y 构成一个二元组，称二元组 $(X,Y)=\{(x_{mn},y_{mn})\}_{M\times N}$ 为图像 X 的广义图像。广义图像的直方图就是二维直方图。

二维直方图中含有原图像颜色的空间分布信息，对于两幅颜色组成接近而空间分布不同的图像，它们在二维直方图空间的距离相对传统直方图空间就会被拉大，从而能更好地区别开来。

4. 颜色直方图实现

前面介绍了几种颜色直方图，下面通过实例来演示怎样实现图像的颜色直方图。

【例 10-1】 绘制彩色图像的 R、G 和 B 分量的直方图。

```
>> clear all;
I=imread('flower1.jpg');           %读入要处理的图像，并赋值给 I
R=I(:,:,1);                        %图像的 R 分量
G=I(:,:,2);                        %图像的 G 分量
B=I(:,:,3);                        %图像的 B 分量
set(0,'defaultFigurePosition',[100,100,1000,500]);  %修改图形图像位置的默认设置
set(0,'defaultFigureColor',[1 1 1])
figure;
subplot(121);imshow(I);                              %显示彩色图像
xlabel('(a) 原始图像');
subplot(122);imshow(R);            %R 分量灰度图
xlabel('(b)红色分量灰度图')
figure;
subplot(121);imshow(G);            %G 分量灰度图
xlabel('(c) 绿色分量的灰度图');
subplot(122);imshow(B);            %B 分量灰度图
xlabel('(d) 蓝色分量的灰度图');
figure;
subplot(131);imhist(I(:,:,1))                %显示红色分辨率下的直方图
xlabel('(e) 红色分量的直方图');
subplot(132);imhist(I(:,:,2))                %显示绿色分辨率下的直方图
xlabel('(f) 绿色分量的直方图');
subplot(133);imhist(I(:,:,3))      %显示蓝色分辨率下的直方图
xlabel('(j) 蓝色分量的直方图');
```

运行程序，效果如图 10-1 所示。

由于 RGB 颜色空间不符合人对颜色的感知心理，常采用面向视觉感知的 HSV 颜色模型对 HSV 空间进行适当量化后再计算其直方图，以减少计算量。

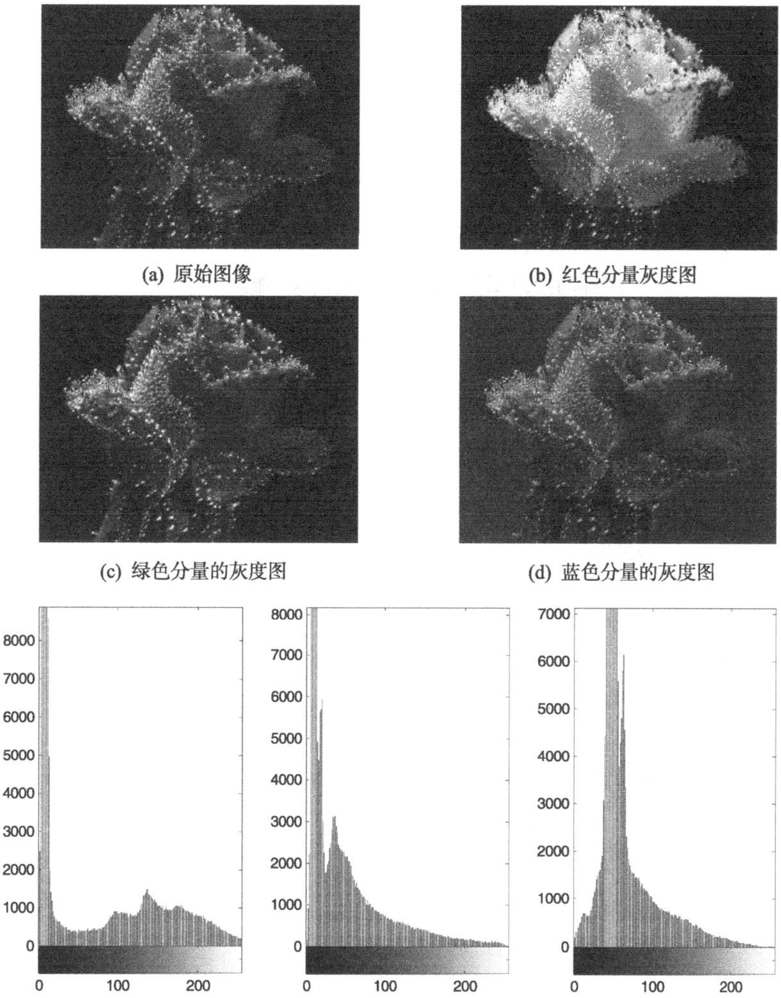

(a) 原始图像　(b) 红色分量灰度图

(c) 绿色分量的灰度图　(d) 蓝色分量的灰度图

(e) 红色分量的直方图　(f) 绿色分量的直方图　(j) 蓝色分量的直方图

图 10-1　彩色图像的直方图

10.2.2　颜色矩

颜色矩是一种简单有效的颜色特征，以计算 HIS 空间的 H 分量为例，如果记 $H(p_i)$ 为图像 P 的第 i 个像素的 H 值，则其前三阶颜色矩（中心矩）分别为：

$$M_1 = \frac{1}{N}\sum_{i=1}^{N} H(p_i)$$

$$M_2 = \left[\frac{1}{N}\sum_{i=1}^{N}(H(p_i)-M_1)^2\right]^{1/2}$$

$$M_3 = \left[\frac{1}{N}\sum_{i=1}^{N}(H(p_i)-M_1)^3\right]^{1/3}$$

式中，N 为像素的个数。类似地，可以定义另外 2 个分量的颜色矩。

【例 10-2】利用 mean2 函数和 std 函数对灰度图像进行一阶矩、二阶矩和三阶矩的计算。

```
>> clear all;
```

```
J=imread('lena.bmp');
%灰度级调整将[70,160]的灰度扩展到[0, 255]，增强对比度
K=imadjust(J,[70/255 160/255],[]);
figure;
subplot(121);imshow(J);
xlabel('(a) 原始图像');
subplot(122);imshow(K);
xlabel('(b) 对比度增强后的图像');
[m,n]=size(J);  %求图像矩阵的大小赋值给[m,n],表示 m×n 维矩阵
m1=round(m/2);  %对 m/2 取整
m2=round(n/2);
[p,q]=size(K);
p1=round(p/2);
q1=round(q/2);
J=double(J);        %图像数据变为 double 型
K=double(K);
colorsum=0;            %给灰度值总和赋 0 值
disp('原图像一阶矩：')
Jg=mean2(J)            %求原图像一阶矩
disp('增强对比度后的图像一阶矩:')
Kg=mean2(K)            %求增强对比度后的图像一阶矩
disp('原图像的二阶矩：')
Jd=std(std(J))      %求原图像的二阶矩
disp('增强对比度后的图像二阶矩：')
Kd=std(std(K))      %求增强对比度后的图像二阶矩
for i=1:m1
    for j=1:m2
        colorsum=colorsum+(J(i,j)-Jg)^3;
    end
end
disp('原图像三阶矩为：')
Je=(colorsum/(m1*m2))^(1/3)     %求原图像三阶矩
colorsum=0;             %给灰度值总和赋 0 值
for i=1:p1              %循环求解灰度值总和
    for j=1:q1
        colorsum=colorsum+(J(i,j)-Kg)^3;
    end
end
disp('增强对比度后的图像三阶矩：')
Ke=(colorsum/(p1*q1))^(1/3)
```

运行程序，输出如下，效果如图 10-2 所示。

原图像一阶矩：

```
Jg =  158.5277
```

增强对比度后的图像一阶矩：

```
Kg =  165.9647
```

原图像的二阶矩：

```
Jd(:,:,1) =   20.9499
Jd(:,:,2) =   22.4842
```

```
Jd(:,:,3) =  14.6920
```

增强对比度后的图像二阶矩：

```
Kd(:,:,1) =  34.9829
Kd(:,:,2) =  39.7929
Kd(:,:,3) =  35.1018
```

原图像三阶矩为：

```
Je =  51.7390
```

增强对比度后的图像三阶矩：

```
Ke =  31.1756
```

(a) 原始图像

(b) 对比度增强后的图像

图 10-2 颜色矩效果图

10.2.3 颜色集

颜色直方图和颜色矩只是考虑了图像颜色的整体分布，不涉及位置信息。颜色集表示则同时考虑了颜色空间的选择和颜色空间的划分。使用颜色集表示颜色信息时，通常采用颜色空间 HSL。颜色集表示方法的实现步骤如下：

（1）对于 RGB 空间中任意图像，它的每个像素可以表示为一个矢量 $\hat{v}_c=(r,g,b)$ 。

（2）变换 T 将其变换到另一与人视觉一致的颜色空间 $\hat{w}_c$ ，即 $\hat{w}_c=T(\hat{v}_c)$ 。

（3）采用量化器 Q_M 对 $\hat{w}_c$ 重新量化，使得视觉上明显不同的颜色对应着不同的颜色集，并将颜色集映射成索引 m。

颜色集定义如下：设 B_M 是 M 维的二值空间，在 B_M 空间的每个轴对应唯一的索引 m。一个颜色集就是 B_M 二值空间中的一个二维矢量，它对应着对颜色 $\{m\}$ 的选择，即颜色 m 出现时，$c[m]=1$ ，否则 $c[m]=0$ 。以 $M=8$ 为例，颜色集的计算过程为：

设 T 是 RGB 到 HSL 的变换，$Q_M(M=8)$ 是一个将 HSL 量化成 2 个色调、2 个饱和度和 2 级亮度的量化器。对于 Q_M 量化的每个颜色，赋给它唯一索引 m，则 B_8 是 8 维的二值空间，在 B_8 空间中，每个元素对应一个量化颜色。一个颜色集 c 包含了从 8 个颜色中的各种选择。如果该颜色集对应一个单位长度的二值矢量，则表明重新量化后的图像只有一个颜色出现；如果该颜色集有多个非零值，则表明重新量化后的图像中有多个颜色出现。例如，颜色集 $c=[10010100]$，表明量化后的 HSL 图像中出现第 0 个（$m=0$），第 3 个（$m=3$），第 5 个（$m=5$）颜色。人的视觉对色调较为敏感，因此，在量化器 Q_M 中，一般色调量化级比饱和度和亮度要多。如色调可量化为 18 级，饱和度和亮度可量化为 3 级。此时，颜色集为 $M=18\times3\times3$=162 维二值空间。

颜色集可以通过对颜色直方图设置阈值直接生成，如对于一颜色 m，给定阈值 τ_m ，颜色集与直方图的关系如下：

$$c[m]=\begin{cases}1, & h[m]\geqslant \tau_m \\ 0, & \text{其他}\end{cases}$$

因此，颜色集表示为一个二进制向量。

10.3 几何描述

图像的几何特征是指图像中物体的位置、方向、周长和面积等方面的特征。尽管几何特征比较直观和简单，但在许多图像分析中可以发挥重要的作用。提取图像几何特征之前一般要对图像进行分割和二值化处理。二值图像只有 0 和 1 两个灰度级，便于获取、分析和处理，虽然二值图像只能给出物体的轮廓信息，但在图像分析和计算机视觉中，二值图像及其几何特征具有特别价值，可用来完成分类、检验、定位、轨迹跟踪等任务。

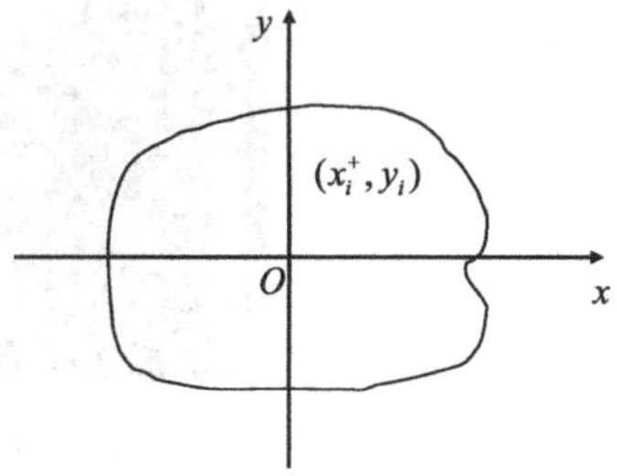

图 10-3　物体的位置

10.3.1　位置

一般情况下，图像中的物体通常并不是一个点，因此，采用物体或区域的面积的中心点作为物体的位置。如图 10-3 所示，面积中心就是单位面积质量恒定的相同形状图形的质心 O。

由于二值图像质量分布是均匀的，故质心和形心重合。若图像中的物体对应的像素位置坐标为 $(x_i, y_i)(i=0,1,\cdots,N-1, j=0,1,\cdots,M-1)$，则可用下式计算质心位置坐标。

$$\begin{cases}\overline{x}=\dfrac{1}{NM}\sum\limits_{i=0}^{N-1}\sum\limits_{j=0}^{M-1}x_i \\ \overline{y}=\dfrac{1}{NM}\sum\limits_{i=0}^{N-1}\sum\limits_{j=0}^{M-1}y_i\end{cases}$$

10.3.2　方向

图像分析不仅需要知道一幅图像中物体的具体位置，而且还要知道物体在图像中的方向。如果物体是细长的，则可以将较长方向的轴定义为物体的方向，如图 10-4 所示。通常，将最小二阶矩轴定义为较长物体的方向。

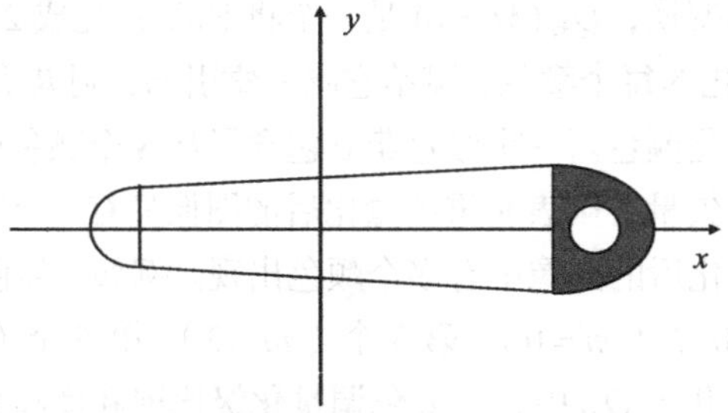

图 10-4　物体方向的最小惯量轴定义

也就是说，要找出一条直线，使物体具有最小惯量，即：

$$E=\iint r^2 f(x,y)\mathrm{d}x\mathrm{d}y$$

式中 r 是点 (x,y) 到直线（轴线）的垂直距离。通常情况下，确定一个物体的方向并不是一件容易的事情，需要进行一定量的测量。

10.3.3　周长

图像内某一物体或区域的周长是指该物体或区域的边界长度。一个形状简单的物体用相对较短的周长来包围它所占有面积内的像素，即周长是围绕所有这些像素的外边界的长度。通常，测量周长会包含物体内多个 90° 的转弯，这些拐弯一定程度上扩大了物体的周长。物体或区域的周长在区别某些简单或复杂形状的物体时具有重要价值。

周长的表示方法不同，因而计算周长的方法也有所不同，计算周长常用的三种方法分别如下。

（1）若将图像中的像素视为单位面积小方块，则图像中的区域和背景均由小方块组成。区域的周长即为区域和背景缝隙的长度之和，此时边界用隙码表示，计算出隙码的长度就是物体的周长。图 10-5 所示的图形，边界用隙码表示时，周长为 24。

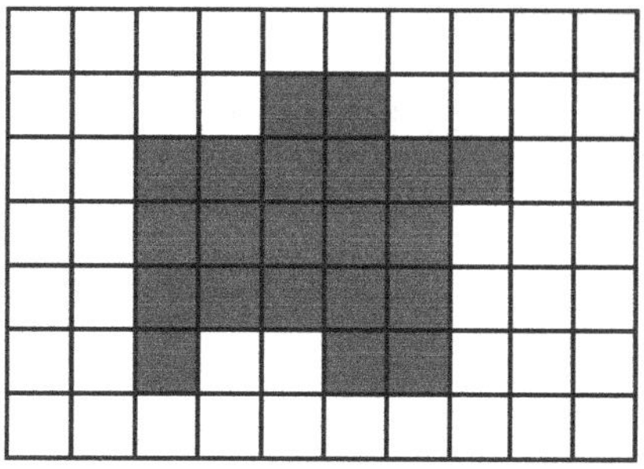

图 10-5　物体周长的计算

（2）若将像素视为一个个点，则周长用链码表示，求周长也就是计算链码的长度。当链码值为奇数时，其长度为 $\sqrt{2}$；当链码值为偶数时，其长度为 1。周长 p 可表示为：

$$p = N_e + \sqrt{2}N_o$$

式中，N_e 和 N_o 分别是边界链码（8 方向）中走偶步与走奇步的数目。

周长也可以简单地从物体分块中通过计算边界上相邻像素的中心距离之和得出。

（3）周长用边界所占面积表示时，周长即物体边界点数之和，其中每个点为占面积为 1 的一个小方块。以图 10-5 为例，边界以面积表示时，物体的周长为 15。

10.3.4　面积

面积是衡量物体所占范围的一种方便的客观度量。面积与其内部灰度级的变化无关，它完全由物体或区域的边界决定。同样面积条件下，一个形状简单的物体其周长相对较短。

1. 像素计数法

最简单的面积计算方法是统计边界及其内部的像素的总数。根据面积的像素计数法的定义方式，物体面积的计算非常简单，求出物体边界内像素点的总和即为面积，计算公式如下：

$$A = \sum_{x=1}^{N}\sum_{y=1}^{M} f(x,y)$$

对二值图像而言，若 1 表示物体的像素，用 0 表示背景像素，则面积就是统计 $f(x,y)=1$ 的像素数量。

2. 边界行程码计算法

由各种封闭边界区域的描述来计算面积也很方便，面积的边界行程码计算法可分如下两种情况：

（1）若已知区域的行程编码，则只需将值为 1 的行程长度相加，即为区域面积。

（2）若给定封闭边界的某种表示，则相应连通区域的面积为区域外边界包围的面积与内边界包围的面积（孔的面积）之差。

若采用边界链码表示面积，则面积计算方法如下。

设屏幕左上角为坐标原点，区域起始点坐标为(x_0, y_0)，则第 k 段链码终端的纵坐标 y 为：

$$y_k = y_0 + \sum_{i=1}^{k} \Delta y_i$$

式中：

$$\Delta y_i = \begin{cases} -1, & \varepsilon_i = 1,2,3 \\ 0, & \varepsilon_i = 0,4 \\ 1, & \varepsilon_i = 5,6,7 \end{cases}$$

ε_i 是第 i 个码元，而：

$$\Delta x_i = \begin{cases} -1, & \varepsilon_i = 0,1,7 \\ 0, & \varepsilon_i = 2,6 \\ 1, & \varepsilon_i = 3,4,5 \end{cases}$$

$$\alpha = \begin{cases} \frac{1}{2}, & \varepsilon_i = 0,5 \\ 0, & \varepsilon_i = 0,2,6 \\ -\frac{1}{2}, & \varepsilon_i = 3,7 \end{cases}$$

则相应边界所包围的面积为：

$$A = \sum_{i=1}^{n} (y_{i-1} \Delta x_i + \alpha) \tag{10-5}$$

应用式（10-5）面积公式计算的面积，即以链码表示边界时边界内所包含的单元方格总数。

3. 边界坐标计算法

面积的边界坐标计算法采用格林公式进行计算，在 x-y 平面上，一条封闭曲线所包围的面积为：

$$A = \frac{1}{2} \oint (x\mathrm{d}y - y\mathrm{d}x)$$

其中，积分沿着该闭合曲线进行。对于数字图像，可将上式离散化，因此可得：

$$A = \frac{1}{2} \sum_{i=1}^{N} [x_i(y_{i+1} - y_i) - y_i(x_{i+1} - x_i)]$$
$$= \frac{1}{2} \sum_{i=1}^{N} (x_i y_{i+1} - x_{i+1} y_i)$$

式中，N 为边界点数。

【例 10-3】利用 edge 函数提取图像轮廓，绘制出对象的边界和提取边界坐标信息。

```
>> clear all;
I= imread('leaf.jpg');                          %读入图像
c= im2bw(I, graythresh(I));                     %I 转换为二值图像
figure;
subplot(131);imshow(I);
xlabel('(a)原始图像')
c=flipud(c);                               %实现矩阵 c 上下翻转
b=edge(c,'canny');                         %基于 canny 算子进行轮廓提取
[u,v]=find(b);                             %返回边界矩阵 b 中非零元素的位置
```

```
xp=v;                                      %行值 v 赋给 xp
yp=u;                                      %列值 u 赋给 yp
x0=mean([min(xp),max(xp)]);                %x0 为行值的均值
y0=mean([min(yp),max(yp)]);                %y0 为列值的均值
xp1=xp-x0;
yp1=yp-y0;
[cita,r]=cart2pol(xp1,yp1);                %直角坐标转换成极坐标
q=sortrows([cita,r]);                      %从 r 列开始比较数值并按升序排序
cita=q(:,1);                               %赋角度值
r=q(:,2);                                  %赋半径模值
subplot(132);polar(cita,r);
xlabel('(b) 极坐标下的轮廓图');
[x,y]=pol2cart(cita,r);
x=x+x0;
y=y+y0;
subplot(133);plot(x,y);
xlabel('(c) 直角坐标下的轮廓图');
```

运行程序，效果如图 10-6 所示。

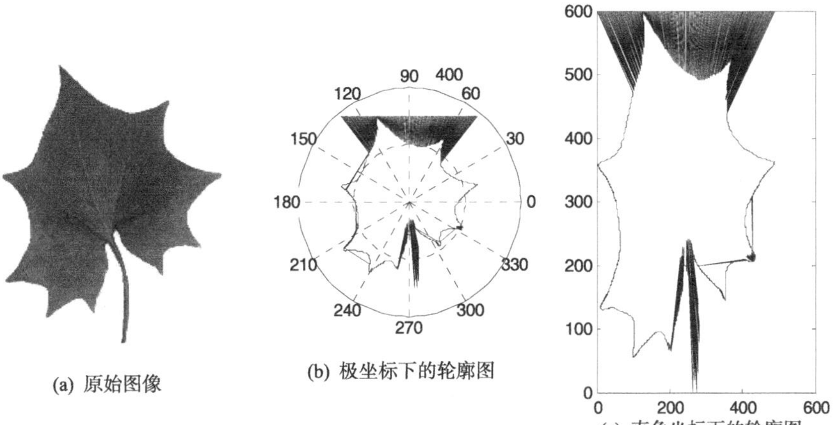

(a) 原始图像　　(b) 极坐标下的轮廓图　　(c) 直角坐标下的轮廓图

图 10-6　绘制图像的边缘和边界坐标信息

10.4　形 状 描 述

物体的形状特征主要包括矩形宽、宽长比、圆形度、球状性、不变矩和偏心率等。物体从图像中分割出来以后，将形状特征与几何特征结合起来，在机器视觉系统中起着十分重要的作用，它可以作为区分不同物体的依据之一。

10.4.1　矩形度

物体的矩形度指物体的面积与其最小外接矩形的面积之比值。如图 10-7 所示，矩形度反映了一个物体对其外接矩形的充满程序。

矩形度的定义如下：

$$R=\frac{A_o}{A_{MER}}$$

A_o 是该物体的面积，而 A_{MER} 是物体的最小外接矩形（MER）的面积。

R 的值在 0~1 之间，当物体为矩形时，R 取得最大值 1.0。圆形物体的矩形度取值为 $\pi/4$，细长和弯曲物体的 R 值较小。

10.4.2 宽长比

宽长比是指物体的最小外接矩形的宽与长之比值。宽长比 r 为：

$$r=\frac{W}{L}$$

利用 r 可以将细长的物体与圆形或方形的物体区分开来。

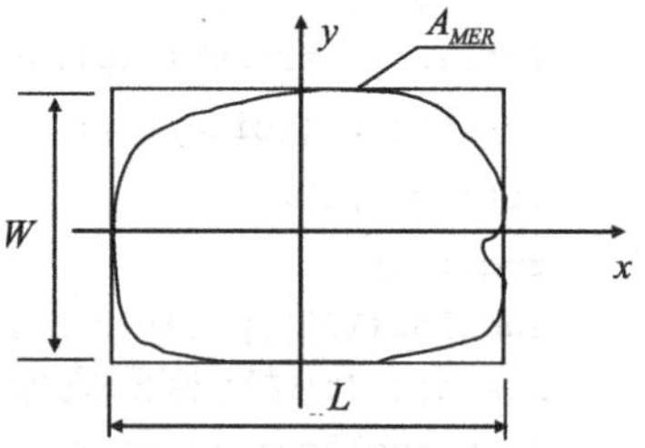

图 10-7 物体的最小外接矩形

10.4.3 圆形度

图形度包括周长平方面积比、边界能量、圆形性、面积与平均距离平方之比值等。圆形度可以用来刻画物体边界的复杂程度。

1. 周长平方面积比

面积平方比是度量圆形度最常用的指标，又称为致密度，即周长的平方与面积之比值。

$$C=\frac{P^2}{A}$$

其中，P 表示物体的周长，A 表示面积。

2. 边界能量

边界能量是圆形度的重要指标之一。设物体的周长为 P，以变量 p 表示边界上的点到某一起始点的距离。边界上任意点都有一个对应的曲率半径，即该点与物体边界相切的圆的半径，如图 10-8 所示，以 $r(p)$ 表示曲率半径，则 p 点的曲率函数为：

$$K(p)=\frac{1}{r(p)}$$

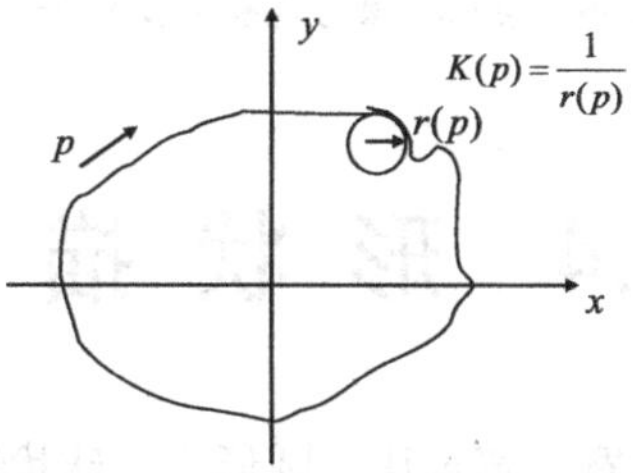

图 10-8 物体边界点的曲率半径

函数 $K(p)$ 是周期函数，其周期为 P。可采用下式计算单位边界长度的平均能量。

$$E=\frac{1}{P}\int_0^P\left|K(p)\right|^2\mathrm{d}p$$

当不同物体具有相同面积时，圆具有最小边界能量。

$$E=\left(\frac{2\pi}{P}\right)^2=\frac{1}{R^2}$$

其中 R 为圆的半径。曲率可以很容易地由链码算出，因而边界能量也可以方便地求出。

3. 圆形性

圆形性（Circularity）C 是一个用物体或区域 R 的所有边界点定义的特征量，即

$$C = \frac{\mu_R}{\delta_R}$$

式中：

$$\mu_R = \frac{1}{K}\sum_{k=0}^{K-1}\left\|(x_k, y_k) - (\overline{x}, \overline{y})\right\|$$

μ_R 是从区域重心到边界点的平均距离，即

$$\delta_R = \frac{1}{K}\sum_{k=0}^{K-1}[\left\|(x_k, y_k) - (\overline{x}, \overline{y})\right\| - \mu_R]^2$$

δ_R 是从区域重心到边界点的距离均方差。

当物体所占区域 R 趋向圆形时，特征量 C 是单调递增且趋向无穷，且不受区域平移、旋转和尺度变化的影响。

4. 面积与平均距离平方比值

面积与平均距离平方比值 g 也是圆形度的度量指标，其定义如下：

$$g = \frac{A}{d^2} = \frac{AN^2}{\left(\sum_{i=1}^{N} x_i\right)^2} = \frac{N^3}{\left(\sum_{i=1}^{N} x_i\right)^2}$$

式中，x_i 是从具有 N 个点的物体中的第 i 个点到与其最近的边界点的距离。该定义利用了从边界上的点到物体内部某点的平均距离 $\overline{d}$，即

$$\overline{d} = \frac{1}{N}\sum_{i=1}^{N} x_i$$

10.4.4 球状度

球状度又称为球状性（Sphericity），它既可以用于描述二维物体，也可以描述三维物体。球状度以 S 表示，其定义如下：

$$S = \frac{r_i}{r_c}$$

如图 10-9 所示，对于二维物体，r_i 代表区域内切圆（Inscribed-circle）的半径，而 r_c 表示区域外接圆（Circumscribed-circle）的半径，两圆的圆心都在物体区域的重心上。

当二维物体为圆形时，物体的球状性值 S 达到最大值 1.0，而当区域为其他形状时，S<1.0。球状性不受物体平移、旋转和尺度变化的影响。

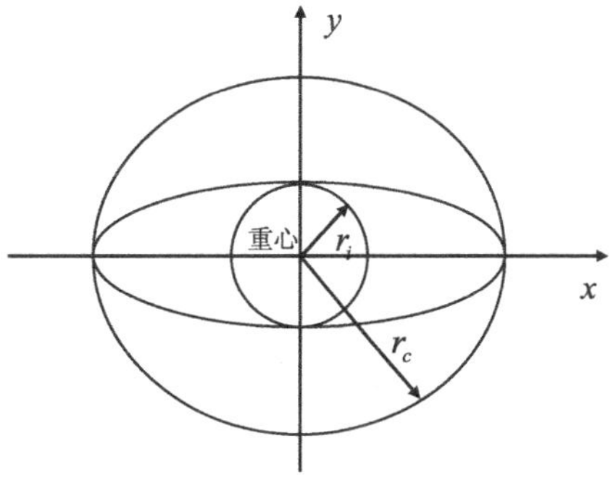

图 10-9　球状性定义示意图

10.4.5 偏心率

偏心率（Eccentricity）又称为伸长度（Elongation），它是区域形状的一种重要描述方法。偏心率在一定程度上反映了一个区域的紧凑性。偏心率有多种计算公式，一种常用的计算方法是区

域长轴（主轴）长度与短轴（辅轴）长度的比值，如图 10-10 所示，即：

$$E=\frac{A}{B}$$

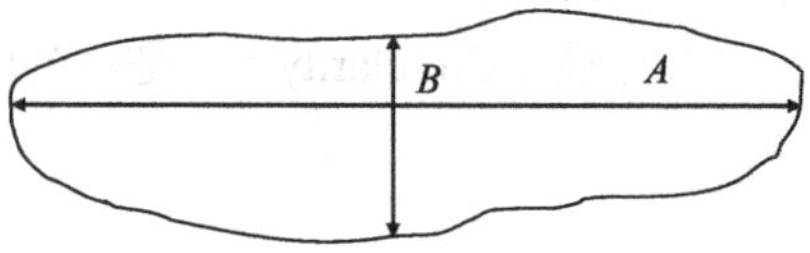

图 10-10　偏心率度量

图 10-10 中，长轴与短轴相互垂直，其长度分别是两个方向的最大值，这种定义受物体形状和噪声的影响较小。

偏心率的另一种方法是计算惯性主轴比，它基于边界线上的点或整个区域来计算质量。特南鲍姆（Tenebaum）提出了计算任意区域的偏心度的近似公式，一般过程如下：

（1）计算平均向量

$$\begin{cases}\bar{x}=\dfrac{1}{N}\sum\limits_{i=1}^{N}x_i\\ \bar{y}=\dfrac{1}{N}\sum\limits_{i=1}^{N}y_i\end{cases}$$

（2）计算 $j+k$ 阶中心矩

$$M_{jk}=\sum_{i=1}^{N}\sum_{i=1}^{N}(x_i-\bar{x})^j(y_i-\bar{y})^k$$

（3）计算方向角

$$\theta=\frac{1}{2}\arctan\left(\frac{2M_{11}}{M_{20}-M_{02}}\right)+\frac{\pi}{2}N$$

（4）计算偏心度近似值

$$E=\frac{(M_{20}-M_{02})+4M_{11}}{A}$$

10.5 边 界 表 示

前面章节讨论过，经过图像低层处理之后可以得到一些关于边界或者区域等的图像特征。虽然可以直接从原始数据中获取图像的描述，但是在很多情况下，是先把图像用某种方法进行表示之后，再对其进行描述，从而方便描述子的计算。下面介绍四种边界表示——链码、边界分段、多边形近似和标记图，以及一种区域表示——骨架。

10.5.1 链码

链码（chain code）在图像处理和模式识别中是一种常用表示方法，它最初是由 Freeman 于 1961 年提出来的，用来表示线条模式，至今它仍然被广泛应用。根据链的斜率不同，有 4-链码、6-链码和 8-链码，如图 10-11 所示。其中，4-链码和 8-链码是比较常见的链码形式。4-链码即链码在四个方向上移动，以数字集合 $\{i\,|\,i=0,1,2,3\}$ 编码来表示与 x 轴夹角为 90° ×i。类似地，8-链码的相邻方向之间夹角为 45°，每个方向用 $\{i\,|\,i=0,1,2,3,4,5,6,7\}$ 来编码。4-链码和 8-链码的自然编码如图 10-12 所示。

从物体边界上任意选取的某个起始点的坐标开始，首先将水平方向坐标和垂直方向坐标分成等间隔的网格，然后对每一个网格中的线段用一个最接近的方向码来表示，最后，按照逆时针方向沿着边界将这些方向码连接起来，就可以得到链码。

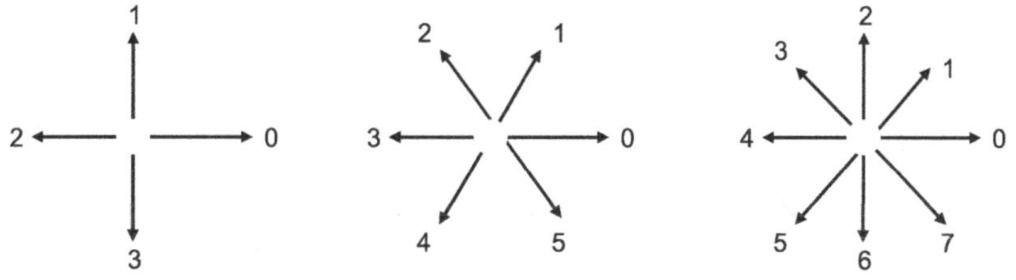

(a) 4 链码　　(b) 6 链码　　(c) 8 链码

图 10-11　三种链码形式：4 链码、6 链码、8 链码

方向	十进制数表示	二进制自然编码
0°	0	0 0
90 °	1	0 1
180 °	2	1 0
270 °	2	1 1

(a) 4 链码的自然编码表示

方向	十进制数表示	二进制自然编码
0°	0	0 0 0
45 °	1	0 0 1
90 °	2	0 1 0
135 °	3	0 1 1
180 °	4	1 0 0
225 °	5	1 0 1
270 °	6	1 1 0
335 °	7	1 1 1

(b) 8 链码的自然编码表示

图 10-12　4 链码和 8 链码的自然编码表示

实际应用中这样直接得到的链码可能存在链码过长、对噪声干扰敏感的问题。一种改进方案是对原边界用较大的网格进行重采样，把与原边界最接近的大网格点定为新的边界点，从而达到减少边界点、降低对噪声干扰的敏感度的目的。

由于链码的起始点是任意选择的，而对同一边界如果选用不同的起始点，往往会得到不同的链码。为此可以对链码进行起始点归一化处理。一种简单的归一化方法是把链码看作是一个循环序列，依次取各个边界点作为起始点，从得到的所有链码中选取构成自然数值最小的码作为归一化结果，此时的起始点即为归一化后的起始点。图 10-13 给出了一个示例。

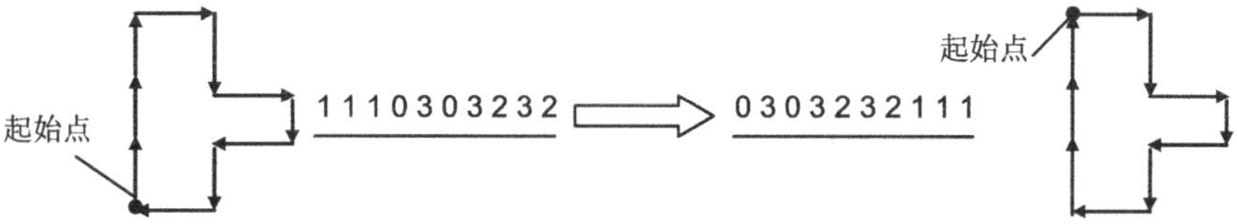

图 10-13　链码的起始点归一

链码具有平移不变性，即当边界平移时，其链码不发生改变。但是，当边界旋转时，则链码会改变。为此可以对链码进行旋转归一化处理。常用的一种方法是用链码的一阶差分码作为新的码。所谓一阶差分，是指相邻两个方向之间的变化值。当图 10-14（a）所示的原边界旋转为图 10-14（b）所示的新边界时，其链码并不相同，但它们的一阶差分码仍保持一致。

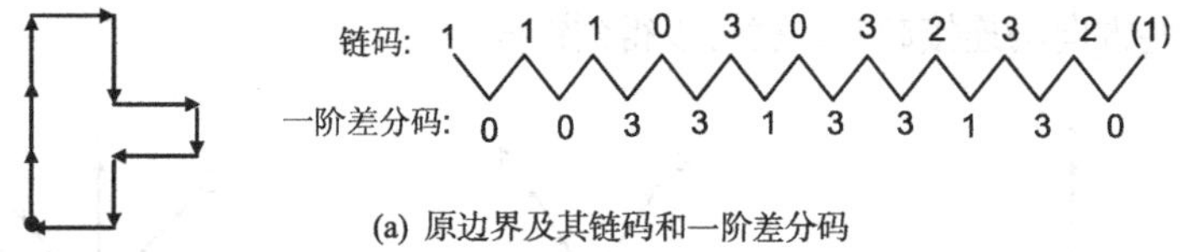

(a) 原边界及其链码和一阶差分码

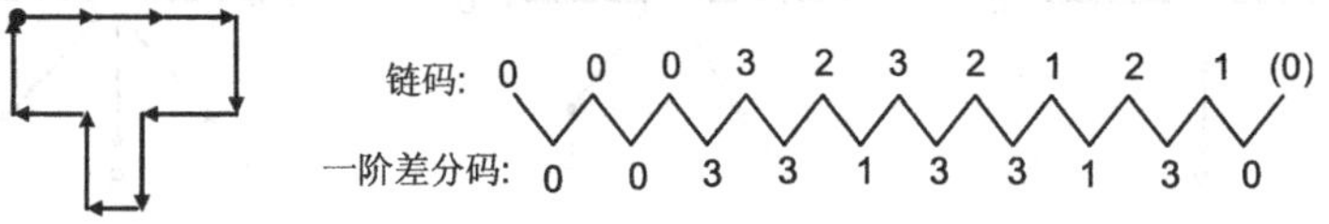

(b) 旋转后的边界及其链码和一阶差分码

图 10-14 链码的旋转归一化

10.5.2 边界分段

链码对每一个边界点进行分析，而边界分段方法则是将边界分成若干段，然后分别对每一段进行表示，从而降低了边界的复杂度，简化了表示过程，尤其是当边界具有多个凹点的时候这种方法更为有效。

在对边界进行分解的时候，首先要构造边界的凸包（convex hull）。所谓边界的凸包就是包含界的最小凸集。

一种直观的边界分段的方法是跟踪区域凸包的边界，记录凸包边界进出区域的转变点即可实现对边界的分割。

理论上该方法对区域边界具有尺度变换和旋转不变性。但在实际情况中，由于噪声等因素的影响，会使得边界具有小的不规则形状，从而导致小的无意义的凸凹。为此，通常要在边界分段之前先对边界进行平滑。

在 MATLAB 中，提供了函数 regionprops 用来得到区域边界的凸包，函数的调用格式如下：

STATS=regionprops（L, properties）：该函数获取标记图像 L 中所有区域的一系列特征。STATS 是长为 max(L(:))的数组，每一项代表一个区域的各个特征。properties 的取值和意义如表 10-1 所示。标记图像 L 可以由函数 bwlabel 获取，函数的调用格式为：

L=bwlabel(BW, N)：其中，BW 为二值图像；N 为连通性，可以取 4 或 8，分别代表 4 连通或者 8 连通，默认值为 8；输出 L 就是对图像 BW 进行标记后的图像。

表 10-1　函数 regionprops 的 properties 参数的取值

properties 参数的取值	含　义
'All'	包含下面列出的所有属性
'Area'	区域中像素的数目
'BoundingBox'	定义了包围区域的最小矩形，它是一个 1×4 向量[x, y, x_width, y_width]，其中[x, y]是区域左上角坐标，[x_width, y_width]是该矩形在 x 方向和 y 方向的宽度值
'Basic'	计算'Area'、'BoundingBox'和'Centroid'三个特征
'Centroid'	区域的质心，它是一个 1×2 向量，指明质心的横坐标和纵坐标值
'ConvexArea'	'ConvexAImage'中像素数目，是一个标量
'ConvexHull'	包围区域的最小多边形，是一个 $p\times 2$ 矩阵，每一行代表一个多边形顶点的坐标值
'ConvexImage'	区域凸包的图像，是一个二值图像

续表

properties 参数的取值	含 义
'Eccentricity'	与区域有相同二阶矩的椭圆的离心率，是一个标量
'EquivDiameter'	与区域有相同面积的圆的直径，是一个标量
'EulerNumber'	欧拉数，是一个标量
'Exten'	区域面积与'BoundingBox'面积的值，是一个标量
'Extrema'	区域的八个角点，是一个 8×2 矩阵，每一行向量为一个角点的坐标值：[top-left, top-right, right-top, right-bottom, bottom-right, bottom-left, left-bottom, left-top]
'FilledArea'	'FilledImage'中像素数目
'FilledImage'	与区域 BoundingBox 具有相同大小的二值图像。区域中所有的孔已被填充
'Image'	与区域 BoundingBox 具有相同大小的二值图像
'MajorAxisLength'	与区域有相同二阶矩的椭圆的长轴长度
'MinorAxisLength'	与区域有相同二阶矩的椭圆的短轴长度
'Orientation'	与区域有相同二阶矩的椭圆的长轴与 x 轴的夹角
'PixelList'	区域像素点的坐标列表，是一个 $N\times2$ 矩阵，N 为区域中像素点数目。每一行向量为一个像素点的坐标值
'Solidity'	Area/ConvexArea，是一个标量

10.5.3 多边形近似

数字边界也可以用多边形近似来逼近。多边形的边可用线性关系来表示，因而多边形的计算比较简单，所以常利用多边形来得到一个区域的近似值。多边形近似比链码、边界分段更具有抗噪声干扰的能力。对封闭曲线而言，当多边形的线段数与边界上的点数相等时，多边形可以完全准确地表达边界。但在实际应用中，多边形近似的目的是想用最少的线段来表示边界，并且能够表达原边界的本质形状。

常用的一种多边形近似方法是最小周长多边形（minimum perimeter polygon，MPP）。该方法以周长最小的多边形来近似表示边界，它将边界看成是介于多边形内外界限之间的有弹性的线，当它在内外界线的限制之下收缩紧绷的时候，就可以得到最小周长边界。Sklanskey 等人给出了求最小周长边界的一种算法，该算法适用于无自交情况的多边形。该算法在获取边界之后，先查找边界的拐角点，并且标记该拐角点是凸点还是凹点。然后将所有的凸拐点连接起来作为初始的最小周长多边形 P0。接着把所有在多边形 P0 之外的凹拐点移除。再将剩下的凹拐点和所有凸拐点依次连接，形成新的多边形 P1。之后移除所有原为凸点而在新多边形中变成凹点的拐点。再用剩余的点连接形成新多边形，再次移除。如此循环，直至新形成的多边形中没有凹点。

【例 10-4】基于最小周长多边形法描述图像边界。

```
>> clear all;
I=imread('leaf.jpg');                  %读入图像数据赋值给 I
figure,
subplot(131);imshow(I);
xlabel('(a) 原始图像');
I=rgb2gray(I);                         %将彩色图像变为灰度图像
bwI=im2bw(I,graythresh(I));            %对图像进行二值化处理得到二值化图像赋值给 bwI
bwIsl=~bwI;                            %对二值图像取反
```

```
h=fspecial('average');                    %选择中值滤波
bwIfilt=imfilter(bwIsl,h);                   %对图像进行中值滤波
bwIfiltfh=imfill(bwIfilt,'holes');              %填充二值图像的空洞区域
bdI=boundaries(bwIfiltfh,4,'cw');              %追踪 4 连接目标边界
d=cellfun('length',bdI);         %求 bdI 中每一个目标边界的长度，返回值 d 是一个向量
[dmax,k]=max(d);             %返回向量 d 中最大的值，存在 max_d 中，k 为其索引
B4=bdI{k(1)}; %若最大边界不止一条，则取出其中的一条即可。B4 是一个坐标数组
[m,n]=size(bwIfiltfh);                       %求二值图像的大小
xmin=min(B4(:,1));
ymin=min(B4(:,2));
%生成一幅二值图像,大小为 m n，xmin,ymin 是 B4 中最小的 x 和 y 轴坐标
bim=bound2im(B4,m,n,xmin,ymin);
[x,y]=minperpoly(bwIfiltfh,2);                  %使用大小为 2 的方形单元
b2=connectpoly(x,y);              %按照坐标(X,Y)顺时针或者逆时针连接成多边形
B2=bound2im(b2,m,n,xmin,ymin);
subplot(132);imshow(bim);
xlabel('(b) 原图像边界')
subplot(133),imshow(B2);
xlabel('(c)按大小为 2 的正方形单元近似的边界')
```

运行程序，效果如图 10-15 所示，在 MATLAB 命令窗口中执行命令，返回结果：

```
>> whos B4
  Name        Size              Bytes  Class     Attributes
  B4       3113x2               49808  double
>> whos b2
  Name        Size              Bytes  Class     Attributes
  b2       2187x2               34992  double
```

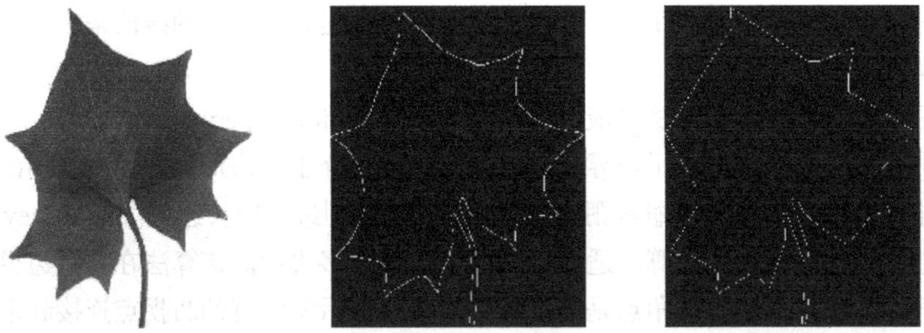

(a) 原始图像　　(b) 原图像边界　　(c) 按大小为 2 的正方形单元近似的边界

图 10-15　图像边缘

运行结果显示基于最小周长的多边形近似后的边界大小由原边界 3113×2 降低为 2187×2，字节数也由原来的 49808b 降低为 34992b。由边界图可看出，基于最小周长的边界近似于将原边界拉紧后得到的边界。

10.5.4　标记图

标记是边界的一维表达，可以用多种方法来产生。其基本思想是将原来的二维边界用一元函数来表示，以降低表达难度。最简单的方法就是把从重心到边界的距离作为角度的函数来标记，如图 10-16 所示。

上述方法得到的标记与链码同样不受边界平移的影响，但是当边界旋转或者发生尺度变换时，标记将会发生改变。对于旋转问题，可以采用类似于链码的旋转归一化方法进行解决。更常用的方法是通过固定标记的起始点来归一化。例如，可以选择离重心最远的边界点作为起始点，或者选择主轴上的某一点。虽然后者的计算量比较大，但是它比前者更加可靠，因为它用到了所有的边界点来参与计算。而对尺度变化则可以通过幅度的归一化来处理。

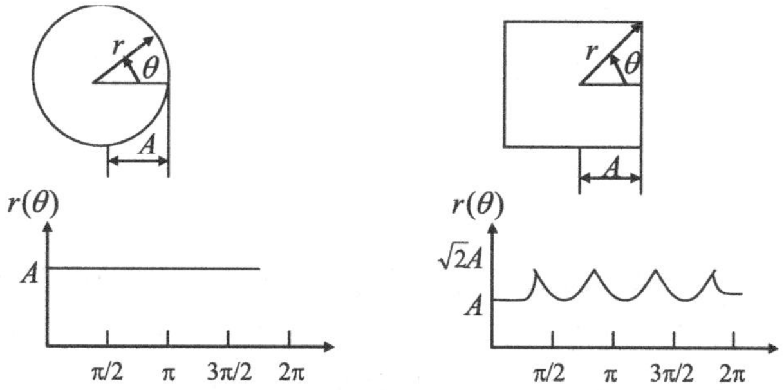

(a) 图形边界及其距离——角度标记　(b) 方形边界及其距离——角度标记

图 10-16 边界及其标记图表示

10.5.5 骨架

骨架是一种区域表示方法，它不同于前述的边界表示方法是对边界的点或者线进行表示，而是把平面区域抽取为图的形式来表示。通常，得到区域的骨架要借助于细化算法。常用的一种获取骨架的细化算法叫作中轴变换（medial axis transformation，MAT）。该算法对区域 R 中的每一个点 p，寻找位于边界 b 上的离它最近的点。如果对点 p 同时找到多个这样的点，那么就称点 p 为区域 R 的中轴上的点。

虽然中轴变换是一种很直接的细化方法，但是由于它需要计算区域内部每一点到任意一个边界点的距离，所以计算量很大。现在已研究出了许多骨架计算方法来提高计算效率。10.7.4 节将会介绍另一种骨架的求取算法，即基于形态学的方法。

另外，图像上的一些小的干扰可能会导致骨架上的大的改变。图 10-17 给出了这样的例子，其中实线表示边界，虚线表示相应的骨架。图 10-17（a）是一个矩形边界，而图 10-17（b）则是一个有小尖刺干扰的矩形边界。从图中可以看出，虽然两个边界基本相似，但是它们的骨架却很不同。

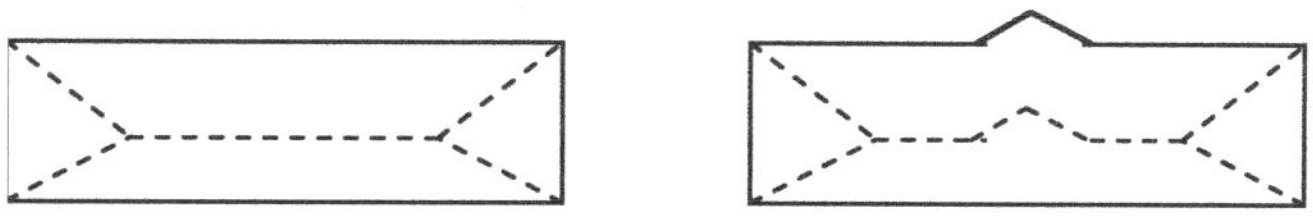

(a) 矩形边界　(b) 具有小突刺的矩形边界

图 10-17 边界的大扰动导致骨架的大变化

10.6 区域描述

区域描述主要是借助于区域的内部特征，即构成该区域的像素，来描述该区域。如果我们的注意力更为集中在区域的反射率特征上，如颜色特征、纹理特征，那么一般会采用区域描述方式。

10.6.1 纹理

量化纹理是一种重要的区域描述方法。所谓纹理，目前并没有正式统一的定义，它是一种反映像素灰度的空间分布属性的图像特征，通常表现为局部不规则但宏观有规律的特征。常用的纹理描述方法有两种，即统计法和频谱法。

1. 统计法

统计法是基于图像的灰度直方图的特征来描述纹理，例如基于统计矩。灰度均值 m 的 n 阶矩可以用下式来计算：

$$\mu_n=\sum_{i=0}^{L-1}(z_i-m)^* p(z_i)$$

其中，L 为图像可能的灰度级数，z_i 为代表灰度的随机数，$p(z_i)$ 为区域灰度直方图。

由该式计算的直方图的各阶矩中，μ_2 也叫方差，是对灰度对比度的度量，可描述直方图的相对平滑程度；μ_3 表示了直方图的偏斜度；μ_4 则描述了直方图的相对平坦性。

常用的纹理的统计度量有（L 为图像可能的灰度级数）：

（1）均值：$m=\sum_{i=0}^{L-1}z_i p(z_i)$。

（2）标准差：$\sigma=\sqrt{\mu_2(z)}$。

（3）平滑度：$R=1-1/(1+\mu_2)$，该度量通常用 $(L-1)^2$ 来归一化。

（4）三阶矩 μ_3：同样，该度量通常用 $(L-1)^2$ 来归一化。

（5）一致性：$U=\sum_{i=0}^{L-1}p^2(z_i)$。

（6）熵：$e=-\sum_{i=0}^{L-1}p(z_i)\log_2 p(z_i)$。

【例 10-5】 计算和比较两幅纹理图像的灰度差分统计特征。

```
>> clear all;
J=imread('wall.jpg');                      %读入纹理图像
subplot(121);imshow(J);
xlabel('(a) 墙面纹理图');
A=double(J);
[m,n]=size(A);                             %求A矩阵的大小，赋值给m,n
B=A;
C=zeros(m,n);                   %新建全零矩阵C，以下求解归一化的灰度直方图
for i=1:m-1
    for j=1:n-1
        B(i,j)=A(i+1,j+1);
        C(i,j)=abs(round(A(i,j)-B(i,j)));
    end
end
h=imhist(mat2gray(C))/(m*n);
mean=0;con=0;ent=0;                  % 均值mean、对比度con和熵ent初始值赋零
for i=1:256                          %循环求解均值mean、对比度con和熵ent
    mean=mean+(i*h(i))/256;
    con=con+i*i*h(i);
    if(h(i)>0)
```

```
        ent=ent-h(i)*log2(h(i));
    end
end
disp('墙面纹理图的均值、对比度、熵：')
mean,con,ent
%以下代码除载入不同的纹理图外，其他代码一致，在此略
```

运行程序，输出如下，效果如图 10-18 所示。

(a) 墙面纹理图

(b) 树皮纹理图

图 10-18 两幅纹理图

墙面纹理图的均值、对比度、熵：

```
mean =    0.0929
con =   1.1184e+03
ent =    5.4148
```

树皮纹理图的均值、对比度、熵：

```
mean =    0.1338
con =   2.0752e+03
ent =    5.8888
```

在灰度特征来看，树皮纹理图的灰度值和熵都大于墙面纹理图，说明树皮纹理较粗糙。树皮纹理和墙面纹理的均值、对比度和熵显示不同，特别在对比度特征上，二者差别较大，可用来区分墙面与树皮。在识别领域通常将这些特征作为特征输入量用以区分不同目标。

2. 共生矩阵法

纹理是由灰度分布在空间位置上反复出现而形成的，因而在图像空间中相隔某距离的两像素会存在一定的灰度关系，即图像中灰度的空间相关特性。灰度共生矩阵就是一种通过研究灰度的空间相关特性来描述纹理的常用方法。

灰度直方图是对图像上单个像素具有某个灰度进行统计的结果，而灰度共生矩阵是对图像上保持某距离的两像素分别具有某灰度的状况进行统计得到的。一幅图像的灰度共生矩阵能反映出图像灰度关系方向、相邻间隔和变化幅度的综合信息，它是分析图像的局部模式和它们排列规则的基础。

设 $f(x,y)$ 为一幅二维数字图像，S 为目标区域 R 中具有特定空间联系的像素对的集合，则满足一定空间关系的灰度共生矩阵 P 为：

$$P(g_1,g_2)=\frac{\#\{[(x_1,y_1),(x_2,y_2)]\in S \mid f(x_1,y_1)=g_1 \,\&\, f(x_2,y_2)=g_2\}}{\#S}$$

由式等号右边的分子是具有某种空间关系、灰度值分别为 g_1 和 g_2 的像素对的个数，分母为像素对的总和个数（#代表数量）。这样得到的 P 是归一化的。取不同的距离和角度则可得到不同的灰度共生矩阵，实际求解时常选定距离不变，取不同角度，如 0°、45°、90° 和 135° 时的灰度

共生矩阵。

一般来说，如果图像是由具有相似灰度值的像素构成，则灰度共生矩阵的对角元素会有比较大的值；如果图像像素灰度值在局部有变化，那么偏离对角线的元素会有比较大的值。

为了能更直观地以共生矩阵描述纹理状况，通常可以用一些标量来表征灰度共生矩阵的特征，典型有：

- 能量：是灰度共生矩阵元素值的平方和，所以也称能量，反映了图像灰度分布均匀程度和纹理粗细度。如果共生矩阵的所有值均相等，则能量值小；相反，如果其中一些值大，而其他值小，则能量值大。当共生矩阵中元素集中分布时，此时能量值大。能量值大表明一种较均一和规则变化的纹理模式。

$$ASM=\sum_i\sum_j P(i,j)^2$$

- 对比度：反映了图像的清晰度和纹理沟纹深浅的程度。纹理沟纹越深，其对比度越大，视觉效果越清晰；反之，对比度小，则沟纹浅，效果模糊。灰度差即对比度大的像素对越多，这个值越大。灰度共生矩阵中远离对角线的元素值越大，对比度越大。

$$CON=\sum_i\sum_j P(i-j)^2 P(i,j)$$

- 相关：它度量空间灰度共生矩阵元素在行或列方向上的相似程度，因此，相关值大小反映了图像中局部灰度相关性。当矩阵元素值均匀相等时，相关值就大；相反，如果矩阵元素值相关很大，则相关值小。如果图像中有水平方向纹理，则水平方向矩阵的相关值大于其余矩阵的相关值。

$$COR=\frac{\sum\sum(i-\overline{x})(j-\overline{y})P(i,j)}{\sigma_x\sigma_y}$$

其中，

$$\overline{x}=\sum_i i\sum_j P(i,j)$$

$$\overline{y}=\sum_j j\sum_i P(i,j)$$

$$\sigma_x^2=\sum_i(i-\overline{x})^2\sum_j P(i,j)$$

$$\sigma_y^2=\sum_j(j-\overline{y})^2\sum_i P(i,j)$$

- 熵：是图像所具有的信息量的度量，纹理信息也属于图像的信息，是一个随机性的度量，当共生矩阵中所有元素有最大的随机性，空间共生矩阵中所有值几乎相等时，共生矩阵中元素分散分布时，熵较大。它表示了图像中纹理的非均匀程度或复杂程度。

$$NET=-\sum_i\sum_j P(i,j)\lg P(i,j)$$

- 均匀度：反映图像纹理的粗糙度，粗纹理的均匀度越大，细纹理的均匀度较小。

$$IDM=\sum_i\sum_j\frac{1}{1+(i-j)^2}P(i,j)$$

在 MATLAB 中，提供了一个求灰度共生矩阵的函数 graycomatrix，函数的调用格式为：

glcms = graycomatrix(I, param1, val1,param2, val2,...)：该函数返回一个或多个灰度共生矩阵。其中 I 表示读入的图像数据。当参数取'GrayLimits'时，即是两个元素的向量，表示图像中的灰度映射的范围，如果其设为[]，灰度共生矩阵将使用图像 I 的最小及最大灰度值作为 GrayLimits；取值'NumLevels'时，代表将图像中的灰度归一范围。例如，如果 NumLevels 为 8，即将图像 I 的灰度映射到 1~8 之间，它也决定了灰度共生矩阵的大小；取值'Offset'时即为一个 p×2 的整数矩阵，D 代表是当前像素与邻居的距离，通过设置 D 值，即可设置角度 Angle Offset。其中，0° 用[0,D]表示，45° 用[-D D]表示，90° 用[-D,D]表示，135° 用[-D -D]表示。

【例 10-6】实现图像的灰度共生矩阵。

```
>> clear all;
I = imread('circuit.tif');
imshow(I);
disp('显示灰度共生矩阵：')
glcm = graycomatrix(I,'Offset',[2 0])%图像 I 的灰度共生矩阵，[0,2]表示角度为 0 的水平方向
```

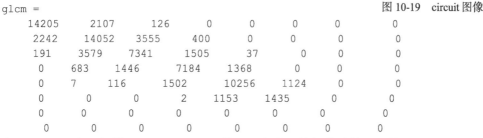

图 10-19　circuit 图像

运行程序，输出如下，效果如图 10-19 所示。

显示灰度共生矩阵：

```
glcm =
    14205     2107      126        0        0        0        0        0
     2242    14052     3555      400        0        0        0        0
      191     3579     7341     1505       37        0        0        0
        0      683     1446     7184     1368        0        0        0
        0        7      116     1502    10256     1124        0        0
        0        0        0        2     1153     1435        0        0
        0        0        0        0        0        0        0        0
        0        0        0        0        0        0        0        0
```

在 MATLAB 中，提供了 graycoprops 函数用于求纹理特征统计值。函数的调用格式为：

stats = graycoprops(glcm, properties)：计算灰度共生矩阵 glcm 的静态属性。glcm 是有效灰度共生矩阵，properties 可取值为：

- Contrast：表示对比度，返回整幅图像中像素和它相邻像素之间的亮度反差，取值范围为[0,(glcm 行数-1)^2]。
- Correlation：表示相关，返回整幅图像中像素与其相邻像素是怎样相关的度量值，取值范围为[-1,1]。
- Energy：表示能量，返回 glcm 中元素的平方和，取值范围为[0,1]。
- Homogemeity：表示同质性，返回度量 glcm 中的元素分布到对角线的紧密程度，取值范围为[0,1]，对角矩阵的同质性为 1。

【例 10-7】计算灰度图像共生矩阵的纹理特征统计。

```
>>clear all;
I=imread('tree.jpg');
HSV=rgb2hsv(I);
Hgray=rgb2gray(HSV);
%计算 64 位灰度共生矩阵
glcms1=graycomatrix(Hgray,'numlevels',64,'offset',[0 1;-1 1;-1 0;-1 -1]);
%纹理特征统计值，包括对比度、相关性、熵、平稳度、二阶矩（也叫能量）
stats=graycoprops(glcms1,{'contrast','correlation','energy','homogeneity'});
ga1=glcms1(:,:,1);%0 度
ga2=glcms1(:,:,2);%45 度
ga3=glcms1(:,:,3);%90 度
```

```
ga4=glcms1(:,:,4);%135度
energya1=0;energya2=0;energya3=0;energya4=0;
for i=1:64
    for j=1:64
        energya1=energya1+sum(ga1(i,j)^2);
         energya2=energya2+sum(ga2(i,j)^2);
          energya3=energya3+sum(ga3(i,j)^2);
           energya4=energya4+sum(ga4(i,j)^2);
           j=j+1;
    end
    i=i+1;
end
s1=0;s2=0;s3=0;s4=0;s5=0;
for m=1:4
    s1=stats.Contrast(1,m)+s1;
    m=m+1;
end
disp('树皮纹理对比度：')
s1
for m=1:4
    s2=stats.Correlation(1,m)+s2;
    m=m+1;
end
disp('树皮纹理相关性：')
s2
for m=1:4
    s3=stats.Energy(1,m)+s3;
    m=m+1;
end
disp('树皮纹理熵值：')
s3
for m=1:4
    s4=stats.Homogeneity(1,m)+s4;
    m=m+1;
end
disp('树皮纹理平稳度：')
s4
disp('树皮纹理二阶矩：')
s5=0.000001*(energya1+energya2+energya3+energya4)
```

运行程序，输出如下：

树皮纹理对比度：

```
s1 =   54.5790
```

树皮纹理相关性：

```
s2 =    2.2804
```

树皮纹理熵值：

```
s3 =    0.0997
```

树皮纹理平稳度：

```
s4 =    2.2006
```

树皮纹理二阶矩：

```
s5 =   1.4409e+03
```

3. 频谱法

傅里叶频谱是一种理想的可用于周期或者近似周期的二维图像模式的方向性的方法。而频谱法正是基于傅里叶频谱的一种纹理描述方法。全局纹理模式在空域中很难检测出来，但是转换到频域中则很容易分辨。因此，频谱纹理对区分周期模式中非周期模式以及周期模式之间的不同十分有效。通常，全局纹理模式对应于傅里叶频谱中能量十分集中的区域，即峰值突起处。

在实际应用中，通常会把频谱转化到极坐标中，用函数 $S(r,\theta)$ 描述，从而简化表达。其中，S 是频谱函数，r 和 θ 是坐标系中的变量。将这个二元函数通过固定其中一个变量转化成一元函数，如对每一个方向的 θ，可以把 $S(r,\theta)$ 看成一个一元函数 $S_\theta(r)$，同样地，对每一个频率 r，可用一元函数 $S_r(\theta)$ 来表示。对给定的方向 θ，分析其一元函数 $S_\theta(r)$，可以得到频谱在从原点出发的某个放射方向上的行为特征。而对某个给定的频率 r，对其一元函数 $S_\theta(r)$ 进行分析，将会获取频谱在以原点为中心的圆上的行为特征。

如果分别对上述两个一元函数按照其下标求和，则会获得关于区域纹理的全局描述。

$$S(r)=\sum_{\theta=0}^{\pi}S_\theta(r) \tag{10-6}$$

$$S(\theta)=\sum_{r=1}^{R_0}S_r(\theta) \tag{10-7}$$

其中，R_0 是以原点为中心的圆的半径。对极坐标中的每一对 (r,θ)，$[S(r),S(\theta)]$ 构成了对整个区域的纹理频谱能量的描述。

【例 10-8】 基于傅里叶变换分析纹理图像。

```
>> clear all;
I = imread('wall.jpg');                     %读入图像
I=rgb2gray(I);                              %图像变为灰度图像
wall=fft2(I);                               %对图像做快速傅里叶变换
s=fftshift(wall);                           %将变换后的图像频谱中心从矩阵的原点移到矩阵的中心
s=abs(s);
[nc,nr]=size(s);
x0=floor(nc/2+1);
y0=floor(nr/2+1);
rmax=floor(min(nc,nr)/2-1);
srad=zeros(1,rmax);
srad(1)=s(x0,y0);
thetha=91:270;                              %thetha 取值 91 ~ 270
for r=2:rmax                                %循环求解纹理频谱能量
   [x,y]=pol2cart(thetha,r);
   x=round(x)'+x0;
   y=round(y)'+y0;
   for j=1:length(x)
      srad(r)=sum(s(sub2ind(size(s),x,y)));
   end
end
[x,y]=pol2cart(thetha,rmax);
x=round(x)'+x0;
y=round(y)'+y0;
sang=zeros(1,length(x));
for th=1:length(x)
   vx=abs(x(th)-x0);
   vy=abs(y(th)-y0);
   if((vx==0)&(vy==0))
```

```
        xr=x0;
        yr=y0;
    else
        m=(y(th)-y0)/(x(th)-x0);
        xr=(x0:x(th)).';
        yr=round(y0+m*(xr-x0));
    end
    for j=1:length(xr)
        sang(th)=sum(s(sub2ind(size(s),xr,yr)));
    end
end
figure;
subplot(121);imshow('wall.jpg');
xlabel('(a) 原始图像');
subplot(122); imshow(log(abs(wall)),[]);
xlabel('(b) 频谱图');
figure;
subplot(121);plot(srad);
subplot(122);plot(sang);
```

运行程序，效果如图 10-20 所示。

(a) 原始图像

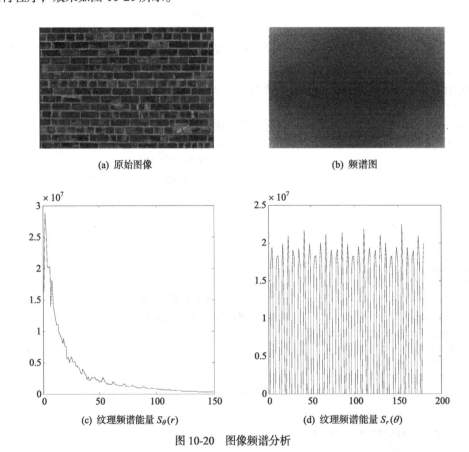

(b) 频谱图

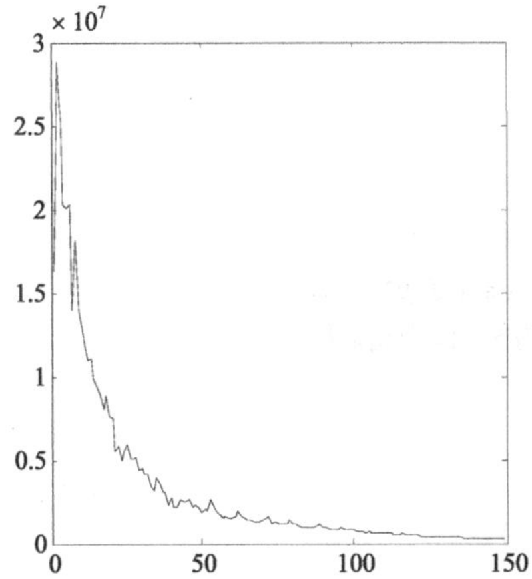

(c) 纹理频谱能量 $S_\theta(r)$

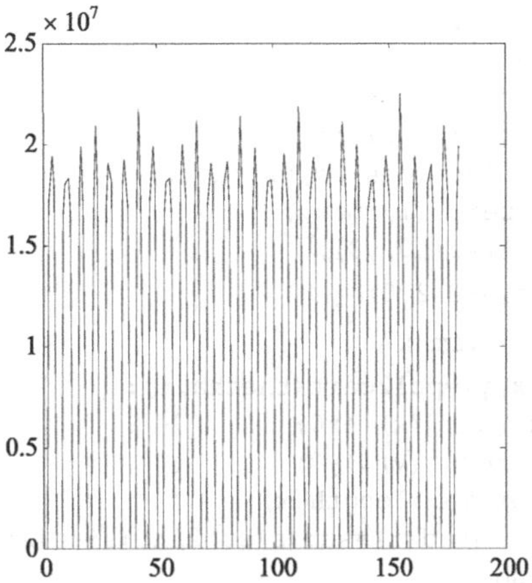

(d) 纹理频谱能量 $S_r(\theta)$

图 10-20　图像频谱分析

10.6.2　不变矩

不变矩是描述区域的方法之一。区域 $f(x,y)$ 的 $(p+q)$ 的阶矩定义为：

$$m_{pq}=\sum_x\sum_y x^p y^q f(x,y) \quad p,q=0,1,2,\cdots$$

其相应的中心矩定为：

$$\mu_{pq}=\sum_x\sum_y (x-\overline{x})^p (y-\overline{y})^q f(x,y) \quad p,q=0,1,2,\cdots$$

其中，$\overline{x}=\dfrac{m_{10}}{m_{00}},\overline{y}=\dfrac{m_{01}}{m_{00}}$，即重心坐标。$f(x,y)$的归一化$(p+q)$阶中心矩定义为：

$$\eta_{pq}=\frac{\mu_{pq}}{\mu_{00}^r} \quad p,q=0,1,2,\cdots$$

其中，

$$r=\frac{p+q}{2}+1 \quad p,q=0,1,2,\cdots$$

下列 7 个二维不变矩是由归一化的二阶和三阶中心矩得到的。它们对平移、旋转、镜面以及尺度变换具有不变性。

$$\varphi_1=\eta_{20}+\eta_{02}$$
$$\varphi_2=(\eta_{20}-\eta_{02})^2+4\eta_{11}^2$$
$$\varphi_3=(\eta_{30}-3\eta_{12})^2+(3\eta_{21}-3\eta_{03})^2$$
$$\varphi_4=(\eta_{30}+\eta_{12})^2+(\eta_{21}+\eta_{03})^2$$
$$\varphi_5=(\eta_{30}-3\eta_{12})(\eta_{30}+\eta_{12})[(\eta_{30}+\eta_{12})^2-3(\eta_{21}+\eta_{03})^2]$$
$$+(3\eta_{21}-\eta_{03})(\eta_{21}+\eta_{03})[3(\eta_{30}+\eta_{12})^2-(\eta_{21}+\eta_{03})^2]$$
$$\varphi_6=(\eta_{20}-3\eta_{02})[(\eta_{30}+\eta_{12})^2-(\eta_{21}+\eta_{03})^2]+4\eta_{11}(\eta_{30}+\eta_{12})(\eta_{21}+\eta_{03})$$
$$\varphi_7=(3\eta_{21}-3\eta_{03})(\eta_{30}+\eta_{12})[(\eta_{30}+\eta_{12})^2-3(\eta_{21}+\eta_{03})^2]$$
$$+(3\eta_{21}-\eta_{30})(\eta_{21}+\eta_{03})[3(\eta_{30}+\eta_{12})^2-(\eta_{21}+\eta_{03})^2]$$

【例 10-9】图 10-21（a）所示是一幅 Lena 图像，我们分别对其做旋转、镜像、尺度变化（缩小），变换后的图像如图 10-21（b）、（c）、（d）所示。然后计算原图及变换后图像的 7 个不变矩的值，对其进行比较，其结果见表 10-2 所示。从表中可见，这 7 个不变矩的值基本保持不变，也就是说，它们对旋转、镜像以及尺度变换不敏感。下面为相应的代码。

```
>>clear all;
I=imread('lena.bmp');
figure;imshow(I);
I2=imrotate(I,-4,'bilinear');   %逆时针旋转 4 度
figure;imshow(I2);
I3=fliplr(I);  %垂直镜像
figure;imshow(I3);
I4=imresize(I,0.5,'bilinear');  %缩小为原图的 1/2
figure;imshow(I4);
A=double(I);   %转换为 double 类型
%计算 7 个不变矩
[nc,nr]=size(A);
[x,y]=meshgrid(1:nr,1:nc);  %得到网格
x=x(:);
y=y(:);
A=A(:);
m.m00=sum(A);
```

```
if m.m00==0
   m.m00=eps;
end
m.m10=sum(x.*A);
m.m01=sum(y.*A);
%计算均值
xmean=m.m10/m.m00;
ymean=m.m01/m.m00;
%计算中心矩
cm.cm00=m.m00;
cm.cm02=(sum((y-ymean).^2.*A))/(m.m00^2);
cm.cm03=(sum((y-ymean).^3.*A))/(m.m00^2.5);
cm.cm11=(sum((x-xmean).*(y-ymean).*A))/(m.m00^2);
cm.cm12=(sum((x-xmean).*(y-ymean).^2.*A))/(m.m00^2.5);
cm.cm20=(sum((x-xmean).^2.*A))/(m.m00^2);
cm.cm21=(sum((x-xmean).^2.*(y-ymean).*A))/(m.m00^2.5);
cm.cm30=(sum((x-xmean).^3.*A))/(m.m00^2.5);
im(1)=cm.cm20+cm.cm02;
im(2)=(cm.cm20-cm.cm02)^2+4*cm.cm11^2;
im(3)=(cm.cm30-3*cm.cm12)^2+(3*cm.cm21-cm.cm03)^2;
im(4)=(cm.cm30+cm.cm12)^2+(cm.cm21+cm.cm03)^2;
im(5)=(cm.cm30-3*cm.cm12)*(cm.cm30+cm.cm12)...
    *((cm.cm30+cm.cm12)^2-3*(cm.cm21+cm.cm03)^2)...
    +(3*cm.cm21-cm.cm03)*(cm.cm21+cm.cm03)...
    +(3*(cm.cm30+cm.cm12)^2-(cm.cm21+cm.cm03)^2);
im(6)=(cm.cm20-cm.cm02)*((cm.cm30+cm.cm12)^2-(cm.cm21+cm.cm03)^2)...
    +4*cm.cm11*(cm.cm30+cm.cm12)*(cm.cm21+cm.cm03);
im(7)=(3*cm.cm21-cm.cm03)*(cm.cm30+cm.cm12)...
    *((cm.cm30+cm.cm12)^2-3*(cm.cm21+cm.cm03)^2)...
    +(3*cm.cm12-cm.cm30)*(cm.cm21+cm.cm03)...
    *(3*(cm.cm30+cm.cm12)^2-(cm.cm21+cm.cm03)^2);
```

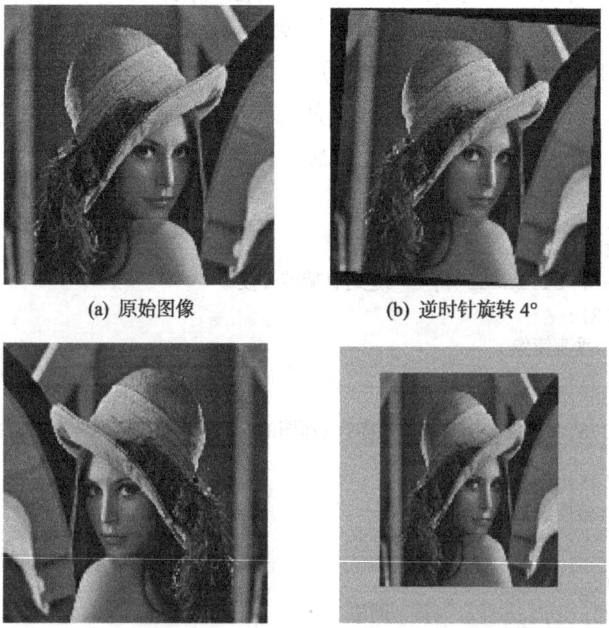

(a) 原始图像　　(b) 逆时针旋转 4°

(c) 垂直镜像　　(d) 缩小 $\frac{1}{2}$

图 10-21　lena 图像及其几何变换图

根据相同的方法，对 I2、I3、I4 计算其不变矩。这些结果的 log 值列在表 10-2 中。从表 10-2 可以看出，在图像经过旋转、镜像以及尺度变换之后，这 7 个不变矩的值只有十分小的变化，可以看出基本保持不变。

表 10-2　不变矩比较

不变矩 |log|	φ_1	φ_2	φ_3	φ_4	φ_5	φ_6	φ_7
原图	6.621	18.802	27.382	25.206	54.294	34.822	51.502
旋转－4°	6.6209	18.802	27.382	25.206	54.308	34.822	51.502
垂直镜像	6.621	18.802	27.382	25.206	54.294	34.822	51.589
缩小一半	6.621	18.801	27.396	25.206	54.179	34.823	51.511

10.7　膨胀与腐蚀

在 MATLAB 图像处理工具箱中，膨胀一般是给图像中的对象边界添加像素，而腐蚀则是删除对象边界的某些像素。在操作中，输出图像中所有给定像素的状态都是通过对输入图像的相应像素及其邻域使用一定的规则进行确定。在膨胀操作时，输出像素值是输入图像相应像素邻域内所有像素的最大值。在二进制图像中，如果任何像素值为 1，那么对应的输出像素值为 1。而在腐蚀操作中，输出像素值是输入图像相应像素邻域内所有像素的最小值。在二进制图像中，如果任何一个像素值为 0，那么对应的输出像素值为 0。

图 10-22 说明了一幅二进制图像的膨胀规则，而图 10-23 则说明了灰度图像的膨胀过程。

结构元素的原点定义在对输入图像感兴趣的位置。对于图像边缘的像素，由结构元素定义的邻域将会有一部分位于图像边界之外。为了有效处理边界像素，进行形态学运算的函数通常都会给超出图像、未指定数值的像素指定一个数值，这样，就类似于函数给图像填充了额外的行和列。对于膨胀和文腐蚀操作，它们对像素进行填充的值是不同的。

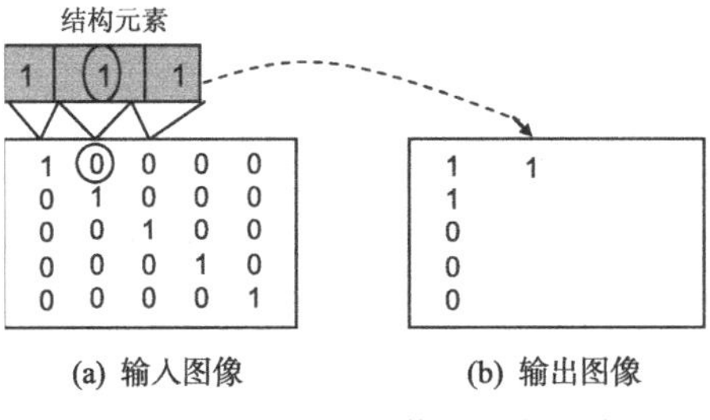

图 10-22　二进制图像的膨胀规则

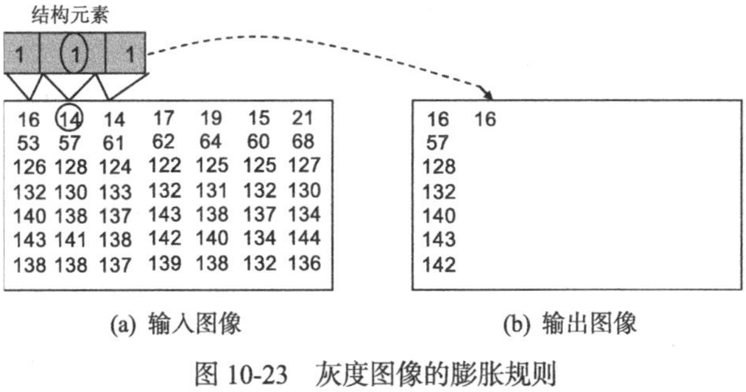

图 10-23　灰度图像的膨胀规则

对于二进制图像和灰度图像，膨胀和腐蚀操作使用的填充方法如表 10-3 所示。

表 10-3　　膨胀和腐蚀填充图像规则

操　作	规　则
膨胀	超出图像边界的像素值定义为该数据类型允许的最小值。对于二进制图像，这些像素值设置为 0；对于灰度图像，uint8 类型的最小值也为 0
腐蚀	超出图像边界的像素值定义为该数据类型允许的最大值。对于二进制图像，这些像素值设置为 1；对于灰度图像，uint8 类型的最小值也为 256

通过对膨胀操作做使用最小值填充和对腐蚀操作使用最大值填充，可以有效消除边界效应（输出图像靠近边界处的区域与图像其他部分不连续）。否则，如果腐蚀操作使用最小值进行填充，则进行腐蚀操作后，输出图像会围绕着一个黑色边框。

10.7.1　结构元素的创建

结构元素是膨胀和腐蚀操作的最基本组成部分，用于测试输入图像，通常要比待处理的图像小得多。二维（平面）结构元素由一个数值为 0 或 1 的矩阵组成。结构元素的原点指定了图像中需要处理的像素范围，结构元素中数值为 1 的点决定结构元素的邻域像素在进行膨胀或腐蚀操作时是否需要参与计算。三维或非平面的结构元素使用 0 和 1 定义结构元素在 x 和 y 平面上的范围，第三维定义高度。

1．结构元素的原点

MATLAB 的形态函数使用以下函数获得任意大小和维数的结构元素的原点坐标。

origin=floor((size(nhood)+1)/2)：参数 nhood 是指结构元素定义的邻域。结构元素在 MATLAB 中定义为一个 STREL 对象。由于 MATLAB 规定不能在表达式中直接使用对象本身的大小，所以必须使用 STREL 对象的 nhood 属性来获得结构元素的邻域。图 10-24 给出了一个钻石形结构元素的示例。

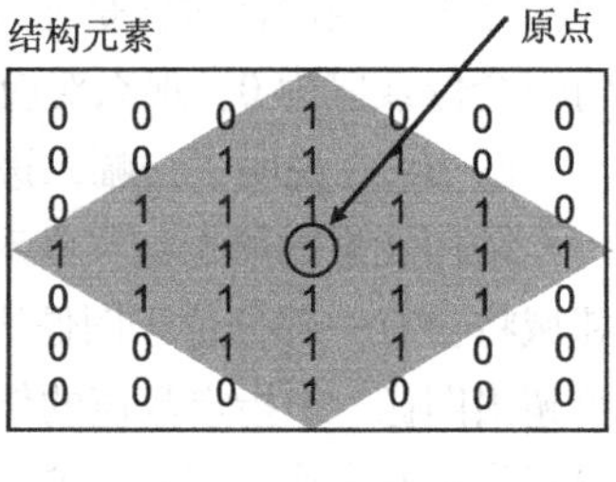

图 10-24　钻石形结构元素

2．创建结构元素

可以使用 MATLAB 图像处理工具箱中的 strel 函数来创建任意大小和形状的 STREL 对象。strel 函数支持许多种常用的形状，如线形（line）、钻石形（diamond）、圆盘形（disk）和球形（ball）等。strel 函数的调用格式为：

SE = strel('diamond', R)：创建一个平面的菱形结构元素，R 为非负整数，指定结构元素的原点到菱形结构的尖端的距离。

SE = strel('disk', R, N)：创建一个平面的圆形结构元素，R 为半径，N 为 0、4、6、8，默认 N 为 4。

SE = strel('line', LEN, DEG)：创建一个平面的线型结构元素，其中 LEN 指定长度，DEG 指定线条与水平轴成逆时针的角度。

SE = strel('octagon', R)：创建一个八角形结构元素，其中 R 为结构元素与八角形水平和垂直边的距离。R 必须为 3 的倍数。

SE = strel('pair', OFFSET)：创建由 2 个元素组成的平面结构元素，一个元素在原点，另一个由 OFFSET 指定，OFFSET 必须为一个二维的整数向量。

SE = strel('periodicline', P, V)：创建一个包含 2×P+1 个元素的平面结构元素。V 是一个二维的整数向量，一个结构元素在原点，其他的在 1×V，−1×V，2×V，−2×V，…，P×V，−P×V 处。

SE = strel('rectangle', MN)：创建一个平面的矩形结构元素，NM 指定大小，MN 必须为二维的非负整数。第一个元素为行的数目，第二个元素为列的数目。

SE = strel('square', W)：创建一个正方形的结构元素，其宽度为 W，W 必须为非负整数。

用 strel 函数创建非平面的结构元素的调用格式为：

SE = strel('arbitrary', NHOOD)或 SE = strel('arbitrary', NHOOD, HEIGHT)：其作用是创建一个非平面的结构元素，其中 NHOOD 指定邻域，HEIGHT 为与 NHOOD 同样大小的矩阵，为包含与 NHOOD 的非 0 元素相关的高度值。

SE = strel('ball', R, H, N)：其作用是创建一个非平面的球形结构元素（实际上为一个椭圆体）。在 x-y 平面上的半径为 R，高度为 H，注意 R 必须为一个非负整数，H 必须为一个实数，N 必须为非负的偶数。N 默认值为 8。

【例 10-10】创建几种不同的形态学结构元素。

```
>> clear all;
se1 = strel('square',5)       % 5×5 正方形
se2 = strel('line',5,45)      % 线形，长度为 5，角度为 45
se3 = strel('disk',5)         % 圆盘形，半径为 5
```

运行程序，输出如下：

```
se1 =
Flat STREL object containing 25 neighbors.
Decomposition: 2 STREL objects containing a total of 10 neighbors
Neighborhood:
     1     1     1     1     1
     1     1     1     1     1
     1     1     1     1     1
     1     1     1     1     1
     1     1     1     1     1
se2 =
Flat STREL object containing 3 neighbors.
Neighborhood:
     0     0     1
     0     1     0
     1     0     0
se3 =
Flat STREL object containing 69 neighbors.
Decomposition: 6 STREL objects containing a total of 18 neighbors
Neighborhood:
     0     0     1     1     1     1     1     0     0
     0     1     1     1     1     1     1     1     0
     1     1     1     1     1     1     1     1     1
     1     1     1     1     1     1     1     1     1
     1     1     1     1     1     1     1     1     1
     1     1     1     1     1     1     1     1     1
     1     1     1     1     1     1     1     1     1
     0     1     1     1     1     1     1     1     0
     0     0     1     1     1     1     1     0     0
```

3. 结构元素的分解

为了提高执行效率，strel 函数可能会将结构元素拆为较小的块，这种技术称为结构元素分解。

例如要对一个 11 × 11 正方形结构元素进行膨胀操作，可以首先对 1 × 11 的结构元素进行膨胀，然后再对 11 × 1 的结构元素进行膨胀，通过这样的分解，在理论上可以使执行速度提高 6.5 倍。

对于圆盘形和球形结构元素进行分解，其结果是近似的；而对于其他形状的分解。得到的分解结果是精确的。要想看分解所得的结构元素序列，可调用 getsequence 函数。调用 getsequence 函数后，就返回一个分解后的结构元素数组。

10.7.2 膨胀与腐蚀的实现

对于图像的膨胀与腐蚀，在 MATLAB 中，提供了相关函数实现，下面分别给予介绍。

（1）imdilate 函数

在 MATLAB 中，提供了 imdilate 函数用于实现图像的膨胀。函数的调用格式为：

IM2 = imdilate(IM,SE)：使用结构元素矩阵 SE 对图像数据矩阵 IM 执行膨胀操作，得到图像 IM2。IM 可以是灰度图像或二值图像，即分别为灰度膨胀或二值膨胀。如果 SE 为多重元素对象序列，则 imdilate 执行多重膨胀。

IM2 = imdilate(IM,NHOOD)：膨胀图像 IM，这里 NHOOD 为定义结构元素邻域 0 和 1 的矩阵，等价于 imdilate(IM,strel(NHOOD))。imdilate 函数由指令 floor((size(NHOOD)+1)/2)决定邻域的中心元素。

IM2 = imdilate(IM,SE,PACKOPT)：用来识别 IM 是否为 packed 二值图像。PACKOPT 取值为 ispacked 或 notpacked。

IM2 = imdilate(...,SHAPE)：用来决定输出图像的大小。SHAPE 可以取值为 same 或 full。当 SHAPE 值为 same 时，可以使得输出图像与输入图像大小相同。如果 PACKOPT 取值为 ispacked，则 SHAPE 只能取值为 same。当 SHAPE 取值为 full 时，将对原图像进行全面的膨胀运算。

【例 10-11】对灰度图像进行膨胀操作。

```
>> clear all;
I= imread('cameraman.tif');
subplot(121);imshow(I);
xlabel('(a) 原始图像');
se = strel('ball',5,5);     %创建球型半径为 5，高度为 5 的结构元素
I2 = imdilate(I,se);
subplot(122), imshow(I2);
xlabel('(b) 膨胀操作');
```

运行程序，效果如图 10-25 所示。

(a) 原始图像　　(b) 膨胀操作

图 10-25　灰度图像膨胀效果

（2）imerode 函数

IM2 = imerode(IM,SE)：对灰度图像或二值图像 IM 进行腐蚀操作，返回结果图像 IM2。SE 为由 strel 函数生成的结构元素对象。

IM2 = imerode(IM,NHOOD)：对灰度图像或二值图像 IM 进行腐蚀操作，返回结果图像 IM2。NHOOD 是一个由 0 和 1 组成的矩阵，指定邻域。

IM2 = imerode(___,PACKOPT,M)：指定用来识别 IM 是否为 packed 二值图像。PACKOPT 取值为 ispacked 或 notpacked。

IM2 = imerode(___,SHAPE)：指定输出图像的大小。字符串参量 SHAPE 指定输出图像的大小，取值为 same（输出图像与输入图像大小相同）或 full（imdilate 对输入图像进行全腐蚀，输出图像比输入图像大）。

【例 10-12】 对图像 rice.png 进行腐蚀操作。

```
>>clear all;
%读取图像 rice.png
bw1=imread('rice.png');
%创建一个任意形状的结构元素对象
se=strel('arbitrary',eye(5))
se =
Flat STREL object containing 5 neighbors.
Neighborhood:
    1     0     0     0     0
    0     1     0     0     0
    0     0     1     0     0
    0     0     0     1     0
    0     0     0     0     1
%以图像 bw1 和结构元素 se 为参数调用 imerode 函数进行腐蚀操作
bw2=imerode(bw1,se);
%显示操作结果
imshow(bw1);
figure;imshow(bw2);
```

运行程序，效果如图 10-26 所示。

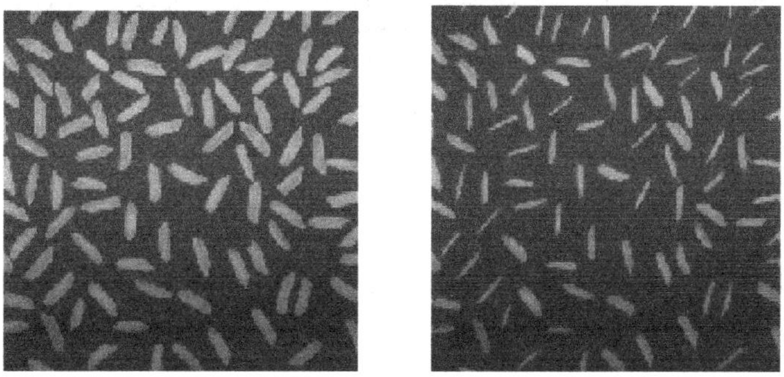

(a) 腐蚀前　　(b) 腐蚀后

图 10-26　图像 rice.png 腐蚀操作

10.7.3　膨胀与腐蚀共操作

在图像处理操作中经常综合使用膨胀和腐蚀两种操作，如图像的开启和闭合等。下面将以图像的开启为例，说明如何综合使用 imdilate 和 imerode 函数，实现图像处理操作。当然，在 MATLAB 图像处理工具箱中，同时也提供了专门的函数 imopen，可以实现对图像的开启操作。

imopen 函数的调用格式为：

IM2 = imopen(IM,SE)：用结构元素 SE 实现灰度图像或二值图像 IM 的形态开运算。参数 SE 可以为单个的结构元素对象，也可以为结构元素对象数组。

IM2 = imopen(IM,NHOOD)：用结构元素 strel(NHOOD)执行开运算。

【例 10-13】从图像 circbw.tif 中删除所有电路连接线，仅保留芯片对象。

```
>>clear all;
%创建结构元素
se=strel('rectangle',[40 30]);
```

结构元素必须具有适当的大小，既可以删除电流线，又不足以删除矩形。

```
%使用结构元素腐蚀图像
bw1=imread('circbw.tif');
bw2=imerode(bw1,se);
figure;imshow(bw1);
figure;imshow(bw2);
```

这一步的操作将删除所有直线，但也会缩减矩形。

```
%恢复矩形为原有大小。使用相同的结构元素对腐蚀过的图像进行膨胀
bw3=imdilate(bw2,se);
figure;imshow(bw3);
```

运行程序，效果如图 10-27 所示。

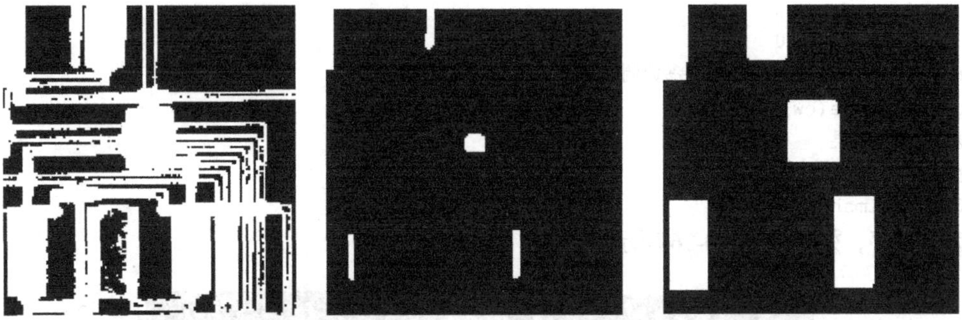

(a) 原始图像　(b) 腐蚀后图像　(c) 膨胀后的图像

图 10-27　膨胀、腐蚀综合操作的显示效果

10.7.4　形态学的实现

前面介绍了如何实现膨胀和腐蚀两种操作，接下来将以这两个操作为基础，说明另外两个基于膨胀和腐蚀的图像处理操作——骨架化和边界测定（对之前章节提到的骨架和边界的补充）。重点介绍函数 bwmorph。

通过改变参数，使用 bwmorph 函数可以实现很多类型的图像形态学操作。bwmorph 函数的调用格式为：

BW2 = bwmorph(BW,operation)：应用指定的形态学运算处理二值图像 BW。

BW2 = bwmorph(BW,operation,n)：应用运算 n 次，n 可以无穷大，直到处理图像不再变化。

参数 operation 的对应可选值如表 10-4 所列。

表 10-4　　函数 bwmorph 支持的形态学操作类型

Operation	描　述
'bothat'	执行形态学的闭包运算，即先执行程序（先膨胀后腐蚀），再减去原图像
'bridge'	对未连续的像素搭桥，即如果一个 0 值像素两边有非 0 值邻域，则将此 0 值像素置为 1，例如： 1 0 0　　　1 1 0 1 0 1　变为　1 1 1 0 0 1　　　0 1 1
'clean'	移除孤立像素点，即 0 0 0　　　0 0 0 0 1 0　变为　0 0 0 0 0 0　　　0 0 0
'close'	执行形态学的闭运算（先膨胀后腐蚀）
'diag'	采用对角线填充来去除 8 邻域的背景，例如 0 1 0　　　0 1 0 1 0 0　变为　1 1 0 0 0 0　　　0 0 0
'dilate'	用结构元素 ones(3)来执行膨胀运算
'erode'	用结构元素 ones(3)来执行腐蚀运算
'fill'	填充孤立的内部像素点，例如： 1 1 1　　　1 1 1 1 0 1　变为　1 1 1 1 1 1　　　1 1 1
'hbreak'	移除 H 连接的像素点，例如： 1 1 1　　　1 1 1 0 1 0　变为　0 0 0 1 1 1　　　1 1 1
'majority'	如果在某像素的 3×3 邻域中值为 1 的像素点数大于等于 5 个时，将该像素的值置为 1，否则置为 0
'open'	执行形态学的开运算（先腐蚀后膨胀）
'rwmove'	移除内部像素点。如果某像素的 4 邻域都为 1，则将该像素值置为 0，这样就只剩下了边界像素点
'shrink'	n 为无穷大，反复做收缩运算。把没有孔的目标图像块收缩为一个点，而把含有孔的目标图像块收缩为一个相连的环，环的位置在每个孔内外边缘的中间。收缩运算保持欧拉数不变
'skel'	n 为无穷大，反复移除目标函数的边界像素，但不允许原本连接的目标图像断裂。剩下的像素组成了图像的骨架。这个操作保持欧拉数不变
'spur'	去除目标图像中小的分支像素。例如： 0 0 0 0　　　0 0 0 0 0 0 0 0　　　0 0 0 0 0 0 1 0　变为　0 0 0 0 0 1 0 0　　　0 1 0 0 1 1 0 0　　　1 1 0 0
'thicken'	n 为无穷大，反复对目标图像进行粗化操作，即对目标图像的外边缘增加像素，直到原来未连接的多个目标图像按照 8 邻域被连接起来。粗化操作也保持欧拉数不变
'thin'	n 为无穷大，反复对目标图像进行细化操作，即移除目标图像的外边缘像素，直到无孔的目标图像收缩为按照最小程度的接触式连接，而有孔的目标图像按照收缩得到的环进行连接。细化操作也操持欧拉数不变
'tophat'	用开运算后的图像减去原图像

下面介绍在图像处理中广泛应用的骨架化操作和提取边界操作，读者注意区分这里的对二值图像进行的提取边界操作与书中介绍的对灰度图像进行的提取边缘操作是不一样的。这里只涉及图像腐蚀运算，比对灰度图像的提取边缘操作简单得多。

【例 10-14】对图像进行骨架化或细化操作。

```
>> clear all;
BW = imread('circles.png');
subplot(131);imshow(BW);
xlabel ('(a) 原始图像');
%对图像进行 remove 形态学运算，移除内部像素
BW2 = bwmorph(BW,'remove');
subplot(132), imshow(BW2);
xlabel ('(b) 图像骨架化');                % remove 形态学
%对图像进行 skel 形态学运算，移除目标边缘的像素点但不分裂目标
BW3 = bwmorph(BW,'skel',Inf);
subplot(133), imshow(BW3);
xlabel('(c) 图像细化');             % skel 形态学
```

运行程序，效果如图 10-28 所示。

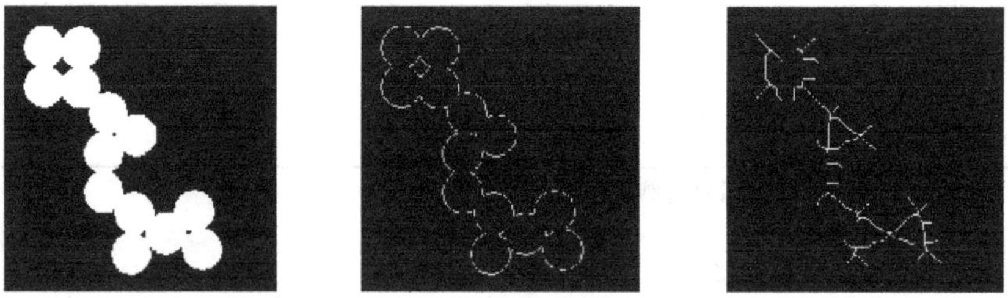

(a) 原始图像　　(b) 图像骨架化　　(c) 图像细化

图 10-28　图像骨架化与细化操作

另外，也可以调用函数 bwmorph 执行上述提取边界的操作，对于如图 10-29（a）所示的树图像，进行图像骨架化操作和对图像进行移除内部像素点的操作，代码如下：

```
>>clear all;
BW1=imread('trees.tif');
figure;
subplot(131);imshow(BW1);
xlabel('(a) 树图像');
BW2=bwmorph(BW1,'remove');  %实现提取边界操作
BW3=bwmorph(BW1,'skel',Inf);  %实现骨架化操作
subplot(132);imshow(BW2);
xlabel('(b) 提取边界图像');
subplot(133);imshow(BW3);
xlabel('(c) 图像骨架化');
```

运行程序，效果如图 10-29 所示。

除了上面介绍的函数 bwmorph 和 bwperim 外，在 MATLAB 图像处理工具箱中还提供了其他一些基于图像腐蚀和图像膨胀操作的形态学操作函数，下面给予介绍。

（1）bwhitmiss 函数

在 MATLAB 中，提供了 bwhitmiss 函数用于实现二值图像的击中操作，函数的调用格式为：

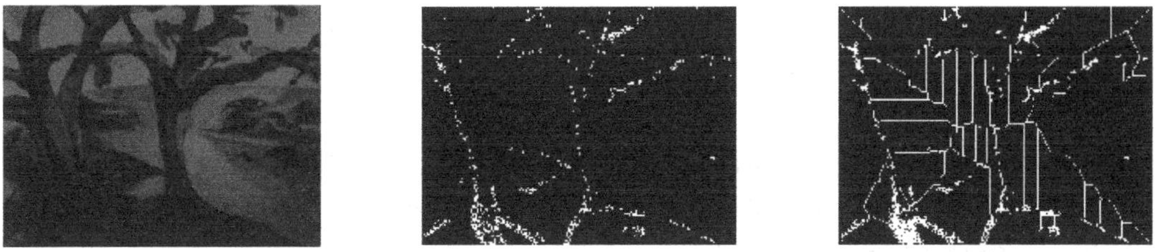

(a) 树图像　　(b) 提取边界图像　　(c) 图像骨架化

图 10-29　使用函数 bwmorph 实现图像的提取边界操作和骨架化操作

BW2 = bwhitmiss(BW1,SE1,SE2)：执行由结构元素 SE1 和 SE2 的击中与击不中操作。击中与击不中操作保存匹配 SE1 形状而不匹配 SE2 形状邻域的像素点。bwhitmiss(BW1,SE1,SE2)等价于 imerode(BW1, SE1)&imerode(~BW1, SE2)。

BW2 = bwhitmiss(BW1,INTERVAL)：执行定义为一定间隔数组的击中与击不中操作。INTERVAL 数组的元素值为 1、0 或-1。1 值元素组成 SE1 范围，-1 值组成 SE2 范围，0 值将被忽略。命令 bwhitmiss(INTERVAL)等价于 bwhitmiss(BW1,INTERVAL==1, INTERVAL==-1)。

【例 10-15】对二值图像实现击中操作。

```
>> clear all;
BW=imread('circbw.tif');
interval = [0 -1 -1;1  1 -1;0  1  0];
BW2 = bwhitmiss(BW,interval);
subplot(1,2,1);imshow(BW);
xlabel('(a)原始图像');
subplot(1,2,2), imshow(BW2)
xlabel('(b)击中与击不中');
```

运行程序，效果如图 10-30 所示。

(a) 原始图像　　(b) 击中与击不中

图 10-30　二值图像的击中操作

（2）imbothat 函数

从执行形态学闭运算的图像中减去原始图像，可以被用于找到图像中的灰度边，功能上类似于利用函数 bwmorph 带参数 bothat，只不过这里处理的是灰度图像，后者处理的是二值图像。bothat 函数的调用格式为：

IM2 = imbothat(IM,SE)：对灰度图像或二值图像 IM 进行形态学 Top-hat 滤波，返回滤波图像 IM2。参量 SE 为由 strel 函数生成的结构元素对象。

IM2 = imbothat(IM,NHOOD)：等价于 IM2= imbothat(IM,strel(NHOOD))，参量 NHOOD 为一个由 0 和 1 组成的矩阵，指定邻域。

（3）imclose 函数

在 MATLAB 中，提供了 imclose 函数对图像实现闭运算。函数的调用格式为：

IM2 = imclose(IM,SE)：对灰度图像或二值图像 IM 时行闭运算，返回闭运算结果图像 IM2。SE 为由 strel 函数生成的结构元素对像。

IM2 = imclose(IM,NHOOD)：参量 NHOOD 为一个由 0 和 1 组成的矩阵，用于指定邻域。

【例 10-16】交替实现含噪声图像的开闭运算。

```
>> clear all;
I=imread('lena.bmp');
f=imnoise(I,'salt & pepper',0.01);  %产生高斯噪声
subplot(2,2,1);imshow(f);
xlabel('(a)原始图像')
se=strel('disk',1);
f1=imopen(f,se);
f2=imclose(f1,se);
subplot(2,2,2);imshow(f2);
xlabel('(b)开-闭运算');
f3=imclose(f,se);
f4=imopen(f3,se);
subplot(2,2,3);imshow(f2);
xlabel('(c)闭-开运算');
f5=f;
for k=2:3
    se=strel('disk',k);
    f5=imopen(f5,se);
    f6=imclose(f5,se);
end
subplot(2,2,4);imshow(f6);
xlabel('(d)交替顺序滤波')
```

运行程序，效果如图 10-31 所示。

(a) 原始图像

(b) 开-闭运算

(c) 闭-开运算

(d) 交替顺序滤波

图 10-31　图像的开闭运算

（4）imtophat 函数

从执行形态学开运算的图像中减去原始图像，可用来增强图像的对比度。该函数功能上类似于利用函数 bwmorph 带参数 tophat，只不过这里处理的是灰度图像，后者处理的是二值图像。函数的调用格式为：

IM2 = imtophat(IM,SE)：对灰度图像或二值图像 IM 进行形态学 Top-hat 滤波，返回滤波图像 IM2。参量 SE 为由 strel 函数生成的结构元素对象。

IM2 = imtophat(IM,NHOOD)：参数 NHOOD 是一个由 0 和 1 组成的矩阵，指定邻域。

【例 10-17】利用 Top-hat 滤波提高目标与背景的对比度。

```
>> clear all;
original = imread('rice.png');
figure;
subplot(131), imshow(original);
xlabel('(a) 原始图像');
%创建结构元素对象，对原始图像进行 Top-hat 滤波
se = strel('disk',12);   %创建圆盘型，半径为 12 结构元素
tophatFiltered = imtophat(original,se);
subplot(132), imshow(tophatFiltered);
xlabel('(b) Top-hat 滤波图像');
%提高变换结果图像的可视化效果
contrastAdjusted = imadjust(tophatFiltered);
subplot(133), imshow(contrastAdjusted);
xlabel('(c) 提高可视化效果');
```

运行程序，效果如图 10-32 所示。

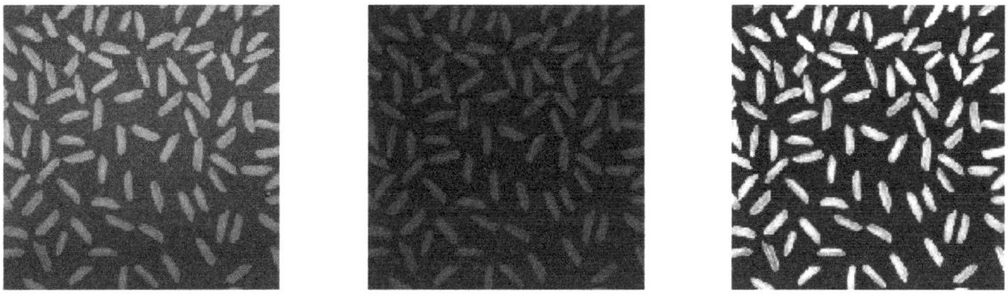

(a) 原始图像　　(b) Top-hat 滤波图像　　(c) 提高可视化效果

图 10-32　对图像进行 Top-hat 滤波并提高目标与背景的对比度

10.8　形态学重建

所谓形态学重建就是根据一幅图像（称之为掩膜图像）的特征对另一幅图像（称之为标记图像）进行重复膨胀操作，直到该图像的像素值不再变化为止。形态学重建是图像形态处理的重要操作之一，通常用来强调图像中与掩膜图像指定对象相一致的部分，同时忽略图像中的其他对象。形态学重建有如下三个属性。

（1）处理过程基于两幅图像——标记图像和掩膜图像，而不是一幅图像和一个结构元素。

（2）处理过程反复进行，直到处理结果稳定，例如图像不再变化。

（3）处理过程是基于连通性的概率，而不是基于结构元素。

10.8.1 掩膜图像

形态学重建是基于标记图像和掩膜图像的处理过程。标记图像中的峰值为处理过程的始端，当标记图像稳定时，处理过程停止。

为了演示形态学重建的方法，利用一幅简单的图像做掩膜图像，如下所示它包含两个主要区域，其像素值分别设为 14 和 18，而大部分的背景像素设为 10，少数背景像素值设为 11。

```
A =
    10    10    10    10    10    10    10    10    10    10
    10    14    14    14    10    10    11    10    11    10
    10    14    14    14    10    10    10    11    10    10
    10    14    14    14    10    10    11    10    11    10
    10    10    10    10    10    10    10    10    10    10
    10    11    10    10    10    18    18    18    10    10
    10    10    10    11    10    18    18    18    10    10
    10    10    11    10    10    18    18    18    10    10
    10    11    10    11    10    10    10    10    10    10
    10    10    10    10    10    10    11    10    10    10
```

根据此幅图像的特征对标记图像进行图像重建的操作步骤如下。

（1）创建一个标记图像。标记图像的特性决定了形态学重建的处理结果。标记图像的峰值定义了掩膜图像中需要强调的对角的位置。创建标记图像的一种方法是用 imsubtract 函数从掩膜图像中减去一个常数。

```
>> marker=imsubtract(A,3)
marker =
     7     7     7     7     7     7     7     7     7     7
     7    11    11    11     7     7     8     7     8     7
     7    11    11    11     7     7     7     8     7     7
     7    11    11    11     7     7     8     7     8     7
     7     7     7     7     7     7     7     7     7     7
     7     8     7     7     7    15    15    15     7     7
     7     7     7     8     7    15    15    15     7     7
     7     7     8     7     7    15    15    15     7     7
     7     8     7     8     7     7     7     7     7     7
     7     7     7     7     7     7     8     7     7     7
```

（2）调用 imreconstruct 函数对图像进行形态学重建，重建的结果如下。

```
>> recon=imreconstruct(marker,A)
recon =
    10    10    10    10    10    10    10    10    10    10
    10    11    11    11    10    10    10    10    10    10
    10    11    11    11    10    10    10    10    10    10
    10    11    11    11    10    10    10    10    10    10
    10    10    10    10    10    10    10    10    10    10
    10    10    10    10    10    15    15    15    10    10
    10    10    10    10    10    15    15    15    10    10
    10    10    10    10    10    15    15    15    10    10
    10    10    10    10    10    10    10    10    10    10
    10    10    10    10    10    10    10    10    10    10
```

10.8.2 填充图像

在 MATLAB 工具箱中用 imfill 函数对二值图像或灰度图像进行填充操作。对二值图像而言，

imfill 函数将连接的背景像素 0 值改为前景像素 1 值，直到到达对象的边界。对灰度图像而言，imfill 将暗区的像素值用周围连接的亮区的像素值代替。值得注意的是 imfill 是对背景进行操作，而不是对前景进行操作。imfill 函数的调用格式为：

BW2 = imfill(BW)：对图像 BW 进行区域填充。

[BW2,locations] = imfill(BW)：对图像 BW 进行区域填充，并返回 imfill 函数填充所有像素点的线性索引 locations。

BW2 = imfill(BW,locations)：根据 locations 里待定的点获取填充的起始坐标。

BW2 = imfill(BW,'holes')：用来填充输入图像中的孔洞，即将这些像素点的值由 0 改为 1。

I2 = imfill(I)：对灰度图像进行填充。

BW2 = imfill(BW,locations,conn)：参数 conn 表示使用的连接规则，其取值如表 10-5 所列。

表 10-5　　参数 conn 取值

维　数	参 数 值	说　明
二维	4	4 邻域
	8	8 邻域
三维	6	6 邻域
	18	18 邻域
	26	26 邻域

区域填充操作可以通过两个步骤实现。

（1）指定区域操作的连通性。

（2）指定二值图像的起始点。

【例 10-18】利用 imfill 函数对二值图像进行填洞操作。

```
>> clear all;
I=imread('coins.png');  %读入二值图像
figure;
subplot(131);imshow(I);
xlabel('(a) 原始二值图像');
BW1=im2bw(I);
subplot(132);imshow(BW1);
xlabel('(b) 转化为灰度图像');
BW2=imfill(BW1,'holes');  %执行填洞运算
subplot(133);imshow(BW2);
xlabel('(c) 填充效果');
```

运行程序效果，如图 10-33 所示。

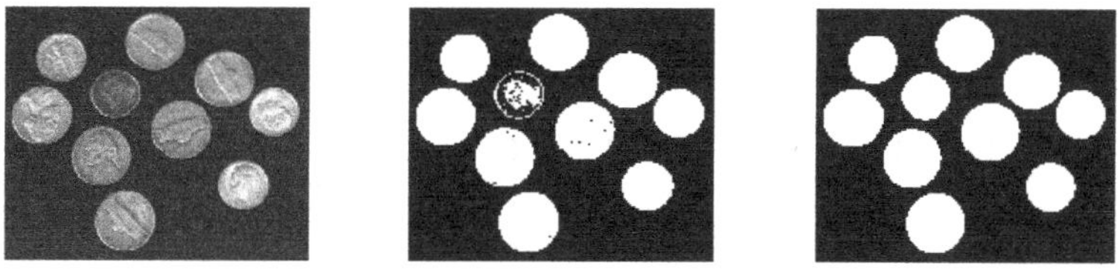

(a) 原始二值图像　　(b) 转化为灰度图像　　(c) 填充效果

图 10-33　二值图像的填洞操作

10.8.3 峰值与谷值

灰度图像可以被认为是三维的。x 和 y 坐标记录像素的位置，而 z 轴记录的是像素的灰度值。在这种表示方式中，灰度值类似于地形图中的高度，图像中的高灰度值和低灰度值相当于地形图中的山峰和低谷。它们经常用来掩膜相应的图像对象，因此，它们是形态学的重要操作。

1. 极大值和极小值

一幅图像可以有多个局部极大值或极小值，但只有一个最大值或最小值。在形态学重建中，可以用最大值和最小值创建标记图像。图 10-34 显示了一维图像的极值分布情况。

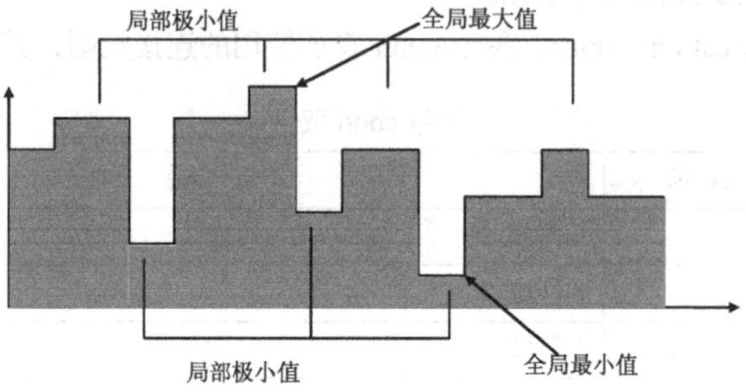

图 10-34　一维图像的极值分布

在 MATLAB 工具箱中用 imregionalmax 和 imregionalmin 函数指定所有的局部极大值和极小值。用 imextendedmax 和 imextendedmin 函数指定阈值设定的局部极大值和极小值。这些函数的输入图像为灰度图像，而输出图像为二值图像。在输出的二值图像中，局部极小值或极大值设定为 1，其他像素值设定为 0。例如，灰度图像 A，包含 2 个主要的局部极大值区域（值为 13 和 18）和一些较小的极小值区域（值为 11），如下所示。

```
A =
    10    10    10    10    10    10    10    10    10    10
    10    14    14    14    10    10    11    10    11    10
    10    14    14    14    10    10    10    11    10    10
    10    14    14    14    10    10    11    10    11    10
    10    10    10    10    10    10    10    10    10    10
    10    11    10    10    10    18    18    18    10    10
    10    10    10    11    10    18    18    18    10    10
    10    10    11    10    10    18    18    18    10    10
    10    11    10    11    10    10    10    10    10    10
    10    10    10    10    10    10    11    10    10    10
```

调用 imregionalmax 函数，返回的二值图像查明了这些区域的局部极大值。执行结果如下所示。

```
>> B=imregionalmax(A)
B =
     0     0     0     0     0     0     0     0     0     0
     0     1     1     1     0     0     1     0     1     0
     0     1     1     1     0     0     0     1     0     0
     0     1     1     1     0     0     1     0     1     0
     0     0     0     0     0     0     0     0     0     0
     0     1     0     0     0     1     1     1     0     0
     0     0     0     1     0     1     1     1     0     0
     0     0     1     0     0     1     1     1     0     0
     0     1     0     1     0     0     0     0     0     0
     0     0     0     0     0     0     1     0     0     0
```

如果只是想查找图像急剧变化的区域，即目标像素与邻域有很大差别的极大值，则调用 imextendedmax 函数对图像进行阈值设定。执行结果如下所示。

```
>> B=imextendedmax(A,2)
B =
     0     0     0     0     0     0     0     0     0     0
     0     1     1     1     0     0     0     0     0     0
     0     1     1     1     0     0     0     0     0     0
     0     1     1     1     0     0     0     0     0     0
     0     0     0     0     0     0     0     0     0     0
     0     0     0     0     0     1     1     1     0     0
     0     0     0     0     0     1     1     1     0     0
     0     0     0     0     0     1     1     1     0     0
     0     0     0     0     0     0     0     0     0     0
     0     0     0     0     0     0     0     0     0     0
```

2. 抑制极大值、极小值

在一幅图像中，每一次小波动都反映了一个局部极小值或极大值。如果只是对显著的极大值或极小值感兴趣，则需要去除变化较小的极大值或极小值，保留变化较大的极大值或极小值。这个过程也称背景抽取。

在 MATLAB 中使用 imhmax 和 imhmin 函数实现这一操作。在调用这两个函数时，需要指定一个相对的标准或者阈值 h 来抑制那些最大值小于 h 或最小值大于 h 的极值区域。例如，对图 10-31 的灰度图像（a）调用 imhmax 函数，指定阈值为 2，这样 imhmax 函数在执行时就只影响相对较大的极大值区域。其他像素值都不改变，这样两个显著变化的极大值保留，其他的最大值被去除了。处理后的结果如下所示。图 10-35 给出了调用 imhmax 函数的过程示意图，从图中可以看出，当执行这一操作后，极大值都减小，而极小值保持不变。

```
>> B=imhmax(A,2)
B =
    10    10    10    10    10    10    10    10    10    10
    10    12    12    12    10    10    10    10    10    10
    10    12    12    12    10    10    10    10    10    10
    10    12    12    12    10    10    10    10    10    10
    10    10    10    10    10    10    10    10    10    10
    10    10    10    10    10    16    16    16    10    10
    10    10    10    10    10    16    16    16    10    10
    10    10    10    10    10    16    16    16    10    10
    10    10    10    10    10    10    10    10    10    10
    10    10    10    10    10    10    10    10    10    10
```

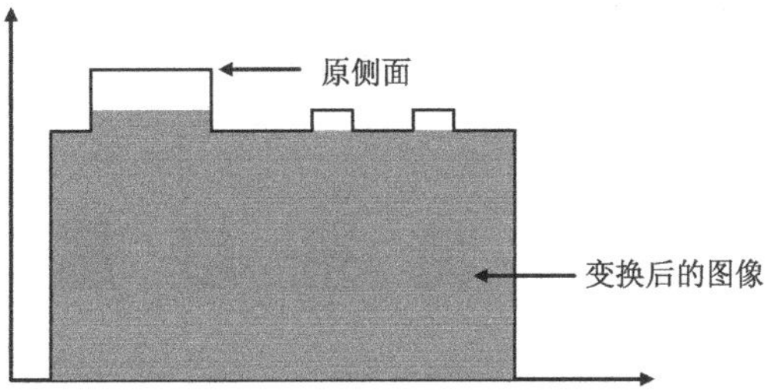

图 10-35 调用 imhmax 函数的操作过程示意图

3. 突出极小值

利用 imimposemin 函数可以在一幅图像中强调指定的极小值区域。除指定的极小值，

imimposemin 函数用形态学重建的方法消除图像中的所有其他极小值。

【例 10-19】修改图像，使其只突出一个极小值。

```
>> clear all;
mask = imread('glass.png');
subplot(2,3,1);imshow(mask);
xlabel('(a)原文本图像')
%创建一个用来处理遮罩的图标
marker = false(size(mask));
marker(65:70,65:70) = true;
%显示出落在原始像中的像素点,小白色的正方形就是标志点
J = mask;J(marker) = 255;
subplot(2,3,2), imshow(J);
xlabel('(b)遮罩标记图像');
%使用 imimposemin 函数突出极小值
K = imimposemin(mask,marker);
subplot(2,3,3), imshow(K);
xlabel('(c)突出图像极小值');
BW = imregionalmin(mask);              %显示图像的极小值
subplot(2,3,4), imshow(BW);
xlabel('(d)原始图像的极小值区域');
BW2 = imregionalmin(K);
subplot(2,3,6), imshow(BW2);
xlabel('(e)突出图像极小值后的极小区域');
```

运行程序，效果如图 10-36 所示。

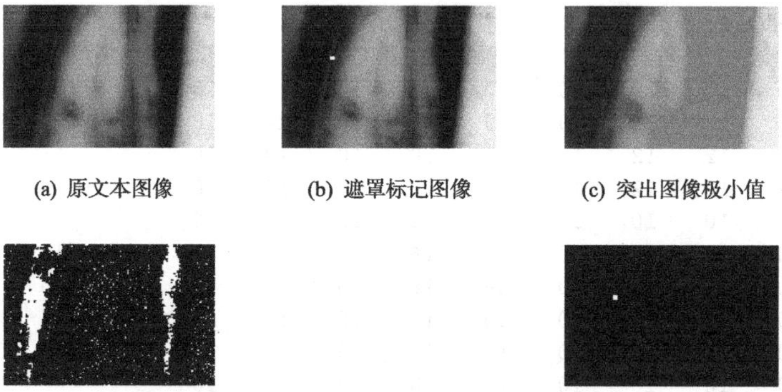

(a) 原文本图像　(b) 遮罩标记图像　(c) 突出图像极小值

(d) 原始图像的极小值区域　(e) 突出图像极小值后的极小区域

图 10-36　突出图像的极小值效果图

10.9 特征度量

一般而言，在一幅二值图像中像素值为 1 的点称为前景，观察图像时，表现为白色。像素值为 0 的点称为背景，观察图像时，表现为黑色。二值图像包含目标的位置、形状、结构等许多重要的特征，是图像分析和目标识别的依据，本节主要介绍连同区域标记、对象的选择、前景面积和欧拉数的相关概念及其相应的 MATLAB 实现。

10.9.1　连通

为了区分连通区域，求得连通区域个数，连通区域的标记是不可缺少的。对属于同一个像素连通区域的所有像素分配相同的编号，对不同的连通区域分配不同的编号的处理，叫作连通区域的标记。在 MATLAB 工具箱中用 bwlabel 和 bwlabeln 函数执行连通区域标记操作，bwlabel 只支持二维输入图像，bwlabeln 支持任意维数的图像输入，函数返回的矩阵称为标记矩阵。标记矩阵是和输入图像同等大小的图像。

bwlabel 函数的调用格式为：

L = bwlabel(BW, n)：标注二值图像 BW 中的目标物体，返回标识矩阵 L。参数 L 与 BW 的维数相同。参数 n 表示连通数，可为 4 或 8，默认值为 8。

[L, num] = bwlabel(BW, n)：标注二值图像 BW 中的目标物体，返回标识矩阵 L 与 BW 中目标物体的数量 num。

【例 10-20】利用 bwlabel 函数对图像进行标注。

```
>> clear all;
BW = imread('rice.png');
BW1=im2bw(BW,graythresh(BW));  %转化为二值图像
L=bwlabel(BW1);  %获得标记矩阵
RGB=label2rgb(L);  %标记矩阵的彩色显示
subplot(1,2,1);imshow(BW);
xlabel('(a)原文本图像')
subplot(1,2,2);imshow(RGB);
xlabel('(b)图像标注')
whos BW RGB
```

运行程序，输出如下，效果如图 10-37 所示。

```
  Name        Size              Bytes  Class    Attributes
  BW        256x256             65536  uint8
  RGB       256x256x3          196608  uint8
```

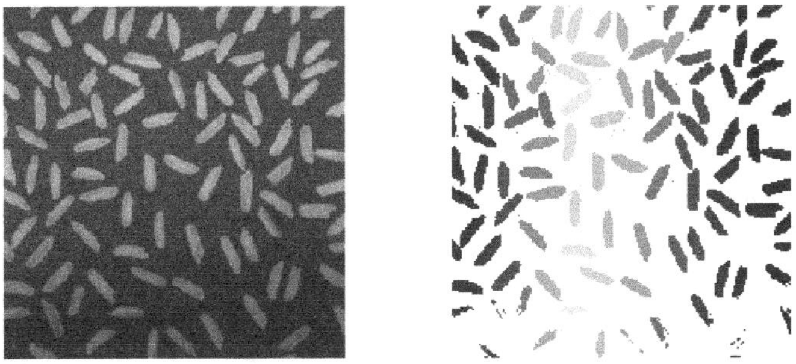

(a) 原文本图像　　(b) 图像标注

图 10-37　图像标注

由 bwlabel 和 bwlabeln 函数返回的标记矩阵的类型是双精度类型，它不再是一个二值图像，一种显示该图像的方法是调用 label2rgb 函数，在伪色彩图像中，在标记矩阵中用来指定每一个连通区域的数字定义为颜色矩阵。当用伪色彩图像显示标记矩阵时，图像中的对象可以被轻易地显示出来。label2rgb 函数的调用格式为：

RGB = label2rgb(L)：将标注矩阵 L 转换为真彩色 RGB 图像以便在已标注的区域显示，L 由函数 bwlabel（生成连通区域标签）或 watershed（生成图像分水岭区域标签）生成。

RGB = label2rgb(L, map)：定义真彩色图像中使用的颜色表 map。map 是列数为 3 的矩阵或 MATLAB 自带的颜色表字符串，如 jet 或 cool，也可以是颜色表定义函数的句柄，如@cool 或@jet。map 默认值为 jet。

RGB = label2rgb(L, map, zerocolor)：定义输入标注矩阵 L 中标注为 0 的元素的 RGB 颜色。参量 zerocolor 为字符串或三元向量。zerocolor 为三元向量时，元素分别代表 R、G、B 的颜色，默认值为[1 1 1]，即白色。zerocolor 为字符串时，其值如表 10-6 所列。

表 10-6 zerocolor 参数

参数值	颜色	参数值	颜色
b	蓝色	m	品红色
c	青色	r	红色
g	绿色	w	白色
k	黑色	y	黄色

RGB = label2rgb(L, map, zerocolor,order)：指定标注矩阵中颜色表的排列顺序。字符串参量 order 指定颜色表的排列顺序。如果 order 为 noshuffle（默认值），则颜色表按自然序列排序。如果 order 为 shuffle，则颜色表随机排列。

【例 10-21】将标注矩阵转换为真彩色图像。

```
>> clear all;
I = imread('rice.png');
subplot(131), imshow(I);
xlabel('(a)原始图像');
BW = im2bw(I, graythresh(I));     %转换为二值图像
CC = bwconncomp(BW);
L = labelmatrix(CC);
RGB = label2rgb(L);
subplot(132), imshow(RGB);
xlabel('(b)使用默认颜色转换图像');
RGB2 = label2rgb(L, 'spring', 'c', 'shuffle');
subplot(133), imshow(RGB2);
xlabel('(c)使用随机颜色转换图像')
```

运行程序，效果如图 10-38 所示。

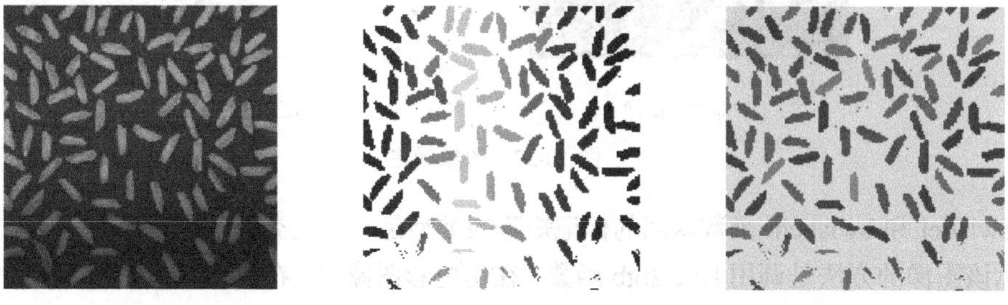

(a) 原始图像　(b) 使用默认颜色转换图像　(c) 使用随机颜色转换图像

图 10-38　标记矩阵的彩色显示示例

10.9.2　选择对象

二值图像的对象就是指像素值为 1 的像素组成的图像区域。当只对图像中的特定对角感兴趣时，在 MATLAB 中，可以使用 bwselect 函数在二值图像中选择单个的对象。在进行对象选择时，首先在输入图像中指定一些像素，返回一个包含指定像素的二值图像。bwselect 函数的调用格式为：

BW2 = bwselect(BW,c,r,n)：返回一个包含像素（r,c）对象的二值图像。r 和 c 为标量或等长的向量。如果 r 和 c 为向量，返回图像 BW2 包含像素点(r(k),c(k))的对象。参数 n 为 4 或 8，默认值为 8，4 对应 4 连通，8 对应 8 连通。

BW2 = bwselect(BW,n)：用交互的方式来选择对象。BW1 默认为当前轴图像。单击鼠标左键则选择一个像素点（r,c），按下退格键（Backspace）或删除键（Delete）则移除先前选择的一点，按下 Shift 键同时点击鼠标，点击鼠标右键或双击鼠标都会选择最后一点，按下回车键表示结束选择。

[BW2,idx] = bwselect(...)：返回选择对象点数的线性索引。

BW2 = bwselect(x,y,BW,xi,yi,n)：为图像 BW 用非默认的空间坐标系统 x 和 y。xi 和 yi 指定这个坐标系中特定点的坐标。

[x,y,BW2,idx,xi,yi] = bwselect(...)：返回 x 和 y 坐标中的属性 XData 和 Ydata，输出图像 BW2，选择对象所有像素点的线性索引 idx 和 xi、yi 所指定的空间坐标轴。

利用 bwselect 函数可以实现对图像的特征提取操作。

【例 10-22】提取文本图像中的某些字符对象。

```
>>clear all;
BW1=imread('text.png');  %读入二值文本图像
figure;imshow(BW1);
c=[43 185 212];  %指定对象的位置
r=[38 68 18];
BW2=bwselect(BW1,c,r,4);  %执行对象选择函数
figure;imshow(BW2);   %对象选择后的图像
```

运行程序，效果如图 10-39 所示。

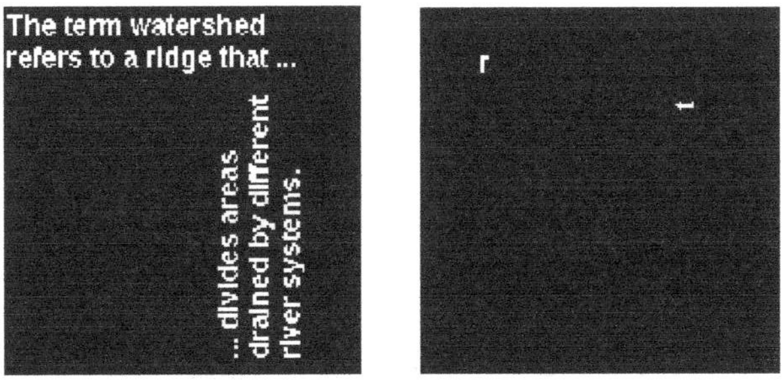

(a) 原始图像　　(b) 对象选择后的图像

图 10-39　选择字符对象示例

10.9.3　图像的面积

面积是指二值图像中像素值为 1 的个数。在 MATLAB 工具箱中用 bwarea 函数计算二值图像的面积。bwarea 函数不是简单地计算像素为 1 的个数，而是为每个像素增加不同的权值，加权求和得到图像的面积。例如，对角线的 50 个像素比水平线的 50 个像素要长，因为在 bwarea 中，水

平线的面积为 50，两对角线的面积为 62.5。bwarea 函数的调用格式为：

BW2 = bwareaopen(BW, P)：用于从二值图像中移除所有比 P 小的连通对象。

BW2 = bwareaopen(BW, P, conn)：参数 conn 为对应邻域方法，默认值为 8。

【例 10-23】计算图像 circles.tif 在膨胀运算前后图像面积的改变。

```
>> clear all;
BW = imread('circles.png');
disp('膨胀前图像面积为：')
bwarea(BW)
SE=ones(5);
BW2=imdilate(BW,SE);
disp('膨胀后图像面积')
bwarea(BW2)
```

运行程序，输出如下：

```
膨胀前图像面积为：
ans =
  1.4187e+004
膨胀后图像面积
ans =
  1.6679e+004
```

10.9.4 图像的欧拉数

在二值图像中，1 像素的连通区域（对象）的个数减去孔数，所得的差值称为这幅图像的欧拉数。欧拉数测量的是图像的拓扑结构。在 MATLAB 中使用 bweuler 函数返回二值图像的欧拉数。像素的连通可以使用 4-连通或 8-连通邻域，默认为 8-连通。函数的调用格式为：

eul = bweuler(BW,n)：n 表示连通类型，可以用 4 连通或 8 连通来进行计算，其默认值为 8；BW 为二值图像。

【例 10-24】计算 cirbw.tif 中的欧拉数。

```
>>clear all;
BW1=imread('circbw.tif');
eul=bweuler(BW1,8)
```

运行程序，输出如下：

```
eul =
   -85
```

在这个例子中，欧拉数为一个负数，意思为孔的个数大于对象的个数。

10.10 查表操作

在 MATLAB 中，对二值制图像的某些操作，也可以通过使用查表方法，非常容易地实现同样的操作功能。所谓查表操作，就是将经过某一函数进行邻域操作后，像素所有可能的计算结果都记录下来，在进行其他像素处理时直接通过查表，就得到该像素的取值，而不必再重复进行计算。查表通常都是一个列向量，向量中的每一元素都表示边沿中一种可能的像素组合的返回值。

在 MATLAB 图像处理工具箱中提供了专门的 makelut 函数，使用该函数，可以根据不同的操作，创建相对应的邻域像素值表。一旦创建好表，就可以调用 applylut 函数，借助所创建的表来完成需要实现的操作。

下面将通过一个示例，说明如何实现对图像进行查表操作。

在进行图像查表操作之前，首先需要编写一个计算函数——如果一个 3×3 邻域内有 3 个或 3 个以上像素数值为 1，那么该函数将返回 1，否则返回 0。编写好计算函数后，调用 makelut 函数，并将编写的计算函数作为 makelut 函数的第一个参数，且在第二个参数位置处指定一个 3×3 的表。makelut 函数执行后，会返回一个 LUT，LUT 是含有 512 个元素，且元素值为 1 或 0 的数值向量，每一个数值向量都是函数相对于 512 种排列中的一种。

makelut 函数的调用格式为：

lut = makelut(fun,n)：返回用于 applylut 函数的查找表。参数 fun 为包含函数名或内联函数对象的字符串。n 为邻域大小。

【例 10-25】对图像实现查表操作。

```
>> clear all;
a=-10;
b=-a;
dist=sqrt(2*(2*a)^2);
radius=dist/2*1.4;
lims=[floor(a-1.2*radius) ceil(b+1.2*radius)];
[x,y]=meshgrid(lims(1):lims(2));
f=inline('sum(x(:))>=3');
lut=makelut(f,3);
BW1=imread('text.png');
BW2=applylut(BW1,lut);
figure;
subplot(121);imshow(BW1);
xlabel('(a) 原始图像');
subplot(122);imshow(BW2);
xlabel('(b) 查表效果');
```

运行程序，效果如图 10-40 所示。

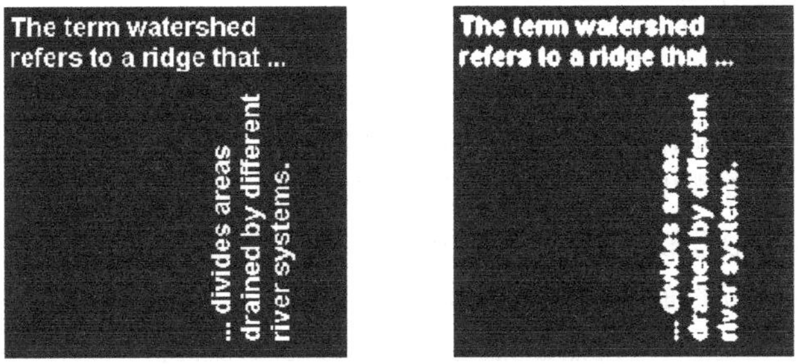

(a) 原始图像　　(b) 查表效果

图 10-40　查表效果

小　　结

图像特征是指图像的原始特性或属性。常见的图像特征可以分为灰度特征、纹理特征和几何形状特征等。其中灰度特征和纹理特征属于内部特征，需要借助分割图像从原始图像上测量。几何形状特征属于外部特征，可以从分割图像上测量。本章重点讨论了颜色特征、形状特征和纹理特征的描述技术，选择何种方法是由具体问题而决定的，其目的是选择能够有利于于描绘对象或对象类之间本质差异的描绘子。

颜色特征反映彩色图像的整体特性，一幅图像可以用它的颜色特性近似描述。根据颜色与空间属性的关系，颜色特征的表示方法可以有颜色矩、颜色集、颜色相关矢量相关等几种方法。

形状特征描述是在提取图像中的各目标形状特征基础上对其进行表示。它是进行图像识别和理解的基础。任何一个景物形状特征均可由其几何属性、统计属性等进行描述。

区域内部空间域分析是直接在图像的空间域对区域内提取形状特征，主要有欧拉数、距离和区域的测量等。

习　题

10-1　简述特征分析有何作用。

10-2　比较颜色矩、颜色直方图、颜色集和颜色相关矢量在描述颜色特征的异同点，并举例说明其应用场合。

10-3　选择一幅灰度图像，在 MATLAB 中求该图像的一阶矩、二阶矩和三阶矩，并分析其颜色特征。

10-4　请对下面图像作细化运算。

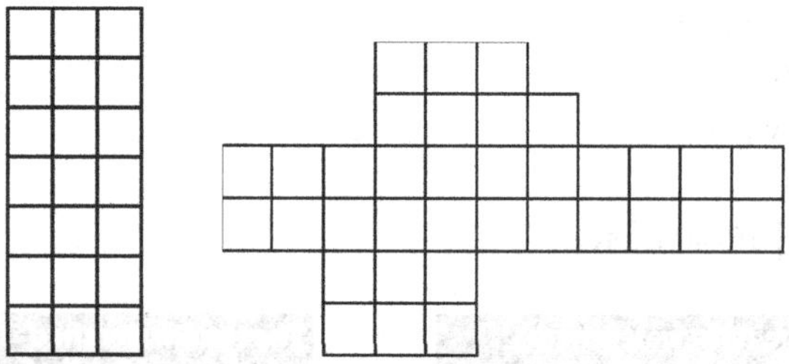

10-5　纹理结构分析有哪些方法，各有什么特点？

10-6　图像的几何特征有哪些？这些特征是如何定义的？

10-7　区域的周长有哪些表示方法？试用不同方法编写程序计算同一图像区域的周长。

10-8　试简述多边形近似中的最小周长多边形法。

10-9　求下图中区域的面积和重心（1 表示目标）。

0	1	1	1	1	1	1	0
0	1	1	1	1	1	1	0
0	1	1	1	1	1	1	0
1	1	1	1	1	1	1	0
1	1	1	1	1	1	1	0
1	1	1	1	1	1	1	0
0	0	1	1	1	1	1	0
0	0	0	0	1	1	1	1

参考文献

[1] 王受玲，叶明生等. MATLAB R2007 图像处理技术与应用. 北京：电子工业出版社，2007.
[2] 楼顺天等. 基于 MATLAB 的系统分析与设计：模糊系统. 西安：西安电子科技大学出版社，2001.
[3] 左飞. 数字图像处理——原理与实践（MATLAB 版）. 北京：电子工业出版社，2014.
[4] 闫敬文. 数字图像处理（MATLAB 版）. 北京：国防工作出版社，2007.
[5] 杨福生. 小波变换的工程变换与应用. 北京：科学出版社，1996.
[6] 张瑞丰. 精通 MATLAB 6.5[M]. 北京：中国水利水电出版社，2004.
[7] 闫敬文. 数字图像处理（MATLAB 版）. 北京：国防工业出版社，2007.
[8] 苏金明，王永利. MATLAB 7.0 实用指南上册. 北京：电子工业出版社，2004.
[9] 王世香. 精通 MATLAB 接口与编程. 北京：电子工作出版社，2006.
[10] 赵小川. MATLAB 图像处理——能力提高与应用案例. 北京：北京航空航天大学出版社，2014.
[11] 王丹力，赵剡，邱治平. MATLAB 控制系统 设计 仿真 应用. 北京：中国电力出版社，2007.
[12] 飞思科技产品研发中心. MATLAB 6.5 辅助优化计算与设计. 北京：电子工业出版社，2003.
[13] 阮秋琦. 实现数字图像处理. 北京：电子工业出版社，2001.
[14] 孙兆林. MATLAB 6.X 图像处理. 北京：清华大学出版社，2002.
[15] 王华，李有军，刘建存. MATLAB 电子仿真与应用教程. 北京：国防工业出版社，2006.
[16] 张旭东，卢国栋，冯键. 图像编码基础和小波压缩技术——原理、算法和标准. 北京：清华大学出版社，2004.
[17] 罗军辉，冯平，哈力旦.A. MATLAB 7.0 在图像处理中的应用. 北京：机械工业出版社，2005.
[18] 贺兴华，周媛媛，王继阳，周晖等. MATLAB 7.X 图像处理. 北京：清华大学出版社，2008.
[19] 张铮，倪红霞，苑春苗，杨立红. 精通 MATLAB 数字图像处理与识别. 北京：人民邮电出版社，2012.
[20] 龙脉工作室，刘会灯，朱飞. MATLAB 编程基础与典型应用. 北京：人民邮电出版社，2008.
[21] [美] Rafael C.Gonzalez, Richard E.Woods, Steven L.Eddins. 数字图像处理的 MATLAB 实现. 2 版. 阮秋琦，译. 北京：清华大学出版社，2012.
[22] 姚敏等. 数字图像处理. 北京：机械工业出版社，2006.
[23] 杨帆等. 数字图像处理与分析. 北京：北京航空航天大学出版社，2007.
[24] 张弘. 数字图像处理与分析. 北京：机械出版社，2007.
[25] 杨丹，赵海滨，龙哲. MATLAB 图像处理实例详解. 北京：清华大学出版社，2013.
[26] 陈天华. 数字图像处理. 北京：清华大学出版社，2007.
[27] 张倩，占君，陈珊. 详解 MATLAB 图像函数及其应用. 北京：电子工业出版社，2011.
[28] 龚声蓉，刘纯平，王强等. 数字图像处理与分析. 北京：清华大学出版社，2008.
[29] 于万波. 基于 MATLAB 的图像处理. 北京：清华大学出版社，2008.